住房城乡建设部土建类学科专业“十三五”规划教材
高等学校土木工程专业应用型人才培养规划教材

房屋建筑学

董海荣　赵永东　主　编
邵　旭　主　审

中国建筑工业出版社

图书在版编目（CIP）数据

房屋建筑学/董海荣，赵永东主编．—北京：中国建筑工业出版社，2017.2
高等学校土木工程专业应用型人才培养规划教材
ISBN 978-7-112-20423-6

Ⅰ.①房…　Ⅱ.①董…　②赵…　Ⅲ.①房屋建筑学-高等学校-教材　Ⅳ.①TU22

中国版本图书馆CIP数据核字（2017）第029849号

本教材为适应普通高等学校培养应用型人才而编写，内容采用现行的规范、标准和相关的法规，注重反映新材料、新工艺、新技术。内容精简，突出重点，增加大量建筑实例和构造做法等的直观插图，条理清晰。

本教材编排上，突出土木工程专业应用型人才的培养目标，首先介绍建筑构造知识，然后介绍建筑设计的内容。主要构架包括三大部分：第1篇民用建筑实体构造；第2篇民用建筑空间设计；第3篇工业建筑实体构造及空间设计。

本教材既有足够的理论深度，又具有较强的实用性，可作为土木工程、工程管理、工程造价等专业房屋建筑学的教学用书，也可作为从事与建筑相关的设计和施工的技术人员的参考用书，还可作为注册建造师、监理工程师等执业资格考试复习的参考用书。

为更好地支持本课程的教学，本书作者制作了多媒体教学课件，有需要的读者可以发送邮件至 jiangongkejian@163.com 索取。

责任编辑：仕　帅　吉万旺　王　跃
责任设计：韩蒙恩
责任校对：李欣慰　关　健

住房城乡建设部土建类学科专业“十三五”规划教材
高等学校土木工程专业应用型人才培养规划教材
房屋建筑学
董海荣　赵永东　主　编
邵　旭　主　审
*
中国建筑工业出版社出版、发行（北京海淀三里河路9号）
各地新华书店、建筑书店经销
霸州市顺浩图文科技发展有限公司制版
北京中科印刷有限公司印刷
*
开本：787×1092毫米　1/16　印张：24¼　字数：605千字
2017年7月第一版　2019年6月第三次印刷
定价：**46.00**元（赠课件）
ISBN 978-7-112-20423-6
（29973）

高等学校土木工程专业应用型人才培养规划教材
编委会成员名单

出 版 说 明

近年来，我国高等教育教学改革不断深入，高校招生人数逐年增加，对教材的实用性和质量要求越来越高，对教材的品种和数量的需求不断扩大。随着我国建设行业的大发展、大繁荣，高等学校土木工程专业教育也得到迅猛发展。江苏省作为我国土木建筑大省、教育大省，无论是开设土木工程专业的高校数量还是人才培养质量，均走在了全国前列。江苏省各高校土木工程专业教育蓬勃发展，涌现出了许多具有鲜明特色的应用型人才培养模式，为培养适应社会需求的合格土木工程专业人才发挥了引领作用。

中国土木工程学会教育工作委员会江苏分会（以下简称江苏分会）是经中国土木工程学会教育工作委员会批准成立的，其宗旨是为了加强江苏省具有土木工程专业的高等院校之间的交流与合作，提高土木工程专业人才培养质量，促进江苏省建设事业的蓬勃发展。中国建筑工业出版社是住房城乡建设部直属出版单位，是专门从事住房城乡建设领域的科技专著、教材、标准规范、职业资格考试用书等的专业科技出版社。作为本套教材出版的组织单位，在教材编审委员会人员组成、教材主参编确定、编写大纲审定、编写要求拟定、计划出版时间以及教材特色体现和出版后的营销宣传等方面都做了精心组织和协调，体现出了其强有力的组织协调能力。

经过反复研讨，《高等学校土木工程专业应用型人才培养规划教材》定位为以普通应用型本科人才培养为主的院校通用课程教材。本套教材主要体现适用性，充分考虑各学校土木工程专业课程开设特点，选择20种专业基础课、专业课组织编写相应教材。本套教材主要特点为：抓住应用型人才培养的主线；编写中采用先引入工程背景再引入知识，在教材中插入工程案例等灵活多样的方式；尽量多用图、表说明，减少篇幅；编写风格统一；体现绿色、节能、环保的理念；注重学生实践能力的培养。同时，本套教材编写过程中既考虑了江苏的地域特色，又兼顾全国，教材出版后力求能满足全国各应用型高校的教学需求。为满足多媒体教学需要，我们要求所有教材在出版时均配有多媒体教学课件。

本套《高等学校土木工程专业应用型人才培养规划教材》是中国建筑工业出版社成套出版区域特色教材的首次尝试，对行业人才培养具有非常重要的意义。今年正值我国“十三五”规划的开局之年，本套教材有幸整体入选《住房城乡建设部土建类学科专业“十三五”规划教材》。我们也期待能够利用本套教材策划出版的成功经验，在其他专业、其他地区组织出版体现区域特色的教材。

希望各学校积极选用本套教材，也欢迎广大读者在使用本套教材过程中提出宝贵意见和建议，以便我们在重印再版时得以改进和完善。

中国土木工程学会教育工作委员会江苏分会

中国建筑工业出版社

2016 年 12 月

前　言

本书立足于普通本科应用型人才培养需要，同时兼顾建筑行业相关人员学习，力求充分体现新规范、新材料、新技术、新工艺成果，使本教材具有新颖性、实用性、权威性和科学性。

本书在内容编排上精简空间设计内容，突出建筑实体构造，力求理论联系实际，注重系统性、知识性、实用性。为突出土木工程专业应用型人才的培养目标，首先介绍建筑构造知识，然后介绍建筑设计的内容。主要构架包括绪论及三大部分（第1篇，民用建筑实体构造；第2篇，民用建筑空间设计；第3篇，工业建筑实体构造及空间设计）。

本书在编写过程中，以应用为主旨，在理论上坚持必须、够用的原则，深入浅出，图文并茂，具有以下几个特点：

（1）先实体，后空间，有利于学生对建筑实体构造的掌握，为后续的结构、施工等课程打牢基础；有利于学生对建筑知识的理解与掌握；有利于空间设计原理与方法的理解与设计成果的正确表达。

（2）教材内容采用“逆向思维”的方式，由工程项目施工图设计的技能及后续课程学习的需求介绍相关的理论知识，而且在整体内容上，把装饰和节能构造安排在相应的章节，保证实体构造的完整性。

（3）每章后附有复习思考题，方便学生复习巩固所学知识以及工程实践能力的培养。

（4）教材后附工程实例建筑施工图（砖混和框架结构两套），便于学生把理论知识与实际工程紧密结合在一起，起到了“画龙点睛”的作用，符合房屋建筑学的培养目标。

（5）教材中的大量插图是拍摄和收集工程实景照片以及施工过程的照片，一方面充实教师讲课的实例；另一方面方便学生学习，使学生身临其境，加强实践，弥补学生不能随时到工地参观的缺陷。

本书所涵盖的专业面较宽，可作为土木工程、工程管理、工程造价等专业的教材和教学参考书，也可作为高等教育自学考试、注册师考试参考教材，同时可供从事建筑设计、建筑工程管理、施工的技术人员学习参考。

本书也可用作“3＋4”培养体系的房屋建筑学课程的模块化教材，在该体系的高等教育部分使用。

本书由常州工学院董海荣、盐城工学院赵永东主编。各章节的编写人员分别为：第5章、第6章、第9章、第16章为常州工学院董海荣；绪论、第1章、第3章、第4章、第15章为盐城工学院赵永东；第2章、第8章为宿迁学院巩艳；第7章、第14章为南京理工大学泰州科技学院邹玉广；第10章、第11章、附录Ⅰ、附录Ⅱ为常州工学院蒋莉；第12章、第13章为盐城工学院龚晓芳。

全书由河北建筑工程学院邵旭教授主审，在此表示衷心感谢。

本书在编写过程中，参考并引用一些院校公开出版和发表的相关教材，谨向作者表示诚挚的谢意。对编写过程中给予帮助的相关人员表示衷心感谢。

由于时间仓促及编者水平所限，书中难免有不妥之处，敬请读者给予及时的批评和指正。

编　者

2017年1月

目　录

第2篇 民用建筑空间设计

第3篇　工业建筑实体构造及空间设计

绪　论

本章要点及学习目标

本章要点：

(1) 房屋建筑学课程的定义、主要内容与作用；

(2) 建筑的定义与分类；

(3) 建筑的起源与发展的动力源泉；

(4) 房屋建筑学课程的技术性与艺术性。

学习目标：

(1) 掌握房屋建筑学课程的基本概念、基本内容和主要作用；

(2) 掌握建筑的基本概念与基本类型；

(3) 了解建筑的起源与发展的主要过程；

(4) 了解房屋建筑学课程的主要特点。

0.1 课程简介

0.1.1 房屋建筑学课程的基本概念

房屋建筑学课程是研究建筑实体构造和建筑空间构成的原理和方法的一门综合性课程。它包含建筑发展的历史、建筑构造以及各类建筑设计原理等诸多建筑学学科的基本内容。

为了使土木工程、工程管理、给水排水等专业的学生掌握建筑和建筑设计的基本知识，房屋建筑学主要是从建筑设计的角度研究建筑的实体构造和空间构成。因此，它也是建筑设计的简要教程。

0.1.2 房屋建筑学课程的基本内容

1. 建筑实体构造的原理和方法

建筑实体构造原理是研究符合建筑实体功能要求的相关构造做法，解决建筑实体构造“为什么要这样做”、“怎样做更合理”等问题。建筑实体构造方法是介绍建筑实体构造的一些基本的做法。例如，某残疾人服务中心，如图 0-1 所示，如何通过建筑实体的构造来实现它的外观造型？如何通过建筑实体的构造来满足墙体的围护、分隔、节能、美观要求？如何通过建筑实体的构造来满足楼地面的各项使用要求？如何通过建筑实体的构造来实现屋面的排水、防水、保温隔热功能？这些都是建筑实体构造需要研究解决的问题。

图 0-1 某残疾人服务中心

2. 建筑空间构成的原理和方法

建筑空间包括内部空间、外部空间和实体空间。建筑的内部空间和外部空间是通过建筑的实体空间分隔而成的。建筑的内部空间包括建筑内部的各类使用房间、辅助房间和交通联系空间。建筑的外部空间是指建筑的外围构件以外的空间，它研究的主要内容是建筑的形象以及建筑与周边道路、绿化景观、相关建筑等关系的协调、融合等。

例如，住宅设计平面设计中，某高层住宅标准层（一单元）平面图，如图 0-2 所示。从空间构成的主要要求分析，首先，各类单一空间（卧室、起居室、阳台、卫生间、厨房等）应满足其使用功能的要求，如，家具布置及家具使用所必需的空间、空间面积、空间尺寸、空间比例、门窗设置等；其次，各个单一空间的分布与组合应符合家居生活的功能要求，如，空间使用顺序、交通关系、私密性、采光通风要求等；最后，还应满足安全疏散、造价经济、造型美观等方面的要求。

0.1.3 房屋建筑学课程的主要作用

在教学计划安排中，房屋建筑学课程作为一门“专业基础课”，是联系前置课程与后续课程的纽带，是联系基础课程与专业课程的桥梁，起到“承上启下”的重要作用。一方面，房屋建筑学是继基础课之后的“专业基础课”，担负着研究建筑和建筑设计的基本知识的重任。土木工程、工程管理等土建类专业的学生只有通过房屋建筑学课程的学习，才能顺利进行建筑结构、建筑施工、工程管理等方面专业课程的学习。另一方面，在构成建筑的三大类专业（建筑、结构和设备）中，建筑专业是结构和设备专业的主导专业，占据统领与先导地位，是其他相关专业工作的基础和前提。因此，房屋建筑学还具有“专业课”的属性。

1. 深化和应用相关前置课程的理论知识

房屋建筑学使所涉及的相关前置课程的理论得到进一步深化和应用。如果说通过“建筑制图”课程掌握的是建筑设计实体与空间的客观表达，使同学们对建筑“知其然”，那么，“房屋建筑学”课程通过建筑设计的研究，回答了为什么这样做，使同学们加深了对建筑的进一步理解，可谓“知其所以然”。

2. 为后续专业课程提供必要的专业基础知识

房屋建筑学是进行相关后续课程（建筑结构、建筑施工、项目管理等）学习的必备专业基础。如，“建筑结构”的永久荷载计算、“建筑施工”的构造施工方案制定等专业工作的前置条件，都需要通过建筑设计来满足。所谓“基础不牢，地动山摇”，没有掌握建筑

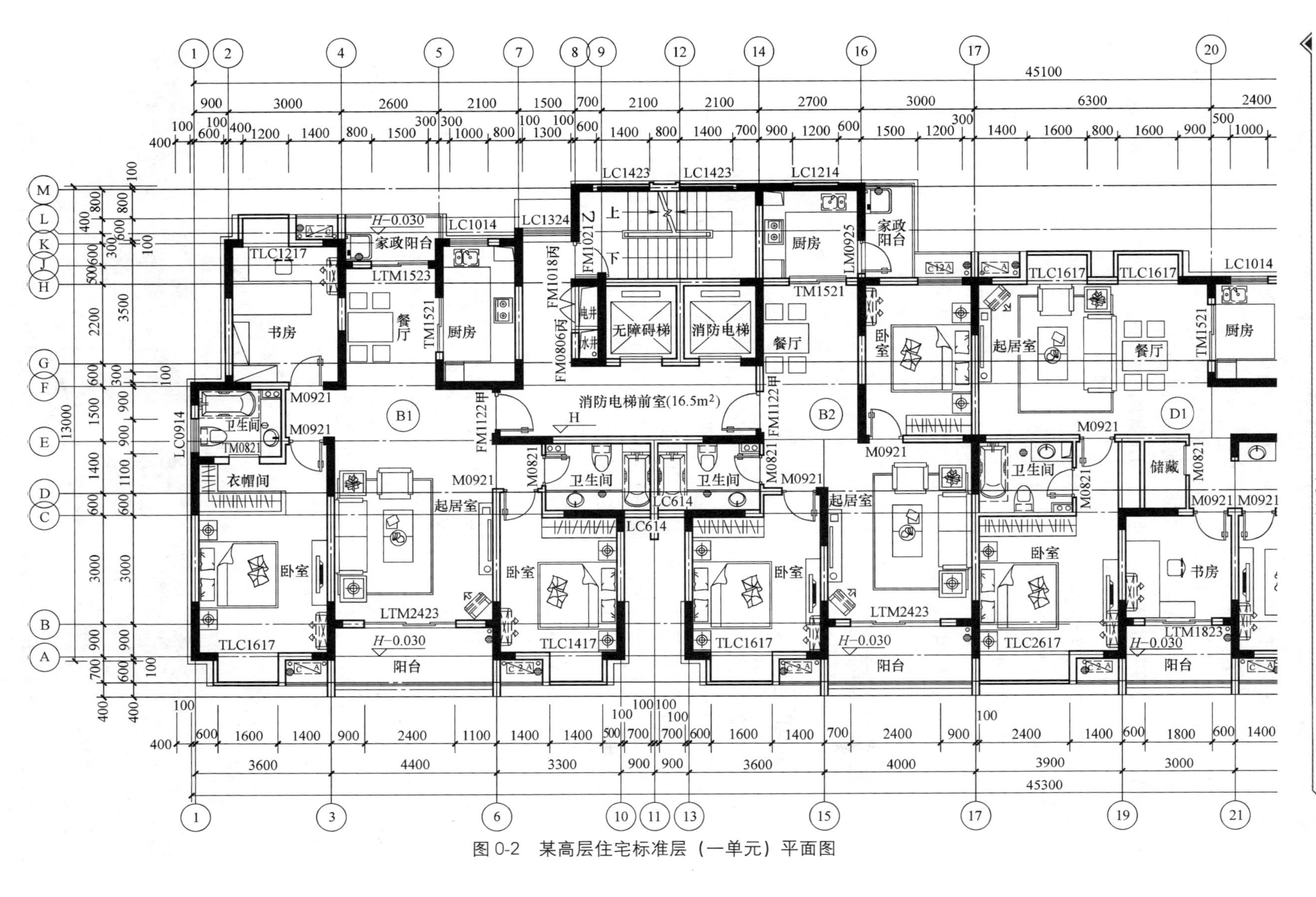

图 0-2 某高层住宅标准层（一单元）平面图

实体的构造和建筑空间的构成，何谈建筑结构、建筑施工、项目管理?

3. 建筑设计的各专业工作中的主导专业

一栋完整建筑的设计，包括建筑设计、结构设计和设备设计三大类设计。建筑设计的任务是完成建筑空间的构成和建筑实体的构造。结构设计的任务是完成建筑的结构体系、结构方案、结构计算等，保证建筑的安全与正常使用。设备设计的任务是根据建筑使用功能的要求，完成供配电、给水排水、暖通、网络、通信、智能化、消防、防雷等管线设备配置。在时间顺序上，先建筑，后结构和设备。建筑设计是完整的建筑设计体系中的主导、先行专业，在各项专业设计中起主导和支配作用。

4. 培养建筑构成的科学观

研究建筑实体与空间的形象美观艺术也是房屋建筑学课程的基本任务。通过房屋建筑学课程学习，可进一步形成与提高学生建筑的科学构成观和审美观。

0.2 建筑的基本概念

0.2.1 建筑的定义

建筑是为满足人们一定的需要，利用已有的物质技术条件和社会条件所创造出的人为空间。通常把建筑物和构筑物统称为建筑。所谓建筑物一般是指其内部空间供人们进行工作、生活、学习等日常活动的场所，如，住宅、办公楼、博物馆、宿舍楼、厂房、教学楼、图书馆等。构筑物一般是指人们的行为活动通常在其外部空间进行的场所，如，纪念碑、码头、桥梁、水塔等都属于构筑物的范畴。

0.2.2 建筑的起源和发展

1. 建筑的起源

我们祖先原始的栖息场所——起初用来遮风避雨和防备野兽侵袭的天然洞穴（山洞、溶洞)、树杈等，只是可利用的天然居所，都不是建筑。随着居住、防御等使用要求的提高，为了进一步解决生存、生产和防御等问题，人们开始对原始住所进行改善，因地制宜地搭建出人工的树枝棚、石屋等，创造了建筑的雏形，成为建筑的起源。用天然石材堆砌的石屋，如图 0-3 所示，满足人类生活需要并且具有一定的防御性能；原始人类用天然树枝、茅草搭建居所如图 0-4～图 0-7 所示。

图 0-3 用天然石材堆砌的石屋

图 0-4 用天然树枝、茅草搭建居所

图 0-5　原始时期水面上搭建的建筑

图 0-6　半坡村建筑想象图片

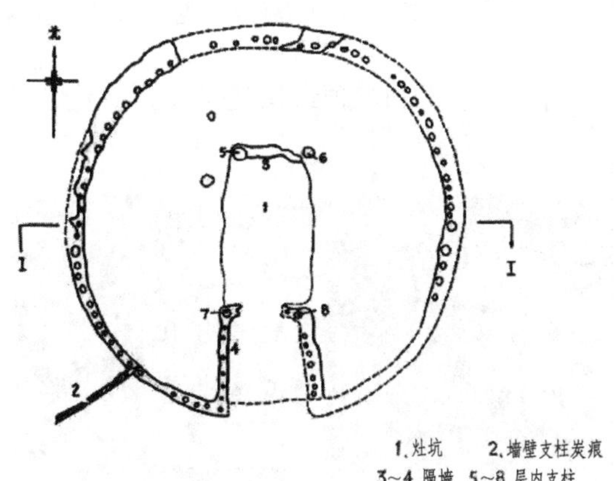

图 0-7　西安半坡村遗址复原想象图片

2. 建筑的发展

建筑发展是人类社会发展的见证。几千年来，由于人们对建筑的功能和形象要求的不断提高，促进了建筑材料、施工技术、建筑结构、建筑造型等各个方面的不断发展，为建筑发展史留下了无数浓墨重彩的光辉篇章。

(1) 奴隶社会

古埃及、古希腊、古罗马创造了不朽的建筑成就。如，古埃及的搬运和组砌技术的成熟，造就的代表性建筑：金字塔、太阳神庙等，如图 0-8、图 0-9 所示。

图 0-8　位于开罗郊外的吉萨金字塔

图 0-9　高大的太阳神庙石柱

古希腊建筑的柱式丰富多样（多立克、爱奥尼、科林斯）。多立克、爱奥尼、科林斯柱式如图 0-10 所示。希腊雅典卫城的帕提农神庙如图 0-11 所示。

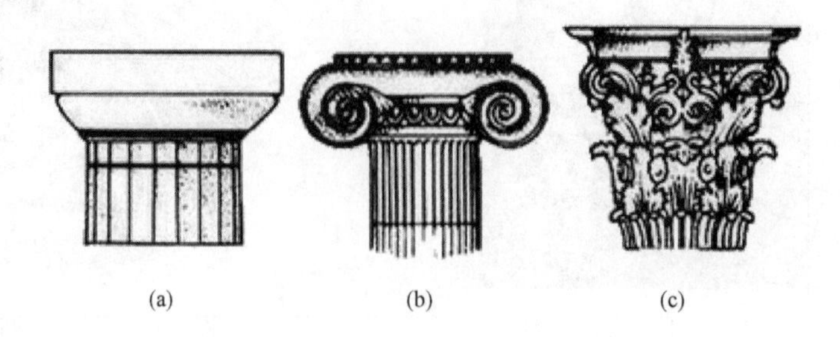

图 0-10　古希腊建筑
（a）多立克柱式；（b）爱奥尼柱式；（c）科林斯柱式

古罗马拱券和穹顶结构技术发达。代表性建筑：万神庙（图 0-12）、罗马斗兽场（图 0-13）。

图 0-11　帕提农神庙

图 0-12　万神庙

图 0-13　罗马斗兽场

（2）封建社会

由于物质材料的发展、建筑技术的提高，社会资源、财富的大量聚集使庙宇、宫殿、祭坛、花园和城市基础设施等得到进一步发展，如图 0-14～图 0-18 所示。

（3）文艺复兴和资本主义近现代建筑飞速发展

古典主义学院派基于当时的物质技术条件，总结出了完整的构图原理，甚至有的把建筑形式绝对化、教条化，使建筑越来越趋向纷繁复杂、教条刻板。18 世纪下半叶开始新古典主义倡导简化古典的繁杂，并与现代材质相结合，兼容华贵典雅与现代时尚，如图 0-19、图 0-20 所示。

19 世纪中叶的所谓“新建筑运动”，人们愈加强调建筑的内容与形式的统一，追求使用功能的适用性和以人为本的建筑理念，摒弃繁琐虚假的表面装饰，进一步重视建筑的经济性以及建筑与环境的协调，空间布局灵活、功能的合理分区、造型简洁明快，如图 0-21～图 0-23 所示。

图 0-14 中国汉代白马寺

图 0-15 寺庙建筑飞檐示例

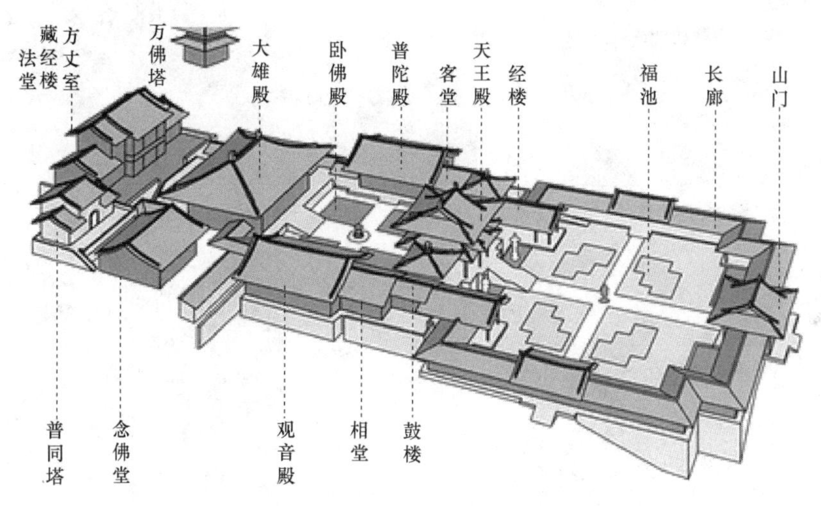

图 0-16 寺庙建筑的布局示例

图 0-17 寺庙建筑外观（大雄宝殿）

图 0-18 北京故宫（太和殿外景）

随着 20 世纪 20 年代现代建筑完整理论体系的基本形成，加之建筑技术和建筑材料的进步与发展，古典主义学院派逐步成为历史，现代建筑风格成为当今世界建筑的主流，如图 0-24、图 0-25 所示。

图 0-19 布拉格艾斯特剧院

图 0-20 上海外滩汇丰银行大楼

图 0-21 流水别墅

图 0-22 赖特作品示例

图 0-23 格罗皮乌斯设计的包豪斯校舍与德国法古斯工厂外观

图 0-24 上海陆家嘴

图 0-25 日本东京银座

0.3 建筑的分类与分级

0.3.1 建筑的分类

根据不同建设使用的范畴，建筑包括民用建筑、工业建筑和其他建筑（如，农业建筑、水利建筑、军事建筑、构筑物等）。房屋建筑学课程研究的主要对象是工业与民用建筑。按不同分类方式，民用建筑的分类如下。

0.3.1.1 按民用建筑的使用功能分类

按建筑的使用功能，民用建筑可分为居住建筑和公共建筑两大类。

1. 居住建筑

居住建筑是以家庭为单位，长期供人们家居居住生活的建筑。如，住宅、联排别墅等。某住宅家具布置户型图及某住宅效果图，如图 0-26、图 0-27 所示。

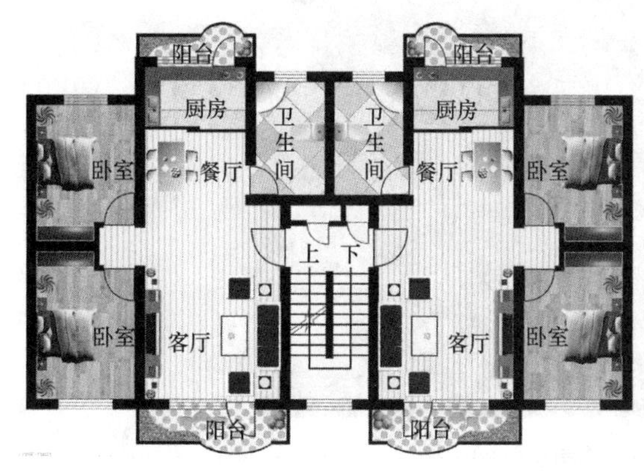

图 0-26 某住宅户型示意图

图 0-27 某住宅效果图

2. 公共建筑

公共建筑是供人们进行办公、学习、经商、生活等各种公共活动的建筑。如，办公建筑、文教建筑、托幼建筑、科研建筑、医疗建筑、商业建筑、观演建筑、体育建筑、旅馆建筑、交通建筑、通信建筑、园林建筑、纪念建筑、展览建筑、生活服务建筑等，如图 0-28～图 0-31 所示。

0.3.1.2 按建筑的设计使用年限分类

《民用建筑设计通则》GB 50352—2005 按设计的使用年限把建筑分为四类，见表 0-1。

民用建筑按设计使用年限分类表 **表 0-1**

类　别	设计使用年限(年)	建筑性质
1	5	临时性建筑
2	25	易于替换结构构件的建筑
3	50	普通建筑和构筑物
4	100	纪念性和特别重要的建筑

图 0-28 某地商业办公楼效果图

图 0-29 某幼儿园效果图

图 0-30 某中学校园鸟瞰图

图 0-31 北京西客站

0.3.1.3 按建筑的规模和数量分类

按建筑的规模和数量，可以把建筑分为大量性建筑和大型性建筑。大量性建筑如住宅楼、办公楼、教学楼、门诊楼等建筑；大型性建筑如博物馆、展览馆、航空港等建筑。

0.3.1.4 按主要承重结构的材料分类

按建筑主要承重结构的材料，可分为竹木建筑、钢构建筑、混合结构建筑、钢筋混凝土建筑等。

0.3.1.5　按建筑的结构形式分类

按建筑的结构形式，可以把建筑分为墙承重结构、骨架结构、大空间屋面结构等建筑，具体的结构形式、结构体系、构造特点，在第1章民用建筑实体构造概论中介绍。

0.3.1.6　按建筑物的层数和高度分类

根据住房和城乡建设部建标［2013］169号文件，《民用建筑设计通则》GB 50352—2005修订为《民用建筑设计统一标准》GB 50352—2005，把民用建筑分为住宅建筑和公共建筑。民用建筑按地上层数或高度分类如下：

(1) 住宅建筑中，1～3层为低层住宅；4～6层为多层住宅；7～9层为中高层住宅(高度不大于27m)；高度大于27m为高层住宅。

(2) 公共建筑中，建筑高度不大于24m的公共建筑和高度大于24m的单层公共建筑为单层或者多层公共建筑；高度大于24m的非单层公共建筑为高层建筑。

(3) 建筑物高度超过100m时，不论住宅或公共建筑均为超高层。

《建筑设计防火规范》GB 50016—2014针对建筑的防火要求，对民用建筑进行了分类，见表0-2。

《建筑设计防火规范》GB 50016—2014民用建筑分类表　表0-2

名称	高层民用建筑		单层、多层民用建筑
	一类	二类	
住宅建筑	建筑高度＞54m(包括设置商业服务网点的住宅)	27m＜高度≤54m(包括设置商业服务网点的住宅)	建筑高度≤27m
公共建筑	建筑高度＞50m；任一楼层建筑面积＞1000m² 的商店、展览、电信、政、财贸金融建筑和其他多种功能组合的建筑；医疗等重要公共建筑；省级以上广播电视和防灾指挥、电力调度建筑，藏书100万册以上的图书馆、书库	除一类高层公共建筑以外的其他高层公共建筑	高度＞24m的单层公共建筑，高度≤24m的其他公共建筑

0.3.2　建筑的分级

建筑分级是建筑设计标准的重要依据，如建筑的耐火等级、防水等级等。以耐火等级为例，《建筑设计防火规范》GB 50016—2014根据民用建筑主要构件的燃烧性能和耐火极限，把建筑的耐火等级分为四级，建筑的耐火等级分级见表0-3。

建筑的耐火等级分级表　表0-3

构件名称		耐火等级			
		一级	二级	三级	四级
墙	防火墙	不燃性 3.00	不燃性 3.00	不燃性 3.00	不燃性 3.00
	承重墙	不燃性 3.00	不燃性 2.50	不燃性 2.00	难燃性 0.50
	非承重外墙	不燃性 1.00	不燃性 1.00	不燃性 0.50	可燃性

续表

构件名称		耐火等级			
		一级	二级	三级	四级
墙	楼梯间和前室的墙； 电梯井的墙； 住宅单元和分户隔墙	不燃性 2.00	不燃性 2.00	不燃性 1.50	难燃性 0.50
	疏散走道两侧的隔墙	不燃性 1.00	不燃性 1.00	不燃性 0.50	难燃性 0.25
	房间隔墙	不燃性 0.75	不燃性 0.50	难燃性 0.50	难燃性 0.25
柱		不燃性 3.00	不燃性 2.50	不燃性 2.00	难燃性 0.50
梁		不燃性 2.00	不燃性 1.50	不燃性 1.00	难燃性 0.50
楼板		不燃性 1.50	不燃性 1.00	不燃性 0.50	可燃性
屋顶承重构件		不燃性 1.50	不燃性 1.00	可燃性 0.5	可燃性
疏散楼梯		不燃性 1.50	不燃性 1.00	不燃性 0.50	可燃性
吊顶(包括吊顶格栅)		不燃性 0.25	难燃性 0.25	难燃性 0.15	可燃性

建筑材料的燃烧性能分为不燃性材料（A 级）、难燃性材料（B1 级）、可燃性材料（B2 级）和易燃性材料（B3 级）。

建筑主要构件的耐火极限是指自火灾起到安全失效所延续的时间（小时）。

0.4　课程的主要特点

房屋建筑学与一般的基础课程相比，课程特点主要表现在以下几个方面：

0.4.1　实践性与广泛性

实践性主要体现在两个方面：一是其研究内容直接服务于工程实践，即所谓“学以致用”；二是课程知识的掌握必须经过工程实践才能落到实处，即所谓“耳听为虚，眼见为实”。广泛性体现在建筑形式的多样性和建筑知识的广泛性。

0.4.2　技术性与艺术性

房屋建筑学既是一门严谨的技术课程，要求建筑安全实用、经济合理，研究建筑及其构件的尺寸、位置、材料、安装固定等技术要素；又是一门艺术课程，建筑的体型、立面，从整体到局部、从外部到内部给人以美感，研究建筑的空间、比例、尺度、均衡、韵律、色彩、质感等形象构成要素的内在规律。

0.4.3 创造性与大众性

房屋建筑学主要是从建筑设计的角度研究建筑与建筑设计的知识，而建筑设计是在建筑实施前所进行的创造性劳动，把拟建建筑“设计”出来，体现了建筑设计的创造性。而各类建筑在广大用户的使用中，被大众所认识、评价或接受，则是体现了建筑的大众性。“外行看热闹，内行看门道”，大众性反映了建筑的表象，创造性才是建筑创新、建筑发展的实质。

0.4.4 直观性与神秘性

房屋建筑学课程所研究的建筑的直观形象，展现了它的实用与否，美观与否，能否接受，大众皆可评判。然而，建筑的表象不可能代表建筑的全部。况且不同的建筑效果、功能状况、安全性能等方面又各具不同，做什么样的建筑，怎样设计，为什么这样设计，解决这些问题，必须具备相应的技术能力，如此种种都是建筑的神秘性所在，正有待通过课程的学习——揭开其神秘的面纱。

本章小结

绪论部分主要阐述了课程的基本概念和本课程所研究的建筑的基本概念。课程的基本概念主要包括课程的意义、内容和作用。建筑的基本概念主要包括建筑的定义、分类、建筑的耐火等级和防火分区等内容。重点内容包括：建筑的概念，建筑发展的源泉和动力，建筑的分类，建筑的耐火等级，防火分区，房屋建筑学课程的主要特点。

思考与练习题

0-1 什么是建筑？建筑物与构筑物的区别？

0-2 “山洞”、“树杈”等原始的栖息场所能否称为建筑？

0-3 建筑发展的源泉和动力是什么？

0-4 古埃及、古希腊、古罗马创造的不朽建筑成就主要体现在哪些方面？

0-5 古希腊三柱式：多立克、爱奥尼、科林斯，分别表达了怎样的建筑寓意？

0-6 民用建筑按照不同分类标准分别是如何分类的？

0-7 建筑根据使用年限是如何划分的？

0-8 什么是建筑的耐火等级？举例说明建筑耐火等级在建筑设计中的作用。

0-9 什么是建筑构件的耐火极限与燃烧性能？

第1篇　民用建筑实体构造

第1章　民用建筑实体构造概论

本章要点及学习目标

本章要点：

(1) 民用建筑的基本组成；

(2) 民用建筑各部分基本组成的功能；

(3) 民用建筑的主要结构形式（结构体系）。

学习目标：

(1) 掌握民用建筑的六大基本组成，并了解相关的组成内容；

(2) 掌握民用建筑实体的基本功能及基本组成部分的设计要求；

(3) 掌握建筑实体结构体系的概念，了解常见建筑的结构形式。

1.1　民用建筑实体的基本组成

为了便于学习和研究民用建筑实体构造的基本原理与方法，通常把民用建筑分为基础、墙体、楼地面、楼梯、屋顶、门窗六大基本组成部分。民用建筑实体的基本组成如图1-1所示。

民用建筑的六大基本组成中，每个组成部分所包含的内容不仅包括自身的实体构造，还包括与之相关的建筑构件的实体构造。

1. 基础

基础部分既包括基础的构造，也包括基础的地下室、地基、基础垫层等实体构造。

2. 墙体

墙体部分包括墙体的基层、面层、附加层等墙体的各个层次构造和墙体内基层材料与过梁、圈梁等构件，以及墙身剖面所涉及的墙脚、散水、勒脚、防潮层、窗台、窗顶等细部构造。

3. 楼地面

楼地面部分包括楼面的楼板层、面层、顶棚层、附加层和地面的基层、垫层、面层、附加层等层次构造，以及楼面的阳台、雨篷等构件的实体构造。

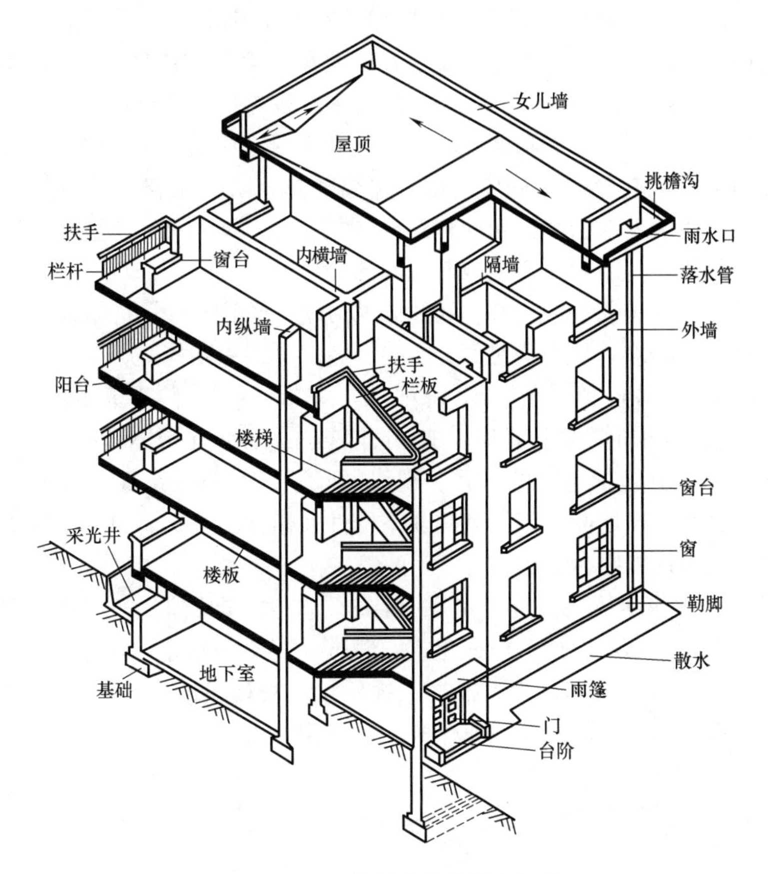

图 1-1　民用建筑实体的基本组成

4. 楼梯

楼梯部分既包括楼梯的空间设计，也包括楼梯的踏步、梯段、平台、栏杆、扶手等实体构造，以及担负垂直交通功能的电梯、自动扶梯、室外台阶、坡道等实体构造。

5. 屋顶

屋顶部分既包括屋顶的层次构造，也包括檐口、天沟、女儿墙、泛水等细部构造，同时还包括屋面的形式、排水方式、排水组织等设计原理与方法。

6. 门窗

门窗部分包括门窗的形式、作用、材料、实体构件的组成、制作安装与固定的方式，与墙体之间的位置关系等。

1.2　民用建筑实体的功能

1.2.1　民用建筑实体的基本功能

民用建筑实体的功能包括物质功能和精神功能。物质功能主要体现实体构件的实用性，精神功能主要是通过实体构件和实体构件形成的空间体现美观、舒适或其他的精神寄托等精神要求。

1. 结构功能：主要包括满足建筑的结构构件的安全和正常使用两个方面的要求。安全要求是指结构构件应满足一定的强度要求，以避免各类荷载或作用所引起的结构破坏；正常使用要求是指结构构件应满足一定的刚度要求，以避免各类荷载或作用所引起的结构变形过大而影响正常使用。结构功能要求的目标是实现建筑使用的安全可靠。

2. 围护功能：主要包括满足遮风避雨、保温隔热、防火防盗、隔声防潮等方面的要求。主要指直接与建筑外部空间接触的建筑外围构件（如，外墙、屋顶、门窗等），应满足抵御大自然或其他不利因素对建筑内部空间的侵袭。

3. 分隔功能：主要是指建筑内部空间的分隔构件（水平向的分隔，如，内墙、隔断等；竖向的分隔，如，楼面等），应当满足划分空间、隔声防潮等功能。分隔构件的分隔程度也不尽相同，如，住宅的分户墙与分室墙，除都已具备空间分隔、隔声等功能外，分户墙比分室墙的保温隔热分隔要求更高，通常应增加保温隔热层，以满足节能设计的要求。

4. 联系功能：主要包括空间的联系、视线的联系、通信联系等。水平空间联系构件如走道、门厅、过厅等楼地面；竖向空间联系构件如楼梯、电梯、自动扶梯等；室内空间与室外空间的联系构件如阳台、露台等。

5. 耐久功能：建筑实体构件应当具备一定的耐久性，即所谓“经久耐用”，以保证建筑具有一定的正常使用年限。如，根据建筑的性质（重要程度等）规定了建筑设计使用年限，详见绪论（表 0-1）；再如，为了提高工程质量，对建筑的防水构件规定了一定的防水保修期。应当指出，设计使用年限或保修期的规定，并非是建筑构件的实际耐久年限，而是对保证工程质量设置的耐久底线。

6. 美观功能：美观功能是建筑的精神功能范畴，在建筑实体构造设计中，应根据不同建筑、不同部位、不同构件的不同要求，确定建筑构件组成材料的品质、色彩、质感及其构成，因地制宜、因材施用，实现合理应用与配置。

1.2.2　民用建筑基本构件主要应满足的基本功能

建筑实体的结构、围护、分隔、联系、耐久、美观六大基本功能，是通过建筑的各基本组成部分来发挥的。建筑的各组成部分主要应满足的基本功能要求，详见表 1-1。

建筑的各基本组成部分主要应满足的基本功能要求　　表 1-1

基本构件	结构	围护	分隔	联系	耐久	美观
基础	√				√	
墙体	√	√	√	√	√	√
楼地面	√		√	√	√	√
楼梯	√		√	√	√	√
屋顶	√	√	√	√	√	√
门窗		√	√	√	√	√

由表 1-1 可知，建筑的基本构件与基本功能之间的关系：

1. 耐久功能是六个基本构件均应满足的功能要求。

2. 结构功能是建筑的结构构件应满足的功能要求，建筑构件及附着在结构构件上的建筑构造层（也可称作建筑构件）则是通过合理的实体构造来实现其安全和经久耐用。

3. 美观功能是除建筑的隐蔽构件外，有外露构件都应满足的功能要求。

4. 分隔功能不仅是墙体、楼面和门窗应满垫层足的功能要求，楼梯、屋顶、门窗也有一定的应用。如，可以利用楼梯把两类不同性质、有一定距离要求的房间分隔开来；屋顶不仅应具备围护功能，同时也是建筑的内部空间与外部空间的分隔构件。

5. 联系功能除体现在楼地面、楼梯外，在墙体上的体现则可通过设置门洞使墙体两侧的空间联系起来。屋顶的联系功能，如，上人屋面的交通联系，或是非上人屋面检修等人员在屋面上的交通联系。门窗的联系功能，如，“打开天窗说亮话”，打开的门窗可以实现门窗内外空间的联系；而即使关闭的门窗，也可以利用透光材料实现视线之间的联系。

6. 围护功能是建筑的外围围护构件（外墙、屋顶、外门窗），所特有的应当具备的功能要求。

1.3 民用建筑实体的结构体系

民用建筑实体构件包括建筑构件和结构构件两大类。建筑构件是为了实现一定的建筑功能而附属在结构构件上的实体构件，如，墙体保温层、找平层、防水层、饰面层等，楼地面的找平层、防水层、保温层、面层等，楼梯的面层、栏杆、扶手等，屋面的保温层、防水层、保护层等，以及门窗、护栏等。结构构件是为了保证建筑的结构可靠（安全和正常使用）而设置的实体构件，结构构件组成的体系称之为结构体系。常见的建筑结构体系有墙承重结构、骨架结构、大空间屋面结构三类形式。

1.3.1 墙承重结构

砖混结构是墙承重结构中使用最为广泛的结构形式。砖混结构是由基础、竖向承重的墙体、楼板、屋面板以及圈梁、构造柱等结构构件所组成的结构体系。砖混结构的主要特点是墙承重体系，由于抵抗水平风荷载及地震作用的能力较弱，开间、进深尺寸小且不够灵活，一般适用于单层或低层建筑。

1.3.1.1 墙承重结构的类型

墙承重结构的类型按墙体承重的性质，有横墙承重、纵墙承重、纵横墙混合承重三种形式。墙承重结构的类型与特点分析表，详见表 1-2。

墙承重结构的类型与特点分析表 **表 1-2**

序号	墙承重结构类型	横墙	纵墙	特点分析
1	横墙承重结构	承重墙	非承重墙	楼层板(梁)、屋面板(梁)搁置在横墙上。受力明确、结构整齐、施工方便，但开间尺寸受到一定限制
2	纵墙承重结构	非承重墙	承重墙	楼层板(梁)、屋面板(梁)搁置在纵墙上。受力明确、结构整齐、施工方便、开间比横墙承重布置灵活，但结构整体性较差
3	纵横墙混合承重结构	承重墙	承重墙	楼层板(梁)、屋面板(梁)在横墙和纵墙上均有搁置。平面布置灵活、宜满足空间使用要求，由于部分横墙承重、部分纵墙承重，受力较复杂，应在结构布置与设计中予以重视

1.3.1.2　墙承重结构竖向荷载的传递顺序与施工顺序

1. 墙承重结构竖向荷载的传递顺序

墙承重结构中，以从楼面开始为例，主要的竖向荷载传递顺序为：楼面荷载-楼板-次梁-主梁-承重墙-基础-地基。

2. 墙承重结构的施工顺序

以某二层砖混结构建筑的施工顺序为例，墙承重结构的土建工程施工顺序与墙承重结构竖向荷载的传递顺序相反。经技术、材料、设备、施工队伍等准备工作，通过平整场地、定位放线后，进行建筑实体的土建施工。砖混结构施工顺序框图示例，如图 1-2 所示。

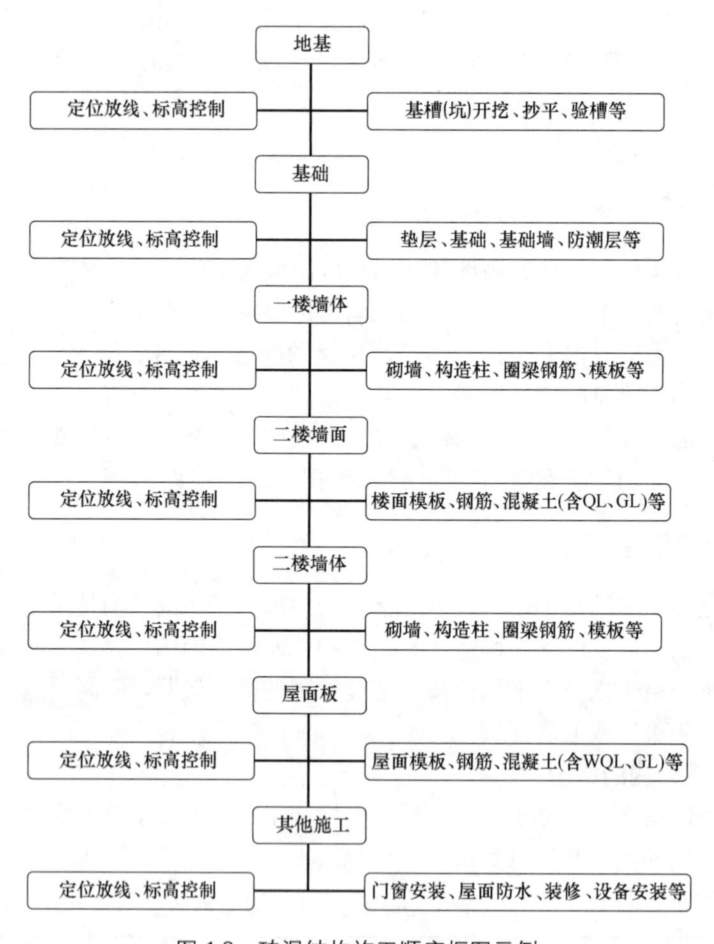

图 1-2　砖混结构施工顺序框图示例

（1）地基施工：包括放线、标高控制、基槽（坑）开挖、抄平、验槽等；

（2）基础施工：包括放线、标高控制、垫层、基础、基础墙、防潮层等；

（3）一楼墙体施工：包括放线、标高控制、砌墙、构造柱和圈梁钢筋、立模板等；

（4）楼面结构施工：包括放线、标高控制、楼面板梁立模板、扎钢筋、混凝土制作、运输、(浇筑构造柱、圈梁、楼面梁板等)、养护等；

（5）二楼墙体施工：包括放线、标高控制、砌墙、扎构造柱和圈梁钢筋、立模板等；

（6）屋面结构施工：包括放线、标高控制、屋面板梁立模板、扎钢筋、混凝土浇筑（构造柱、圈梁、屋面梁板等）、养护等；

（7）其他施工：包括门窗框安装、屋面防水、建筑粉刷装饰、门窗扇安装等。

1.3.2 骨架结构

骨架结构是利用基础、柱或剪力墙、楼（屋）盖形成建筑的骨架，承担建筑的各类荷载。骨架结构的墙体均为填充墙，其荷载也均由建筑的骨架来承担。骨架结构与墙体施工的施工顺序是"先骨架后墙体"，即先完成各层的骨架施工后，再进行填充墙（二次结构）的施工。为了加快施工进度、缩短建设工期，高层骨架结构的施工，往往在骨架施工数层（如7～8层）后，即开始自下而上进行墙体（二次结构）的施工。民用建筑中，常见的骨架结构有框架结构、剪力墙结构、框剪结构、筒体结构等。某三层框架结构施工顺序如图1-3所示。

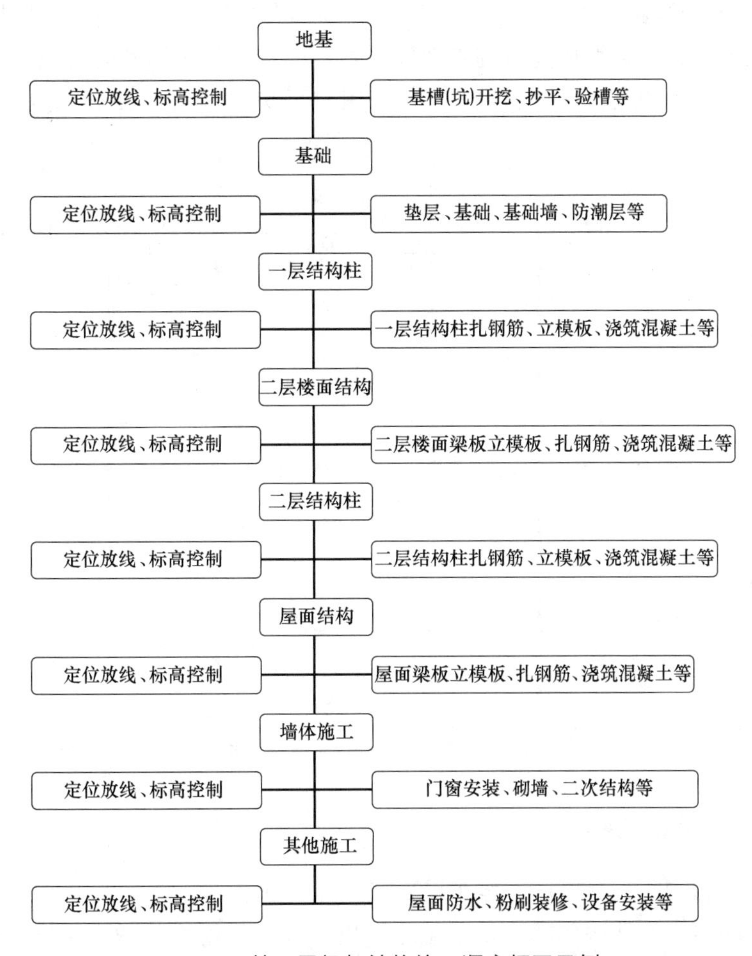

图1-3 某三层框架结构施工顺序框图示例

1. 框架结构：由基础、框架柱、框架梁以及楼板、屋面板等组成。图1-4为多层框架建筑示意图。其中，基础与框架梁的连接为理想的刚性支座，框架梁与框架梁的连接为理想的刚性连接。框架结构通常用于低层、多层或中高层建筑。

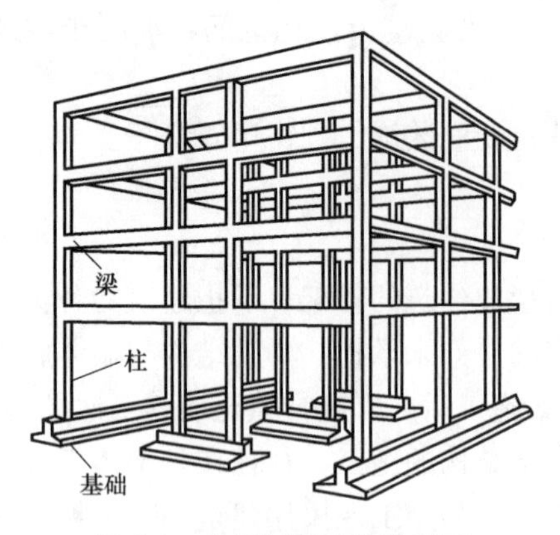

图 1-4　多层框架建筑示意图

2. 框剪结构：框剪结构由基础、框架柱、剪力墙、楼盖、屋盖等组成，是为了提高框架结构的抗剪能力，在建筑的适当位置布置钢筋混凝土墙，形成的骨架，称之为框架剪力墙结构，简称框剪结构。框剪结构通常用于中高层或高层建筑。图 1-5 为框剪结构建筑的结构布置示意图。

3. 剪力墙结构：由基础、剪力墙、楼盖、屋盖等组成，通常是利用钢筋混凝土墙代替框架结构中的框架柱，要求钢筋混凝土墙具有较强的承受剪力的能力，承担较大的水平荷载，故称之为剪力墙结构。剪力墙结构通常用于中高层或高层建筑。图 1-6 为剪力墙结构的住宅平面示意图。

4. 筒体结构：是利用楼电梯间作为建筑的核心筒体（简称核心筒），与基础、框架柱或剪力墙以及楼盖、屋盖形成建筑的骨架体系，共同承担建筑的各类荷载和作用。由于筒体结构的空间结构性更强，使结构材料的利用效率更高，所以在高层建筑中得到广泛应用。

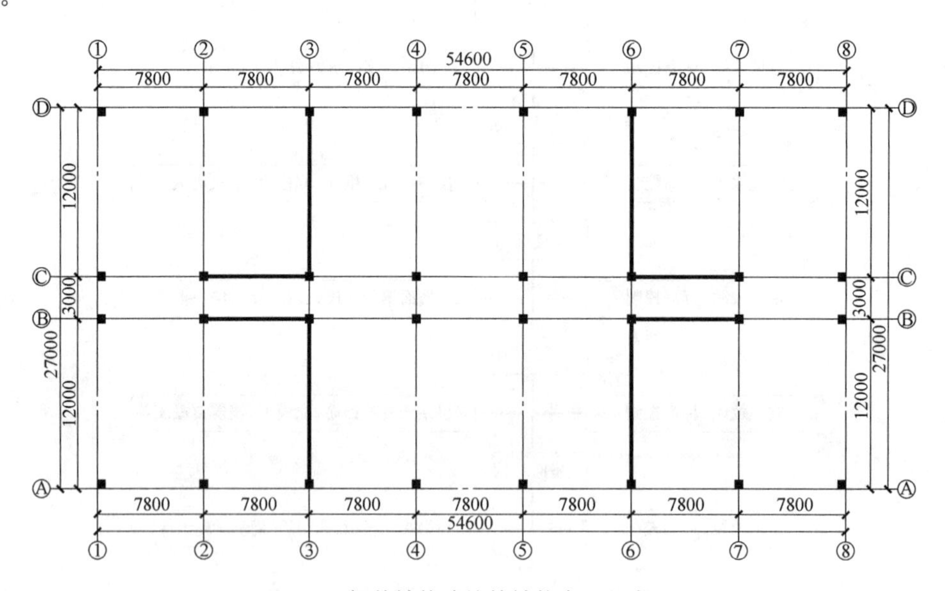

图 1-5　框剪结构建筑的结构布置示意图

1.3.3　大空间屋面结构

在体育馆、影剧院、展览厅、候车厅、飞机库、航空港、体育场看台等建筑中，为了满足大跨度空间屋面的结构要求，其屋盖的结构形式应采用特殊的大跨度空间结构，如，网架结构、壳体结构、悬索结构、膜结构等。

1. 网架结构：是由若干杆件（使用最广泛的是钢杆件）通过连接板或球形节点的连接，形成整体的屋面空间结构体系。网架结构以其重量轻、刚度大，制作、运输、安装简便的特点，在大空间屋面结构中得到广泛应用。某体育馆屋面网架，如图 1-7 所示。

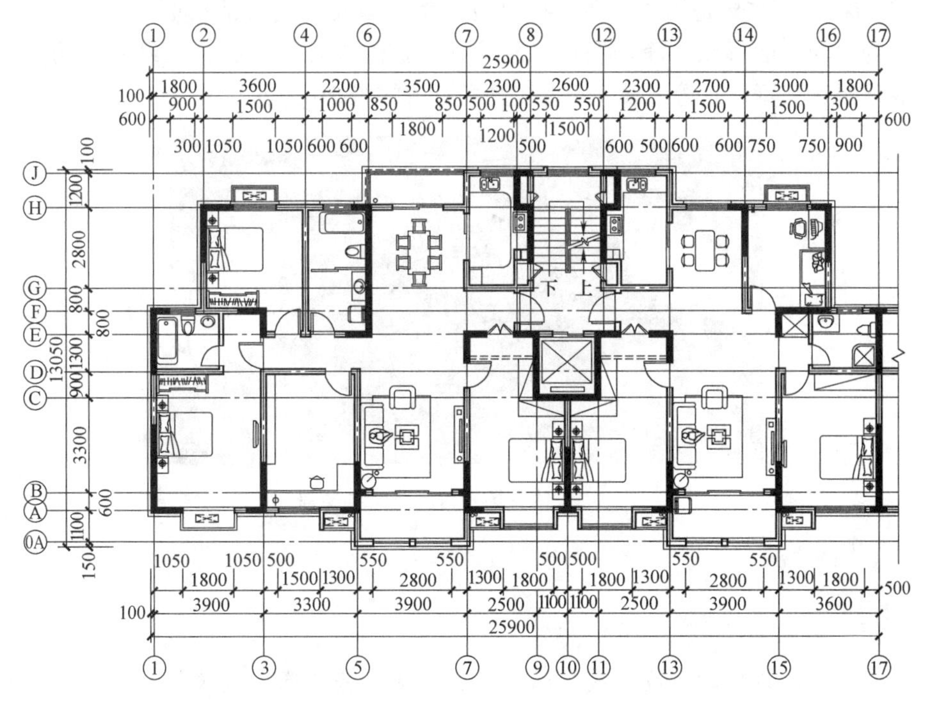

图 1-6 剪力墙结构的住宅平面示意图

图 1-7 某体育馆屋面网架

2. 壳体结构：壳体的材料常用弧形钢筋混凝土薄板制作，故壳体结构又称薄壳结构。壳体结构也可采用钢材、木材、砖石、玻璃钢等材料制作。采用壳体钢结构的国家大剧院，如图 1-8 所示。

3. 悬索结构：是充分利用高强抗拉性能的柔性材料与边缘结构构件或支座，形成的大空间屋面承重结构。悬索结构包括平面悬索结构和空间悬索结构。平面悬索结构常用于桥梁和管道架空工程；空间悬索结构可用于大空间屋面结构。

图 1-8 国家大剧院

4. 膜结构：膜结构是用高强薄膜材料与钢骨架构成的屋盖结构形式，可以形成各种造型优美的空间曲面形状，简洁明快、刚柔并济，使人耳目一新。膜结构常用于体育建筑、交通建筑、展览建筑等。图 1-9 为体育场看台的膜结构屋盖。

图 1-9　体育场看台的膜结构屋盖

本章小结

民用建筑实体的基本组成一般包括基础、墙体、楼地面、楼梯、屋顶和门窗六大部分。这六大组成部分应当是广义的，即不仅包括每一部分的基本实体，而且还包括与之相关的各种建筑实体。建筑实体的基本功能包括结构、围护、分隔、联系、耐久、美观六个方面，不同实体的基本功能有所区别，是建筑实体构造设计应当满足的基本要求。

思考与练习题

1-1　民用建筑实体与空间的关系是什么？

1-2　民用建筑实体的基本组成是什么？

1-3　举例说明，与民用建筑实体基本组成相关的还有哪些建筑构件？

1-4　民用建筑实体的基本功能有哪些？

1-5　举例说明，同一种建筑构件是如何实现“联系与分隔”功能的？

1-6　分别分析民用建筑的六大基本构件的设计要求。

1-7　如何理解对建筑实体的“功能要求”是实体构造设计的目标？

1-8　民用建筑实体的结构形式有哪几类？

1-9　简述建筑构件与结构构件的区别与联系。

1-10　墙承重结构与骨架结构受力特点与施工顺序的主要区别有哪些？

1-11　通过简单的试验来证明平面结构与空间结构的区别。

1-12　举例说明，常见的结构形式在实际工程中的应用。

第 2 章　基础与地下室

本章要点及学习目标

本章要点：
(1) 地基和基础的概念；
(2) 影响基础埋置深度的因素；
(3) 基础按构造形式分类型；
(4) 刚性基础和柔性基础特点；
(5) 地下室的防潮与防水。
学习目标：
(1) 了解地基与基础的概念及设计要求；
(2) 熟悉基础埋置深度的概念；
(3) 掌握影响基础埋置深度的因素；
(4) 熟悉基础的分类，掌握基础的构造形式；
(5) 掌握地下室的防潮与防水构造。

2.1　地基与基础的关系

2.1.1　地基与基础的概念

1. 概念

在建筑工程中，基础是建筑地面以下的承重构件，是建筑物与土壤直接接触的部分。地基是支承建筑物荷载的土层。

基础承受着建筑物上部结构传下来的全部荷载，并将这些荷载连同自身的重量一起传递给地基。所以基础是建筑物的组成部分，而地基是承担建筑物荷载的土层。地基承受建筑物荷载而产生的应力与应变随着土层深度的增加而减少，在达到一定深度后可以忽略不计。地基依据土层深度，直接承受建筑荷载的部分为持力层。持力层以下的土层为下卧层，如图 2-1 所示。

2. 地基分类

按照土层性质不同，可以将地基分为天然地基和人工地基两类。

天然地基——天然土层本身具有足够的强度，不需经过处理就可以直接承受建筑物荷载的地基。如岩石、碎石、砂土粉土、黏性土等。

人工地基——凡天然土层本身的承载能力弱，或建筑物上部荷载较大，必须对土壤层

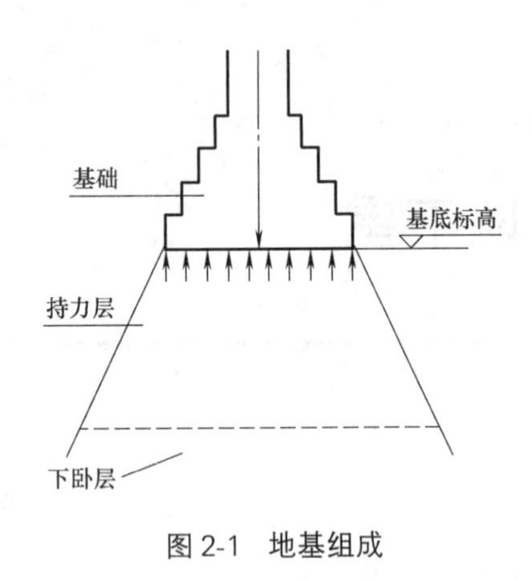

图 2-1　地基组成

进行人工加固处理后才能承受建筑物荷载的地基。人工加固地基通常采用压实法、换土法、打桩法及化学加固法等。

2.1.2　地基与基础的设计要求

1. 地基应具有足够的强度和稳定性要求

地基必须要有足够的强度和安全度，才能保证建筑物的安全和正常使用。因为地基一旦发生强度破坏，大多是灾难性的。地基应在允许范围内发生变形，如果地基变形超过设计允许值，会引起墙体开裂、建筑倾斜，严重时造成建筑物倒塌。

2. 基础应具有足够的强度、刚度和耐久性

为保障安全、正常承担并传递建筑物的荷载，基础应具有足够的强度和刚度。更重要的是基础属于建筑隐蔽工程，一旦有问题出现，事先无法警觉，事后又很难补救。所以基础的材料和构造形式，都应与建筑上部结构的耐久性相适应。

2.2　基础埋置深度

2.2.1　埋置深度

从室外设计地坪至基础底面的垂直距离称基础的埋置深度，简称基础的埋深，如图 2-2 所示。根据基础埋置深度的不同，基础分为深基础、浅基础和不埋基础。通常，埋置深度小于 5m 的基础（桩基或墙基），以及埋深虽超过 5m 但小于基础宽度的大尺寸基础（箱形、筏形基础），称为浅基础；埋置深度大于 5m 或大于基础宽度的基础，称为深基础。

单纯从施工和经济的角度考虑，在满足设计强度和变形要求的前提下，基础应尽量浅埋。但埋置深度过浅，将对建筑物的稳定性有很大影响。因此基础埋置深度特别是高层建筑基础埋深应符合一定要求。为防止自然因素或人为因素对基础造成损伤，基础顶面应低于室外设计地面。

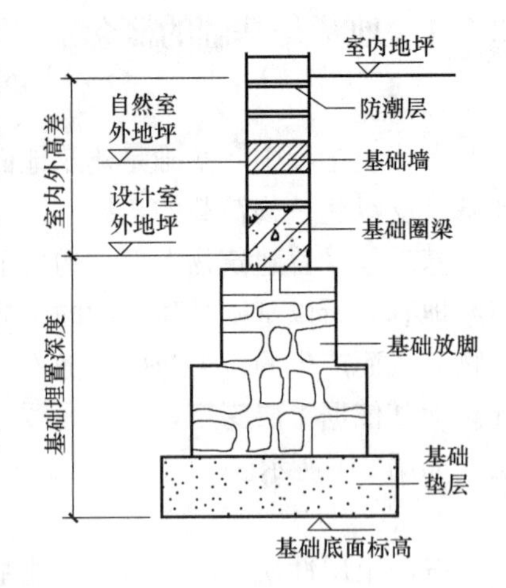

图 2-2　基础的埋深

2.2.2　影响因素

影响基础埋置深度的因素很多，主要考虑以下六个方面。

1. 建筑物上部荷载

基坑挖出土的重量理论上应大于或等于建筑物的上部荷载。高层建筑基础埋置深度一般为地上建筑高度的 1/15～1/10，而多层建筑物则根据地下水位及冻土深度来确定埋深。

2. 工程地质条件

基础必须建造在坚实可靠的地基土层上，否则，应采用桩基础或进行地基加固。

3. 水文条件

地下水位的高低随季节的升降会直接影响地基承载力。如黏性土遇水后，因含水量增加，体积膨胀，土的承载力就会下降；若地下水中含侵蚀性物质，会对基础产生腐蚀，因此建筑物的基础应尽可能埋置在地下水位以上。当基础埋置在地下水位以下时，应注意避免基础底面处于地下水位变化范围内的影响，可将基础底面埋置在最低地下水位 200mm 以下，如图 2-3 所示。

4. 冻结深度

地面以下的冻结土层与非冻结土层的分界线称为冰冻线。土的冻结深度与当地的气候条件有关。冬季，土的冻胀会把基础抬起；春季，气温回升，冻土融化，基础会下沉。如果基础埋置在冻结深度内，由于冻胀和融陷的不均匀性，建筑易产生墙身开裂、门窗变形，更有甚发生基础冻融破坏。当地基为冻胀性土时，基础埋置深度宜大于冻结深度，一般将基础底面埋置在冰冻线以下约 200mm，并对基础应采取相应的防冻害措施，如图 2-4 所示。

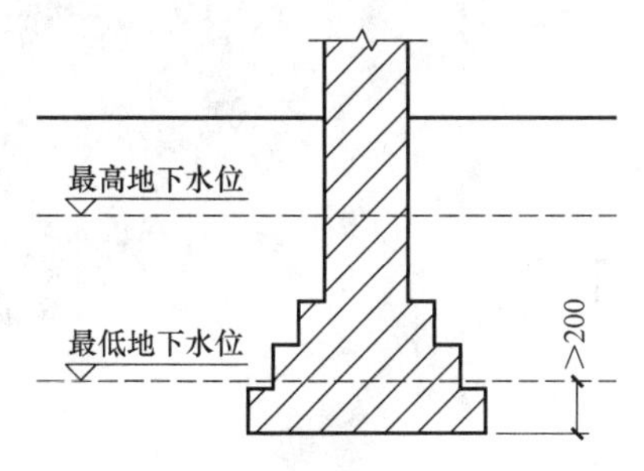

图 2-3 基础埋在地下水位以下

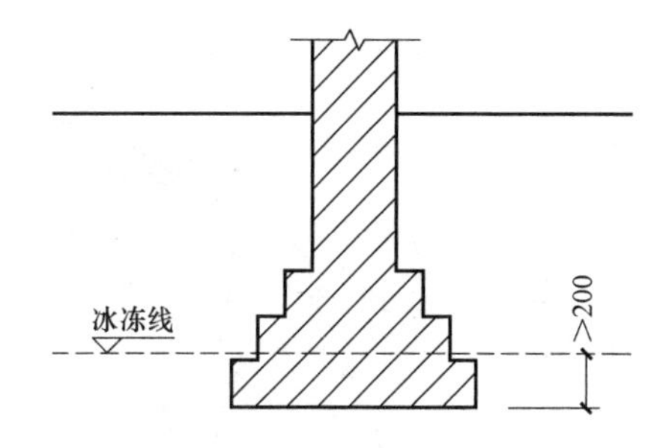

图 2-4 基础埋在冰冻线以下

5. 相邻建筑物的基础

在原有建筑物的附近建造建筑时，要考虑新建的荷载对旧有建筑基础的影响。为保证原有建筑的安全，通常新建筑的基础埋置深度小于原有建筑的深度。当新建筑的基础埋置深度必须大于旧建筑物的时，两基础之间应保持一定间距，一般为两相邻基础底面高差的 1～2 倍，如图 2-5 所示。具体详情应依据原有基础荷载大小、基础形式和土质情况来定。

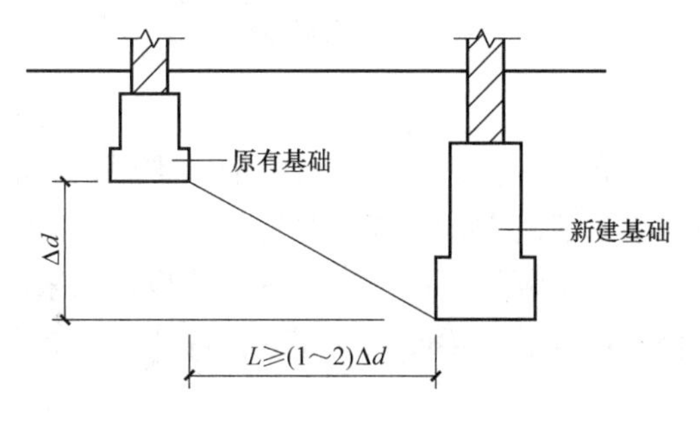

图 2-5 相邻基础埋深的影响

6. 建筑物的功能

基础埋置深度与建筑物的使用功能有很大关系，如有无地下室、设备基础深度及其他地下设施条件等。

2.3　基础类型

基础的类型多种多样，可将其按构造形式、所用材料等多种形式划分。

2.3.1　按构造形式分类

基础构造形式的确定结合建筑物上部结构形式、荷载大小以及相应的地基土质情况而定。一般情况，建筑上部结构形式直接影响基础的形式。随着上部荷载及地基承载能力的变化，基础形式也随之变化。

1. 条形基础

条形基础也叫带形基础，它的形状是连续的带形。当地基条件比较好、基础埋置深度较浅时，墙体承重式建筑大多采用条形基础，以便于传递连续的条形荷载，如图 2-6 所示。

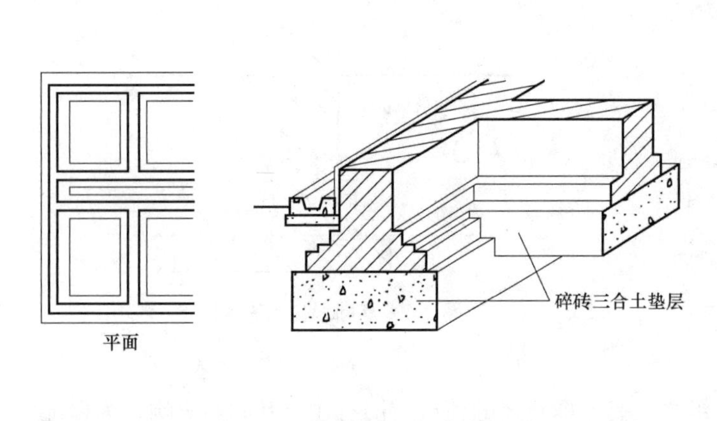

图 2-6　条形基础

2. 独立基础

独立基础是呈独立的块状，其构造形式有台阶形、锥形、杯形等多种式样。独立基础主要用于柱下。在墙体承重式建筑中，当该建筑地基承载能力较弱或是基础埋深较大时，为节约基础材料，减少土石方工程量，加快工程进度，也可以采用独立基础。为了支承上部墙体，在独立基础上仍然可以设置梁或拱等连续构件，如图 2-7 所示。

3. 井格基础

当框架结构建筑的地基条件较差或上部荷载较大时，为提高建筑物的整体刚度，避免各柱子之间发生不均匀沉陷，常将柱下基础沿纵、横方向连接起来，形成十字交叉的井格基础，又称柱下交梁基础，如图 2-8 所示。

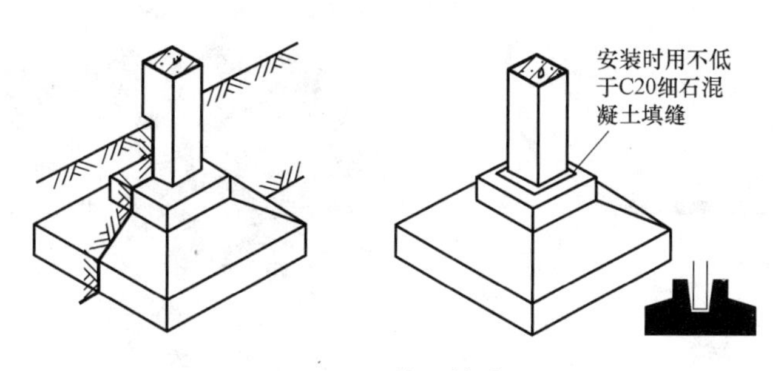

图 2-7 独立基础

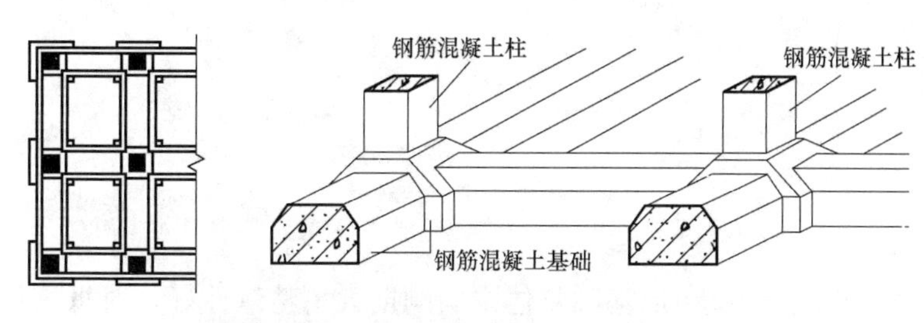

图 2-8 井格基础

4. 筏形基础

当建筑物上部荷载较大，而所处的地基承载能力较弱，此时采用简单的条形或井格式基础已不能满足地基变形的需求，常将墙或柱下基础连成一整片，使整个建筑物的荷载承受在一块整板上，这种板式基础被称为筏形基础。

筏形基础有平板式和梁板式之分。平板式基础是在天然地表上将场地平整并用压路机将地表土碾压密实后，在较好的持力层上浇筑钢筋混凝土平板，该平板就是建筑物的基础。在结构上，基础像一只盘子反扣在地面上承受上部荷载。平板式筏式基础大大减少了土方工作量，适宜较弱地基（但必须是均匀条件）的情况，特别适宜于多层整体刚度较好的居住建筑。它构造简单，但板厚较大；梁板式的板厚较小，经济且受力合理，但板顶不平，需要在地面铺设前将梁间空格填实或在梁间铺设预制钢筋混凝土板，如图 2-9（a）、（b）所示。

5. 箱形基础

箱形基础是由钢筋混凝土的底板、顶板及若干纵横墙组成的，现浇成中心箱体的整体

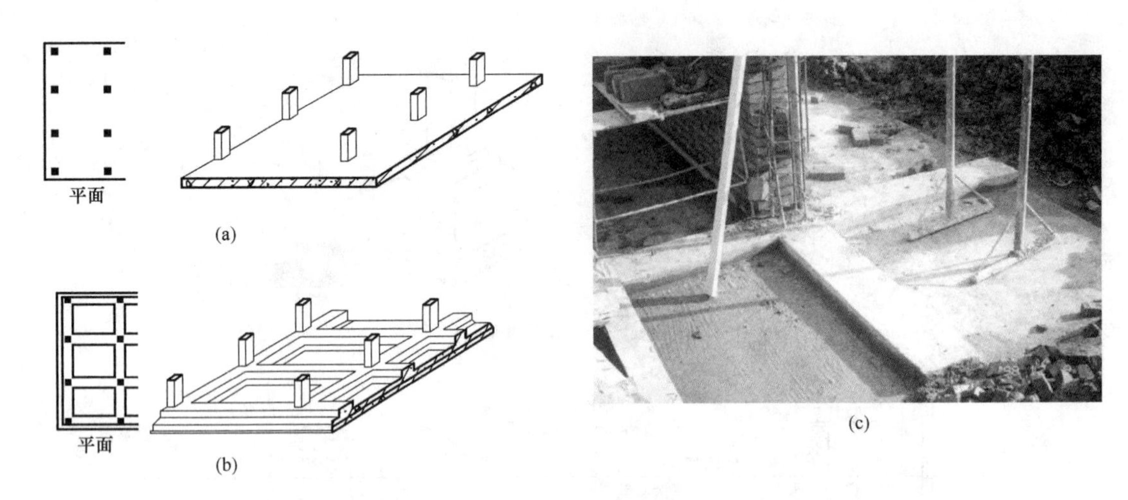

图 2-9 筏板基础

(a) 板式筏形基础；(b) 梁板式筏形基础；(c) 梁板式筏板基础实例

盒状基础，如图 2-10 所示。箱形基础整体空间刚度大，整体性好，对抵抗地基的不均匀沉降十分有利，一般适用于高层建筑或在软弱地基上建造的上部荷载较大的建筑物。当基础的中空部分尺度较大时，可用作地下室或地下停车场。

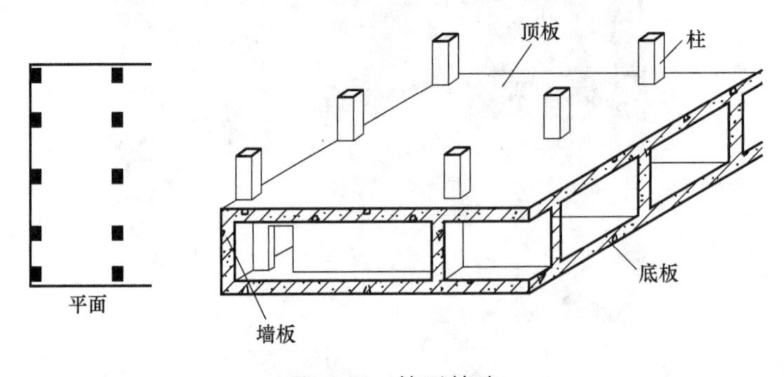

图 2-10 箱形基础

6. 桩基础

当建筑的上部荷载较大时，需要将其传至深层较为坚硬的地基中去；或地基的软弱土层厚度在 5000mm 以上，采用浅基础不能满足强度和变形要求；或对软弱土层进行人工处理困难和不经济时，应采用桩基础。

桩基由设置于土中的桩和承接上部结构的承台组成。由若干桩来支承一个平台，然后由这个平台托住整个建筑物，这叫做桩承台，如图 2-11 所示。桩基础中的承台梁（或板）将上部结构的荷载传给下部的桩身，其中承台板用于柱下，承台梁用于墙下。

桩基础的种类很多，依据材料不同，桩基础可分为木桩、钢桩和钢筋混凝土桩等；依据断面形式不同，可分为圆形、方形和六角形等；依据施工方法不同，可分为打入桩、压入桩、振入桩和灌入桩等；根据受力性能不同，又可分为端承桩和摩擦桩，如图 2-12 所示。端承桩是将建筑物的荷载通过桩端传给地基深处的坚硬土层，这种桩适合于坚硬土层较浅、荷载较大的情况。摩擦桩是通过桩侧表面与周围土的摩擦力来承担荷载的，适用于软土层较厚、坚硬土层较深、荷载较小的情况。

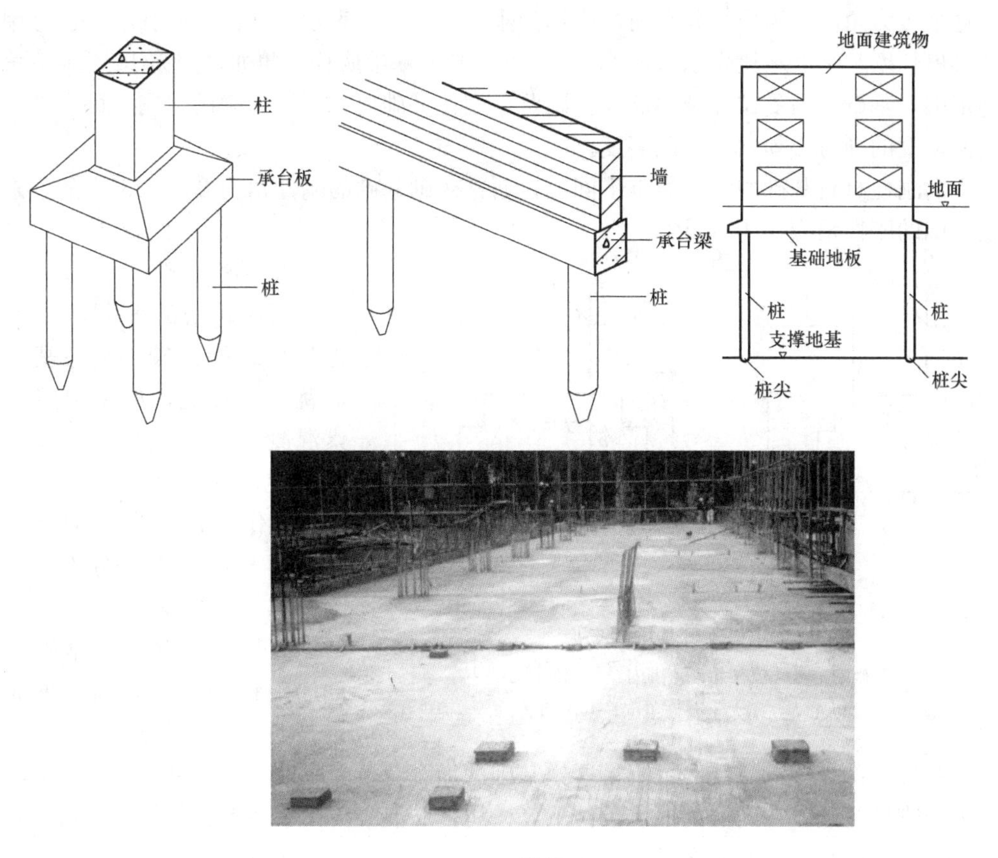

图 2-11 桩基础

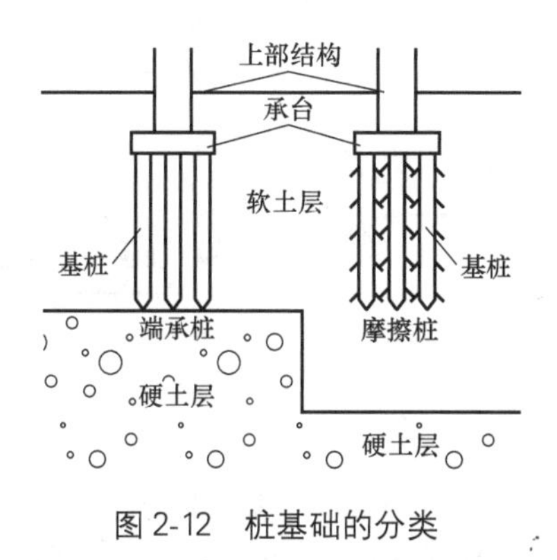

图 2-12 桩基础的分类

2.3.2 按材料及受力特点分类

1. 刚性基础

刚性基础是由刚性材料制作的基础。在常用的建筑材料中，砖、石、素混凝土等抗压强度高，但其抗拉与抗剪强度低，属于刚性材料。由以上材料制作的基础都称为刚性基础。

根据试验得知，刚性基础的上部结构（墙或柱）在基础中传递压力是沿一定角度分布的，这个传力角度称为压力分布角，或称为刚性角，以 α 表示，如图2-13所示，也可用基础的挑出长度与高度之比表示（通称宽高比）。如果基础底面宽度加大，超出了刚性角的控制范围，基础会因受拉开裂而破坏。因此，刚性基础要受到刚性角的限制，即在增大基础底面宽度的同时必须增加基础高度。

不同刚性材料基础的刚性角是不同的，通常砖砌基础的刚性角为 26°～33°之间，素混凝土基础的刚性角应在 45°以内。

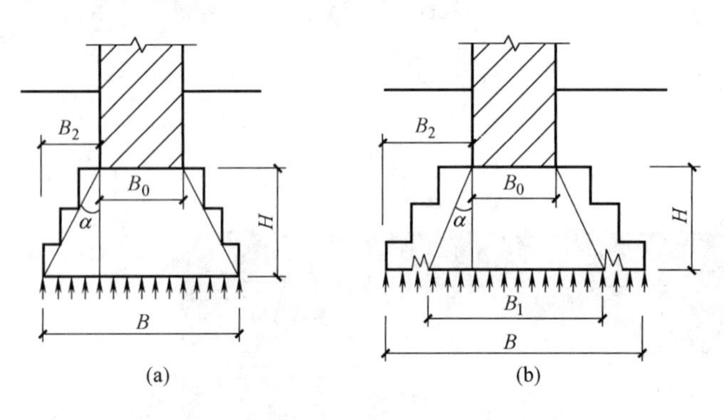

图 2-13　刚性基础的受力

（a）基础的 B_2/H 值在允许范围内，基础底面不受拉；

（b）基础宽度加大，B_2/H 大于允许范围，基础因受拉开裂而破坏

2. 柔性基础

当建筑物的荷载较大或是地基承载能力较小时，基础底面就需要加宽，如果依然采用素混凝土材料，则基础深度也要相应加大，这样就增加了挖土方工作量和基础材料的用量，对工期和造价都十分不利，如图 2-14（a）所示。

如若在素混凝土基础的底部加配钢筋，充分利用钢筋的抗拉性能，如图 2-14（b）所示，使基础底部能够承受较大弯矩，这样基础的加宽就不受刚性角的限制，故钢筋混凝土基础为非刚性基础。在同样的地质条件下，采用钢筋混凝土比采用混凝土基础，可节省大量的混凝土材料和挖土方工作量。

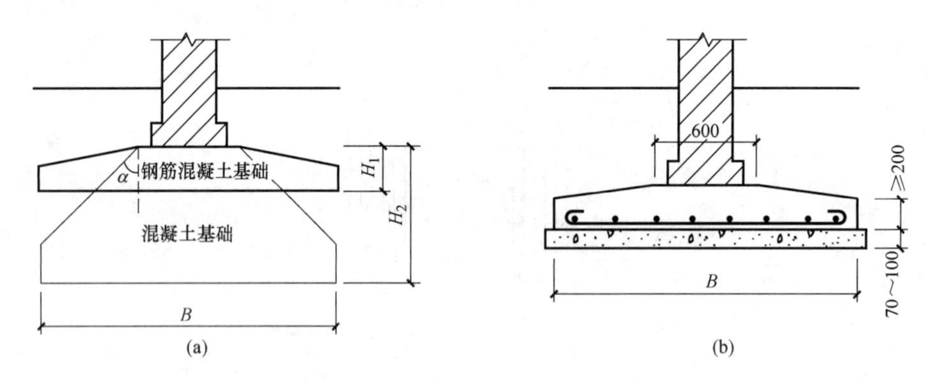

图 2-14　柔性基础

（a）混凝土与钢筋混凝土基础的比较；（b）钢筋混凝土基础

2.4　地下室

建筑物底层地面以下的空间称为地下室。地下室的墙板、底板长期受到渗入地表水、土壤中的潮气和地下水的侵蚀，轻则引起室内墙面脱落、生霉，重则进水，严重危及地下室的正常使用和建筑物的耐久性。因此，地下室防潮与防水是构造设计中所要重点解决的问题。其具体构造措施应根据地下水位和地基渗水情况而定。

2.4.1 地下室组成

地下室由墙板、底板、顶板等组成，如图 2-15 所示。墙板可用砖砌，但多采用钢筋混凝土现场浇筑；底板和顶板则必须采用钢筋混凝土制作。地下室的外墙板不仅承受上部的垂直荷载，还承受土壤、地下水及土壤冻胀时产生的侧压力。地下室的底板不仅承受作用在其上的垂直荷载，当地下室地面低于地下水位时，还要承受地下水的浮力作用。因此，地下室的墙板和底板必须有足够的强度、刚度和防水能力。

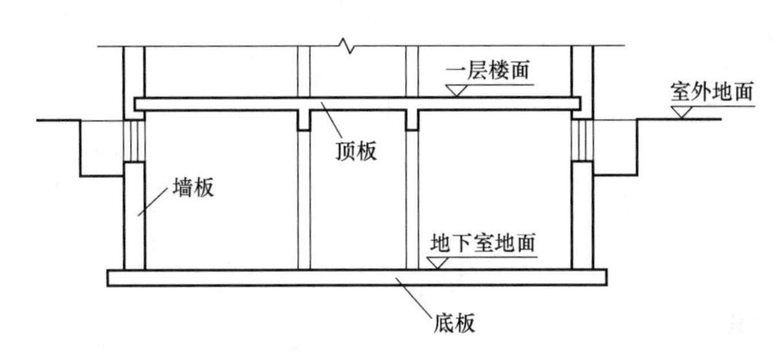

图 2-15 地下室组成

2.4.2 地下室分类

1. 按使用功能分类

按使用功能划分，地下室分为普通地下室和人防地下室。普通地下室用做地下车库、设备用房等；人防地下室用以应对战时人员的隐蔽和疏散，具备保障人身安全的各项技术措施。

2. 按地下室埋置深度分类

按地下室埋置深度划分，地下室分为全地下室和半地下室。当地下室地面低于室外地面的高度，超过地下室净高的 1/2 时称全地下室。当地下室地面低于室外地面的高度，超过地下室净高的 1/3，但不超过 1/2 时称半地下室。

2.4.3 地下室防潮

当设计最高地下水位低于地下室底板且无形成上层滞水可能时，地下水不能侵入地下室内部，地下室底板和外墙可以做防潮处理。

地下室防潮的构造要求是：砖墙体必须采用水泥砂浆砌筑，灰缝必须饱满；在外墙外侧设垂直防潮层，防潮层做法一般为 1∶2.5 水泥砂浆找平、刷冷底子油一道、热沥青两道，防潮层做至室外散水处，然后在防潮层外侧回填低渗透性土壤如黏土、灰土等，并逐层夯实，底宽 500mm 左右。此外，地下室所有墙体必须设两道水平防潮层，一道设在底层地坪附近，一般设置在结构层之间；一道设在室外地面散水以上 150～200mm 的位置，如图 2-16 所示。

当地下室使用要求较高时，可在墙板和底板内侧加涂防潮涂料，以消除或减少潮气渗入。

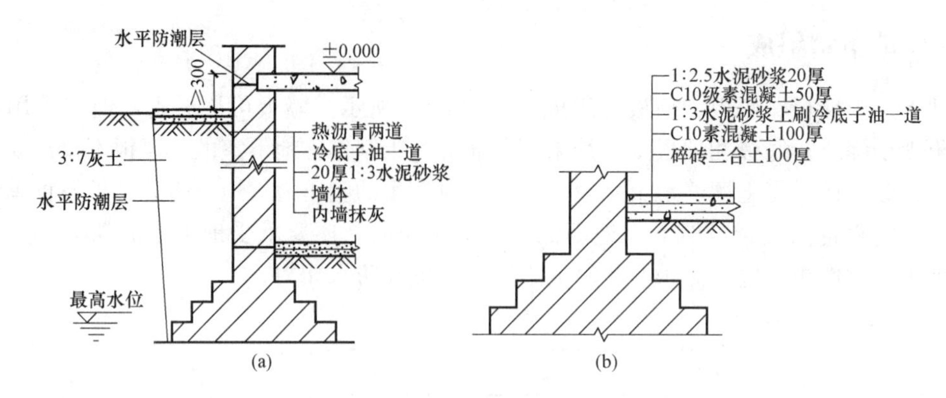

图 2-16 地下室防潮
(a) 墙身防潮；(b) 地坪防潮

2.4.4 地下室防水

1. 地下室防水设计要求

地下室防水工程的等级，如表 2-1 所示。

地下室防水工程的等级 表 2-1

防水等级	防水标准	试用范围
一级	不允许渗水，结构表面无湿渍	人员长期停留的场所；因有少量湿渍会使物品变质、失效的储物场所，以及严重影响设备正常运转和危机工程安全运营的部位；极重要的战备工程、地铁车站
二级	(1)不允许渗水，结构表面可有少许湿渍。 (2)工业与民用建筑：总湿渍面积不应大于总防水面积(包括顶板、墙团、地面)的 1/1000；任意 100m^2 防水面积的湿渍不超过 2 处；单个湿渍最大面积不大于 0.1m^2。 (3)其他地下工程：总湿渍面积不应大于总防水面积的 2/1000；任意 100m^2 防水面积的湿渍不超过 3 处；单个湿渍最大面积不大于 0.2m^2；任意 100m^2 防水面积的渗水量不大于 0.15L/(m^2·d)	人员经常活动的场所；在有少量湿渍情况下不会使物品变质、失效的储物场所，以及基本不影响设备正常运转和工程安全运营的部位；重要的战备工程
三级	(1)有少量渗水点，不得有线流和漏泥沙。 (2)任意 100m^2 防水面积的漏水或湿渍不超过 7 处，单个漏水点的漏水量不大于 2.5L/d，单个湿渍最大面积不大于 0.3m^2	临时人员活动场所；战备工程
四级	(1)有渗水点，不得有线流和漏泥沙。 (2)整个工程平均漏水量不大于 2L/(m^2·d)；任意 100m^2 防水面积的平均漏水量不大于 4L/(m^2·d)	对渗漏水无严格要求的工程

2. 地下室防水设计构造

当最高地下水位高于地下室地坪时，地下水不但会侵入墙体，还会对地下室外墙和底板产生侧压力和浮力，必须采取防水措施。

地下室的防水构造做法主要是采用防水材料来隔离地下水。按照建筑物的状况以及所选用防水材料的不同，可以分为卷材防水、砂浆防水和涂料防水等几种。另外，采用人工降水、排水的办法，使地下水位降低至地下室底板以下，变有压水为无压水，消除地下水对地下室的影响也是非常有效的。

（1）卷材防水构造

卷材防水构造适用于受侵蚀性介质或受振动作用的地下工程。卷材应采用高聚物改性沥青防水卷材和合成高分子防水卷材，铺设在地下室混凝土结构主体的迎水面上。铺设位置是自底板垫层至墙体顶端的基面上，同时应在外围形成封闭的防水层。防水卷材厚度的选用应符合规定，如表 2-2 所示。

防水卷材厚度 **表 2-2**

防水等级	设 防 道 数	合成高分子防水卷材	高聚物改性沥青防水卷材
一级	三道或三道以上设防	单层：不应小于 1.5mm 双层：总厚不应小于 2.4mm	单层：不应小于 4mm 双层：总厚不应小于 6mm
二级	二道设防		
三级	一道设防	不应小于 1.5mm	不应小于 4mm
	复合设防	不应小于 1.5mm	不应小于 3mm

卷材铺贴前应在基层表面上涂刷基层处理剂，基层处理剂应与卷材及胶粘剂的材料相容，可采用喷涂或涂刷法施工，喷涂应均匀一致、不露底，待表面干燥后方可铺贴卷材。两幅卷材短边和长边的搭接宽度均不应小于 100mm。当采用多层卷材时，上下两层和相邻两幅卷材的接缝应错开 1/3 幅宽，且两层卷材不得相互垂直铺贴。在阴阳角处，卷材应做成圆弧，而且应当像在有女儿墙处的卷材防水屋面做法一样加铺一道相同的卷材，宽度大于 500mm，如图 2-17 所示。

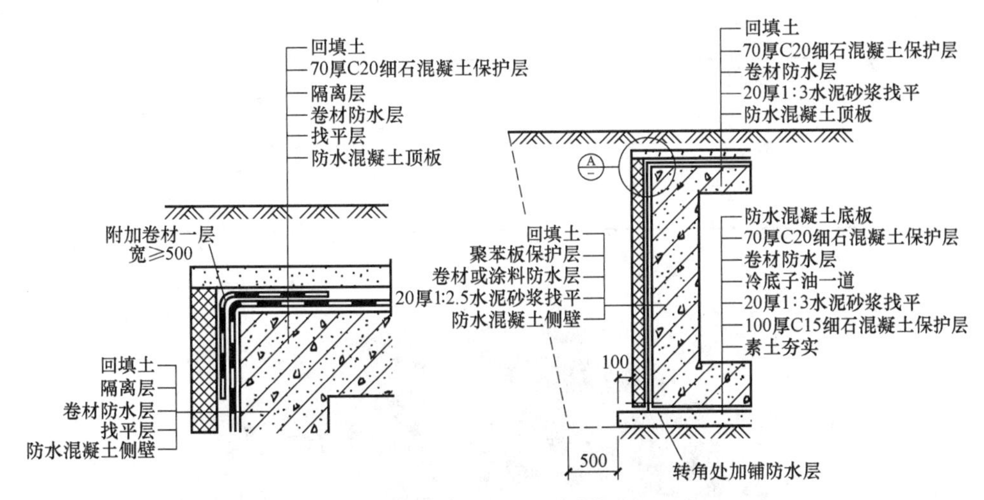

图 2-17 地下室卷材防水

（2）砂浆防水构造

砂浆防水构造适用于混凝土或砌体结构的基层上，不适用于环境有侵蚀性、持续振动或温度高于 80℃的地下工程。所用砂浆应为水泥砂浆或高聚物水泥砂浆、掺外加剂或掺

图 2-18 地下室砂浆防水

合料的防水砂浆，施工应采取多层抹压法，如图 2-18 所示。

用作防水的砂浆可以做在结构主体的迎水面或者背水面。其中水泥砂浆的配比应在1∶1.5～1∶2，单层厚度同普通粉刷。高聚物水泥砂浆单层厚度为 6～8mm，双层厚度为 10～12mm，掺外加剂或掺合料的防水砂浆防水层厚度为 18～20mm。

（3）涂料防水构造

涂料防水构造用于受侵蚀性介质或受振动作用的地下工程主体迎水面或背水面的涂刷。

有机防水涂料主要包括合成橡胶类、合成树脂类和橡胶沥青类。其中如氯丁橡胶防水涂料、SBS 改性沥青防水涂料等聚合物乳液防水涂料属挥发固化型，聚氨酯防水涂料等属反应固化型。另有聚合物水泥涂料，是以高分子聚合物为主要基料，加入少量无机活性粉料（如水泥及石英砂等），具有比一般有机涂料干燥快、弹性模量低、体积收缩小、抗渗性好等优点。有机防水涂料固化成膜后最终形成柔性防水层，适宜做在主体结构的迎水面。

无机防水涂料主要包括聚合物改性水泥基防水涂料和水泥基渗透结晶型防水涂料，是在水泥中掺有一定的聚合物，能够不同程度地改变水泥固化后的物理力学性能。但是应认为是刚性防水材料，所以不适用于变形较大或受振动部位，适宜做在主体结构的背水面，如图 2-19 所示。防水涂料的厚度，可参照规定，如表 2-3 所示。

防水涂料厚度（单位：mm） 表 2-3

防水等级	设防道数	有机涂料			无机涂料	
		反应型	水乳型	聚合物型	水泥基	水泥基渗透结晶型
一级	三道或三道以上设防	1.2～2.0	1.2～1.5	1.5～2.0	1.5～2.0	≥0.8
二级	二道设防	1.2～2.0	1.2～1.5	1.5～2.0	1.5～2.0	≥0.8
三级	一道设防	—	—	≥2.0	≥2.0	—
	复合设防	—	—	≥1.5	≥2.0	—

图 2-19 地下室涂料防水

本章小结

本章主要讲述基础与地基的概念与关系、地基的分类、基础的埋置深度及其影响因素、基础的类型与构造及地下室的防潮、防水构造等。

本章的重点是基础的类型与地下室的防潮、防水构造。

思考与练习题

2-1　简述基础与地基的关系。

2-2　什么叫基础的埋置深度？影响它的因素有哪些？

2-3　常见的基础构造形式有哪些？各有什么特点？

2-4　什么是刚性基础？什么是非刚性基础？两者有何不同？

2-5　为什么要对地下室做防潮、防水处理？

2-6　地下室防水工程的等级如何划分？

2-7　简述地下室防潮的构造要点。

2-8　地下室防水的具体构造做法有哪些？

第3章　墙　　体

本章要点及学习目标

本章要点：

(1) 墙体的基本组成与分类；

(2) 砌体墙的构造组成、原理与方法；

(3) 板材墙、骨架墙的基本构造；

(4) 墙体的节能构造原理与方法；

(5) 墙体饰面的作用、要求、类型与构造。

学习目标：

(1) 掌握墙体的构造组成与不同形式的分类；

(2) 熟练掌握标准砖的尺寸与组砌特点；掌握砌体组砌的主要质量要求，了解组砌砂浆与专用胶粘剂的应用特点；掌握砌体墙的细部构造，特别是墙脚、窗台和窗顶的构造原理与一般构造方法；了解砌体墙的防裂构造原理；

(3) 了解板材墙、骨架墙的一般构造；

(4) 了解墙体节能材料的主要性能，掌握墙体节能的层次构造原理与一般方法；了解建筑节能的基本概念；

(5) 了解墙体饰面的作用与设计要求，掌握常用墙体饰面的构造原理与一般方法。

3.1　墙体的组成与类型

3.1.1　墙体的组成

为了满足墙体相应的功能要求，一般墙体的材料和构造组成不是单一的，墙体通常包括墙体基层、墙体面层和其他构造层。

1. 墙体基层。墙体基层是墙体的结构层，是保证墙体强度、刚度和稳定性的基本层次，如砌体墙、钢筋混凝土墙、轻钢龙骨石膏板墙等。砌体墙、立砖、构造柱、圈梁等都是墙体基层的组成部分。砌体墙及立砖构造柱示例，如图 3-1 所示。

2. 墙体面层。墙体面层是墙体表面的装饰层，分为外墙面层和内墙面层。根据建筑的形象、功能和经济性等要求，采用不同的面层做法。常见的外墙面层如真石漆面层、干挂石材面层、铝板面层等，展现了建筑的外部形象。某住宅外墙饰面示例如图 3-2 所示。常见的内墙面层如内墙涂料面层、面砖面层、木饰面面层等，构成了室内空间的效果。某公司办公室室内效果图如图 3-3 所示。

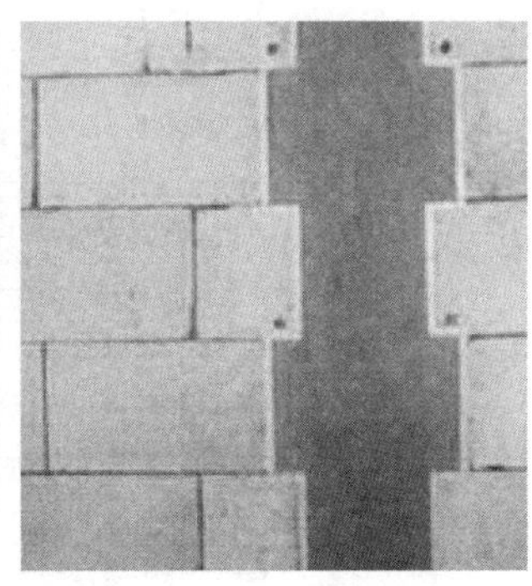

图 3-1 砌体墙及立砖构造柱示例

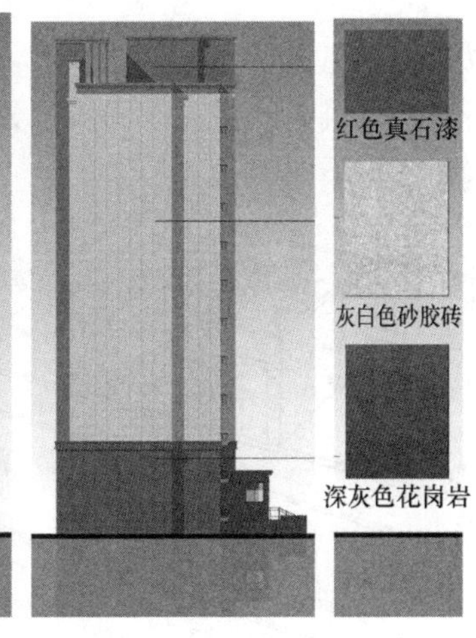

图 3-2 某住宅外墙饰面示例

图 3-3 某公司办公室室内效果图

3. 其他构造层。为了满足墙体一定的功能需要，除基层和面层外，通常在基层和面层之间还需设置墙体的其他构造层，如找平层、保温层、抗裂砂浆层等，如图 3-4 所示。

3.1.2 墙体的类型

按不同的分类方式，墙体的类型和名称不同。

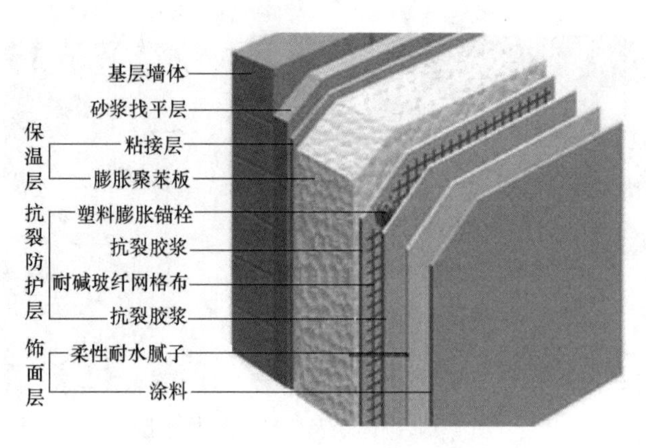

图 3-4　找平层、保温层、抗裂砂浆层示例

1. 按墙体在建筑中的位置分类

按墙体在建筑中的位置，墙体可分为外墙和内墙。墙体在建筑中所处的位置不同，其功能要求和名称不同。

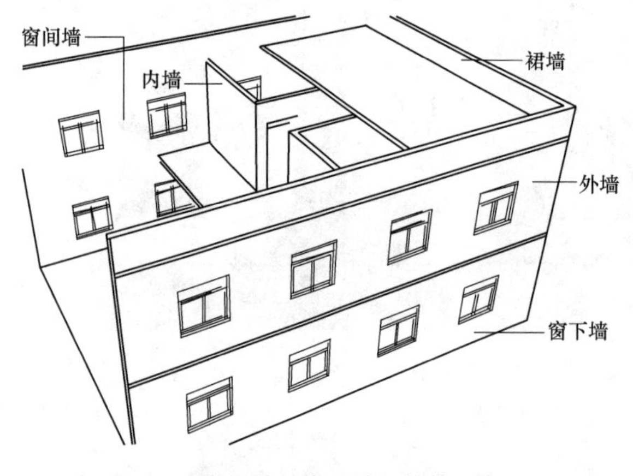

图 3-5　窗间墙、窗下墙、裙墙示意图

外墙直接与大自然接触，是建筑的外围护构件，必须具有遮风避雨、保温隔热等围护功能。外墙还可以进一步划分为檐墙、山墙和其他外墙，如窗间墙、窗下墙、裙墙（亦称女儿墙）等，如图 3-5 所示。位于建筑檐口部位的纵向外墙称之为檐墙，位于建筑端部的横向外墙称之为山墙等。山墙的名称源于传统双坡屋面民宅的端部形似山尖，故而得名，屋面悬挑出山墙称为悬山，山墙高出屋面称为硬山。山墙示例如图 3-6 所示。

内墙是内部空间、房间的分隔构件，不仅应满足内部空间的美观舒适性要求，而且要

图 3-6　山墙示例

依据其分隔的程度满足相应的分隔等要求。内墙还可以进一步划分为分室墙、分户墙等。某住宅分户墙、分室墙及纵横墙示例，如图 3-7 所示。

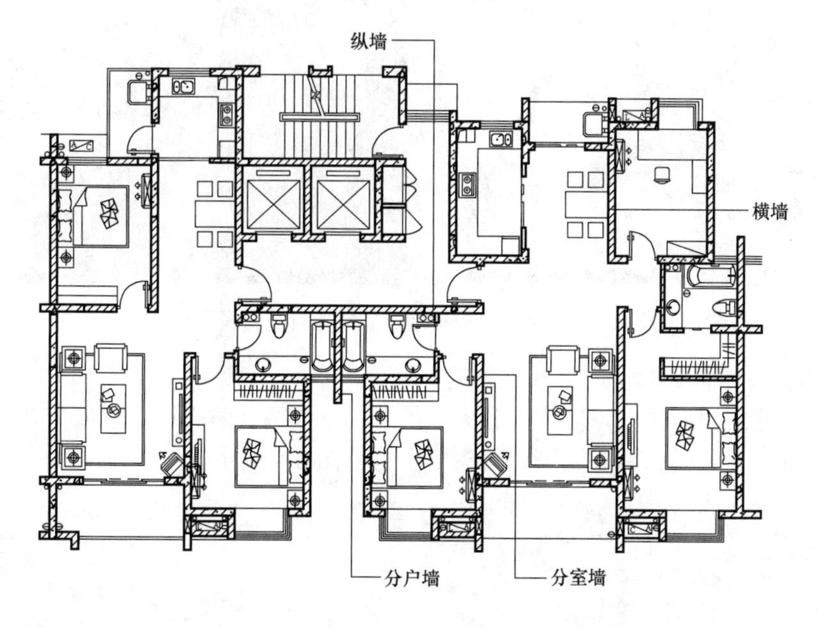

图 3-7 某住宅分户墙、分室墙及纵横墙示例

2. 按墙体在建筑中的方向分类

按墙体在建筑中的方向，墙体可分为纵墙和横墙。通常是把平行于建筑长轴的方向称之为纵向，平行于建筑短轴的方向称之为横向。纵横墙示例如图 3-7 所示。

结合墙体在建筑中的位置和方向，还可以进行组合确定墙体的名称。如，纵向的外墙简称为外纵墙，纵向的内墙简称为内纵墙。同理，横墙也有内横墙与外横墙（或称山墙）之分。

3. 按墙体的材料分类

根据墙体基层的主要材料可以进行分类和直接命名。如，砌块墙、混凝土墙、石材墙、木板墙、夹芯板墙、彩钢板墙、玻璃幕墙等等。

4. 按墙体的受力情况分类

按墙体的受力情况，墙体可分为承重墙和非承重墙。承重墙除承担自身重力外还要承担楼层、屋面等传递的荷载。非承重墙不承担楼层、屋面等传递的荷载，如自承重墙、隔墙、填充墙等。在骨架结构的建筑中，所有墙体都是非承重墙，故称为填充墙。

5. 按墙体的构造方式分类

按墙体的构造方式，墙体可分为块材墙、板材墙和骨架墙。块材墙由砌块和砌筑砂浆组砌成砌体，是目前使用最广泛的墙体形式。板材墙用墙板和连接件或连接材料拼装而成，可以提高墙体的施工效率，是建筑工业化的发展方向之一。骨架墙由钢材或木材等材料作为墙体的骨架，再封石膏板、铝板、铝塑板等墙面板，形成墙体。如，轻钢龙骨石膏板墙、钢骨架铝板墙、木龙骨胶合板墙等。加气混凝土板材墙及轻钢龙骨石膏板墙施工如图 3-8 所示。

图 3-8 加气混凝土板材墙及轻钢龙骨石膏板墙施工

6. 按墙体在建筑中的作用与外形分类

按墙体在建筑中的作用，墙体可分为围护墙、分隔墙、防火墙。按墙体在建筑中的外形，墙体可分为女儿墙、马头墙等。马头墙示例如图 3-9 所示。

图 3-9 马头墙示例

3.2 砌体墙的构造

3.2.1 砌体墙的材料组成

砌体墙的材料由砌块（如砌块、砖、石材等）和粘结材料两大部分组成。砌块堆放与干混砂浆储料罐如图 3-10 所示

3.2.1.1 砌块

以常用的加气混凝土砌块为例，主要有砂加气砌块和灰加气砌块。砂加气砌块的硅质材料为石英砂，灰加气的硅质材料为粉煤灰。它均是以石灰、水泥为钙质材料，以铝粉或铝粉膏为发泡剂，经过高压蒸汽养护而成。

1. 砌块的尺寸与标准砖的尺寸

(1) 砌块的尺寸

砌块的宽度（厚度）通常即墙体的厚度，主要有 60、80、100、120、150、180、200、240mm 等；砌块的高度主要有 200、240、250、300mm 等；砌块的长度一般

图 3-10 砌块堆放与干混砂浆储料罐

为 600mm。

（2）标准砖的尺寸

我们通常把厚度 60mm 左右、长度 200mm 左右、宽度 100mm 左右的小型砌体称之为砖。虽然砖的尺寸系列较多，通常把尺寸（长×宽×高）为 240mm×115mm×53mm 的砖称为标准砖。

用标准砖砌筑的砖墙，标准砖缝的厚度按 10mm 计算，考虑砖缝后的标准砖的长度、宽度、厚度的比例关系为 1∶2∶4。1m 长的砌体中有 4 个砖长、8 个砖宽、16 个砖厚。$1m^3$ 的砖砌体用砖量 4×8×16＝512 块，砂浆用量为 $0.26m^3$。标准砖砌筑的墙体厚度示例如图 3-11 所示。

标准砖砌筑的墙体符合砖模数的墙段尺寸组成的数列：115、240、365、490、615、740、865、990。墙段长度超过 1m 后，符合砖模数的墙段尺寸组成的数列：1115、1240、1365、1490 等。

（3）加气混凝土砌块与黏土砖的对比

为了节约耕地，在我国大部分地区已经禁用黏土砖，而加气混凝土砌块得到了广泛的应用。混凝土砌块与黏土砖相比，除可以保护耕地外，还具有工业化程度更高、重量更轻、施工效率更高，且环境友好、可以废物利用，如废灰、废渣的利用等。

2. 砌块主要技术参数与产品实例

（1）砌块的强度与干密度级别

《蒸汽加压混凝土砌块》GB 11968—2006 把砌块的强度分为 A1.0、A2.0、A2.5、A3.5、A5.0、A7.5、A10 七个级别，干密度分为 B03、B04、B05、B06、B07、B08 六个级别。

（2）砌块产品的质量等级与产品实例

根据砌块的尺寸精度、外观质量、干密度、抗压强度、抗冻性，砌块产品的质量等级分为优等品（A）和合格品（B）两个等级。

江苏某建材厂生产的砂加气、灰加气砌块的干密度、导热系数、抗压强度参见表 3-1。

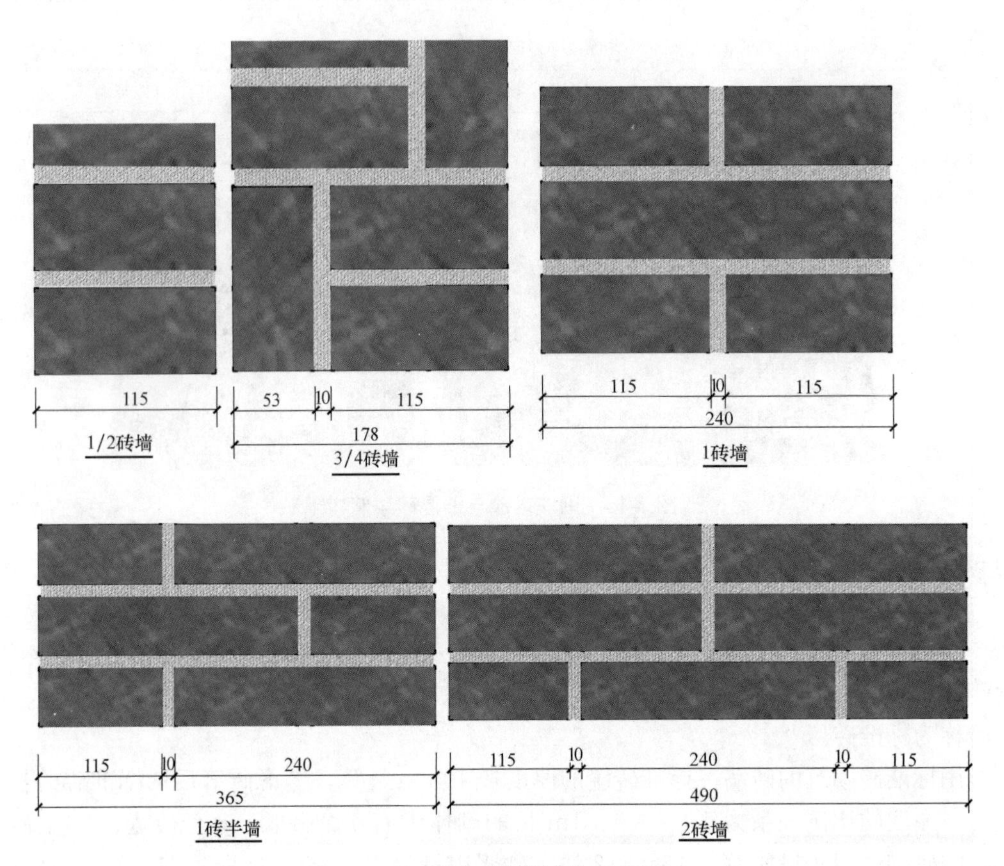

图 3-11　标准砖砌筑的墙体厚度示例

砂加气、灰加气砌块的主要技术参数　　　　**表 3-1**

<table>
<tr><th rowspan="2">强度等级</th><th rowspan="2">干密度级别</th><th rowspan="2">平均干密度
(kg/m³)</th><th rowspan="2">导热系数
[W/(m·K)]</th><th colspan="2">立方体抗压强度(MPa)</th></tr>
<tr><th>平均值
不小于</th><th>单组最小值
不小于</th></tr>
<tr><td>A2.0</td><td>B04</td><td rowspan="2">≤425</td><td rowspan="2">≤0.11</td><td>2.0</td><td>1.6</td></tr>
<tr><td>A2.5</td><td>B04</td><td>2.5</td><td>2.0</td></tr>
<tr><td>A3.5</td><td>B05</td><td rowspan="2">≤525</td><td rowspan="2">≤0.13</td><td>2.5</td><td>2.0</td></tr>
<tr><td rowspan="4">A5.0</td><td>B05</td><td>3.5</td><td>2.8</td></tr>
<tr><td>B06</td><td rowspan="2">≤625</td><td rowspan="2">≤0.16</td><td>3.5</td><td>2.8</td></tr>
<tr><td>B06</td><td>5.0</td><td>4.0</td></tr>
<tr><td>B07</td><td>≤725</td><td>≤0.18</td><td>5.0</td><td>4.0</td></tr>
</table>

3.2.1.2　粘接材料

砌体墙是采用粘接材料把砌块粘结而成，粘接材料分为砌筑砂浆或专用砌筑胶粘剂。传统的砌筑砂浆是在现场拌合，分为水泥砂浆、混合砂浆和石灰砂浆。随着建筑工业化、建筑质量以及环境保护等要求，砂浆工厂化生产（预拌砂浆）成为建筑施工的发展方向。

1. 预拌砂浆与传统砂浆

预拌砂浆与传统砂浆对照表，见表 3-2。

预拌砂浆与传统砂浆对照表　　表 3-2

砂浆种类	预拌砂浆	传统砂浆
砌筑砂浆 （干拌砌筑砂浆：DMM） （湿拌砌筑砂浆：WMM）	DMM5.0，WMM5.0， DMM7.5，WMM7.5， DMM10，WMM10	M5.0 混合砂浆，M5.0 水泥砂浆， M7.5 混合砂浆，M7.5 水泥砂浆， M10 混合砂浆，M10 水泥砂浆
抹灰砂浆 （干拌抹灰砂浆：DPM） （湿拌抹灰砂浆：WPM）	DPM5.0，WPM5.0， DPM10，WPM10， DPM15，WPM15	1∶1∶6 混合砂浆， 1∶1∶4 混合砂浆， 1∶3 水泥砂浆
地面砂浆 （干拌地面砂浆：DSM） （湿拌地面砂浆：WSM）	DSM20，WSM20	1∶2 水泥砂浆

2. 专用砌筑胶粘剂

除砌筑砂浆外，许多建材生产厂开发了专用的砌筑胶粘剂，采用干法薄层砌筑工艺，节省传统粘结材料（砌筑砂浆）用量，提高墙体的整体性和抗裂性能。江苏某建材厂生产的 LT-F1001（白色）和 LT-F1002（灰色）专用砌筑胶粘剂，适用于轻质砂加气混凝土墙体材料的砌筑和粘结，每立方米用量约 30kg。

3.2.2 砌块墙的组砌要求

砌体墙的组砌要求：横平竖直、灰浆饱满、错缝搭接、接槎可靠。横平竖直要求墙面平整、墙体垂直、平缝水平、竖缝垂直；灰浆饱满要求粘接材料缩进墙面 10mm 满铺、均匀、平整；错缝搭接要求避免竖向通缝，上下相邻的每皮砌块竖缝错开 1/3 砌块长度、不小于 90mm，以保证砌块的搭接长度，无法满足时，应采取砌体加强措施；接槎可靠要求砌体墙与混凝土墙或柱设置拉结构造，每两皮砌块采用专用拉结件或拉结筋拉结，提高墙体的整体性能。

3.2.3 砌体墙的细部构造

墙身剖面示意图如图 3-12 所示，墙脚、窗台、窗顶等所处的位置不同，其细部构造要求也各不相同。

3.2.3.1 墙脚构造

墙脚部位主要包括墙脚室外部分、墙脚室内部分和墙身防潮层三个部位的细部构造。

1. 墙脚室外部分

墙脚室外部分包括散水（明沟、暗沟）构造、勒脚构造、散水与外墙接缝构造以及外墙保温、饰面等。举例如下：

散水的层次构造：①80mm 厚 C20 混凝土散水随捣随抹光；②素土夯实（当基层不能满足强度、刚度要求时，应增加如 80mm 厚碎砖或碎石等垫层）。散水应自建筑物向外设置 5%的排水坡度，其最低点为室外地坪。散水与外墙交接处留设 10～20mm 厚的变形缝，并用沥青灌缝，如图 3-13（a）所示。

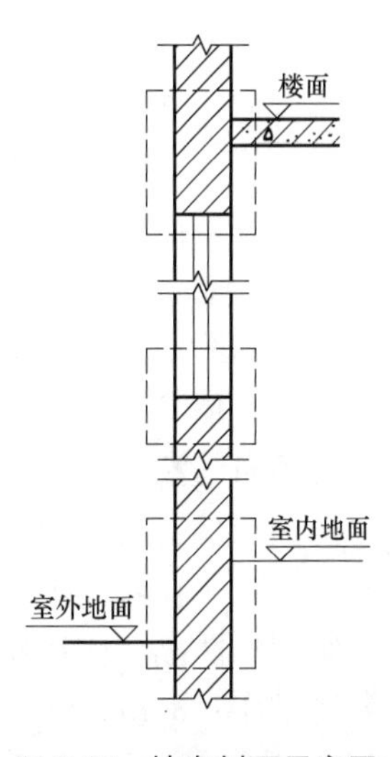

图 3-12　墙身剖面示意图

明沟是设置在外墙四周的排水沟，将水有组织地导向集水井。明沟一般用素混凝土现浇，或用砖石铺砌成 180mm 宽、150mm 深的沟槽，用水泥砂浆抹面，如图 3-13（b）所示。

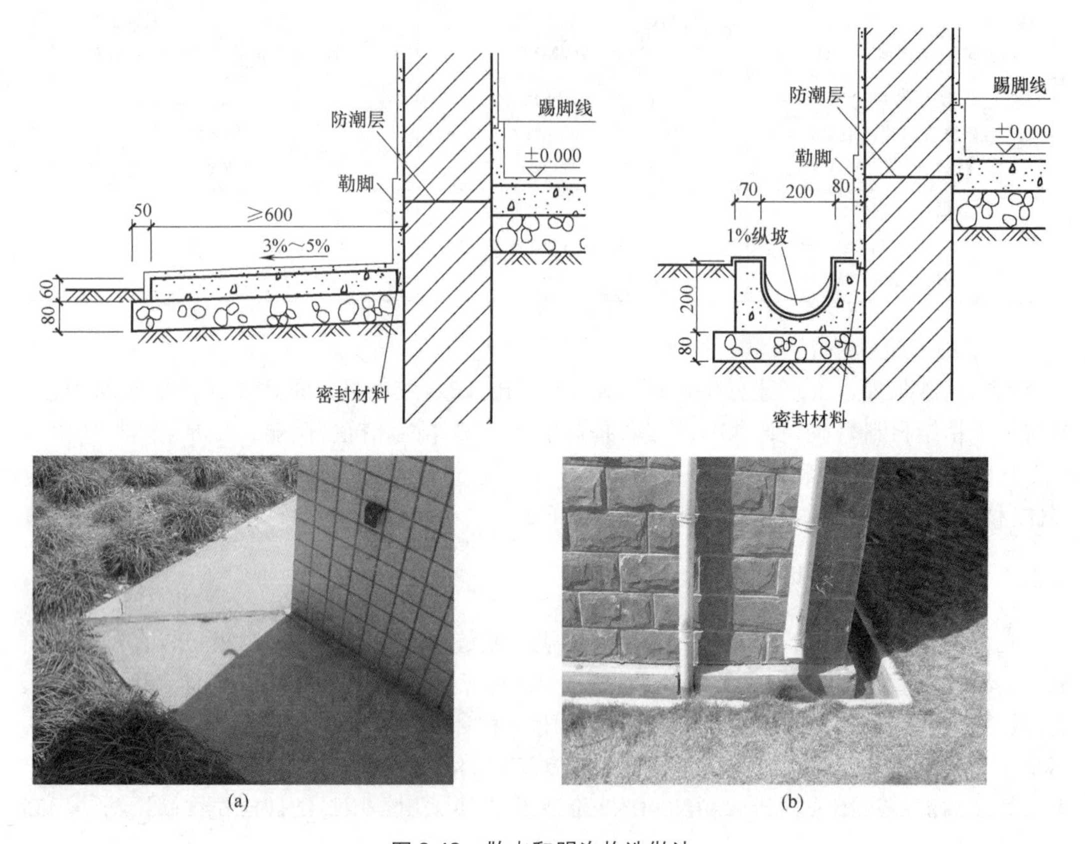

图 3-13 散水和明沟构造做法

勒脚是室外墙脚部位保护外墙的面层构造，对耐久性、易清洁等要求更高，通常结合外墙立面通盘设计。

2. 墙脚室内部分

墙脚室内部分包括室内地坪构造、踢脚（线）构造、内墙饰面等。室内地坪构造详见本教材第 4 章。踢脚（线）室内地坪的面层在内墙面上的延伸，其作用是保护室内与地面交接处的内墙面，一般高度为 80～100mm，做法可同地面面层或另行设计。

3. 墙身防潮层

为了阻断地面土壤中的水分沿墙体向上渗透到上部墙身，必须设置墙身防潮层构造，以保护上部墙身及其装饰层。墙身防潮层的构造要点包括防潮层位置与构造做法两个方面，是墙身防潮的必要条件，缺一不可。

防潮层位置通常设置在室内地坪以下 60mm 处。室内地坪有高差时，应设置两道水平防潮层，并在较高地面一侧墙面基层设置竖向防潮层，如图 3-14 所示。

常用的防潮层构造做法有防水砂浆防潮层、细石混凝土防潮层和地梁防潮层等。防水砂浆防潮层：30mm 厚 1∶2 水泥砂浆掺 5%防水剂，如图 3-15（a）所示；细石混凝土防潮层：60mm 厚 C20 细石混凝土内配纵筋 3ϕ4～6，横筋 ϕ4～6@250，如图 3-15（b）所示；地梁防潮层通常是利用地坪处结构地梁来满足墙身防潮的构造要求，可不另设单独的墙身防潮层，如图 3-15（c）所示。

3.2.3.2 窗台构造

窗台渗漏与窗台下部外墙面污染是建筑质量的通病，合理的实体构造是解决这一问题的基础。窗台的构造要点包括出挑、滴水、坡度、防水、密封 5 个方面。窗台构造如图 3-16 所示。

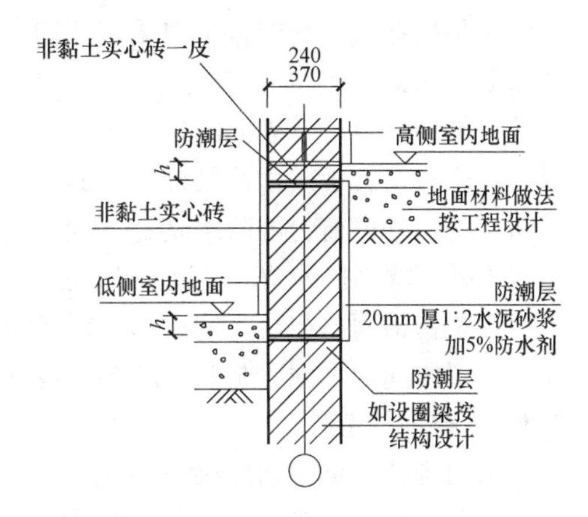

图 3-14 高低侧室内地面防潮层的设置

出挑是指除满足建筑的立面造型设计需要挑出窗台外，还需要通过挑出的窗台来解决外窗台承灰面污染墙面俗称“挂胡子”或“尿墙”的问题。窗台出挑的尺寸通常为 1/4 墙体的厚度 60mm 左右。当建筑的立面造型不允许窗台出挑时，应选择光滑、吸附力较小的外墙饰面材料，以减少窗台处的污染。

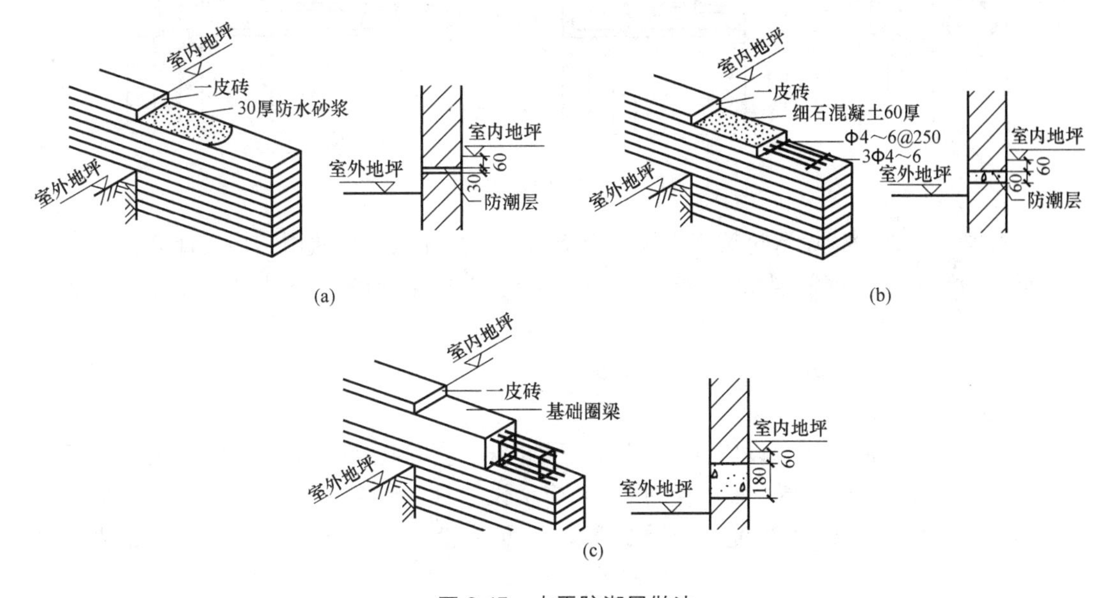

图 3-15 水平防潮层做法

（a）防水砂浆防潮层；（b）细石混凝土防潮层；（c）地梁防潮层

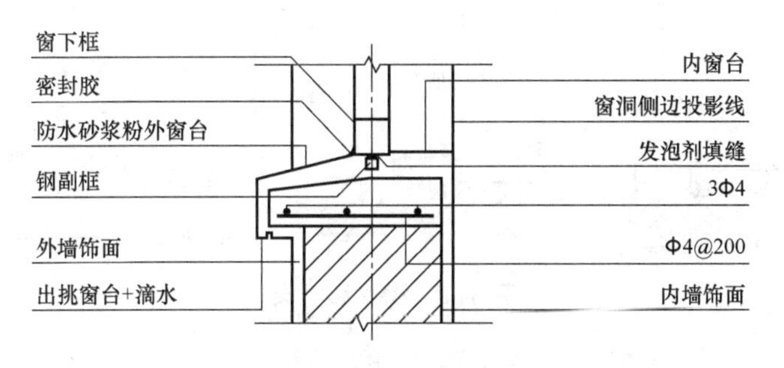

图 3-16 窗台构造示例

滴水是指在出挑的窗台下口采用凹槽或挂边或鹰嘴等形式设置的滴水线构造，以避免外墙面受到污染。

坡度是指外窗台上表面的排水构造，排水坡度为10%左右，既可以满足排水的要求，又可以减轻外窗台承灰面污染外墙面的问题。

防水是指外窗窗台的防水构造。窗台防水构造做法，如，20厚防水砂浆防水层或抗裂砂浆加外墙涂料防水等。为进一步提高窗台的抗渗能力，可设置钢筋混凝土窗台构造。

密封是指窗框与窗台之间的密封构造。窗框与窗台之间的密封构造包括两个层次：一是窗框与墙体间的水泥砂浆和发泡剂填缝密封；二是窗框与窗台之间的打胶密封。

3.2.3.3 窗顶构造

窗顶的构造要点包括过梁、滴水、坡度、防水、密封五个方面。其中滴水、防水、密封参见窗台的相应构造，窗顶构造如图3-17所示。

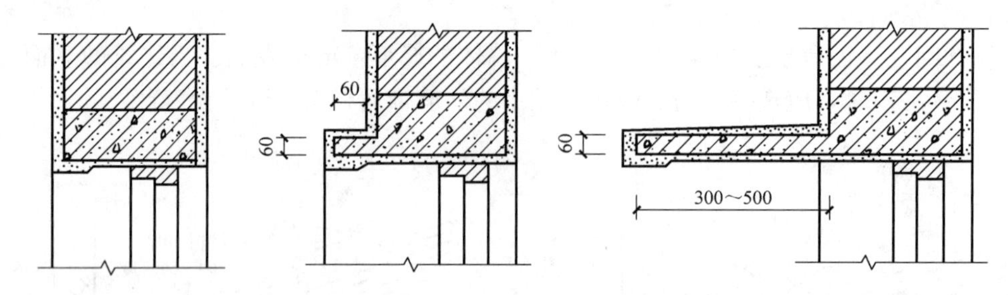

图3-17 窗顶构造示例

窗过梁是指在窗顶设置过梁来支撑其上部砌体，具体构造做法由结构设计完成。常见的过梁为预制或现浇钢筋混凝土过梁。当窗顶处有结构梁或圈梁经过时，可与过梁合并设置。

3.2.3.4 砌块墙的抗震构造

1. 增加壁柱和门垛

墙体上开设门洞一般应设门垛，用以保证墙身稳定和门框的安装。墙体受到集中荷载或墙体过长（如240mm厚，长度超过6m）应增设壁柱，使之成为墙体的支承，保证墙体的稳定性。门垛和壁柱宽度与墙体同厚，长度一般为120mm或240mm，如图3-18所示。

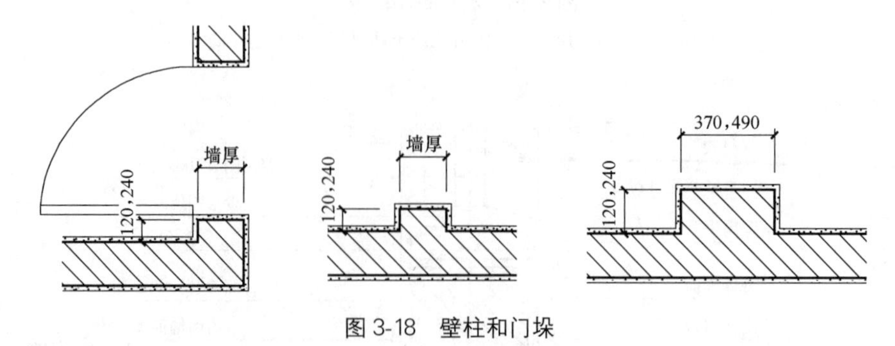

图3-18 壁柱和门垛

2. 设置圈梁

圈梁是墙承重结构，沿建筑物的外墙和部分内墙设置的连续封闭的梁。圈梁可以提高建筑物的空间刚度和整体性，增强建筑物的稳定性，减少由于地基的不均匀沉降而引起的墙身开裂，提高建筑物的抗震能力。圈梁必须是连续封闭的，当遇到洞口需要断开时，必须在洞口上部设置一道附加圈梁，附加圈梁的截面不得小于主圈梁，而且在墙上的支承长度不小于两圈梁距离的两倍，且必须不小于 1000mm，如图 3-19 所示。

圈梁的宽度同墙厚，高度一般不小于 120mm，常见的有 180mm、240mm。大部分圈梁都“卧”在墙体上，是墙体的一部分，与墙体共同承担荷载，因此，圈梁只需构造配筋。圈梁设置示意如图 3-20 所示。

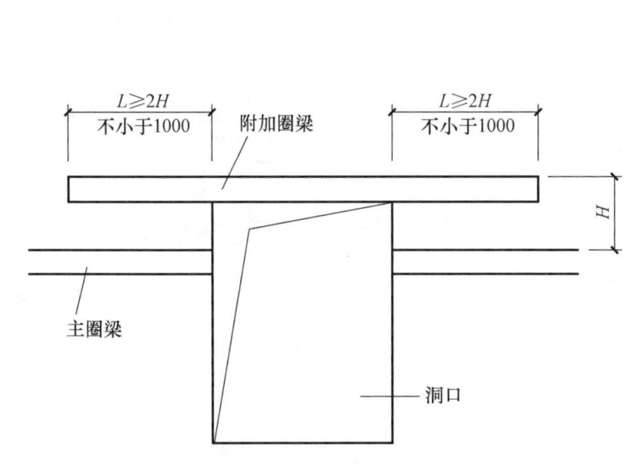

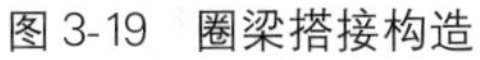
图 3-19　圈梁搭接构造

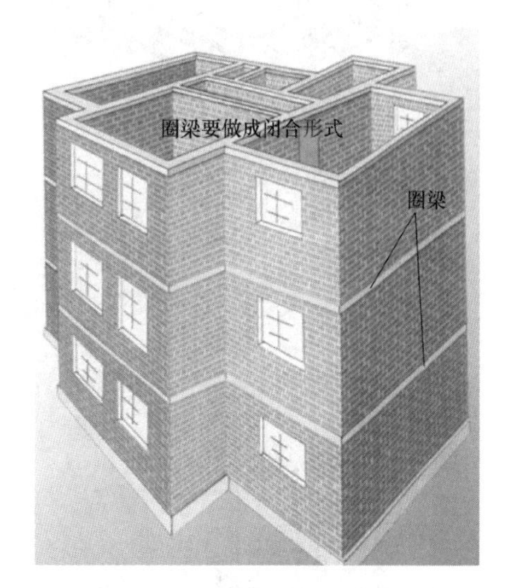

图 3-20　圈梁设置示意图

3. 设置构造柱

构造柱是为增强建筑物的整体刚度和稳定性而设的。多层砖混结构的构造柱一般设在建筑物的四角、内外墙交接处、楼梯间和电梯间的四角、较大洞口的两侧、较长墙体的中部等处。具体构造柱的设置要求满足《建筑抗震设计规范》GB 50011—2010。

构造柱不单独承重，因此不需设独立基础。在施工时必须先砌墙，墙体砌成马牙槎形式。构造柱的最小截面尺寸为 240mm×180mm；构造柱的最小配筋量是：纵向钢筋 4Φ12，箍筋Φ6，间距不大于 250mm。在离圈梁上下不小于 1/6 层高或 450mm 范围内，箍筋需加密至间距 100mm。为加强构造柱与墙体的连接，应沿墙高每隔 500mm 设 2Φ6 拉结钢筋，每边伸入墙内不少于 1m，如图 3-21 所示。圈梁和构造柱施工过程，如图 3-22 所示。

3.2.3.5　砌块墙的防裂构造

轻质砌块墙体的变形裂缝是骨架结构填充墙的质量通病，除在材料生产、建筑施工、工程监督管理等方面采取必要的措施外，在墙体的构造设计方面，应采取相应的措施。

1. 砌块的强度等级不应低于 MU5.0，砌筑砂浆的强度等级不应小于 MU5.0，顶层砌筑砂浆的强度等级不应小于 MU7.5。砌块出厂 28d 后，方可砌筑。

2. 混凝土砌块填充墙，应当设计使用铺浆面封底无空透的双排孔（含双排孔）以上的混凝土砌块，外围护墙应采用封底三排孔砌块。禁止设计使用混凝土单排孔通孔砌块。

3. 当填充墙墙体长度大于 5m 或在无约束的端部，应增设构造柱，构造柱间距不应大于 3m；每层墙高的中部应增设混凝土腰梁，腰梁高度为 120mm，混凝土砌块墙体可用 4 皮混凝土砖腰梁；预留的门窗洞口采取钢筋混凝土框加强；宽度大于 300mm 的预留洞口设钢筋混凝土过梁，并且伸入每边墙体的长度应不小于 250mm。

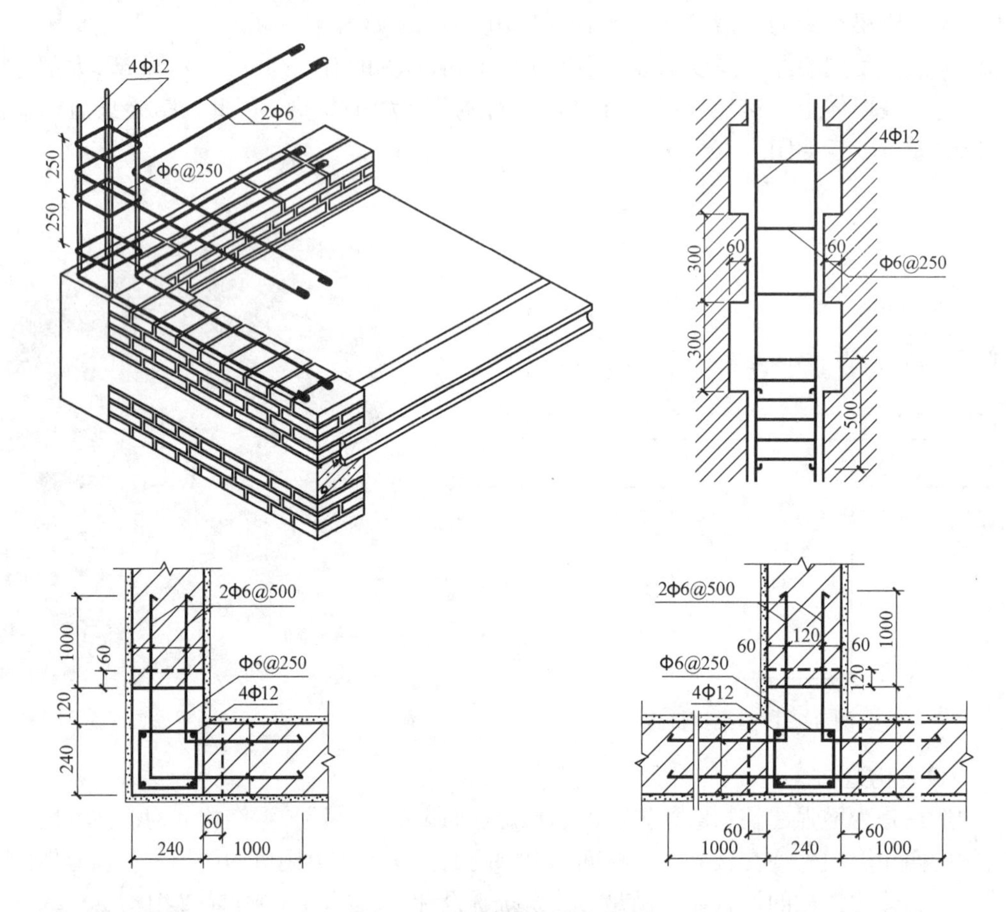

图 3-21 构造柱配筋及构造细部

(a) (b)

图 3-22 圈梁与构造柱施工过程

(a) 构造柱与圈梁整体现浇；(b) 拆模后的圈梁与构造柱

4. 混凝土墙与砌体墙交接处应铺镀锌钢丝网，整体墙面宜满铺玻纤网格布。骨架结构的填充墙顶部，填充墙为混凝土空心砌块、蒸压加气混凝土砌块等材料时，采取立砖成膨胀混凝土塞缝，满铺镀锌钢丝网等措施，提高墙体的抗裂能力。

3.3 其他墙体构造

3.3.1 板材墙

板材墙是采用墙板进行拼接安装组成的墙体。以轻质板材墙为例，在轻质板材墙中，蒸压加气混凝土（ALC）板材是我国目前广泛使用的墙板形式。ALC板材具有轻质高强、保温隔热、隔声、抗震、环保、抗渗等性能，且可锯、可钉、可钻，加工简便、效率高，饰面装修处理简单，无须粉刷找平，可直接批腻子。ALC板材墙采用了建筑工业化生产方式，墙板在工厂生产制作，采用现场拼装、专用配件固定。ALC板材墙的安装如图3-23所示。

图3-23 ALC板材墙的安装

3.3.2 骨架墙

骨架墙由墙体骨架和墙面板两部分组成。以轻钢龙骨石膏板墙体为例：墙体骨架主要由镀锌C形钢竖向龙骨、横向龙骨及支撑、卡件等组成。纸面石膏板采用自攻螺栓与墙体骨架连接固定。轻钢龙骨石膏板墙构造如图3-24所示。

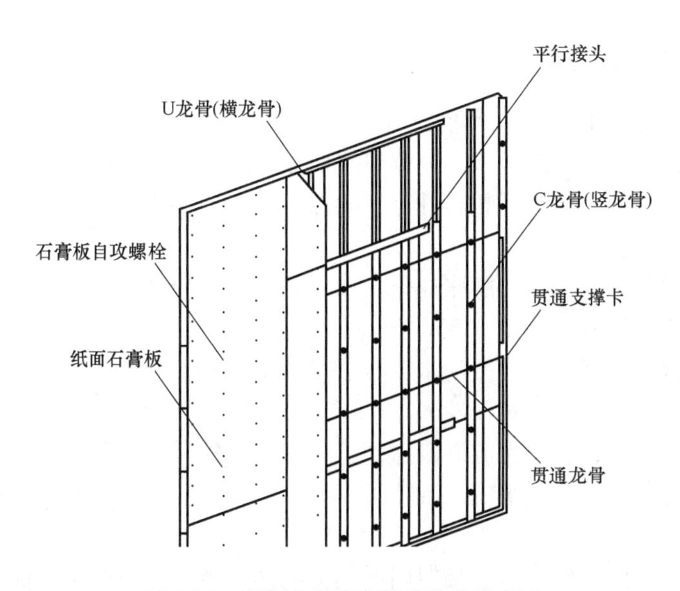

图3-24 轻钢龙骨石膏板墙构造示意图

3.4　墙体节能构造

3.4.1　墙体节能的层次构造

1. 外墙外保温

外墙保温的层次构造由墙体基层、找平层、保温层、抗裂层、结合层、面层组成。图3-25为外墙涂料面层和面砖面层的构造示意图。

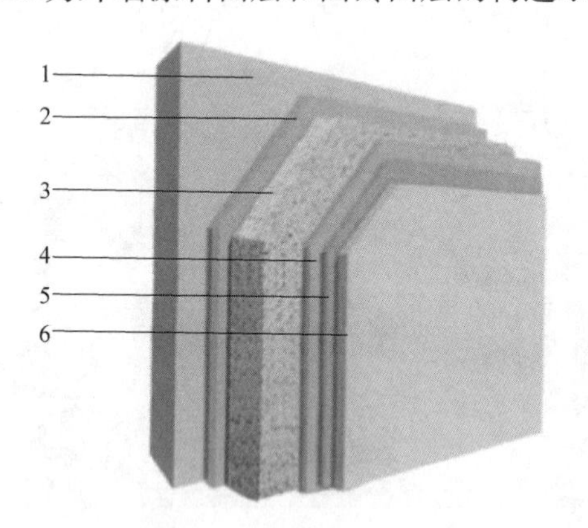

1—基层墙体；2—粘结砂浆；3—发泡陶瓷保温板；4—抹面砂浆；5—柔性腻子；6—外墙涂料

1—基层墙体；2—粘结砂浆；3—发泡陶瓷保温板；4—抹面砂浆；5—面砖粘合剂；6—面砖饰面

图3-25　外墙涂料饰面、外墙面砖饰面构造示意图

2. 内墙保温

内墙保温包括外墙的内墙面保温和内墙的双面保温，应当根据节能设计确定。保温层一般采用保温砂浆。

3.4.2　墙体节能保温材料

1. 常用的墙体节能保温材料举例

（1）发泡陶瓷板：发泡陶瓷板是高温焙烧而成的高气孔率的闭孔陶瓷材料。特点：不燃、耐老化、耐候、与水泥制品相容性好、导热系数0.08～0.10W/(m·K)、吸水率低，可贴面砖。

（2）膨胀玻化微珠保温板：膨胀玻化微珠保温板适用于涂料或干挂幕墙，但不得用于贴面砖墙面，导热系数0.05～0.065W/(m·K)。

（3）复合发泡水泥板：复合发泡水泥板适用于涂料或干挂幕墙，但不得贴面砖墙面，导热系数0.06～0.28W/(m·K)。

（4）无机保温砂浆：无机保温砂浆适用于涂料或干挂幕墙、贴面砖。在使用强度较低的保温材料时，为了提高门窗转角等部位的强度与抗渗能力，通常采用无机保温砂浆粉刷，导热系数0.07W/(m·K)。

（5）挤塑板：挤塑板由聚苯乙烯树脂及其他添加剂经挤压制造出的拥有连续均匀表层及闭孔式蜂窝结构的板材，具有极低的吸水性（几乎不吸水）、低导热系数［仅为

0.028W/(m·K)]、高抗压性和抗老化性能。

2. 保温材料的燃烧性能

在上述常用的墙体保温材料中，挤塑板的保温性能最佳，但其燃烧性能往往制约了它的应用。因此，高热阻、不吸水、不燃材料是保温材料研发的重要课题。《建筑材料及制品燃烧性能分级》GB 8624—2012 把建筑材料的燃烧性能（属性）分为四个类别：不燃材料、难燃材料、可燃材料和易燃材料，分别对应 A 级、B1 级、B2 级和 B3 级。

3.4.3 节能建筑的基本概念

3.4.3.1 建筑热工分区及热工设计要求

我国幅员辽阔，建筑热工分区涵盖严寒地区、寒冷地区、夏热冬冷地区、夏热冬暖地区、温和地区。根据建筑所处地区的热工分区，围护结构的热工设计应符合相应的规定。建筑围护结构的部位包括屋面、外墙（包括非透明幕墙）、底面接触室外空气的架空板或外挑楼板、非采暖房间与采暖房间之间的隔墙和楼板、外窗（包括透明幕墙）、单一朝向外窗（包括透明幕墙）及屋顶透明部分等。热工性能包括建筑体形系数、传热系数、遮阳系数等。

建筑围护结构部位的热工设计要求，根据建筑不同的体型系数、朝向、窗墙比等指标，围护结构的传热系数、遮阳系数以及外墙及外墙冷桥处的热阻等应满足一定的限值。具体规定详见《公共建筑节能设计标准》GB 50189—2005。

3.4.3.2 节能建筑的基本概念

1. 节能建筑

节能建筑是指在保证建筑使用功能和满足室内热环境质量要求下，通过提高建筑外围护结构隔热保温性能、供暖空调系统运行效率和利用自然能源等措施，使建筑的供暖与空调降温能耗降低到规定水平；同时，当室内不采用供暖和空调降温措施时，仍满足一定居住舒适度的建筑。节能建筑包括被动建筑和主动建筑。

被动建筑是指不设置集中空调和集中供暖系统的节能建筑。

主动建筑是指在被动建筑的基础上加设了集中空调或集中供暖系统的节能建筑。

2. 体形系数、导热系数与热阻

(1) 体形系数是指建筑物与室外大气接触的外表面积与其包围的体积的比值，以“S”表示。

(2) 导热系数是指在稳定传热条件下，1m 厚的材料的两侧表面的温差为 1K，在 1 秒内通过 $1m^2$ 面积传递的热量，用“λ”表示，单位为 W/(m·K)（K 可用℃代替）。

(3) 热阻是指物体对热流传导的阻碍能力。热阻与材料厚度成正比，与材料的导热系数成反比。用“R”表示，单位为 m^2K/W 。《江苏省公共建筑节能设计标准》J 11544—2010 规定，墙体冷桥处传热阻不应小于 $0.52m^2K/W$。

3. 热桥与冷桥现象及其危害

热桥是指热量的传递主要是通过建筑节能保温的薄弱构件，如混凝土梁柱、门窗等，即成为热量传递的桥梁。

在寒冷的冬季，由于热桥构件热量损失较大，内表面温度偏低，当空气中的水蒸气与之接触后，就由气态转化为液态冷凝水的现象称为冷桥现象。故热桥亦称冷桥。

冷桥现象的危害是由热量的损失，导致降低室内保温的效果、加剧墙体及其饰面的破坏。如，热桥表面的粉刷层经过一定的冻融相继出现受潮、变形、起鼓、开裂、霉变、剥落等现象。

3.5 墙体饰面构造

3.5.1 墙体饰面的作用及其设计要求

墙体饰面的作用与设计要求主要包括三个方面：

(1) 保护墙体 、提高墙体耐久性；

(2) 改善墙体功能；

(3) 美化建筑外观。

3.5.2 墙体饰面的类型及其构造

根据建筑墙体内外饰面设计的要求，墙体饰面主要包括抹灰类、贴面类、喷涂类、裱糊类、铺钉类、干挂类六类形式。

1. 抹灰类

墙面抹灰亦称墙面粉刷，是使用最广泛的墙体饰面形式，通常作为其他墙体饰面的基层或找平层形成完整的墙体饰面。抹灰材料包括水泥砂浆、混合砂浆、石膏砂浆等。为保证抹灰的平整度和粘结性，避免空鼓、开裂，墙面粉刷通常为一层打底，然后粉中间层和面层，每层粉刷厚度宜为5～7mm、多遍成活。

当抹灰作为墙体饰面的基层时，应根据墙体饰面面层的形式进行抹光或拉毛处理。如外墙墙砖贴面或内墙瓷砖贴面时，粉刷表面应做拉毛处理，便于贴面材料粘贴。如内墙面为墙纸或涂料、真石漆面层时，粉刷表面应做抹光处理，便于裱糊材料粘贴平整。

抹灰也可以作为保温层的找平层，如江苏某住宅楼外墙自内而外的层次构造为：①20厚石膏保温砂浆；②200厚钢筋混凝土墙体；③喷界面剂；④20厚1∶3水泥砂浆掺5%防水剂找平层；⑤5厚专用粘结胶浆；⑥30厚发泡水泥板Ⅰ型，丙乳液界面剂处理（A级），M6×100回拧打结型加固螺栓6个/m²；⑦5厚抗裂砂浆复合耐碱布；⑧5厚耐水腻子；⑨真石漆面层加罩光剂。如图3-26所示。其中，耐水腻子是指用水泥为基料加防水剂配成的腻子，而普通腻子一般是用石粉配置的腻子。

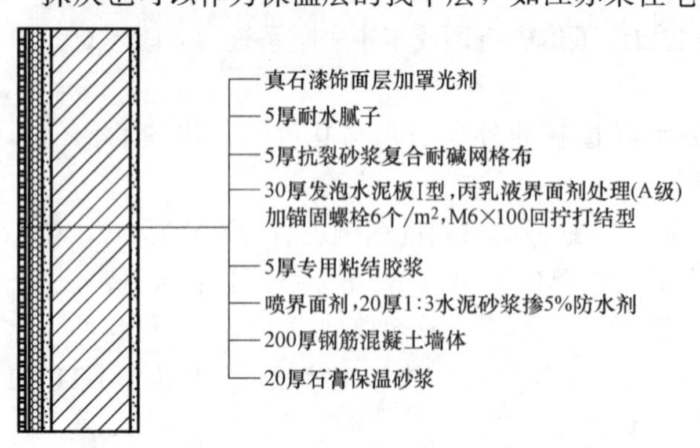

图3-26 外墙饰面示例

2. 贴面类

由于使用的环境和装饰要求等条件不同，常用的贴面类墙体装饰，包括外墙墙砖（陶瓷砖）贴面和内墙墙砖贴面。

外墙陶瓷砖是原生态陶土经高温烧制而成，材质有釉面外墙砖和通体外墙砖。近年来外墙软瓷砖得到较广的应用，软瓷砖是用普通泥土、废渣等无机物和水溶性添加剂为主要原料，经高温烧制等工艺制作而成。外墙砖的颜色、尺寸、质感等形式非常丰富，而且铺贴排版可以组合变化，是建筑师和业主喜爱的外墙装饰材料之一。外墙墙砖贴面示例如图 3-27 所示。

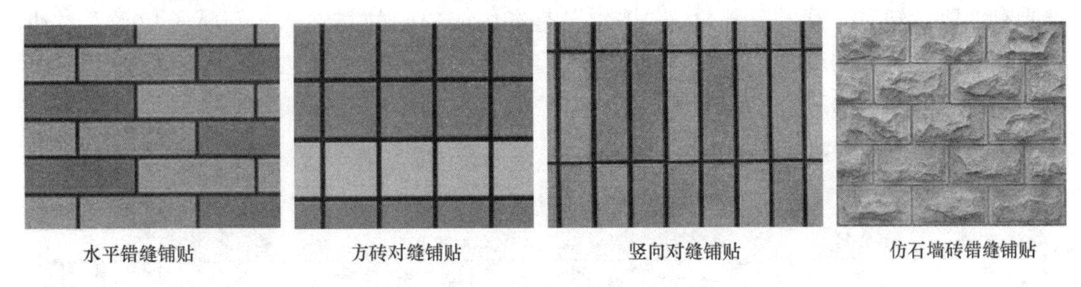

图 3-27　外墙墙砖贴面示例

内墙砖是以内墙瓷片的应用较为广泛，主要用于厨房、卫生间、盥洗室等潮湿空间。为了追求一定的使用功能或感官效果，也有室内墙面设计采用外墙砖内贴，或地砖尺寸经过加工后用于墙体贴面。如，教学实验楼内走道墙裙采用外墙砖贴面。玻化地砖用于墙面贴面时，应采用专用胶粘剂以避免空鼓、剥落等铺装质量问题。厨房、卫生间贴面示例如图 3-28 所示。

图 3-28　厨房、卫生间贴面示例

3. 喷涂类

喷涂类墙体饰面包括平面涂料、弹性涂料、雕塑质感涂料、仿石涂料（真石漆）、仿金属涂料等，主要通过喷、刷、刮等施工方式来完成。常见涂料样板如图 3-29 所示。

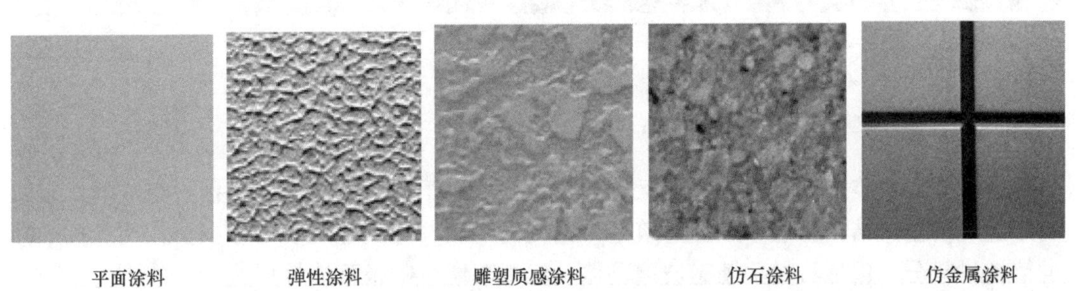

图 3-29　常见涂料样板

外墙涂料是以抗裂砂浆或一般外墙粉刷为基层，找平的腻子必须使用防水腻子，然后使用涂料罩面。内墙涂料在内墙粉刷的基础上，刮腻子、涂料罩面。

4. 裱糊类

裱糊类墙体饰面一般用于内墙装饰装修，“贴墙纸”的形式应用较为广泛。“墙纸”的材质有纸质、塑质、麻质等基材。“墙纸”是在内墙粉刷的基础上，刮腻子找平、封油，然后贴墙纸。墙纸的颜色、质感、图案等丰富，有平面印花、发泡质感、植绒质感、金箔质感等形式，给室内装饰提供了广阔的设计空间。墙纸样板示例如图 3-30 所示。

平面印花墙纸

植绒墙纸

发泡质感墙纸

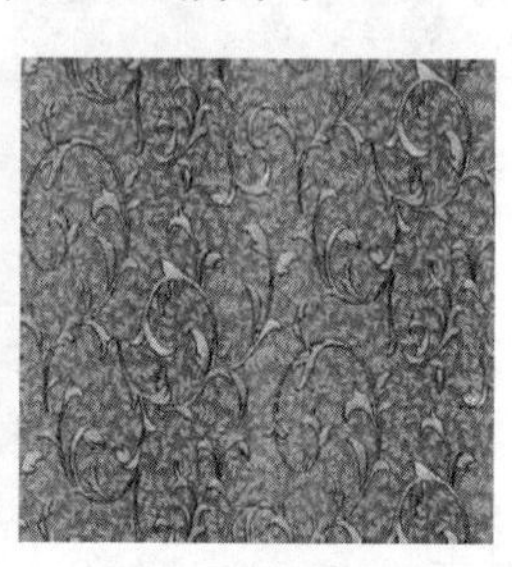
金箔质感墙纸

图 3-30 墙纸样板示例

5. 铺钉类

铺钉类墙体饰面一般用于内墙装饰，是采用装饰板在墙体表面的装饰。装饰板的材质有木饰面、PVC 饰面、金属饰面、复合材料饰面等。由于装饰板可以工厂化生产，而木饰面以其形式自然、质感亲切、纹理色彩丰富，且油漆面层可以在工厂完成，为装饰装修的工业化和质量控制、环境保护等方面提供了有利条件，成为内墙装饰应用较多的一种装饰形式。木饰面装饰示例如图 3-31 所示。

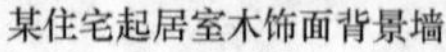
某住宅起居室木饰面背景墙

欧式造型木饰面示例

图 3-31 木饰面装饰示例

6. 干挂类

干挂类墙体装饰（简称干挂）又称为建筑幕墙。干挂由金属构架与板材组成的，它依附于建筑的主体结构，但不承担建筑主体结构的荷载，起到建筑装饰和围护作用。按干挂的墙板材料分，包括石材幕墙、玻璃幕墙、铝板幕墙、陶板幕墙等形式。

干挂金属构架中的竖向龙骨（立柱）为主龙骨，它与建筑的主体结构直接固定。立柱的壁厚按设计计算确定，且铝合金型材壁厚不应小于 3mm，钢型材因耐腐蚀性较弱，故壁厚不应小于 3.5mm。立柱每层之间设置活动接头，接头空隙不宜小于 15mm。活动接头（又称伸缩节）采用长度不小于 400mm 的芯柱连接，芯柱与下柱之间用不锈钢螺栓连接。

立柱采用螺栓与角码（角钢）连接，角码通常采用焊接的方式与预埋件或钢构件连接。预埋件（钢板）应在混凝土浇筑前埋入。当混凝土结构施工未及时设置预埋件时，预埋件的钢板应采用化学螺栓与建筑主体结构构件连接。立柱与建筑的固定及立柱伸缩节示例如图 3-32 所示。

干挂金属构架中横向龙骨（横梁）为次龙骨，通常与立柱连接。横梁与立柱的连接，通常通过角码、螺栓、螺钉或焊接的方式连接。横梁与立柱之间有一定的相对位移能力。横梁与立柱连接及石材板与横梁连接示例如图 3-33 所示。

用于金属板幕墙的金属板应四边折边，并按需要设置边肋和中肋等加劲肋。用于石材幕墙的石板厚度不应小于 25mm，石板与横梁的连接方式有钢销式、短槽式和通槽式等。钢销式连接用于幕墙高度不宜大于 20m，石板面积不宜大于 $1m^2$，抗震设计烈度不高于 7 度的建筑。钢销连接的石板开孔直径为 7～8mm，钢销直径 5～6mm。短槽连接、通槽连接的石板开槽宽度为 7～8mm，挂钩厚度应经设计计算确定，且不锈钢挂钩厚度不应小于 3mm，铝合金挂钩厚度不应小于 4mm。横梁与石板的连接示例，如图 3-34 所示。

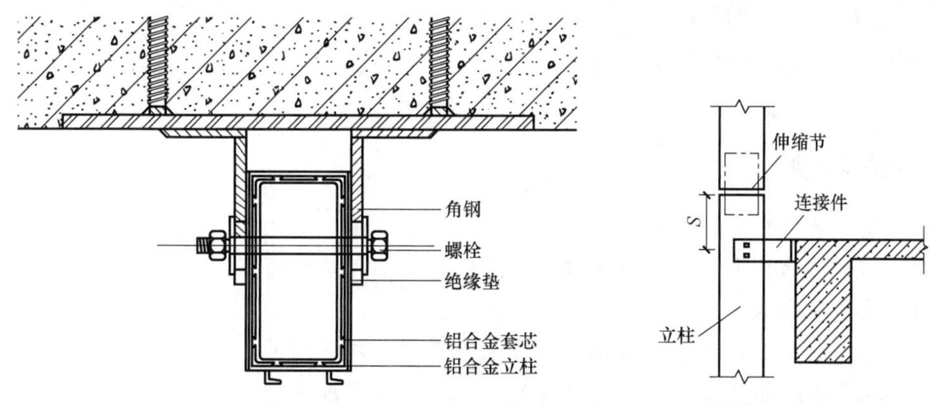

图 3-32 立柱与建筑的固定示例

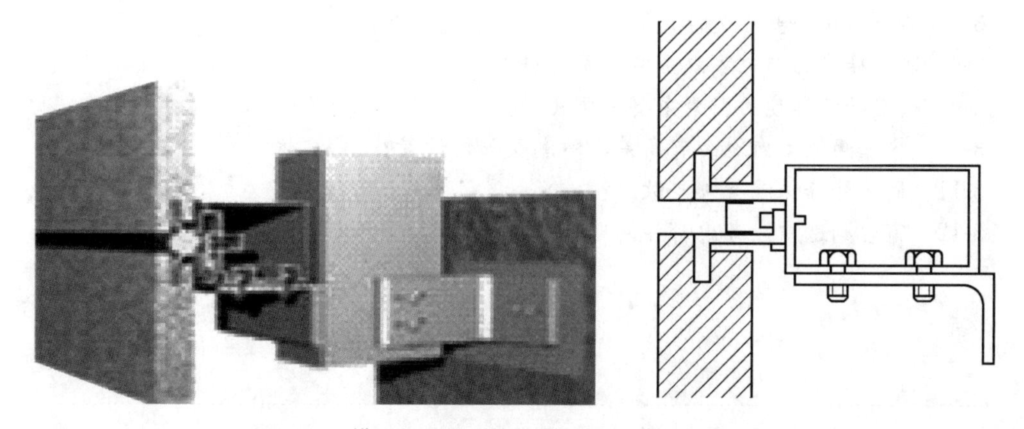

图 3-33 横梁与立柱连接及石材板与横梁连接示例

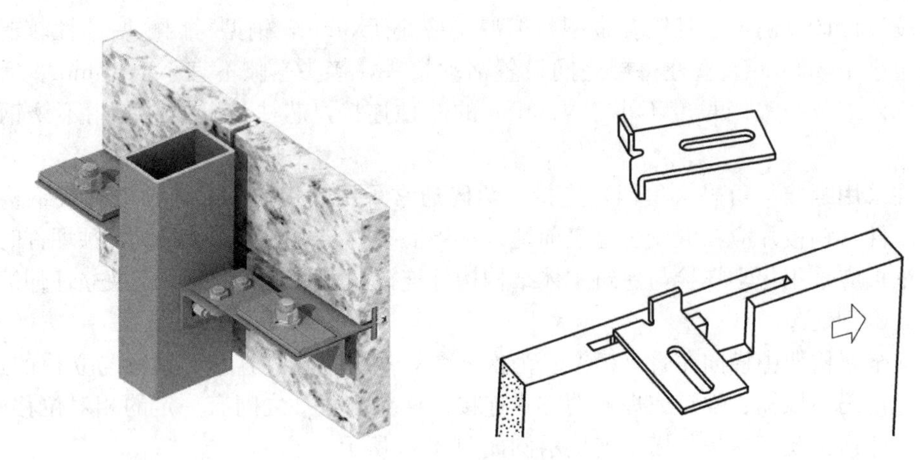

图 3-34 横梁与石板的连接示例

本章小结

本章主要讲述砌体墙的类型、组砌、基本构造要点；隔墙、墙面的装修以及墙体的保温构造。通过本章的学习，使学生掌握墙体的类型、承重方案及构造做法；了解砌块墙及隔墙构造；熟悉墙面装修构造和墙体保温构造。

本章的重点是砌体墙的构造。

思考与练习题

3-1 简述墙体的设计要求。

3-2 墙承重结构有哪几种布置方式？并阐明它们各自的特点。

3-3 简述墙脚水平防潮层的位置和常规的做法。

3-4 隔墙的作用是什么？有哪三种基本形式？举例说明。

3-5 抹灰类墙面装修中，抹灰层的组成、作用和厚度是什么？

3-6 勒脚的作用是什么？常用的材料做法有哪几种？

3-7 砖墙组砌的要点是什么？

3-8 实体砖墙的组砌方式主要有哪几种？

3-9 确定砖墙厚度的因素主要有哪几种？

3-10 内墙两侧室内地面有高差，防潮层如何设置？

3-11 简述外墙保温有哪些做法？

3-12 窗台构造中应考虑哪些问题？

第4章　楼　地　面

本章要点及学习目标

本章要点：

(1) 楼地面的层次构造；

(2) 楼板的类型、作用及钢筋混凝土楼板的基本构造形式；

(3) 楼面与地面的构造形式、构造要求及构造做法；

(4) 顶棚构造的一般形式与构造；

(5) 一般阳台、雨篷的形式与构造。

学习目标：

(1) 熟练掌握楼地面的基本组成及其作用，掌握附加层的概念及其作用；

(2) 了解楼面结构层的类型，掌握其设计要求；熟练掌握现浇楼板类型与布置特点，了解其他楼板形式与一般构造；

(3) 熟练掌握楼面与地面层次构造的原理，掌握其一般层次构造方法；

(4) 掌握顶棚的类型与一般构造方法；

(5) 了解一般阳台和雨篷的形式，掌握其一般构造方法。

楼地面包括楼面和地面，是对楼层与地坪层的各构造层次的总称。楼面也称楼板层，是分隔建筑竖向空间的复合水平构件，它不仅包括楼板，而且包括楼板上的各构造层次以及楼板下的顶棚等各构造层次。地面也称地坪层，含室内地坪和室外地坪，包括建筑底层地坪在地基土层之上的各构造层。

4.1　楼地面的组成

楼面的构造组成包括楼面面层、楼板、顶棚层以及附加层。

地面的构造组成包括地坪面层、垫层、基层（素土夯实层）以及附加层。

楼面和地面的附加层是根据建筑各自的使用功能，除满足结构和外观要求，所设置的附加构造层次，如，保温层、防水层、找平层等等。楼地面的构造组成，如图4-1所示。

4.1.1　楼面的基本组成

楼面的构造组成中，面层、结构层、顶棚层是它的基本组成。根据功能需要，如：防水、保温、找平等，还应设置功能层。

1. 面层

楼面面层位于楼面的最上层，起着供人行走活动、家居设备布置、楼地面的保护、分布荷载和绝缘的作用，同时对室内地面起到美化装饰作用。

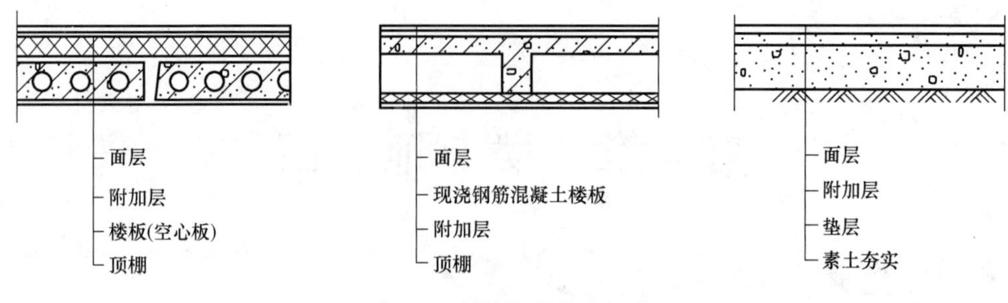

图 4-1　楼地面的构造组成

2. 楼板

楼板是楼面的结构层，承担楼面各构造层次荷载。因此，楼板应满足一定的强度和刚度要求，并能够把楼面的荷载安全地传递给梁、柱或墙。

3. 顶棚层

顶棚层楼板的下部，包括直接式顶棚和吊顶棚两大类。

4.1.2　地面的基本组成

地面的构造组成中，面层、垫层、基层是它的基本组成。根据功能需要还应设置功能层。

1. 面层

地面面层与楼面面层相似，位于地面各构造层次的上表面。

2. 垫层

垫层是地面的结构层，是地面的基本组成之一。垫层应具备一定的强度和刚度，能够承担其上部各层次的荷载以及地面面层之上的人流、家具、设备等荷载，并把这些荷载安全地传递到地面的基层。

3. 基层

基层是地面各层次的基础，直接承担地面的垫层传来的荷载。土质条件较好时，可利用自然土作为基层。一般需要利用室内回填土作为地面的基层。地面的基层通常应进行夯实处理，即地面构造层次中的“素土夯实”。

4.1.3　楼地面的附加层

楼面和地面的附加层又称功能层，根据建筑楼地面的功能要求而设置。附加层的主要作用有隔声、保温、隔热、防水、防火、防潮、防腐蚀、防静电、找平、保护等。附加层可设置在结构层与面层之间，也可结合面层设置。在楼面的构造中，附加层有时设置在吊顶与结构层之间，如吊顶保温层等。

4.2　楼板的构造

4.2.1　楼板的类型与设计要求

4.2.1.1　楼板的类型

按楼板结构的使用材料分，常见楼板的类型有钢筋混凝土楼板、木楼板、钢木组合楼板、压型钢板组合楼板。

1. 钢筋混凝土楼板

钢筋混凝土楼板的应用十分广泛，具有良好的强度、刚度、耐火性和耐久性等性能，混凝土还具有较好的可塑性能。按其制作、加工及安装等施工方法不同，钢筋混凝土楼板可分为现浇式、装配式和装配整体式三种形式，如图 4-2（b）所示。

2. 木楼板

木楼板具有自重轻、保温隔热性能好、舒适有弹性等性能，但耐火和耐久性较差，且资源稀缺、造价偏高。为节约木材和满足防火要求，目前一般较少使用，如图 4-2（a）所示。

3. 钢木组合楼板

钢木组合楼板通常采用型钢制作的钢骨架与实木或多层板等人工板材组合形成楼板层的楼板。由于钢木组合楼板自重轻、制作、运输、安装方便，通常用于增加建筑的夹层、室内空间的改造利用等。

4. 压型钢板组合楼板

压型钢板组合楼板是在钢筋混凝土楼板基础上发展起来的楼板形式。它利用压型钢板作为钢筋混凝土楼板的底模，再进行钢筋绑扎，继而浇筑混凝土而成。压型钢板组合楼板重量较轻，强度、刚度高且施工简便、工期短，通常与钢梁结构的楼面结合使用，在多层、高层钢结构建筑中应用较广，如图 4-2（c）所示。

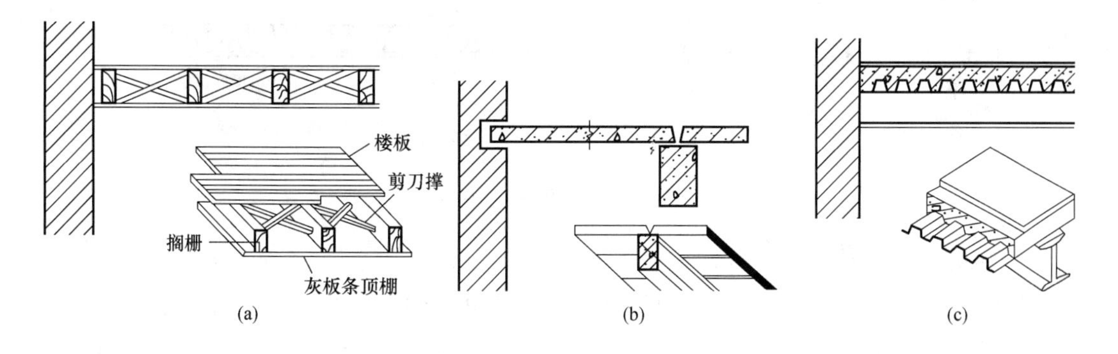

图 4-2 楼板的类型

（a）木楼板；（b）钢筋混凝土楼板；（c）压型钢板组合楼板

4.2.1.2 楼板的设计要求

1. 强度和刚度要求

楼板的强度是指楼板抵抗破坏的能力，刚度则是抵抗变形的能力。一方面，楼板应保证在楼板层全部自重及其上部的活荷载等作用下安全可靠、不破坏，即要求楼板具有足够的强度。另一方面，要求楼板应具有足够的刚度，以保证楼板在各种荷载作用下不发生过大变形，保证其良好的使用环境。

2. 隔声要求

为了避免对上下楼层之间声音传播产生的影响，楼板应当具备一定的隔声能力。楼板层的构造设计中，防止固体传声的措施主要有：

（1）楼板层面层隔声构造。在楼板层的面层上铺设地毯、橡胶、塑料毡等柔性材料，或采用实木地板或复合地板面层，减弱撞击楼板层的声能和楼板层的振动。

（2）楼板与面层之间隔声构造。楼板面层与结构层之间增设弹性垫层，即“浮筑式楼板”。弹性垫层可做成片状、条状和块状，使楼板与面层完全隔离，起到较好的隔声效果，如图 4-3（a）、（b）所示。

（3）吊顶隔声构造。楼板层吊顶的隔声构造是使楼上的固体噪声不直接传入下层空间，在吊顶与楼板连接的吊筋采用弹性连接，如图 4-3（c）、（d）所示。

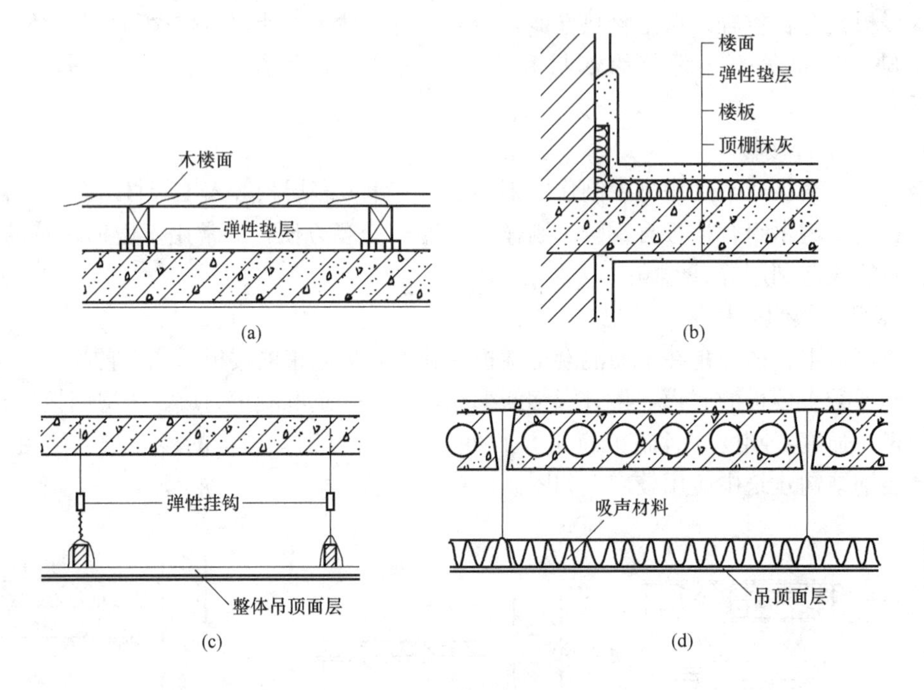

图 4-3 楼板隔声构造

3. 防火要求

楼板的防火性能应符合《建筑设计防火规范》GB 50016—2014 的有关规定。

4. 防潮、防水要求

对卫生间、盥洗室、厨房或学校的实验室等有水的房间，应进行防潮、防水处理。

5. 管线敷设要求

为满足设备功能的需要，综合考虑各种设备管线的布局走向以及与楼板厚度之间的关系。

图 4-4 现浇钢筋混凝土楼板施工图

4.2.2 现浇钢筋混凝土楼板

现浇钢筋混凝土楼板是经过立模板、扎钢筋、浇筑混凝土等工序直接在施工现场成型的结构构件，现浇钢筋混凝土楼板施工如图 4-4 所示。它的整体性好、抗震能力强，对平面形状不规整、平面尺寸不符合模数等的房间，可以通过相应的模板浇筑成型。但现浇钢筋混凝土楼板现场湿作业工作量、构件制作受环境的影响，质量控制难度较大。现浇钢筋混凝土楼板的形式有板式楼板、梁式楼板、无梁楼板、压型钢板组合楼板等。

1. 板式楼板

在墙承重结构的建筑中，平面尺寸较小的房间，如低层住宅的厨房、卫生间、卧室等，楼板直接由墙体支承而不需要另外设置结构梁（不包括墙体中的圈梁）。根据支承情况和平面尺寸，板式楼板分为单向板和双向板。通常板的长边与短边之比大于 2 时为单向板，板的长边与短边之比小于 2 时为双向板。

此外，板的支承长度也应符合一定的要求，不同板式楼板的受力特点、结构计算与设计等问题，在后续的结构课程会得到解决。板厚的确定不仅应满足结构设计的要求，还要满足管线敷设的要求，如住宅楼板通常取 100～120mm。

2. 梁式楼盖

梁式楼盖也称梁式楼板，对平面尺寸较大的房间，利用设置结构梁划分更小的楼板单元也是常用的楼面结构方案。梁式楼盖分为单向板梁式楼盖和双向板梁式楼盖，双向板梁式楼盖又分为主、次梁式双向板楼盖和井式楼盖。

（1）单向板梁式楼盖

单向板梁式楼盖由板、次梁和主梁组成，板的长边与短边之比大于 2。其荷载传递顺序为：板→次梁→主梁→柱（或墙）。主梁的经济跨度为 5～8m，主梁高为主梁跨度的 1/14～1/8，主梁宽与高之比为 1/3～1/2，且通常应符合 50mm 的整数倍；次梁的经济跨度为 4～6m，次梁高为次梁跨度的 1/18～1/12，宽度为梁高的 1/3～1/2，且通常应符合 50mm 的整数倍；次梁跨度即为主梁间距；板的厚度确定同板式楼板，通常板跨不大于 3m，其经济跨度为 1.7～2.5m。

主次梁布置还应考虑采光效果。通常主梁平行于光线的方向时，采光效果较好。如教学楼的楼盖设计中，建筑的采光主要来自纵墙，通常把主梁的方向设置为横向，尽量减少光线的阻挡。单向板梁式楼盖如图 4-5 所示。

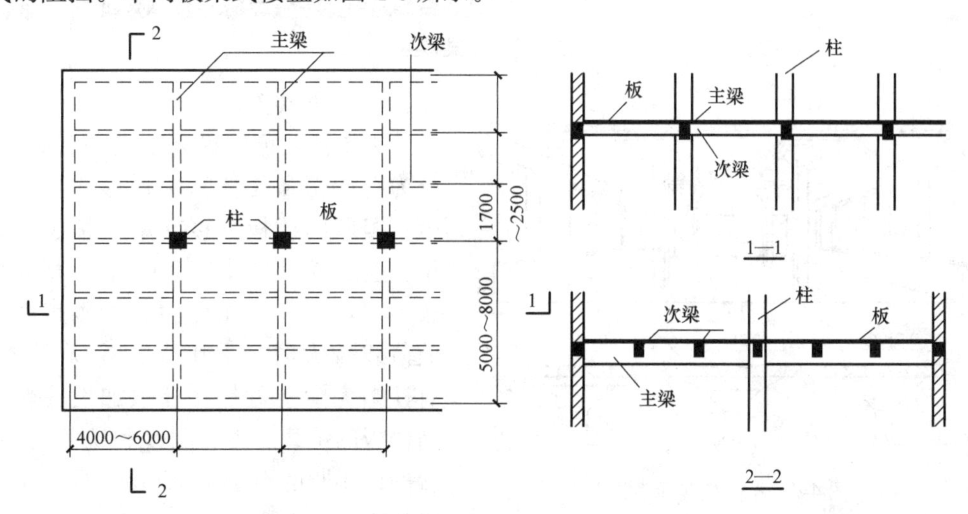

图 4-5 单向板梁式楼盖

（2）主、次梁式双向板楼盖

主、次梁式双向板楼盖的组成与单向板梁式楼盖相同，由板、次梁和主梁组成，板的长边尺寸与短边尺寸之比小于2。主、次梁式双向板楼盖板的荷载一部分传递给次梁，一部分传递给主梁，次梁的荷载传递给主梁，主梁的荷载传递给柱（或墙）。具体的结构量化计算和结构机理将在后续的钢筋混凝土结构课程中介绍。

（3）井式楼盖

井式楼盖是双向板梁式楼盖的一种特例，常用于近似正方形平面的空间。井式楼盖纵横向的梁截面尺寸相同，无主次梁之分，外观形状形成井格，故称井式楼盖。井式楼盖由板和井字梁组成，可根据空间的尺寸调整井字梁的布置，如图4-6所示。井式楼盖的荷载传递的路线为：板→井字梁→柱（或墙）。

井式楼盖适用于平面的长宽之比不大于1.5的矩形平面。井式楼盖中，板的跨度通常为2.5～4.5m，普通钢筋混凝土梁的截面高度不小于梁跨的1/15，宽度为梁高的1/4～1/2，且不少于120mm，梁的跨度可达15m，更大跨度时，通常应考虑使用预应力混凝土。井式楼板可与墙体正交放置或斜交放置。井式楼盖常用于门厅、大厅、会议室、餐厅、小型礼堂、歌舞厅等公共部位。根据建筑室内空间造型设计的需要，一些建筑的中庭将井式楼盖中的板去掉，用透光材料代替，可以取得良好的采光、通风和美观效果。

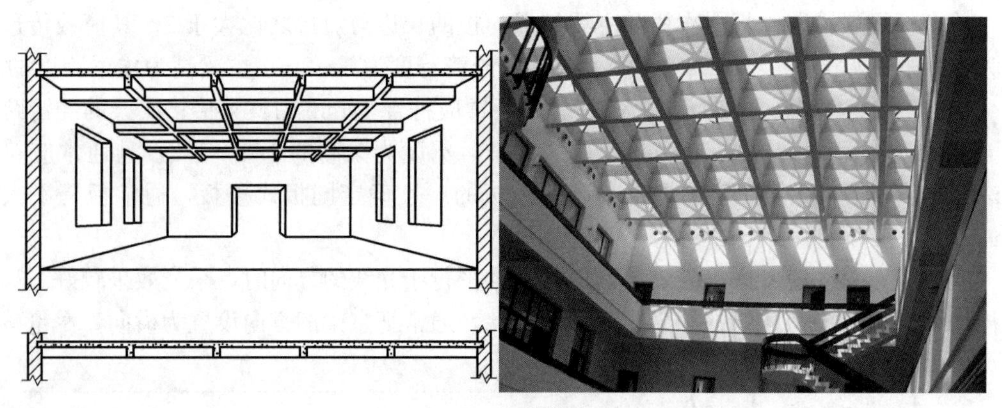

图4-6 井式楼盖

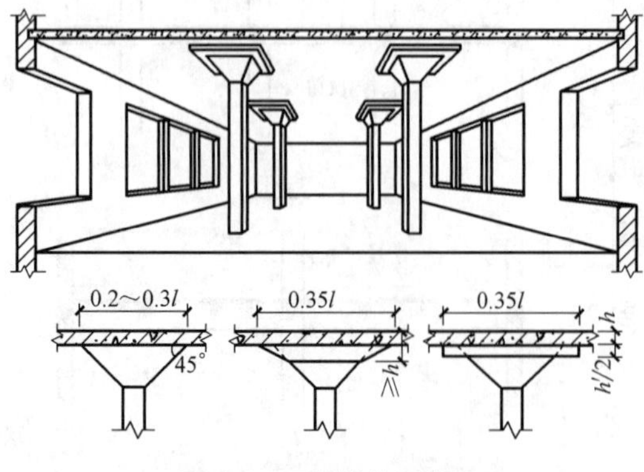

图4-7 无梁楼盖示意图

3. 无梁楼盖

无梁楼盖可以提高室内的有效净空，分为有柱帽和无柱帽两种形式。无梁楼盖由等厚的楼板直接支承在柱子上。无梁楼盖示意图如图4-7所示。当楼面荷载较小时，可采用无柱帽无梁楼盖；当楼面荷载较大时，采用有柱帽无梁楼盖。有柱帽无梁楼盖是在柱顶加设柱帽，提高楼板的承载能力、刚度和抗冲切能力。板的最小厚度不小于150mm且不小于板跨的1/35～1/32。

无梁楼板具有净空高度大、顶棚平整、采光通风及卫生条件较好、施工简便等优点，适用于商店、书库、仓库或地下室等荷载较大的建筑。

4. 压型钢板组合楼盖

压型钢板组合楼盖在多层或高层钢结构建筑中应用较多，是利用压型钢板做底模（衬板），支承在钢梁上，与现浇混凝土浇筑在一起，成为整体性很强的一种楼板。压型钢板组合楼盖如图 4-8 所示。

压型钢板组合楼盖主要由楼面现浇钢筋混凝土板、压型钢板和钢梁三部分所构成。现浇混凝土板和压型钢板（衬板）形成组合板。压型钢板组合楼盖可根据需要吊顶棚，美化室内空间。

钢衬板与钢梁之间的连接，一船采用焊接、自攻螺栓连接、膨胀铆钉固接和压边咬接等方式。

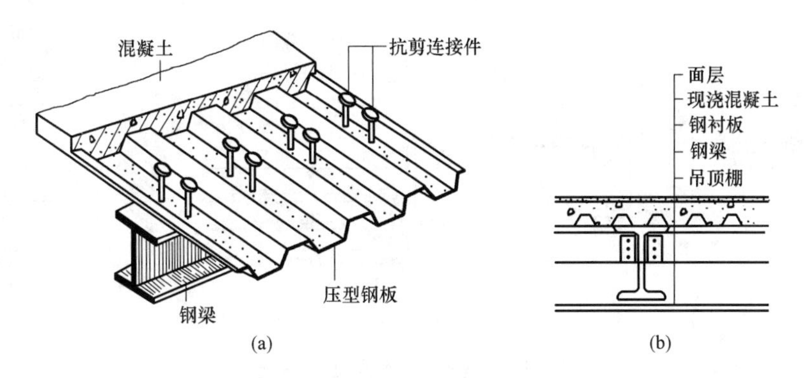

图 4-8 压型钢板组合楼盖

（a）立体图；（b）构造层次

4.2.3 预制装配式钢筋混凝土楼板

预制装配式钢筋混凝土楼板简称预制楼板，是指在预制构件厂预先加工制作，运输到工地后，进行现场进行安装的钢筋混凝土楼板。

4.2.3.1 预制楼板的类型

预制楼板按有无预应力钢筋分为预应力楼板和非预应力楼板两种。预应力楼板采用先张法预制楼板。在构件制作过程中，在楼板使用条件下的混凝土受拉区预先施加压力，使楼板安装受荷后，受拉区产生的拉应力和预先给的压应力部分抵消或平衡。预应力楼板的抗裂性能和刚度均好于非预应力楼板。

预制楼板按外形分，常用类型有实心楼板（又称平板）、槽形楼板（又称槽形板）、空心楼板（又称空心板）三种。

1. 实心平板

实心平板规格较小，跨度一般在 1.5m 左右，板厚一般为 60mm，各地的规格不同，如中南地区标准图集中规定平板的板宽为 500mm、600mm、700mm 等规格，板长为 1200mm、1500mm、1800mm、2100mm、2400mm 等规格。

平板支承长度按照以下规定：搁置在钢筋混凝土梁上时不小于 80mm，搁置在内墙时不小于 100mm，搁置在外墙时不小于 120mm。

预制实心平板由于其跨度小，板面上下平整，隔声差，常用于过道和小房间、卫生间的楼板，也可用于架空搁板、管沟盖板、阳台板、雨篷板等处。

2. 槽形板

槽形板减轻了板的自重，具有省材料、便于在板上开洞等优点，但隔声效果差。

槽形板是一种肋板结合的预制构件，即在实心板的两侧设有边肋，作用在板上的荷载都由边肋来承担，板宽为 500～1200mm，非预应力槽形板跨长通常为 3～6m。板肋高 130～240mm，板厚仅 30mm。

槽形板做楼板时，正置槽形板由于板底不平，通常做吊顶遮盖。倒置槽板受力不如正置槽板合理，但可在槽内填充轻质材料，以解决楼板的隔声和保温隔热问题，还可以获得平整的顶棚。槽形板构造，如图 4-9 所示。

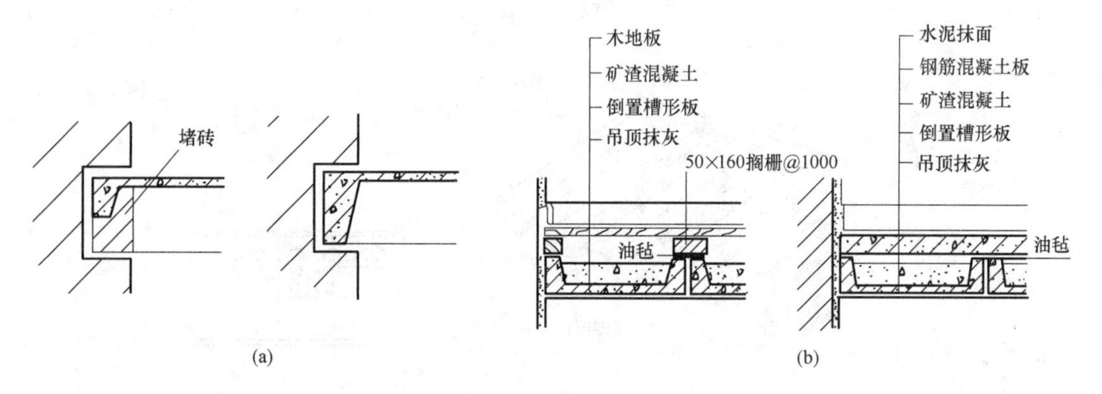

图 4-9　槽形板构造

(a) 正槽板板端搁置在墙上；(b) 反槽板构造

3. 空心板

空心板根据板内抽孔形状的不同，分为方孔板、椭圆孔板和圆孔板。空心板在墙上的搁置构造，如图 4-10 所示。

在选择板型时，一般要求板的规格、类型愈少愈好。在空心板安装前，应在板端的圆孔内填塞 C15 混凝土（堵头）以避免板端被压坏。

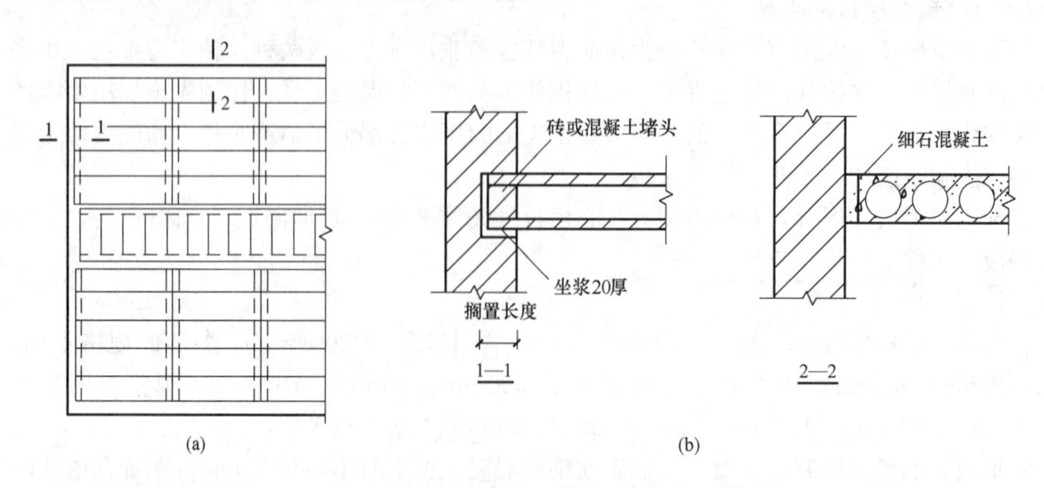

图 4-10　空心板在墙上的搁置构造

(a) 平面布置图；(b) 空心板与墙体的关系节点图

(c)

图 4-10 空心板在墙上的搁置构造（续）
（c）空心板搁置实例

4.2.3.2 预制楼板的结构布置

板的结构布置方式应根据房间的平面尺寸及房间的使用要求进行结构布置，可采用墙承重系统和框架承重系统。

1. 预制板直接搁置在墙上或梁上，称为板式结构布置。用于住宅、宿舍、办公楼等横墙密集的小开间建筑中。

2. 当预制板搁置在梁上时称为梁板式结构布置，多用于教学楼、实验楼等开间进深较大的建筑中。楼板在梁上的结构布置，如图 4-11 所示。

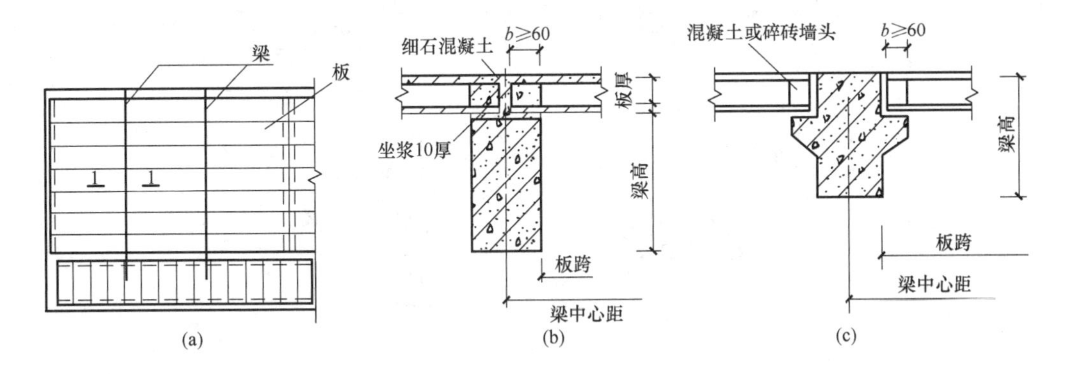

图 4-11 楼板在梁上的结构布置
（a）结构平面图；（b）板搁置在矩形梁上；（c）板搁置在花篮梁上

4.2.3.3 预制楼板的搁置构造

铺板前，先在墙或梁上用 20mm 厚 M5 水泥砂浆找平（俗称坐浆），然后再铺板，使板与墙或梁有较好的连接，同时也使墙体受力均匀。

采用梁板式结构时，板在梁上的搁置方式有两种，一种是板直接搁置在梁顶上，另一种是板搁置在花篮梁或十字梁上，这时板的顶面与梁顶面平齐，在梁高不变的情况下，梁底净高相应也增加了一个板厚，如图 4-11（c）所示。

4.2.3.4　预制楼板的板缝处理构造

为便于板的安装，板的标志尺寸和构造尺寸之间有 10mm 的差值，这样就形成了板缝。为加强其整体性，必须在板缝填入水泥砂浆或细石混凝土（即灌缝）。

图 4-12 为三种常见的板间侧缝形式。“V”形缝具有制作简单的优点，但易开裂，连接不够牢固；“U”形缝上面开口较大易于灌浆，但仍不够牢固；“凹”槽缝连接牢固，但砂浆捣实较困难。

图 4-12　三种常见的板间侧缝形式

预制板板缝起着连接相邻两块板协同工作的作用，使楼板成为一个整体。在具体布置房间的楼板时，往往出现不足以排一块板的缝隙。预制板之间板缝的处理构造，如图4-13所示。

1. 当缝隙小于 60mm 时，可调节板缝，当缝隙在 60～120mm 之间时，可在灌缝的混凝土中加配 2Φ6 通长钢筋；

2. 当缝隙在 100～200mm 之间时，设现浇钢筋混凝土板带，是将板带设在墙边或有穿管的部位；

3. 当缝隙大于 200mm 时，调整板的规格。

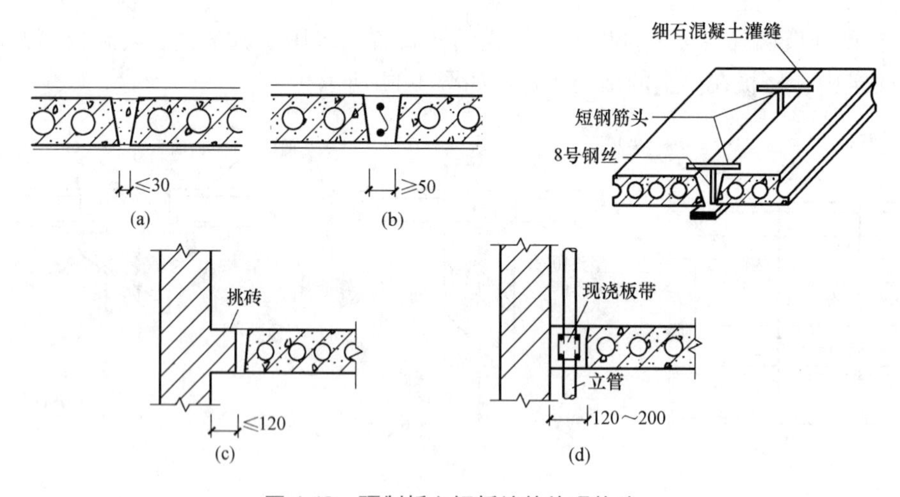

图 4-13　预制板之间板缝的处理构造
（a）细石混凝土灌缝；（b）灌缝内加钢筋；（c）挑砖；（d）现浇板带

4.2.3.5　预制楼板与隔墙的关系构造

当房间内没有重质块材隔墙和砌筑隔墙且重量由楼板承受时，必须从结构上予以考虑。在确定隔墙位置时，不宜将隔墙直接搁置在楼板上，而应采取一些结构构造措施。如在隔墙下部设置钢筋混凝土小梁，通过梁将隔墙荷载传给墙体；当楼板结构层为预制槽形板时，可将隔墙设置在槽形板的纵肋上；当楼板结构层为空心板时，可将板缝拉开，在板缝内配置钢筋后浇筑 C20 细石混凝土形成钢筋混凝土小梁，再在其上设置隔墙。隔墙下部结构处理，如图 4-14 所示。

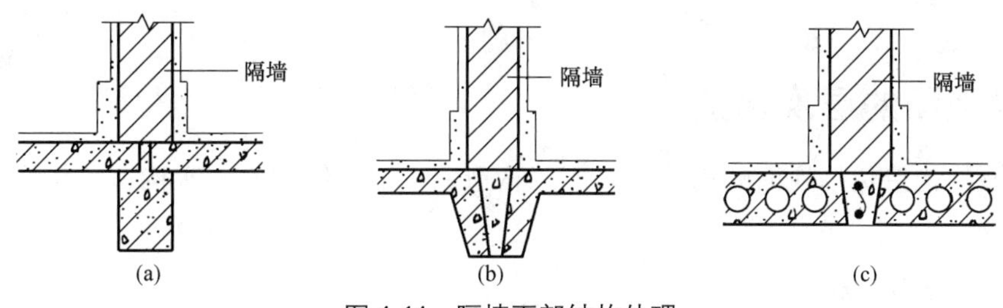

图 4-14 隔墙下部结构处理

（a）隔墙搁在梁上；（b）隔墙搁在槽板纵肋上；（c）板缝配筋

4.2.4 装配整体式钢筋混凝土楼板

装配整体式楼板，是在楼板中预制部分构件、现场安装，再以整体浇筑的办法连接而成的楼板，它们兼有整体性强和模板利用率高等特点。

预制薄板（预应力）与现浇混凝土面层叠合而成的装配整体式楼板，又称预制薄板叠合楼板。这种楼板以预制混凝土薄板为永久模板而承受施工荷载，板面现浇混凝土叠台层，现浇层内只需配置少量支座负筋。预制薄板底面平整，不必抹灰，作为顶棚可直接喷浆或粘贴装饰墙纸。

由于预制薄板具有结构、模板、装修三方面的功能，形成叠合楼板后具有良好的整体性和连续性，对结构有利。这种楼板跨度大、厚度小，结构自重可以减轻。目前已广泛应用于住宅、宾馆、学校、办公楼、医院以及仓库等建筑中。

叠合楼板跨度一般为 4～6m，最大可达 9m，通常以 5.4m 以内较为经济。预应力薄板厚 50～70mm，板宽 1.1～1.8m。为了保证预制薄板与叠合层有较好的连接，薄板上表面需做处理。

常见的有两种：一是在上表面作刻槽处理，刻槽直径 50mm，深 20mm，间距 150mm；另一种是在薄板表面露出较规则的三角形的结合钢筋。

现浇叠合层的混凝土强度为 C20 级，厚度一般为 100～120mm。叠合楼板的总厚度取决于板的跨度，一般为 150～250mm。楼板厚度以大于或等于薄板厚度的两倍为宜。叠合楼板的构造如图 4-15 所示。

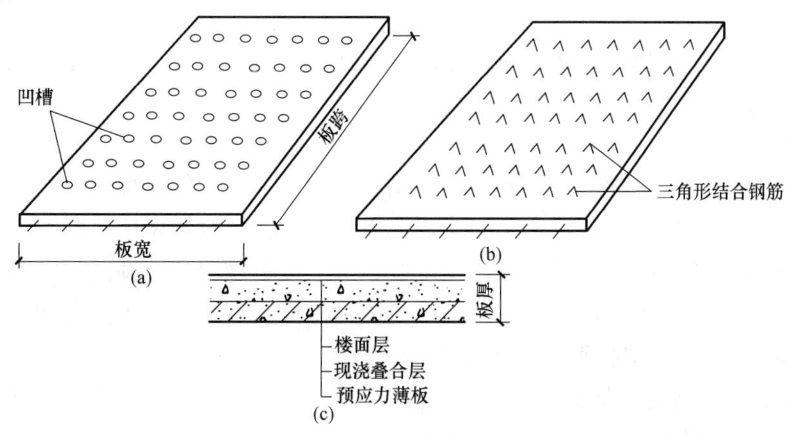

图 4-15 叠合楼板的构造

（a）板面刻槽；（b）板面露出三角形连接钢筋；（c）构造层次

4.3　楼地面的层次构造

楼地面的构造包括地面的构造和楼面的构造。本节介绍地面层次构造，楼面构造可参照设计。

4.3.1　地面的层次构造

4.3.1.1　实铺地面与空铺地面

地面又称地坪，地坪层与土层间的关系不同，地坪层可分为实铺地面和空铺地面两类。

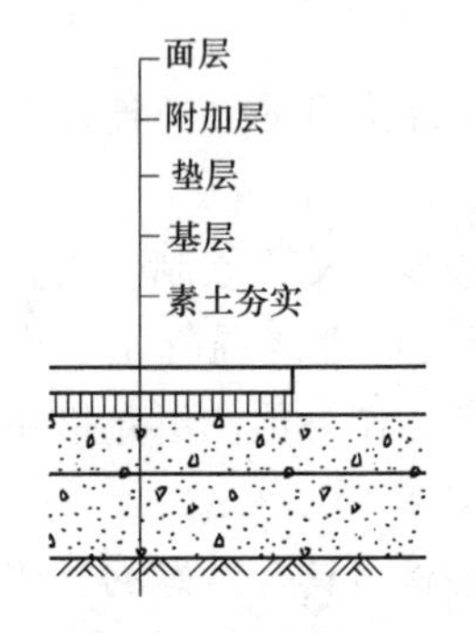

图 4-16　地坪层构造

1. 实铺地面

实铺地面的基本组成为面层、垫层和基层，对有特殊要求的地坪，常在面层和垫层之间增设一些附加层。地坪层构造，如图 4-16 所示。

(1) 面层

地坪的面层又称地面，和楼面一样，是直接承受人、家具、设备等各种物理和化学作用的表面层，起着保护结构层和美化室内的作用。地面的做法和楼面相同。

(2) 垫层

垫层是基层和面层之间的填充层，其作用是找平和承重传力，一般采用 60～100mm 厚的 C10 混凝土垫层。垫层材料分为刚性和柔性两大类。

刚性垫层如混凝土、碎砖三合土等，有足够的整体刚度，受力后不产生塑性变形，多用于整体地面和小块块料地面。

柔性垫层如砂、碎石、炉渣等松散材料，无整体刚度，受力后产生塑性变形，多用于块料地面。

(3) 基层

基层即地基，一般为原土层或填土分层夯实。当上部荷载较大时，增设 2∶8 灰土 100～150mm 厚，或碎砖、道砟三合土 100～50mm 厚。

(4) 附加层

附加层主要应满足某些有特殊使用要求而设置的一些构造层次，如防水层、防潮层、保温层、隔热层、隔声层和管道敷设层等。

2. 空铺地面

为防止底层房间受潮或满足某些特殊使用要求（如舞台、体育训练、比赛场、幼儿园等的地层需要有较好的弹性）将地层架空形成空铺地面。其构造做法是在夯实土或混凝土垫层上砌筑地垅墙或砖墩上架梁，在地垅墙或梁上铺设钢筋混凝土预制板。若做木地层就在地垅墙或梁上设些垫木、钉木龙骨再铺木地板，这样利用地层与土层之间的空间进行通风，便可带走地潮。空铺地面构造，如图 4-17 所示。

4.3.1.2　地面的构造要求与类型

1. 地面的构造要求

地面是人们日常生活、工作和生产直接接触的部分，也是建筑中直接承受荷载，经常

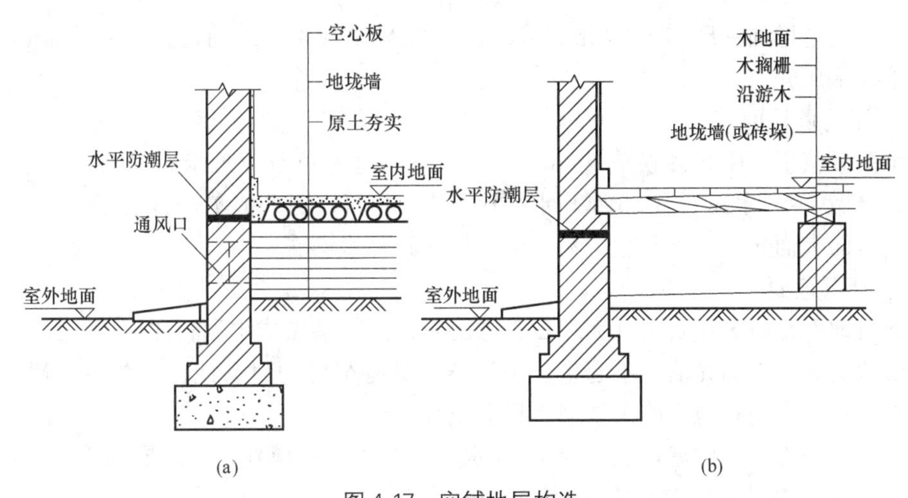

图 4-17 空铺地层构造

（a）预制钢筋混凝土板空铺地层；（b）木板空铺地层

受到摩擦、清扫和冲洗的部分。设计地面应满足下列要求：

（1）具有足够的坚固性

家具设备等作用下不易被磨损和破坏，且表面平整、光洁、易清洁和不起灰。

（2）保温性能好

要求地面材料的导热系数小，给人以温暖舒适的感觉，冬期时走在上面不致感到寒冷。

（3）具有一定的弹性

当人们行走时不致有过硬的感觉，同时，有弹性的地面对防撞击声有利。

（4）易于清洁

（5）满足某些特殊要求

对有水作用的房间，地面应防水防潮；对有火灾隐患的房间，应防火耐燃烧；对有化学物质作用的房间应耐腐蚀；对有仪器和药品的房间，地面应无毒、易清洁；对经常有油污染的房间，地面应防油渗。

（6）美观经济

综上所述，即在进行地面设计或施工时，应根据房间的使用功能和装修标准，选择适宜的面层和附加层。

2. 地面的构造类型

地面的名称是依据面层所用材料来命名的。按面层所用材料和施工方式不同，常见地面做法可分为：整体地面、块材地面、塑料地面、木地面。

4.3.2 地面的构造做法

4.3.2.1 整体地面

1. 水泥砂浆地面

水泥砂浆地面构造简单，坚固、耐磨、防水，造价低廉，但导热系数大，冬天感觉阴冷，吸水性差，易结露、易起灰，不易清洁，是一种低档地面或进行二次装修的商品房地面。通常有单层和双层两种做法。单层做法只抹一层 20～25mm 厚 1∶2 或 1∶2.5 水泥砂浆；双层做法是增加一层 10～20mm 厚 1∶3 水泥砂浆找平，表面再抹 5～10mm 厚 1∶2 水泥砂浆抹平压光。

2. 水泥石屑地面

将水泥砂浆里的中粗砂换成 3～6mm 的石屑，也称豆石或瓜米石地面。在垫层或结构层上直接做 1∶2 水泥石屑 25 厚，水灰比不大于 0.4，刮平拍实，碾压多遍，出浆后抹光。这种地面表面光洁，不起尘，易清洁，性能近似水磨石。

3. 水磨石地面

水磨石地面是将天然石料（大理石、方解石）的石碴做成水泥石屑面层，经磨光打蜡制成。质地美观，表面光洁，不起尘，易清洁，具有很好的耐磨性、耐久性、耐油耐碱、防火防水，现浇水磨石地面施工繁琐，目前较少采用。

水磨石地面为分层构造，底层为 1∶3 水泥砂浆 18mm 厚找平，面层为 1∶1.5～1∶2 水泥石碴 12mm 厚，石碴粒径为 8～10mm，分格条一般高 10mm，用 1∶1 水泥砂浆固定。水磨石地面，如图 4-18 所示。

施工中先将找平层做好，在找平层上被设计为 1000mm×1000mm 方格的图案嵌固玻璃塑料分格条（或铜条、铝条）。分格条一般高 10mm，用 1∶1 水泥砂浆固定。将拌合好的水泥石屑铺入压实，经浇水养护后磨光，一般须粗磨、中磨、精磨，用草酸水溶液洗净，最后打蜡抛光。普通水磨石地面采用普通水泥掺白石子，玻璃条分格；美术水磨石可用白水泥加各种颜料和各色石子，用铜条分格，可形成各种优美的图案，其造价比普通水磨石约高 4 倍。还可以将破碎的大理石块铺入面层，不分格，缝隙处填补水泥石碴，磨光后即成冰裂水磨石。

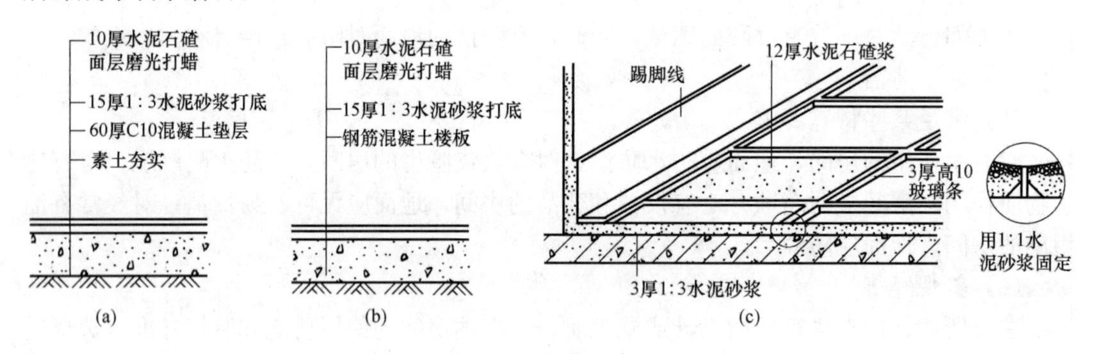

图 4-18 水磨石地面

（a）底层地面；（b）楼层地面；（c）分隔条

4.3.2.2 块材地面

块材地面是利用各种人造的和天然的预制块材、板材镶铺在基层上面。常用块材有陶瓷地砖、马赛克、水泥花砖、大理石板、花岗石板等，常用铺砌或胶结材料起胶结和找平作用，有水泥砂浆、油膏、细砂、细炉渣等做结合层。

1. 铺砖地面

铺砖地面有黏土砖地面、水泥砖地面、预制混凝土块地面等。铺设方式有两种：干铺和湿铺。干铺是在基层上铺一层 20～40mm 厚砂子，将砖块等直接铺设在砂上，板块间用砂或砂浆填缝。湿铺是在基层上铺 1∶3 水泥砂浆 12～20mm 厚，用 1∶1 水泥砂浆灌缝。

2. 缸砖、地面砖及陶瓷锦砖地面

缸砖是陶土加矿物颜料烧制而成的一种无釉砖块，主要有红棕色和深米黄色两种，缸砖质地细密坚硬，强度较高，耐磨、耐水、耐油、耐酸碱，易于清洁不起灰，施工简单，因此广泛应用于卫生间、盥洗室、浴室、厨房、实验室及有腐蚀性液体的房间地面。

缸砖、地面砖构造做法：20mm 厚 1∶3 水泥砂浆找平，3～4mm 厚水泥胶（水泥∶107 胶∶水～1∶0.1∶0.2）粘贴缸砖，用素水泥浆擦缝。

陶瓷锦砖质地坚硬，经久耐用，色泽多样，耐磨、防水、耐腐蚀、易清洁，适用于有水、有腐蚀的地面。做法类同缸砖，后用滚筒压平，使水泥胶挤入缝隙，用水洗去牛皮纸，用白水泥浆擦缝。预制块材地面如图 4-19 所示。

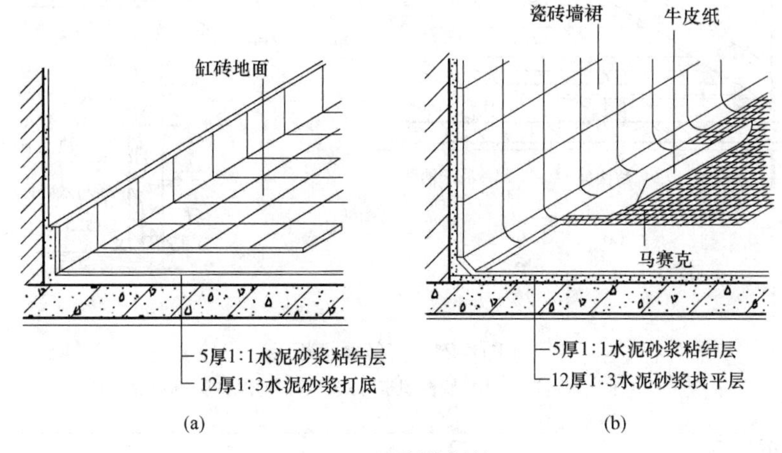

图 4-19 预制块材地面

（a）缸砖地面；（b）陶瓷锦砖地面

3. 石材地面

常用的天然石板指大理石板和花岗石板，由于它们质地坚硬，色泽丰富艳丽，属高档地面装饰材料，但造价昂贵，一般多用于高级宾馆、会堂、公共建筑的大厅、门厅等处。做法是在基层上刷素水泥浆一道，30mm 厚 1∶3 干硬性水泥砂浆找平，面上铺 2mm 厚素水泥（洒适量清水），粘贴 20mm 厚大理石板（花岗石板），素水泥浆擦缝。粗琢面的花岗石板可用在纪念性建筑、公共建筑的室外台阶、踏步上，既耐磨又防滑。花岗岩地面如图 4-20 所示。

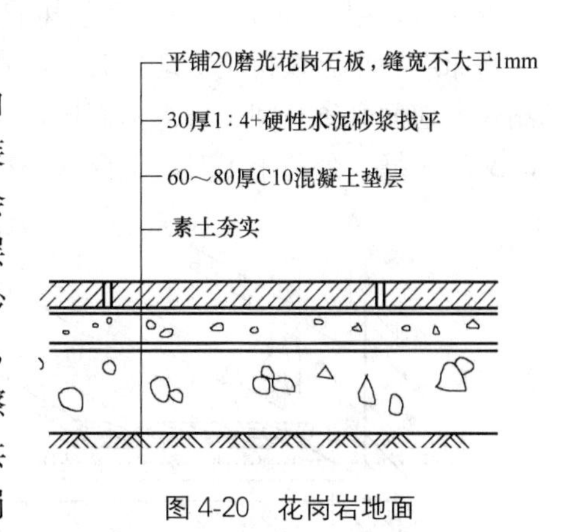

图 4-20 花岗岩地面

4.3.2.3 木地面

木地面的主要特点是有弹性，不起灰、不返潮、易清洁、保温性好，常用于高级住宅、宾馆、体育馆、健身房、剧院舞台等建筑中。木地面按其用材规格分为普通木地面、硬木条地面和拼花木地面三种。按构造方式有空铺、实铺和粘贴三种。

1. 架空木地面

常用于底层地面，出于占用空间多，费材料，因而采用较少。

2. 实铺木地面

将木地板直接钉在钢筋混凝土基层上的木搁栅上，木搁栅绑扎后预埋在钢筋混凝土楼板内的10号双股镀锌铁丝上。或用V形铁件嵌固，木搁栅为50mm×60mm方木，中距400mm，40mm×50mm横撑中距1000mm与木搁栅钉牢。为了防腐，可在基层上刷冷底子油和热沥青，搁栅及地板背面满涂防腐油或煤焦油。实铺木地板，如图4-21所示。

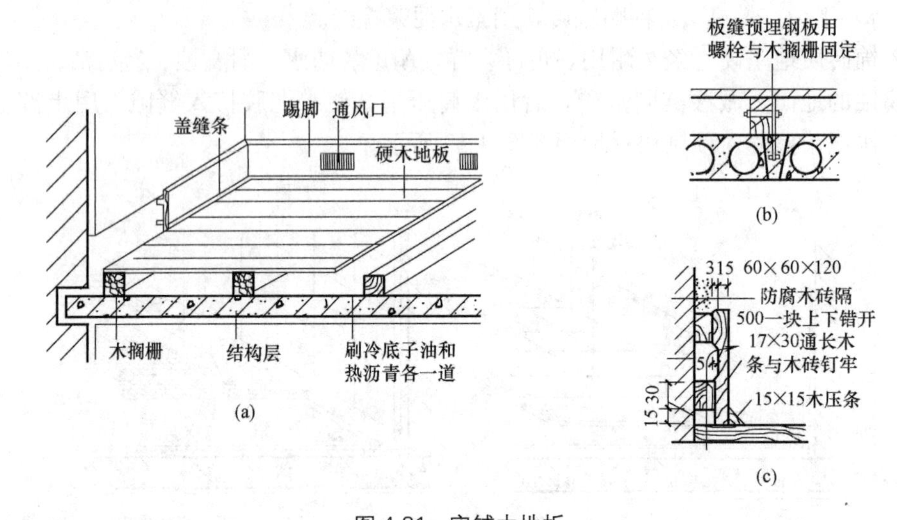

图4-21　实铺木地板

(a) 木地板构造；(b) 搁栅固定方式；(c) 通风铁脚板构造

3. 粘贴木地面

粘贴木地面做法是先在钢筋混凝土基层上采用沥青砂浆找平，然后刷冷底子油一道，热沥青一道，用2mm厚沥青胶环氧树脂乳胶等随涂随铺贴20mm厚硬木长条地板。

当面层为小席纹拼花木地板时，可直接用胶粘剂涂刷在水泥砂浆找平层上进行粘贴。粘贴式木地面既省空间又省去木搁栅，较其他构造方式经济，但木地板容易受潮起翘，干燥时又易裂缝，因此施工时一定要保证粘贴质量。粘贴木地面如图4-22所示。

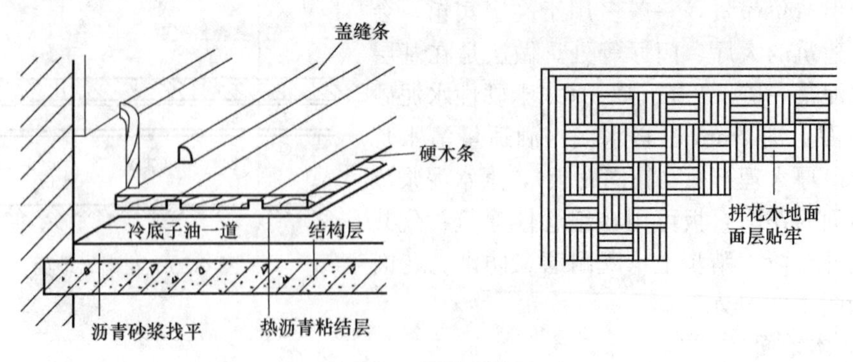

图4-22　粘贴木地面

4.3.2.4　塑料地面

常用的塑料地毡为聚氯乙烯塑料地毡和聚氯乙烯石棉地板。

聚氯乙烯塑料地毡（又称地板胶），是软质卷材，目前市面上出售的地毡宽度多为2m左右，厚度1～2mm，可直接干铺在地面上，也可用聚氨酯等胶粘剂粘贴。塑料地毡地面，如图 4-23 所示。

聚氯乙烯石棉地板是在聚氯乙烯树脂中掺入60%～80%的石棉绒和碳酸钙填料。由于树脂少、填料多，所以质地较硬，常做成 300mm×300mm 的小块地板，用胶粘剂拼花对缝粘贴。

塑料地面具有步感舒适、柔软、富有弹性、轻质、耐磨、防水、防潮、耐腐蚀、绝缘、隔声、阻燃、易清洁、施工方便等特点，且色泽明亮、图案多样，多用于住宅及公共建筑以及工业厂房中要求较高清洁环境的房间。缺点是不耐高温，怕明火，易老化。

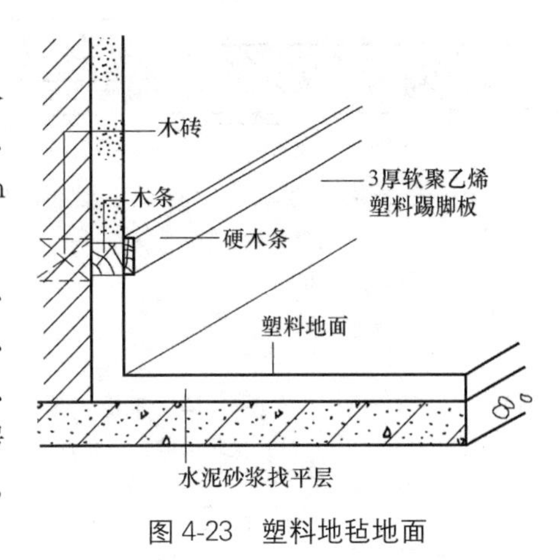

图 4-23 塑料地毡地面

4.3.2.5 涂料地面

涂料类地面耐磨性好，耐腐蚀、耐水防潮，整体性好，易清洁，不起灰，弥补了水泥砂浆和混凝土地面的缺陷，同时价格低廉，易于推广。

涂料地面常用涂料有过氯乙烯溶液涂料、苯乙烯焦油涂料、聚乙烯醇缩丁醛涂料等，这些涂料地面施工方便、造价较低，可以提高水泥地面的耐磨性、柔韧性和不透水性。但由于是溶剂型涂料，在施工中会逸散出有害气体污染环境，同时涂层较薄，磨损较快。

4.4 顶棚构造

顶棚又称平顶或天花板，是楼板层的最下面部分，是建筑物室内主要饰面之一。作为顶棚则要求表面光洁，美观，能反射光线，改善室内照度以提高室内装饰效果；对某些有特殊要求的房间，还要求顶棚具有隔声吸音或反射声音、保温、隔热、管道敷设等方面的功能，以满足使用要求。

一般顶棚多为水平式，但根据房间用途的不同，可做成弧形、折线形等各种形状。顶棚的构造形式有直接式顶棚和悬吊式顶棚两种。设计时应根据建筑物的使用功能、装修标准和经济条件来选择适宜的顶棚形式。

4.4.1 直接式顶棚

直接式顶棚系指直接在钢筋混凝土屋面板或楼板下表面直接喷浆、抹灰或粘贴装修材料的一种构造方法。直接式顶棚，如图 4-24 所示。当板底平整时，可直接喷刷大白浆或 106 涂料；当楼板结构层为钢筋混凝土预制板时，可用 1∶3 水泥砂浆填缝刮平，再喷刷涂料。这类顶棚构造简单，施工方便。

具体做法和构造与内墙面的抹灰类、涂刷类、裱糊类基本相同，常用于装饰要求不高的一般建筑，如办公室、住宅、教学楼等。

此外，有的是将屋盖结构暴露在外，不另做顶棚，称为“结构顶棚”。例如网架结构，构成网架的杆件本身很有规律，有结构自身的艺术表现力，能获得优美的韵律感。又如拱结构屋盖，结构自身具有优美曲面，可以形成富有韵律的拱面顶棚。结构顶棚的装饰重点，在于巧妙地组合照明、通风、防火、吸声等设备，以显示出顶棚与结构韵律的和谐，

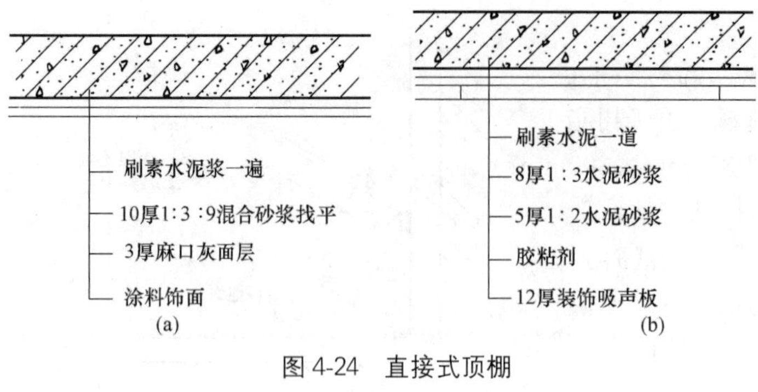

图 4-24　直接式顶棚

（a）抹灰顶棚；（b）贴面顶棚

形成统一的、优美的空间景观。结构顶棚广泛用于体育建筑及展览大厅等公共建筑。

4.4.2　吊顶棚

吊顶棚即悬吊式顶棚，简称称“吊顶”。它离开屋顶或楼板的下表面有一定的距离，通过悬挂物与主体结构联结在一起。这类顶棚类型较多，构造复杂。

4.4.2.1　吊顶的类型

1. 根据结构构造形式的不同，吊顶可分为整体式吊顶、活动式装配吊顶、隐蔽式装配吊顶、开敞式吊顶等。

2. 根据材料的不同，吊顶可分为板材吊顶、轻钢龙骨吊顶、金属吊顶等。

4.4.2.2　吊顶的构造组成

吊顶一般由龙骨与面层两部分组成。

1. 吊顶龙骨

吊顶龙骨分为主龙骨与次龙骨，主龙骨为吊顶的承重结构，次龙骨则是吊顶的基层。主龙骨通过吊筋或吊件固定在屋顶（或楼板）结构上，次龙骨用同样的方法固定在主龙骨上。吊顶构造组成，如图 4-25 所示。

龙骨可用木材、轻钢、铝合金等材料制作，其断面大小视其材料品种、是否上人和面层构造做法等因素而定。主龙骨断面比次龙骨大，间距约为 2m。悬吊主龙骨的吊筋为$\phi8$～$\phi10$钢筋，间距也是不超过 2m。次龙骨间距视面层材料而定，间距一般不超过 600mm。

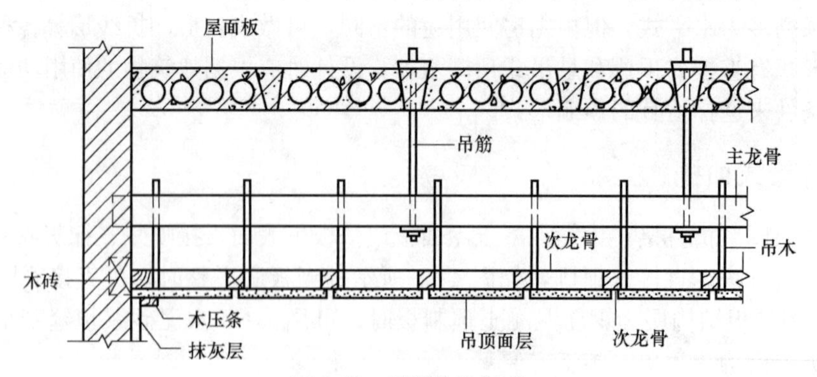

图 4-25　吊顶构造组成

2. 吊顶面层

吊顶面层分为抹灰面层和板材面层两大类。抹灰面层为湿作业施工，费工费时，采用板材面层，既可加快施工速度，又容易保证施工质量。板材吊顶有植物板材、矿物板材和金属板材等。

4.4.2.3　吊顶的构造

1. 抹灰吊顶构造

抹灰吊顶的龙骨可用木或型钢。当采用木龙骨时，主龙骨断面宽约60～80mm，高约120～150mm、中距约1m。次龙骨断面一般为40mm×60mm，中距400～500mm、并用吊木固定于主龙骨上。当采用型钢龙骨时，主龙骨选用槽钢，次龙骨为角钢（20mm×20mm×3mm），间距同上。

抹灰面层有以下几种做法：板条抹灰、板条钢板网抹灰、钢板网抹灰。板条抹灰一般采用木龙骨，板条抹灰顶棚构造做法如图4-26所示。这种顶棚是传统做法，构造简单，造价低，但抹灰层出于干缩或结构变形的影响，很容易脱落，且不防火，通常用于装修要求较低的建筑。

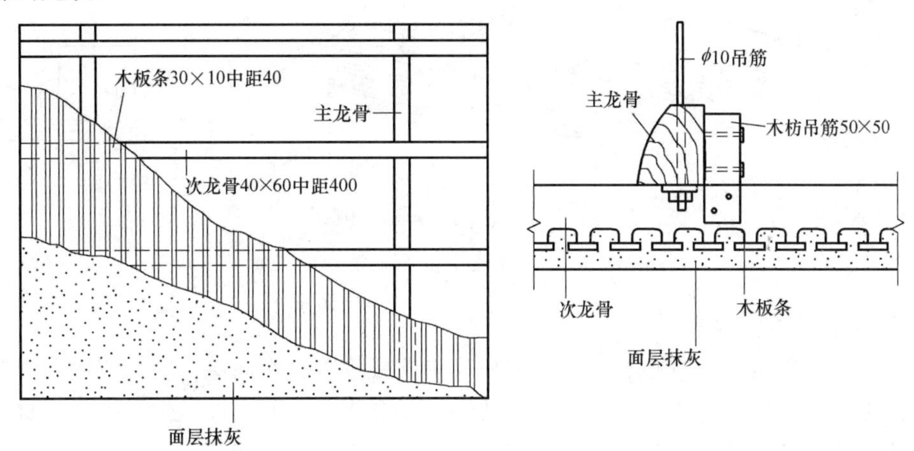

图4-26 板条抹灰顶棚

钢板网抹灰吊顶一般采用钢龙骨，钢板网固定在钢筋上。钢板网抹灰顶棚如图4-27所示。

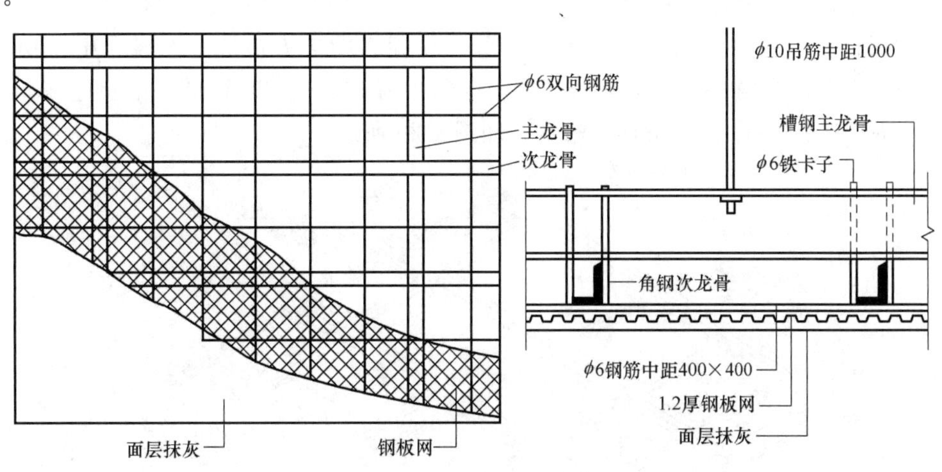

图4-27 钢板网抹灰顶棚

2. 木质板材吊顶构造

木质板材的品种甚多，如胶合板、硬质纤维板、软质纤维板、装饰吸声板、木丝板、刨花板等，其中用得最多的是胶合板和纤维板。植物板材吊顶的优点是施工速度快，干作业，故比抹灰吊顶应用更广。

吊顶龙骨一般用木材制作，龙骨布置成格子状。木质板材吊顶构造如图4-28所示，分格大小应与板材规格相协调。

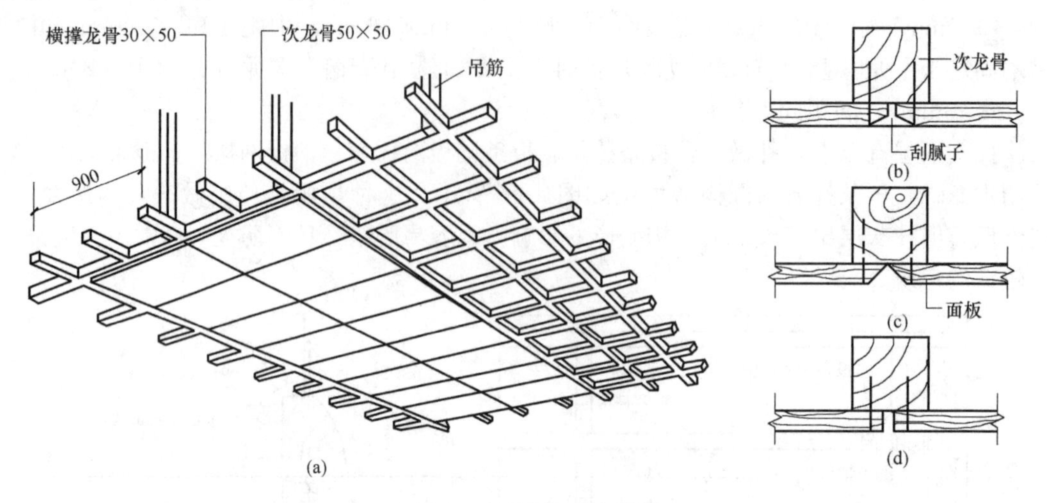

图 4-28　木质板材吊顶构造

（a）仰视图；（b）密缝；（c）斜槽缝；（d）立缝

3. 矿物板材吊顶构造

矿物板材吊顶常用石膏板、石棉水泥板、矿棉板等板材作面层，轻钢或铝合金型材作龙骨。这类吊顶的优点是自重轻、施工安装快、无湿作业、耐火性能优于植物板材吊顶和抹灰吊顶，故在公共建筑或高级工程中应用较广。

轻钢和铝合金龙骨的布置方式有两种：

（1）龙骨外露的布置方式

主龙骨采用槽形断面的轻钢型材，次龙骨为T形断面的铝合金型材。次龙骨双向布置，矿物板材置于次龙骨翼缘上，次龙骨露在顶棚表面成方格形，方格大小500mm左右。悬吊主龙骨的吊链件为槽形断面，吊挂点间距为0.9～1.2m，最大不超过1.5m。次龙骨与主龙骨的连接采用U形连接吊钩，如图4-29所示。

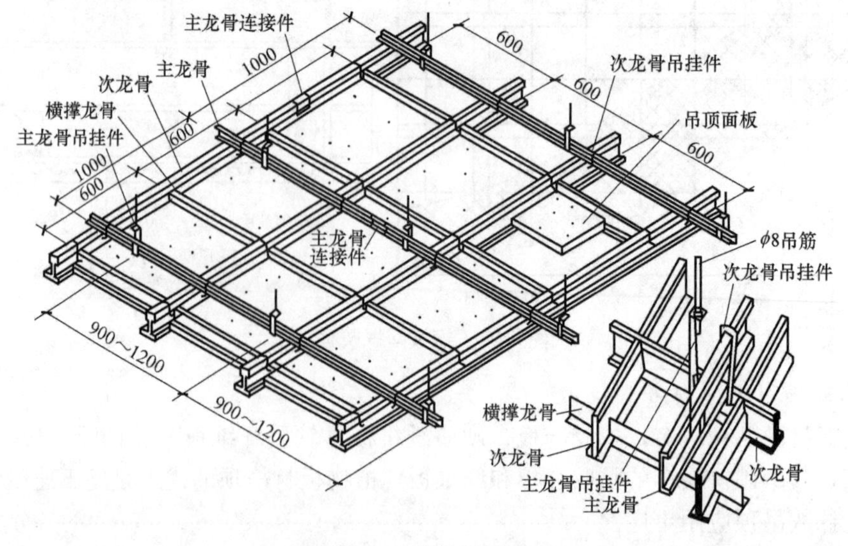

图 4-29　龙骨外露的吊顶

(2) 不露龙骨的布置方式

这种布置方式的主龙骨仍采用槽形断面的轻钢型材，但次龙骨采用U形断面轻钢型材，用专门的吊挂件将次龙骨固定在主龙骨上，而板用自攻螺钉固定于次龙骨上。主次龙骨的布置示意图，如图 4-30 所示。主次龙骨及面板的连接节点构造，如图 4-31 所示。

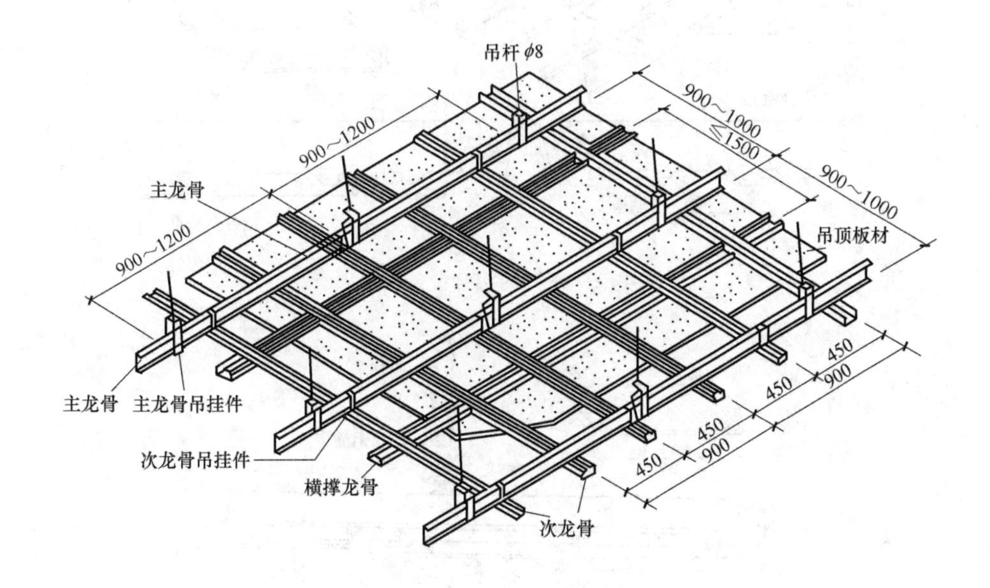

图 4-30 不露龙骨吊顶的龙骨布置

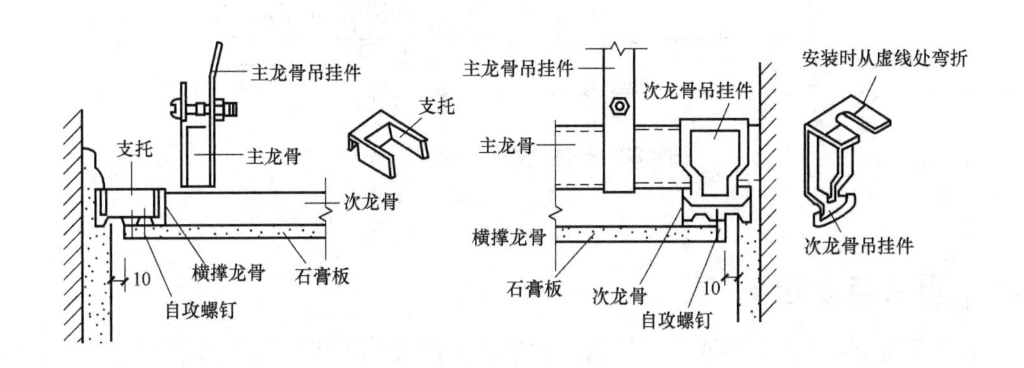

图 4-31 不露龙骨吊顶的节点构造

4. 金属板材吊顶构造

金属板材吊顶最常用的是以铝合金条板作面层，龙骨采用轻钢型材，当吊顶无吸声要求时，条板采取密铺方式，不留间隙，如图 4-32 所示；当有吸声要求时，条板上面需加铺吸声材料，条板之间应留出一定的间隙，以便投射到顶棚的声能从间隙处被吸声材料所吸收，如图 4-33 所示。

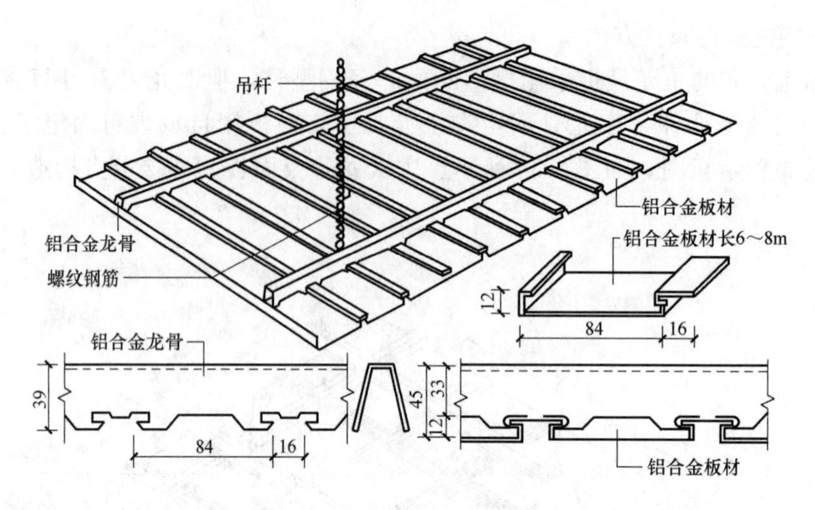

图 4-32　密铺的铝合金条板吊顶

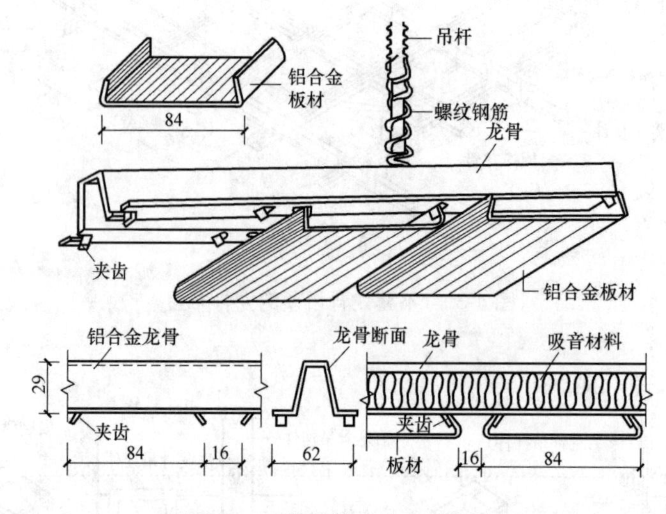

图 4-33　开敞式的铝合金条板吊顶

4.5　阳台与雨篷

阳台是连接室内的室外平台，给居住在建筑里的人们提供一个舒适的室外活动空间，是多层住宅、高层住宅和旅馆等建筑中不可缺少的一部分。

雨篷位于建筑物出入口的上方，用来遮挡雨雪，保护外门免受侵蚀，给人们提供一个从室外到室内的过渡空间，并起到保护门和丰富建筑立面的作用。

4.5.1　阳台

4.5.1.1　阳台的类型和设计要求

1. 阳台的类型

阳台按其与外墙面的关系分为挑阳台、凹阳台、半挑半凹阳台；按其在建筑中所处的位置可分为中间阳台和转角阳台，如图 4-34 所示。

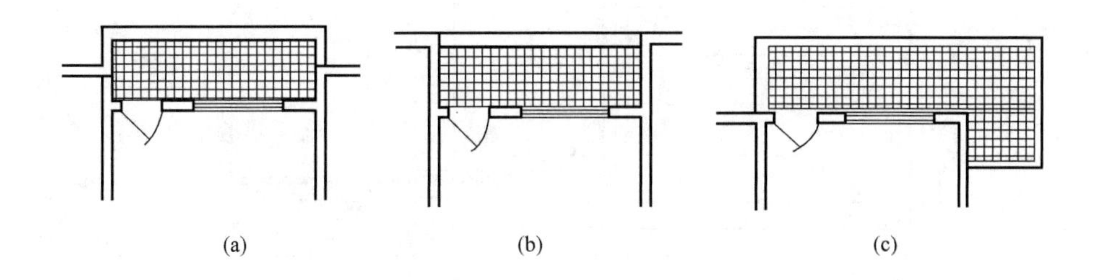

图 4-34 阳台的类型
(a) 底层地面；(b) 楼层地面；(c) 分隔条

阳台按使用功能不同又可分为生活阳台（靠近卧室或客厅）和服务阳台（靠近厨房）。

2. 阳台的设计要求

(1) 安全适用

悬挑阳台是悬臂构件，应保证在荷载作用下的结构安全。临空高度小于 24m 的阳台栏杆净高不低于 1.05m，临空高度不小于 24m 的阳台栏杆净高不低于 1.1m。阳台栏杆应采用坚固耐久材料，并承受荷载规范规定的水平荷载，还应防坠落（垂直栏杆间净距不应大于 110mm），防攀爬（不设水平栏杆）。可踏面宽度≥0.22m 且高度≤0.45m 时，栏杆高度应从可踏面起计算。

(2) 坚固耐久

阳台所用材料应经久耐用，承重结构宜采用钢筋混凝土，金属构件应做防锈处理，表面装修应注意色彩的耐久性和抗污染性。

(3) 排水顺畅、形象美观

为防止阳台上的雨水流入室内，设计时要求将阳台地面标高低于室内地面标高 60mm 左右，并将地面抹出 0.5%的排水坡将水导入地漏或排水口，使雨水能顺利排出。南方地区宜采用有助于空气流通的空透式栏杆，而北方寒冷地区和中高层住宅应采用实体栏杆，并满足立面美观的要求，为建筑物的形象增添风采。

4.5.1.2 阳台结构布置方式

1. 挑梁式

从横墙内外伸挑梁，其上搁置预制楼板或现浇楼板，阳台荷载通过挑梁传给纵横墙，由压在挑梁上的墙体和楼板来抵抗阳台的倾覆力矩。这种结构布置简单、传力直接明确。挑梁根部截面高度 $h=1/5\sim1/6l$，l 为悬挑净长，截面宽度 $b=1/2\sim1/3h$，如图 4-35 所示。

为美观起见，可在挑梁端头设置面梁，既可以遮挡挑梁头，又可以承受阳台栏杆重量，还可以加强阳台的整体性。

2. 挑板式

当楼板为现浇楼板时，可选择挑板式。即从楼板外延挑出平板，板底平整美观而且阳台平面形式可做成半圆形、弧形、梯形、斜三角等各种形状。挑板厚度不小于挑出长度的 1/12，如图 4-36 所示。

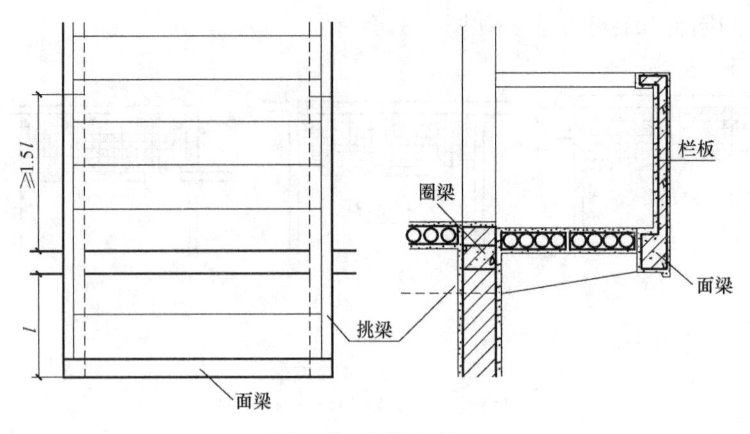

图 4-35 挑梁式阳台

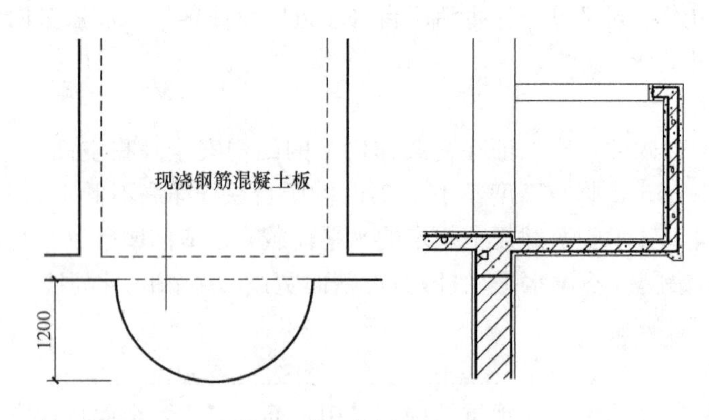

图 4-36 挑板式阳台

3. 压梁式

阳台板与墙梁现浇在一起，墙梁的截面应比圈梁大，以保证阳台的稳定，而且阳台悬挑不宜过长，一般为 1.2m 左右，并在墙梁两端设拖梁压入墙内，如图 4-37 所示。

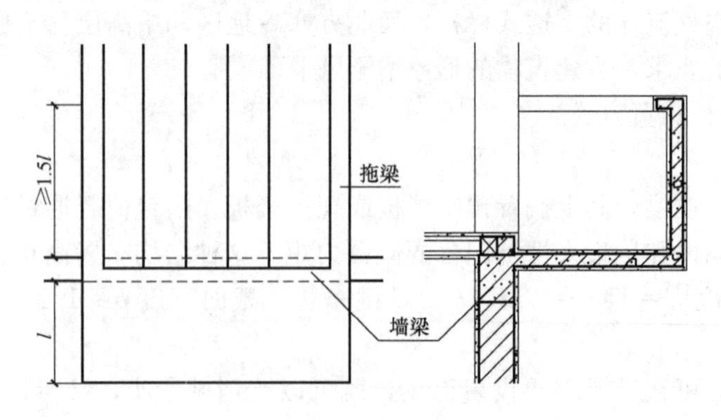

图 4-37 压梁式阳台

4.5.1.3 阳台的细部构造

1. 阳台栏杆

阳台栏杆是设置在阳台外围的垂直构件。主要供人们扶靠之用，以保障人身安全，且对整个建筑物起装饰美化作用。栏杆的形式有实体、空花和混合式。按材料可分为砖砌、钢筋混凝土和金属栏杆。

2. 栏杆扶手

栏杆扶手有金属和钢筋混凝土两种。金属扶手一般为DN50钢管与金属栏杆焊接。钢筋混凝土扶手用途广泛，形式多样，有不带花台、带花台、带花池等。如图4-38所示。

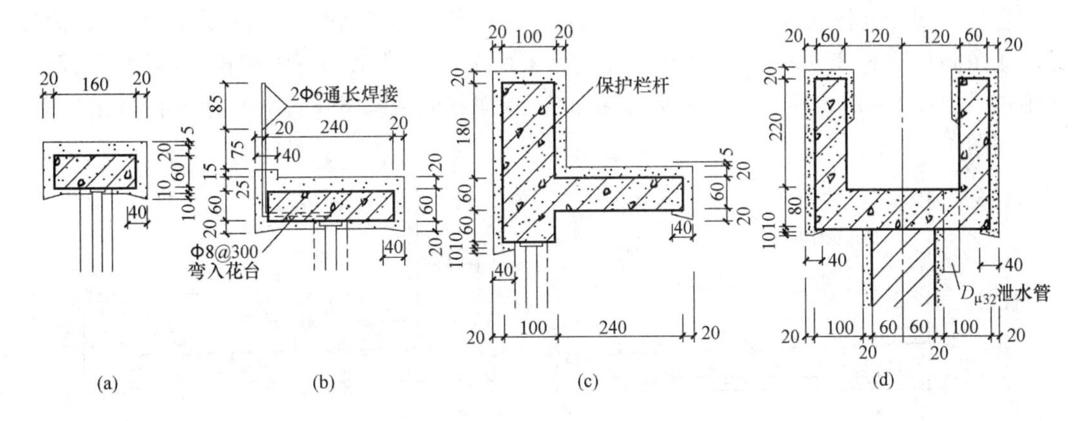

图4-38 阳台扶手构造

(a) 不带花台；(b)、(c) 带花台面；(d) 带花池

3. 阳台排水

由于阳台为室外构件，每逢雨雪天易于积水，为保证阳台排水通畅，防止雨水倒流室内，必须采取一些排水措施。阳台排水有外排水和内排水两种。外排水适用于低层和多层建筑，即在阳台外侧设置泄水管将水排出。泄水管可采用DN40～DN50镀锌铁管和塑料管，外挑长度不少于80mm，以防雨水溅到下层阳台。内排水适用于高层建筑和高标准建筑，即在阳台内侧设置排水立管和地漏，将雨水直接排入地下管网，保证建筑立面美观，如图4-39所示。

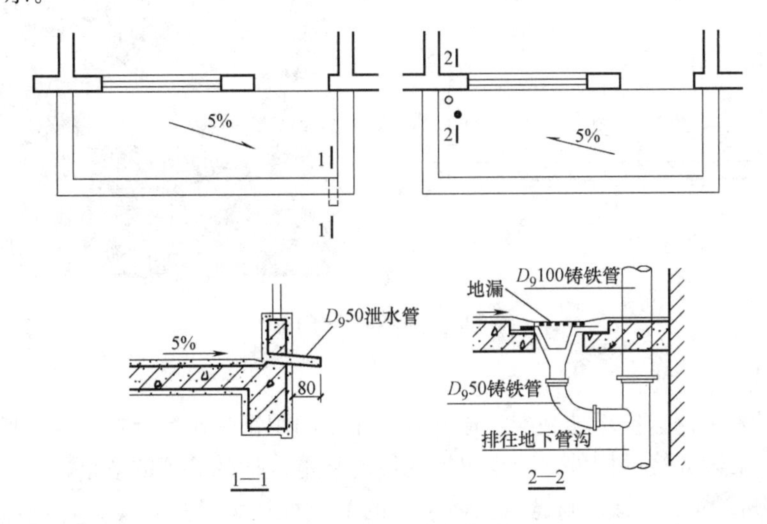

图4-39 阳台排水构造

4.5.2 雨篷

由于建筑物的性质，出入口的大小和位置、地区气候差异，以及立面造型要求等因素的影响，雨篷的形式是多种多样的。根据雨篷板的支承方式不同，有悬板式、梁板式、悬挂式等形式。

1. 悬板式

悬板式雨篷外挑长度一般为 0.9～1.5m，板根部厚度不小于挑出长度的 1/12，雨篷宽度比门洞每边宽 250mm，雨篷排水方式可采用无组织排水和有组织排水两种。雨篷顶面距过梁顶面 250mm 高，板底抹灰可抹 1：2 水泥砂浆内掺 5%防水剂的防水砂浆 15mm 厚，如图 4-40 所示。

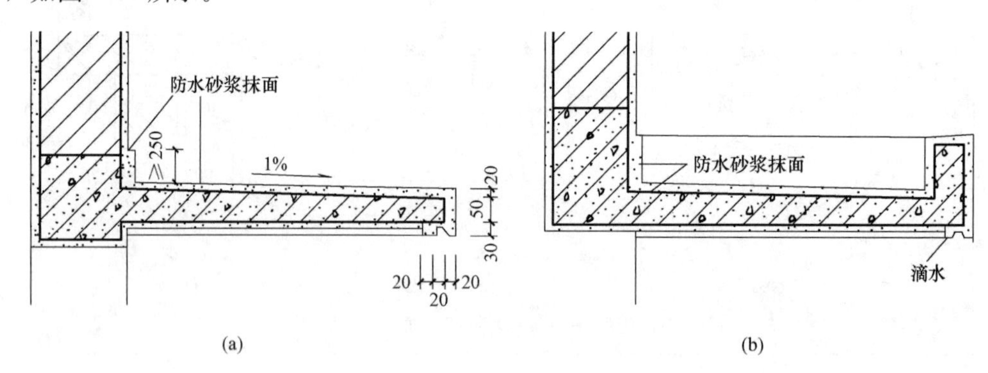

图 4-40 悬板式雨篷构造
(a) 变截面；(b) 板端加肋

2. 梁板式

梁板式雨篷多用在宽度较大的入口处，如影剧院、商场等主要出入口处。悬挑梁从建筑物的柱上挑出，为使板底平整，多做成倒梁式，如图 4-41 所示。

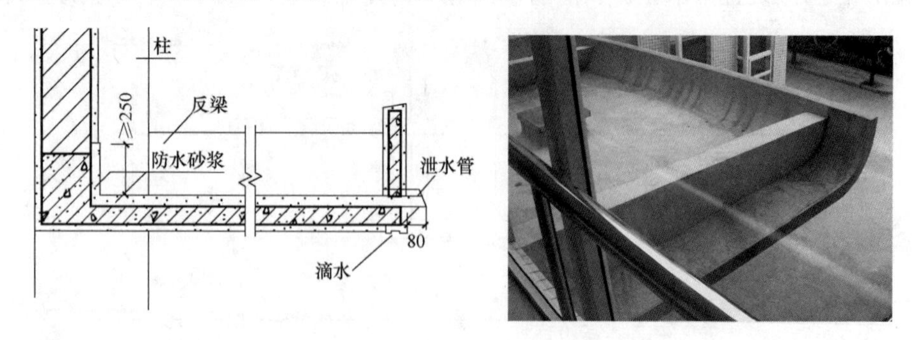

图 4-41 梁板式雨篷构造

3. 悬挂式

雨篷可以采用钢构件悬挂装配，这种做法充分利用钢受拉性能好、构造形式多样，而且可以工厂加工做成轻型构件，减少出挑构件的自重，达到美观的效果，近年来应用有所增加，如图 4-42 所示。悬挂雨篷与主体连接的节点往往为铰接，受力合理，尤其是悬挂的两端。

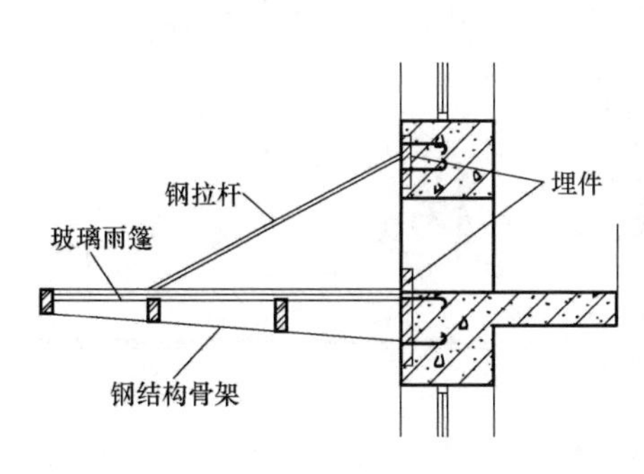

图 4-42 悬挂式雨棚构造

本章小结

本章主要讲述楼板和首层地面的组成部分，钢筋混凝土楼板的基本构造做法，楼地面的装修，顶棚的构造及楼板的隔声处理。通过本章的学习，使学生了解楼板层的作用和设计要求，掌握楼板层的基本组成、钢筋混凝土楼板构造做法、顶棚构造做法、地面的构造做法及建筑隔声措施。

本章的重点是钢筋混凝土楼板的基本构造。

思考与练习题

4-1 楼板层的构造层次包括哪些?

4-2 楼板层与地坪层有什么相同之处和不同之处?

4-3 楼板层的基本组成及设计要求有哪些?

4-4 楼板层隔绝固体传声的方式有哪几种? 绘图说明。

4-5 简述现浇肋梁楼板的布置原则。

4-6 井式楼板和无梁楼板的特点是什么? 简述其各自的适用范围。

4-7 简述地坪层的组成及作用。

4-8 水泥砂浆地面、水磨石地面的组成及优缺点分别是什么?

4-9 常用的块料地面有哪几种? 简述其优缺点和适用范围。

4-10 简述塑料地面的优缺点及主要类型。

4-11 直接抹灰顶棚有哪些类型? 各自的适用范围是什么?

4-12 绘图说明挑阳台的结构布置形式。

4-13 雨篷的结构形式有哪几种? 适用范围是什么?

第 5 章　楼　　梯

本章要点及学习目标

本章要点：

(1) 楼梯组成与形式；

(2) 钢筋混凝土楼梯构造、楼梯细部构造；

(3) 楼梯的设计、楼梯各部分尺度；

(4) 有高差处无障碍设计；

(5) 台阶、坡道、电梯和自动扶梯构造。

学习目标：

(1) 了解楼梯设计要求、楼梯组成、类型及特点；

(2) 掌握现浇钢筋混凝土楼梯的特点、结构形式及细部处理；

(3) 掌握中小型预制装配式钢筋混凝土楼梯的构造特点与要求；

(4) 掌握楼梯各部分尺寸确定原理和方法，掌握楼梯的平面和剖面设计；

(5) 熟练进行楼梯平面及剖面设计；

(6) 了解台阶及坡道的设计和构造要求，电梯及自动扶梯的组成、设计要求及构造。

5.1　楼梯组成与形式

楼梯在建筑中不仅起着交通联系作用，在紧急情况下还是安全疏散的主要通道。因此，楼梯不仅需满足使用功能要求，而且要确保安全，即其设计必须满足坚固、耐久、安全，有足够的通行宽度和疏散能力，上下通行方便，便于搬运家具物品以及满足美观方面的要求。

5.1.1　楼梯组成

楼梯主要由楼梯梯段、楼梯平台及栏杆扶手三部分组成，如图 5-1 所示。

1. 楼梯梯段

设有踏步，供楼层间上下行走的通道段落。梯段上踏脚的水平部分称作踏面，形成踏步高差的垂直部分称作踢面。一个楼梯段的踏步数最多不超过 18 级，最少不少于 3 级。

2. 楼梯平台

位于两个梯段之间起连接作用的水平板，具有改变行进方向和缓解行人疲劳的作用。按其所处位置不同分为中间平台和楼层平台，与楼层地面标高一致的平台称为楼层平台，介于两个楼层之间的平台称为中间平台。

3. 栏杆扶手

设在楼梯段及平台边缘的安全保护构件，可设置成栏杆或栏板，其顶部设扶靠用的连续构件，称扶手。

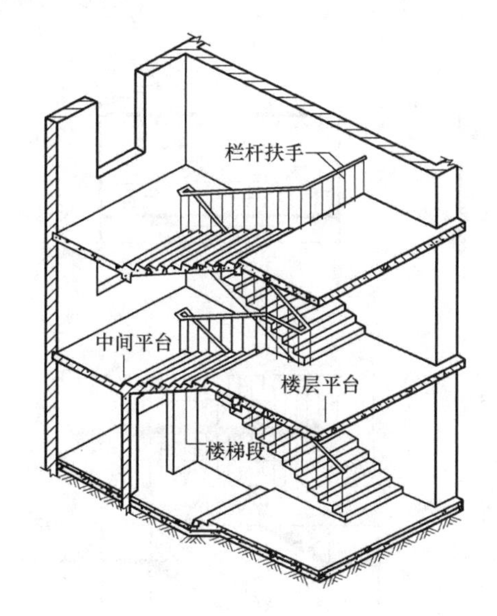

图 5-1 楼梯的组成

5.1.2 楼梯形式

楼梯可以分为直跑式、双跑式、三跑式、平行双分式、平行双合式、剪刀式、弧形、螺旋形等多种形式，常用的主要形式如图 5-2 所示，部分楼梯形式实例如图 5-3 所示。楼梯形式根据建筑物的使用性质、楼梯所处位置、楼梯间的平面形状与大小、楼层高度与建筑层数、人流多少与使用缓急等因素选择。例如最简单的是直跑楼梯，一般建筑物中最常用的是双跑楼梯，接近正方形平面的适合做成三跑楼梯，圆形平面可做成螺旋式楼梯，人流量较大可考虑剪刀式楼梯，综合考虑建筑内部装饰效果常做成双分或双合式楼梯等。

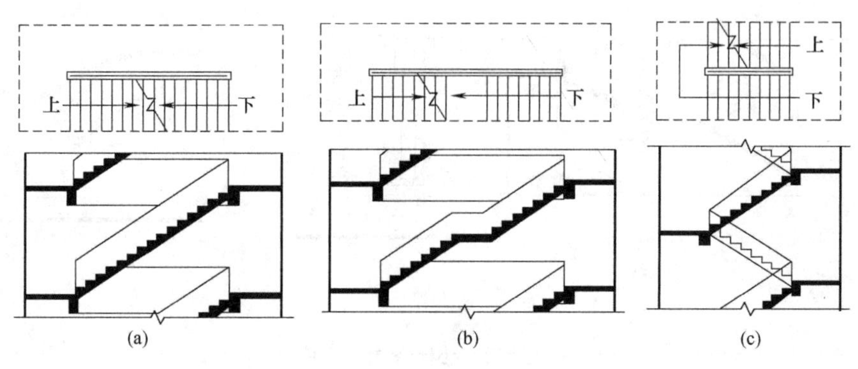

图 5-2 楼梯形式

(a) 直行单跑楼梯；(b) 直行双跑楼梯；(c) 平行双跑楼梯

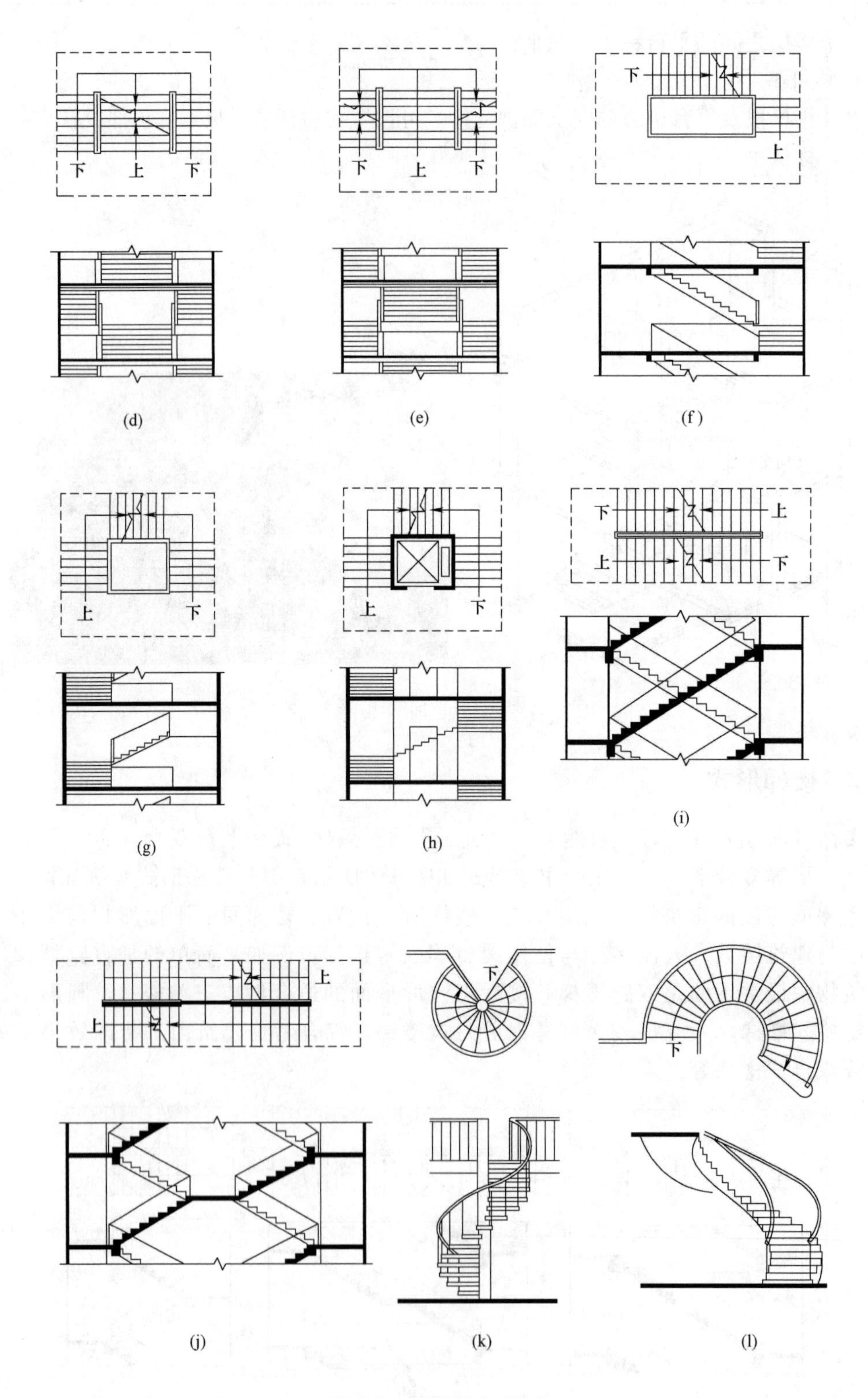

图 5-2 楼梯形式（续）

（d）平行双分楼梯；（e）平行双合楼梯；（f）折行双跑楼梯；（g）折行三跑楼梯；（h）设电梯折行三跑楼梯；（i）、（j）交叉楼梯（剪刀）楼梯；（k）螺旋楼梯；（l）弧形楼梯

(a) (b) (c) (d) (e) (f) (g) (h)

图 5-3 楼梯形式实例

(a) 直行双跑楼梯；(b) 双分转角楼梯；(c) 折行双跑楼梯；(d) 平行双跑楼梯；(e) 折行三跑楼梯；(f) 交叉楼梯（剪刀）楼梯；(g) 螺旋楼梯；(h) 弧形楼梯

5.2 钢筋混凝土楼梯构造

楼梯的材料可以是木材、钢筋混凝土、型钢或者多种材料的混合。由于钢筋混凝土楼梯具有坚固耐久、防火性能好、可塑性强等优点，得到广泛的应用。钢筋混凝土楼梯按其施工方式可分为现浇整体式和预制装配式两大类。

5.2.1 楼梯的结构支承

一个梯段可以视作一块倾斜的楼板，需要注意的是三角形的踏步部分不计入结构计算的厚度，如图 5-4 所示，楼梯梯段板的计算厚度为 h。

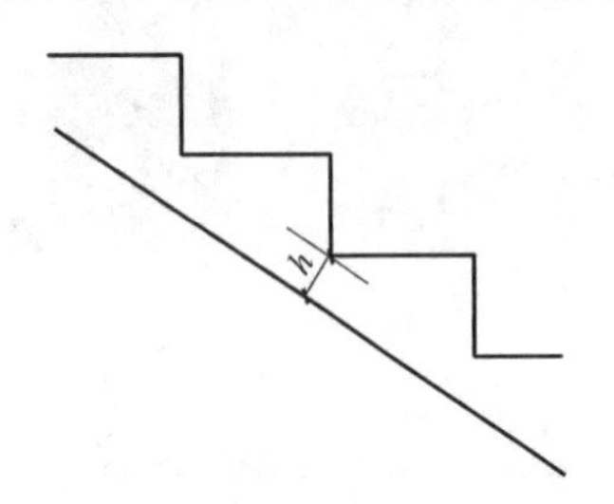

图 5-4 楼梯梯段板的计算厚度

楼梯梯段的结构支承情况，可分为以平台梁支承，从侧边出挑，作为空间构件悬挑、悬挂，支承在中心立杆上的螺旋楼梯等几种类型。

1. 用平台梁支承的楼梯

用平台梁支承的楼梯是最常用的一种楼梯支承形式。平台梁是设置在梯段和平台交接处的梁，梯段荷载传给平台梁，平台梁通过其自身的支座将荷载依次传递下去。平台梁水平投影间距为梯段板的跨度，在梯段两端设平台梁，可以使梯段跨度最小，如果平台梁不宜设在梯段与平台交接处时，则可将梯段与平台作为同一段构件来处理，形成折线构件，如图 5-5 所示。

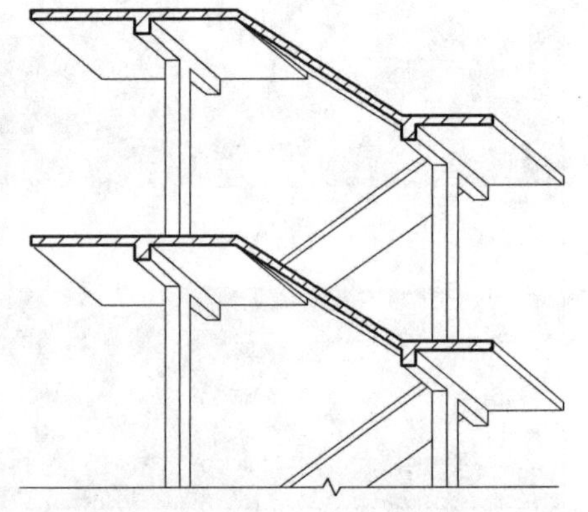

图 5-5 楼梯平台梁与梯段的支承关系

用平台梁支承的楼梯根据结构布置可分为板式、梁板式和扭板式楼梯。

（1）板式楼梯

梯段板作为一整块斜板搁置在平台梁上，梯段板承受该梯段的全部荷载，并将荷载传递给平台梁。根据需要可取消梯段板一端或两端的平台梁，将梯段和平台板做成一整体折板，如图 5-6 所示。这种形式的楼梯构造简单，施工方便，造型简洁，通常在梯段小于 3m 时采用。

（2）梁板式楼梯

当两平台梁的间距较大即梯段的水平投影较大时，宜采用梁板式梯段。梁板式梯段是由梯段板、斜梁（也称梯梁）组成。梯梁是支撑在两平台梁之间顺着梯段方向倾斜的梁，故又称斜梁，梯段板的荷载由梯梁承担。梯梁可置于梯段板下，称明步处理；梯梁也可上翻，做暗步处理。这种楼梯形式能减少梯段板的跨度，从而减少板的厚度，节省材料，结

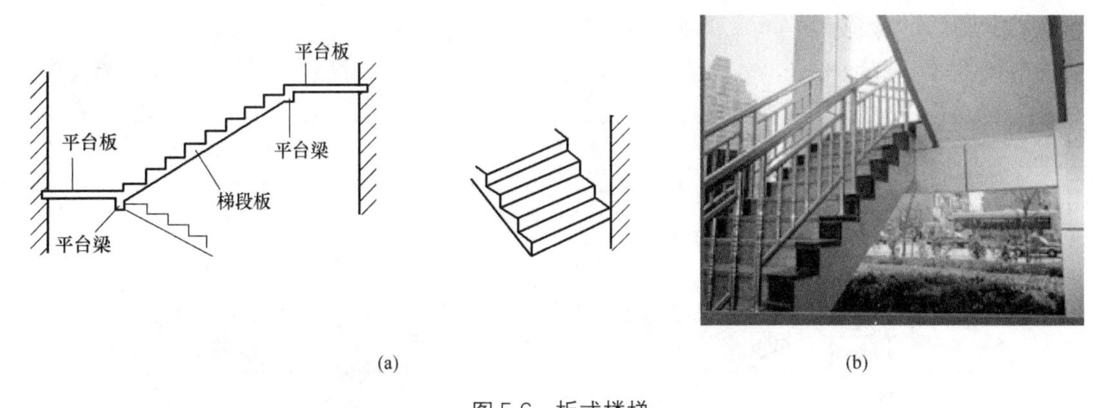

图 5-6　板式楼梯

（a）板式楼梯剖面；（b）板式楼梯实例

构合理，但是支模比较困难。一般钢楼梯和木楼梯都是梁板式楼梯。梁板式楼梯根据梯斜梁的数量，在结构布置上有双梁和单梁布置两种，如图 5-7 所示。

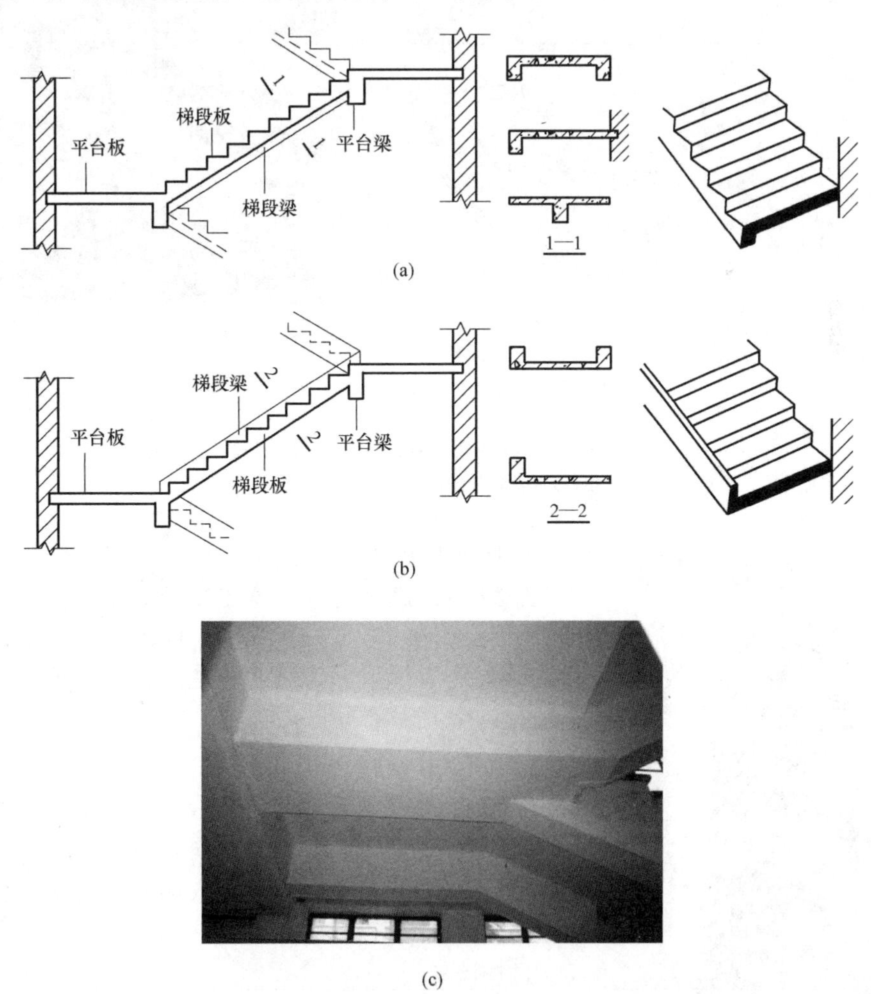

图 5-7　梁板式楼梯

（a）梯段梁下翻；（b）梯段梁上翻；（c）梁板式楼梯实例

(3) 扭板式楼梯

扭板式楼梯底面平整，造型美观，但板跨大、受力复杂、结构设计和施工难度大，一般用于标准高的建筑，特别是公共建筑大厅中。现浇钢筋混凝土扭板式弧形楼梯如图 5-8 所示。

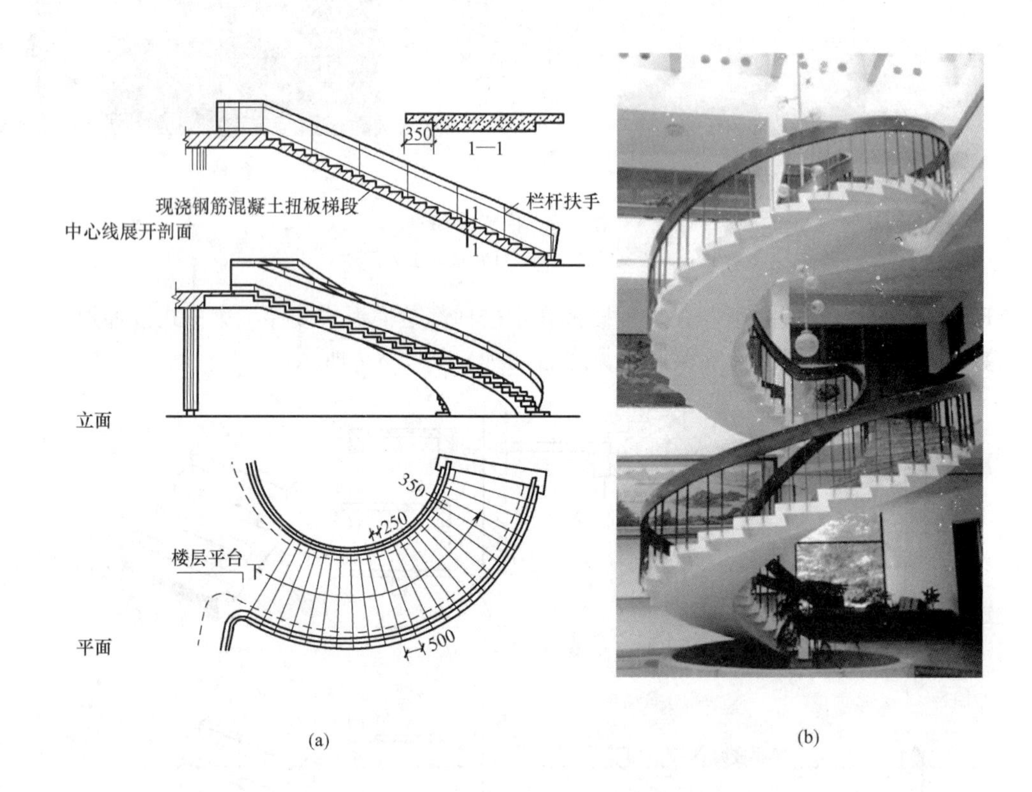

图 5-8 扭板式现浇钢筋混凝土弧形楼梯
(a) 扭板式楼梯构造图；(b) 扭板式楼梯实例

2. 从侧边出挑的挑板楼梯

板式楼梯的梯段板不由两端的平台梁支承，而是由侧边的支座出挑，如图 5-9 所示。这类楼梯常用于室外的疏散楼梯，梯段不宽，构件边沿简洁，支承构件常常做成钢筋混凝土墙。

3. 作为空间构件的悬挑楼梯

楼梯只有一端设平台梁及支座，另一端完全悬挑。这种楼梯视觉上显得轻巧，例如设在建筑物中庭中的楼梯。但要注意其接近地面处的处理，以阻止人误入该范围而产生碰头的危险，如图 5-10 所示。

4. 悬挂楼梯

由上部构件（如梁等）通过栏杆或另设拉杆分段悬挂楼梯梯段，可取得轻盈的视觉效果，如图 5-11 所示。

图 5-9 侧边出挑楼梯实例

图 5-10 作为空间构件悬挑楼梯

图 5-11 悬挂楼梯实例

5.2.2 现浇钢筋混凝土楼梯

现浇钢筋混凝土楼梯是指楼梯梯段、平台等构件在施工时通过支模、绑扎钢筋、浇筑混凝土、养护拆模后形成的楼梯。其结构整体性好，适用于各种形式的楼梯，但模板耗费量较大，施工周期较长，自重较大。现浇钢筋混凝土楼梯施工实例如图 5-12 所示。

图 5-12 现浇钢筋混凝土楼梯施工实例

5.2.3 预制装配式钢筋混凝土楼梯

将梯段、平台等构件单独预制，在现场装配的楼梯形式，具有工业化程度高、施工速度快、现场湿作业少、不受季节性施工限制的优点。通常根据构件尺度，将其分为小型、中型和大型构件装配式楼梯。

1. 小型构件装配式楼梯

这种楼梯是将梯段、平台分成若干部分，分别预制成小构件在现场装配而成。

(1) 预制踏步

预制踏步截面形式有一字形、L形和三角形。一字形踏步板制作简单，必要时用砖补砌踢面。L形踏步板搁置方式有正置和倒置两种。三角形踏步板拼装后底面平整，实心三角形踏步自重较大，可将踏步板内抽孔，形成空心三角形踏步，如图5-13所示。

(2) 支承结构形式

根据踏步板的支承结构可分为梁承式、墙承式、墙悬臂式三种。

1) 梁承式

梁承式是设置梯斜梁和平台梁，预制踏步支承在梯梁上形成梯段，通过梯斜梁搁置在平台梁上，平台梁可支承在两边墙或柱上，如图5-14所示。

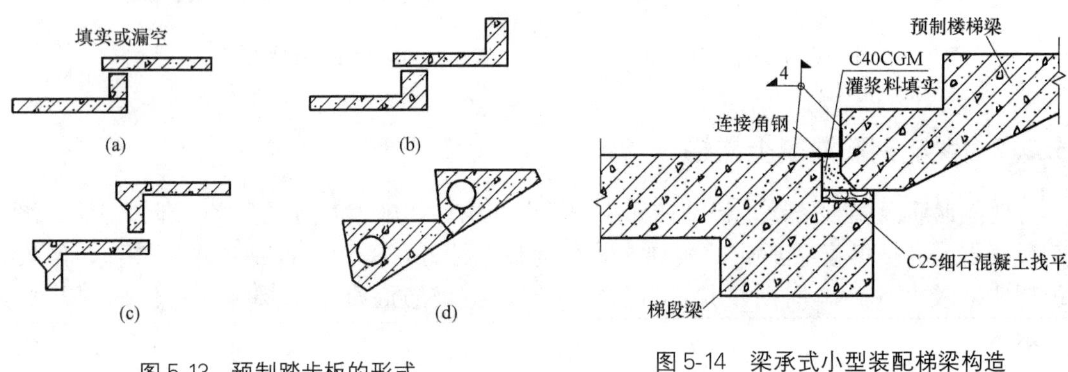

图5-13 预制踏步板的形式
(a) 一字形；(b) L形 (正放)；
(c) L形 (反放)；(d) 三角形

图5-14 梁承式小型装配梯梁构造

根据预制踏步的形式不同，梯斜梁有不同的断面形式，在三角形踏步下做成等截面斜梁，在一字形、L形踏步下做成锯齿形斜梁。预制平台梁可采用矩形断面，多采用L型，形成缺口，用于搁置梯斜梁，如图5-15所示。踏步板与梁搁置示意如图5-16所示。

梁承式小型构件装配式楼梯的材料可以是单一的，可以是混合材料，例如在钢梁上安装混凝土、玻璃或木踏步板，在钢筋混凝土梁上安装钢踏步板等，如图5-17～图5-20所示。

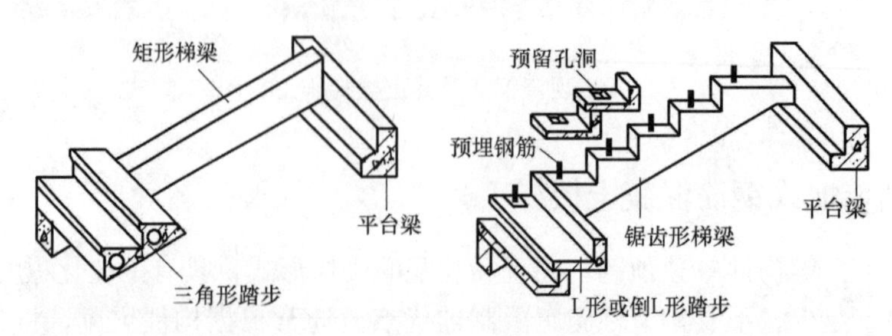

图5-15 梯斜梁和平台梁断面形式

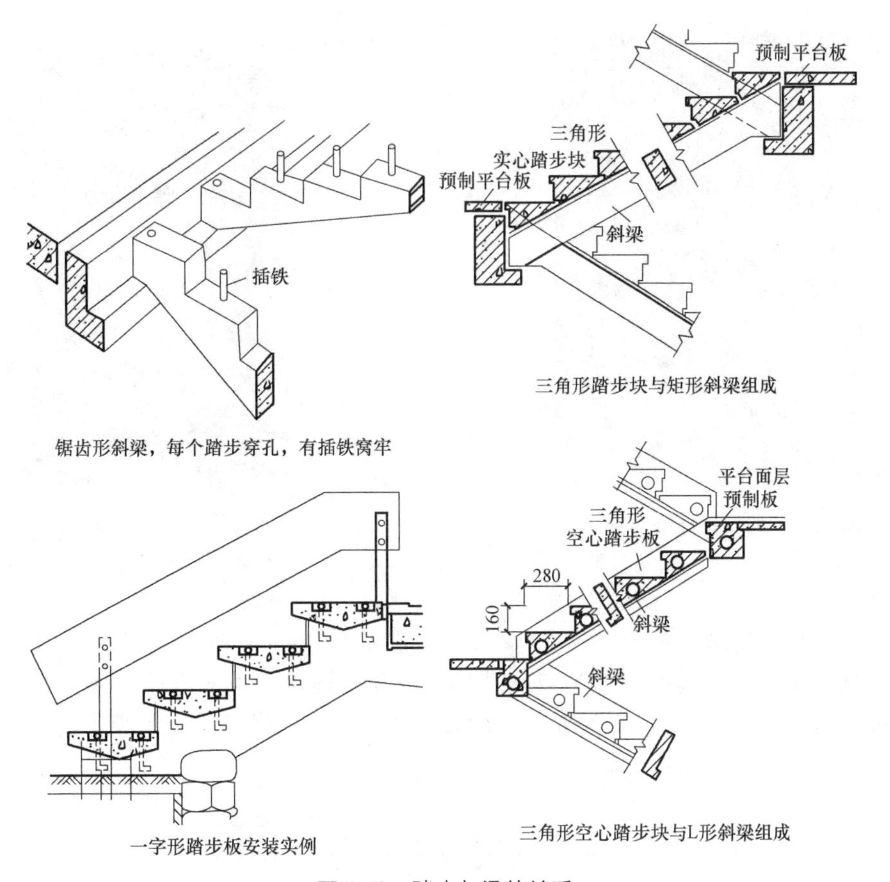

图 5-16　踏步与梁的关系

图 5-17　钢梁与混凝土踏步板

图 5-18　钢梁与木踏步板

图 5-19　钢梁与玻璃踏步板

图 5-20　木梁与木踏步板

2）墙承式

墙承式是将预制踏步两端直接支承在墙上，边砌墙边搭踏步板，一般适用于单跑楼梯或中间有电梯间的三跑楼梯。若为双跑楼梯，需要在楼梯间中部砌墙，楼梯空间视线受阻，给人流通行和搬运家具设备带来不便，可在墙上适当位置开设观察孔，如图 5-21 所示。

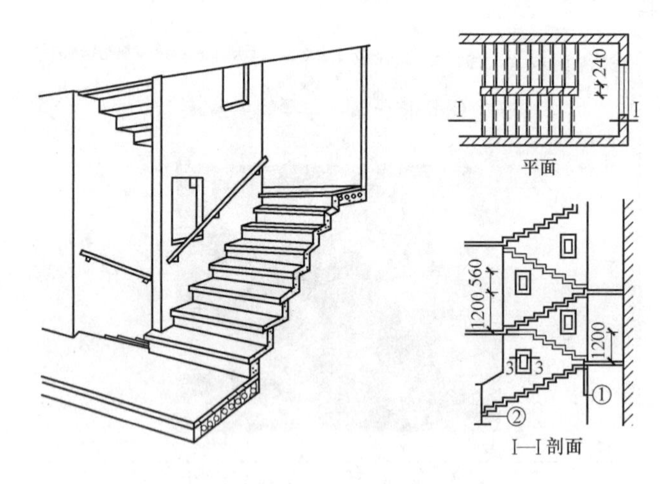

图 5-21　墙承式楼梯

3）墙悬臂式

墙悬臂式是将预制踏步板一端嵌固于楼梯间侧墙上，另一端凌空悬挑。楼梯空间轻巧空透，结构占空间少，节约平台梁等构件材料，但整体刚度极差，不能用于 7 度以上抗震设防，如图 5-22 所示。

2. 大、中型构件装配式楼梯

大中型构件装配楼梯主要是钢筋混凝土楼梯和重型钢楼梯。其中大型构件主要是以整个梯段以及整个平台为单独构件单元，在工厂预制好后运到现场安装。中型构件主要是沿平行于梯段或平台构件的跨度方向将构件分成几块，以减少对大型运输和起吊设备的要求。大型装配式楼梯施工实例如图 5-23 所示。

根据两梯段的关系，分为齐步梯段和错步梯段。根据平台梁与梯段之间的关系，有埋步和不埋步两种节点构造方式，如图 5-24 所示。梯段板与平台梁之间的关系实例如图 5-25 所示。

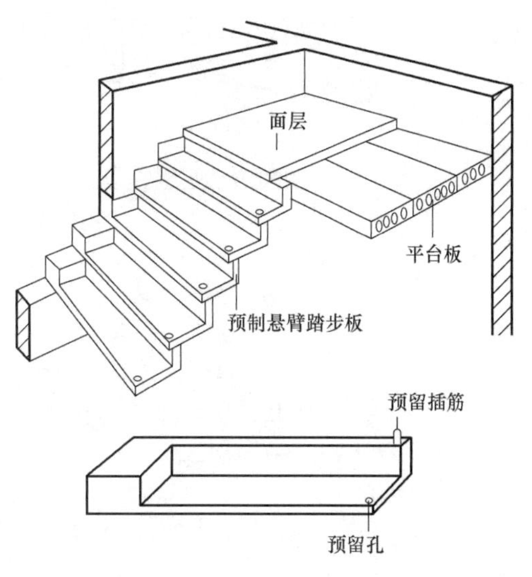

图 5-22 墙悬臂式楼梯示意

5.2.4 钢筋混凝土楼梯基础构造

靠底层地面的梯段需设置楼梯基础（简称梯基），梯基的做法有两种：一种是楼梯直接设砖、石材或混凝土基础，如图 5-26 所示；另一种是楼梯支承在钢筋混凝土地基梁上，如图 5-27 所示。当持力层埋深较浅时采用第一种较经济，但基础不均匀沉降时对楼梯会产生影响。

图 5-23 大中型装配式楼梯施工实例

5.2.5 楼梯的细部构造

1. 踏步面层

踏步面层应平整、耐磨、防滑并便于清扫，依装修等级可采用水泥面层、水磨石面层、缸砖面层、大理石面层等。为防行人滑倒，同时为保护踏步阳角，宜在踏步前缘设防滑条，其长度一般比梯段宽度小 200～300mm。踏步面层和防滑构造如图 5-28 所示。防

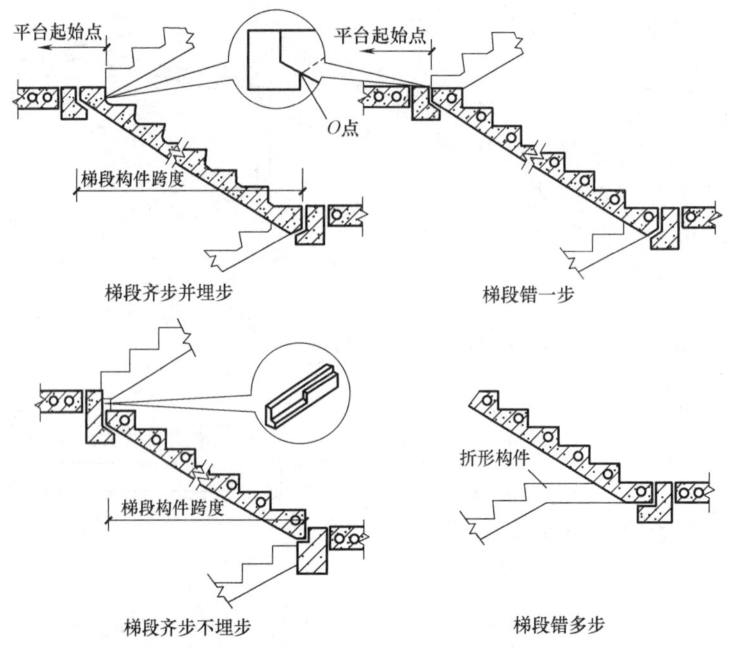

图 5-24 梯段在平台梁处的搁置

图 5-25 梯段与平台梁关系实例

滑构造实例如图 5-29 所示。

2. 栏杆扶手

栏杆扶手是梯段、平台临空一侧设置的安全防护设施，应具有足够的刚度和可靠的连接。栏杆的形式有空花式、栏板式、混合式。空花栏杆一般采用钢铁料，有扁钢、圆钢、方钢等，采用焊接或螺栓连接，如图 5-30 所示。实心栏板可以采用透明的钢化玻璃或有机玻璃，一般用于室内，也可采用钢筋混凝土板及钢丝网水泥板制作，如图 5-31 所示。

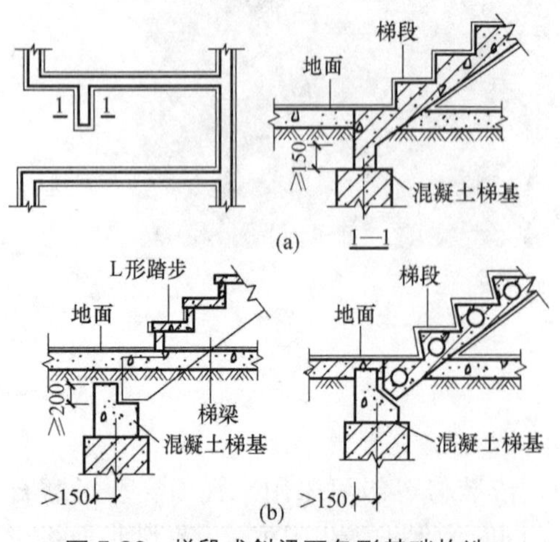

图 5-26 梯段或斜梁下条形基础构造
（a）现浇楼梯；（b）预制楼梯

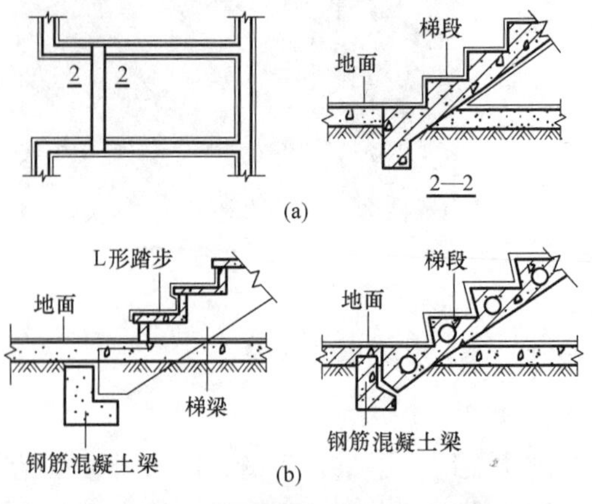

图 5-27 梯段或斜梁下基础梁构造
（a）现浇楼梯；（b）预制楼梯

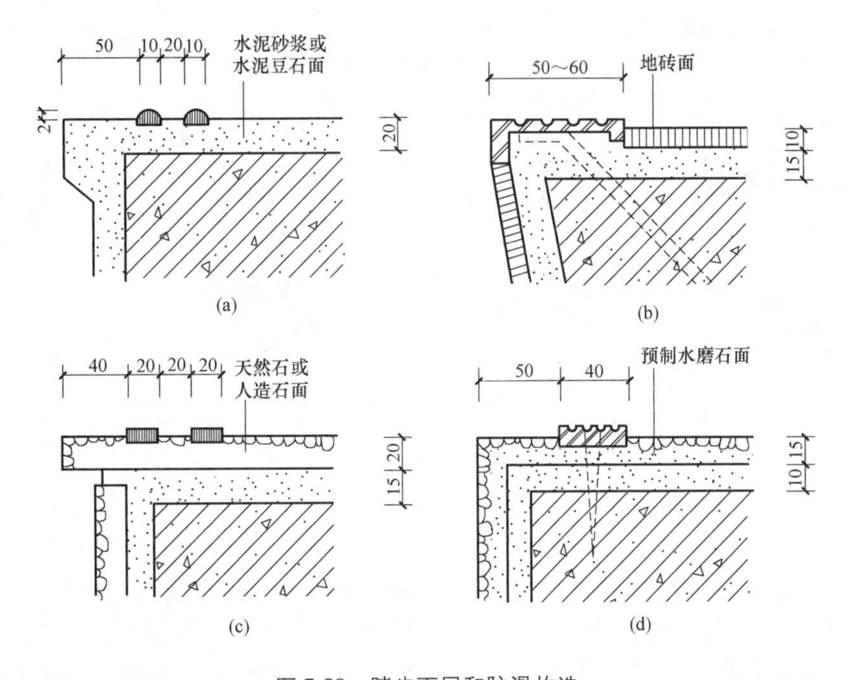

图 5-28 踏步面层和防滑构造

(a) 金刚砂防滑条；(b) 地砖面踏步防滑条；(c) 马赛克防滑条；(d) 有色金属防滑条

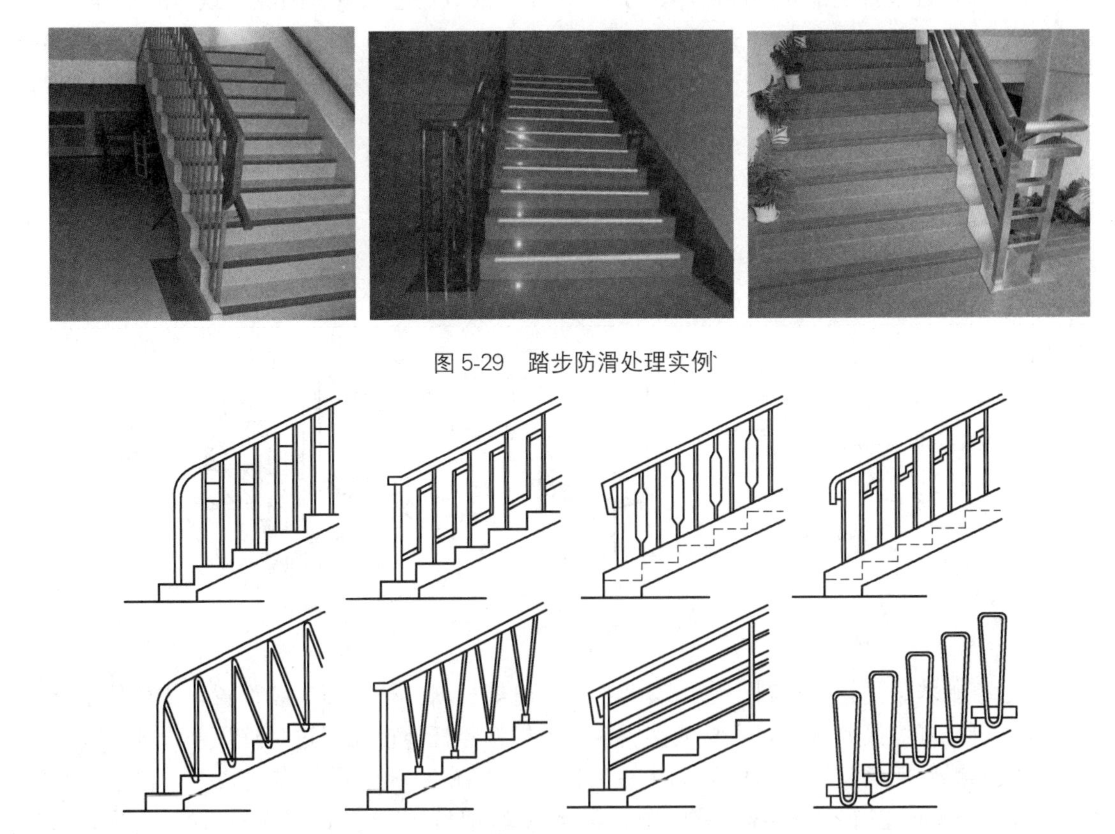

图 5-29 踏步防滑处理实例

图 5-30 空花栏杆形式

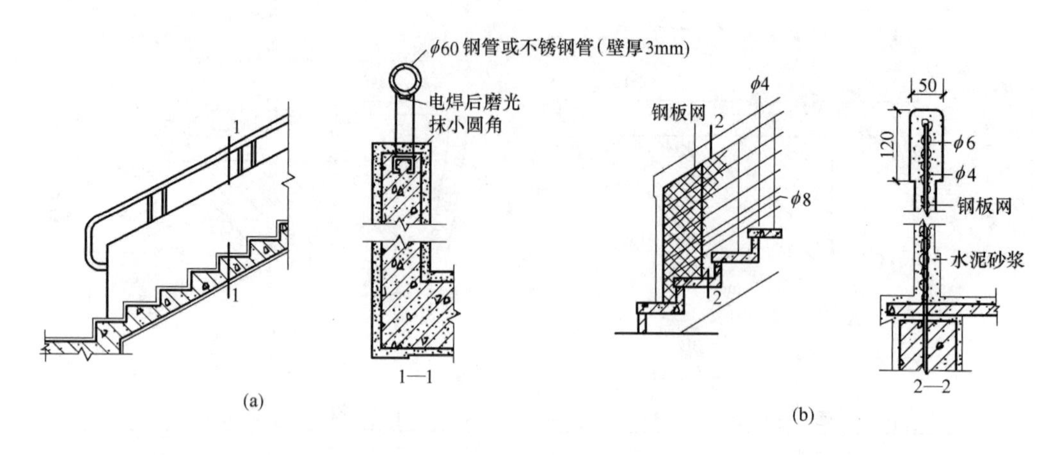

图 5-31 楼梯栏板形式

（a）钢筋混凝土栏板；（b）钢板网水泥栏板

竖杆与混凝土梯段和平台的连接，安装位置一般在踏步侧面或踏步面上的边沿部分。其固定方式可以采用预埋铁件焊接、预留孔洞插接、螺栓连接。为了保护栏杆免受锈蚀和增强美观，常在竖杆下部装设套环覆盖住栏杆与梯段或平台的接头处，如图 5-32 所示。立杆之间可以用横杆或其他花饰连接，但托幼及小学校等建筑，楼梯栏杆应采用不易攀登的垂直线饰，且垂直线饰间的净距不大于 110mm，以防发生儿童从间隙中跌落的意外。

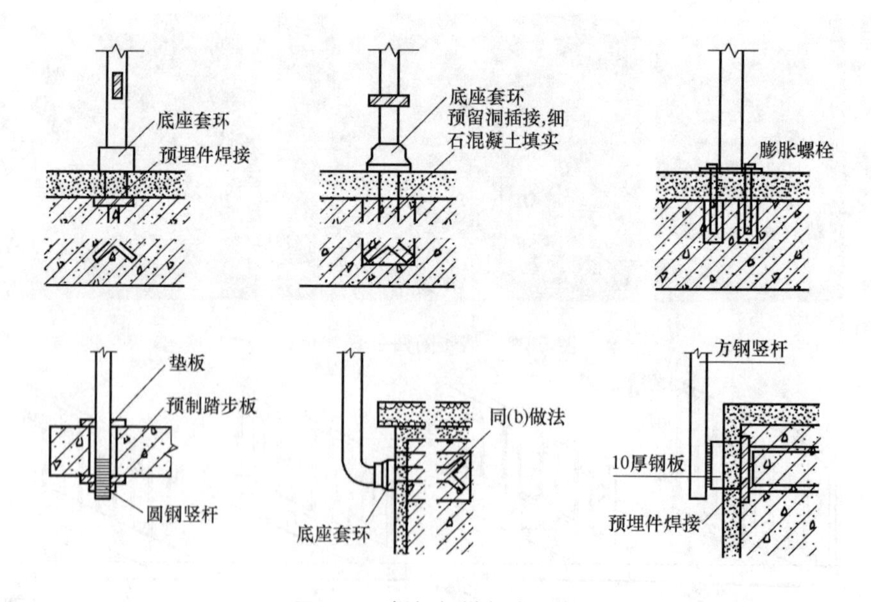

图 5-32 栏杆与梯段的连接

扶手有硬木、钢管、塑料、水磨石及不锈钢管等材料。扶手需连续设置，金属扶手与金属竖杆可直接焊接或铆接，木材或塑料扶手与栏杆竖杆连接需通过竖杆顶部设通长扁铁与扶手底面或侧面槽口焊接，然后用木螺钉固定，如图 5-33 所示。靠墙扶手，扶手应与墙面保持 100mm 左右的距离，采用预留洞或预埋钢板焊接方式与墙连接，如图 5-34 所示。

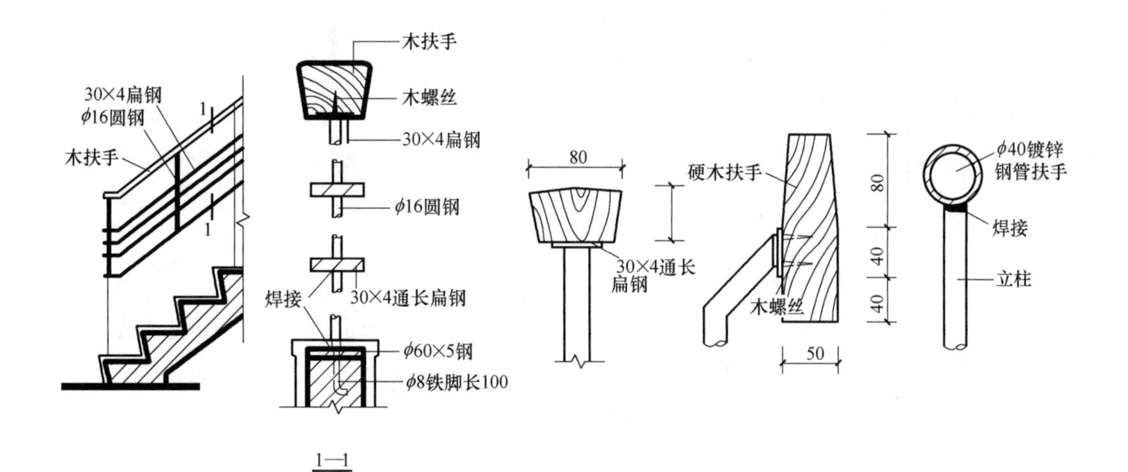

图 5-33 栏杆扶手构造

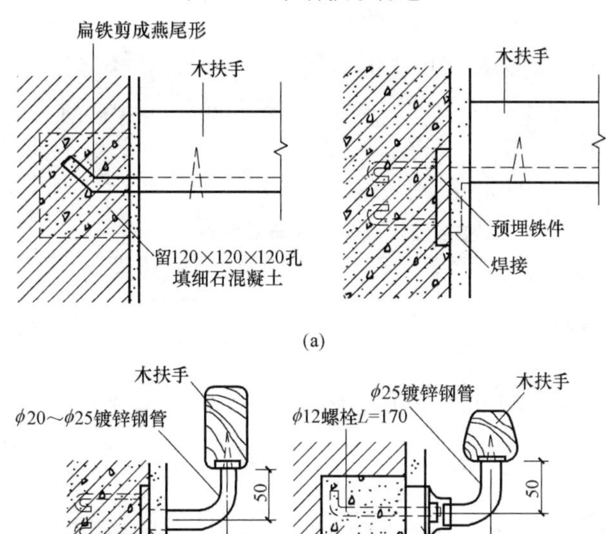

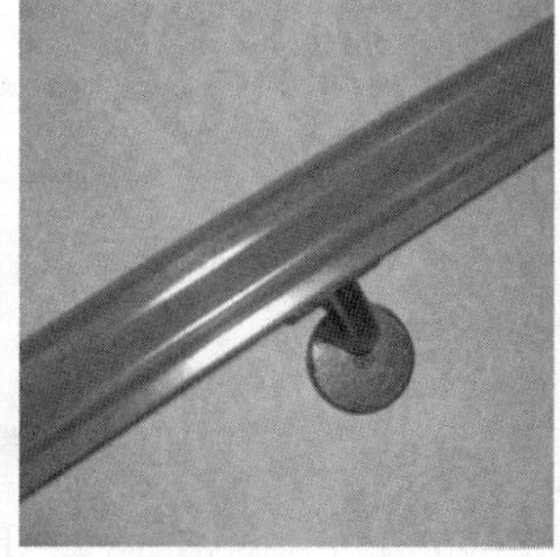

(c)

图 5-34 靠墙扶手构造

(a) 顶层扶手与墙柱的连接；(b) 中间各层扶手与墙柱的连接；(c) 靠墙扶手实例

5.3 楼梯设计

楼梯设计时，首先应掌握相关规范的一般规定及不同类型建筑物楼梯的特殊规定。

5.3.1 楼梯的主要尺寸

1. 踏步尺寸

踏步尺寸决定楼梯坡度的大小，反之根据建筑使用要求选定合适的楼梯坡度后，踏步的高宽就被限定在特定关系之中了。踏步是人们上下行走脚踩的部位。按行走方便和人体尺度要求，以经验公式辅助确定踏步高宽数值。即：

$2h+b=580\sim620$mm 或 $h+b=450$mm

式中 h——踏步高；

b——踏步宽。

踏步高不宜超过200mm，踏步宽也不宜小于250mm，楼梯最小宽度和最大高度规定见表5-1。公共建筑中踏步高一般取 $h=150$，踏步宽 $b=300$，高宽比为1∶2；住宅建筑中，踏步高 $h=175$，踏步宽 $b=280$，高宽比为1∶1.6。当受条件限制，踏步宽度较小时，可采用踏步出挑20～30mm，如图5-35所示。

楼梯踏步最小宽度与最大高度（m） **表5-1**

楼梯类别	最小宽度	最大高度
住宅公用楼梯	0.26	0.175
幼儿园、小学校等楼梯	0.26	0.15
电影院、剧场、体育馆、商场、医院、旅馆和大中学校等楼梯	0.28	0.16
其他建筑楼梯	0.26	0.17
专用疏散楼梯	0.25	0.18
服务楼梯、住宅套内楼梯	0.22	0.20

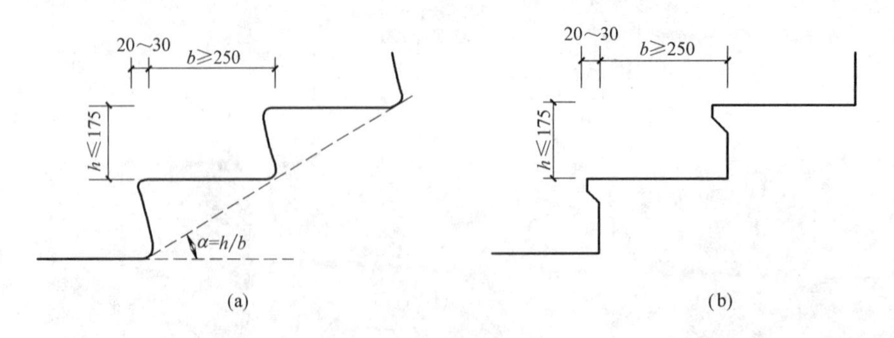

图5-35 踏步出挑形式

（a）斜踢面踏步形式；（b）带踏口踏步出挑形式

对于圆形梯段，当梯段宽度不大于1100mm，以梯段中心为衡量标准，当梯段的宽度大于1100mm，以距其内侧500～550mm处为衡量标准来作为踏面的有效宽度。

2. 梯段尺寸

梯段尺寸分梯段宽度和梯段长度，如图 5-36 所示。

（1）梯段宽度

梯段宽度是指楼梯间墙面到栏杆边的净尺寸。梯段宽度应根据紧急疏散时要求通过的人流股数多少来确定。每股人流按 550～600mm 宽度考虑，设计时单股人流通行宽度应不小于 900mm，双股人流通行宽度为 1100～1200mm，三股人流通行时为 1500～1650mm。

《建筑设计防火规范》GB 50016—2014 对高层公共建筑楼梯宽度有另外的规定：高层医疗建筑疏散楼梯的净宽不应小于 1.30m，其他高层公共建筑的疏散楼梯净宽不应小于 1.20m。

（2）梯段长度

梯段长度是指梯段的水平投影长度，取决于梯段的踏步数 n 和踏步宽 b。由于梯段与平台有一步高差，梯段长度应为梯段踏步数减一步后与踏步宽的乘积，即 $b(n-1)$。

3. 平台宽度

（1）中间平台宽度

为便于行走和搬运家具设备转向，平行或双折楼梯的中间平台宽度应不小于梯段宽度，如图 5-37 所示。直行多跑式楼梯，中间平台宽度不应小于梯段宽且不小于 1.2m。

（2）楼层平台宽度

楼层平台宽度还应宽于中间平台宽度，以利人流停留和分配。在有门开启的出口处和有结构构件突出处，楼梯平台适当放宽，如图 5-38所示。开敞式平面的楼梯，出于安全方面的考虑，楼梯起始步退离转角约 500mm 的宽度作缓冲距离，图 5-39 所示。

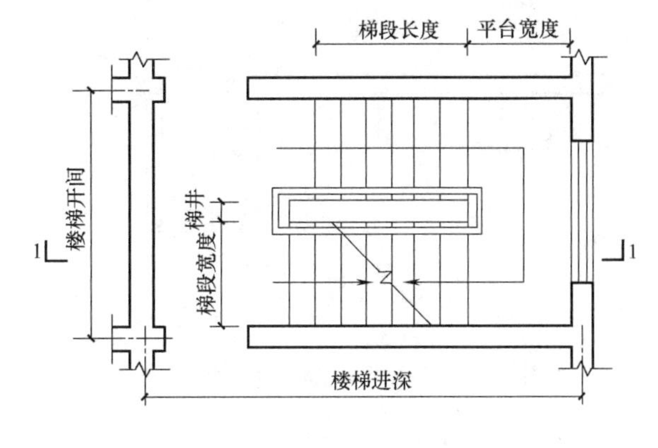

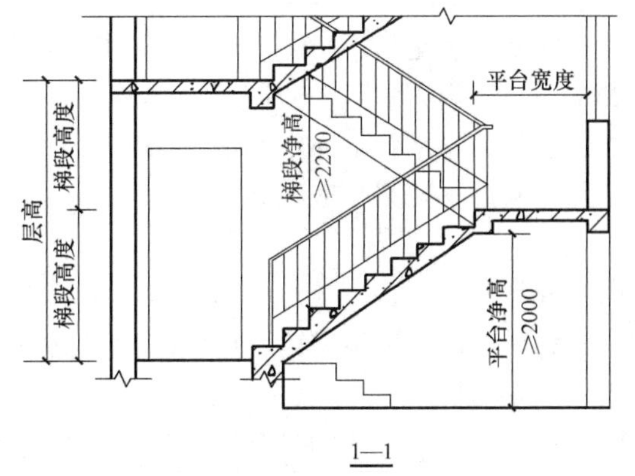

图 5-36 楼梯间尺度

4. 梯井宽度

梯井宽度是指两梯段之间形成的从底层到顶层贯通的空隙，如图 5-36 所示。在平行双折式楼梯中可不设梯井。公共建筑从安全考虑，双跑式、三跑式等楼梯的梯井过大时，应考虑防护措施。

5. 栏杆、扶手高度

栏杆、扶手高度指从踏步口至扶手顶面的垂直距离。其高度值是根据人体重心高度和楼梯坡度大小等因素确定，一般为 900～1000mm。供儿童使用的楼梯应在 500～600mm 的高度处增设扶手，如图 5-40 所示。长度超过 500mm 的水平栏杆及室外楼梯栏杆扶手高

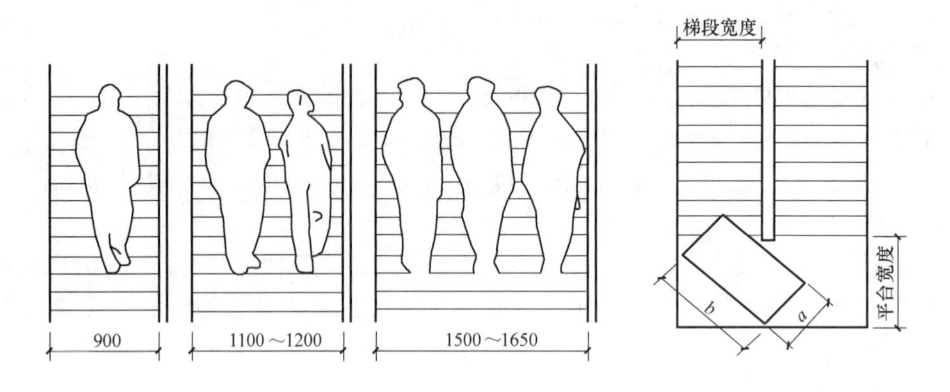

图 5-37 人流股数对梯段宽度和平台宽度的影响（a、b 为家具尺寸）

度，不应小于 1050mm。

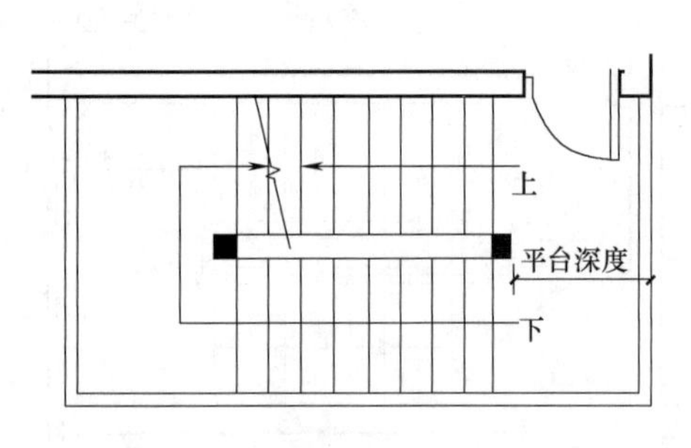

图 5-38 结构对平台深度的影响

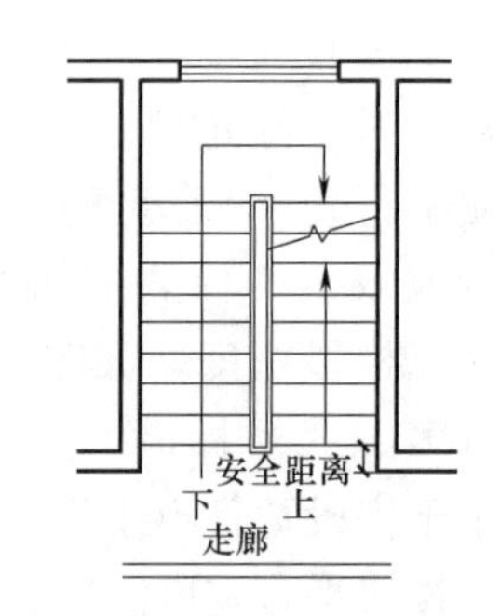

图 5-39 转角处楼梯的平台深度

6. 楼梯净空高度

楼梯净空高度是指平台下、梯段下的净尺寸，一般要求楼梯平台部位的净高不小于 2000mm，梯段部位的净高不应小于 2200mm，如图 5-41 所示。底层平台下设为通道或入口时，为满足休息平台下净空高度可采取以下几种方法：

（1）将底层梯段采用长短跑形式。增加第一跑梯段的步数，以抬高平台高度，如图 5-42（a）所示。

（2）降低底层平台下地坪标高。将一部分室外台阶移到室内，以降低休息平台下地面的标高，为防止雨水流进室内，应使室内最低点的标高高出室外地面标高不小于 100mm。如图 5-42（b）所示。

（3）可同时采用上述两种办法，采取长短跑梯段的同时，降低底层中间平台下地坪标高，如图 5-42（c）所示。

（4）底层采用直跑楼梯。当底层层高较低（不大于 3000mm）时，使用中还有从室外直接上二层的单跑楼梯的形式，如图 5-42（d）所示。

5.3.2 楼梯设计的一般步骤

以常用的平行双跑楼梯为例，建筑物楼梯设计时，当楼梯间的开间和进深已经确定时，可根据以下步骤进行设计。楼梯尺寸的计算如图 5-43 所示。

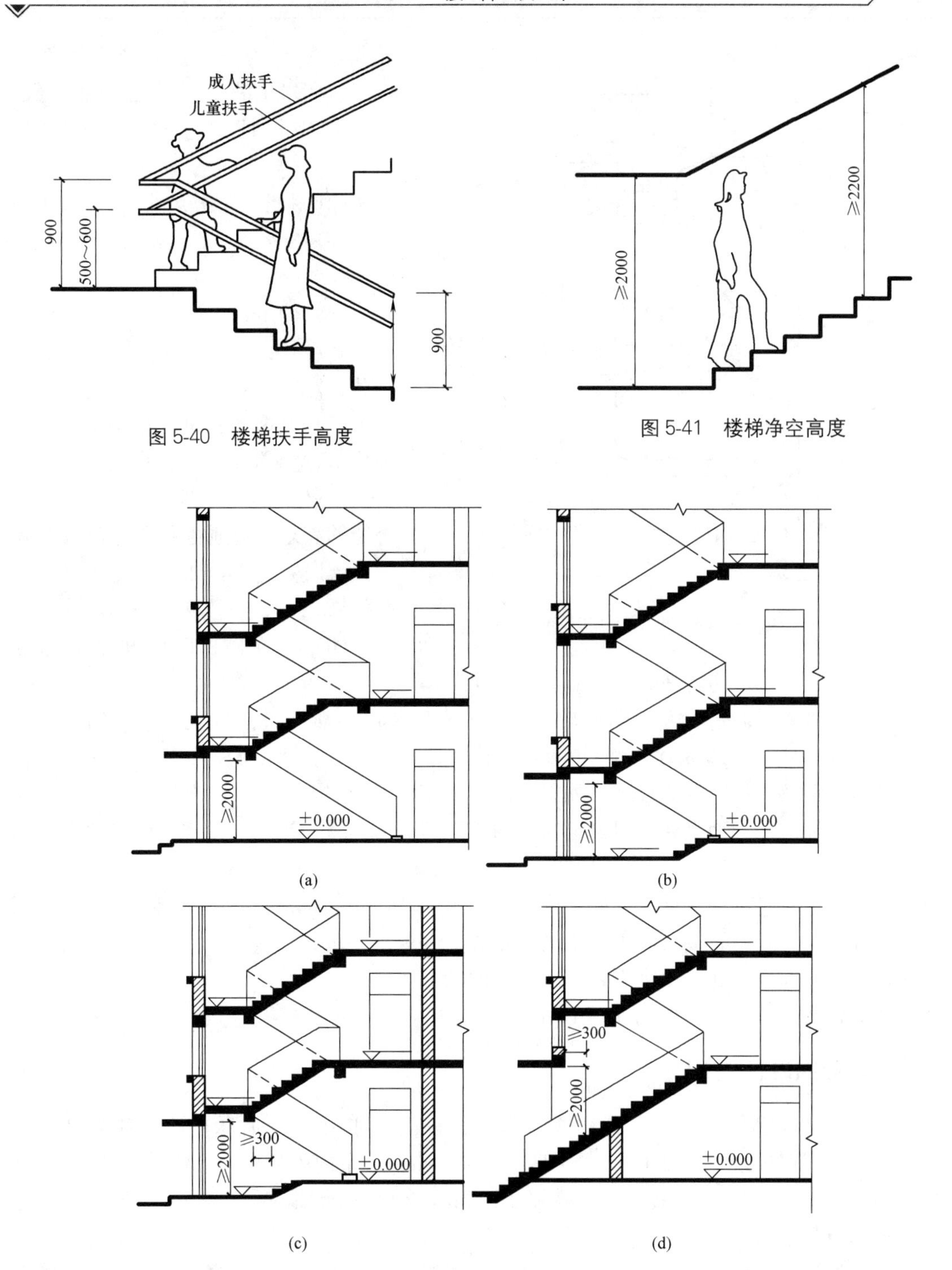

图 5-40 楼梯扶手高度

图 5-41 楼梯净空高度

图 5-42 休息平台下作为入口处理的方法

(a) 底层长短跑；(b) 局部降低地坪；(c) 底层长短跑并局部降低地坪；(d) 底层直跑

(1) 根据建筑的功能、踏步尺寸的经验公式以及楼梯设计规范的要求，确定踏步的步宽 b 和步高 h。

(2) 根据层高 H 和初选步高 h 确定每层踏步数 N，$N=H/h$。设计时尽量采用等跑

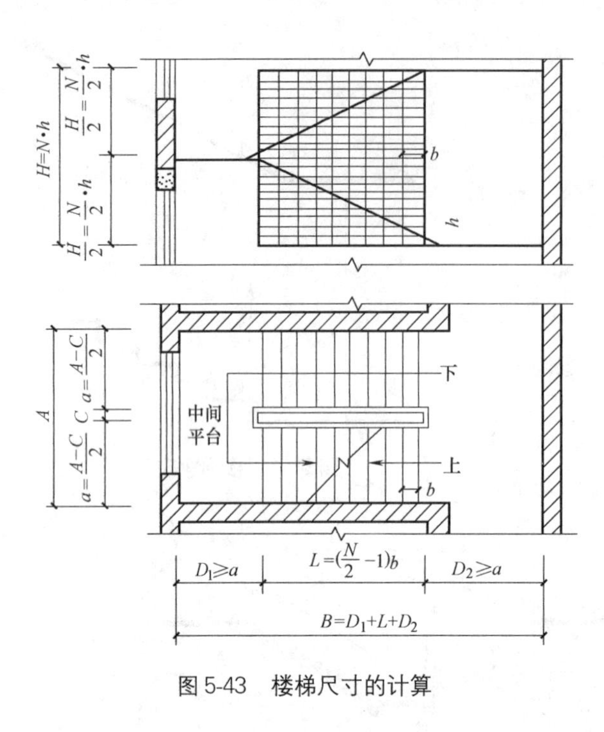

图 5-43　楼梯尺寸的计算

梯段，N 宜为偶数，以减少构件规格。若所求出的 N 为奇数或非整数，可反过来根据规范的规定调整步高 h。

(3) 根据步数 N 和初选步宽 b 决定梯段水平投影长度 L，$L=(0.5N-1)b$。

(4) 确定是否设置梯井。如果楼梯间宽度较大，可在两梯段之间设置梯井，宽度为 C。

(5) 根据楼梯间的开间净宽度 A 和梯井宽度 C 确定梯段宽 a，$a=(A-C)/2$。同时检验其通行能力是否能够满足人流通行和紧急疏散需要的人流股数要求，如果不能满足，应调整梯井宽 C 或楼梯间开间尺寸。

(6) 选择楼梯间中间平台宽度 D_1 和楼层平台 D_2，使其满足条件 $D_1\geqslant a$、$D_2\geqslant a$。

(7) 计算楼梯间进深方向尺寸 B，$B=D_1+L+D_2$，如果此尺寸大于给定的楼梯间进深净尺寸，此时可调整踏步宽 b 值以调整楼梯段水平投影长度 L 值，如果仍然达不到要求，则需要调整楼梯间开间尺寸。如果此尺寸小于楼梯间进深净尺寸，则可加宽踏步宽 b 值，减缓楼梯坡度，而且注意尽量把富裕的尺寸多分配给楼层平台，便于楼层平台人流的分配。

(8) 通过进行剖面设计来检验楼梯通行的可能性，尤其是检验与主体结构交汇处有无构件安置方面的矛盾，以及其下净空高度是否符合规范要求。当楼梯平台下作通道或出入口时，可采用前面所述的提高平台下净空高度的方法。

楼梯各层平面图图示如图 5-44 所示。

5.3.3　楼梯设计实例

某砖混结构多层教学楼，开敞式平面的楼梯间，如图 5-45 所示，开间轴线尺寸为 3600mm，进深轴线尺寸 6000mm，层高尺寸 3600mm，室内外高差 450mm，楼梯间需设置疏散外门。外墙厚 370mm，内墙厚 240mm，轴线内侧墙厚 120mm，走廊轴线宽 2400mm。试设计此楼梯。

楼梯设计一般分两个阶段。第一阶段主要根据设计要求和以往的经验，事先假定楼梯的一些基本数据，为下一阶段的设计作好准备；第二阶段主要是对楼梯间开间、进深、通行净高三个方向的布置进行验算。以检验第一阶段所假定的数据是否合理。验算结果合理，楼梯设计就此结束；如果验算不合理，就要重新调整前面所假定的基本数据，再按同样的设计步骤进行验算，直到出现合理的结果为止。

设计步骤：

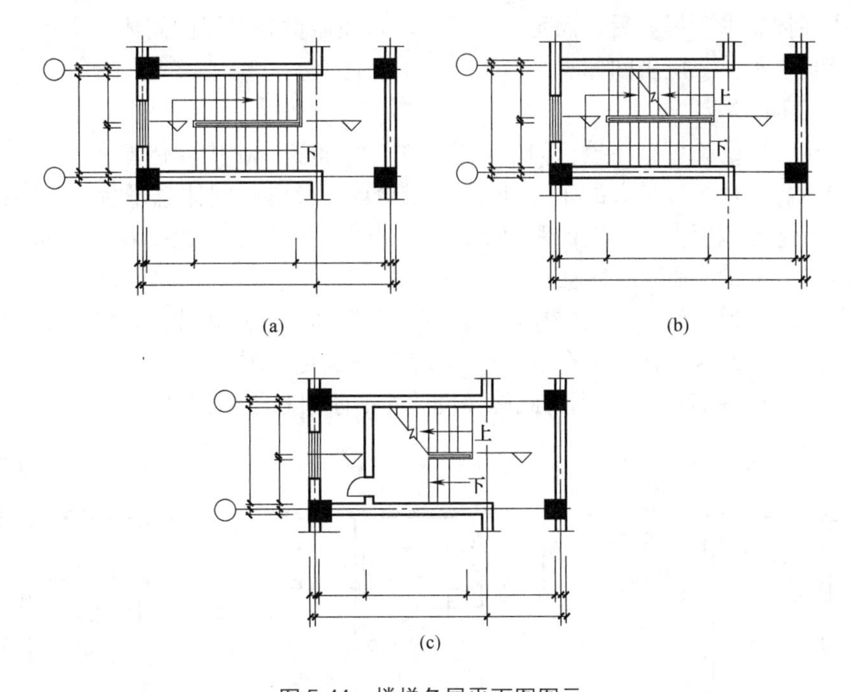

图 5-44 楼梯各层平面图图示

（a）顶层平面图；（b）标准层平面图；（c）底层平面图

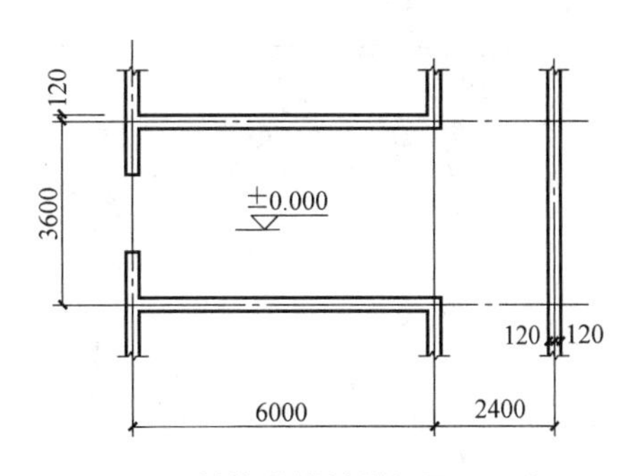

图 5-45 某教学楼楼梯间平面示意图

（1）确定（假定）楼梯段踏步尺寸 b 和 h。取 $b=300$mm，$h=150$mm，$\arctan 1/2=26°34'$，满足坡度要求。

（2）计算每楼层的踏步数 N，$N=H/h=3600/150=24$ 步。

（3）确定楼梯的平面形式并计算每跑楼梯段的踏步数 n。采用平行双跑的楼梯平面形式，因此每跑梯段的踏步数 $n=N/2=12$ 步，$3<12<18$，符合基本要求。

（4）计算楼梯间平面净尺寸，开间方向：$3600-120\times2=3360$mm；进深方向：$6000-120+120=6000$mm。

（5）开间方向上的验算：取梯井宽度 160mm，则楼梯段的宽度尺寸 $B=(3360-160)/2=1600$mm。满足两股人流通行的要求。

（6）通行净高的验算：重点检验首层中间休息平台处是否满足要求。按半层高度计算，首层中间休息平台的标高为 1.800m，考虑平台梁的结构高度 0.350m（取跨度 1/10，并考虑模数），这样，平台梁下部的净空高度只有 1.450m，不满足基本的通行要求。首先考虑利用现有的部分室内外高差，在室外保留 100mm 高的一步台阶，其余 350mm 设成两步台阶移入室内，这样，平台梁下部的净空高度达到 $1.450+0.350=1.800$m；再考虑将首层高度内的两跑楼梯做踏步数的调整，将原来的 $12+12$ 步调整为 $14+10$ 步，第一跑增加的两步踏步使平台梁底的标高又增加 $150\times2=300$mm，因此，此时平台梁下部的通行净高达到了 $1.800+0.300=2.1$m，满足要求。

首层中间休息平台提高后，满足了通行要求，还需检验二层中间休息平台下部的通行净高是否满足要求。二层中间休息平台下部的通行净高为 150×12＋150×10－350＝2950＞2000mm，满足要求。

（7）进深方向的验算：在楼梯间平面的进深方向布置一个中间休息平台、一个楼梯段和一个楼层休息平台。取最大的 14 步梯段进行验算。考虑中间休息平台处临空扶手由于构造关系深入平台宽度方向一定的距离等因素，取中间休息平台宽度 D_1＝1800mm，略大于梯段宽度 1600mm，则楼层休息平台的宽度 D_2＝6000－1800－（14－1）×300＝300mm，可以起到与走廊通道之间一定的缓冲作用。因为此楼梯为开敞式楼梯，可借用走廊通道来满足通行要求，故此楼梯休息平台的宽度 300mm 亦满足要求。

如图 5-46、图 5-47 所示分别为此楼梯设计的平面图和剖面图。

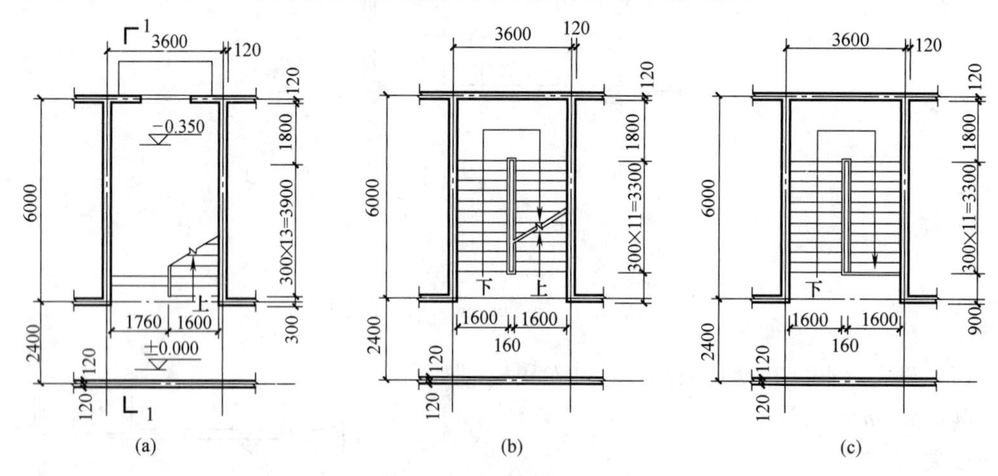

图 5-46　实例楼梯设计平面图

（a）底层平面图；（b）标准层平面图；（c）顶层平面图

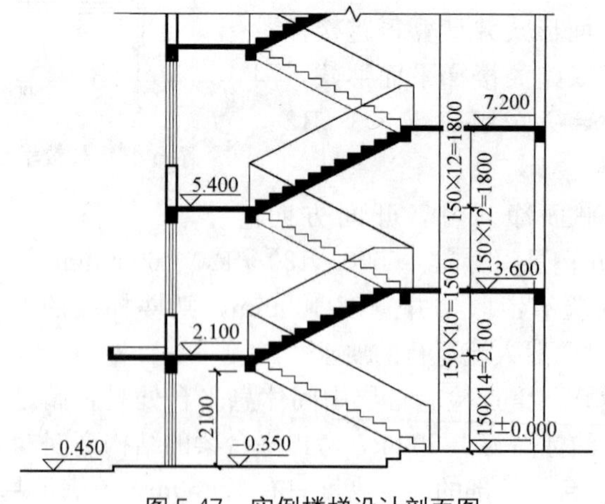

图 5-47　实例楼梯设计剖面图

5.4　台阶与坡道

由于建筑物室外地坪和室内地面间设有高差，在建筑物入口处常设置台阶，而在建筑物内部楼地面有高差时也可用台阶连接。考虑到一些人力车辆或者机动车辆有进出建筑物的需要，同时也为方便下肢残疾或视觉残疾的人及其他行动不方便的人进出建筑物，在设置室外台阶的同时，一般还要设置坡道。

5.4.1　室外台阶

由于其位于入口处，位置明显，人流通行量大，又处于半露天位置，特别是当室内外高差较大或者基层土质较差时，更需慎重处理。台阶由踏步和平台组成，其形式有单面踏步式、两面踏步式和三面踏步式等，如图 5-48 所示。

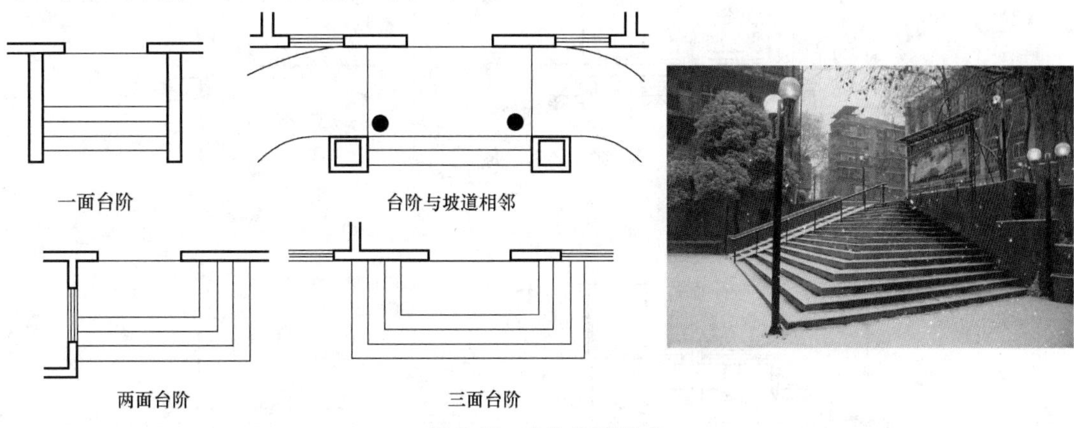

图 5-48　室外台阶形式

5.4.1.1　室外台阶尺寸

室外台阶踏步高一般在 120～150mm 左右，宽度 300～400mm，如图 5-49 所示。一些医院及运输港的台阶常选择 100mm 左右的踏步高和 400mm 左右的踏步宽，以方便病人及负重的旅客行走。

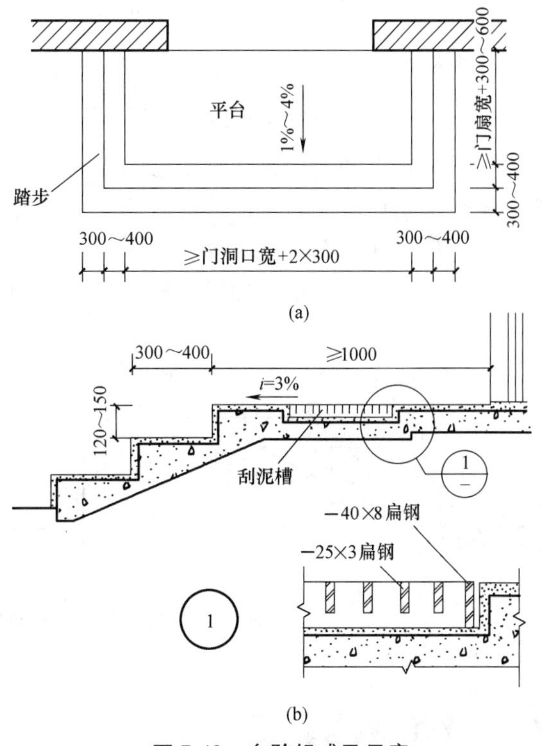

图 5-49　台阶组成及尺度
(a) 平面图；(b) 剖面图

台阶平台位于台阶与建筑物出入口大门之间，作为室内外空间的过渡，其深度一般不小于 1000mm。为了防止雨水倒流入室内，应作 3%左右的排水坡度，以利雨水排出；或者将台阶平台的标高处理成低于室内地坪标高 10～20mm，如图 5-49 所示。考虑有无障碍设计坡道时，出入口平台深度不应小于 1500mm。

5.4.1.2　室外台阶构造

步数较少的台阶，其垫层做法与地面垫层做法类似。一般采用素土夯实后按台阶形状尺寸做 C15 素混凝土垫层或砖石垫层。标准较高或土质较差的在垫层下面加铺一层碎砖或碎石层。

步数较多或地基土质较差的台阶，可根据情况采用钢筋混凝土架空的台阶，以避免过多的填土或产生不均匀沉降。

严寒或寒冷地区的台阶，为避免台阶下土的冻胀影响，可采用含水率低的砂石垫层换土至冰冻线以下。

台阶做法示例如图 5-50 所示。

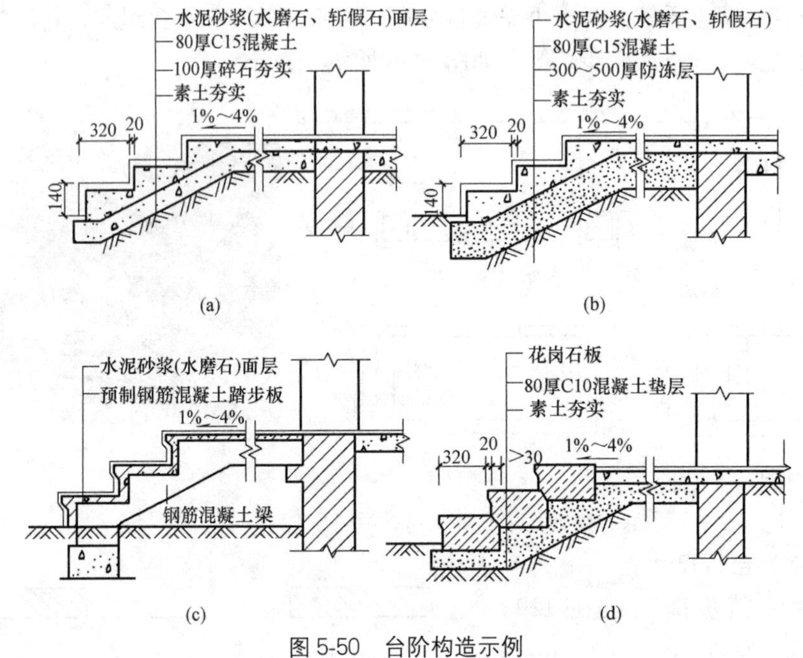

图 5-50　台阶构造示例

（a）混凝土台阶；（b）设防冻层台阶；（c）架空台阶；（d）石材台阶

台阶在构造上的处理要注意变形的影响。由于房屋石砌台阶主体沉降、热胀冷缩、冰冻等因素可能造成台阶的变形，造成倒泛水或者台阶局部出现开裂等。解决方法有两种，一是加强房屋主体与台阶之间的联系，形成整体沉降；二是将二者完全断开，待主体结构有一定沉降后，再做台阶，如图 5-51 所示。室外台阶实例如图 5-52 所示。

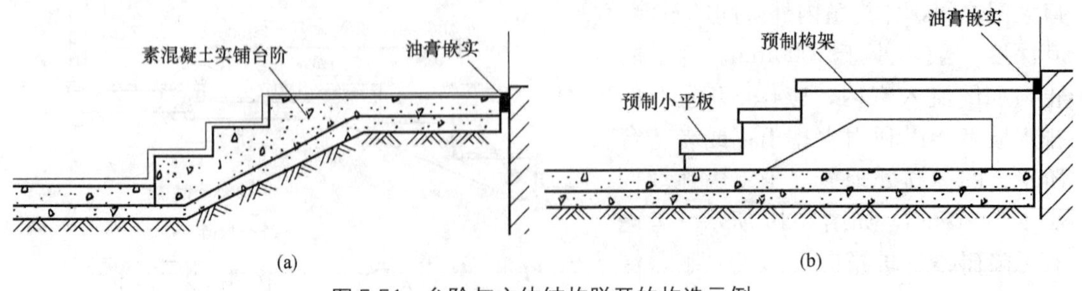

图 5-51　台阶与主体结构脱开的构造示例

（a）实铺；（b）架空

5.4.2　坡道

当室外门前有车辆通行或其他要求的情况下，如医院、宾馆、行政办公楼以及工业建

图 5-52　室外台阶实例

筑的车间大门，为满足使用要求，通常应设置坡道。尤其近年来地下室空间开发作为停车场，坡道是必不可少的。

坡道多采用单面坡的形式，也有些公共建筑，常采用台阶与坡道相结合的形式，如图 5-53 所示。其细部构造如面层材料、垫层做法、变形处理同台阶做法。其坡度在 1/12～1/6 左右，为防滑常做成锯齿形或带防滑条的坡道，如图 5-54 所示。

图 5-53　坡道形式示例

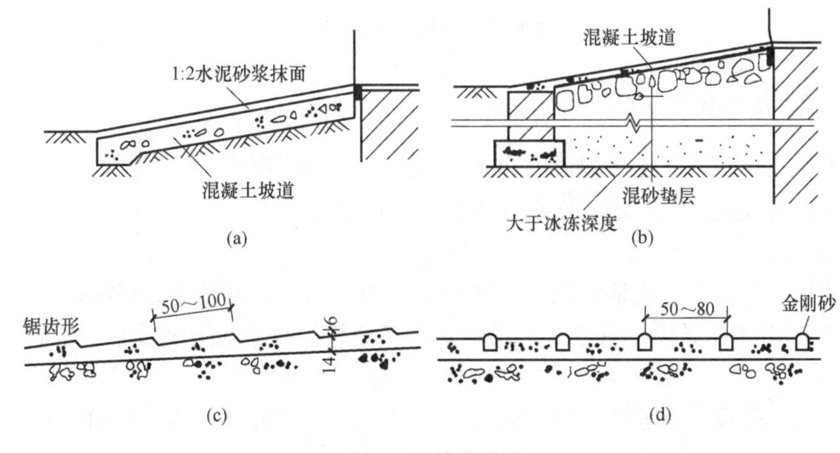

图 5-54　坡道构造

(a) 混凝土坡道；(b) 换土地基坡道；(c) 锯齿防滑坡道；(d) 防滑坡道

大型公共建筑，如高级宾馆、大型办公楼、医院等主要出入口，为形成气派壮观的室外大台阶，常将台阶与坡道同时设置。坡道与台阶组合示例如图 5-55 所示。

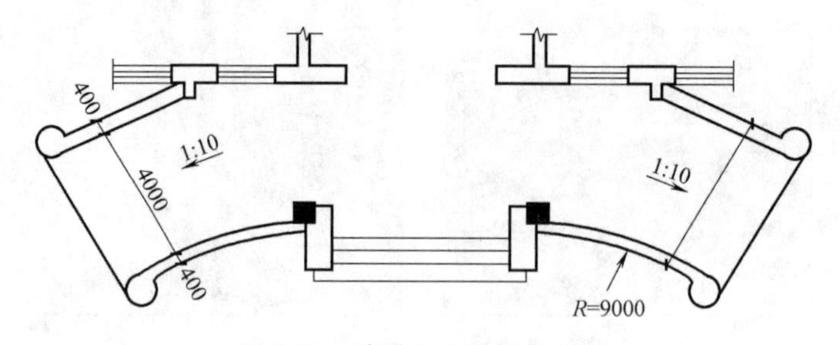

图 5-55　坡道与台阶组合示例

5.5　有高差处无障碍设计

楼梯、台阶、坡道等设施可以解决不同高差的交通联系，但会给残障人或老年人使用造成不便，特别是乘轮椅者、拄杖者和使用助行器者。无障碍设计指能帮助上述人群顺利通过高差的设计，如图 5-56 所示，为解决高差处考虑无障碍设计在台阶的旁边设置了坡道实例。

图 5-56　台阶旁设置坡道的无障碍设计实例

5.5.1　坡道的坡度和宽度

坡道是最适合残障人轮椅通过的交通设施，同时还适合拄拐杖和借助导盲棍行走的人群。因此坡道的坡度必须平缓，而且还需有一定的通行宽度。

1. 坡道的形式

依据地面高差大小、空地面积及周围环境等因素，坡道可设计成直线形、直角形和折返形，如图 5-57 所示，但不宜设计成弧形，以防止轮椅在坡面上因重心产生倾斜而摔倒。

2. 坡度

我国对无障碍设计中坡道的坡度的规定是不大于 1/12，与之相对应的每段坡道的最大高度为 750mm，坡段的最大水平长度为 9000mm。

3. 坡道的宽度及平台宽度

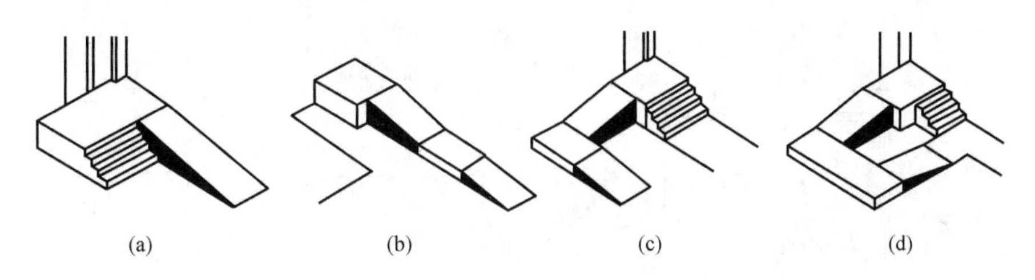

图 5-57 无障碍坡道形式
(a) 直线形；(b) 多段形；(c) 直角形；(d) 折返形

为方便轮椅顺利通过，坡道的最小宽度应不小于 1000mm，轮椅坡道起点、终点和中间休息平台的水平长度不应小于 1500mm，如图 5-58 所示。

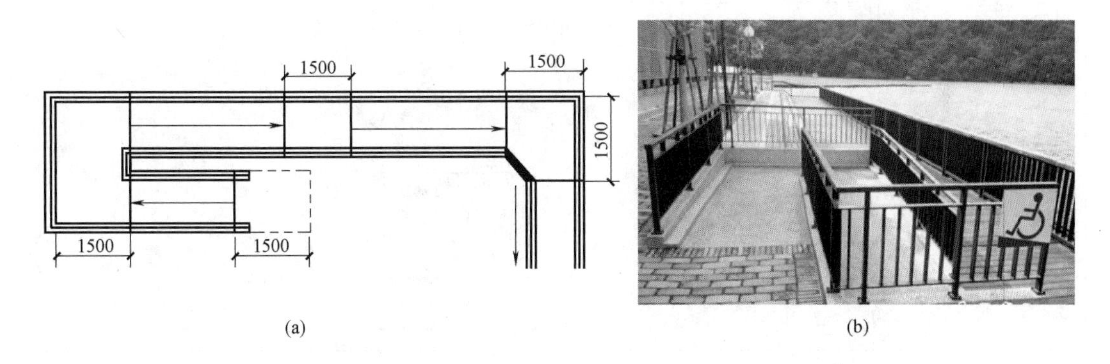

图 5-58 室外无障碍坡道的平面尺寸及实例
(a) 尺寸；(b) 实例

5.5.2 楼梯形式及相关尺度

1. 楼梯形式及相关尺度

无障碍设计中，楼梯形式应采用直行形式，如图 5-59 (a)、(b)、(c) 所示；不宜采用弧形梯段或在中间平台上设置扇形踏步，如图 5-59 (d)、(e) 所示。

2. 楼梯尺度

公共建筑楼梯坡度应尽量平缓，踏步保持等高，且每级踏步高不宜大于 150mm，踏步宽不宜小于 280mm。梯段的宽度公共建筑不宜小于 1500mm，居住建筑不宜小于 1200mm。

5.5.3 无障碍楼梯细部构造设计

无障碍设计的楼梯踏步应选用合理的构造形式及饰面材料。踏面不滑，不得积水，防滑条高出踏面不得大于 5mm。同时，为防止勾拌行人或其助行工具的情况发生，踏面不应直角突缘，如图 5-60 所示。

无障碍设计中，楼梯、坡道两侧均应设置扶手，在楼梯的梯段或坡道的坡段转折处，扶手应向前伸出 300mm 以上，两个相邻梯段或坡度的扶手应连通；扶手末端应向下或伸向墙面，扶手断面形式应便于抓握，如图 5-61 所示。

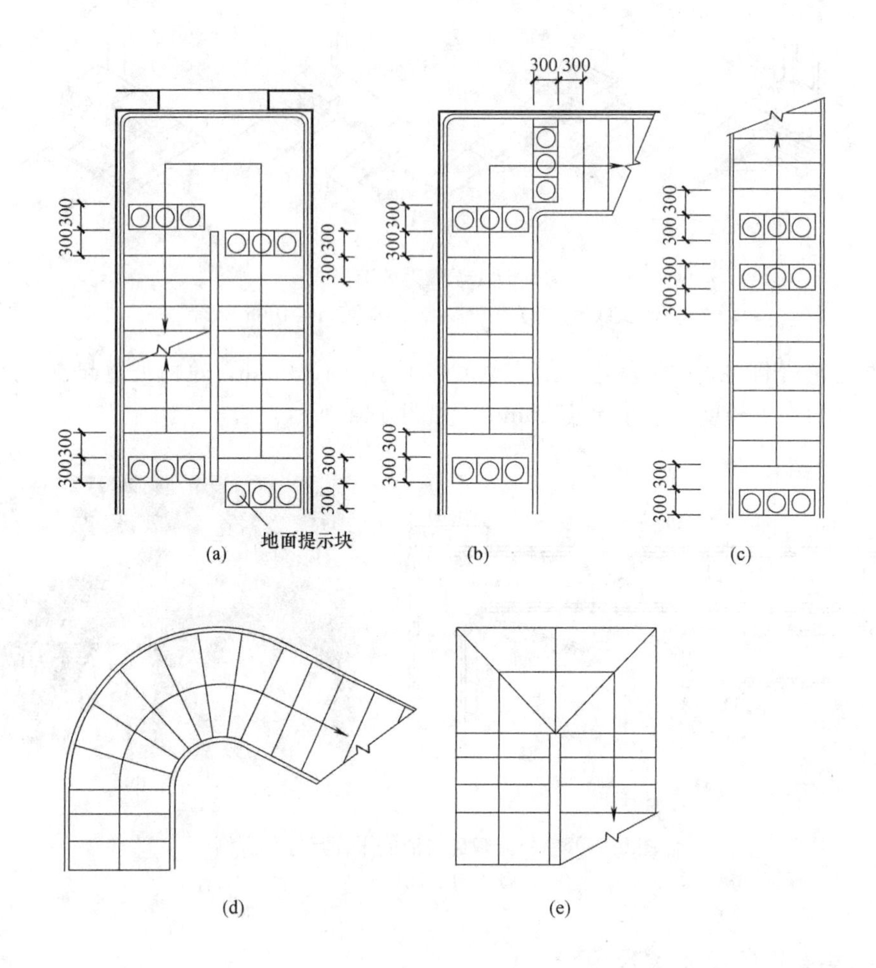

图 5-59 宜采用和不宜采用的梯段形式

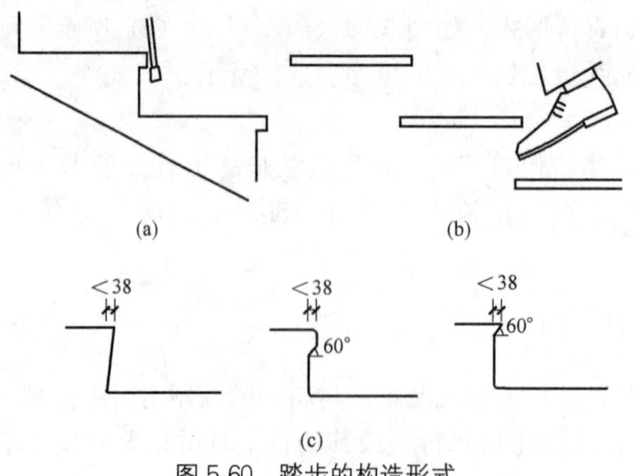

图 5-60 踏步的构造形式

（a）有直角突缘不可用；（b）踏步无踢面不可用；（c）踏步线形光滑流畅，可用

导盲块又称地面提示块，其表面上的特殊构造形式，可向视力残障者提供触摸信息，提示停步或改变行进方向等，一般设置在有障碍物、需转折、存在高差等地段。常用的导盲块形式如图 5-62 所示。楼梯中的设置位置如图 5-59（a）、（b）、（c）所示，这种设置方法在坡道上也适用。

鉴于安全考虑，凡有凌空处的构件边缘，包括楼梯梯段和坡道的凌空一面，室内外平台的凌空边缘等，都应该向上翻起不低于 50mm 的安全挡台，如图 5-63 所示。

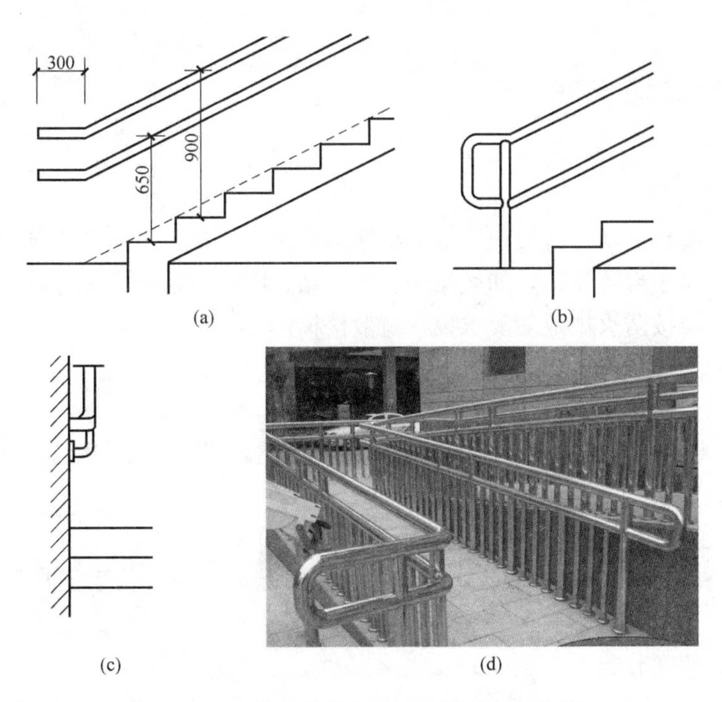

图 5-61 扶手基本尺寸、收头处理及实例

(a) 扶手高度及起始、终结步处外伸尺寸；(b) 扶手末端向下；(c) 扶手末端伸向墙面；(d) 扶手收头实例

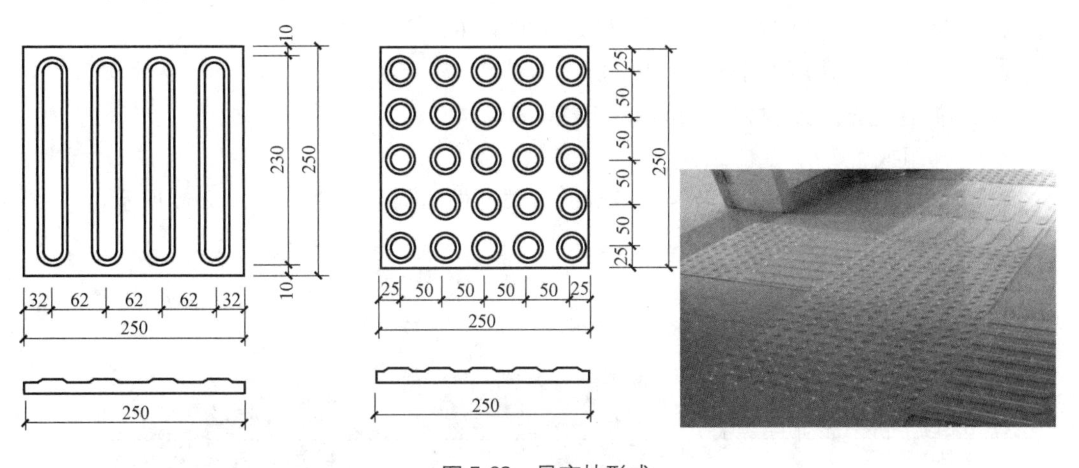

图 5-62 导盲块形式

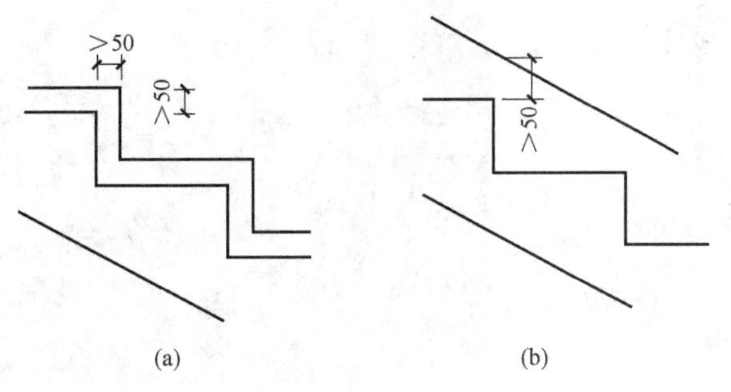

图 5-63 楼梯侧边安全挡台的设置

(a) 立缘；(b) 踢脚板

5.6 电梯与自动扶梯

5.6.1 电梯

电梯是建筑物楼层间垂直交通运输的快速运载设备，常用于高层建筑中；在一些有特殊要求的多层建筑中也可设置，如航站楼、地铁站、医疗建筑、商场等建筑。但建筑物中设置电梯时，仍应按防火规范的要求设置疏散楼梯。

1. 电梯的类型

（1）按使用性质分

1）客梯：主要用于运送乘客。除普通电梯外，还有医院、疗养院等专用的病床电梯，宾馆、饭店和观览建筑中的观光电梯等。

2）货梯：主要用于运送货物及设备，有大型货梯和小型杂物梯。

3）消防电梯：主要供发生火灾、爆炸等紧急情况下消防人员灭火与救援，且具有一定功能的电梯。

（2）按行驶速度分

电梯速度与建筑高度及人员密度和活动频繁程度等有关，没有明确统一标准。一般划分：

1）低速电梯：速度在1.5～2.0m/s以内。

2）中速电梯：速度在2.0～5.0m/s之间的电梯。

3）高速电梯：速度大于5.0～10.0m/s。

4）超高速电梯：速度大于10.0m/s之间的电梯。

2. 电梯组成

电梯由井道、机房、地坑及组成电梯的有关部件四部分组成，如图5-64所示。

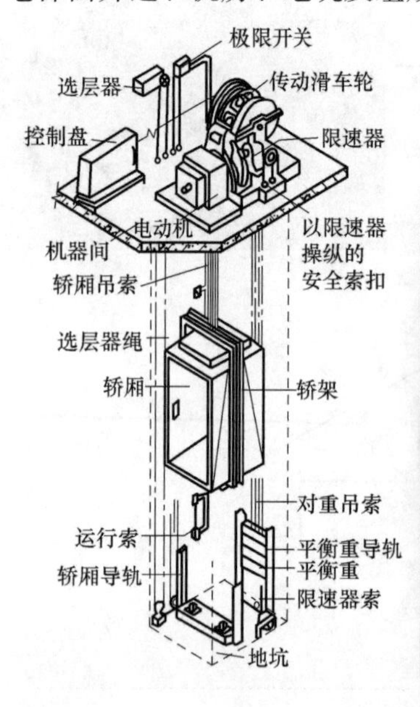

图5-64 电梯井道

(1) 电梯井道

电梯井道指电梯运行的通道，内装有电梯轿厢、导轨、平衡重及缓冲器等，井道壁多采用钢筋混凝土剪力墙，观光电梯采用玻璃幕墙，如图 5-65 所示。

图 5-65 观光电梯

1) 井道尺寸

不同性质的电梯，其井道根据需要设置尺寸，以配合不同的电梯轿厢。平面净空尺寸根据选用的电梯型号决定，一般为 1800～2500mm×2100～2600mm。

2) 井道防火

井道是贯通各层的垂直通道，火灾事故中火焰及烟气容易从中蔓延。井道应根据有关防火规定进行设计，高层建筑的电梯井道内，超过两部电梯时应用隔墙隔开。

3) 井道通风

为便于迅速排测烟和热气，井道的顶部、中部适当位置（高层建筑）及地坑处均应设通风孔，其尺寸不小于 300mm×600mm 或面积以不小于井道面积 3.5%为宜，并且至少有总面积 1/3 的通风孔应经常开启。

4) 井道隔声

为了减轻电梯运行时对建筑物产生振动噪声，井道应采取适当的隔声措施。一般只在机房机座下设置弹性垫层隔振。当电梯运行速度超过 1.5m/s 时，设置弹性垫层的同时，在机房与井道间设隔声层，其高度不小于 1300mm，常用 1500～1800mm，如图 5-66 所示。

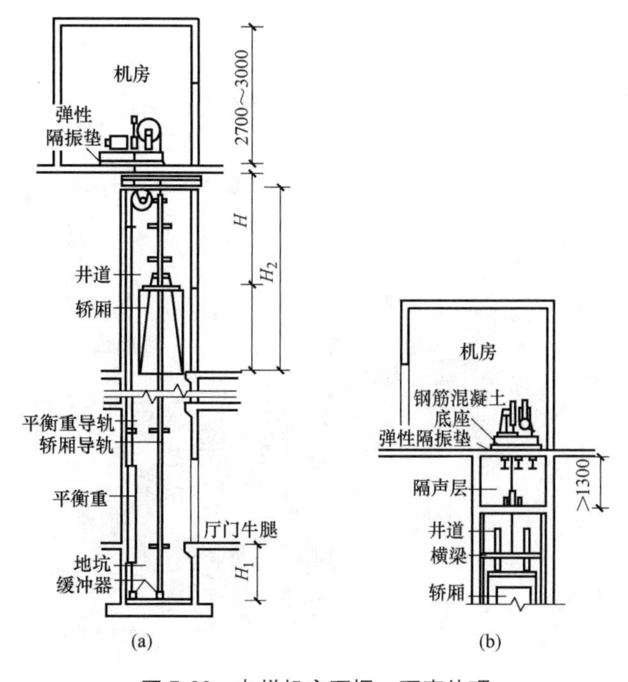

图 5-66 电梯机房隔振、隔声处理

(a) 无隔声层（通过电梯门剖面）；(b) 有隔声层（平行电梯门剖面）

5) 井道检修

井道的上下均应留适当的空间，便于机器安装、检修和运行时的缓冲。

(2) 电梯机房

电梯机房一般设置在电梯井道的顶部，少数也设在底层井道旁边。平面尺寸根据设备、平面布置及使用维修等需要来决定，一般至少有两个面每边扩出 600mm 以上的宽度，高度一般为 2.50～3.50m，如图 5-67 所示。为了便于安装和修理，机房的楼板一般应按机器设备的要求预留孔洞，如图 5-68 所示。目前有无机房电梯，其是相对于有机房电梯而言的，省去了机房，将原机房内的控制屏、曳引机、限速器等移往井道等处，或用其他技术取代。

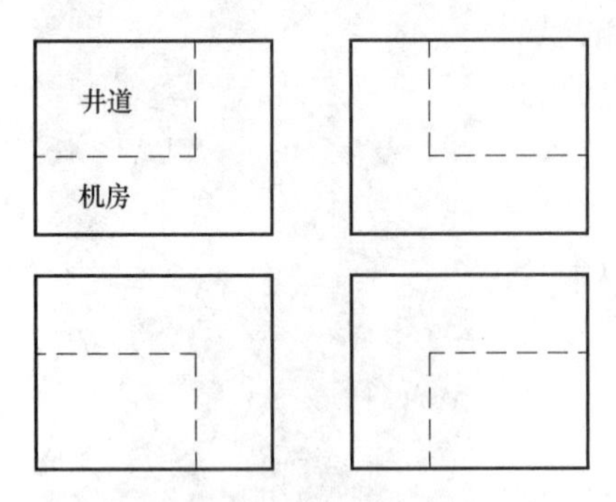

图 5-67　机房与井道的相对位置

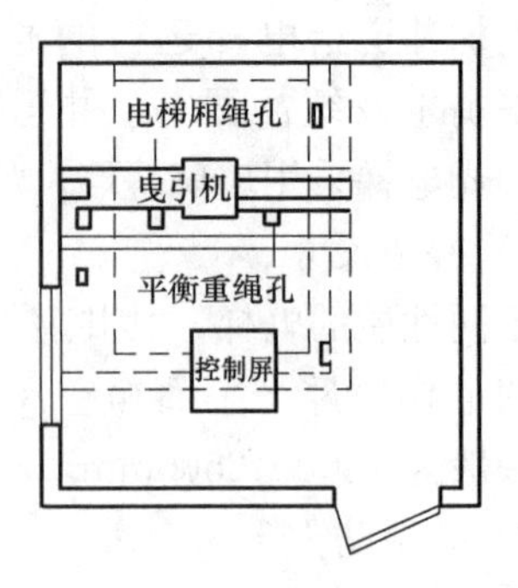

图 5-68　机房平面预留孔示例

（3）井道地坑

井道地坑指建筑物最底层平面以下部分的井道，作为轿厢下降时必备的缓冲空间，高度不小于 1500mm，其坑壁和坑底需做防水处理，坑底设排水设施。为便于检修，坑壁需设置爬梯和检修灯槽。坑底位于地下室时，宜从侧面开检修小门。

电梯的有关部件指轿厢、井壁导轨及支架、牵引轮、轿厢开关门以及有关电器部件如选层器、厅外层数指示灯等。

5.6.2　自动扶梯

自动扶梯适用于车站、码头、空港、商场等人流量大的场所，是建筑物层间连续运输效率最高的载客设备，如图 5-69 所示。

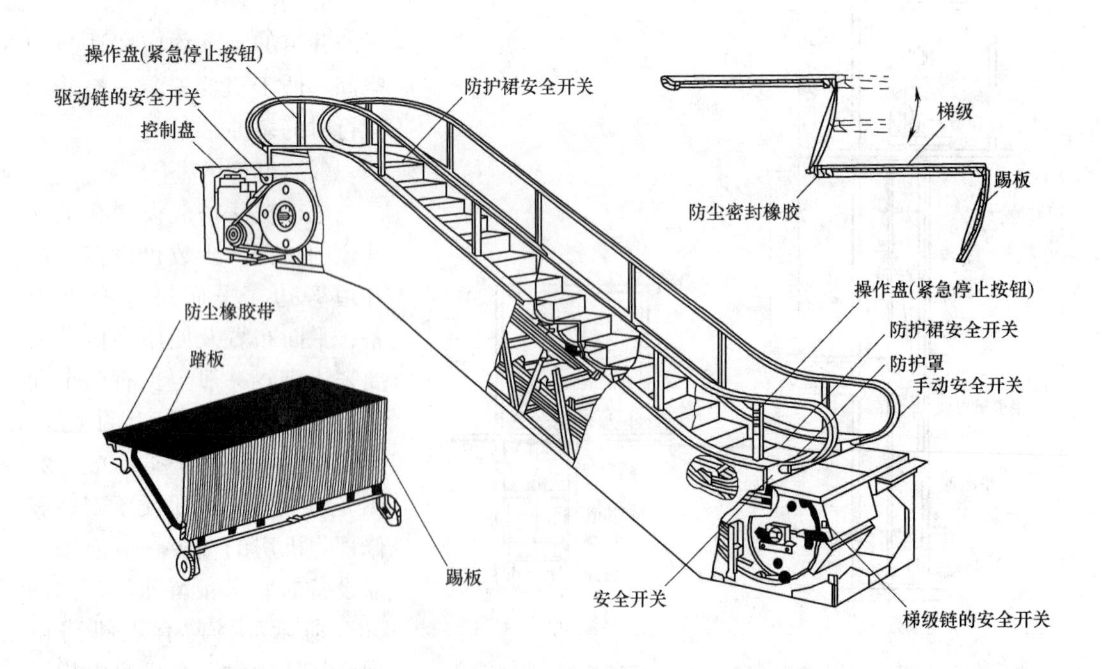

图 5-69　自动扶梯构成示意与实例

图 5-69 自动扶梯构成示意与实例（续）

自动扶梯一般可正、逆两个方向运行，停机时可作为临时楼梯使用，但其不允许作为疏散楼梯使用。

自动扶梯有单台、双台并列、双台串联、双台剪刀布置四种形式，如图 5-70 所示。

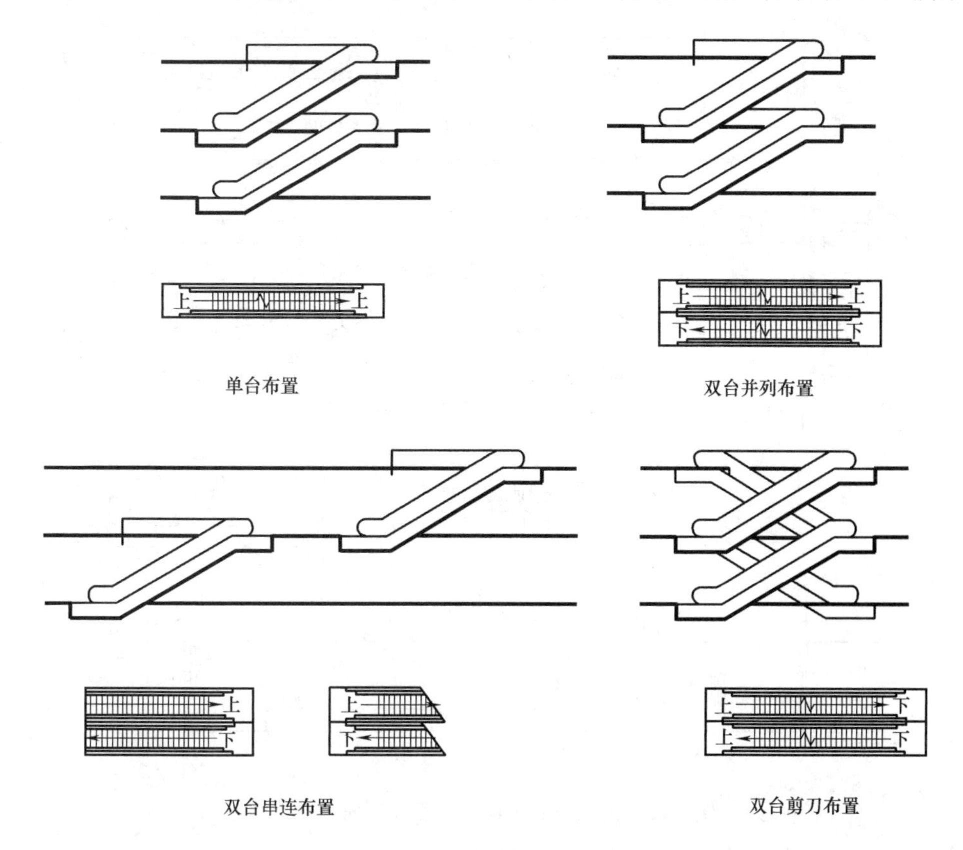

图 5-70 自动扶梯布置形式

在建筑中设置自动扶梯时，上下两层面积总和超过防火分区面积要求时，应按照防火要求设置防火隔断或复合式防火卷帘封闭自动扶梯井，如图 5-71 所示。

自动扶梯可用于室内或室外。用于室内时，运输的垂直高度最低 3m，最高可达 11m

左右；用于室外时，运输的垂直高度最低 3.5m，最高可达 60m 左右。自动扶梯倾角有 27.3、30、35 几种角度，常用 30 角度。宽度一般有 600、800、1000、1200mm 几种。自动扶梯的尺寸示例如图 5-72 所示。

图 5-71 自动扶梯四周设防火卷帘实例

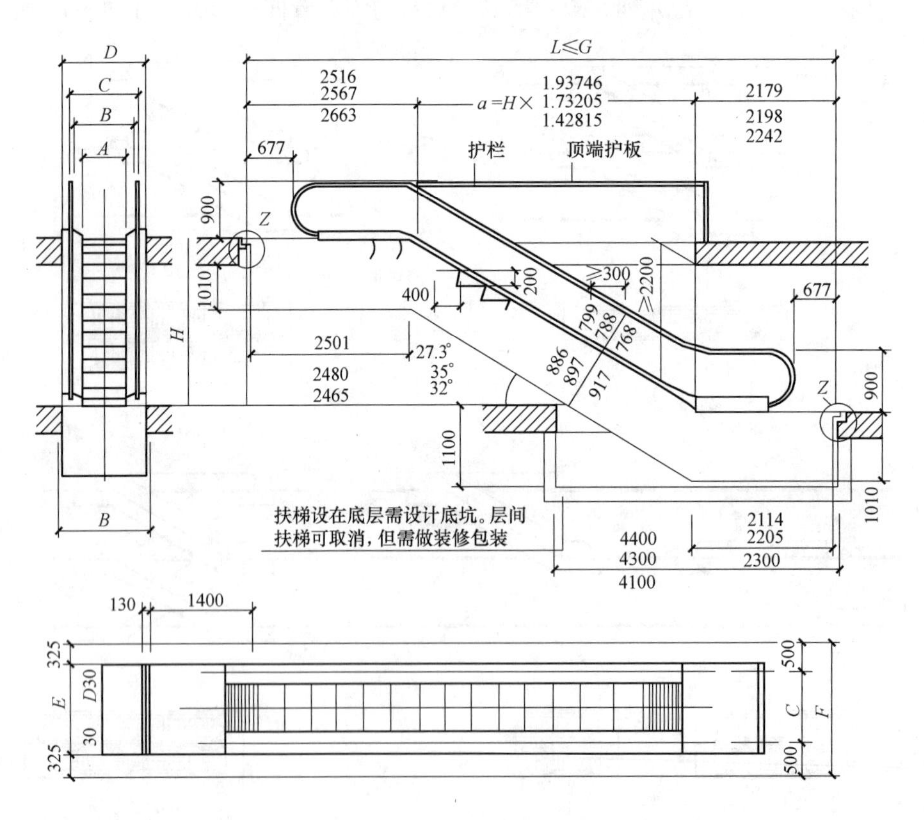

图 5-72 自动扶梯平面、立面及剖面尺寸示例

本章小结

本章主要讲述楼梯的组成；楼梯的类型；现浇钢筋混凝土楼梯的特点、结构形式；中

小型预制装配式钢筋混凝土楼梯的构造特点及楼梯的细部构造做法；楼梯的尺度及设计；台阶及坡道的设计和构造做法；无障碍设计的要求；电梯及自动扶梯的组成、设计要求及构造。

本章重点是现浇钢筋混凝土楼梯的结构形式及构造做法；楼梯梯段及平台的宽度、梯段坡度及踏步尺寸、扶手高度等尺寸的确定方法；楼梯净空高度的设计要求及解决措施；楼梯平面及剖面的熟练设计。

思考与练习题

5-1　楼梯由哪些部分组成？各部分作用及设计要求是什么？

5-2　楼梯有哪些形式？各自适合用于什么情况？

5-3　试简述现浇钢筋混凝土楼梯的优缺点。

5-4　预制楼梯有哪几种？小型预制楼梯踏步板的断面形式有哪些？有哪几种结构支承方式？他们各自的使用范围是什么？

5-5　确定楼梯梯段宽度应该以什么为依据？为什么平台宽度不得小于梯段宽度？

5-6　楼梯坡度如何确定？踏步高与踏步宽与行人的步距有什么关系？

5-7　一般民用建筑的踏步高和宽的尺寸是如何限制的？当踏面宽不满足要求时应如何解决？

5-8　楼梯栏杆扶手高度有何要求？

5-9　什么是楼梯净高？有何要求？

5-10　当楼梯底层中间平台下做通道而平台净高不满足要求时，常采取哪些办法解决？

5-11　钢筋混凝土楼梯常见的结构形式有哪几种？各自有何特点？

5-12　楼梯踏步面层做法有哪些？楼梯踏面如何进行防滑处理？

5-13　栏杆与踏步、栏杆与扶手的连接构造有哪些？

5-14　台阶与坡道的形式有哪些？构造要求是什么？通常有哪些做法？

5-15　有高差处无障碍设计有哪些具体的特殊构造？

5-16　电梯由哪几部分组成？电梯井道的设计应满足什么要求？

第 6 章　屋　　顶

本章要点及学习目标

本章要点：

(1) 屋顶的类型及设计要求；

(2) 屋面的排水与防水设计：排水方式、屋顶坡度形成、防水要点等；

(3) 平屋顶的构造：平屋顶的防水构造、细部构造；

(4) 坡屋顶的构造：坡屋顶的结构体系、构造等；

(5) 屋顶的保温与隔热。

学习目标：

(1) 了解屋顶的作用、类型和设计要求；

(2) 熟悉屋面的排水与防水；

(3) 掌握平屋顶中卷材防水屋面的构造做法及细部构造；

(4) 掌握坡屋顶瓦屋面、压型钢板屋面的构造做法及细部构造；

(5) 了解涂膜防水屋面的构造做法；

(6) 熟悉屋顶的保温与隔热构造。

6.1　屋顶的类型及设计要求

6.1.1　屋顶的类型

1. 按屋顶结构和形式分类

屋顶的形式与房屋的使用功能、屋面盖料、结构选型以及建筑造型要求等有关，而且受地域、气候、民族、宗教等影响，主要有坡屋顶、平屋顶以及其他形式的屋顶，如图 6-1 所示。

(1) 平屋顶

平屋顶是指坡度小于 10%的屋顶，常用坡度一般为 2%～3%。平屋顶一般以现浇钢筋混凝土平屋顶作基层，上面铺设保温层、防水层等构造层次。

(2) 坡屋顶

坡屋顶的屋面坡度一般在 10%以上。坡屋顶是我国传统的建筑屋顶形式，现代城市建筑中，采用坡屋顶形式可满足某些建筑的风格和景观要求。大坡度可使雨水迅速排出，避免雨水淤积、渗漏，一般以瓦材作为屋顶的防水材料。

(3) 曲面屋顶

曲面屋顶多属于空间结构体系，如悬索、壳体、网架、折板等。这类屋顶类型多，造型变化大，适用于大跨度、大空间和造型特殊的建筑屋顶。

2. 按屋面防水材料分类

（1）柔性防水屋顶

将柔性片状防水材料（如合成高分子防水卷材、高聚物改性沥青防水卷材等）通过胶结材料粘贴在屋顶基层上，形成密闭防水层的屋顶，如图 6-2（a）所示。

（2）涂膜防水屋顶

在屋面基层上涂刷液态防水涂料，经固化后形成有一定厚度和弹性的整体防水膜，达到防水的目的，如图 6-2（b）所示。

（3）瓦屋顶

用各类瓦作为屋顶的防水层，如水泥瓦、沥青瓦、彩色钢板瓦、石棉水泥瓦、玻璃钢波形瓦等，如图 6-2（c）所示。

（4）金属板屋顶

用镀锌铁皮、铝合金板、压型钢板等作为屋顶防水层，如图 6-2（d）所示。

（5）玻璃屋顶

用有机玻璃、夹层玻璃、钢化玻璃等作为屋顶防水层，如图 6-2（e）所示。

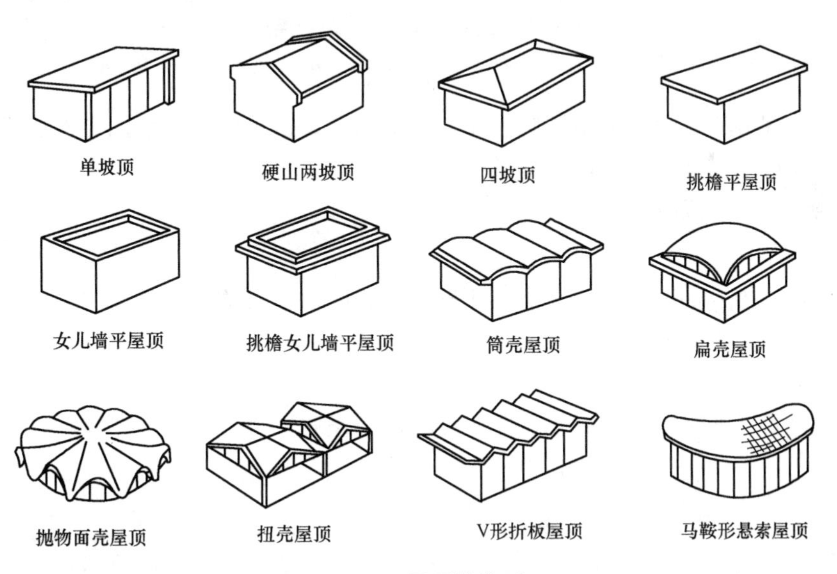

图 6-1 屋顶的类型

3. 按屋面热工性能分类

（1）保温屋顶

屋顶设置保温层，减少室内外热量的传递，保证顶层房间的舒适度，尤其对于北方寒冷和严寒地区，可降低冬季采暖能耗，达到节约能源的目的。

（2）隔热屋顶

屋顶采取隔热措施，减少室外向室内传递的热量，尤其对于夏季炎热地区，保证顶层房间舒适，减少夏季的空调能耗。

（3）非保温非隔热屋顶

图 6-2 不同防水形式的屋顶类型

（a）柔性防水屋顶；（b）涂膜防水屋顶；（c）金属板屋顶；（d）瓦屋顶；（e）玻璃屋顶

屋顶不设保温层，也不采取隔热措施，构造简单，造价低，一般用于不需要采暖制冷的地区，或功能不需要采暖制冷的建筑。

4. 按屋面使用性质分类

（1）上人屋顶

屋顶可以作为人们室外的活动、休闲的场所，屋顶需要考虑人员活动的活荷载。上人屋顶的坡度一般为1%～2%，如图 6-3（a）所示。

（2）不上人屋顶

屋顶不允许人们在上面活动，不上人屋顶的坡度一般为 2%～3%，如图 6-3（b）所示。

(a)

(b)

图 6-3 不同使用性质屋顶实例

（a）上人屋顶；（b）不上人屋顶

6.1.2 屋顶的设计要求

屋面工程设计应遵照“保证功能、构造合理、防排结合、优选用材、美观耐用”的五项原则。《屋面工程技术规范》GB 50345—2012 要求设计时对屋面工程的防水层、保温层、隔热层等构造做法以及屋面细部构造绘制大样图，以便施工单位“按图施工”、监理单位“按图检查”，从而避免屋面工程在施工中的随意性。

1. 屋面工程应符合下列基本要求

（1）具有足够的强度和刚度：承受风、雪荷载的作用不产生破坏；适应主体结构的受力变形和温差变形；

（2）具有良好的排水功能和阻止水侵入建筑物内的作用；

（3）冬季保温减少建筑物的热损失和防止结露；夏季隔热降低建筑物对太阳辐射热的吸收；

（4）具有阻止火势蔓延的性能；

（5）满足建筑外形美观和使用的要求。

2. 屋面工程的设计内容

（1）屋面防水等级和设防要求及屋面构造设计；

（2）屋面排水设计，包括找坡方式和选用的找坡材料；

（3）防水层选用的材料、厚度、规格及其主要性能，接缝密封防水选用的材料及其主要性能；

（4）保温层选用的材料、厚度、燃烧性能及其主要性能。

6.2 屋顶的排水与防水

6.2.1 屋顶的排水

1. 屋顶的坡度

（1）屋顶坡度的表示方法

屋顶坡度的表示方法有百分比法、斜率法和角度法。一般百分比法用于平屋顶，斜率法用于坡屋顶，角度法较少采用，如图 6-4 所示。

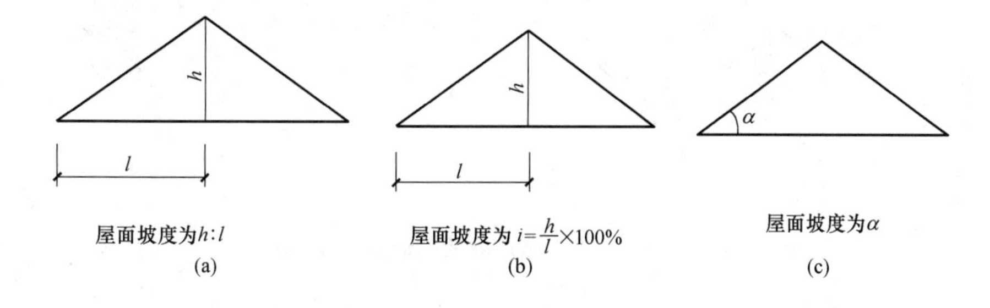

图 6-4 屋顶坡度的表示方法

（a）斜率法；（b）百分比法；（c）角度法

（2）屋顶坡度大小的影响因素

各种屋顶坡度大小由多方面的因素决定。它与屋面材料、地理气候条件、结构形式、施工方法、构造方式、建筑造型以及经济等方面都有一定的关系。

1）屋顶防水材料的影响。屋面覆盖材料尺寸对屋面坡度大小的影响较大，一般情况下，屋面覆盖材料的尺寸越小，屋顶防水材料的接缝越多，越容易造成漏水，其屋顶排水坡度亦越大；反之，屋顶的排水坡度可以小些。

2）地区降雨量的影响。降雨量的大小直接影响屋顶的排水坡度，降雨量越大，漏水的可能性也越大，相应的排水坡度需增加。

（3）屋顶的排水坡度

不同的屋面防水材料有各自的排水坡度范围，应符合表6-1的规定。

屋顶的排水坡度 **表6-1**

屋面类别	屋面排水坡度	屋面类别	屋面排水坡度
卷材防水屋顶	2%～5%	网架、悬索结构金属板	≥4%
块瓦	1∶5～1∶2	压型钢板	5%～35%
波形瓦	1∶10～1∶2	种植土屋顶	1%～3%
油毡瓦	≥1∶5		

2. 屋顶坡度的形成方法

屋顶排水坡度的形成有结构找坡和材料找坡两种方式，如图6-5所示。

（1）结构找坡

结构找坡也称为搁置坡度，是将屋顶结构层搁置成倾斜的，再铺设防水层等构造层次。该做法不需另加找坡层，荷载轻、施工简便、造价低，但不另吊顶棚时，顶面稍有倾斜。

（2）材料找坡

材料找坡也称为垫置坡度，是屋顶结构水平搁置，找坡层采用轻质材料，如水泥炉渣、石灰炉渣、水泥膨胀蛭石等垫置排水坡度，然后在其上面做防水层，材料找坡的屋顶室内顶棚平整，找坡层最薄处不小于20mm。须设保温层的地区，可利用保温材料来形成坡度。

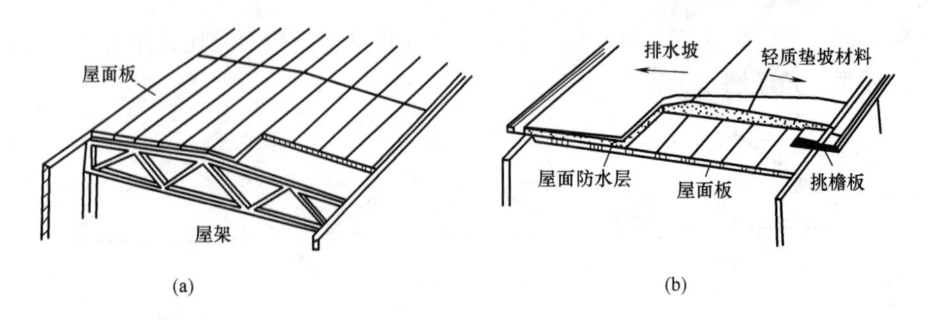

图6-5 屋顶坡度的形成
（a）结构找坡；（b）材料找坡

3. 屋顶的排水方式

确定屋顶的排水方式时，应根据气候条件、建筑物高度、质量等级、使用性质等因素综合考虑，同时排水组织系统又与檐部做法有关，要与建筑外观结合起来统一考虑。排水方式分为有组织排水和无组织排水两大类。

（1）无组织排水

无组织排水也称自由落水。屋面伸出外墙，形成挑出外檐，使屋面的雨水经外檐自由落下至地面。这种做法构造简单、经济，但落水时，雨水会溅湿勒脚。一般适用于低层或次要及雨水量较少地区的建筑，如图 6-6 所示。

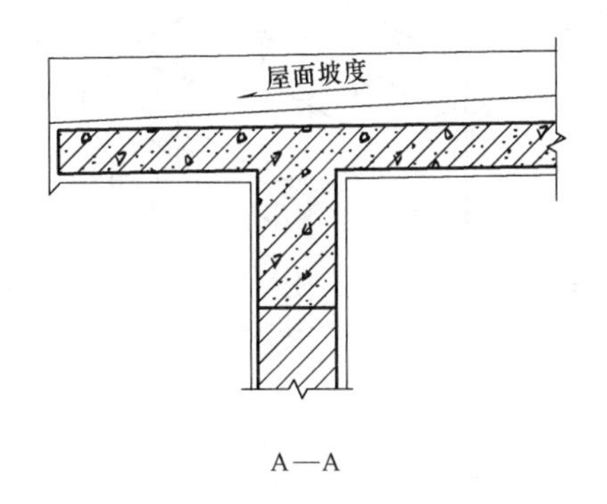

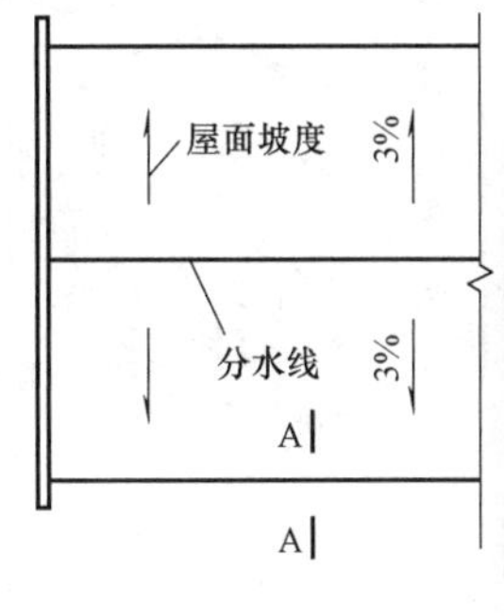

图 6-6 无组织排水

（2）有组织排水

有组织排水是指屋面的雨水通过排水系统的檐沟、雨水口、雨水管等，有组织地将雨水排至室外地面或室内地下排水管网的一种排水方式。这种排水方式构造复杂，造价相对较高；优点是减少了雨水对建筑物的不利影响。有组织排水应用较为广泛，其分为有组织外排水和有组织内排水两种方式，有组织内排水由给排水专业设计排水管道系统。以下介绍有组织外排水。

① 外檐沟排水

屋面可以做成单坡、双坡或四坡排水，同时相应地在单面、双面或四面设置排水檐沟，雨水从屋面排至檐沟，再由雨水管排下，如图 6-7（a）所示。

② 女儿墙外排水

设有女儿墙的平屋顶，可在女儿墙里面设内檐沟或近外檐处垫坡将雨水排走，雨水口可穿过女儿墙，在外墙外面设水落管，也可设在外墙的里面管道井内的水落管排除，如图 6-7（b）所示。

③ 女儿墙挑檐沟外排水

屋顶檐口处既有女儿墙又有挑檐沟，雨水先通过女儿墙进入到挑檐沟，后经挑檐沟的雨水口排至水落管。常用于蓄水屋顶或种植屋顶，如图 6-7（c）所示。

大面积、多跨、高层以及特种要求的平屋顶常做成内排水方式，如图 6-8 所示。雨水经雨水口流入室内水落管，再由地下管道把雨水排到室外排水系统。

4. 屋顶排水组织设计

屋顶的排水组织设计主要是把屋顶划分成几个排水区域，使屋面排水路线简捷、雨水口布置均匀，排水通畅。屋顶排水组织设计的要点有：

（1）屋面宽度小于 12m 时，可采用单坡排水；大于 12m 时，采用双坡或四坡排水；

（2）根据每个雨水口的排水面积为 150～200m^2 划分排水区域；

（3）雨水口的间距不大于 18m（民用建筑）、24m（工业建筑）；

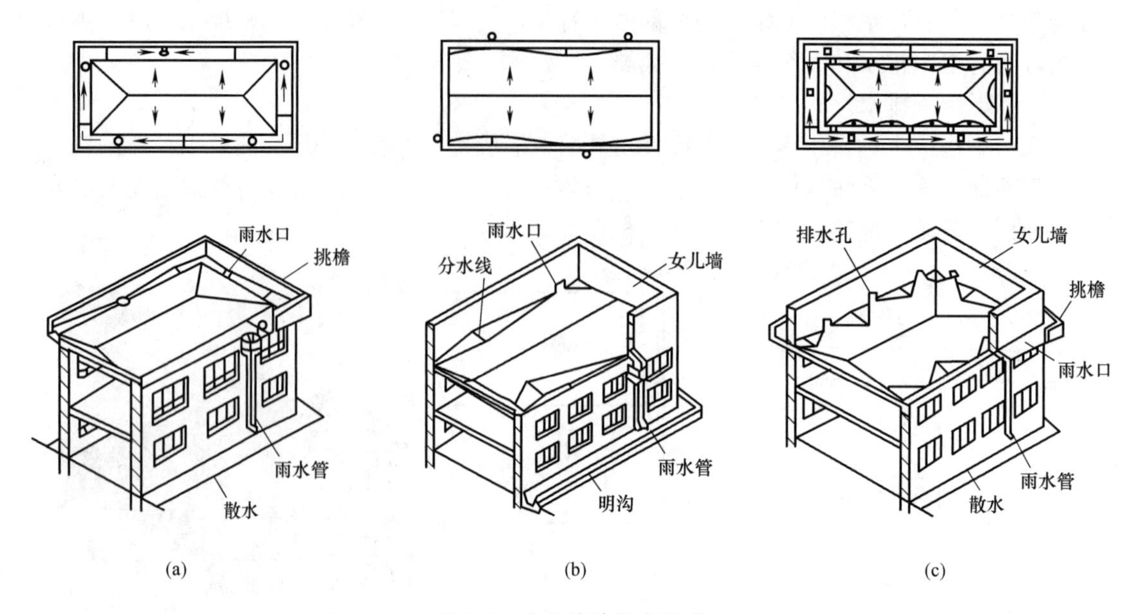

图 6-7 女儿墙外排水形式

(a) 挑檐沟外排水；(b) 女儿墙内檐沟外排水；(c) 女儿墙挑檐沟外排水

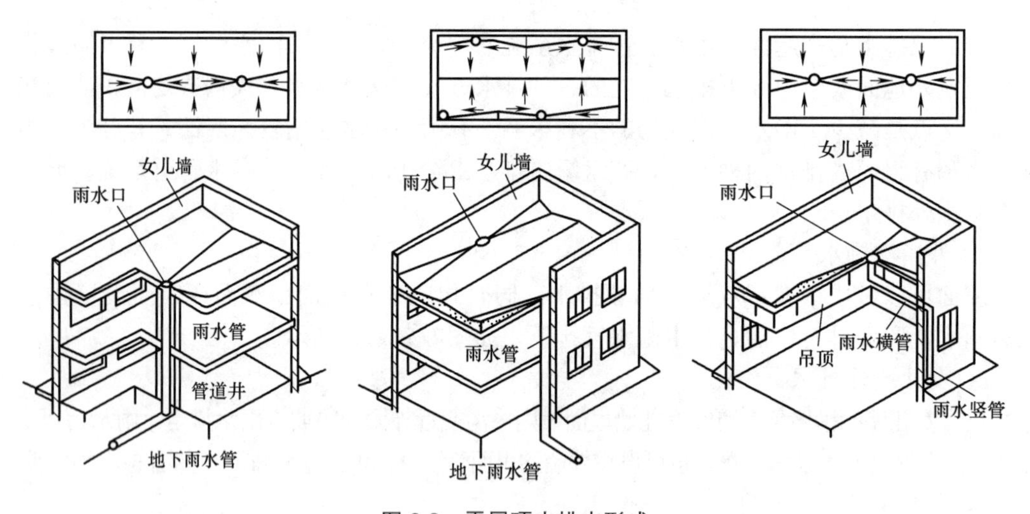

图 6-8 平屋顶内排水形式

(4) 檐沟净宽度不小于 200mm，分水线最小深度不小于 120mm；

(5) 檐沟、天沟女儿墙内沿用材料垫坡 0.5%～1%；

(6) 雨水管可选用硬质 PVC、镀锌铁皮、铸铁、钢管等材质，常选取的管径 100～125mm，用管箍卡在墙面上，管箍间距≤1.2m。

挑檐沟外排水屋顶排水组织设计实例如图 6-9 所示，女儿墙外排水屋顶排水组织设计实例如图 6-10 所示。

6.2.2 屋顶的防水

1. 屋面的防水等级

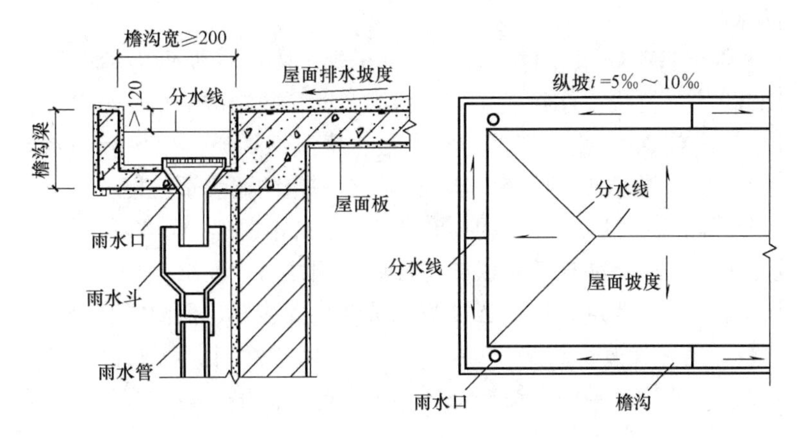

图 6-9 挑檐沟外排水屋顶排水组织设计

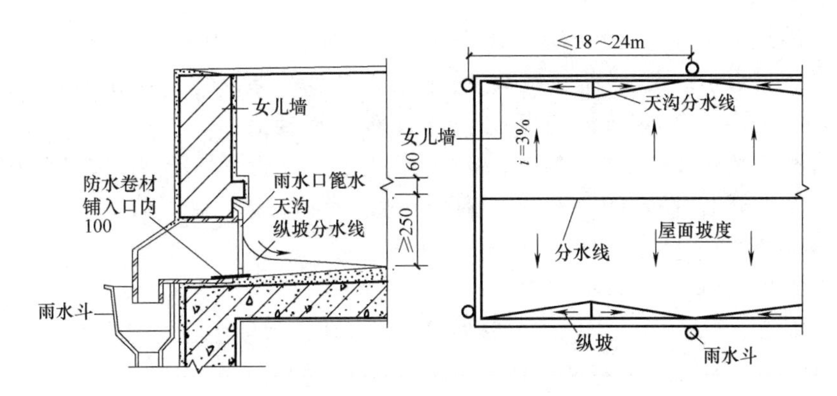

图 6-10 女儿墙外排水屋顶排水组织设计

屋面防水工程应根据建筑物的类别、重要程度、使用要求确定防水等级，并按相应等级进行防水设防，对防水有特殊要求的建筑屋面，应进行专项防水设计。屋面防水等级和设防要求应符合表 6-2 的规定，卷材、涂膜屋面防水等级和防水做法符合表 6-3 的规定。

屋顶防水等级　　表 6-2

防水等级	建筑类别	设防要求
Ⅰ级	重要建筑和高层建筑	两道防水设防
Ⅱ级	一般建筑	一道防水设防

屋面防水等级和防水做法规定　　表 6-3

防水等级	防 水 做 法
Ⅰ级	卷材防水层和卷材防水层、卷材防水层和涂膜防水层、复合防水层
Ⅱ级	卷材防水层、涂膜防水层、复合防水层

2. 屋面的防水材料

(1) 防水材料的种类

防水材料根据其防水性能和适应变形能力，分为柔性防水材料和刚性防水材料两大类。目前工程中大量采用的是柔性防水材料。

1）柔性防水材料

① 高聚物改性沥青类防水卷材，是以高分子聚合物改性沥青为涂盖层，纤维织物或纤维毡为胎体、粉状、粒状、片状或薄膜材料为覆面材料制成的可卷曲片状防水材料。如三元乙丙橡胶、SBS或APP改性沥青防水卷材、聚氯乙烯、再生橡胶防水卷材等。这些防水卷材的特点是抗拉强度高、抗裂性能好、具有一定的温度适应能力。

② 合成高分子防水卷材，是以各种合成橡胶或合成树脂，也可以是两种混合为基料，加入适量的化学助剂和填充料加工制成的弹性或弹塑性防水卷材。如三元乙丙橡胶、聚氯乙烯、氯化聚乙烯等。其特点是抗拉强度高、抗老化性能好、低温柔韧性好及冷施工。

③ 防水涂料，是一种液态防水材料，如沥青基防水涂料、高聚物改性沥青涂料、合成高分子防水涂料。其特点是温度适应性好、施工操作简单、劳动强度低、污染少、易于修补，特别适用于轻型、薄壳等异型屋面的防水。

2）刚性防水材料

① 防水砂浆、细石混凝土，是以水泥、砂石为原料，或内掺少量外加剂、高分子聚合物等材料，通过调整配比，抑制或减少孔隙率，改变孔隙特征，增加原材料界面间密实性等方法，配制成具有一定抗渗透能力的水泥砂浆、混凝土。

② 沥青瓦，又称玻纤瓦、油毡瓦、玻纤胎沥青瓦。沥青瓦是新型的高新防水建材，同时也是应用于建筑屋面防水的一种新型屋面材料。

(2) 防水材料的选择

防水材料的选择应符合下列规定：

1）外露使用的防水层，应选用耐紫外线、耐老化、耐候性好的防水材料。

2）上人屋面，应选用耐霉变、拉伸强度高的防水材料。

3）长期处于潮湿环境的屋面，应选用耐腐蚀、耐霉变、耐穿刺、耐长期水浸等性能的防水材料。

4）薄壳、装配式结构，钢结构及大跨度建筑屋面，应选用耐候性好、适应变形能力强的防水卷材。

5）倒置式屋面应选用适应变形能力强、接缝密封保证率高的防水材料。

6）坡屋面应选用与基层粘结力强、感温性小的防水材料。

7）屋面接缝密封防水，应选用与基材粘结力强和耐候性好、适应位移能力强的密封材料。

6.3 平屋顶构造

平屋顶构造简单，适用于各种平面形式的建筑，尤其是平面形式不规则的建筑。平屋顶在不同气候地区和各种类型的建筑上广泛使用，按照其防水层的不同，平屋顶有卷材防水屋顶和涂膜防水屋顶等。

6.3.1 卷材防水平屋顶

卷材防水屋顶又称为柔性防水屋顶，是将柔性的防水卷材或片材用胶结料粘贴在屋面上，形成一个大面积的封闭防水覆盖层。这种防水层需有一定的延伸性，有利于适应直接暴露在大气层的屋面和结构的温度变形，故亦称柔性防水屋面。卷材防水屋顶适用于Ⅰ～Ⅱ级的屋面工程。

1. 卷材防水平屋顶的构造层次

根据卷材防水层与保温层的位置关系，分正置式和倒置式屋顶，其构造层次如图 6-11所示。

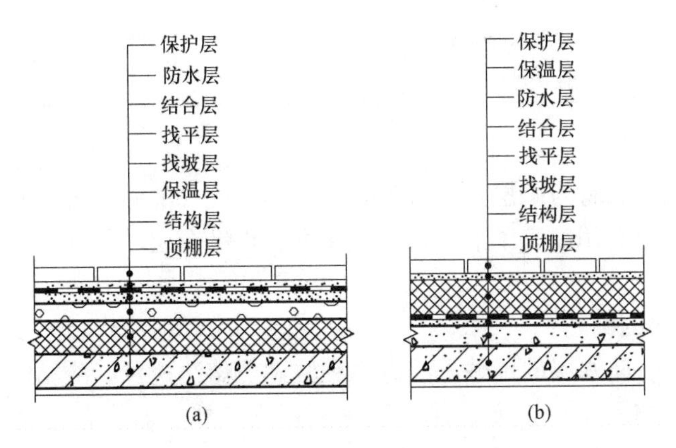

图 6-11 正置式和倒置式屋顶构造层次
(a) 正置式；(b) 倒置式

2. 卷材防水平屋顶的构造做法

(1) 结构层

平屋顶的结构层与楼板结构相同，当前常采用钢筋混凝土屋面板，有现浇和预制两种。

(2) 找坡层

平屋顶一般采用材料找坡的做法，选用 1∶8 水泥焦渣或 1∶6 膨胀蛭石等轻质材料，找坡层最薄处不小于 20mm，也可采用保温层兼做找坡层。结构找坡则是利用结构形成排水坡度。

(3) 保温层

保温层是设置在屋顶上，阻隔热量传递保证室内舒适度及节约能源的构造层次，详见 6.4 节。

(4) 隔汽层

隔汽层是为阻止室内水蒸气向保温层中渗透导致保温层保温能力下降的构造层次，设置结构层之上，保温层之下。隔汽层可采用单层防水卷材或防水涂料。隔汽层一般只在室内湿度大或保温层材料吸湿性大的情况下设置。

(5) 找平层

为保证防水卷材有平整的粘贴基层，铺贴卷材之前，粗糙的结构层或疏松材料的构造层上方必须设置找平层。找平层一般采用水泥砂浆或细石混凝土。为防止找平层变形开裂波及卷材防水层，宜在找平层中设宽度 20mm，纵横不超过 6m 的分格缝，分格缝上面覆盖一层 200～300mm 宽的附加卷材，用胶粘剂单边点贴，以利于释放变形应力，如图 6-12所示。找平层厚度和技术要求应符合表 6-4

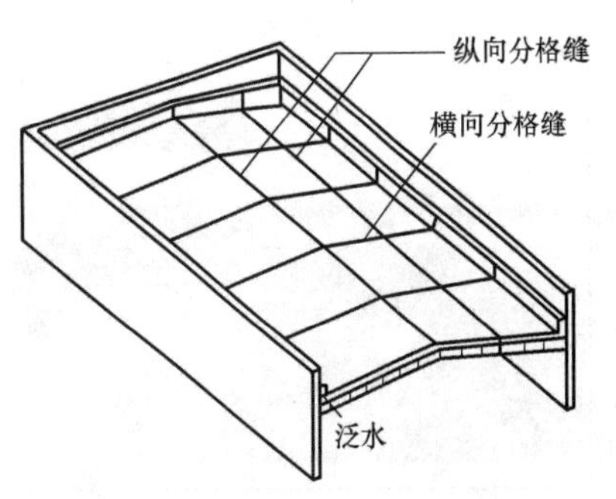

图 6-12 找平层分格缝示意

的规定。

找平层厚度和技术要求　　　　**表 6-4**

找平层分类	适用的基层	厚度(mm)	技术要求
水泥砂浆	整体现浇混凝土板	15～20	1∶2.5水泥砂浆
	整体材料保温层	20～25	
细石混凝土	装配式混凝土板	30～35	C20混凝土宜加钢筋网片
	板状材料保温板		C20混凝土

（6）结合层

结合层用来粘合卷材与基层，沥青类卷材常用冷底子油做结合层，高分子卷材多用配套的基层处理剂，也有用冷底子油或稀释乳化沥青作结合层的。

（7）防水层

1）卷材防水层的铺贴

高聚物改性沥青防水层的铺贴方法有冷粘法和热熔法两种，冷粘法是用胶粘剂将卷材粘贴在找平层上，如图6-13所示。热熔法是利用火焰加热器将卷材表面加热至微熔后立即滚铺并辊压碾实，如图6-14所示。

高分子防水层，以三元乙丙卷材防水层为例，三元乙丙卷材是一种常用的高分子橡胶防水卷材，其构造做法是先在找平层上薄而均匀地涂刷基层处理剂如CX-404胶等，待处理剂干燥不粘手后即可铺贴卷材，如图6-15所示。

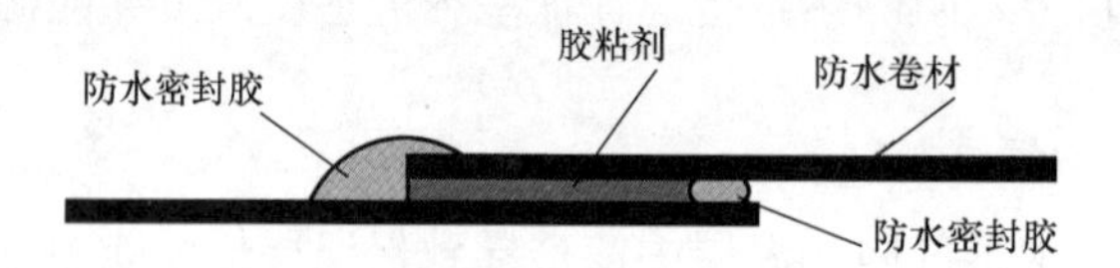

图6-13　胶接法搭接

图6-14　热熔法搭接

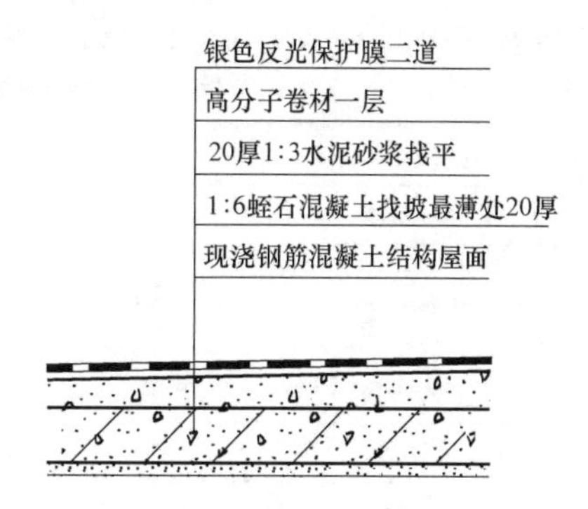

图 6-15 高分子防水卷材防水构造

2）卷材防水层的厚度

为保证屋面防水质量，使屋面在合理的使用年限内不发生渗漏，需根据设防要求选定其厚度，每道卷材防水层最小厚度要满足表 6-5 的规定。

每道卷材防水层最小厚度规定（mm） **表 6-5**

防水等级	合成高分子防水卷材	高聚物改性沥青防水卷材		
		聚酯胎、玻纤胎、聚乙烯胎	自粘聚酯胎	自粘无胎
Ⅰ级	1.2	3.0	2.0	1.5
Ⅱ级	1.5	4.0	3.0	2.0

3）卷材防水层的搭接

卷材一般由屋面低处向高处铺贴，并按流水方向搭接，防水卷材接缝应采用搭接缝，卷材搭接宽度应符合表 6-6 的规定，铺好后应立即用工具辊压密实，搭接部位用胶粘剂均匀涂刷粘全。

防水卷材搭接宽度 **表 6-6**

卷材类别		搭接宽度
合成高分子防水卷材	胶粘剂	80
	胶粘带	50
	单缝焊	60，有效焊接宽度不小于 25
	双缝焊	80，有效焊接宽度 10×2＋空腔宽
高聚物改性沥青防水卷材	胶粘剂	100
	自粘	80

(8) 保护层

卷材屋面应有保护层保护防水卷材，不至于因气候、光照等因素迅速老化，减缓雨水对屋面防水层的冲刷，延长其使用寿命。上人屋面保护层可采用块体材料、细石混凝土等材料，不上人屋面保护层可采用浅色涂料、铝箔、矿物粒料、水泥砂浆等材料。保护层材料的适用范围和技术要求应符合表 6-7 的规定。水泥砂浆、块体材料、细石混凝土作为保护层时，表面宜设置分格缝。分格缝实例如图 6-16 所示。

(9) 隔离层

块体材料、水泥砂浆、细石混凝土保护层与卷材、涂膜防水层之间，应设置隔离层。

隔离层材料的使用范围和技术要求应符合表 6-8 的规定。

保护层材料的适用范围和技术要求 表 6-7

保护层材料	适用范围	技术要求
浅色涂料	不上人屋顶	丙烯酸系反射涂料
铝箔	不上人屋顶	0.05mm 厚铝箔反射膜
矿物粒料	不上人屋顶	不透明矿物颗粒
水泥砂浆	不上人屋顶	20mm 厚 1∶2.5 或 M15 水泥砂浆
块体材料	上人屋顶	地砖或 30mm 厚 C20 细石混凝土预制块
细石混凝土	上人屋顶	40mm 厚 C20 细石混凝土或 50mm 厚 C20 细石混凝土内配 Φ4@100 双向钢筋网片

图 6-16 保护层分格缝构造实例

卷材防水平屋顶的构造层次及构造做法示意如图 6-17 所示。

3. 卷材防水平屋顶的细部构造

（1）泛水构造

泛水是指屋面与高出屋面的垂直面交接处的防水处理，如山墙、女儿墙、出屋面的通风道及烟囱等部位，如图 6-18 所示。泛水的构造要点为：

1）泛水高度应不小于 250mm。

2）垂直面用水泥砂浆抹光，垂直面与屋面交接处的找平层抹成圆弧形或 45°斜面。

隔离层材料的使用范围和技术要求 表 6-8

隔离层材料	适用范围	技术要求
塑料膜	块体材料、水泥砂浆保护层	0.4mm 厚聚乙烯膜或 3mm 厚发泡聚乙烯膜
土工布	块体材料、水泥砂浆保护层	200g/m² 聚酯无纺布
卷材	块体材料、水泥砂浆保护层	石油沥青卷材一层
低强度等级砂浆	细石混凝土保护层	10mm 后黏土砂浆，石灰膏∶砂∶黏土＝1∶2.4∶3.6
		10mm 后石灰砂浆，石灰膏∶砂＝1∶4
		5mm 厚掺有纤维的石灰砂浆

3）防水层直接引伸到垂直墙面做收头处理，砖墙挑出 1/4 砖抹水泥砂浆滴水线，通常还有钉木条、压铁皮、嵌砂浆、嵌油膏、盖镀锌铁皮等处理方法。

4）为了加强节点的防水作用，须加铺一层卷材作为附加层。卷材防水平屋顶及女儿墙处泛水构造做法实例如图 6-19 所示。

（2）檐口构造

檐口构造要点是做好防水卷材收头的密封和固定，避免雨水渗入。构造要点：

1）檐沟内通常加铺 1～2 层卷材增强防水能力。

2）沟内转角部位的找平层做成圆弧形或 45°斜面，防止卷材断裂。

3）为防止檐沟壁面上的卷材下滑，做好收头处理。通常用水泥钉和金属压条压紧固

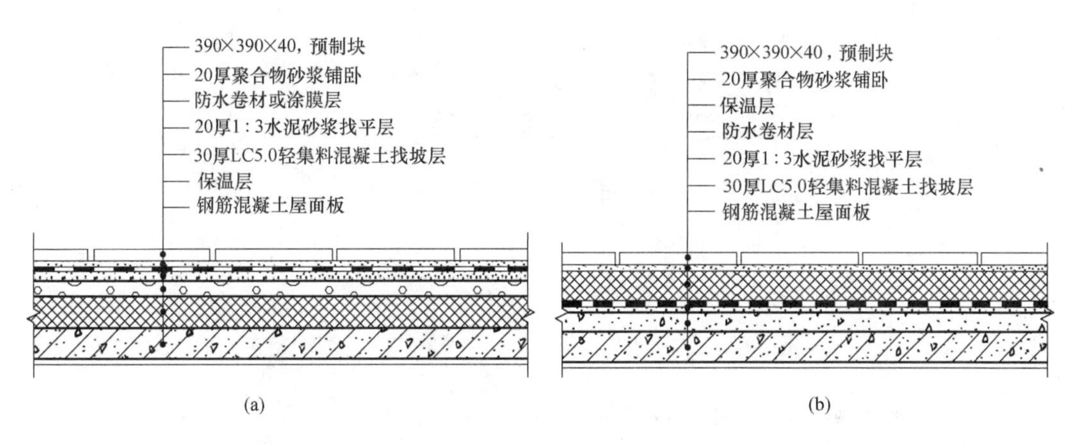

图 6-17 屋顶构造层次及构造做法

（a）正置式；（b）倒置式

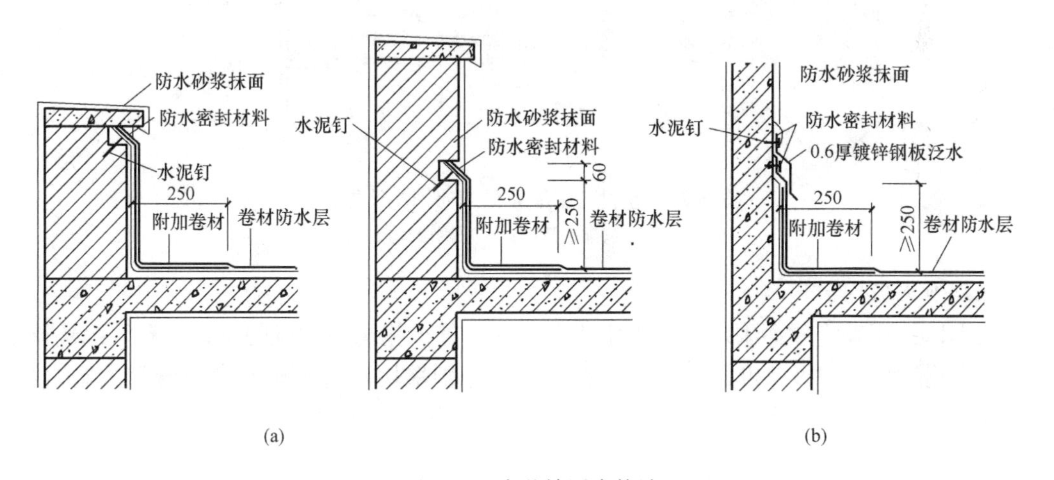

图 6-18 女儿墙泛水构造

（a）砖墙女儿墙；（b）钢筋混凝土女儿墙

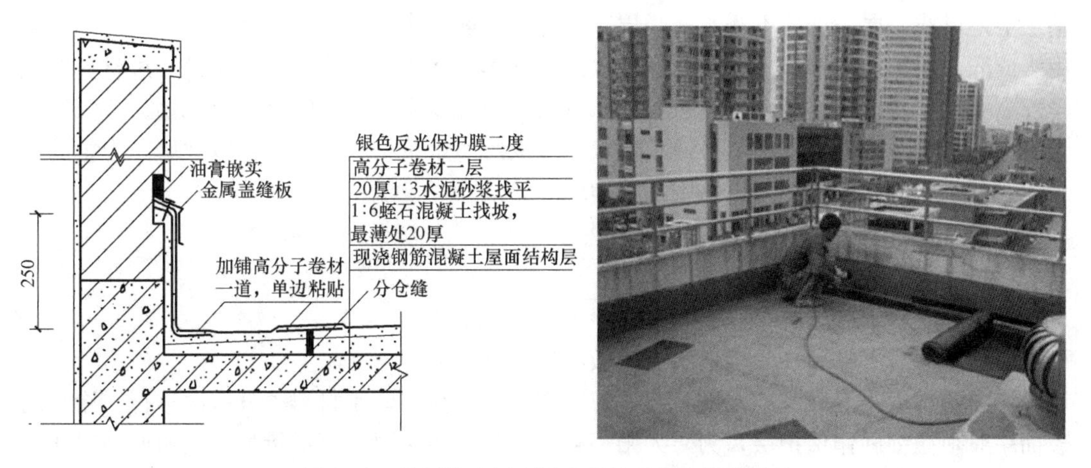

图 6-19 卷材防水屋顶及女儿墙处泛水构造做法

定，并用油膏嵌缝或水泥砂浆盖缝，如图 6-20 所示。

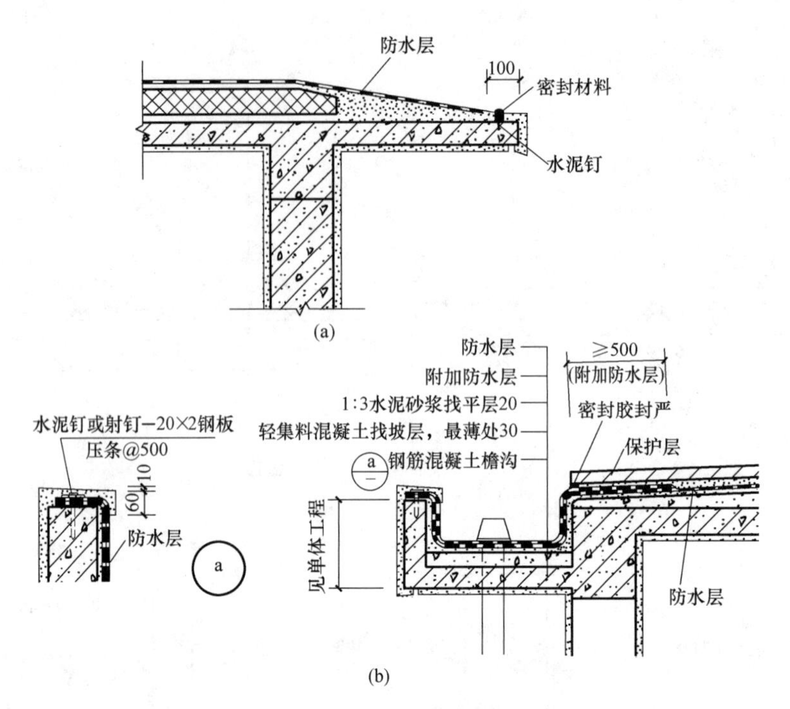

图 6-20 卷材防水屋面檐沟处的构造做法

(a) 无组织排水檐口；(b) 挑檐沟檐口

(3) 雨水口构造

雨水口是用来将屋面雨水排至雨水管而在檐口处或檐沟内开设的洞口。有组织外排水常用的有檐沟雨水口及女儿墙雨水口两种形式，分别采用直管式雨水口及弯管式雨水口，如图 6-21 和图 6-22 所示。

6.3.2 涂膜防水屋面构造

涂膜防水又称涂料防水，系可塑性和粘结力较强的高分子防水涂料，直接涂刷在屋面基层上，形成一层满铺的不透水薄膜层，以达到屋面防水的目的。通常分两大类，一类是用水或溶剂溶解后在基层上涂刷，通过水或溶剂蒸发而干燥硬化；另一类是通过材料的化学反应而硬化。这些材料多数具有：防水性好、粘结力强、延伸性大、耐腐蚀、耐老化、无毒、不延燃、冷作业、施工方便等优点，但涂膜防水价格较贵，且系以“堵”为主的防水方式，成膜后要加保护，以防硬杂物碰坏。

1. 涂膜防水平屋顶的构造层次及做法

(1) 涂膜防水层的厚度

每道涂膜防水层最小厚度需满足表 6-9 的规定。

(2) 涂膜防水平屋顶的构造层次及做法

涂膜的基层为混凝土或水泥砂浆，应平整干燥，涂刷防水材料须分多次进行。涂膜的表面一般须撒细砂作保护层，为防太阳辐射影响及色泽需要，可适量加入银粉或颜料作着色保护涂料。防水层以下的构造层次做法应符合卷材防水的有关规定，其构造层次及做法如图 6-23 所示。涂膜防水施工如图 6-24 所示。

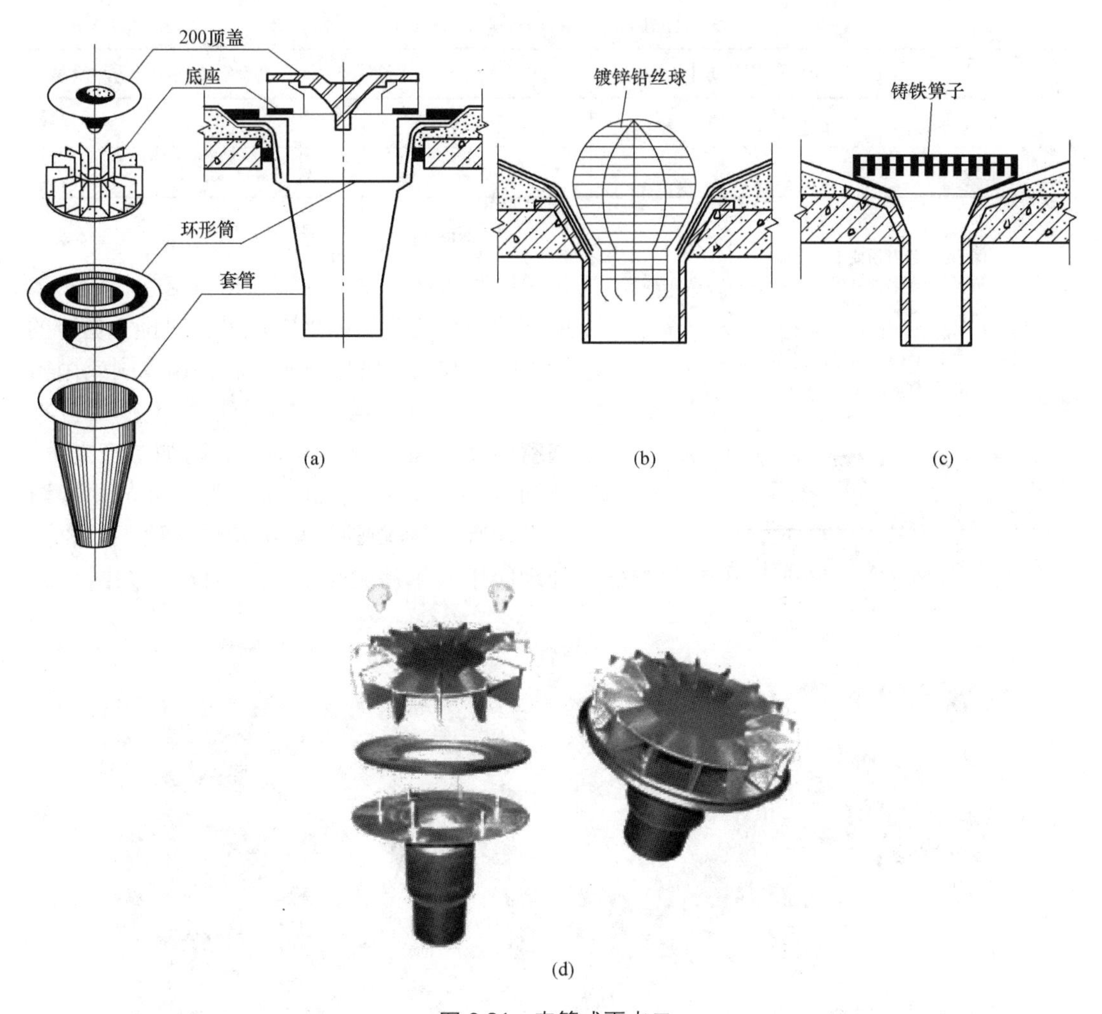

图 6-21 直管式雨水口

(a) 专用顶盖；(b) 镀锌铅丝网罩；(c) 铸铁箅子；(d) 直管式雨水口实物

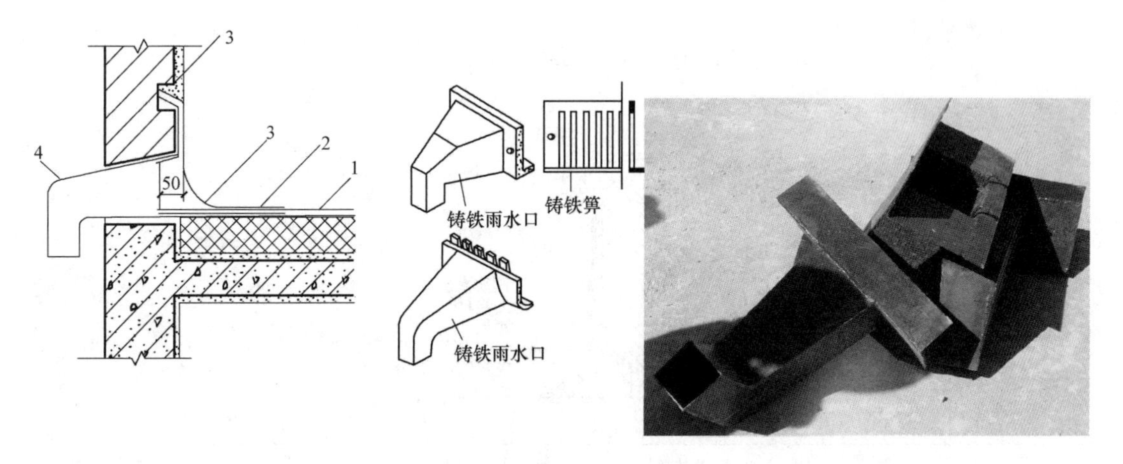

图 6-22 弯管式雨水口

1—防水层；2—附加层；3—密封材料；4—水落口

每道涂膜防水层最小厚度（mm） 表 6-9

防水等级	合成高分子防水涂膜	聚合物水泥防水涂膜	高聚物改性沥青防水涂膜
Ⅰ级	1.5	1.2	2.0
Ⅱ级	2.0	2.0	3.0

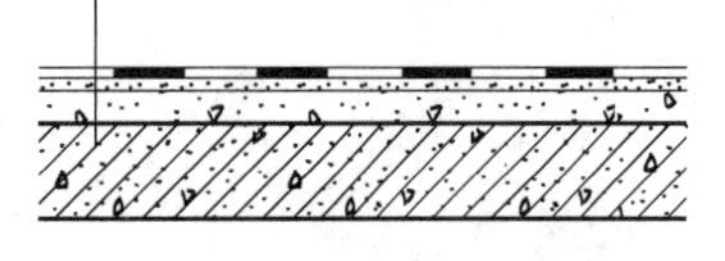

图 6-23 涂膜防水平屋顶的构造层次及做法

2. 涂膜防水平屋顶的细部构造

涂膜防水平屋顶的细部构造与卷材防水平屋顶的细部构造基本相同。无组织排水檐口的涂膜防水收头，采用防水涂料多遍涂刷或用密封材料封严。天沟、檐沟与屋面交接处应加铺有胎体增强材料的附加层，附加层宜空铺，空铺宽度不应小于 200mm。泛水处的涂膜防水层，宜直接涂刷至女儿墙的压顶下，收头处理应用防水涂料多遍涂刷封严，如图 6-25 所示。

图 6-24 涂膜防水层施工

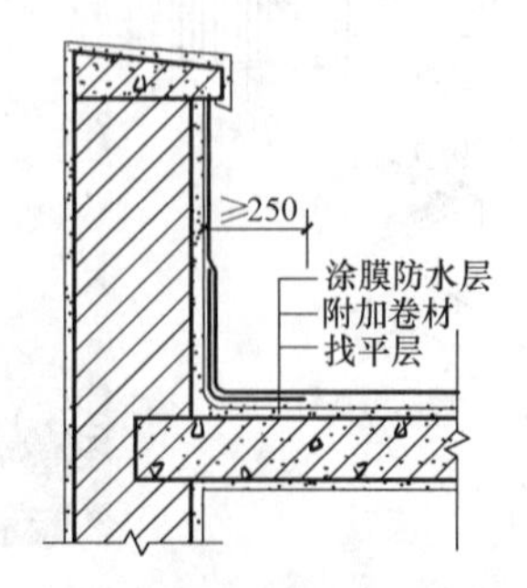

图 6-25 涂膜防水平屋顶泛水构造

6.4　坡屋顶构造

6.4.1　坡屋顶的承重结构

坡屋顶是利用各种瓦材做防水层，依靠瓦与瓦之间的搭盖达到防水的目的。坡屋顶的支承体系有屋架支承、山墙支承和梁架支承，如图 6-26 所示。屋架支承是利用屋架或斜梁形成坡度支承檩条或椽子；山墙支承是把承重的山墙做成山尖状来支承檩条或椽子；梁架支承是沿建筑物进深方向的柱和梁穿插形成梁架，梁架之间用搁置的木梁托起屋面。如图 6-27 所示为几种支承体系实例。四坡顶的屋面支承体系如图 6-28 所示。

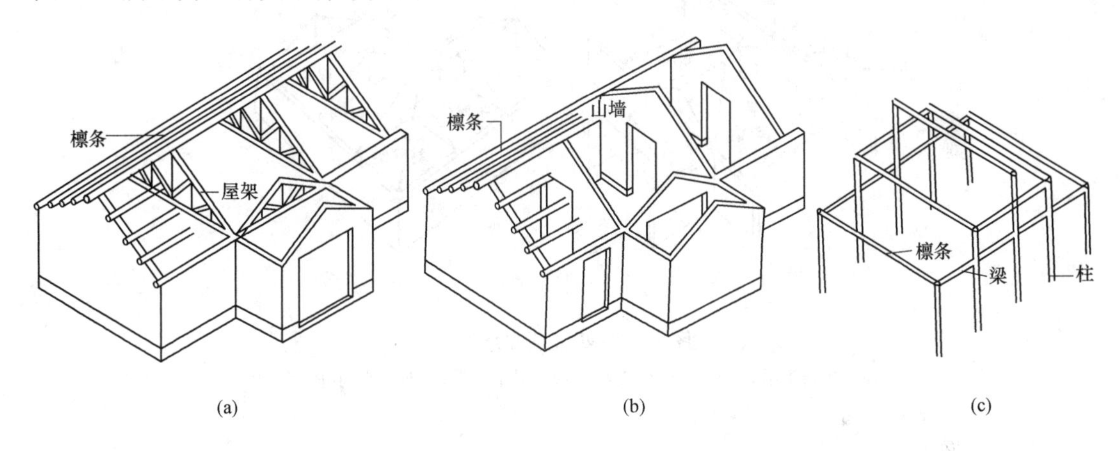

图 6-26　坡屋顶支承体系
（a）屋架支承；（b）山墙支承；（c）梁架支承

图 6-27　坡屋顶支承体系实例

瓦屋面按其基层组成方式也可分为有檩和无檩体系两种。有檩体系是以山墙或屋架作为檩条的支撑，檩条可以采用木檩条、钢檩条、钢筋混凝土檩条。当采用屋架支承檩条形式时，一般檩条材料与屋架材料一致，檩条支承如图 6-26 所示。无檩体系是将现浇钢筋混凝土或预制钢筋混凝土屋面板作为瓦屋面的基层，无需檩条，然后盖瓦。瓦主要起造型和装饰的作用。

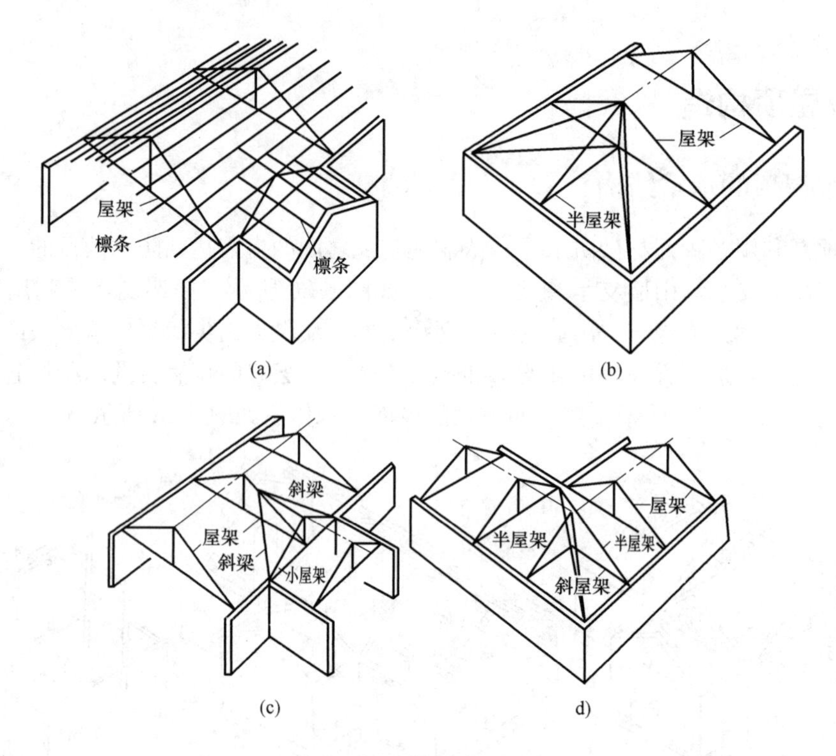

图6-28 四坡顶支承形式

（a）檩条支承；（b）半屋架支承；（c）斜梁支承；（d）半、斜屋架支承

6.4.2 坡屋顶的构造

目前常用的屋面瓦材有块瓦、沥青瓦、金属压型板、波形瓦等。例如在一般建筑中，可采用大型的平瓦、水泥瓦、沥青瓦等；在仿古建筑中可采用特制的类古代瓦；在防水要求高、自重要求轻的大型公共建筑中常采用镀锌钢板彩瓦、压型钢板屋面等。

图6-29 平瓦实例

1. 块瓦屋面

块瓦，又称为平瓦，是根据防水和排水需要用黏土模压制成凹凸楞纹后焙烧而成。瓦下装有挂勾，可以挂在挂瓦条上，防止下滑，中间有突出物穿有小孔，风大的地区可以用铅丝扎在挂瓦条上。其他如水泥瓦、硅酸盐瓦，均属此类平瓦，唯形状与尺寸稍有变化。如图6-29所示。

块瓦屋面的铺瓦方式包括水泥砂浆卧瓦和挂瓦条挂瓦。水泥砂浆卧瓦存在着水泥砂浆污染瓦片，冬季砂浆收缩拉裂瓦片，粘结不牢引起脱落等缺点。挂瓦条挂瓦施工方便安全，下面以挂瓦条挂瓦为例介绍无檩体系块瓦屋面的构造。

（1）块瓦屋面的构造组成

块瓦屋面的构造层次一般包括屋面板、防水垫层、保温隔热层、持钉层、顺水条、挂瓦条和块瓦面层，如图6-30所示。

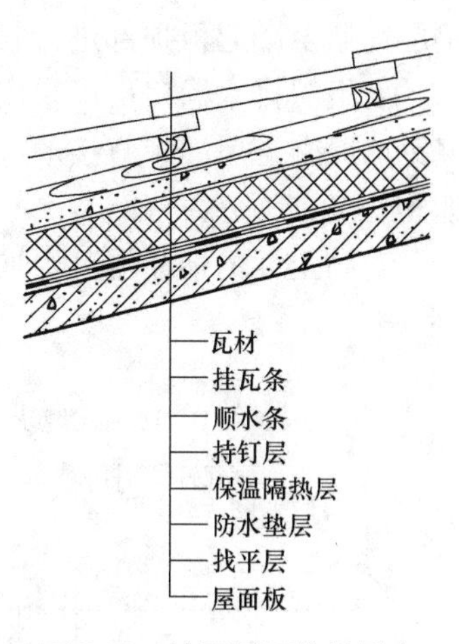

图 6-30　块瓦屋面构造层次

1）屋面板

屋面板用于支承保温隔热层和防水层的承重板，可以采用钢筋混凝土板、木板、增强纤维板。目前，钢筋混凝土基层平瓦屋面较常见，其做法是采用钢筋混凝土屋面板结构找坡后挂瓦，结构找坡不应小于30%。

2）防水垫层

防水垫层是指铺设在瓦材或金属板下起防水作用的防水材料，由于屋面块瓦尺寸较小，如果搭接不严密，可能会造成漏水，所以，相对于屋面表面瓦材防水，防水垫层属于屋面第二道防水层，降低屋面渗漏的可能性。防水垫层应采用柔性材料，目前常用的有沥青类和高分子类防水垫层，如聚合物改性沥青防水垫层、APP改性沥青防水卷材、高分子类防水卷材、高分子类防水涂料等。

3）保温隔热层

坡屋顶的保温隔热层类似于平屋顶的做法，采用的材料有聚苯乙烯泡沫塑料保温板、硬质聚氨酯泡沫保温板、喷涂硬泡聚氨酯、岩棉、矿棉或玻璃棉等。

4）持钉层

持钉层是瓦屋面中能握裹固定钉的构造层次，如细石混凝土或屋面板等。

5）顺水条与挂瓦条

顺水条和挂瓦条根据材料来分有木质和金属材质，木挂瓦条钉在顺水条上，金属挂瓦条与顺水条应焊接连接，顺水条用钉钉在持钉层内。

(2）块瓦屋面的细部构造

1）纵墙檐口

纵墙檐口有无组织排水和有组织排水两大类。

无组织排水檐口利用钢筋混凝土屋面板直接悬挑，悬挑端部向上翻起形成封檐，防水

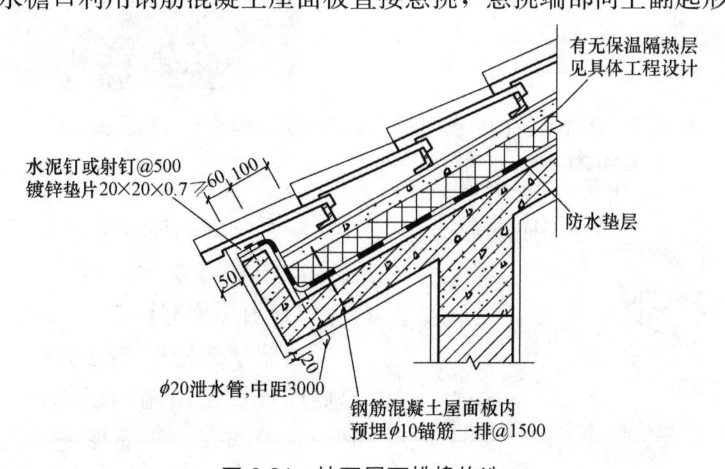

图 6-31　块瓦屋面挑檐构造

垫层铺贴至翻起板顶部进行收头处理，如图 6-31 所示。

有组织排水檐口可以采用挑檐沟和女儿墙形式，多采用外挑檐沟。外挑檐沟常采用现浇钢筋混凝土屋面板直接形成，檐沟内铺设防水卷材或涂刷防水涂膜，并做附加防水层，如图 6-32 所示。

盖黏土瓦的钢筋混凝土坡屋面防水构造示意图及施工场景如图 6-33 所示。

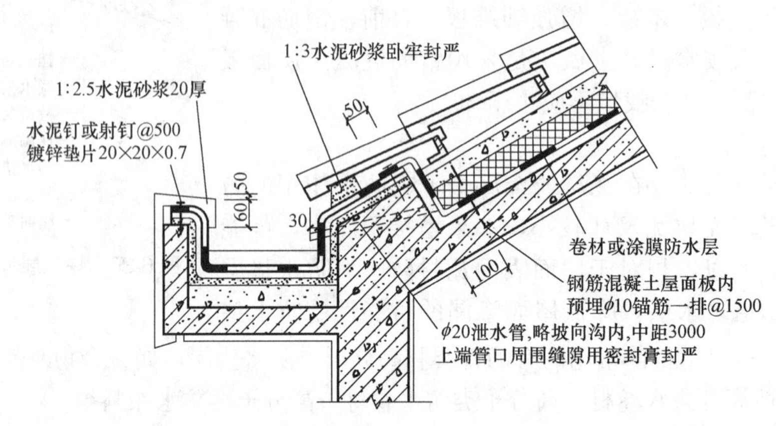

图 6-32　块瓦屋面外挑檐沟构造

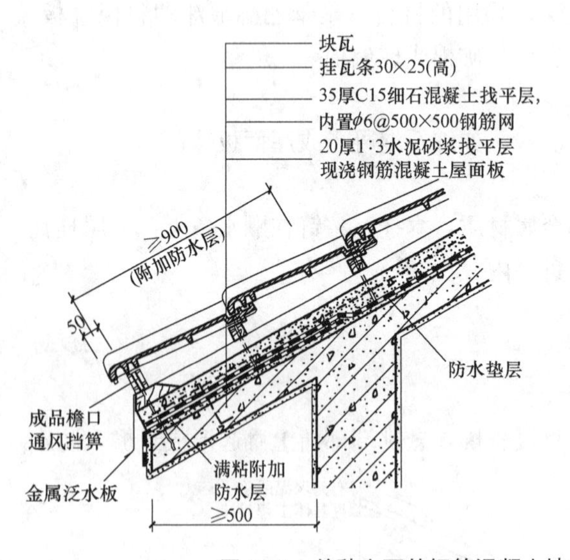

图 6-33　盖黏土瓦的钢筋混凝土坡屋面防水构造示意图及施工场景

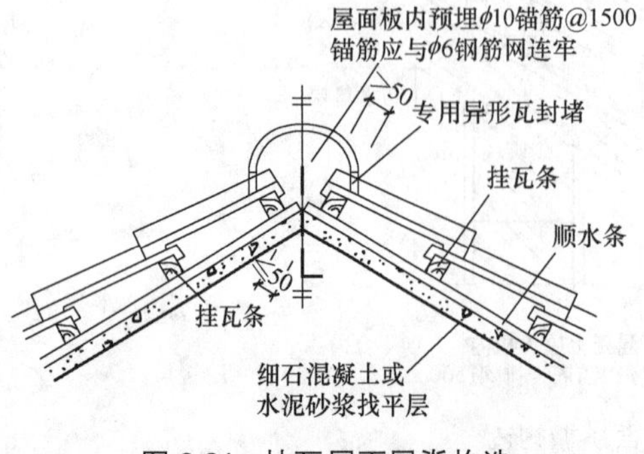

图 6-34　块瓦屋面屋脊构造

2）屋脊构造

块瓦屋面的屋脊可用 1∶3 水泥砂浆贴脊瓦，如图 6-34 所示。

3）山墙顶部构造

山墙顶部构造有悬山和硬山两种，悬山是屋面板挑出山墙的檐部，如图 6-35 所示；硬山是山墙高出屋面形成女儿墙的做法，如图6-36所示。

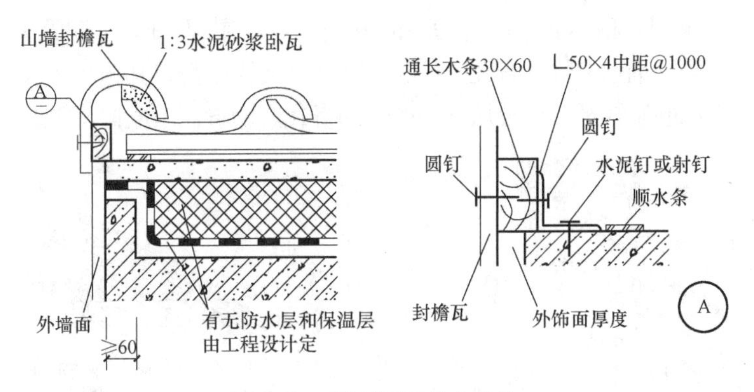

图 6-35　块瓦屋面悬山构造

2. 沥青瓦屋面

沥青瓦又称油毡瓦，是一种优质高效的瓦状改性沥青防水材料。它以无纺玻璃纤维毡为胎基，经浸涂石油沥青后，面层热压天然各色彩砂，背面铺以隔离材料所制成的彩色瓦状片材，具有柔性好、质量轻、耐酸碱、不褪色等优点，形状有方形和圆形两种，如图 6-37 所示。沥青瓦易老化，实例如图 6-38 所示。

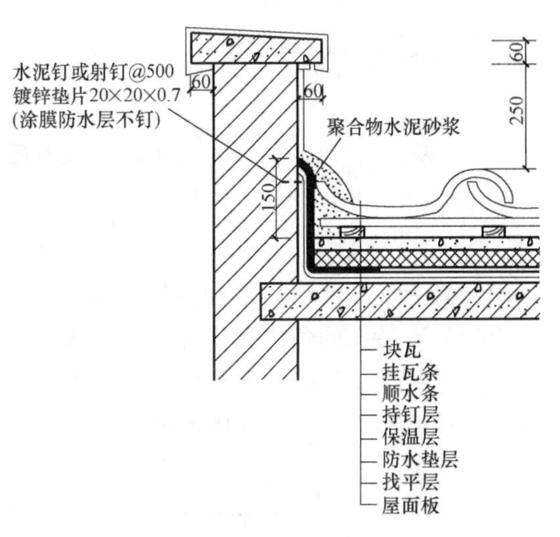

图 6-36　块瓦屋面硬山构造

沥青瓦分为平面沥青瓦（平瓦）和叠合沥青瓦（叠瓦）。平瓦适用于防水等级为二级的坡屋顶，叠瓦适用于防水等级为一级和二级的坡屋面。沥青瓦屋面的坡度不小于 20%。

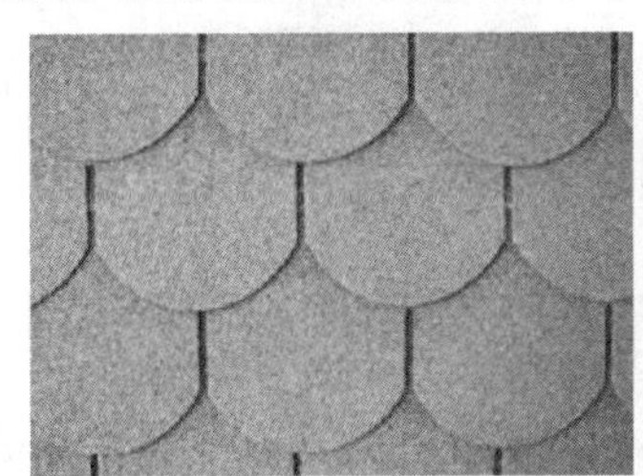

图 6-37　沥青瓦

图 6-38　沥青瓦屋面实例

沥青瓦的铺设采用钉粘结合，以钉为主的方法。对木屋顶，施工流程为安装木屋架及檩条，铺设屋面板，分层铺贴改性沥青瓦。对钢筋混凝土结构屋面，其施工流程为，钢筋混凝土屋面板上 30mm 水泥砂浆找平层，分层铺贴改性沥青瓦。沥青瓦屋面檐口构造如图 6-39 所示。

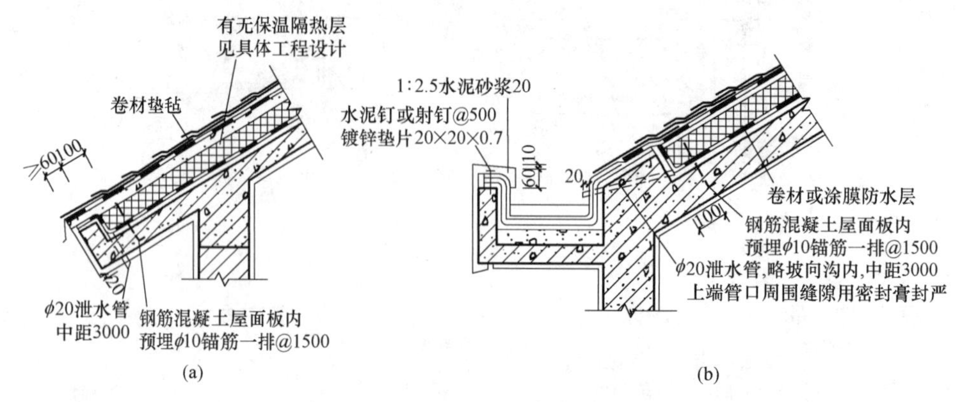

图 6-39　沥青瓦屋面檐口构造

（a）自由落水檐口；（b）有组织檐沟外排水檐口

3. 金属板屋面

金属具有优异的防水性和良好的加工性，可以设计精巧的连接固定保证接缝的水密性。金属具有特殊的色泽和质感，可以营造出强烈的视觉效果。

金属平板常用有彩色薄型钢板、镀锌或镀铝薄型钢板、铝镁锰合金板等。其连接方式主要有搭接式和咬接式，如图 6-40 所示。

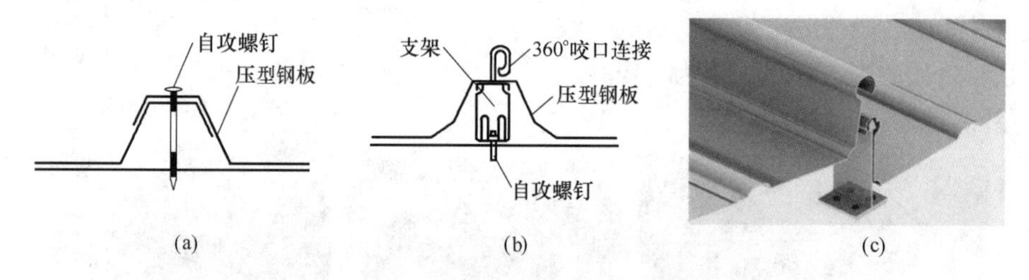

图 6-40　金属平板屋面的连接方式

（a）搭接式；（b）咬接式；（c）搭接示例

压型金属板屋面是采用铝合金板、镀锌钢板、彩色涂层钢板等耐氧化的金属板材加工成“V”形、梯形等，其类型有单层彩板和保温夹心彩板，如图 6-41、图 6-42 所示。

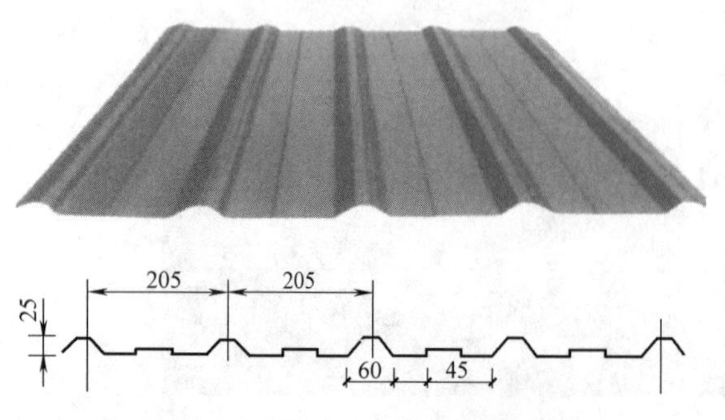

图 6-41　单层彩色压型金属板屋面

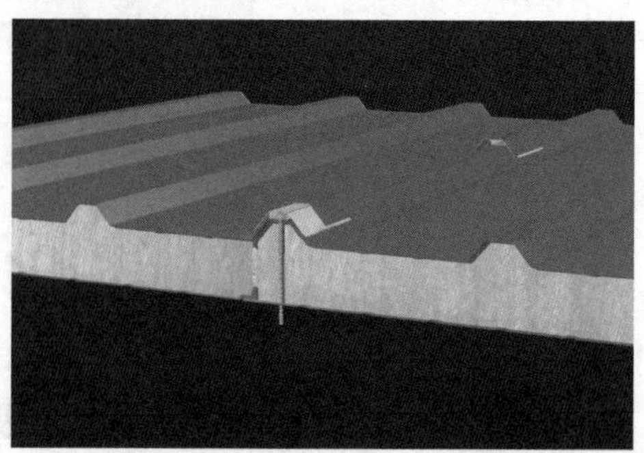

图 6-42　保温夹芯彩色压型金属板屋面

金属夹芯板（保温夹芯板）是由彩色涂层钢板作表层，自熄性聚苯乙烯泡沫塑料或硬质聚氨酯泡沫作芯材，通过加压加热固化制成的复合型夹芯板，具有保温好、自重轻、防水和装饰性能好等特点，如图 6-43、图 6-44 所示。金属保温夹芯板的厚度为 30～250mm，屋面坡度为 1/6～1/20。

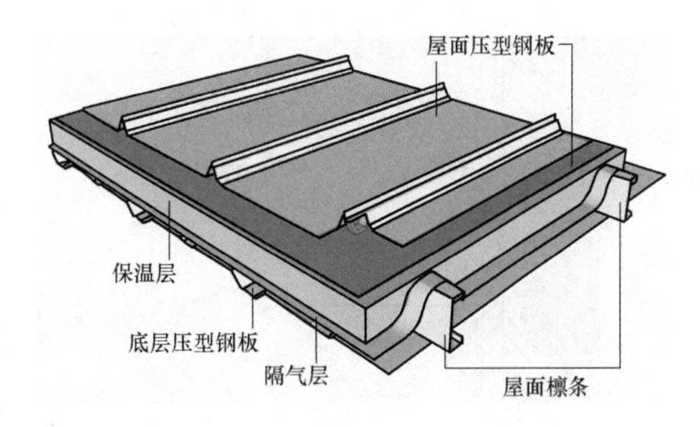

图 6-43 双层压型钢板复合保温屋面示意图

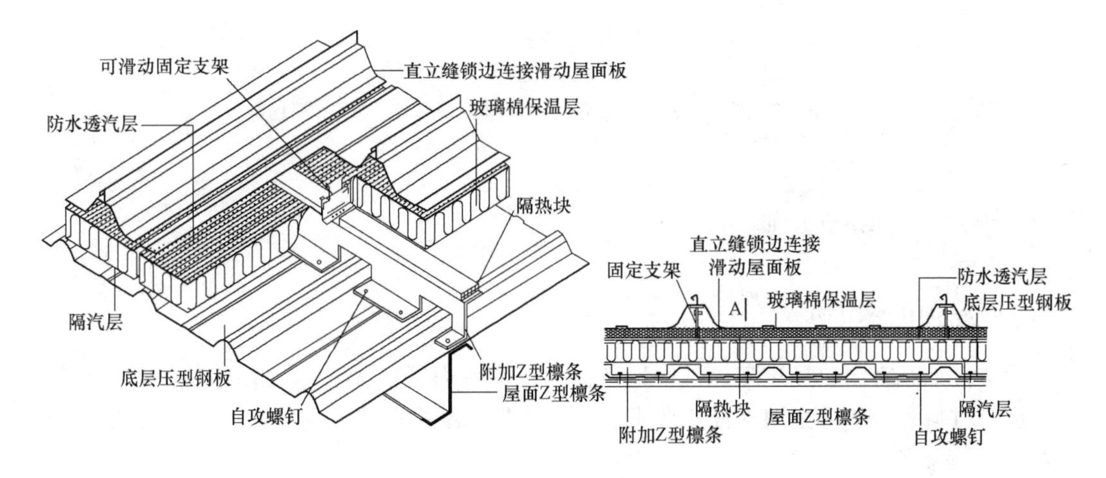

图 6-44 双层压型钢板复合保温屋面横向连接图

压型钢板屋面的纵向檐口有无组织排水和有组织排水两种。无组织排水多采用屋面压型钢板直接挑出，由于压型钢板刚度较弱，出挑长度不宜大于 300mm，如图 6-45（a）所示；有组织排水外挑檐沟，一般采用与屋面压型钢板同一材料制作，压型钢板深入檐沟的长度不小于 60mm，并用镀锌螺栓固定，如图 6-45（b）所示。山墙泛水及山墙包角，均采用与屋面板同一材料进行封盖处理，如图 6-45（c）、（d）所示。

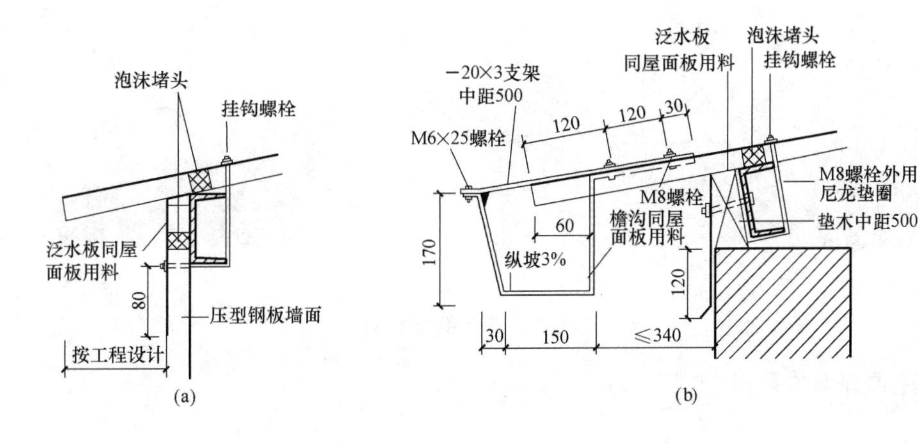

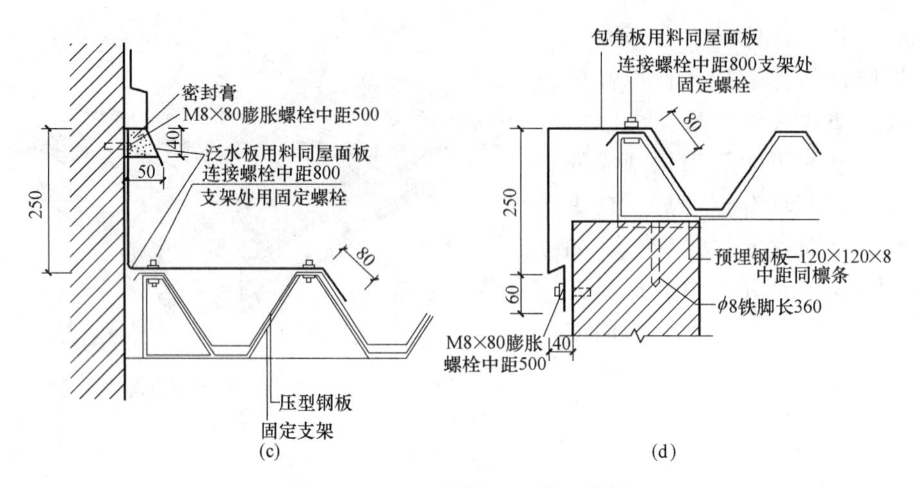

图 6-45　压型钢板屋面檐口构造

（a）挑檐构造；（b）挑檐沟构造；（c）山墙泛水构造；（d）山墙包角

6.5　屋顶的保温与隔热

6.5.1　屋顶的保温

为防止冬季室内热量过多、过快地散失，夏季室内得热太多，须在屋顶设置保温层。保温层的材料和构造方案根据使用要求、气候条件、结构形式、材料种类、施工条件及整体造价等综合确定。

1. 保温材料的类型

保温材料宜采用吸水率低、导热系数小且具有一定强度的材料，现在施工中常见的一般有硬质类保温材料、纤维类保温材料、有机高分子类保温材料三大类。

硬质类保温材料，一般为轻骨料如炉渣、矿渣、陶粒、蛭石、珍珠岩等松散材料，如图 6-46（a）所示；纤维类保温材料，一般为矿棉、岩棉等如图 6-46（b）所示；有机高分子类保温材料，常见的有聚苯乙烯泡沫塑料板、聚氨酯等，如图 6-46（c）所示。

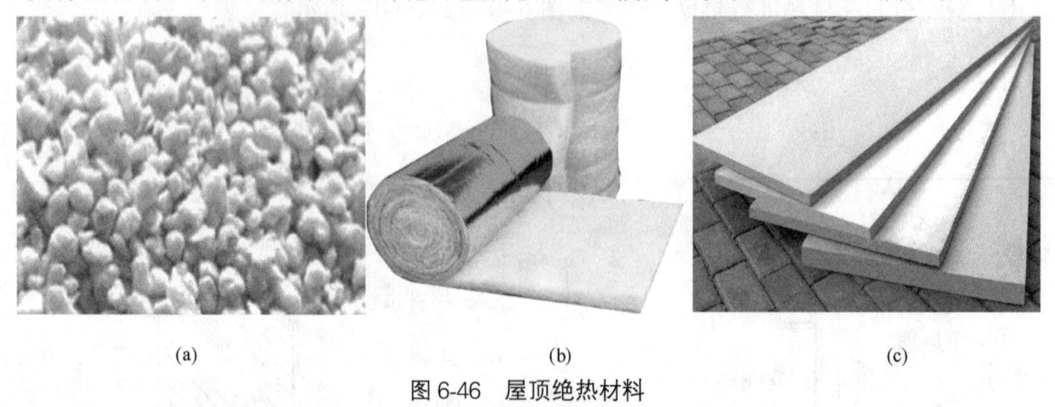

(a)　(b)　(c)

图 6-46　屋顶绝热材料

2. 屋顶保温体系

屋顶中按照结构层、防水层和保温层所处的相对位置不同，可分为正置式保温屋面和倒置式保温屋面两种。

（1）正置式保温屋面

正置式保温屋面的构造层次依次为防水层、保温层、结构层。这种保温层是置于防水层之下的屋顶保温构造形式。这种体系的保温屋顶无论平屋顶或坡屋顶均可采用，由于保温层在防水层之下，保温层可选择的材料范围较广。其缺点是水蒸气无法透过防水层，容易凝结在保温层中，而使保温材料受潮而降低保温效果，严重的甚至会出现保温层冻结而使屋面破坏。为了防止室内湿气进入屋面保温层，可在保温层下做一层隔汽层。

隔汽层在屋面泛水处，沿墙面向上连续铺设，高出保温层表面至少150mm，并与防水层相连接，保证严密封闭保温层。对残存于保温层中的水蒸气可考虑设置排气道或排气孔排出，如图6-47所示。

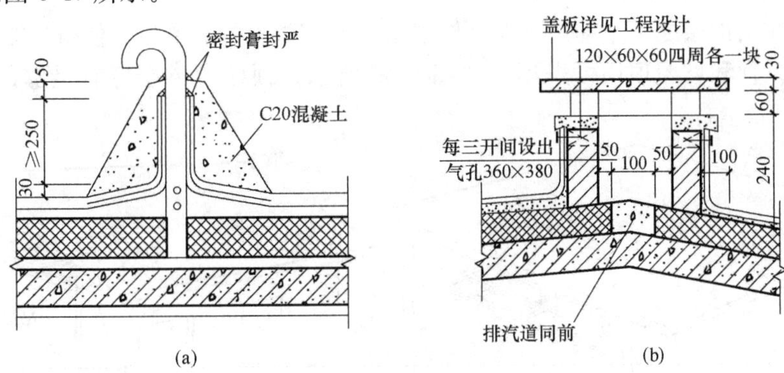

图6-47　卷材防水屋面保温层排气构造

（a）管道出气孔；（b）砖砌出气孔

（2）倒置式保温屋面

倒置式保温屋面是将保温层置于防水层之上的屋顶保温构造形式，其构造层次为保温层、防水层、结构层。其优点是防水层不受太阳辐射和剧烈气候变化的直接影响，不易受外来的损伤。缺点是须选用吸湿性低、耐气候性强的保温材料。经实践，聚氨酯和聚苯乙烯发泡材料可作为倒铺屋面的保温层，但须做较重的覆盖层压住，如图6-48所示。

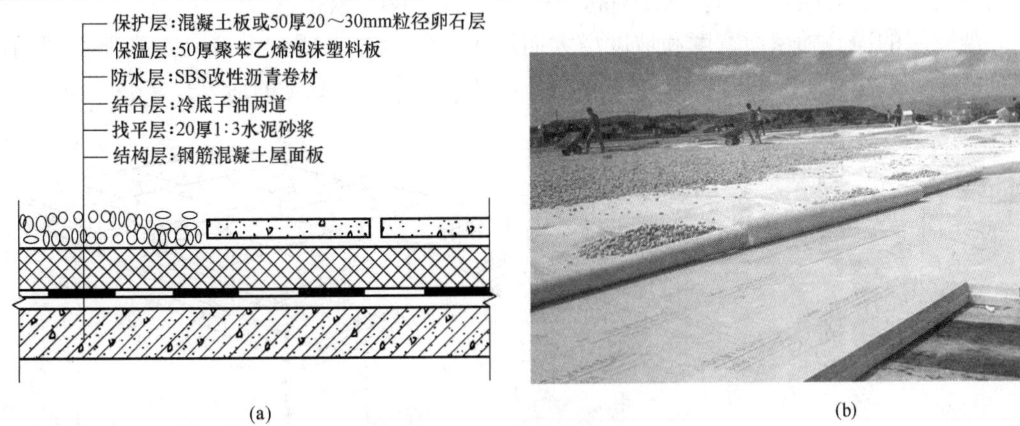

图6-48　倒置式保温屋面构造

（a）倒置式保温屋顶构造做法示例；（b）倒置式保温屋顶实例

6.5.2 屋顶的隔热和降温

屋顶外表面受到的日辐射时数和太阳辐射强度最大，特别在我国南方炎热地区的夏季，太阳的辐射热使得屋顶的温度剧烈升高，影响室内的生活和工作的条件。因此，须对屋顶进行隔热处理，以降低屋顶的热量对室内的影响。

1. 通风隔热屋顶

通风隔热屋顶是在屋顶设置通风的空气间层，其上层表面遮挡阳光辐射，同时利用风压、热压的作用把层间中的热空气不断带走，以减低传至屋面内表面的温度，达到降温隔热的目的。实测表明通风屋顶比实体屋顶的降温效果有显著的提高，但不适宜用于当地风速较小的地区。通风隔热屋顶根据结构层的地位不同分为以下两类。

（1）通风层在结构层之下

通风层在结构层之下，即吊顶棚，檐墙须设一定数量的通风口，使得顶棚内空气能迅速对流。平屋顶和坡屋顶均可采用，如图 6-49 所示。顶棚通风层应有足够的净空高度，一般为 500mm 左右。

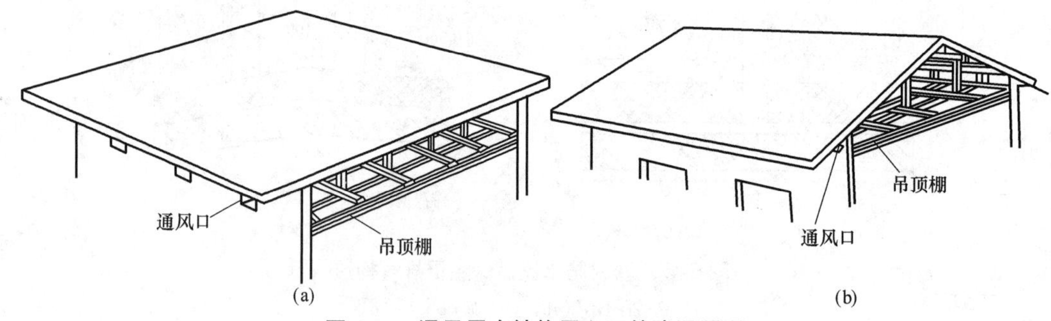

图 6-49　通风层在结构层之下的降温屋顶

（a）平屋顶吊顶棚；（b）坡屋顶吊顶棚

（2）通风层在结构层之上

通风间层设于屋面结构层、防水层之上，利用砖垛上架空层中的空气自由流通，将热量源源不断地带走。架空通风层通常用砖、预制混凝土板、预制混凝土山形板、折板等形成通风间层，它对结构层和防水层有保护作用，如图 6-50 所示。

架空层的净高随屋面宽度和坡度增大而增大，但不宜超过 360mm，否则架空层内风速会变小，其净高一般以 180～240mm 为宜，其周边设一定数量的通风孔。

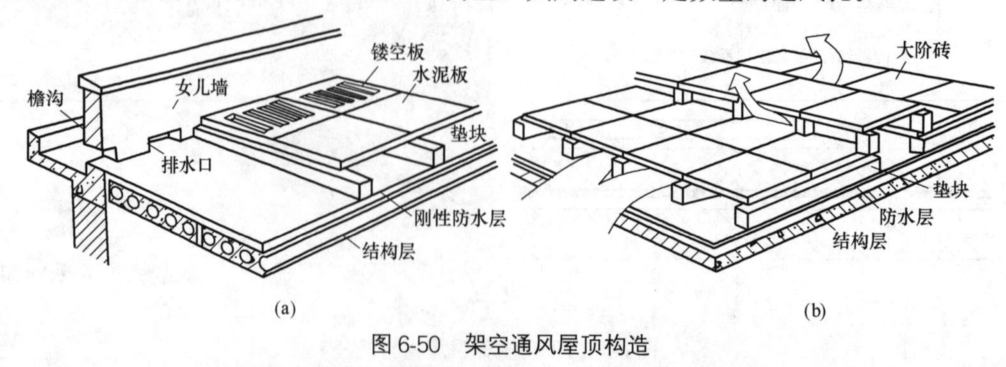

图 6-50　架空通风屋顶构造

（a）预制水泥板架空隔热层；（b）大阶砖中间出风口

2. 种植隔热屋面

种植屋面是在建筑屋面顶板的防水层覆土或铺设锯末、蛭石等松散材料，并种植植物，起到隔热作用的屋面。

种植屋面的结构层宜采用现浇钢筋混凝土，种植土宜选用改良土或无极复合种植土，防水层采用二道或二道以上防水设防，最上道防水层必须采用耐根穿刺防水材料，如图 6-51 所示。当屋面坡度大于 20%时，其保温隔热层、防水层、排（蓄）水层、种植土层等应采取防滑措施。种植介质四周需增设挡墙，挡墙下部应设泄水孔，种植屋面构造示意如图 6-52 所示。

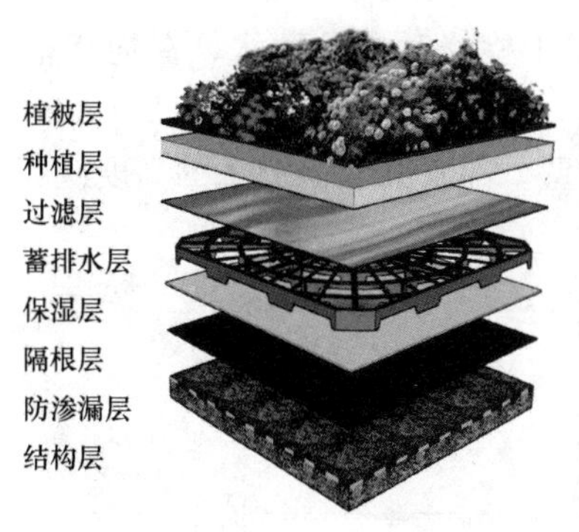

图 6-51　种植屋面构造层次和工程实例

3. 蓄水隔热屋面

蓄水屋面是在屋顶上长期储水，由于水的蓄热和蒸发，大量消耗投射在屋面上的太阳辐射热，使蓄水后传到屋面上的热量要比太阳辐射热直接作用到屋面上的热量少得多，调节室内温度，如图 6-53 所示。

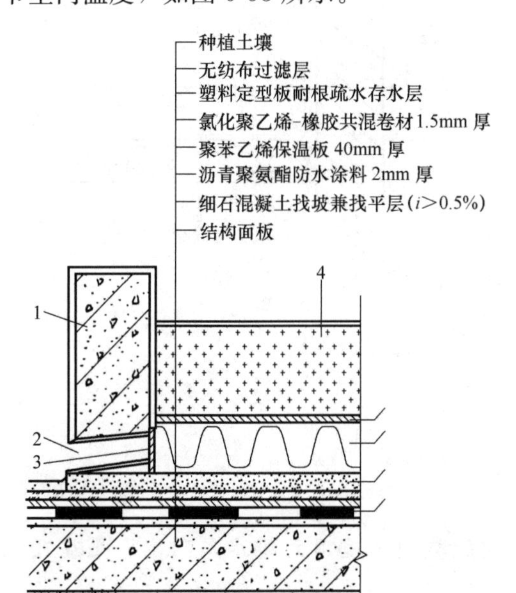

图 6-52　种植屋面构造示意

1—挡土围墙；2—泄水孔；3—排水隔栏；4—种植层

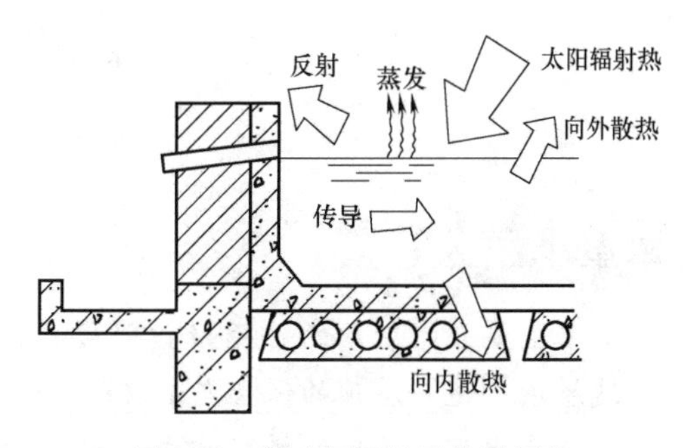

图 6-53　蓄水屋面热量传递示意

蓄水屋面适宜的水层深度及屋面坡度为：水层深度为150～200mm，蓄水屋面的坡度不宜大于0.5%。

蓄水屋面的防水层做法为：蓄水屋面宜选用在柔性防水层上面再做刚性细石混凝土构造层，蓄水屋面的分格缝不能过多，一般要放宽间距，分格间距不宜大于10m。

蓄水屋面划分为若干蓄水区，每区的边长不宜超过10m，便于分区检修和避免水层产生过大的风浪，如图6-54（a）所示。蓄水屋面需增设一壁三孔，即蓄水池的仓壁、溢水孔、泄水孔、过水孔。蓄水区间用混凝土做成分仓壁，壁上留过水孔，使各蓄水区的水层连通，但在变形缝两侧应设计成互不连通的蓄水区，如图6-54（b）所示。为避免暴雨时蓄水深度过大，在蓄水池布置若干溢水孔；为便于检修时排除蓄水，在池壁根部设泄水孔，如图6-54（c）所示。

蓄水屋面四周可做女儿墙并兼作蓄水池的仓壁。在女儿墙上泛水的高度应高出溢水孔不小于100mm，如图6-54（c）所示。

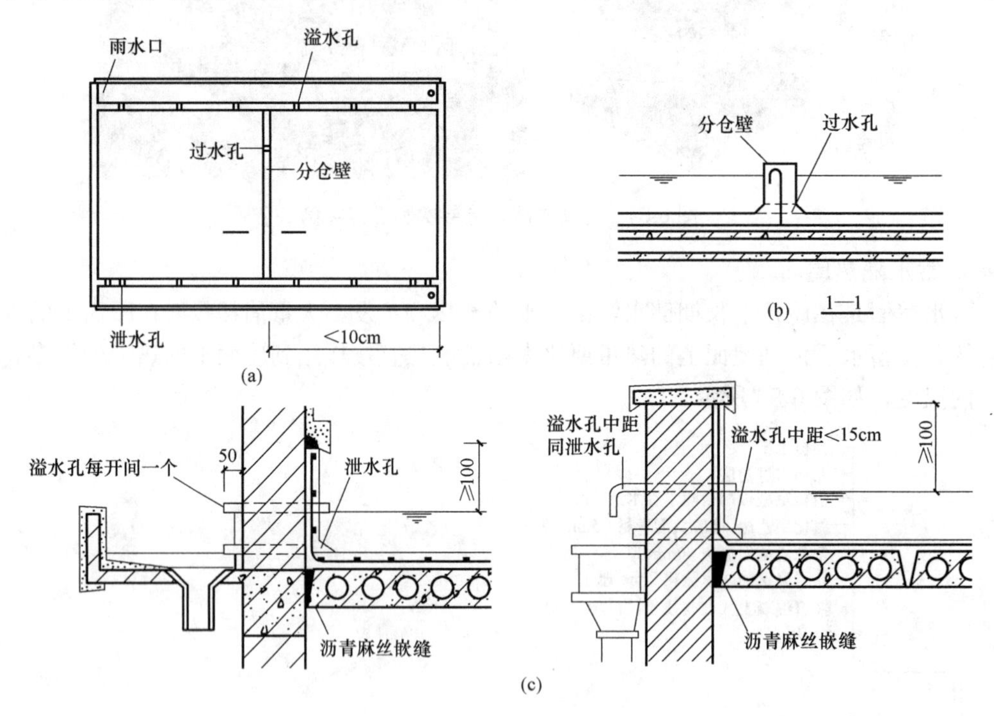

图6-54 蓄水屋面构造图

本章小结

本章主要介绍屋顶的作用及设计要求、屋顶的类型、屋顶的排水与防水、平屋顶构造、坡屋顶构造、屋顶的保温与隔热。

本章重点掌握屋顶的排水方式与组织；掌握防水的种类和基本构造层次；掌握平屋顶和坡屋顶构造。

思考与练习题

6-1　屋顶由哪几部分组成？它们的主要功能是什么？

6-2　屋顶设计有哪些要求？

6-3　屋顶坡度的影响因素有哪些？屋顶的排水坡度形成方法有哪几种？

6-4　屋顶的排水方式有哪几种？各自的优缺点和适用范围是什么？

6-5　屋顶排水组织设计主要包括哪些内容？

6-6　卷材防水的基本构造层次有哪些？各层次的作用是什么？

6-7　卷材防水屋面的细部构造有哪些？各自的设计要点是什么？

6-8　什么是涂料防水屋面？其基本构造层次有哪些？

6-9　坡屋顶的承重结构有哪几种？

6-10　简述块瓦屋面的构造层次。

6-11　块瓦屋面的檐口构造有哪些形式？

6-12　屋顶的保温材料有哪几类？其保温构造有哪几种做法？

6-13　屋顶的隔热构造处理有哪几种做法？

第 7 章　门窗与遮阳

本章要点及学习目标

本章要点：

(1) 门窗的主要形式及构造特点；

(2) 木门窗的基本构造要点；

(3) 塑钢门窗的构造要点；

(4) 遮阳的类型与构造要点。

学习目标：

(1) 了解门窗的形式与构造特点；

(2) 了解木门窗构件的断面、构造及连接固定方式；

(3) 熟悉塑钢门窗的基本构造；

(4) 掌握遮阳的基本措施与一般构造。

7.1　概述

7.1.1　门窗的作用与要求

门和窗都是建筑中的围护构件，具有采光、通风之功能，门除此之外，还可用作交通联系。另外，门窗的形状、尺寸、排列组合方式及材料选择等，皆对建筑物立面效果影响很大。门窗还要有一定的保温、隔声、防风挡雨等能力，在构造上应满足开启灵活、关闭紧密、坚固耐久、便于擦洗、符合模数等方面的要求。

7.1.2　门窗的类型及特点

1. 按开启方式分类

(1) 门

门常见的开启方式有以下几种，如图 7-1 所示。

1) 平开门：平开门是水平开启的门，它的铰链装于门扇的一侧与门框相连，使门扇围绕铰链轴转动。平开门构造简单，开启灵活，加工制作简便，易于维修，是建筑中使用最广泛的门 。

2) 弹簧门：弹簧门的开启方式与普通平开门相同，所不同处是以弹簧铰链代替普通铰链。为避免人流相撞，门扇或门扇上部宜镶嵌玻璃。单向弹簧门常用于有自动关闭要求的房门，如卫生间的门、纱门等。双向弹簧门多用于人流出入频繁或有自动关闭要求的公共场所，如公共建筑门厅的门等。双向弹簧门扇上一般要安装玻璃，供出入的人们相互观察，以免碰撞。

3）推拉门：推拉门开启时门扇沿轨道向左右滑行，通常为单扇和双扇。推拉门开启时不占空间，受力合理，不易变形，但在关闭时难于严密，构造亦较复杂。多用在工业建筑中，作仓库和车间大门。在民用建筑中一般采用轻便推拉门分隔内部空间。

4）折叠门：可分为侧挂式折叠门和推拉式折叠门两种。折叠门开启时占空间少，但构造较复杂，一般用作商业建筑的门，或公共建筑中作灵活分隔空间用。

5）转门：是由两个固定的弧形门套和垂直旋转的门扇构成。转门对隔绝室外气流有一定作用，可作为寒冷地区公共建筑的外门，但不能作为疏散门。

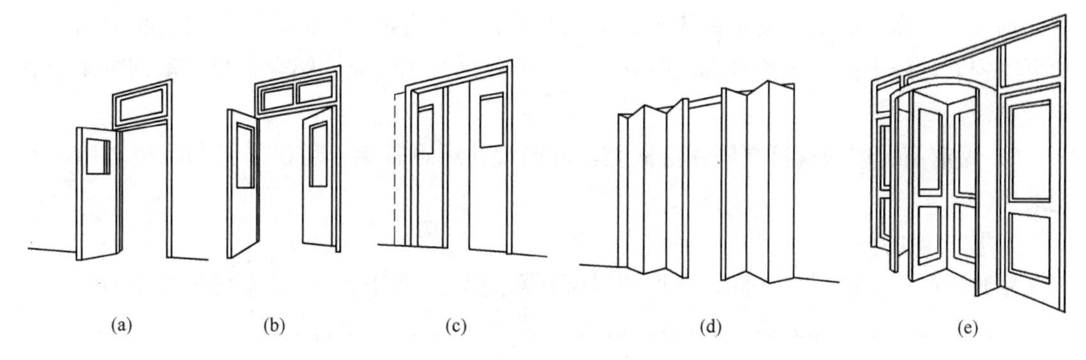

图 7-1 门的开启方式

（a）平开门；（b）弹簧门；（c）推拉门；（d）折叠门；（e）转门

此外，门的形式还有上翻门、升降门、卷帘门等形式，一般适用于门洞口较大，有特殊要求的房间，如车库的门等。

（2）窗

依据开启方式的不同，常见的窗有以下几种形式，如图 7-2 所示。

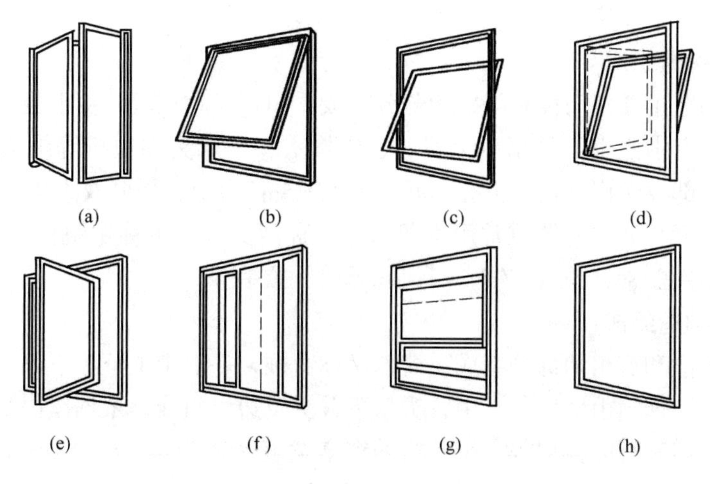

图 7-2 窗的开启方式

（a）平开窗；（b）上悬窗；（c）中悬窗；（d）下悬平开窗；（e）立转窗；（f）水平推拉窗；（g）垂直推拉窗；（h）固定窗

1）平开窗。平开窗构造简单，开启灵活，制作维修均方便，是民用建筑中使用最广泛的窗。

2）悬窗。按旋转轴的位置不同，分为上悬窗、中悬窗和下悬窗三种。上悬窗和中悬窗向外开，防雨效果好，有利于通风，且开启较为方便，尤其多用于高窗；下悬窗不能防雨，开启时占据较多的室内空间，多与上悬窗组成双层窗用于有特殊功能的房间。

3）立转窗。下边装垂直转轴，窗扇沿轴旋转，引风效果好，防雨性差，多用于低侧窗或三扇窗的中间（便于擦洗）。

4）推拉窗。推拉窗分为水平推拉和垂直推拉两种。水平推拉窗需要在窗扇上下设轨槽，垂直推拉窗要有滑轮及平衡措施。推拉窗开启时不占据室内外空间，窗扇和玻璃的尺寸可以较大，但推拉窗不能全部同时开启，通风效果受到影响。铝合金窗和塑钢窗比较适用推拉窗。

5）固定窗。玻璃直接嵌固在窗框上，玻璃尺寸可以较大，可供采光和眺望之用，不能通风。

2. 按门窗的材料分类

按照生产门窗的材料不同，常见的门窗有木门窗、钢门窗、铝合金门窗及塑钢门窗等类型。木门窗加工制作方便，价格较低，曾经广泛使用，但木材消耗量大，防火能力差。钢门窗强度高、防火好、挡光少，在建筑上应用很广，但钢门窗保温较差，易锈蚀。铝合金门窗美观，有良好的装饰性和密闭性，但成本高，保温差。塑钢门窗同时具有木材的保温性和铝材的装饰性，是近年来为节约木材和有色金属发展起来的新品种，国内已有相当数量的生产，但在目前，它的成本较高，耐久性还有待于进一步完善。另外，还有全玻璃门，主要用于标准较高的公共建筑中的主要入口，它具有简洁、美观、视线无遮挡等特点。

7.1.3 门窗的构造组成

7.1.3.1 门的构造组成

一般门的构造主要由门樘和门扇两部分组成。门樘又称门框，由上槛、中槛和边框等组成，多扇门还有中竖框。门扇由上冒头、中冒头、下冒头和边梃等组成。为了通风采光，可在门的上部设腰窗（俗称上亮子），开启方式有固定、平开及上中下悬等形式，其构造同窗扇。门框与墙间的缝隙常用木条盖缝，称门头线，俗称贴脸板，如图 7-3 所示。门上还有五金零件，常见的有铰链、门锁、插销、拉手等。

7.1.3.2 窗的构造组成

窗主要由窗樘和窗扇两部分组成。窗樘又称窗框，一般由上框、下框、中横框、中竖框及边框等组成。窗扇由上冒头、中冒头、下冒头及边梃组成。根据镶嵌材料的不同，有玻璃窗扇、纱窗扇和百叶窗扇等。平开窗的窗扇宽度一般为 400～600mm，高度为 800～1500mm，窗扇与窗框用五金零件连接。窗框与墙的连接处，为满足不同的要求，有时会加有贴脸板、窗台板和窗帘盒等，如图 7-4 所示。

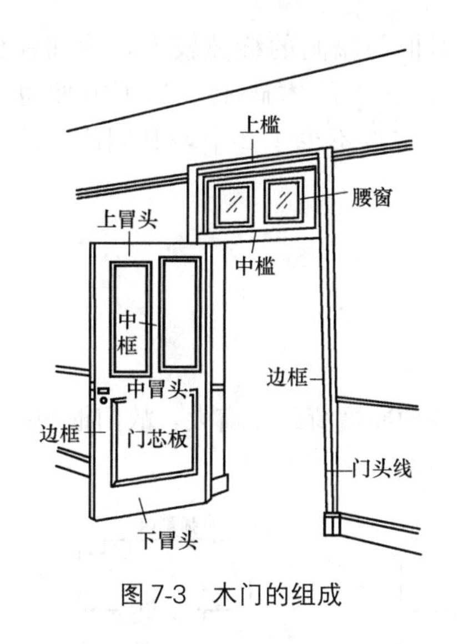

图 7-3 木门的组成

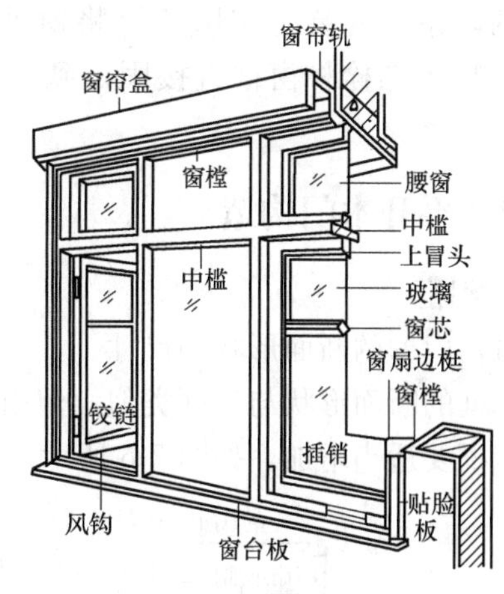

图 7-4 木窗的组成

7.2 木门窗构造

7.2.1 平开木窗构造

1. 窗框的断面形状与尺寸

窗框的断面尺寸主要按材料的强度和接榫的需要确定，一般多为经验尺寸，如图 7-5 所示。图中虚线为毛料尺寸，粗实线为刨光后的设计尺寸（净尺寸），中横框若加披水，其宽度还需要增加 20mm 左右。

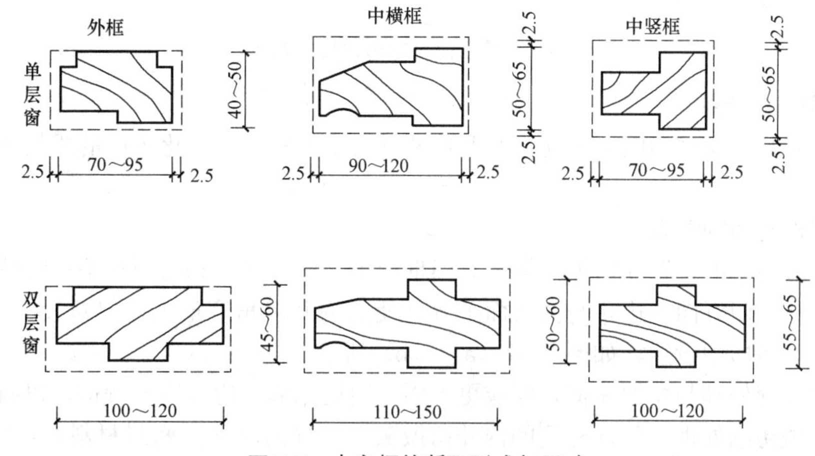

图 7-5 木窗框的断面形式与尺寸

2. 窗框的安装

窗框的安装方式有立口和塞口两种。施工时先将窗框立好，后砌窗间墙，称为立口。立口的优点是窗框与墙体结合紧密、牢固；缺点是施工中安窗和砌墙相互影响，若施工组织不当，会影响施工进度。

塞口则是在砌墙时先留出洞口，然后再安装窗框。为便于安装，预留洞口应比窗框外缘尺寸多出 20～30mm。塞口法施工方便，但框与墙间的缝隙较大，为加强窗框与墙的联系，安装时应用长钉将窗框固定在砌墙时预埋的木砖上，为了方便也可用铁脚或膨胀螺栓将窗框直接固定到墙上，每边的固定点不少于 2 个，其间距不应大于 1.2m。

7.2.2　平开木门构造

1. 门框

(1) 门框的断面形状和尺寸

门框的断面形状与窗框类似，但由于门受到的各种冲撞荷载比窗大，故门框的断面尺寸较窗框要适当增加，如图 7-6 所示。

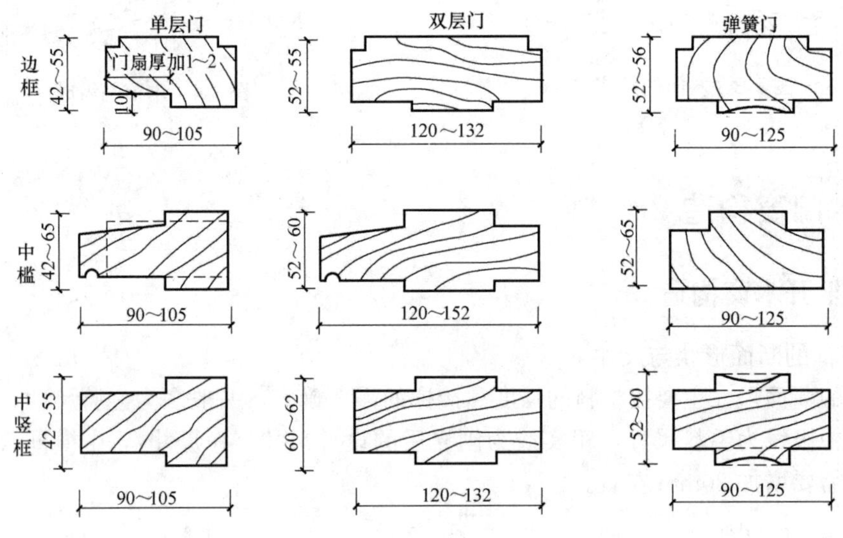

图 7-6　平开门门框的断面形式及尺寸

(2) 门框的安装

门框的安装与窗框相同，分立口和塞口两种施工方法。工厂化生产的成品门其安装要多要用塞口法施工。

(3) 门框与墙的关系

门框在墙洞中的位置同窗框一样，有门框内平、门框居中和门框外平三种情况，一般情况下多做在开门方向一边，与抹灰面平齐，使门的开启角度最大。但对较大尺寸的门，为安装牢固，多居中设置，如图 7～7 (a)、(b) 所示。

门框的墙缝处理与窗框相似，但应更牢固。门框靠墙一边也应开背槽，以防止因受潮而变形，并做防潮处理。门框外侧的内外角做灰口，缝内填弹性密封材料，如图 7-7 (c) 所示。

2. 门扇

根据门扇的构造不同，民用建筑中常见的门有镶板门、夹板门、弹簧门等形式。

(1) 夹板门。夹板门的门扇由骨架和面板组成，用断面较小的方木做成骨架，用胶合板、硬质纤维板或塑料板等做面板，和骨架形成一个整体，共同抵抗变形，如图 7-8 所示。根据功能的需要，夹板门上也可以局部加玻璃或百叶，一般在装玻璃或百叶处，做一

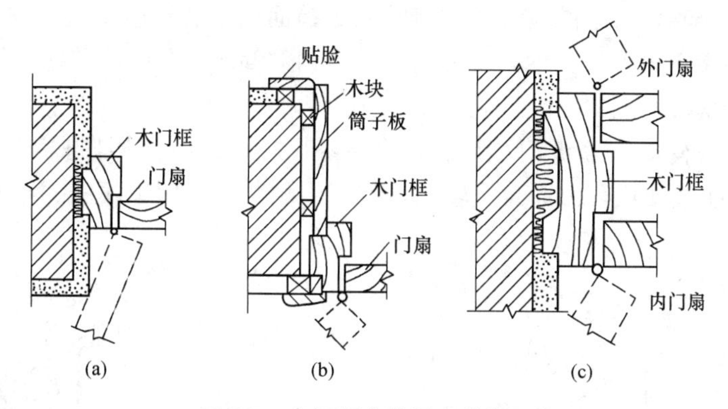

图 7-7 木门框在墙洞中的位置
（a）居中；（b）内平；（c）背槽及填缝处理

个木框，用压条镶嵌。夹板门构造简单，可利用小料、短料制作，它的自重轻，外形简洁，便于工业化生产，在一般民用建筑中广泛用作内门。若用于外门，面板应作防水处理，并提高面板与骨架的胶结质量。

图 7-8 夹板门

（2）镶板门。镶板门的门扇由骨架和门芯板组成，如图 7-9 所示。骨架一般由上冒头、下冒头及边梃组成，有时中间还有一道或几道横冒头或一条竖向中梃。门芯板通常采用木板、胶合板、硬质纤维板、塑料板等。门芯板有时可部分或全部采用玻璃，则称为半玻璃（镶板）门或全玻璃（镶板）门。

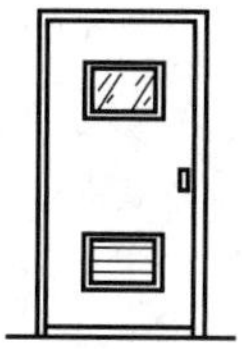

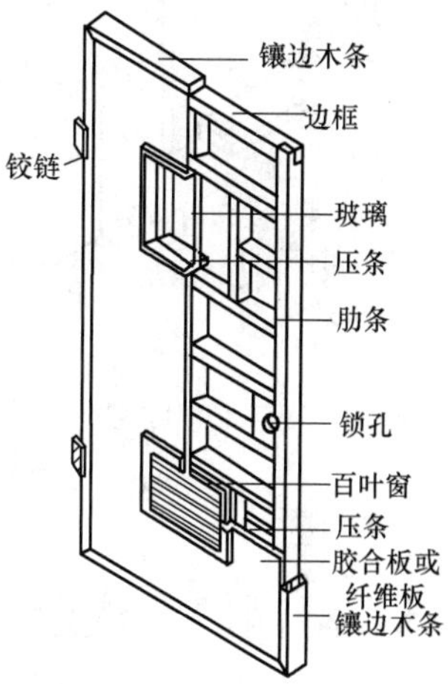

构造上与镶板门基本相同的还有纱门、百叶门等。

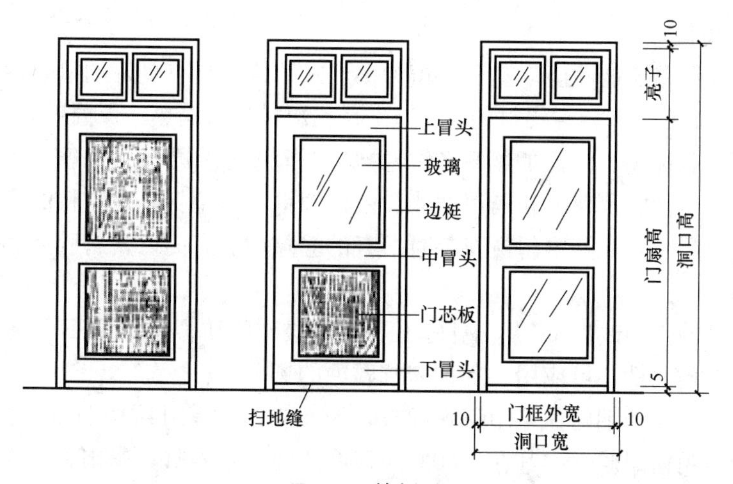

图 7-9 镶板门

门芯板在边梃和冒头中的镶嵌方式有暗槽、单面槽以及双边压条三种。其中，暗槽结合最牢，工程中用得较多，其他两种方法比较省料和简单，多用于玻璃、纱网及百叶的安装，如图7-10所示。

(3) 拼板门。构造与镶板门相同，由骨架和拼板组成，只是拼板门的拼板用35～45mm厚的木板拼接而成，因而自重较大，但坚固耐久，多用于库房、车间的外门，如图7-11所示。

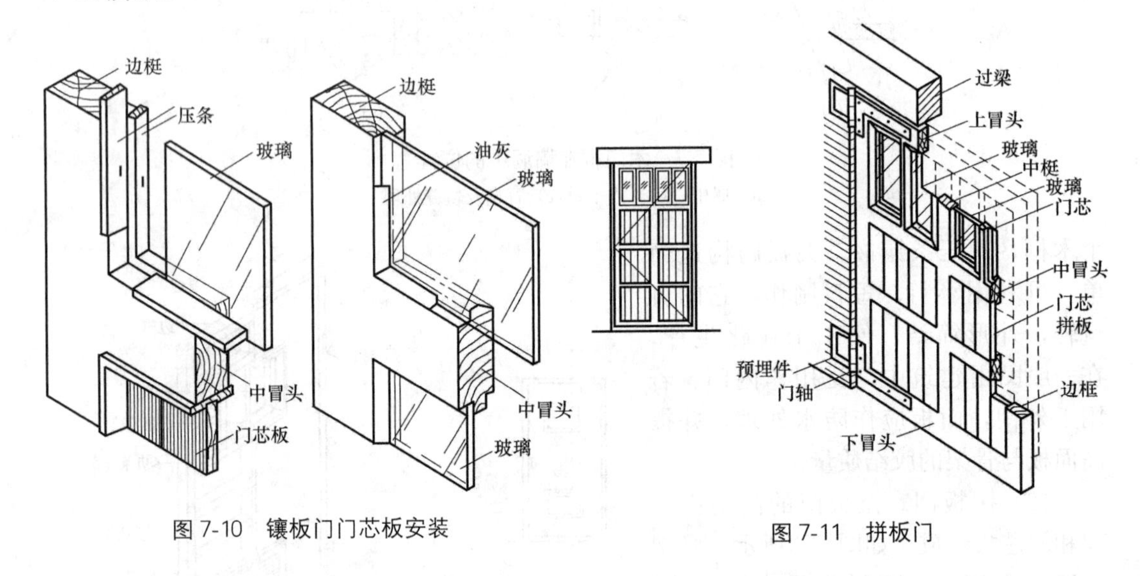

图7-10 镶板门门芯板安装

图7-11 拼板门

7.3 塑钢门窗构造

塑钢门窗是以聚氯乙烯（PVC）树脂为主要原料，加上一定比例的稳定剂、着色剂、填充剂、紫外线吸收剂等，经挤出成型，然后通过切割、焊接或螺接的方式制成门窗框扇，配装上密封胶条、毛条、五金件等，同时为增强型材的刚性，在型材空腔内添加钢衬（加强筋），这样制成的门窗称之为塑钢门窗。

1. 塑钢门窗优点

(1) 良好的保温节能性能。塑钢门窗为多腔式结构，具有良好的隔热性能，其传热性能极小，仅为钢材的1/357、铝材的1/250，因此塑料门窗隔热、保温效果显著。

(2) 物理性能优越。门窗的物理性能主要是指空气渗透性（气密性）、雨水渗漏性（水密性）、抗风压性能及保温和隔声性能。由于塑钢门窗型材具有独特的多腔室结构，并经熔接工艺而成门窗，在塑钢门窗安装时所有的缝隙均装有门窗密封胶条和毛条，因此具有良好的物理性能。

(3) 耐腐蚀性强。改性UPVC型材不受任何酸碱物质侵蚀，也不受废气、盐分的影响，具有优良的耐腐性，可应用于各种需抗腐蚀的场合。

(4) 耐候性强。塑钢门窗采用特殊配方，原料中添加紫外线吸收剂及耐低温冲击剂，从而提高了塑钢门窗耐候性。其在－30℃～70℃之间，在烈日、暴雨、干燥、潮湿之变化中，无变色、变质、老化、脆化等现象。

（5）防火性能优越。塑钢门窗不自燃、不助燃、离火自熄、安全可靠，符合防火要求，这一性能更扩大了塑钢门窗的使用范围。

（6）外观精美、清洗容易。塑钢门窗型材表面细密光滑、色彩繁多，装配门窗采用熔接方法，外表绝无缝隙和凹凸不平。塑钢门窗造型美观，可与各档次建筑物相协调。型材色质内外一致，无须油漆着色及维护保养且清洁容易。

2. 塑钢门窗框料

型材根据宽度不同分为 50 系列、58 系列、60 系列、70 系列，如图 7-12 所示。

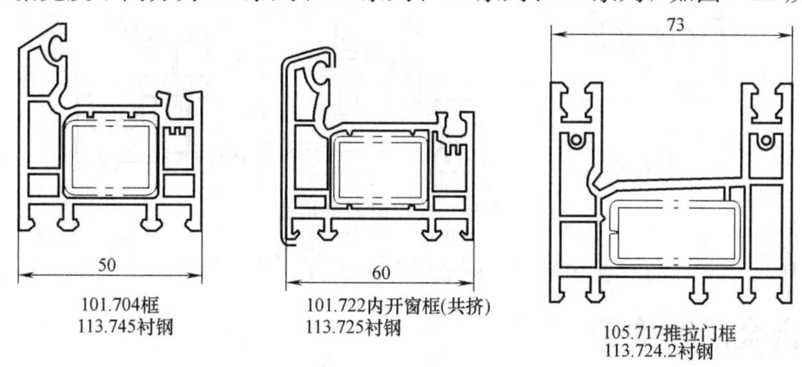

图 7-12 塑钢型材

3. 塑钢窗构造

塑钢窗框与墙体连接方法有螺栓固定连接件法、预埋铁件焊接固定连接件法和直接固定法，如图 7-13 所示。塑钢门窗框与洞口四周缝隙的处理与铝合金门窗相似。推拉塑钢窗构造如图 7-14 所示。

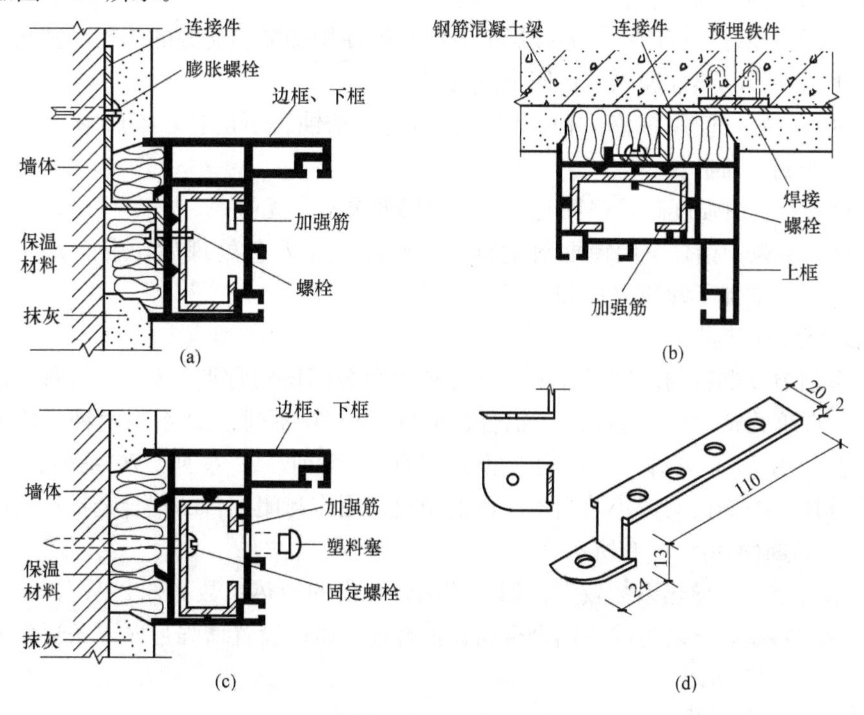

图 7-13 塑钢窗框与墙体连接方法

（a）螺栓固定连接件法；（b）预埋铁件焊接固定连接件法；（c）直接固定法；（d）连接件

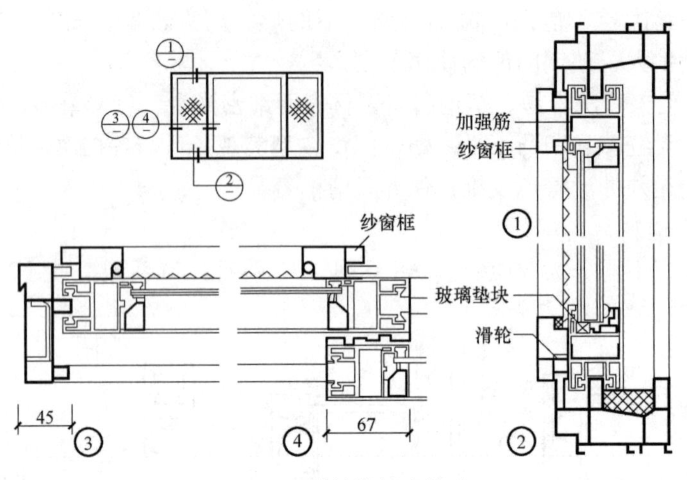

图 7-14　推拉塑钢窗构造

7.4　铝合金门窗构造

铝合金门窗是指采用铝合金挤压型材为框、梃、扇料制作的门窗。其综合性能较木门窗及钢门窗有更大的优越性，应用广泛。铝合金窗如图 7-15 所示。

1. 铝合金门窗的优点

（1）自重轻。铝合金门窗用料省、自重轻，每 $1m^2$ 耗用铝材平均只有 80～120N（钢门窗为 170～200N），较钢门窗轻 50%左右。

（2）密闭性能好。密闭性能直接影响着门窗的使用功能和能源的消耗。密闭性能包括气密性、水密性、隔热性和隔声性四个方面。

（3）耐久性好，使用维修方便。铝合金门窗不锈蚀、不褪色、不脱落、几乎无须维修，零配件使用寿命极长。

（4）铝合金门窗强度高，坚固耐用，开闭轻便灵活，无噪声。

（5）色泽美观。铝合金门窗框料型材表面经过氧化着色处理后，表面光洁、外形美观、色泽牢固，增加了建筑立面和内部的美观。

2. 铝合金门窗框料

铝合金门窗以框料的厚度尺寸来区分各种铝合金门窗的称谓。如 70 系列铝合金推拉窗是指窗框厚度构造尺寸为 70mm。铝合金推拉门有 70 系列、90 系列两种，住宅内部的铝合金推拉门用 70 系列即可。铝合金推拉窗有 55 系列、60 系列、70 系列、90 系列四种，具体选用应根据窗洞大小及当地风压值而定，用作封闭阳台的铝合金推拉窗应不小于 70 系列。框料断面如图 7-16 所示。

由于铝合金型材导热系数较大，如单玻铝合金窗的导热系数为 6.20W/(m^2 · K)，远高于木窗及塑料窗，所以为提高铝合金窗保温性能，通过设置增强尼龙隔条形成断热铝合金框料，如图 7-17 所示。

3. 铝合金门窗安装

（1）连接方法。铝合金门窗一般采用塞口的方法安装，在结束土建工程、粉刷墙面前进行。门窗框的固定方式是将镀锌锚固板的一端固定在门窗框外侧，另一端与墙体中的预埋铁件焊接或锚固在一起，再填以矿棉毡、泡沫塑料条、聚氨酯发泡剂等软质保温材料，填实处用水泥砂浆抹好，留 6mm 深的弧形槽，槽内用密封胶封实。玻璃嵌固在铝合金窗料的凹槽内，并加密封条。其与墙体连接方法有：采用射钉固定；采用墙上预埋铁件连接；采用金属膨胀螺栓连接；墙上预留孔洞埋入燕尾铁角连接，如图 7-18 所示。

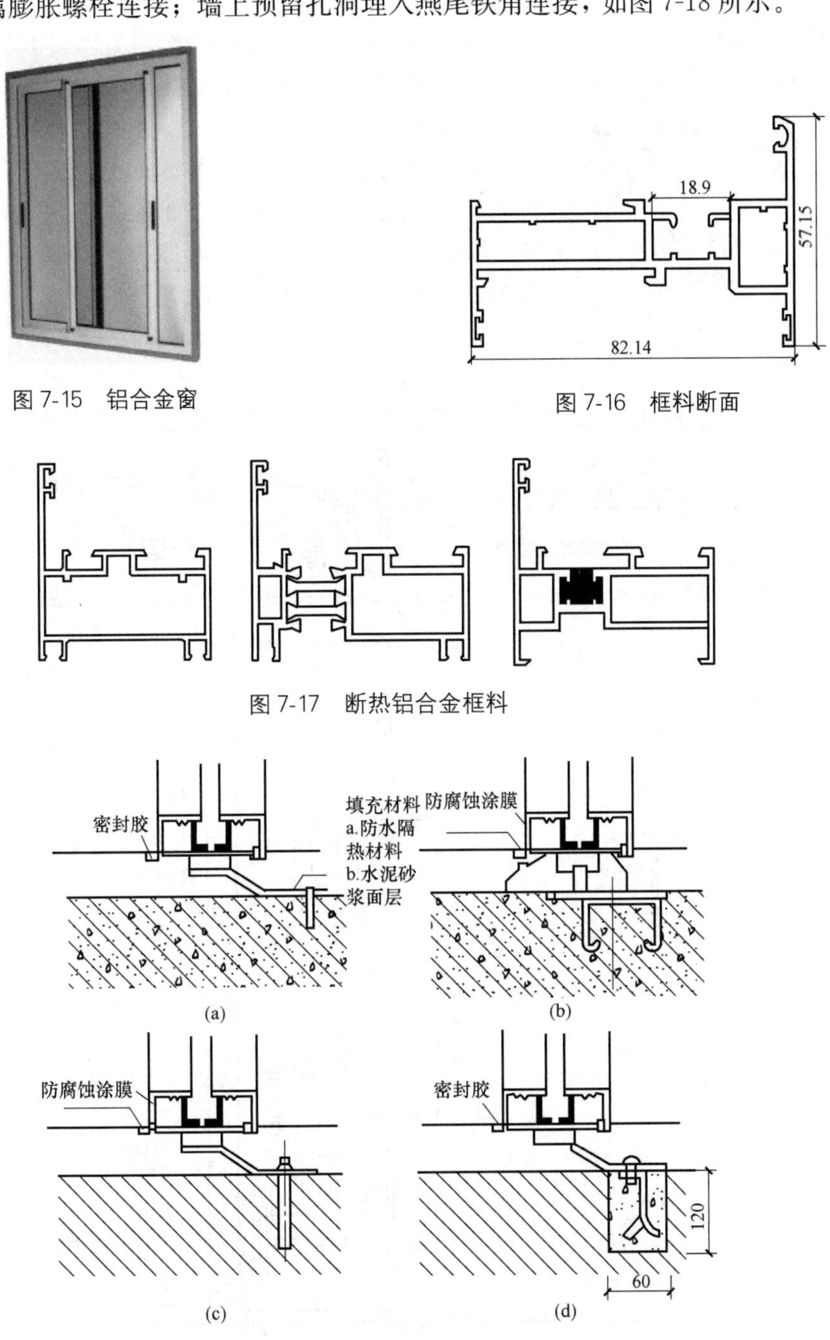

图 7-15　铝合金窗

图 7-16　框料断面

图 7-17　断热铝合金框料

图 7-18　铝合金窗框与墙体的连接构造

（a）射钉固定；（b）预埋件连接；（c）膨胀螺栓连接；（d）燕尾铁角连接

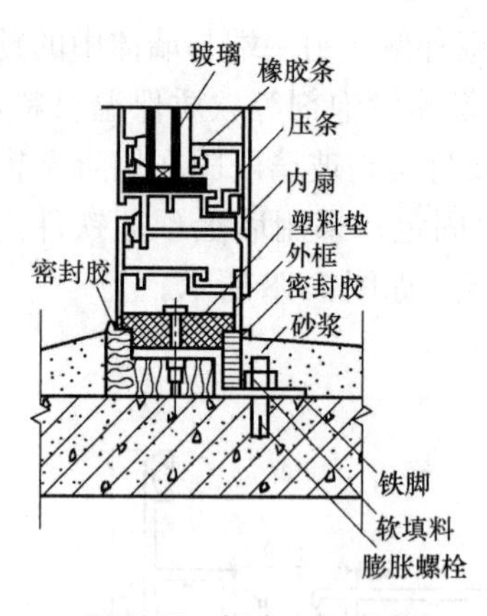

图 7-19 铝合金门窗安装节点缝隙处理

（2）框与墙的接缝处理。铝合金门窗框与洞口四周的缝隙一般采用软质保温材料填塞，如泡沫塑料条、泡沫聚氨酯条、矿棉毡条和玻璃丝毡条等，分层填实，缝隙外表留 5～8mm 深的槽口用密封膏密封，如图 7-19 所示。这样做主要是为防止窗框四周形成冷热交换区产生结露，影响建筑物的保温、隔声、防风沙等功能，同时也能避免砖、砂浆中的碱性物质对窗框的腐蚀。

4. 铝合金窗构造

铝合金窗多采用水平推拉式的开启方式，窗扇在窗框的轨道上滑动开启。窗扇与窗框之间用尼龙密封条进行密封，以避免金属材料之间相互摩擦。玻璃卡在铝合金窗框料的凹槽内，并用橡胶压条固定，如图 7-20 所示

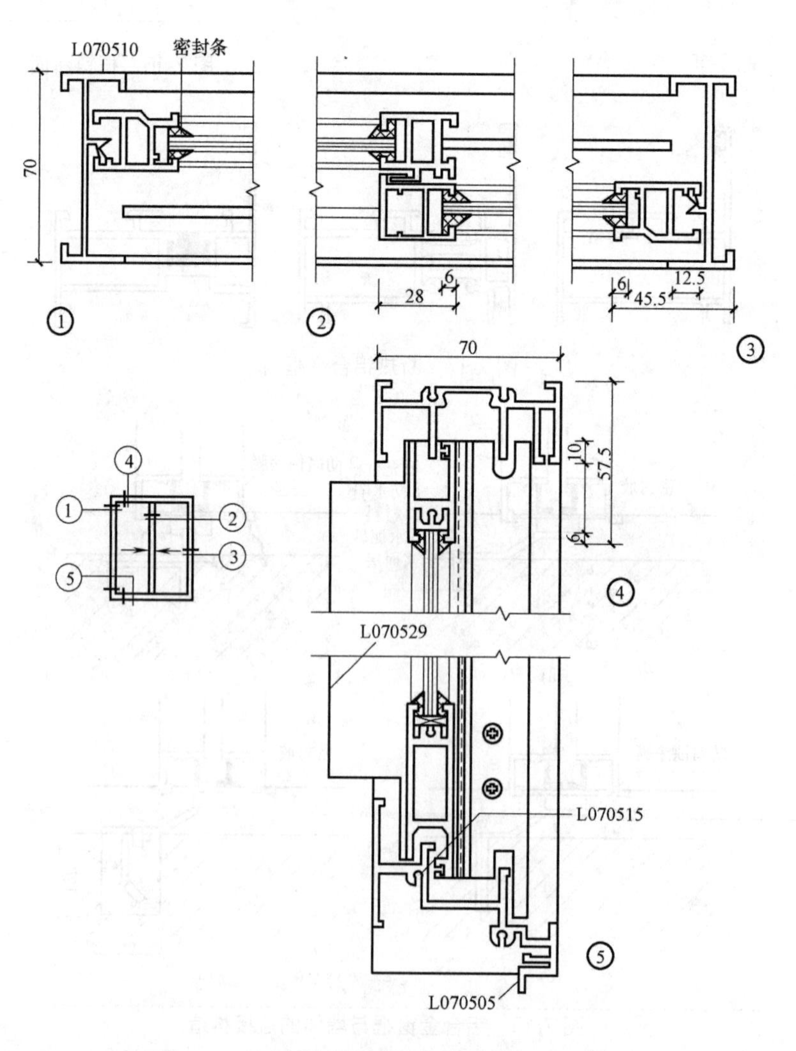

图 7-20 铝合金窗构造

7.5 门窗的节能构造

7.5.1 遮阳构造

在炎热的夏季，阳光直射室内使室内过热并产生眩光，从而影响人们的正常工作和生活。因此，设置一定的遮阳设施是非常必要的。从建筑构造的角度出发，遮阳设施不仅能解决遮阳、隔热、挡雨等问题，同时又能丰富建筑的立面效果，美化建筑，改变建筑的形象。但遮阳设施对房间的采光、通风会有一定的影响。

7.5.1.1 遮阳的方案

遮阳是为了防止直射阳光照入室内，以减少太阳辐射热，避免夏季室内过热或产生眩光，以及室内物品不受阳光照射而采取的一种建筑措施。

由于遮阳的方法很多，在窗口悬挂窗帘、设置百叶窗，或者利用门窗构件自身的遮光性以及窗扇开启方式的调节变化，利用窗前绿化、雨篷、挑檐、阳台、外廊及墙面花格也都可以达到一定的遮阳效果，如图 7-21 所示。

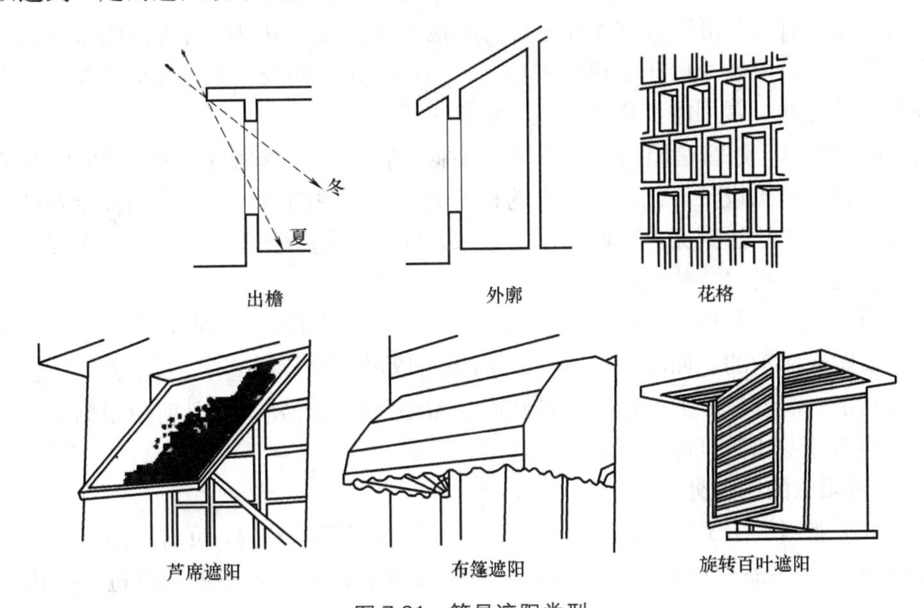

图 7-21 简易遮阳类型

一般房屋建筑，有以下情况的应采用遮阳措施：室内气温在 29℃以上；太阳辐射强度大于 1005kJ/m^2；阳光照射室内超过 1h；照射深度超过 0.5m。标准较高的建筑只要具备前两条即应考虑设置遮阳。

在窗前设置遮阳板进行遮阳，对采光、通风都不会带来不利影响。设计遮阳设施时应对采光、通风日照、经济、美观等作全面考虑，以达到功能、技术和艺术的统一。

7.5.1.2 遮阳板基本形式

遮阳设施有多种，主要有绿化遮阳、简易遮阳和建筑构造遮阳等。绿化遮阳是指利用搭设棚架，种植攀援植物等来遮阳；简易遮阳是指用塑料、布篷、竹帘等材料固定在窗口的上方来遮阳；建筑构造遮阳是指在窗口处设置各种形式的遮阳板，使遮阳板成为建筑物

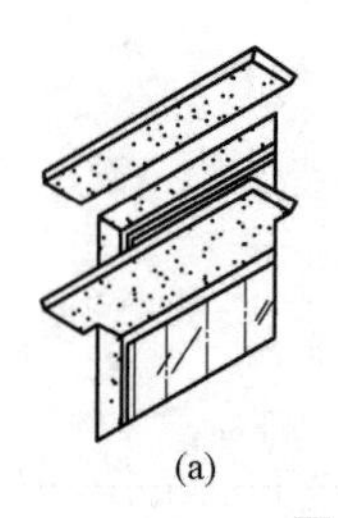
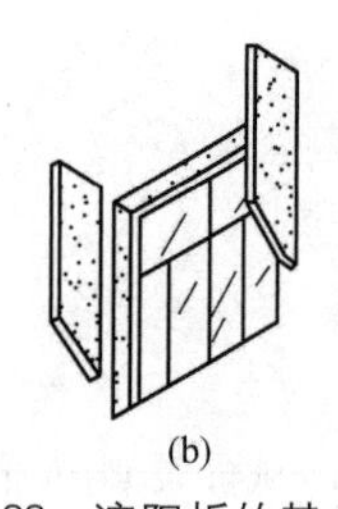
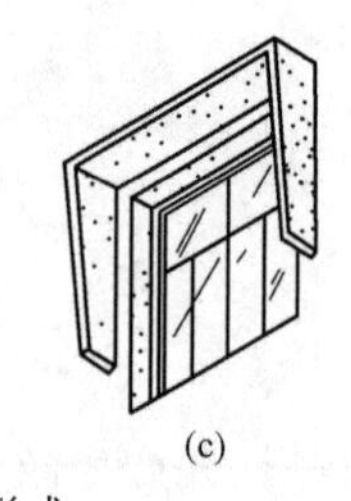

(a)　(b)　(c)

图 7-22　遮阳板的基本形式

(a) 水平遮阳；(b) 垂直遮阳；(c) 综合遮阳

的组成部分。建筑构造遮阳的形式一般可分为五种：水平遮阳、垂直遮阳、综合遮阳、挡板遮阳和智能遮阳，前三种形式如图 7-22 所示。

(1) 水平遮阳。水平遮阳能够遮挡高度角较大、从窗户上方照射的阳光，适用于南向及北回归线以南地区的北向窗口。遮阳板的种类有实心板、栅形板、百叶板等；按形式分为单层、双层，离墙或靠墙几种。

(2) 垂直遮阳。垂直遮阳能够遮挡太阳高度角较小、从窗两侧斜射的阳光，适用于东、西及接近东、西朝向的窗口。遮阳板常用钢筋混凝土现浇或预制，也有用钢板网水泥砂浆做成外观轻巧的薄板，或用金属材料制作。

(3) 综合遮阳。综合遮阳包含水平和垂直遮阳，能遮挡窗上方及左右两侧的阳光，故适用于南向、南偏东和南偏西的窗口。常用的有格式综合遮阳、板式综合遮阳、百叶综合遮阳三种形式。

(4) 挡板遮阳。在窗口前方离开窗口一定距离设置或与窗户平行方向的垂直挡板，可以有效遮挡太阳高度较小的正射窗口的阳光，适用于东、西及其附近朝向的窗口。但不利于通风且遮挡视线，常用的有格式挡板、板式挡板等。

(5) 智能遮阳。建筑遮阳与设备系统、智能控制的结合越来越紧密，智能呼吸的双层表皮、光感自动遮阳设备等已经在很大的程度上降低能源的消耗。传统的固定百叶，只能起到部分遮阳，不能达到完全随时遮阳的效果，自动感光遮阳百叶的出现，实现了真正的人工智能的飞跃，可以节约能源 35%。

根据前面五种基本形式，可以组合演变出各种各样的形式。这些遮阳板可以做成固定的，也可以做成活动的，如图 7-23 所示。后者可以灵活调节，遮阳、通风、采光效果好，但构造较复杂，需经常维护；固定式则坚固、耐用及较为经济。设计时应根据不同的使用要求，不同的纬度和建筑造型要求予以选用。

7.5.1.3　遮阳板的构造处理

(1) 水平遮阳板由于阳光照射板面后产生辐射热能影响室内，可将遮阳板底比窗上口提高 200mm 左右，这样当风吹入室内时，可以减少被遮阳板加热的空气进入室内，如图 7-24 (a) 所示。

(2) 为了减轻水平遮阳板的重量和使热量随气流上升散发，可做成空格式百叶板，百叶板格片与太阳光线垂直，如图 7-24 (b) 所示。

(3) 实心水平遮阳板与墙面交接处需注意防水处理，防水砂浆抹面高度不小于 60mm，以免雨水渗入墙内，如图 7-24 (c) 所示。

(4) 当设置多层悬出式水平遮阳板时，需注意流出窗扇开启时所占空间，以免影响窗户的开启，如图 7-24 (d)、(e) 所示。

7.5.2　窗户的保温与隔热

同其他构件相比，窗户的总传热系数最大，因此，通过玻璃进出室内外的热能也会增

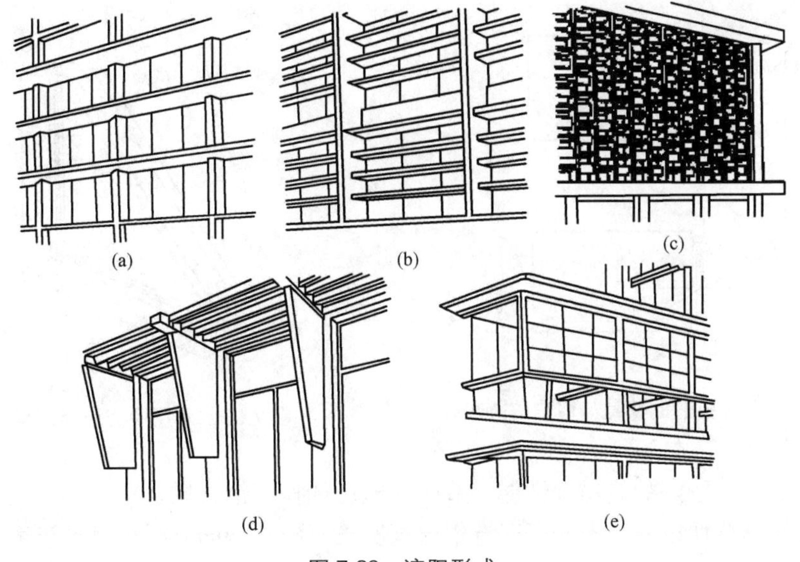

图 7-23 遮阳形式

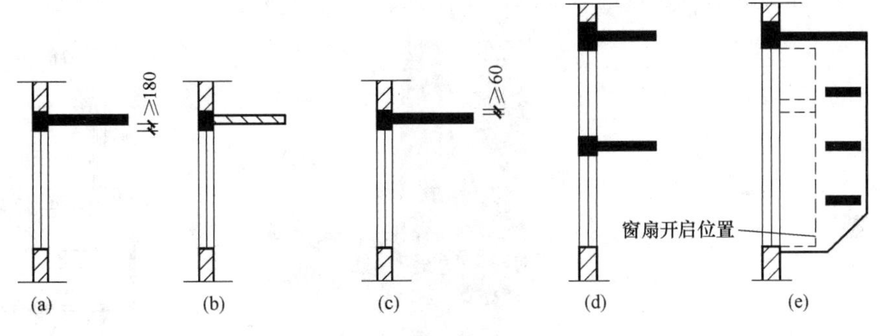

图 7-24 遮阳板的构造处理

多。从窗的玻璃进入室内的太阳辐射热被地板等吸收之后，将成为热源，尤其是在冬季起到了自然采暖的重要作用。另一方面，热能还会通过窗玻璃而散失，所以如何控制热损失就变成了一个重要的研究课题。

1. 玻璃的保温隔热方法

建筑物的窗玻璃厚度约为 5～10mm，与其他的墙体相比较，显得十分微薄。虽然玻璃本身的导热率并不很大，但由于作为建筑部件使用时的厚度很小，为了提高玻璃的保温隔热性，基本上都是采用双层中空玻璃，如图 7-25、图 7-26 所示。

在热散失上，双层中空玻璃比单层透明玻璃，可减少大约 50％的热散失，如图 7-27 所示。另外，如果在双层中空玻璃的内侧贴上低辐射薄膜还能进一步提高隔热性。

2. 窗框的保温隔热方法

通常，除去玻璃部分之后，窗框的面积约占窗户全部面积的 10％～15％。为了提高窗户整体的保温隔热性，不仅要控制玻璃部分的总传热系数，还要注意窗框的隔热性。

虽然铝窗框部分的气密性很好，但由于铝材的导热率大，如果增加玻璃本身的隔热性，就会相对地增大铝窗框部分的热损失，容易产生结露。所以考虑节能，采用断热铝合金窗框，如图 7-28 所示。

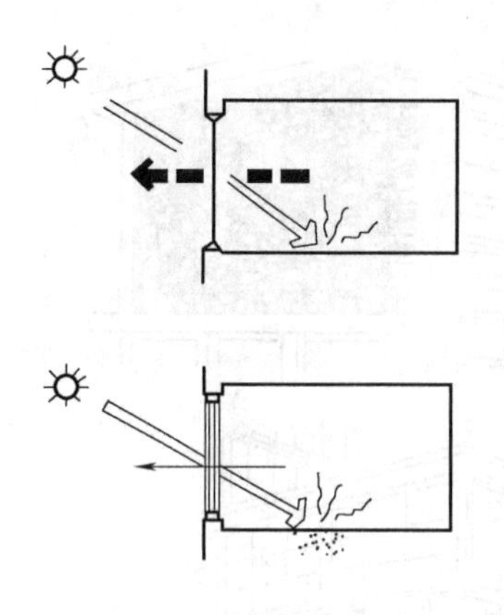

图 7-25　太阳辐射热的获得与窗户的隔热

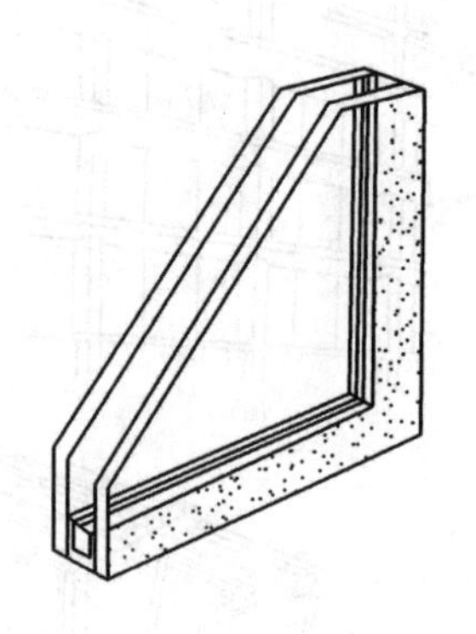

图 7-26　双层中空玻璃的构造图

塑钢窗框具有较好的热物理性能，节能窗框可选择塑钢材质。

木窗框的隔热性很好，木窗框还有铝窗框所没有的独特的温暖感，可产生在室内过着温暖生活的心理效果，但木窗框的耐久性、气密性存在一些弊端，而且木窗框制作不能工业化生产、耗费大量木材，目前较少采用木窗框。

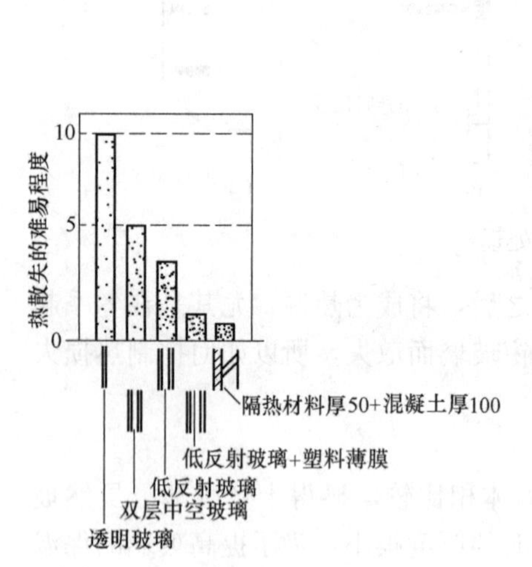

图 7-27　玻璃的种类和隔热性能

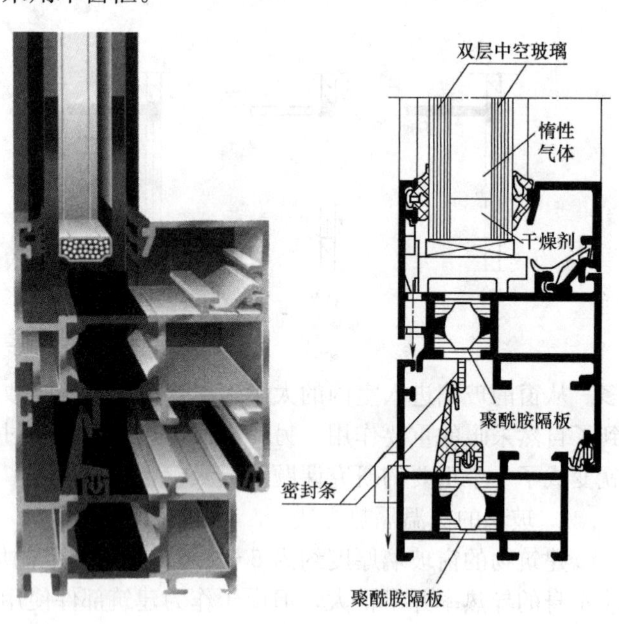

图 7-28　断桥铝合金窗

本章小结

本章主要介绍了门窗的形式与构造特点、门窗的组成、木门窗和塑钢门窗的基本构造、建筑遮阳的形式与特点、窗户的保温与隔热。

本章重点掌握门窗的功能及构造体系；理解门窗构造设计的原理；了解门窗的形式尺度以及常见门窗的类型、应用范围及其优缺点，了解建筑遮阳的常见形式。

思考与练习题

7-1 门窗的开启方式有哪几种？各有什么特点？

7-2 门窗框的安装方式有哪几种？各有什么特点？

7-3 简述门窗的构造组成。

7-4 门窗框在墙洞中的相对位置有哪几种？

7-5 简述铝合金门窗的特点。

7-6 塑钢门窗有哪些优点？

7-7 遮阳设施有哪几种类型？

第 8 章　变　形　缝

本章要点及学习目标

本章要点：

(1) 变形缝的概念；

(2) 变形缝的分类及作用；

(3) 变形缝的设置条件及构造处理：基础变形缝、墙体变形缝、楼板变形缝、屋顶变形缝等。

学习目标：

(1) 了解变形缝的概念；

(2) 熟悉变形缝的作用及分类；

(3) 掌握伸缩缝、沉降缝、防震缝的设置条件；

(4) 熟悉变形缝各部分的构造处理；

(5) 掌握基础变形缝的构造设置。

8.1　变形缝的类型及设置要求

因为建筑受温度变化、地基不均匀沉降和地震等因素的影响，在结构内部将会产生附加的应力和变形。如果不采取措施或措施不当，在建筑物变形敏感部位或强度和刚度薄弱部位，会产生裂缝，甚至造成建筑物倒塌，影响使用与安全。为避免或减少这些不利影响，可通过加强建筑物的整体性，使其具有足够的强度与刚度，来克服这些附加应力和变形，避免破坏；或在建筑物变形敏感部位将结构断开，预留缝隙，并进行构造处理，使建筑物各部分能自由变形，且保持建筑的美观实用。变形缝虽构造复杂，但比较经济，在工程中广为采用。

8.1.1　变形缝的类型

1. 伸缩缝

建筑设计中，为避免因温度变化而造成开裂所预留的构造缝称为伸缩缝，又称为温度缝。

2. 沉降缝

建筑设计中，为避免建筑因不均匀沉降造成开裂预留的构造缝称为沉降缝。

3. 防震缝

建筑设计中，为避免因地震作用而造成建筑物开裂预留的构造缝称为防震缝。

8.1.2　变形缝的设置要求

1. 伸缩缝设置要求

伸缩缝的设置主要针对温度变化。建筑基础由于埋于地下，受温度变化影响较小，所以不必断开。但伸缩缝应从基础顶面开始，沿建筑物的墙体、楼板层、屋顶等地面以上构件全部断开。

伸缩缝的宽度一般为 20～30mm，其设置间距（即建筑物的允许连续长度）与结构所用材料、结构类型、施工方式、建筑所处位置和环境有关，有关结构设计规范对此均有明确规定。砌体建筑、钢筋混凝土结构建筑伸缩缝的最大间距如表 8-1、表 8-2 所示。从中可以看出，伸缩缝的间距与墙体、屋顶和楼板类型有关。整体式或装配整体式钢筋混凝土结构，因屋顶和楼板本身没有自由伸缩的余地。当温度变化时，在结构内部产生温度应力较大，因而伸缩缝间距比其他结构形式的小。

砌体建筑伸缩缝的最大间距　　**表 8-1**

<table>
<tr><th colspan="2">屋顶或楼层结构类别</th><th>间距(m)</th></tr>
<tr><td rowspan="2">整体式或装配整体式钢筋混凝土结构</td><td>有保温层或隔热层的屋顶、楼层</td><td>50</td></tr>
<tr><td>无保温层或隔热层的屋顶</td><td>40</td></tr>
<tr><td rowspan="2">装配式无檩体系混凝土结构</td><td>有保温层或隔热层的屋顶、楼层</td><td>60</td></tr>
<tr><td>无保温层或隔热层的屋顶</td><td>50</td></tr>
<tr><td rowspan="2">装配式有檩体系混凝土结构</td><td>有保温层或隔热层的屋顶</td><td>75</td></tr>
<tr><td>无保温层或隔热层的屋顶</td><td>60</td></tr>
<tr><td colspan="2">瓦材屋盖、木屋盖或楼盖、轻钢屋盖</td><td>100</td></tr>
</table>

注：1. 对烧结普通砖、烧结多孔砖、配筋砌块砌体房屋，取表中数值；对石砌体、蒸压灰砂普通砖、蒸压粉煤灰砖、混凝土砌块、混凝土普通砖和混凝土多孔砖房屋，取表中数值乘以 0.8 的系数，当墙体有可靠外墙保温措施时，其间距可取表中数值；
2. 在钢筋混凝土屋面上挂瓦的屋盖应按钢筋混凝土屋盖采用；
3. 层高大于 5m 的烧结普通砖、烧结多孔砖、配筋砌块砌体结构单层房屋，其伸缩缝间距可按表中数值乘以 1.3；
4. 温差较大且变化频繁地区和严寒地区不采暖的房屋及构筑物墙体的伸缩缝的最大间距，应按表中数值予以适当减小；
5. 墙体的伸缩缝应于其他变形缝相重合，缝宽应满足各种变形缝的变形要求，在进行立面处理时，必须保证缝隙的变形作用。

钢筋混凝土结构建筑伸缩缝的最大间距（m）　　**表 8-2**

<table>
<tr><th colspan="2">结构类别</th><th>室内或土中</th><th>露天</th></tr>
<tr><td>排架结构</td><td>装配式</td><td>100</td><td>70</td></tr>
<tr><td rowspan="2">框架结构</td><td>装配式</td><td>75</td><td>50</td></tr>
<tr><td>现浇式</td><td>55</td><td>35</td></tr>
<tr><td rowspan="2">剪力墙结构</td><td>装配式</td><td>65</td><td>40</td></tr>
<tr><td>现浇式</td><td>45</td><td>30</td></tr>
<tr><td rowspan="2">挡土墙、地下室等类结构</td><td>装配式</td><td>40</td><td>30</td></tr>
<tr><td>现浇式</td><td>30</td><td>20</td></tr>
</table>

注：1. 装配整体式结构的伸缩缝间距，可根据结构的具体情况取表中装配式结构与现浇式结构之间的数值；
2. 框架-剪力墙结构或框架-核心筒结构房屋的伸缩缝间距，可根据结构的具体情况取表中框架结构与剪力墙结构之间的数值；
3. 当屋面无保温或是隔热措施时，框架结构、剪力墙结构的伸缩缝间距宜按表中露天栏的数值取用；
4. 对现浇挑檐、雨罩等外露结构的局部伸缩缝间距不宜大于 12m。

2. 沉降缝设置要求

沉降缝的设置应考虑如下因素：

1）建筑在结构形式不同或相邻部分的高度相差较大、荷载相差悬殊处；

2）建造在不同基础上且沉降不均的建筑；

3）建筑物相邻两部分的基础形式不同、宽度和埋置深度相差悬殊处；

4）建筑物平面形状比较复杂、交接部位又比较薄弱处；

5）新建建筑物与原有建筑物交接处。

为保证沉降缝两侧建筑物各部分自由沉降变形，不受约束沿建筑物全高设置，即沉降缝贯穿整个建筑物设置。

建筑的下列部位宜设沉降缝：1）建筑平面的转折部位；2）高度差异或荷载差异处；3）长高比过大的砌体承重结构或钢筋混凝土框架结构的适当部位；4）地基土的压缩性有显著差异处；5）建筑结构或基础类型不同处；6）分期建造房屋的交界处。沉降缝宽度视不同情况，如表8-3所示。

沉降缝的宽度 **表 8-3**

房屋层数	缝宽(mm)
二～三层	50～80
四～五层	80～120
五层以上	不小于120

3. 防震缝设置要求

防震缝应根据抗震设防烈度、结构材料种类、结构类型、结构单元的高度和高差情况留有足够的宽度，其两侧的上部结构应完全分开，一般情况下基础可不设防震缝，但在平面复杂的建筑中或与振动有关的建筑各相连部分的刚度差别很大时需将基础分开。在具有沉降要求的防震缝也应将基础分开。当设置伸缩缝和沉降缝时，其宽度应符合防震缝的要求。

在地震设防烈度为7～9度地区，有下列情况之一时需设防震缝：

1）毗邻房屋立面高差大于6m。

2）房屋有错层且楼板高差大于层高的1/4。

3）房屋毗邻部分结构的刚度、质量截然不同。

防震缝的宽度与房屋高度和抗震设防烈度有关，防震缝宽度应分别符合下列要求：

1）框架结构（包括设置少量抗震墙的框架结构）房屋的防震缝宽度，当高度不超过15m时不应小于100mm；高度超过15m时，6度、7度、8度和9度分别每增加高度5m、4m、3m和2m，宜加宽20mm；

2）框架-抗震墙结构房屋的防震缝宽度不应小于1）项规定数值的70%，抗震墙结构房屋的防震缝宽度不应小于1）项规定数值的50%，且均不宜小于100mm；

3）防震缝两侧结构类型不同时，宜按需要较宽防震缝的结构类型和较低房屋高度确定缝宽。

8.2 变形缝处的结构布置

在建筑物设变形缝的部位，要使两边的结构满足断开的要求，而且要自成系统，一般使用的方法有双墙或双柱、悬挑。

按照建筑物承重系统的类型，变形缝两侧设双墙或双柱。这种做法构造简单，但缝两边的基础产生偏心受力。当变形缝为伸缩缝时，基础不必断开，避免基础偏心受力，如图8-1、图8-2所示。双柱方案变形缝内景实例如图8-3所示，悬挑方案内景实例如图8-4所示。

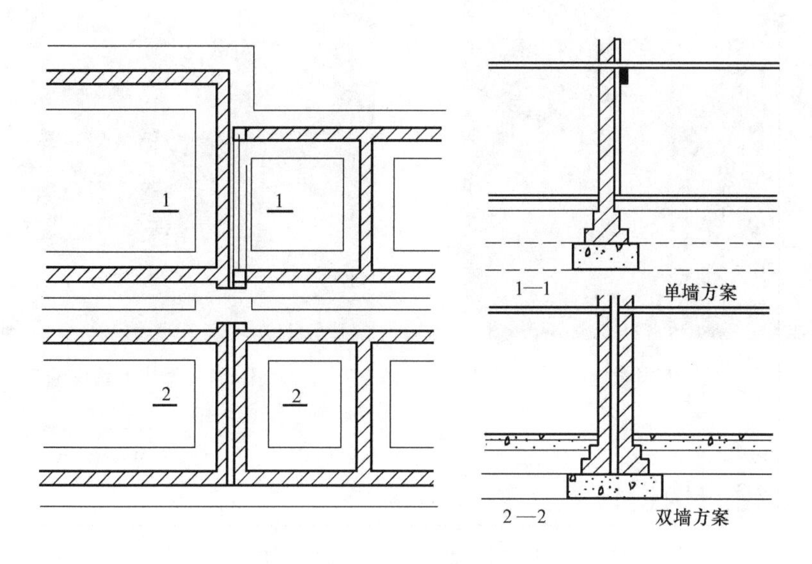

图8-1　承重墙方案

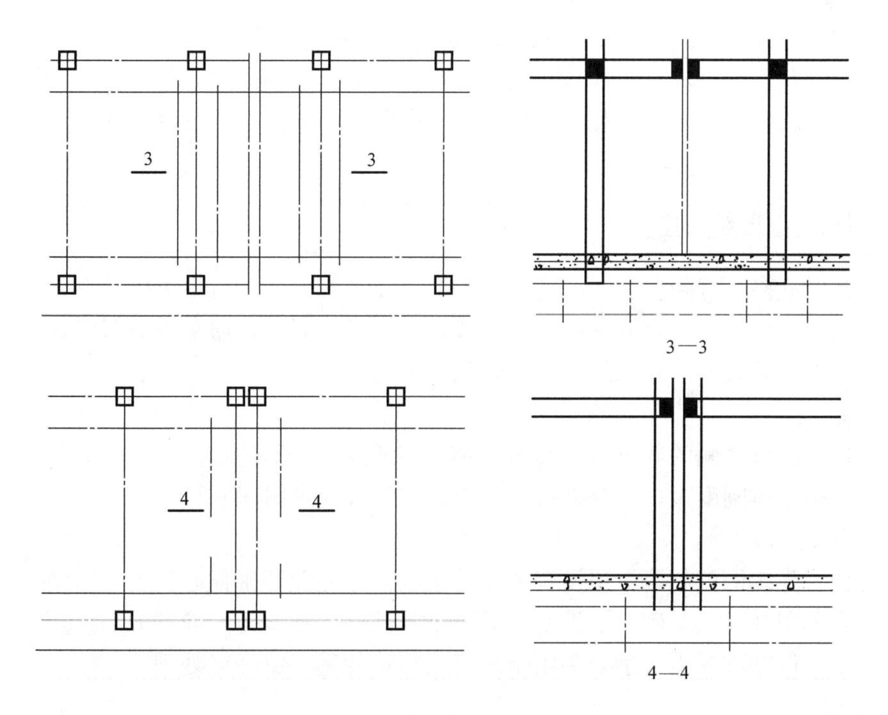

图8-2　框架结构方案

图 8-3　双柱方案设缝实例

图 8-4　悬挑方案设缝实例

8.3　变形缝的构造设置

变形缝构造指建筑物变形缝缝口的做法。它通常取决于建筑物变形缝的种类，与变形缝相关的构配件（如地面、屋面、墙面等）自身的构造做法，及其材料的选择、施工条件等等。

变形缝构造设计应遵循如下原则：能满足各种类型缝的变形的需要；建筑围护结构（屋面、外墙面）的缝口构造，应能阻止外界风、霜、雪、雨对室内的侵袭；缝口的面层处理应符合使用要求，外表美观；此外，抗震设防区的温度缝、沉降缝，必须按防震缝要求设计。

8.3.1　基础变形缝构造

基础变形缝多为沉降缝，适应建筑物各部分在垂直方向的自由沉降变形，避免因不均匀沉降造成相互干扰。沉降缝两侧多设双墙，墙下基础处理，通常采取双墙式基础、交错式基础（又称交叉式基础）和悬挑式基础三种做法。

1. 双墙式

建筑物沉降缝两侧的墙下有各自的基础，双墙方案实例如图 8-1、图 8-5 所示。其构造简单、结构整体刚度大，但基础偏心受力，在沉降变形时相互影响。

2. 交错式

建筑物沉降缝两侧的墙下仍设有各自的基础。为避免基础偏心受力，将墙下基础分段错开布置或采用独立式基础，上设钢筋混凝土基础梁支承墙体，如图 8-6 所示。这种基础虽构造麻烦，但基础受力合理，多用于新建建筑物的基础沉降缝处理。

3. 悬挑式

为保证沉降缝两侧的结构单元自由沉降又互不影响，在沉降缝一侧的墙下做基础，另

图 8-5 双墙式变形缝

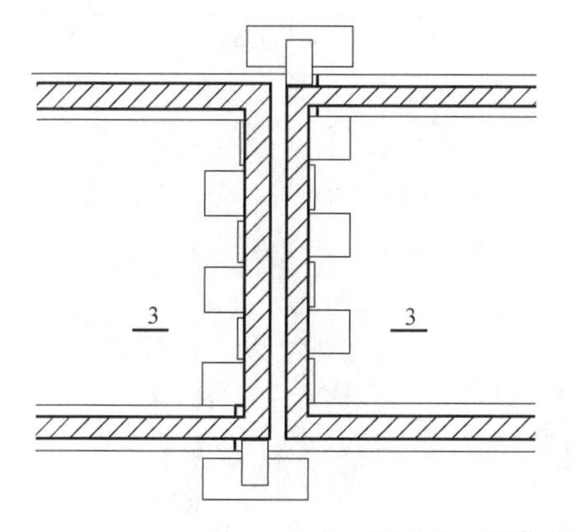

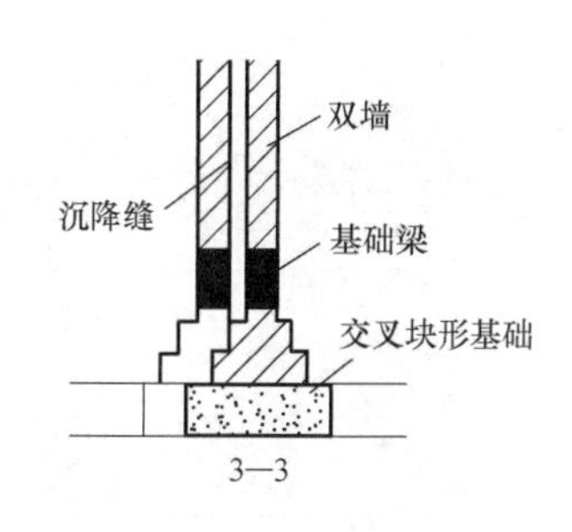

图 8-6 交错式变形缝

一侧墙利用悬挑梁上设钢筋混凝土基础梁支承，如图 8-7 所示。为减轻基础梁上的荷载，墙体宜采用轻质墙体。这种基础多用于沉降缝两侧基础埋置深度相差较大及新旧建筑物交接处的基础沉降缝处理。

8.3.2 地下室变形缝构造

变形缝对地下室工程防水不利，应尽量避免设置；如必须设置变形缝时，应对变形缝处的沉陷量加以适当控制，同时做好墙身、地面变形缝的防水处理。地下室处沉降缝的宽度宜为 20～30mm，伸缩缝的宽度应小于 20mm。变形缝处混凝土结构的厚度不应小于 300mm。

地下室变形缝应满足密封防水、适应变形、施工方便、检修容易等要求。防水构造可采用设置止水带、遇水膨胀止水条、防水嵌缝材料、外贴防水卷材等做法形成多道防水防线。除中埋式止水带必须设置外，根据地下室的防水等级适当选用一至两种其他防水构造措施，如表 8-4 所示，如图 8-8 所示。

止水带按做法分为中埋式、外贴式和可卸式三种。其中，中埋式止水带是在进行结构施工时，在变形缝处预埋止水带；可卸式止水带在变形缝两侧混凝土施工时先预埋铁件，后进行止水带安装。无论哪种止水带，埋设时均应位置准确，中间空心圆环应与变形缝的中心线重合。

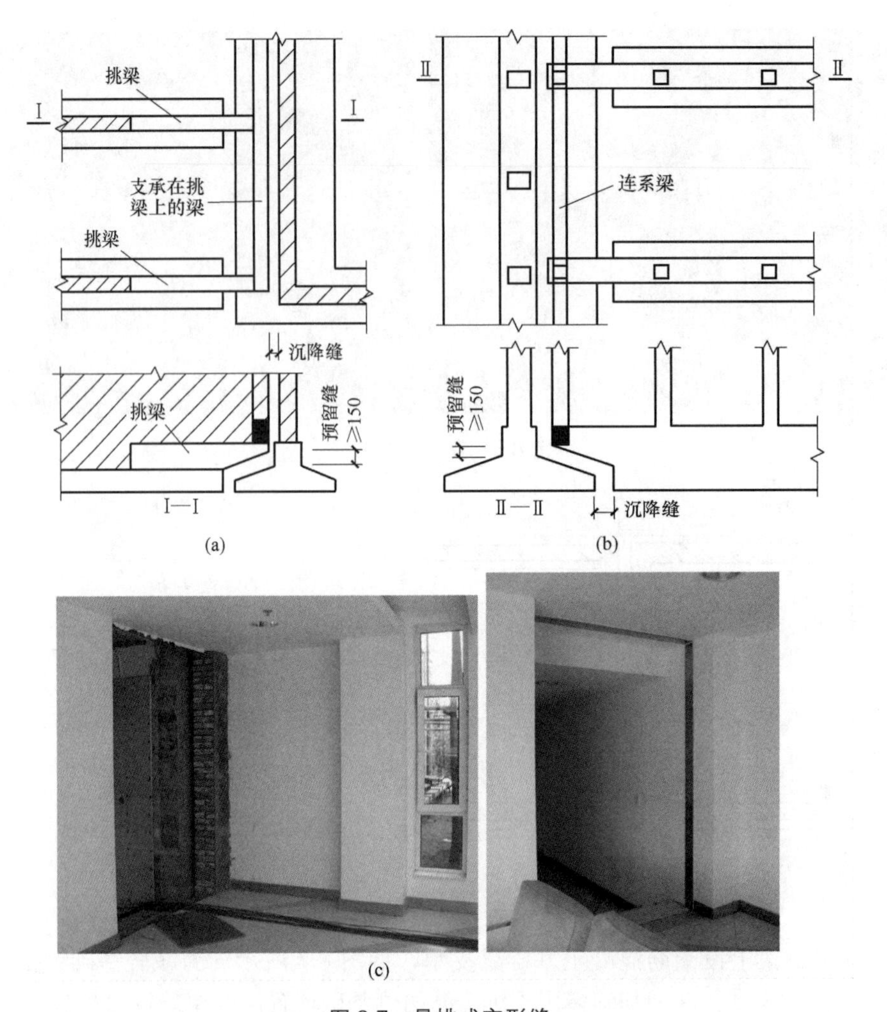

图 8-7 悬挑式变形缝

（a）砖混结构；（b）框架结构；（c）沉降缝实例

明挖法地下防水工程设防 **表 8-4**

防水等级	防水措施						
	中埋式止水带	外贴式止水带	可卸式止水带	防水嵌缝材料	外贴防水卷材	外贴防水涂料	遇水膨胀止水条
一级	应选	应选两种					
二级	应选	应选一至两种					
三级	应选	宜选一直两种					
四级	应选	宜选一种					

止水带按材料分为金属止水带（如镀锌钢板、紫铜片）、橡胶止水带和塑料止水带。金属止水带适应变形能力较差，制作较难，适合于环境温度较高（高于 50℃）的情况；在具有一定加工能力，变形缝变形量不太大时，也可用在一般的温度环境中。遇水膨胀止水条遇水后会发生膨胀，有助于挤密缝隙，对防水有利。

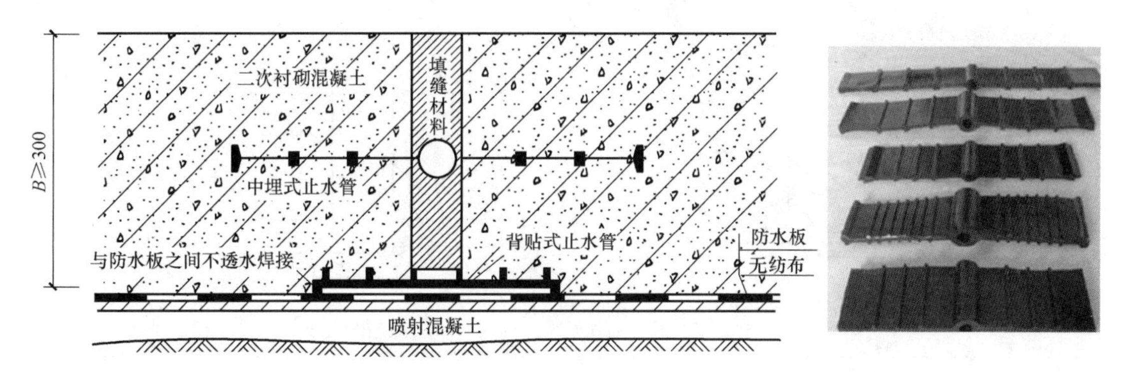

图 8-8 中埋式止水带

嵌缝材料嵌填施工时，缝内两侧应平整、清洁、无渗水，并涂刷与嵌缝材料相溶的基层处理剂；嵌缝时应先设置与嵌缝材料隔离的背衬材料；嵌填应密实，与两侧粘结。地下室变形缝防水构造，如图 8-9 所示。

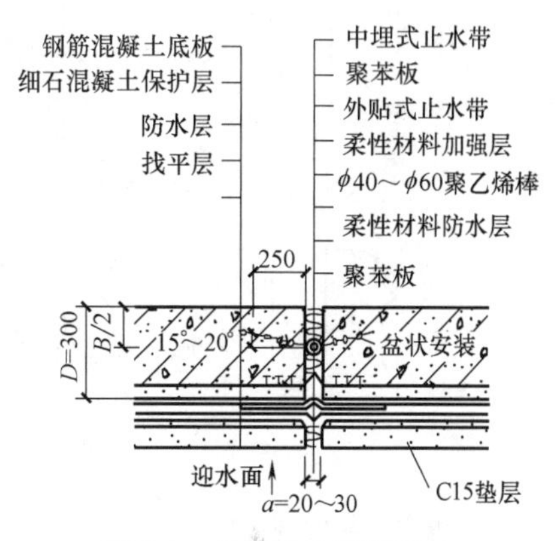

图 8-9 地下室变形缝防水

8.3.3 墙体变形缝构造

伸缩缝应保证建筑构件在水平方向自由变形；沉降缝应满足构件在垂直方向沉降变形；防震缝主要是防地震水平波的影响。三种缝的构造原理基本相同，其构造要点是：依据变形缝要求将建筑构件全部断开，以保证缝两侧自由变形。砖混结构变形处，可采用单墙或双墙承重方案，框架结构可采用悬挑方案。变形缝应力求隐蔽，如设置在平面形状有变化处，还应在结构上采取措施，防止风雨对室内的侵袭。

变形缝的形式因墙厚、材料等不同可做成平缝、借口缝、企口缝和凹凸缝等，如图 8-10 所示。

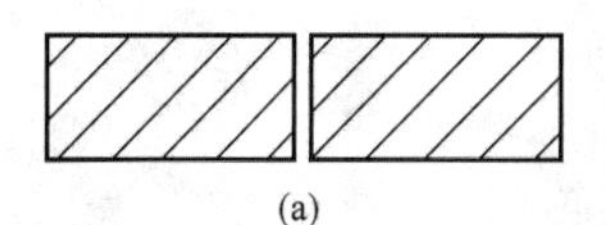
(a)
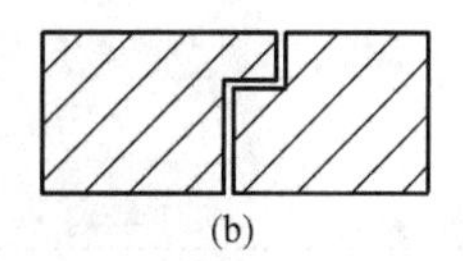
(b)
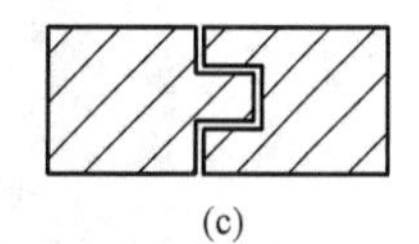
(c)

图 8-10 墙体变形缝的形式

(a) 平缝；(b) 错口缝；(c) 企口缝

外墙变形缝应保证自由变形，并防止风雨影响室内，常用浸沥青的麻丝填嵌缝隙，当变形缝宽度较大时，缝口可采用镀锌铁皮或铝板盖缝调节；内墙变形缝着重表面处理，可采用木条或铝合金盖缝。盖缝条仅一边固定在墙上，允许自内移动，如图 8-11 所示。

8.3.4 楼地面、顶棚变形缝构造

民用建筑楼地层变形缝的位置和缝宽大小应与墙体、屋顶变形缝一致，缝内应用可压缩变形的材料（如沥青麻丝、油膏、橡胶、金属或塑料调节片）做密封处理，上铺活动盖

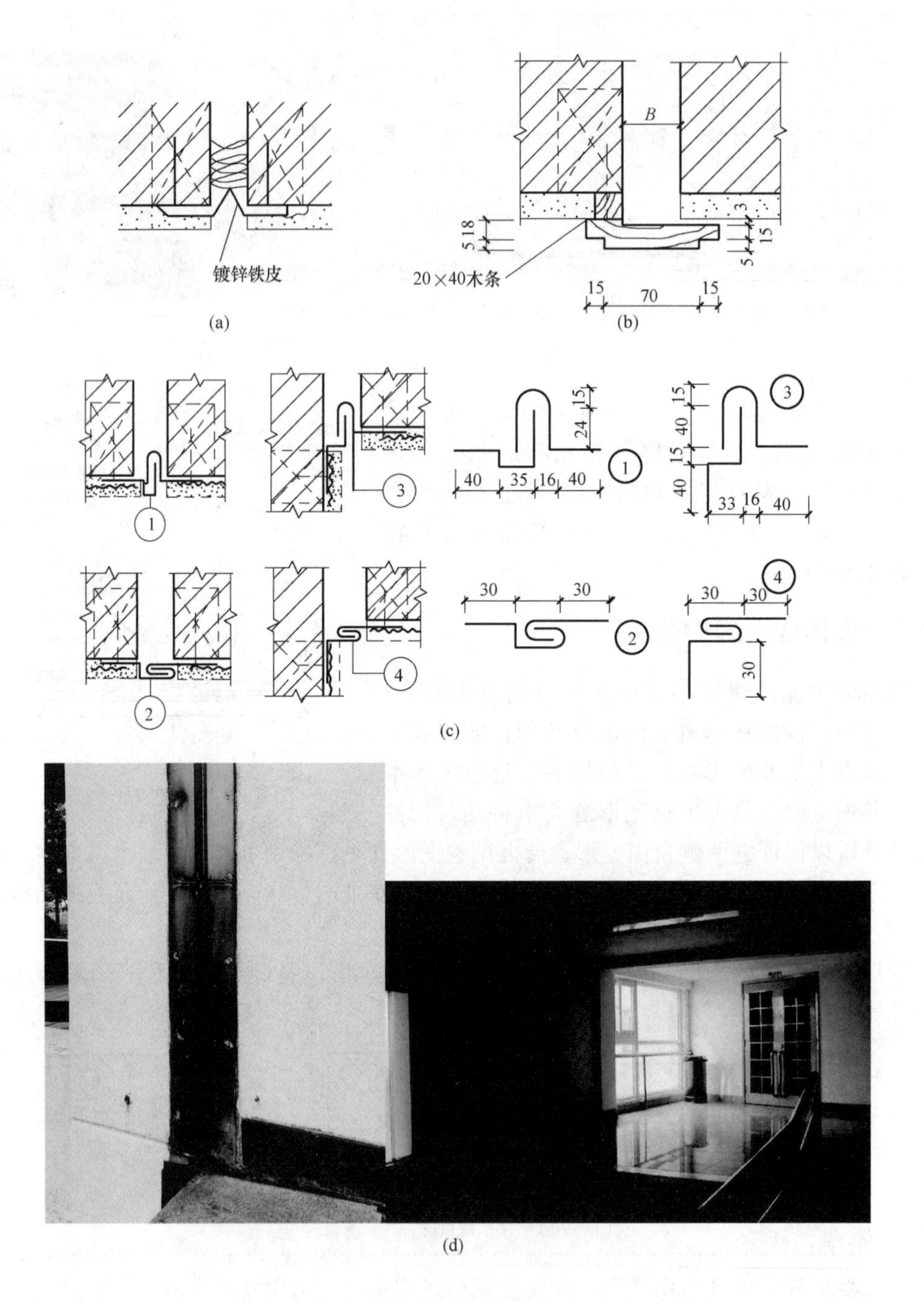

图 8-11　墙体盖缝
(a) 墙伸缩缝外表面盖缝；(b) 墙内表面盖缝；
(c) 墙沉降缝外表面盖缝；(d) 墙体变形缝盖缝实例

板或橡、塑地板等地面材料，以保证地面平整、光洁、防滑、防水及防尘等要求。顶棚的盖缝条只固定一侧，使构件能自由变形，如图 8-12、图 8-13 所示。顶棚变形缝构造如图 8-14 所示。

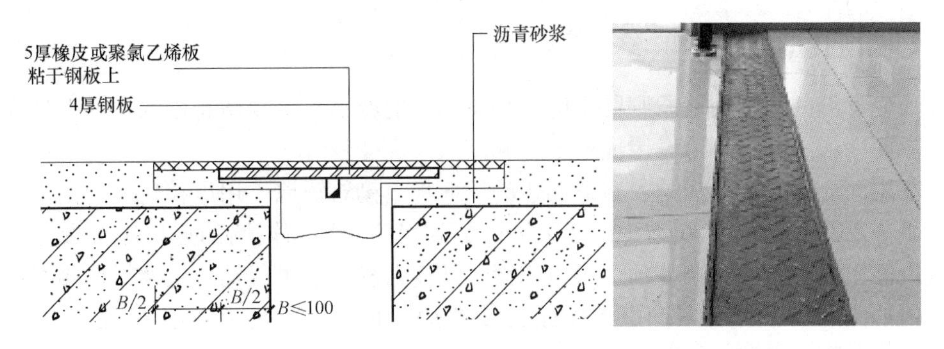

图 8-12　楼面盖缝

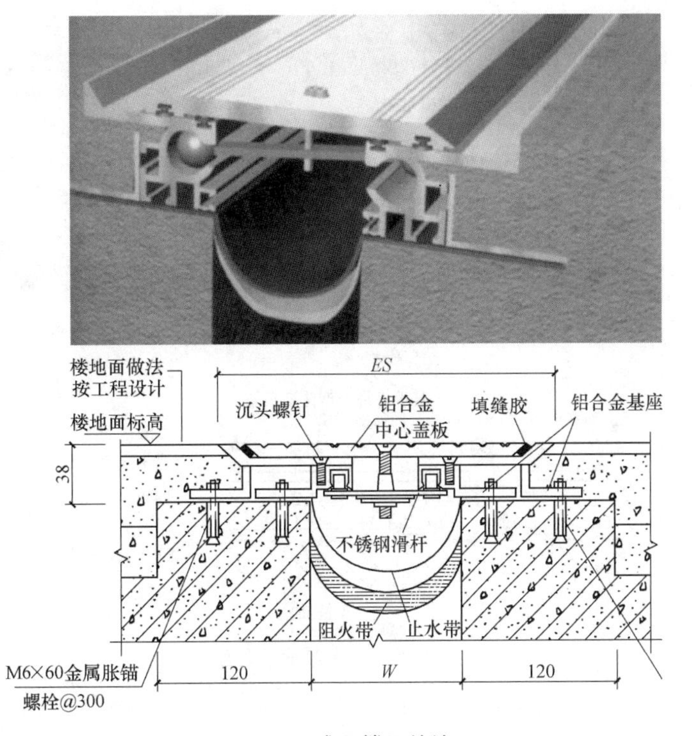

图 8-13　成品楼面盖缝

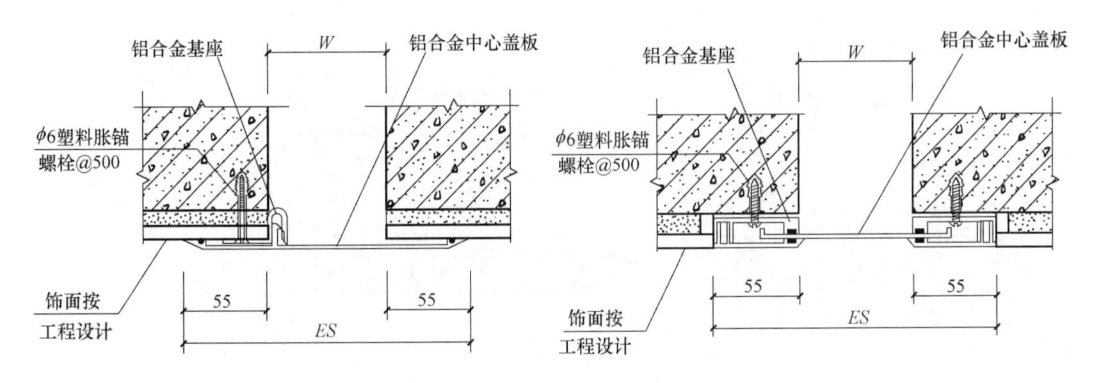

图 8-14　顶棚变形缝

8.3.5 屋顶变形缝构造

屋面变形缝的构造处理原则既不能影响屋面处的变形，又要防止雨水从变形处渗入到室内。屋面变形缝分为：等高屋面变形缝和高低屋面变形缝。

等高屋面变形缝的做法是：在缝两边的屋面板上砌筑矮墙，用以挡住屋面雨水。矮墙的高度不小于250mm，宽度为半砖墙。屋面的卷材防水层与矮墙的连接做法参考泛水处理，缝内嵌填沥青麻丝。矮墙顶部可以用镀锌铁皮盖缝，也可以铺一层卷材后用混凝土盖板压顶，如图8-15所示。等高上人屋面变形缝因使用要求一般不设矮墙，此时应切实做好防水，避免雨水渗漏，如图8-16所示。

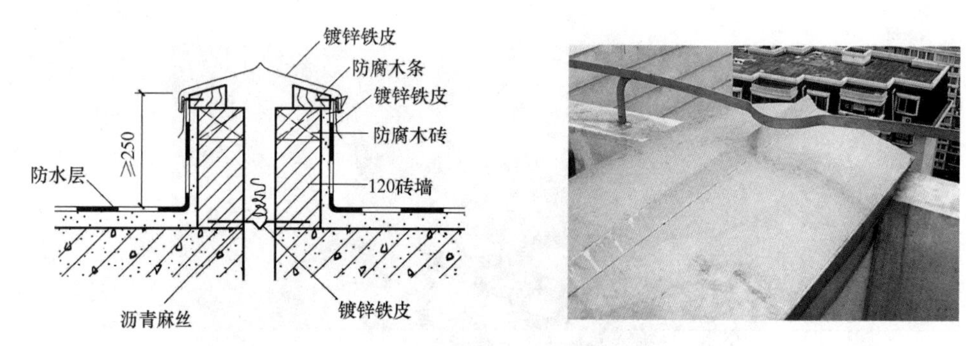

图8-15 等高屋面平接变形缝

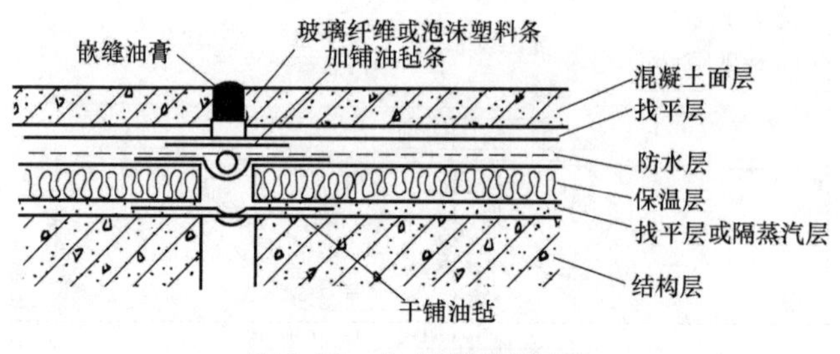

图8-16 上人屋面变形缝

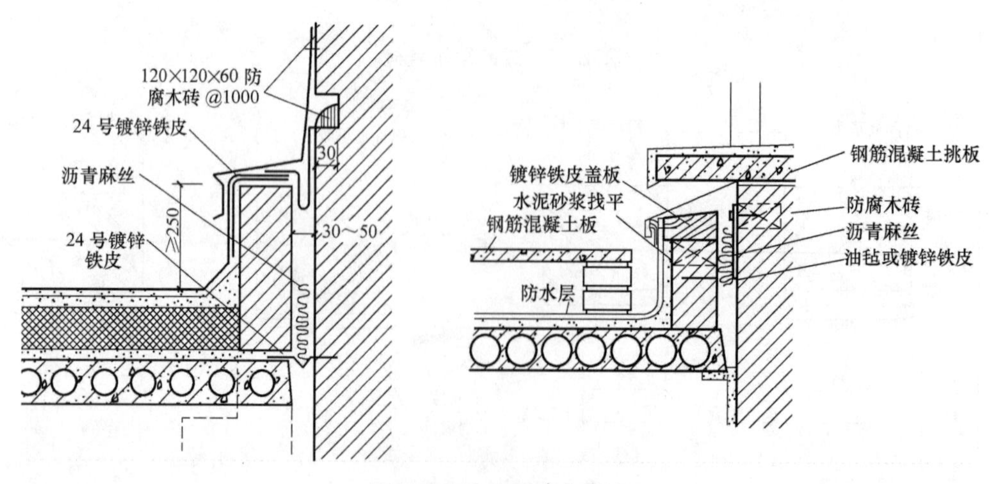

图8-17 高低屋面变形缝

高低屋面变形缝则是在低侧屋面板上砌筑矮墙。当变形缝宽度较小时，可用镀锌铁皮盖缝并固定在高侧墙上，做法同泛水构造；也可以从高侧墙上悬挑钢筋混凝土板盖缝，如图 8-17 所示。

目前，一些大型公共建筑和工业建筑采用成品化的建筑变形缝装置。它是由铝合金型材、铝合金板或不锈钢板、不锈钢滑杆及橡胶嵌条等组成的集实用性和装饰性于一体的工业化产品，适用于建筑物的地面、内外墙、顶棚和吊顶、屋面等部位的变形缝处理，设计时可从《变形缝建筑构造》04CJ01 图集中直接选用。

本章小结

本章主要介绍了变形缝的定义、作用、类型、设置要求及变形缝的构造。变形缝构造处理是本章的重点内容。

思考与练习题

8-1　什么是变形缝？为什么要设置变形缝？

8-2　变形缝有哪几种形式？

8-3　什么是伸缩缝？伸缩缝的宽度如何确定？

8-4　什么情况下需要设置沉降缝？其宽度如何确定？

8-5　什么是抗震缝？哪些情况下需要设置抗震缝？

8-6　变形缝的结构布置有哪些处理方式？

8-7　简图表达基础、地下室、墙体、地面及屋顶变形缝的构造做法。

第 9 章　预制装配式建筑

本章要点及学习目标

本章要点：
(1) 装配式建筑的特点及类型；
(2) 板材装配式建筑主要构件和节点构造；
(3) 钢筋混凝土骨架和轻钢骨架装配式建筑主要构件和节点构造；
(4) 盒子建筑的类型和组装方式。
学习目标：
(1) 熟悉板材装配式建筑主要构件和节点构造；
(2) 熟悉钢筋混凝土骨架和轻钢骨架装配建筑结构体系的特点及构造；
(3) 了解盒子建筑的类型和组装方式。

9.1　预制装配式建筑的特点及类型

9.1.1　预制装配式建筑的特点

装配式建筑是指用预制构件在工地装配而成的建筑，其优点是能够加快建设速度，降低劳动强度，减少人工消耗，提高施工质量。预制装配式建筑的基本特征主要表现在设计标准化、构件工厂化、运输专业化、施工机械化、管理科学化五个方面。设计标准化是建筑工业化的前提条件，它主要是将房屋的主要构配件按模数设计，批量生产；运输专业化是装配式建筑的关键环节，特别是对大型构件的运输，尤为重要，构件工厂化是指建立完整的预制加工企业，形成施工现场的技术后方，提高施工速度；施工机械化是建筑工业化的核心；管理科学化是实现建筑工业化的保证，只有以科学的管理组织来协调，工业化生产才能避免混乱。构件越标准，生产效率越高，相应的构件成本就会下降，配合工厂的数字化管理，整个装配式建筑的性价比会越来越高。

9.1.2　预制装配式建筑的类型

预制装配式建筑把大量的建筑构件由车间生产加工完成，构件种类主要有：外墙板、内墙板、叠合板、阳台、空调板、楼梯、预制梁、预制柱等，现场装配大大减少现浇作业。建筑类型主要有：砌块建筑、装配板材建筑、装配框架结构建筑、盒子建筑，如图 9-1 所示。

(a) (b) (c) (d)

图 9-1 预制装配式建筑示例

（a）砌块建筑；（b）装配板材建筑；（c）装配框架结构建筑；（d）盒子建筑

9.2 砌块建筑

砌块建筑是用预制的块状材料砌成墙体的装配式建筑，如图 9-1（a）所示，适于建造 3～5 层建筑，如提高砌块强度或配置钢筋，还可适当增加层数。砌块建筑适应性强，生产工艺简单，施工简便，造价较低，还可利用地方材料和工业废料。根据砌块规格，建筑砌块有小型、中型、大型之分：小型砌块适于人工搬运和砌筑，工业化程度较低，灵活方便，使用较广；中型砌块可用小型机械吊装，可节省砌筑劳动力；大型砌块现已被预制大型板材所代替。

根据砌块结构构造，砌块有实心和空心两类，实心砌块较多采用轻质材料制成。砌块的接缝是保证砌体强度的重要环节，一般采用水泥砂浆砌筑，小型砌块还可用套接而不用砂浆的干砌法，减少施工中的湿作业。有的砌块表面经过处理，可作清水墙。

9.3 板材装配式建筑

板材装配式建筑，又称大板建筑，是由预制的大型内外墙板、楼板和屋面板等板材装配而成，建筑内的设备常采用集中的室内管道配件或盒式卫生间等，以提高装配化的程度。板材建筑可以减轻结构重量，提高劳动生产率，扩大建筑的使用面积和防振能力，如图 9-2 所示。

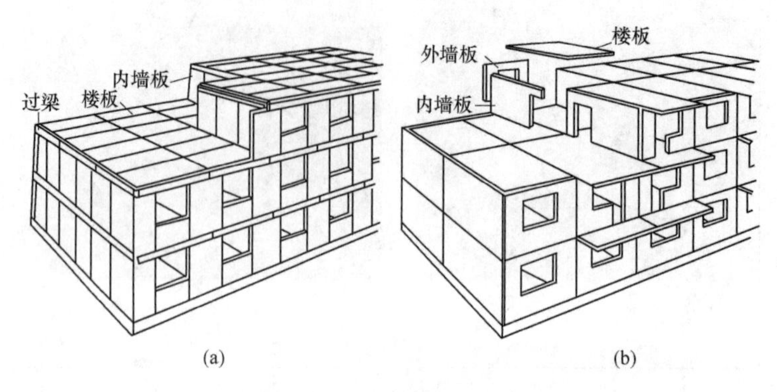

图 9-2 板材装配式建筑组合示意

（a）中型板材；（b）大型板材

9.3.1 装配式板材建筑的结构体系

装配式板材建筑的结构体系主要有：横向墙板承重，纵向墙板承重，纵、横内墙板承重和部分梁柱承重体系等，如图 9-3 所示。

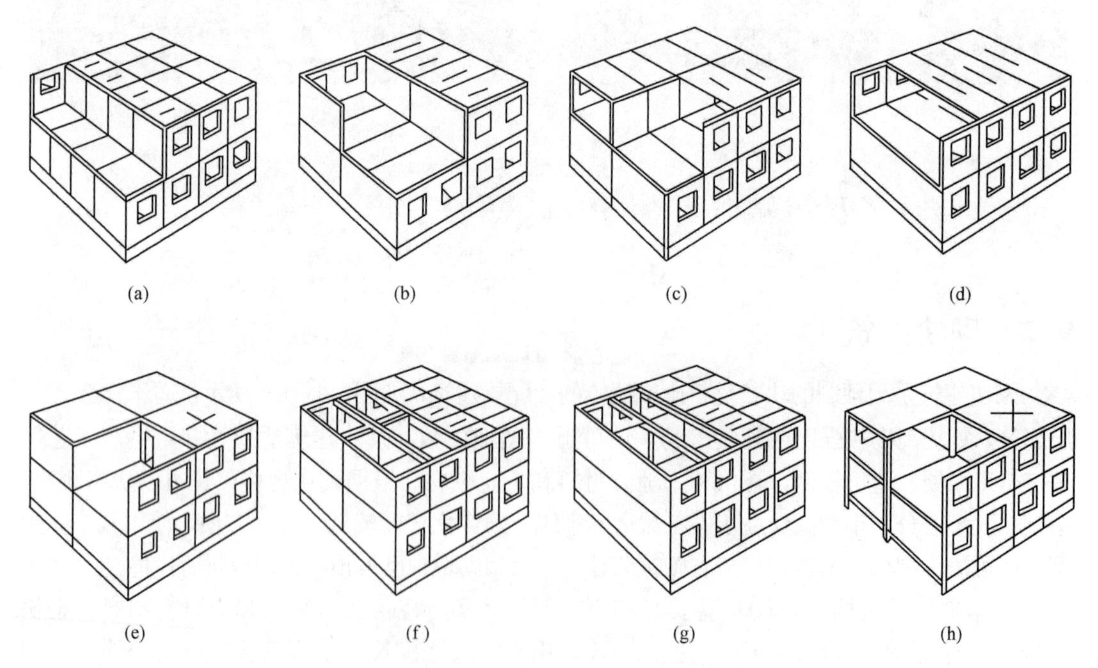

图 9-3 板材装配式建筑的结构体系

（a）横向承重（小跨度）；（b）横向承重（大跨度）；（c）纵向承重（小跨度）；（d）纵向承重（大跨度）；（e）双向承重；（f）内墙板搁大梁承重；（g）内骨架承重；（h）楼板四点搁置，内柱承重

1. 横向墙板承重体系

横向墙板承重体系是将楼板搁置在横墙上，如图 9-3（a）、（b）所示。这种体系的结

构刚度大，整体性好，但承重墙较密，对建筑平面限制较大。横向墙板承重体系主要适用于住宅、宿舍、公寓等小开间建筑。

2. 纵向墙板承重体系

纵向墙板承重体系是将楼板搁置在纵墙上，如图 9-3（c）、（d）所示。这种结构体系的结构刚度和整体性较横墙承重体系小，需间隔一定距离设横向剪力墙拉结，其优势在于纵向墙板承重体系对建筑平面限制较小，内部分隔灵活。

3. 纵、横内墙板承重体系

纵、横内墙板承重体系是将楼板的四边搁置在纵、横两个方向的墙板上，如图 9-3（e）所示。这种结构形式的墙为井格式，房间的平面尺寸受到限制，房间布置不灵活。

4. 部分梁柱承重体系

这种承重体系是利用纵墙上搁置横梁，如图 9-3（f）所示，也可把内纵墙局部改为内柱，使柱与梁结合，形成内骨架结构形式，如图 9-3（g）所示，甚至也可采用四点搁置的楼板，省去横梁的形式，如图 9-3（h）所示。

9.3.2 装配式板材建筑的主要构件

预制板材一般包括外墙板、内墙板、隔墙板、楼板及屋面板等。预制墙板如图 9-4 所示。

(a)

(b)

图 9-4 预制墙板

（a）预制外墙板吊装；（b）预制墙板固定组装

1. 外墙板

外墙板多为带有保温层的钢筋混凝土复合板，也可用轻骨料混凝土、泡沫混凝土或大孔混凝土等制成带有外饰面的墙板。当房屋高度不大于 10m 且不超过 3 层时，预制剪力墙截面厚度不应小于 120mm；当房屋超过 3 层时，预制剪力墙截面厚度不宜小于 140mm。

2. 内墙板

板材建筑的内墙板多为钢筋混凝土的实心板或空心板。横向内墙板通常是建筑物的主要承重构件，常采用单一材料的实心板，如混凝土板、粉煤灰矿渣混凝土板、振动砖墙板等。

3. 隔墙板

隔墙板主要用于建筑内部房间的隔墙，一般没有承重要求。为了减轻自重，提高隔声效果和防火、防潮性能，常选择加气混凝土、泡沫混凝土、碳化石灰板、石膏板等。

4. 楼板与屋面板

图 9-5　楼板与屋面板的形式

大板建筑中的楼板与屋面板一般为钢筋混凝土板。板的形式有实心板、空心板、肋形板等，如图 9-5 所示。

当房屋层数不大于 3 层时，楼面可采用预制楼板。当房屋层数大于 3 层时，屋面和楼面宜采用叠合楼板，叠合板应按现行国家标准《混凝土结构设计规范》GB 50010 进行设计，并应符合下列规定：

（1）叠合板的预制板厚度不宜小于 60mm，后浇混凝土叠合层厚度不应小于 60mm；

（2）当叠合板的预制板采用空心板时，板端空腔应封堵；

（3）跨度大于 3m 的叠合板，宜采用桁架钢筋混凝土叠合板；

（4）跨度大于 6m 的叠合板，宜采用预应力混凝土预制板；

（5）板厚大于 180mm 的叠合板，宜采用混凝土空心板。

叠合板可根据预制板接缝构造、支座构造、长宽比按单向板或双向板设计。当预制板之间采用分离式接缝时，如图 9-6（a）时，宜按单向板设计。对长宽比不大于 3 的四边支承叠合板，当其预制板之间采用整体式接缝或无接缝时，如图 9-6（b）、（c）所示，可按双向板设计。

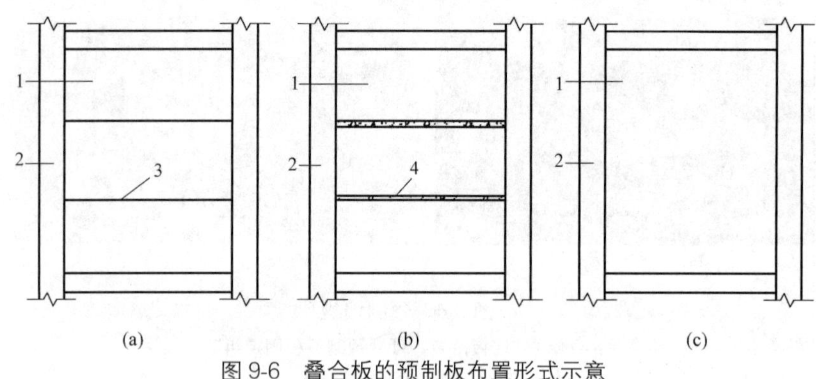

图 9-6　叠合板的预制板布置形式示意

（a）单向叠合板；（b）带接缝双向叠合板；（c）无接缝双向叠合板

1—预制板；2—梁或墙；3—板侧分离式接缝；4—板侧整体式接缝

9.3.3　装配式板材建筑的节点构造

1. 楼板之间连接构造

单向叠合板板侧的分离式接缝宜配置附加钢筋，如图 9-7 所示，而且应满足接缝处紧邻预制板顶面设置垂直于板缝的附加钢筋，附加钢筋伸入两侧后浇混凝土叠合层的锚固长度不应小于 15d（d 为附加钢筋直径）；附加钢筋截面面积不宜小于预制板中该方向钢筋面积，钢筋直径不宜小于 6mm、间距不宜大于 250mm。

双向叠合板板侧的整体式接缝宜设置在叠合板的次要受力方向上且宜避开最大弯矩截面。接缝可采用后浇带形式，并应符合下列规定：

（1）后浇带宽度不宜小于 200mm；

（2）后浇带两侧板底纵向受力钢筋可在后浇带中焊接、搭接连接、弯折锚固；

（3）当后浇带两侧板底纵向受力钢筋在后浇带中弯折锚固时，如图 9-8 所示，应符合下列规定：

1）叠合板厚度不应小于 $10d$，且不应小于 120mm（d 为弯折钢筋直径的较大值）；

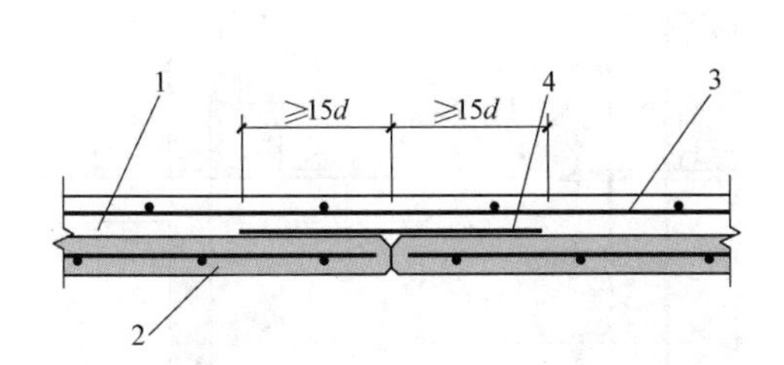

图 9-7　单向叠合板板侧分离式拼缝构造示意
1—后浇混凝土叠合层；2—预制板；
3—后浇层内钢筋；4—附加钢筋

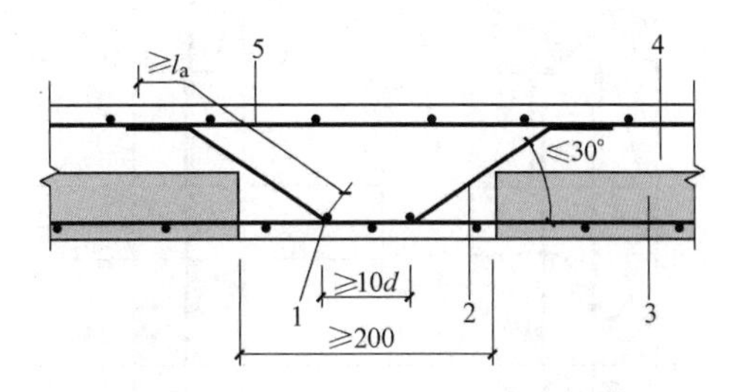

图 9-8　双向叠合板整体式接缝构造示意
1—通长构造钢筋；2—纵向受力钢筋；3—预制板；
4—后浇混凝土叠合层；5—后浇层内钢筋附加钢筋

2）接缝处预制板侧伸出的纵向受力钢筋应在后浇混凝土叠合层内锚固，且锚固长度不应小于 l_a（l_a 具体长度参照相关图集、规范）；两侧钢筋在接缝处重叠的长度不应小于 $10d$，钢筋弯折角度不应大于 30°，弯折处沿接缝方向应配置不少于 2 根通长构造钢筋，且直径不应小于该方向预制板内钢筋直径。

2. 墙板之间的连接

预制剪力墙水平接缝连接节点的做法有：钢筋套筒灌浆连接、钢筋浆锚搭接连接、钢筋焊接连接、预埋件焊接连接。

套筒灌浆连接是指在下层预制剪力墙中设置竖向连接钢筋，与上层预制剪力墙内的连接钢筋通过套筒灌浆连接，如图 9-9 所示。

浆锚搭接连接时，可在下层预制剪力墙中设置竖向连接钢筋，与上层预制剪力墙内的连接钢筋通过浆锚搭接连接，如图 9-10 所示。

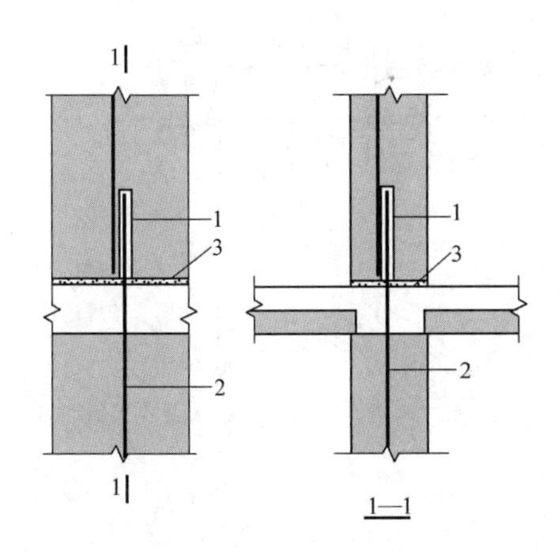

图 9-9　连接钢筋套筒灌浆连接构造示意
1—钢筋套筒灌浆连接；2—连接钢筋；3—坐浆层

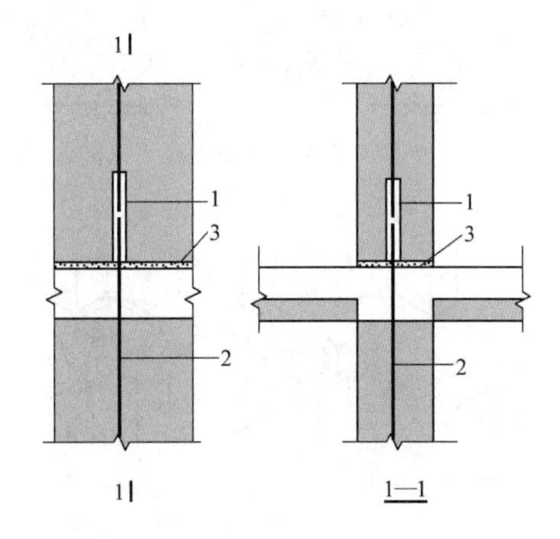

图 9-10　连接钢筋浆锚搭接连接构造示意
1—钢筋浆锚搭接连接；2—连接钢筋；3—坐浆层

钢筋焊接连接是将墙板中的预埋铁件焊接在一起并浇灌细石混凝土而连接，如图 9-11所示。

预焊钢板焊接连接是在下层预制剪力墙中设置竖向连接钢筋，与在上层预制剪力墙中设置的连接钢筋底部预焊的连接用钢板焊接连接，如图 9-12 所示。

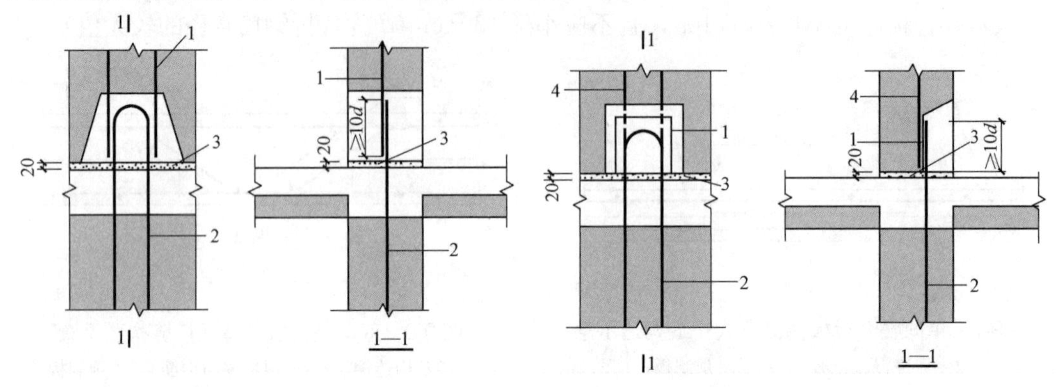

图 9-11 连接钢筋焊接连接构造示意

1—上层预制墙体连接钢筋；2—下层预制墙体连接钢筋；3—坐浆层

图 9-12 连接钢筋预焊钢板连接构造示意

1—预焊钢板；2—下层预制墙体连接钢筋；3—坐浆层；4—上层预制墙体连接

3. 楼板与墙板之间的连接

楼板在墙板上的搁置长度应不小于 60mm，当墙厚不能满足搁置长度要求时，可设置挑耳，板端后浇混凝土接缝宽度不宜小于 50mm，接缝内应配置连续的通长钢筋，钢筋直径不应小于 8mm。当板端伸出锚固钢筋时，两侧伸出的锚固钢筋应互相可靠连接，并应与支承墙伸出的钢筋、板端接缝内设置的通长钢筋拉结。当板端不伸出锚固钢筋时，应沿板跨方向布置连系钢筋，连系钢筋直径不应小于 10mm，间距不应大于 600mm，连系钢筋应与两侧预制板可靠连接，并应与支承墙伸出的钢筋、板端接缝内设置的通长钢筋拉结，如图 9-13 所示。

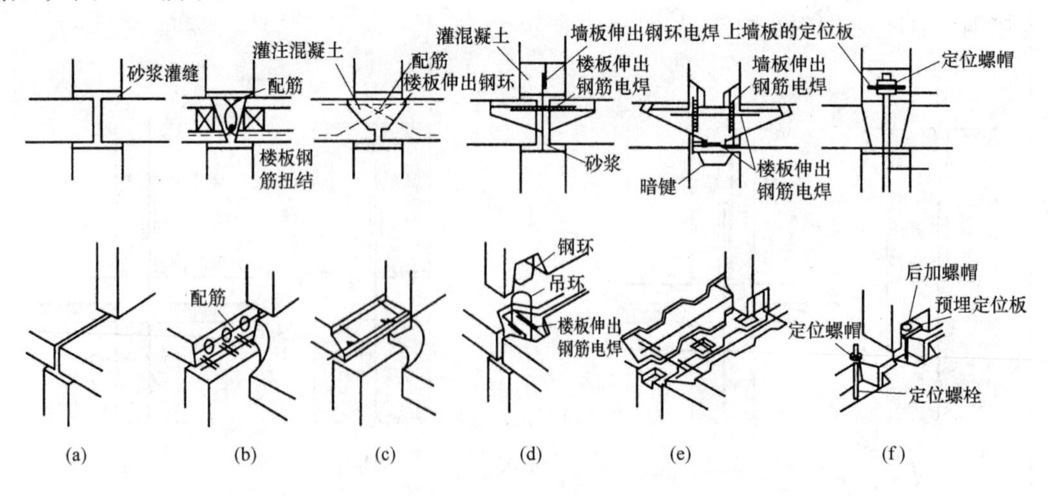

图 9-13 楼板与墙板的连接

(a) 平缝砂浆灌缝；(b) 楼板伸出钢筋并加筋灌缝连接；(c) 楼板伸出环筋连接；(d) 楼板伸出钢筋电焊；(e) 卡口楼板伸出钢筋电焊；(f) 墙板伸出螺栓上下定位并连接

4. 外墙板接缝处构造

预制外墙板的各类接缝设计应构造合理、施工方便、坚固耐久，并结合本地材料、制作及施工条件进行综合考虑。

预制外墙板的板缝处应保持墙体保温性能的连续性。对于夹心外墙板，当内叶墙体为承重墙板，相邻夹心外墙板间浇筑有后浇混凝土时，在夹心层中保温材料的接缝处，应选用A级不燃保温材料，如岩棉等填充。

预制外墙板的接缝及门窗洞口等防水薄弱部位宜采用材料防水和构造防水相结合的做法，材料防水是指在外墙板接缝内填塞防水材料，以阻止雨水进入缝内，常用的防水材料有耐候密封胶、细石混凝土等；构造防水是改善外墙板的形状，构成滴水、挡水台阶、企口、空腔等各种防水构造，以阻止雨水向室内渗漏，如图 9-14 所示。接缝主要有水平缝和垂直缝，应符合下列规定：

（1）墙板水平接缝宜采用高低缝或企口缝构造；

（2）墙板竖缝可采用平口或槽口构造；

（3）当板缝空腔需设置导水管排水时，板缝内侧应增设气密条密封构造。

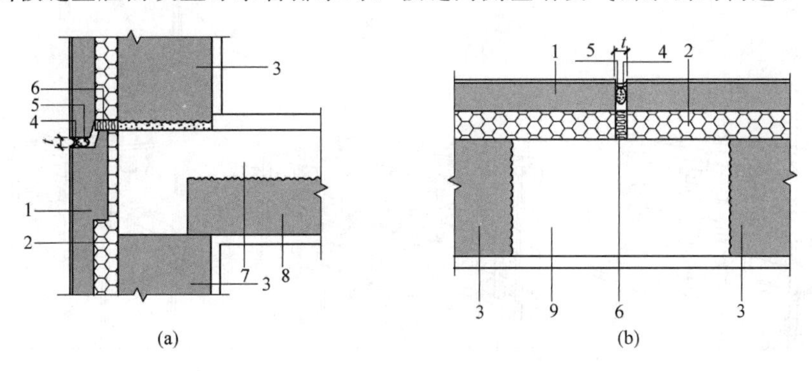

图 9-14 预制承重夹心外墙板接缝构造示意

（a）水平缝；（b）垂直缝

1—外叶墙板；2—夹心保温层；3—内叶承重墙板；4—建筑密封胶；5—发泡芯棒；6—岩棉；7—叠合板后浇层；8—预制楼板；9—边缘构件后浇混凝土

9.4 骨架装配式建筑

骨架装配式建筑是由预制的骨架和板材组成。其承重结构一般有两种形式：一种是由柱、梁组成承重框架，再搁置楼板和非承重的内外墙板的框架结构体系；另一种是柱子和楼板组成承重的板柱结构体系，内外墙板是非承重的。承重骨架分为钢筋混凝土和钢骨架，一般多为钢筋混凝土结构，钢结构常用于轻型装配式建筑中。骨架装配建筑结构合理，可以减轻建筑物的自重，内部分隔灵活，适用于多层和高层的建筑。

9.4.1 钢筋混凝土骨架装配式建筑

钢筋混凝土框架结构体系的建筑有预制装配式、装配整体式两种。预制装配式的框架最简单的结构形式是每层一柱，每跨一梁。装配整体式框架，这种结构的梁常预制成 T

形或梯形断面，以搁置预制楼板。保证这类建筑的结构具有足够的刚度和整体性的关键是构件连接。柱与基础、柱与梁、梁与梁、梁与板等的节点连接，应根据结构的需要和施工条件，通过计算进行设计和选择。节点连接的方法，常见的有榫接法、焊接法、牛腿搁置法和预留筋现浇成整体的叠合法等。

1. 预制装配式钢筋混凝土骨架结构体系

（1）横向框架

横向框架是由柱和梁组成横向承重框架，纵向可设连系梁，也可不设连系梁直接用楼板连系，分为预制装配式和装配整体式，如图 9-15 所示。

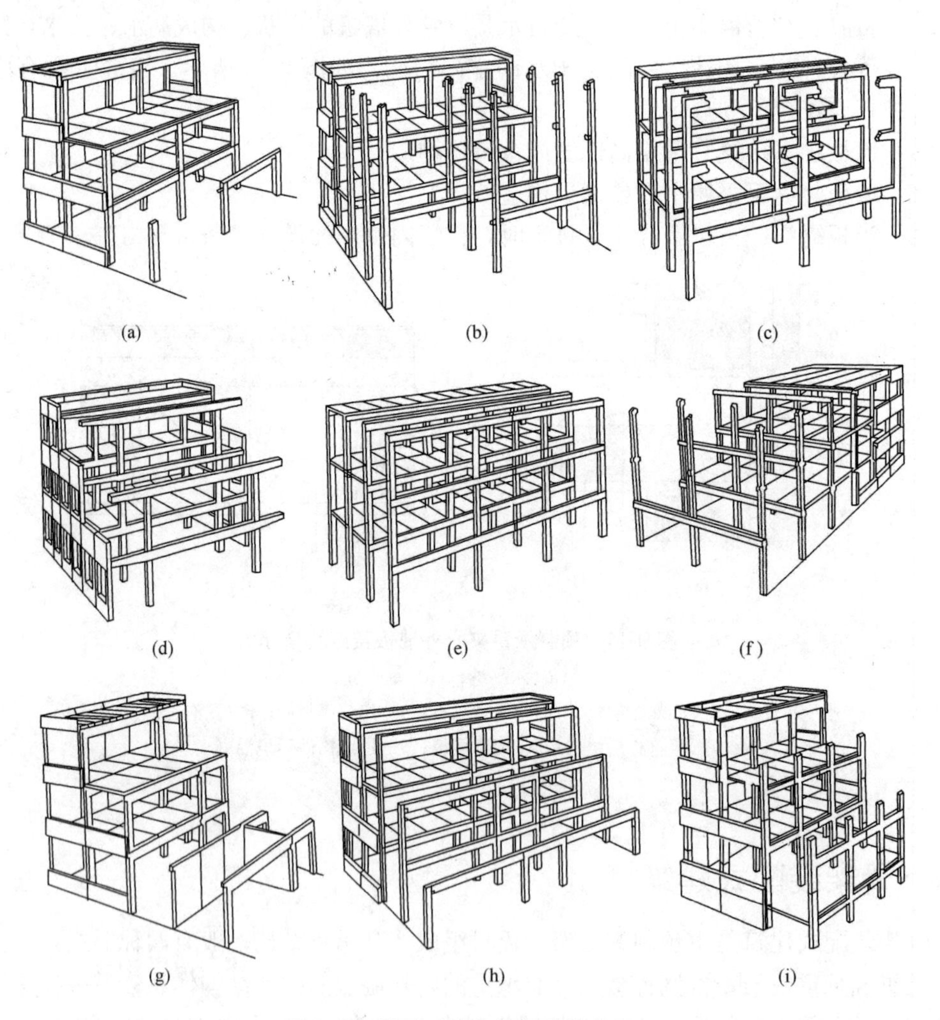

图 9-15　装配式横向框架结构体系

(a) 逐层短柱，单跨梁，牛腿支承；(b) 多层通长柱，单跨梁，牛腿支承；(c) 多层通长柱，简支梁，悬臂牛腿支承；(d) 逐层短柱，双向悬臂梁；(e) 逐层短柱，单向悬壁梁；(f) 多层通长柱，双梁双跨，牛腿支承；(g) 门形、L 形刚架组合；(h) 中间刚架，双侧逐层梁和柱组合；(i) 土字形梁和柱组合框架

（2）纵向框架

纵向框架是由梁和柱组成纵向承重框架，横向可设置或不设置连系梁。一般比横向框架采用的柱距大，使建筑设计的纵向分间较灵活，如图 9-16 所示。

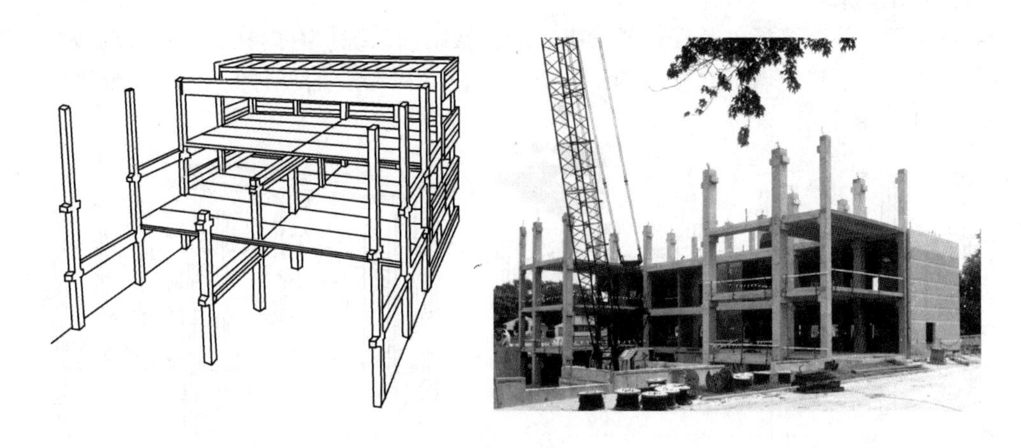

图 9-16 装配式纵向框架结构形式

(3) 板柱体系

板柱体系是预制楼板和柱子组合的结构系统，如图 9-17 所示。一般楼板四个支点搁置。短柱往往采用四周挑牛腿，形成支承楼板的平台，再用钢筋锚接或焊接浇成整体；短柱也可以不挑牛腿，把楼板搁在上下柱之间，楼板及上下柱留孔，将钢筋插入，灌砂浆锚固。长柱可制作成双面牛腿搁置，也可预埋钢焊接钢牛腿搁置楼板。

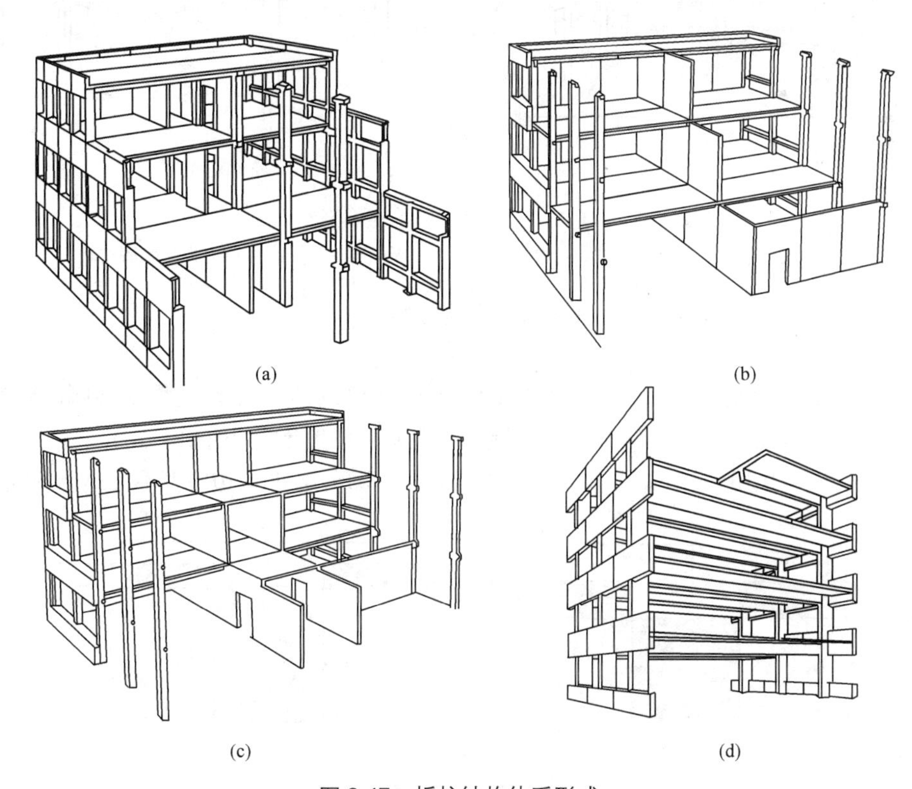

图 9-17 板柱结构体系形式

(a) 内柱与外墙板组合；(b) 外柱与内墙板组合；

(c) 外柱与两道内墙板的组合；(d) 与窗肚墙结合的外柱与 T 形楼板的组合

（4）部分骨架

部分柱子和部分墙板以及楼板或梁组成的骨架结构系统，有内柱、承重外墙板和楼板的组合；外柱、承重内墙板和楼板的组合；柱与窗肚板结合的外柱与 T 形大跨楼板的组合等，如图 9-18 所示。

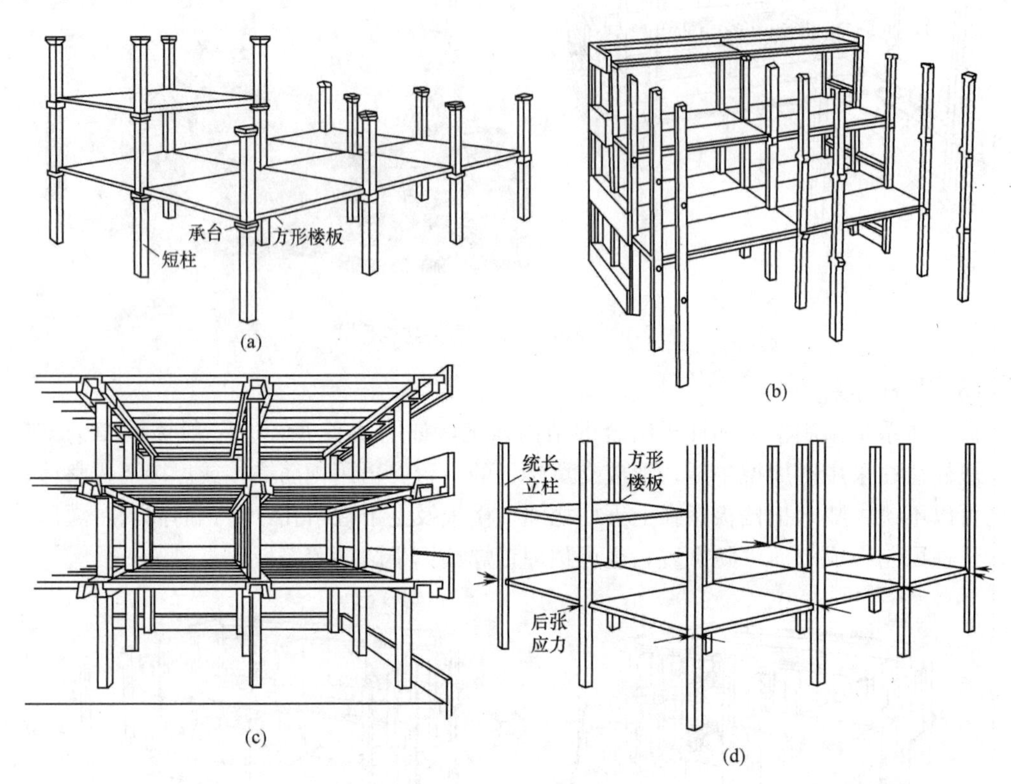

图 9-18 部分骨架结构组合形式

（a）短柱承台式；（b）长柱大跨楼板；（c）长柱板梁式；（d）后张应力板柱摩擦支承

2. 装配整体式钢筋混凝土骨架结构体系构造设计

（1）叠合梁构造

装配整体式框架结构中，当采用叠合梁时，框架梁的后浇混凝土叠合层厚度不宜小于 150mm，如图 9-19（a）所示，次梁的后浇混凝土叠合层厚度不宜小于 120mm；当采用凹口截面预制梁时，如图 9-19（b）所示，凹口深度不宜小于 50mm，凹口边厚度不宜小于 60mm。

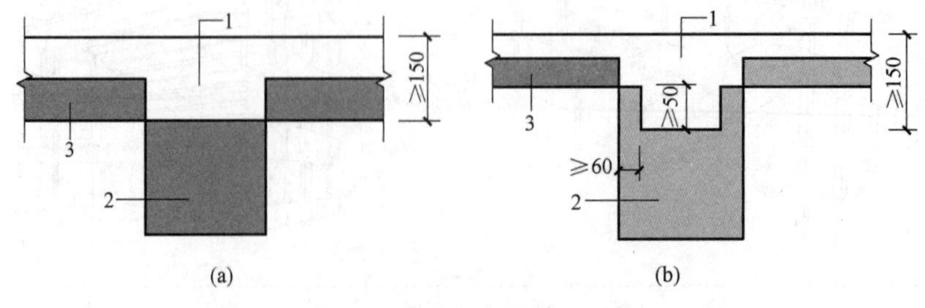

图 9-19 叠合框架梁截面示意

（a）矩形截面预制梁；（b）凹口截面预制梁

1—后浇混凝土叠合层；2—预制梁；3—预制板

(2) 主梁与次梁连接构造

主梁与次梁采用后浇段连接时，在端部节点处，次梁下部纵向钢筋伸入主梁后浇段内的长度不应小于 $12d$。次梁上部纵向钢筋应在主梁后浇段内锚固。当采用弯折锚固或锚固板时，锚固直段长度不应小于 $0.6l_{ab}$（l_{ab}为受拉钢筋基本锚固长度）；当钢筋应力不大于钢筋强度设计值的 50%时，锚固直段长度不应小于 $0.35l_{ab}$；弯折锚固的弯折后直段长度不应小于 $12d$（d 为纵向钢筋直径），如图 9-20（a）所示。

在中间节点处，两侧次梁的下部纵向钢筋伸入主梁后浇段内长度不应小于 $12d$；次梁上部纵向钢筋应在现浇层内贯通，如图 9-20（b）所示。

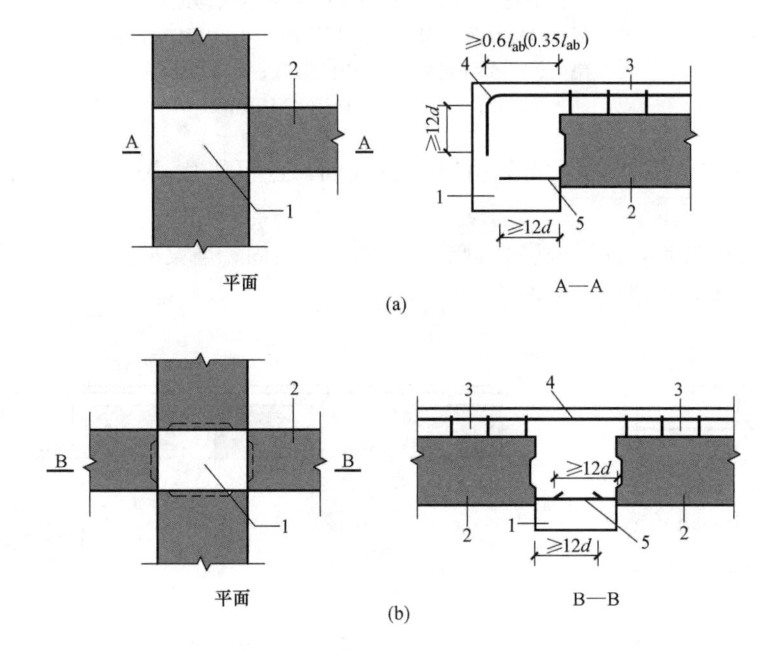

图 9-20 主次梁连接节点构造示意

（a）端部节点；（b）中间节点

1—主梁后浇段；2—次梁；3—后浇混凝土叠合层；4—次梁上部纵向钢筋；5—次梁下部纵向钢筋

(3) 柱与梁连接构造

用预制柱及叠合梁的装配整体式框架中，柱底接缝宜设置在楼面标高处，如图 9-21 所示。后浇节点区混凝土上表面应设置粗糙面，柱纵向受力钢筋应贯穿后浇节点区，柱底接缝厚度宜为 20mm，并应采用灌浆料填实。

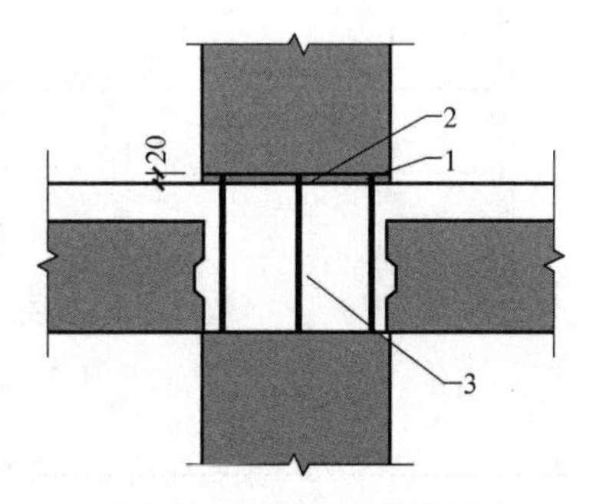

图 9-21 预制柱底接缝示意

1—后浇节点区混凝土上表面粗糙表面；2—接缝灌浆层；3—后浇区

采用预制柱及叠合梁的装配整体式框架节点，梁纵向受力钢筋应伸入后浇节点区内锚固或连接。

对框架中间层中节点，节点两侧的梁下部纵向受力钢筋宜锚固在后浇节点区内，如图 9-22（a）所示，也可采用机械连接或焊接的方式直接连接，如图 9-22（b）所示；梁的上部纵向受力钢筋应贯穿后浇节点区。

对框架中间层端节点，当柱截面尺寸不满足梁纵向

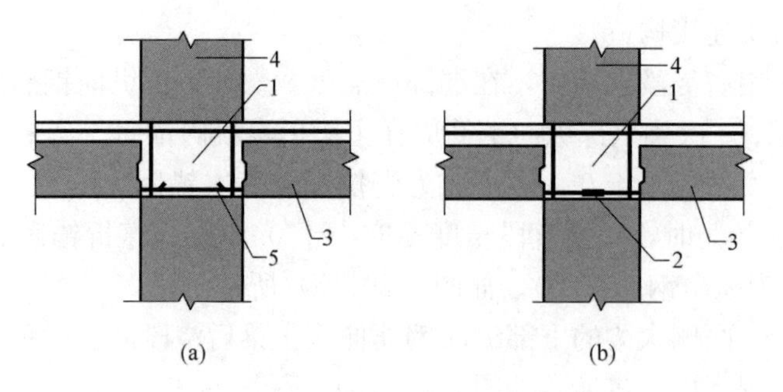

图 9-22 预制柱及叠合梁框架中间层中节点构造示意

(a) 梁下部纵向受力钢筋锚固；(b) 梁下部纵向受力钢筋连接

1—后浇区；2—梁下部纵向受力钢筋连接；3—预制梁；

4—预制柱；5—梁下部纵向受力钢筋锚固

受力钢筋的直线锚固要求时，宜采用锚固板锚固，也可采用 90°弯折锚固，如图 9-23 所示。

对框架顶层中节点，柱纵向受力钢筋宜采用直线锚固；当梁截面尺寸不满足直线锚固要求时，宜采用锚固板锚固，如图 9-24 所示。

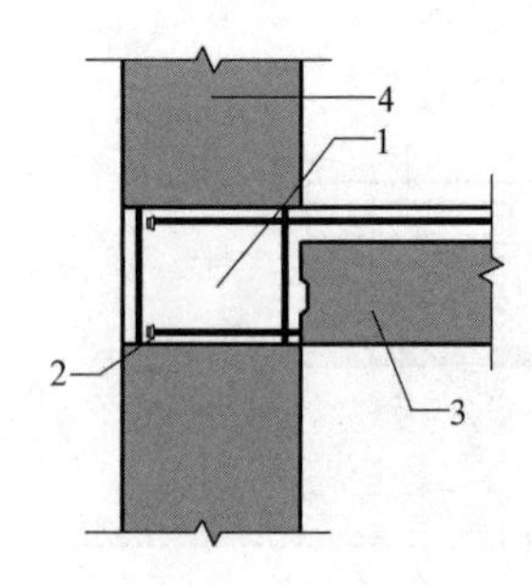

图 9-23 预制柱及叠合梁框架中间层端节点构造示意

1—后浇区；2—梁纵向受力钢筋锚固；

3—预制梁；4—预制柱

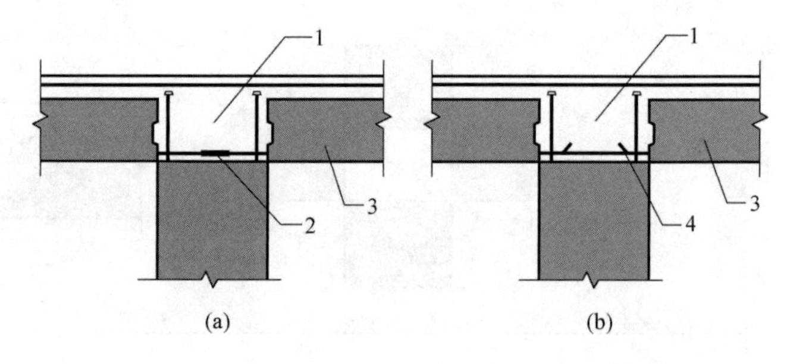

图 9-24 预制柱及叠合梁框架顶层中节点构造示意

(a) 梁下部纵向受力钢筋连接；(b) 梁下部纵向受力钢筋锚固

1—后浇区；2—梁下部纵向受力钢筋连接；

3—预制梁；4—梁下部纵向受力钢筋锚固

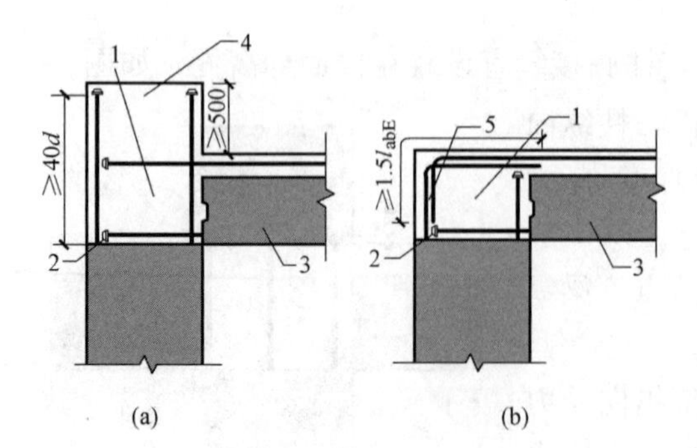

图 9-25 预制柱及叠合梁框架顶层端节点构造示意

1—后浇区；2—梁下部纵向受力钢筋锚固；

3—预制梁；4—柱延伸段；5—梁柱外侧钢筋搭接

对框架顶层端节点，梁下部纵向受力钢筋应锚固在后浇节点区内，且宜采用锚固板的锚固方式；梁、柱其他纵向受力钢筋的锚固应符合下列规定：

1）柱宜伸出屋面并将柱纵向受力钢筋锚固在伸出段内，如图 9-25（a）所示，伸出段长度不宜小于 500mm，伸出段内箍筋间距不应大于 5d（d 为柱纵向受力钢筋直径），且不应大于 100mm；柱纵向钢筋宜采用锚固板锚固，锚固长度不应小于 40d；梁上部纵向受力钢筋宜采用锚固板锚固；

2）柱外侧纵向受力钢筋也可与梁上部

纵向受力钢筋在后浇节点区搭接，如图 9-25（b）所示，其构造要求应符合现行国家标准《混凝土结构设计规范》GB 50010 中的规定。

9.4.2 轻型钢结构骨架建筑

轻型钢结构骨架建筑是由轻钢结构作骨架，轻型墙体作外围护结构，经装修和装饰而成的房屋，如图 9-26 所示。

图 9-26 轻型钢结构建筑建造示例

（a）构件生产；（b）骨架吊装；（c）楼板安装；（d）轻钢骨架建筑施工现场

1. 轻型钢结构的支承构件

轻型钢结构的支承构件通常有厚度为 1.5～5mm 的薄钢板经冷弯或冷轧成型、用小断面的型钢以及用小断面的型钢制成小型构件等，如图 9-27～图 9-29 所示。

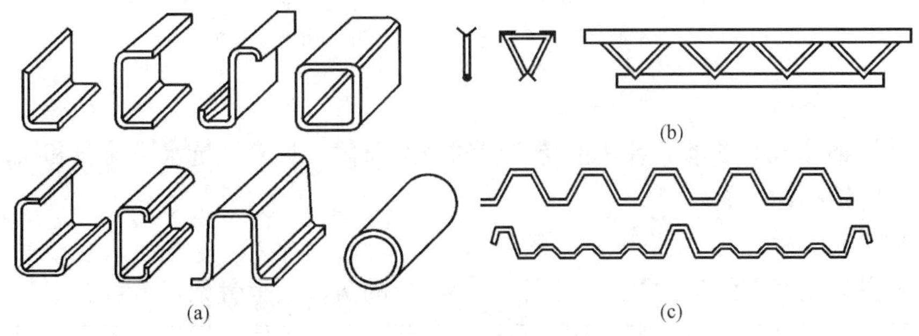

图 9-27 薄壁型钢断面形式及轻钢组合构件

（a）薄壁型钢截面形式；（b）轻钢组合桁架；（c）压型薄钢板

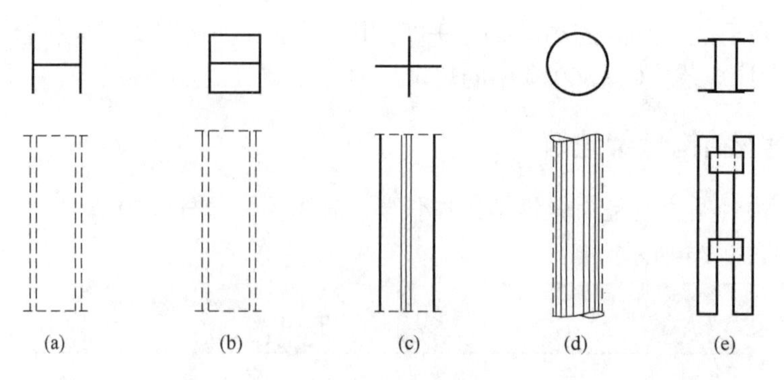

图 9-28　小断面型钢的断面及立面形式

（a）H 形钢柱；（b）封闭式 H 形钢柱；（c）角钢组合柱；（d）钢管圆柱；（e）槽钢连接

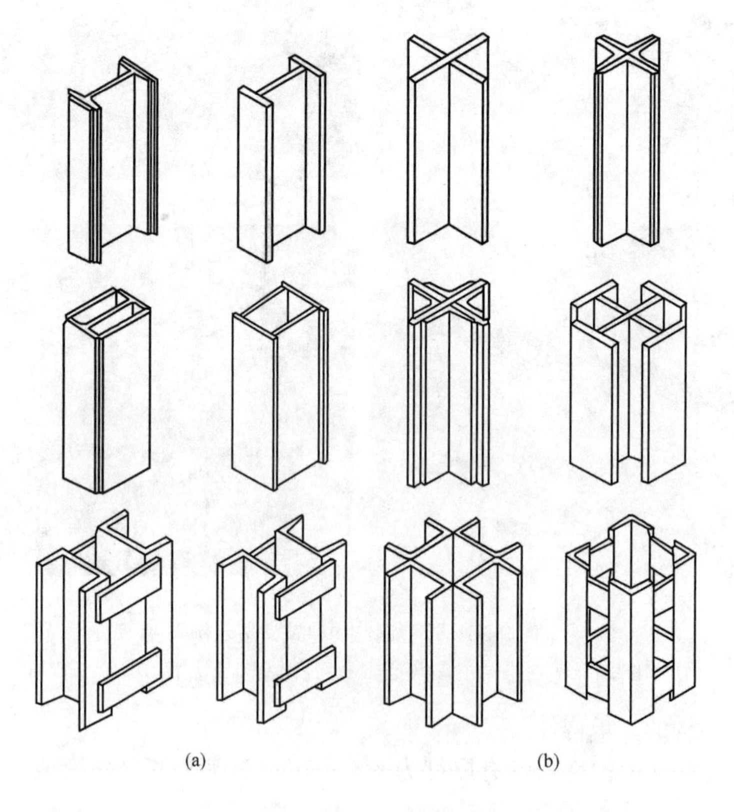

图 9-29　小断面型钢及其组合柱轴测图

（a）由两个型材组成的立柱；（b）由 4 个型材组成的立柱

2. 支承骨架的结构体系

骨架是轻钢建筑的支承体系，承受房屋的全部荷载，具有抵抗水平荷载和振动荷载的作用。常见的结构体系有：

（1）柱梁式

柱梁式是采用轻钢结构的柱子、梁和桁架组合的房屋支承骨架，节点多用节点板和螺栓进行连接。为了加强整体骨架的稳定性和抗风能力，在墙体、楼层及屋顶层的必要部分设置斜向支撑或剪力式可调节的拉杆，如图 9-30 所示。

(2) 隔扇式

隔扇式是将柱、梁拆分为若干形同门扇的内骨架隔扇，在现场拼装成类似墙的形式，再与结构梁组合形成按模数划分的许多单元轻钢隔扇，组合成房屋支承骨架，如图 9-31 所示。该结构形式用钢量较多，但垂直构件定位方便，施工精度容易满足要求。

(3) 混合式

混合式是以轻钢隔扇组成外部结构，内部采用承重柱梁而混合形成的骨架体系，如图 9-32 所示。

(4) 盒子式

盒子式是在工厂把轻钢型材装成盒型框架构件，再运到工地装配成建筑的支承骨架，如图 9-33 所示。

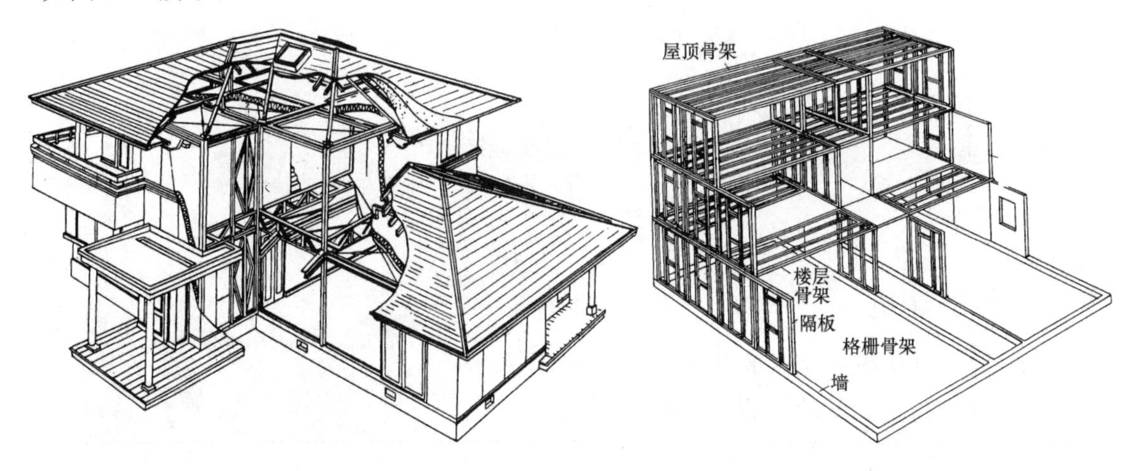

图 9-30　柱梁式轻钢建筑剖视图　　图 9-31　隔扇式轻钢骨架结构示意

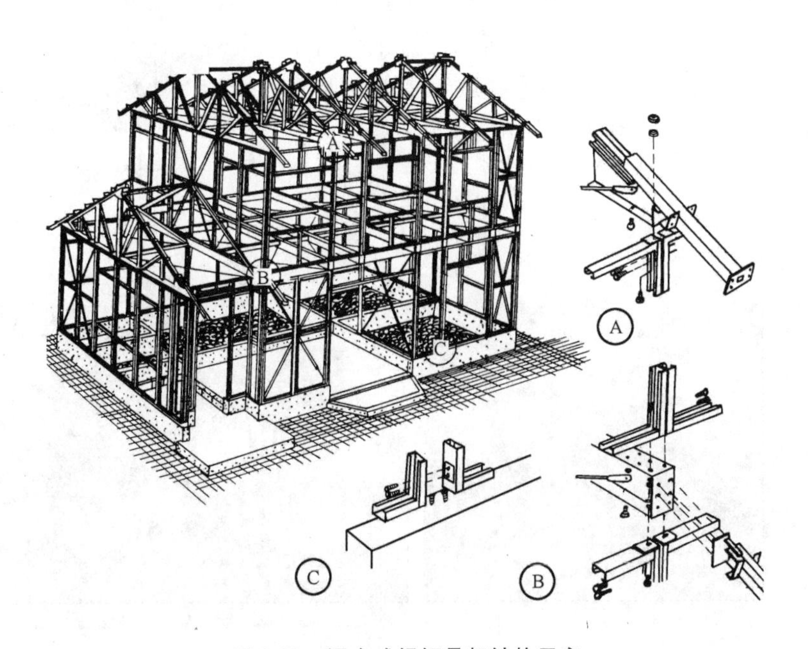

图 9-32　混合式轻钢骨架结构示意

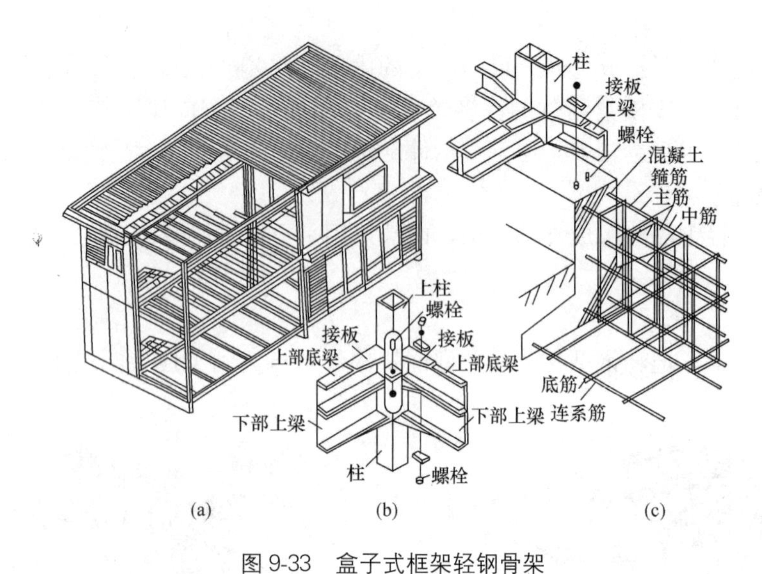

图 9-33 盒子式框架轻钢骨架

（a）盒子框架组装形式；（b）上下框架连接；（c）框架与基础连接

9.5 盒子建筑

盒子建筑是从板材建筑的基础上发展起来的一种装配式建筑，由盒子状的预制构件组合而成。预制盒子构件大小可以一个房间组成一个盒子或几个房间组成一个盒子。完善的盒子构件不仅有结构部分和围护部分，而且内部装饰、设备、管线、家具和外部装修等均可在工厂生产完成，如图 9-34 所示。盒子建筑工厂化生产程度高，主要应用于住宅、旅馆等低层和多层建筑，盒子建筑实例如图 9-35 所示。

图 9-34 集成盒子单元

图 9-35 盒子建筑实例

9.5.1 盒子构件的类型

盒子构件可分为有骨架盒子构件和无骨架盒子构件。有骨架的盒子构件常用钢、铝、木材、钢筋混凝土等作骨架，以轻型板材合成；无骨架盒子构件一般用钢筋混凝土制作。

9.5.2 盒子构件的组装方式

盒子建筑的盒子构件组装方式有多种形式，大体分全盒式、板材盒式、骨架盒式和核心体盒式等组装等方式。

1. 全盒式

全盒式是完全由承重盒子重叠组成建筑，有重叠组装和交错组装，如图 9-36（a）、（b）所示。

2. 板材盒式

板材盒式是将小开间的厨房、卫生间或楼梯间等做成承重盒子，再与墙板和楼板等组成建筑，如图 9-36（c）所示。

3. 骨架盒式

骨架盒式是用轻质材料制成的许多住宅单元或单间式盒子，支承在承重骨架上形成建筑。也有用轻质材料制成包括设备和管道的卫生间盒子，安置在用其他结构形式的建筑内，如图 9-36（d）所示。

4. 核心体盒式

核心体盒式是以承重的卫生间或楼梯间盒子作为核心体，四周再用楼板、墙板或骨架组成建筑，如图 9-36（e）所示。

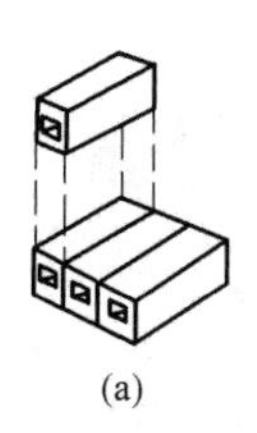
(a)
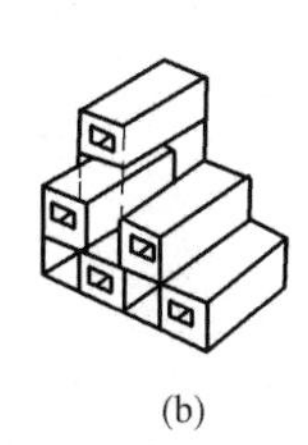
(b)
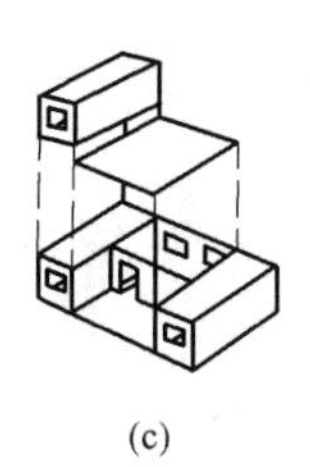
(c)
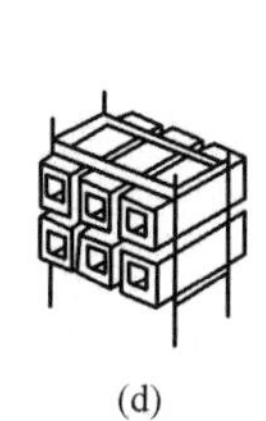
(d)
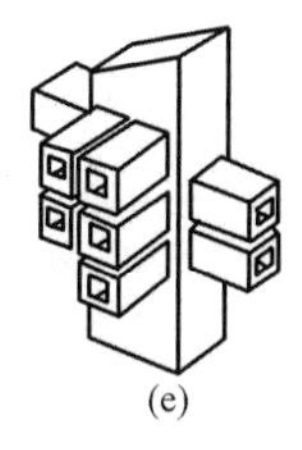
(e)

图 9-36　盒子建筑组装方式
（a）重叠组装；（b）交错组装；（c）盒子板材组装；（d）盒子框架组装；（e）盒子筒体组装

盒子建筑工业化程度较高，但投资大，运输不便，且需用重型吊装设备，因此，发展受到限制。

本章小结

本章主要内容为板材装配式、骨架结构装配式和盒子建筑。重点掌握板材装配式建筑的主要构件及其板材的连接节点构造、钢筋混凝土骨架装配式建筑的结构体系及构造要点、轻型钢结构骨架建筑的构件及结构支承体系。了解盒子建筑的常见结构体系和盒子构件的组装。

思考与练习题

9-1　预制装配式建筑的特点是什么?

9-2　预制装配式建筑类型有哪些?

9-3　装配式板材建筑的结构体系有哪些? 各有什么特点?

9-4　装配式板材建筑的主要构件有哪些? 各有什么特点?

9-5　简述装配式板材建筑节点构造做法。

9-6　钢筋混凝土骨架装配式建筑的骨架体系有哪些?

9-7　钢筋混凝土骨架装配式建筑构造设计要点有哪些?

9-8　轻型钢结构骨架建筑的结构体系有哪些?

9-9　什么是盒子建筑?

第 2 篇　民用建筑空间设计

第 10 章　民用建筑空间设计概论

本章要点及学习目标

本章要点：
(1) 建筑构成的基本要素与方针政策；
(2) 建筑设计的内容和程序；
(3) 建筑设计的要求和依据；
(4) 建筑空间设计的相关概念。
学习目标：
(1) 了解建筑构成的三大基本要素及三者之间的相互关系；
(2) 熟悉建筑设计阶段的划分和各阶段设计的内容；
(3) 掌握建筑空间的本质和空间设计的影响因素。

10.1　建筑构成的基本要素与方针政策

10.1.1　建筑构成的基本要素

早在公元前 1 世纪，古罗马建筑师维特鲁威曾著《建筑十书》，其中提到构成建筑的三大要素为“实用、坚固、美观”，这三要素所对应的即建筑功能、建筑技术、建筑艺术。

1. 建筑功能

所谓建筑功能，是指建筑的使用要求，也是人们建造房屋的用途。不同的功能要求会产生不同的建筑类型，不同的建筑类型具有不同的功能特点。如住宅供人居住，学校供学生学习，办公楼供人工作，商场供人娱乐、购物等等，如图 10-1 所示。

2. 建筑技术

建筑技术是建造房屋的技术手段，包括建筑材料、建筑结构、建筑构造、建筑施工、建筑设备等。材料、结构是建筑的骨架，构造是建筑细部的具体做法，设备是保证建筑运

(a)

(b)

(c)

图 10-1　建筑功能
（a）香港中银大厦；（b）史密斯住宅；（c）上海东方明珠电视塔

(a)

(b)

图 10-2　建筑技术
（a）薄壳结构（悉尼歌剧院）；
（b）悬索结构（代代木体育馆）

行的技术支撑，施工是建筑得以实现的过程。

随着社会的发展和科学技术水平的提高，建筑技术也在不断发展变化，为建筑功能和建筑艺术的创新提供技术条件。如适用于体育场馆的大跨度建筑结构、办公楼的超高层结构，使得薄壳、悬索等新结构形式的建筑空间和建筑形象得以实现，如图 10-2 所示。

3. 建筑艺术

建筑的形象体现，即建筑艺术，包括建筑群体、单体，内、外部空间组合，造型与立面，材料色彩与材质，细部与装饰等。这些艺术要素处理得当，能产生良好的艺术效果，给人以美的感受和强烈的精神感染，或庄严雄伟，或轻松活泼，或张扬夸张，或宁静内敛，这就是建筑艺术的魅力。不同地域、不同民族、不同时期的建筑会产生不同的建筑形象，如图 10-3 所示。

建筑功能是目的，建筑技术是手段，建筑艺术是前两者在形式美方面的综合表现。建筑的三个基本要素之间是辩证统一的关系，互为依存，而又相互制约。一个优秀的建筑作品应是三者的完美结合。

10.1.2　建筑方针政策

1986 年，建设部制定并颁发了《中国建筑技术政策》，明确提出“适用、安全、经济、美观”的建筑方针。这一建筑方针实际上与建筑的三个基本要素相一致，反映了建筑

(a)

(b)

(c)

图 10-3 建筑形象

（a）北京故宫；（b）美国白宫；（c）中国国家大剧院

的本质，同时也结合我国国情考虑了经济方面的要求，这在当时的建筑工作中起到巨大的指导作用。随着我国建筑业的蓬勃发展，建设部也不断颁布各种建筑设计与施工的相关法令法规，如图 10-4 所示。

图 10-4 建筑设计文件示例

10.2 建筑设计的要求与依据

10.2.1 建筑设计的要求

建筑设计既是艺术性创作，又是高要求的技术性工作，建筑设计需满足以下设计要求：

(1) 坚持贯彻国家的方针政策，遵守有关法律、规范、标准、条例；

(2) 满足城乡规划要求；

(3) 满足功能使用的要求，创造良好的空间环境；

(4) 创造良好的建筑形象，满足人们审美的要求；

(5) 考虑防火、防震、防水、防洪、防空要求，为人们生命财产安全提供保障；

(6) 考虑经济条件，创造良好的经济效益、社会效益、环境效益和节能减排的环保效益；

(7) 结合施工技术，为施工创造有利条件，促进建筑工业化的发展。

10.2.2 建筑设计的依据

1. 人体尺度及人体活动的空间尺度

人体尺度及人体活动的空间尺度，对建筑空间、构件的尺寸有着直接或间接影响，如门洞的宽度与高度，需确保人能通行；窗台、栏杆的高度，家具、设备的尺寸，需方便人们使用。人体尺度和人体活动的空间尺度，是确定建筑空间的基本依据之一。我国成年男子平均身高为1.67m，成年女子平均身高为1.56m，如图10-5、图10-6所示。

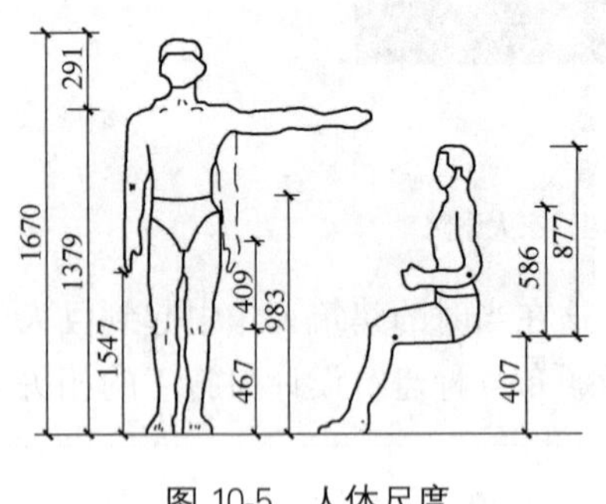

图10-5 人体尺度

2. 自然条件

(1) 气象条件

气象条件包括日照、温度、湿度、降水、风向、风速等气象因素，是建筑设计的重要依据。设计时应根据不同地区的气象条件进行合理布置，不仅要免受自然灾害的侵袭，还要尽可能创造良好的日照、通风效果。如湿热地区的建筑体型宜开敞通透，这样有利于通风散热，日照强度高的地区还应考虑遮阳，寒冷地区的建筑体型宜封闭紧凑，这样有利于防寒保温。

(2) 地形、地质条件和抗震要求

地形平缓与否、地质条件对建筑布局、结构、形体设计都会产生一定的影响。如陡坡地区的建筑，常会采用错层、掉层、吊脚等依势而建的处理方式。地震设防烈度高的地区需考虑抗震设计。

(3) 水文条件和防水要求

水文条件与建筑防水要求影响着建筑的构造做法。例如，地下水位的高低及地下水的性质，对建筑物基础及地下室有重要影响，设计时需考虑防水及防腐蚀措施。

3. 基地条件

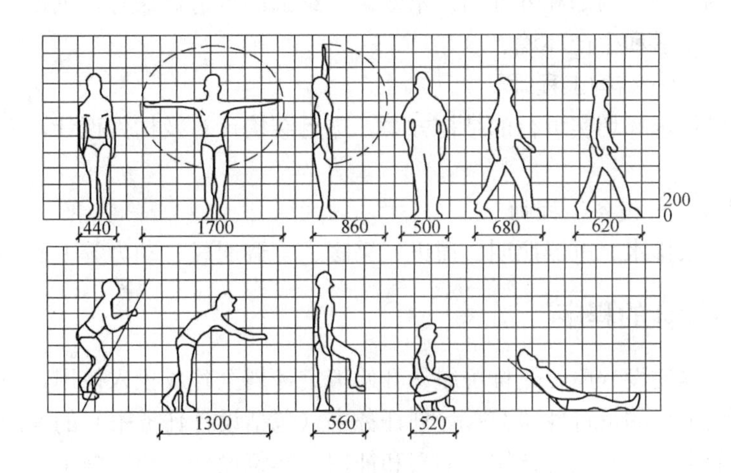

图 10-6 人体活动的空间尺度

基地条件包括基地的形状、面积，基地周边的景观、绿化、交通、建筑，基地原有建筑及保护文物，管网设施及规划部门的要求等。

4. 技术要求

技术要求主要包括结构形式、建筑材料、构造做法施工设备及施工条件等方面的影响。

5. 建筑模数

为提高建筑工业化的水平，提高建造的质量和速度，我国制订了《建筑统一模数制》，规定基本模数的数值，以此作为建筑物、建筑构配件、建筑制品以及有关设备尺寸相互间协调的基础。

《建筑统一模数制》中规定，我国采用的基本模数 M＝100mm。由于建筑设计中不同建筑部位、构件、节点等对尺寸的不同要求，还分别采用分模数及扩大模数。分模数是指基本模数的分倍数，有 1/2M（50mm）、1/5M（20mm）、1/10M（10mm）、1/20M（5mm）、1/50M（2mm）、1/10M（1mm）等，适用于小尺寸的各种节点构造、构配件的断面、建筑制品等；扩大模数是指基本模数的整倍数，有 3M（300mm）、6M（600mm）、12M（1200mm）、30M（3000mm）、60M（6000mm）等，适用于大尺寸的门窗洞口、构配件、建筑制品及建筑物的跨度（进深）、柱距（开间）和层高等。

10.3 建筑设计的内容与程序

10.3.1 建筑设计的内容

建筑设计的工作一般包括建筑设计、结构设计、设备设计（水、电、暖通）三方面的内容。

1. 建筑设计——建筑师

根据设计任务书的要求，综合考虑基地环境、使用功能、材料设备、建筑经济及艺术等问题，着重解决建筑物内部各种使用功能和使用空间的合理安排，建筑物与周围环境、外部条件的协调配合，内部和外部的艺术效果，细部的构造做法等，创作出既符合科学性又具有艺术性的生活和生产环境。

2. 结构设计——结构工程师

结合建筑设计选择切实可行的结构方案，进行结构计算及构件设计，完成全部结构施工图设计等。

3. 设备设计——设备工程师

主要包括给水排水、电器照明、通讯、采暖、空调通风、动力等方面的设计。

10.3.2　建筑设计的程序

根据我国基本建设程序，一栋房屋从开始拟定计划至建成投入使用，一般需经过以下几个环节：建设项目的可行性研究；计划任务书（包括设计任务书）的编制；主管部门和规划管理部门的批文；基地的选用、勘察和征用；建筑设计；建筑施工；设备安装；竣工验收与交付使用等，如图 10-7 所示。

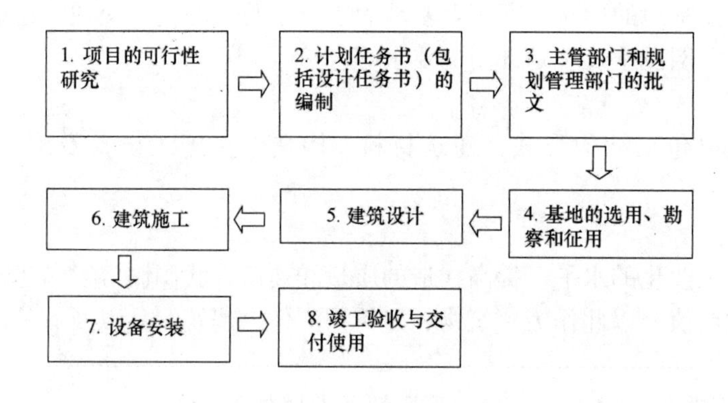

图 10-7　建设程序

其中，建筑设计的程序一般分为初步设计和施工图设计两个阶段。大型和重要的工程项目或技术复杂的项目，采用三阶段设计，即初步设计、技术设计、施工图设计三个阶段。不同设计阶段有不同的设计内容及设计深度要求，如图 10-8 所示。另附某工程的部分设计图纸参见附录Ⅰ。

建筑师在建筑设计开始之前，有必要进行设计前期准备工作。前期工作准备越充分，越有利于后续设计工作的开展。设计前期准备工作主要有以下几项：

1. 熟悉设计任务书及相关必要文件

设计前期准备见图 10-9。

2. 结合任务书，学习相关设计法规

设计规范示例如图 10-10 所示。

《民用建筑设计通则》　　《公共建筑节能设计标准》
《建筑设计防火规范》　　《居住建筑节能设计标准》
《住宅设计规范》　　《汽车库建筑设计规范》
《住宅建筑规范》　　《建筑面积计算规范》
《商业建筑设计规范》　　……

设计内容	阶段	成果
1.初步设计 在基地范围内按照设计任务书的要求，对建筑进行总体规划布局、环境设计、功能布置、空间组合和外部形象设计。	第一阶段	成果有：总平面图、各层平面图、立面图、剖面图、设计说明书、工程概算书、建筑效果图和建筑模型等。
2. 技术设计 在初步设计的基础上，深化建筑设计，同时加入结构、设备等各工种的技术设计，为编制施工图打下基础。对于不太复杂的工程，把技术设计阶段的工作纳入初步设计阶段，称为“扩大初步设计”。	中间阶段	成果有：总平面图，各层平、立、剖面图，重要节点详图，结构选型、布置，材料用料预算书，设备技术图，各专业设计说明书等。
3. 施工图设计 建筑、结构、设备各专业设计人员在了解材料供应、施工技术设备等条件的基础上，把工程施工的各项具体要求反映到图纸中，作为施工依据。图纸应统一齐全、明确无误。	第三阶段	成果有：总平面图，各层平、立、剖面图，各节点详图，施工说明书。另外，还需结构施工图和施工说明书，设备施工图和施工说明书。

图 10-8　建筑设计阶段的内容及设计深度

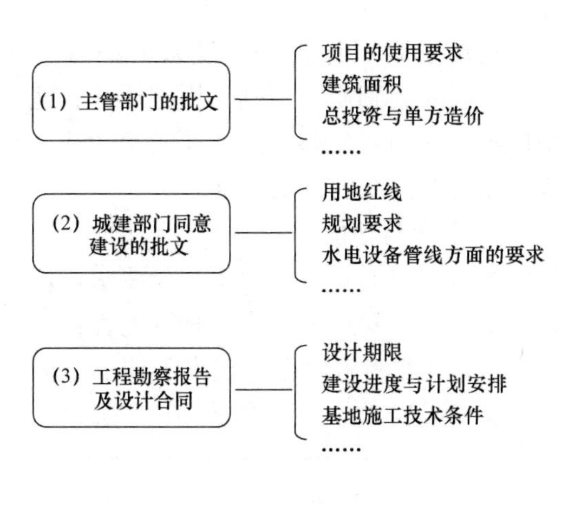

图 10-9　设计前期准备

图 10-10　设计规范示例

3. 收集资料，做好调查研究工作

(1) 气象、水文地质资料；

(2) 场地地形地貌；

(3) 周围环境现状（景观、交通、建筑）；

(4) 当地文化传统、建筑风格、风土人情；

(5) 基地文物保护情况；

(6) 同类型建筑资料等等。

10.4　建筑空间设计

10.4.1　建筑空间

谈到建筑空间，常会引用老子在《道德经》中的一段话“埏埴以为器，当其无，有器之用，凿户牖以为室，当其无，有室之用，故有之以为利，无之以为用……”，这段话的意思表明了器皿之所以能用作盛具，是因为它空的部分；建筑具有使用价值的，不是外面这个实体的壳，而是内部虚空的部分，人们使用的是空间本身。当然，围合成一定的空间就必然要使用到物质材料，并通过一定的技术方法使之连接成整体，但这不是建筑的目的，而是为达到目的所采用的手段。

建筑用来满足人们各种工作、学习、生活的需要，因此是由许多不同功能、大小、形状的空间组合而成。这些空间相互作用、相互影响、相互联系，形成一个整体统一而又和谐适宜的空间体系，如图 10-11 所示。

图 10-11　古根海姆博物馆内部空间

10.4.2　建筑空间设计

建筑空间的设计主要是为了满足人们在空间中的需要、活动、欲望与心理机制，通过合理的设计以达到提高工作效率、创造良好生活环境的目的。

建筑空间设计是一项复杂的综合性工作，不仅要受到城市规划、周围环境、地段条件等外在因素的影响，还要满足功能、经济、美观等内在因素的要求。

1. 空间与功能

建筑空间形式需适用于功能要求，反言之，功能对空间形式具有一种制约性：空间的大小、形状、比例以及门窗设置等。因此不同功能要求的房间会呈现出不同的空间形式，例如教室不同于展厅，阅览室不同于书库，门厅不同于办公室，如图 10-12 所示。

阅览室

书库

图 10-12　空间与功能

2. 空间与审美

空间一方面要满足功能使用的要求，另一方面还要满足人们精神审美上的要求。有的空间使人感到亲切、宁静，有的空间使人产生兴奋、激昂的情绪，有的空间给人压抑、沉闷之感……在进行空间设计时，需结合一定的艺术意图，在满足功能要求基础上，给人以某种精神感受。例如教堂建筑空间，为了创造出博大、神秘的气氛，空间体量往往大大超出功能使用的要求，如图 10-13 所示。

3. 空间与结构

建筑空间不是凭空产生的，是人们利用一定的物质材料、技术手段围合而成，是空间得以形成的保证。而合理的结构形式，可以巧妙地把这些材料组合在一起，使之经济有效地达到目的。例如需要灵活划分的空间，可以采用框架承重结构；为获得巨大的室内空间，可以采用大跨结构。当结构融入空间时，往往结构本身也是一种美，甚至有助于空间发挥巨大的艺术感染力。例如哥特式建筑的尖拱、飞扶壁结构，使空间营造出一种高耸、空灵和令人神往的神秘气氛，如图 10-14 所示。

图 10-13 空间与审美

图 10-14 空间与结构

建筑空间设计时往往需要将平面设计、剖面设计、体型和立面设计，加以综合分析与反复推敲，使之既满足功能使用的要求，又符合精神审美的需要，结构经济合理，创造出令人满意的空间效果。

本章小结

本章主要讲述建筑概述性的知识，使学生对建筑设计要点有一个总体的认识，熟悉建筑构成的基本要素，了解相关的方针政策。设计要点中需重点掌握建筑设计的要求和依据，熟悉建筑设计的内容和程序。掌握建筑空间的本质及空间设计的相关影响因素。

思考与练习题

10-1 建筑构成的基本要素有哪些?

10-2 建筑设计的要求有哪些?

10-3 建筑设计的依据有哪些?

10-4 建筑设计分几个阶段?不同阶段的设计内容是什么?

10-5 我国的基本建设程序通常是什么样的?

10-6 设计前准备工作有哪些?

10-7 建筑空间设计受哪些因素影响?

第 11 章　建筑平面设计

本章要点及学习目标

本章要点：

(1) 主要使用房间的平面设计要求及相关设计内容；

(2) 辅助使用房间的平面设计要求及相关设计内容；

(3) 交通联系空间的设计要求及相关设计内容；

(4) 建筑平面组合设计的相关设计要求。

学习目标：

(1) 掌握主要使用房间设计内容，包括房间面积、形状、尺寸及门窗设计；

(2) 熟悉辅助使用房间中厕所的设计内容；

(3) 掌握走道和楼梯的设计内容，包括形式、尺寸、位置及数量等。

(4) 熟悉电梯、自动扶梯和门厅的设计内容；

(5) 了解建筑平面组合设计的影响因素；

(6) 熟悉建筑平面的功能分析及平面组合形式。

11.1　概述

11.1.1　建筑的功能组成

在进行建筑设计时，通常会将三维的建筑空间从平面、立面、剖面三个角度表达出来。建筑平面能比较集中地反映建筑的功能关系，因此建筑设计往往从平面设计着手。

按照平面各部分空间的使用性质，可以将建筑平面分为使用空间与交通联系空间两部分。使用空间又可以分为主要使用空间和辅助使用空间，各使用空间通过交通联系空间连接起来，形成一个有机的整体。

主要使用空间是指建筑中与主要使用功能最为密切的房间，在平面整体构成中占主导地位。不同的建筑类型有不同的主要使用空间。例如住宅建筑中的起居室、卧室，办公建筑中的办公室，影剧院建筑中的放映厅、演播厅等。

辅助使用空间是为保证主要使用房间正常及方便使用而设置的，用于提供辅助服务功能。例如厕所、厨房、储藏室、各种设备用房等。

交通联系空间是用于联系各楼层、各房间的通行空间。例如门厅、过厅、走道、楼梯、坡道、电梯和自动扶梯等。

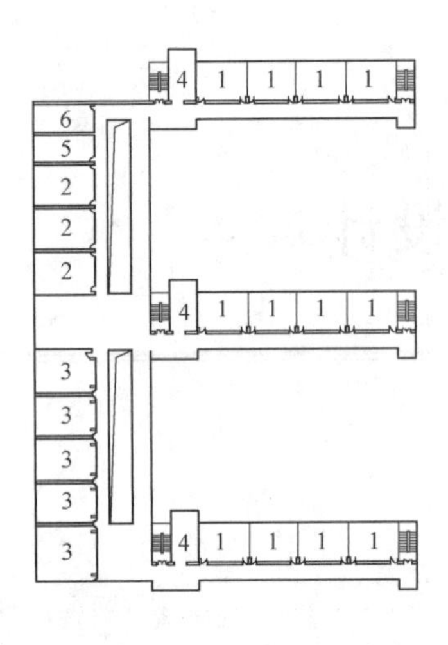

图 11-1 某中学教学楼平面图
1—教室；2—办公室；3—实验室；
4—卫生间；5—储藏间；6—设备用房

如图 11-1 所示为某中学教学楼平面图，其中教室、办公室、实验室为主要使用房间，卫生间、储藏间、设备用房为辅助使用房间，门厅、楼梯间、走道为交通联系空间，该教学楼通过门厅、走道、楼梯将各部分房间连接成有机的整体。

11.1.2 平面设计的内容

建筑平面设计需根据不同类型建筑的特点和功能要求，综合基地环境和其他条件，合理设计各功能房间，有机组织各房间及交通联系部分，使之形成各房间恰当联系且方便使用的整体空间。建筑平面设计包括单个房间平面设计、交通联系空间设计和平面组合设计三方面的内容。

单个房间平面设计包括：房间形状、面积、尺寸；门窗大小、位置、数量、开启方向等。交通联系空间设计包括：交通联系空间的形式、尺度、位置、通风、采光等。平面组合设计包括：平面组合设计的影响因素，平面功能分区，平面组合的基本形式等。

11.2 主要使用房间的平面设计

11.2.1 房间的分类与设计要求

1. 房间的分类

主要使用房间根据功能要求，可以分为以下几类：

(1) 生活、起居用房——例如住宅的起居室、卧室，旅馆的客房等，如图 11-2 (a) 所示。这些房间要求安静，且有较好的通风、采光。

(2) 工作、学习用房——例如各类建筑的办公室、教室、阅览室、实验室等，如图 11-2 (b) 所示。这些房间因不同的工作性质而具有不同的功能要求。

(3) 公共活动用房——例如商场的营业厅、观演建筑的观众厅、展览建筑的展厅等，如图 11-2 (c) 所示。这些房间由于使用人数多、空间体量大、使用要求高的特点，对人流组织及相应的技术要求都比较高。

(a)

(b)

(c)

图 11-2 主要使用房间
(a) 住宅的卧室；(b) 办公室；(c) 电影院的观众厅

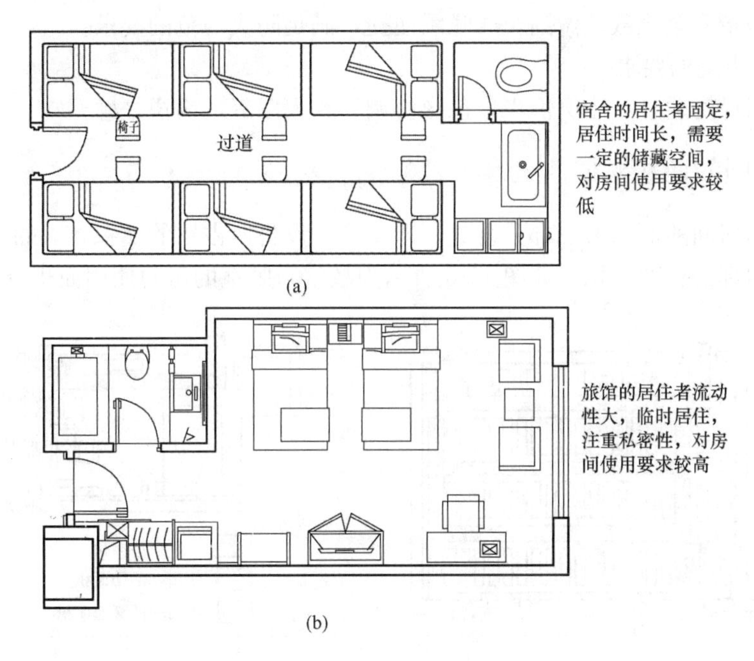

图 11-3 使用要求不同的房间

(a) 某宿舍平面；(b) 某旅馆标间平面

2. 设计要求

(1) 满足使用特点的要求

不同功能要求的建筑类型，具有不同的使用特点，因此房间在空间形式上也会有所不同。如图 11-3 所示为宿舍和旅馆客房的两个房间平面，虽然都是居住用房，但由于其居住时间、居住者的不同特点，房间呈现出不同的平面形式。

(2) 满足室内家具、人体活动、设备的要求

不同的房间会布置不同的家具和设备，设计时要考虑家具、设备的布置，以及相应的使用空间，如图 11-4 所示。

(3) 满足通风采光的要求

不同性质的房间有不同的采光要求。设计时要在满足相应采光要求的基础上，还要考虑通风要求，要有利于穿堂风的形成。

(4) 满足安全的要求

一是保证结构方面的安全，做到结构布置合理，且便

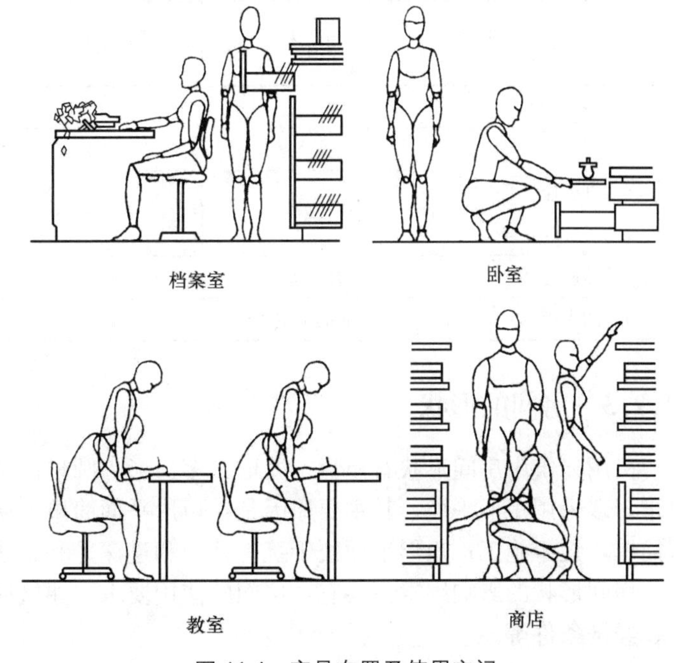

图 11-4 家具布置及使用空间

于施工；二是指安全疏散，做到交通联系便捷，满足防火规范的要求。

（5）满足审美的要求

室内空间尺度适宜，比例恰当，色彩协调，给人以舒适愉悦之感。

11.2.2　房间的面积

主要使用房间的面积由三部分组成，即家具、设备所占用的面积，人的使用、活动面积以及房间内部的交通面积。如图 11-5 所示为教室与卧室的房间使用面积分析示意图。

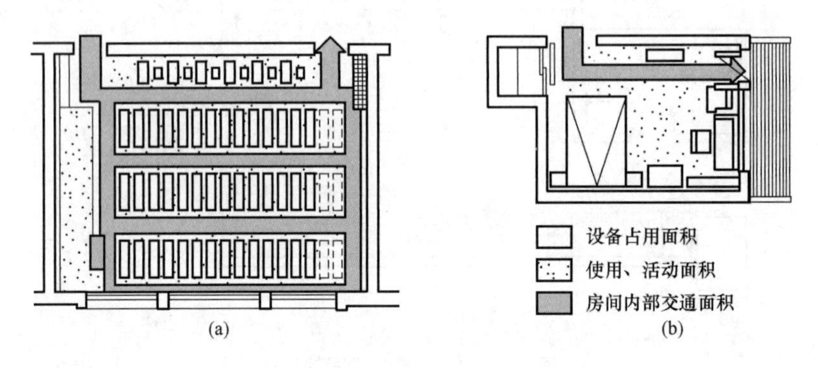

图 11-5　房间使用面积分析示意图

（a）教室；（b）卧室

房间面积大小是由房间的使用特点、使用人数、家具设备数量及布置方式、人体活动面积等多方面因素决定的。在实际工作中，主要房间的面积可依据任务书和国家制订的一系列面积定额指标来确定。表 11-1 是部分民用建筑房间面积定额参考指标。

部分民用建筑房间面积定额参考指标　　表 11-1

项目 建筑类型	房间名称	面积定额(m^2/人)	备注
中小学	普通教室	1～1.2	小学取下限
办公楼	一般办公室	3.5	不包括走道
	会议室	0.5	无会议桌
		2.3	有会议桌
铁路旅客站	普通候车室	1.1～1.3	—
图书馆	普通阅览室	1.8～2.5	4～6 座双面阅览桌

11.2.3　房间的形状

民用建筑中房间形状有矩形、方形、多边形、圆形以及不规则图形等，通常没有特殊要求，多采用矩形平面，其主要原因是：矩形平面简单，便于家具和设备的布置；结构布置简单，便于施工；矩形平面便于统一开间和进深，利于建筑平面及空间的灵活组合。

房间形状的影响因素主要有：房间的使用要求、建筑周围环境、立面造型以及其他技术、经济条件等。

1. 使用要求对房间形状的影响

房间的形状通常以矩形为主，对一些有特殊功能要求和使用要求的房间，如演艺厅、体育馆等，为了让观众获得良好的视听效果，还可采用钟形、扇形、六边形、圆形等平面形状，如图 11-6 所示。

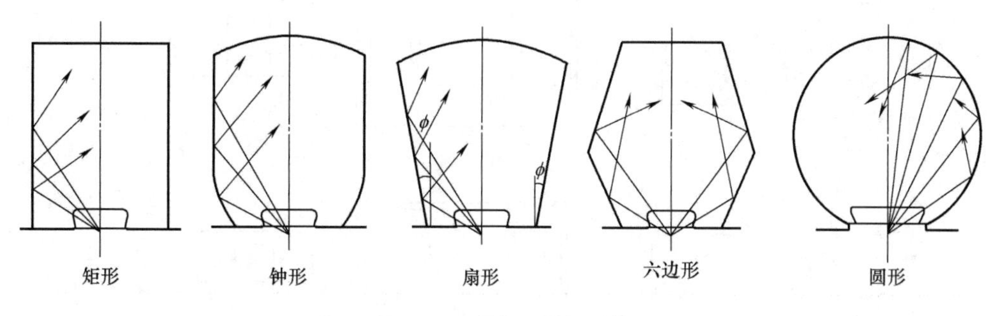

图 11-6 观众厅平面形状

2. 建筑周围环境对房间形状的影响

为了适应地形及环境需要，改善房间朝向，房间可采用灵活的平面形状。如图 11-7 所示，某旅馆客房为了争取南向采光，同时又要避免东、西日晒，而采用角形房间平面。

3. 立面造型对房间形状的影响

为了表现一定的设计构思或是满足特殊立面造型的需要，可以对房间形状进行适当改变。如图 11-8 所示为某旅馆平面，为了三面对称的弧面造型，采用了扇形的客房平面。

4. 其他技术、经济条件对房间形状的影响

如中小学教室，需根据视听质量的要求来确定教室的平面形状：最远处座位距离黑板不大于 8.5m，边座和黑板面远端夹角控制在不小于 30°，第一排座位离黑板的最小距离为 2m 左右。如果综合考虑教室单、双侧自然采光对其室内照度的影响，可以分别作出如下几种满足视听要求的平面形状，如图 11-9 所示。

出于节能节地的考虑，房间通常采用小开间大进深。但进深也不宜过大，否则会影响到室内空间观感，因此进深和开间的比例一般在 1∶1～2∶1 为宜，3∶2 为佳。

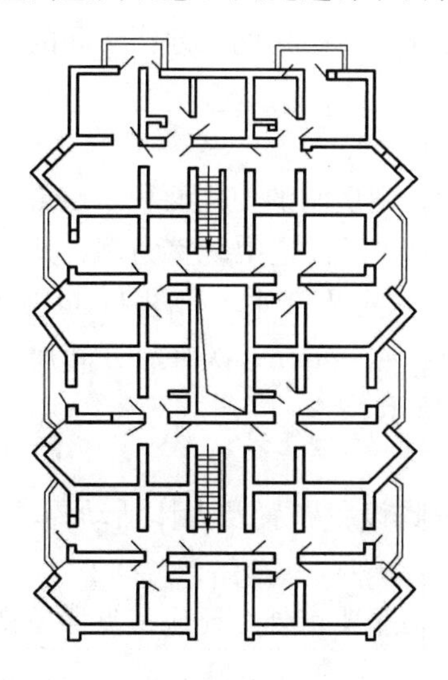

图 11-7 房间形状与朝向

图 11-8 房间形状与立面造型

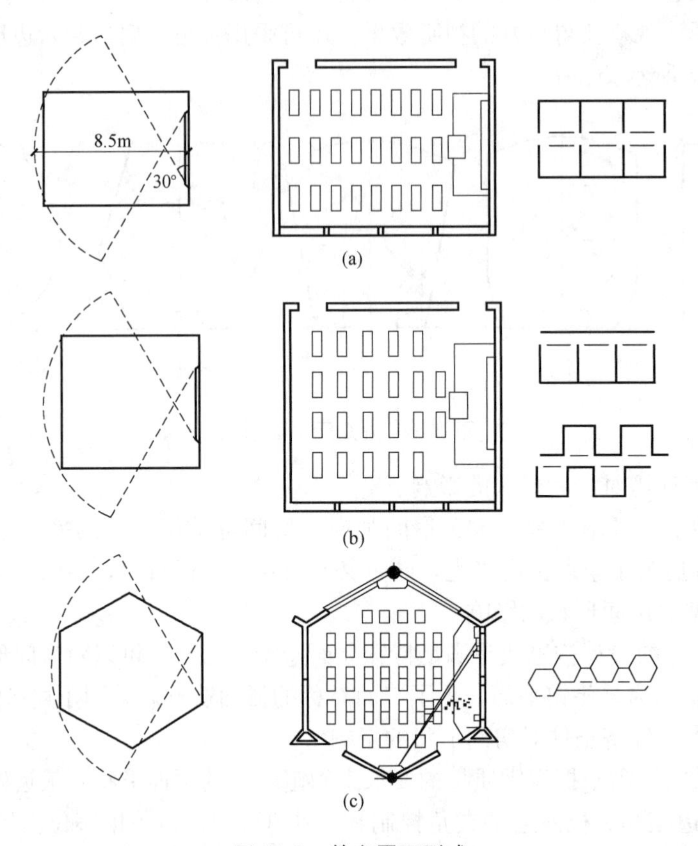

图 11-9　教室平面形式
(a) 矩形；(b) 方形；(c) 六边形

11.2.4　房间的尺寸

在确定了房间面积和形状之后，还需要确定适宜的房间尺寸。房间尺寸指房间的面宽（开间）和进深，通常从以下四方面进行综合考虑。

1. 满足家具设备布置及人体活动空间的要求

家具的尺寸和布置方式，以及人体活动空间，不仅影响到房间的使用面积，也影响房间的尺寸。民用建筑中常用的一般家具尺寸如图 11-10 所示。以住宅中卧室为例，其平面尺寸的计算应考虑床、床头柜、书桌、衣柜等家具的布置方式及尺寸，如图 11-11 所示。主卧室开间尺寸常取 3300～3600mm，进深尺寸常取 3900～4500mm；次卧室开间尺寸常取 2700～3300mm。住宅其他房间的常用尺寸如图 11-12 所示。

2. 满足视听要求

有些房间如教室、观众厅等的平面尺寸，除需考虑家具设备布置及人体活动要求外，还应保证良好的视听效果，以此来确定适宜的房间尺寸。

如教室的平面尺寸，除需考虑家具设备布置、学生活动等要求外，还应重点考虑视听要求，具体要求可参见前一节。因此中小学教室的平面尺寸常取 6300mm×9000mm、7200mm×9000mm、8100mm×8100mm，如图 11-13 所示。

图 11-10 民用建筑常用的一般家具的尺寸

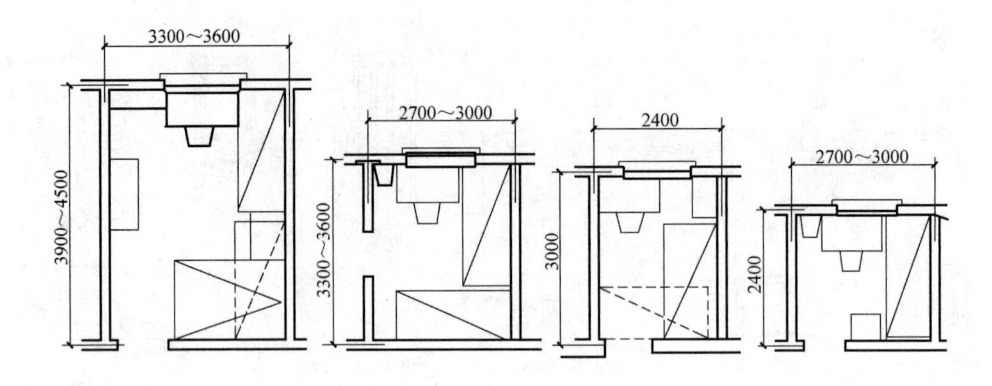

图 11-11 卧室的开间与进深

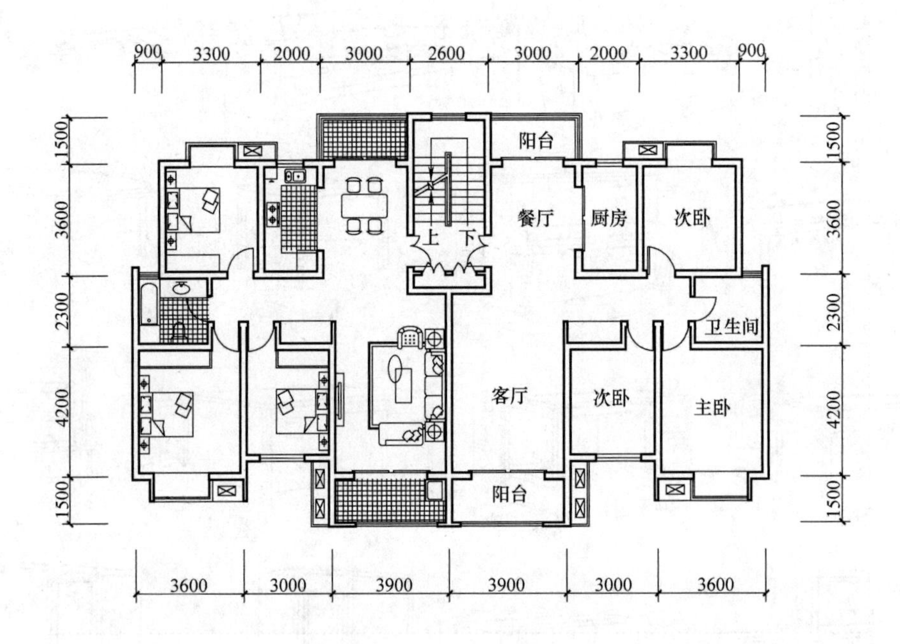

图 11-12 某住宅平面尺寸

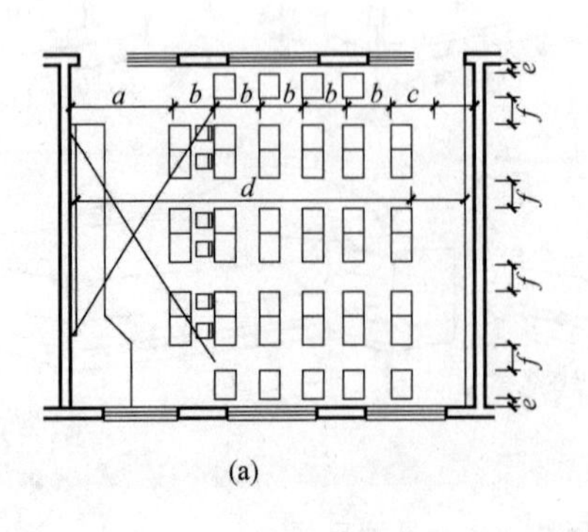

(a)

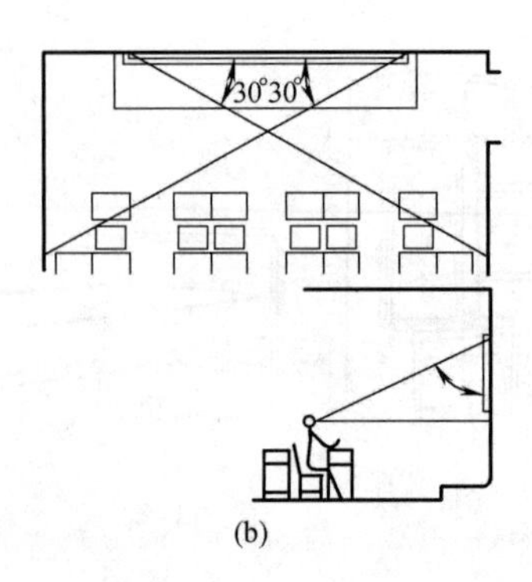

(b)

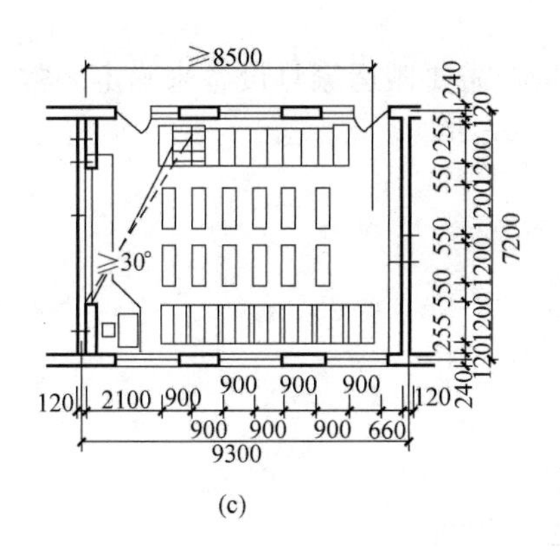

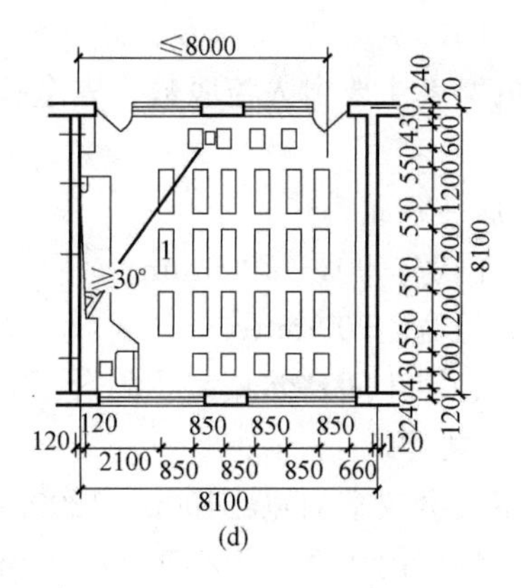

图 11-13 常见教室尺寸

（a）平面布置要求；（b）视角要求；（c）、（d）常见的教学布置

a≥2000；b 中学≥900；小学≥850；

c≥600；d 小学≤8000；中学≤9000；e≥120；≥550

3. 满足天然采光要求

除少数有特殊要求的房间如演播室、观众厅、实验室等，大部分房间均要求有良好的天然采光和自然通风。为保证室内采光的要求，单侧采光时，房间进深一般不大于窗上口至地面距离的 2 倍；双侧采光时，房间进深可较单侧采光时增大一倍，如图 11-14 所示。

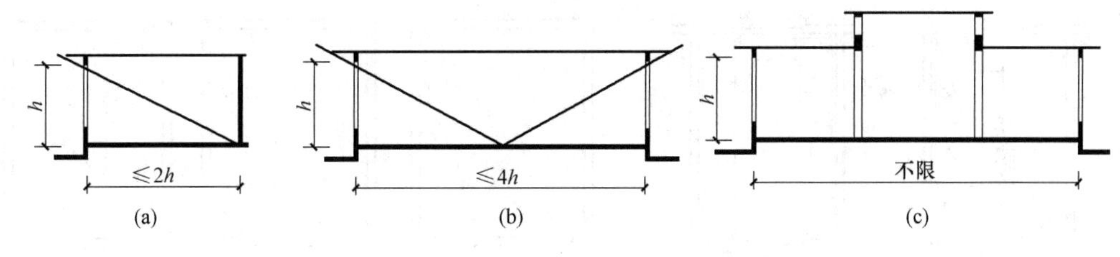

图 11-14 采光方式对房间进深的影响

（a）单侧采光；（b）双侧采光；（c）混合采光

4. 满足经济性的要求

一般民用建筑常采用框架结构体系和墙承重体系。板的经济跨度一般为 4m 左右，钢筋混凝土梁的经济跨度为 6～9m。为提高建筑工业化水平，需在开间和进深上采用统一的模数（常取 300mm），来作为协调建筑尺寸的基本标准。因此考虑到梁板经济合理的布置，以及建筑模数协调统一标准的要求，房间的开间、进深尺寸应尽量统一，以减少构件类型。

11.2.5 门窗的设置

1. 门的设置

房间门的设置主要包括门的数量、宽度、位置和开启方式。

（1）门的数量

门的数量需根据使用的具体要求以及《建筑设计防火规范》GB 50016—2014 的有关规定来确定。通常公共建筑房间至少需设置 2 个门，特殊情况下可设置 1 个门，具体可参见防火规范 5.5.15 条例。

（2）门的宽度

门的宽度主要由人流股数、安全疏散以及是否需要搬运家具设备来确定。常用房间门尺寸如下：

1）居住建筑

入户门宽：900～1200mm；

房间门宽：900mm；

厨房、卫生间、储藏室、阳台：800mm。

2）公共建筑

教室、会议室门宽：1000～1200mm；

医院病房门净宽：不小于1100mm（考虑担架通行）；

人员密集的公共场所、观众厅，疏散门的净宽：不应小于1400mm，其总宽度一般以每100人600mm来计算。

门的净宽，在1000mm以内的，一般采用单扇门；大于1000mm的，常采用双扇门或多扇门，双扇门的宽度为1200～1800mm，四扇门的宽度为2400～3600mm。为便于开启，每个门扇宽度应小于1000mm。

（3）门的位置

门的位置应便于家具设备布置、缩短交通路线、减少房间穿套、利于室内通风，如图11-15所示。

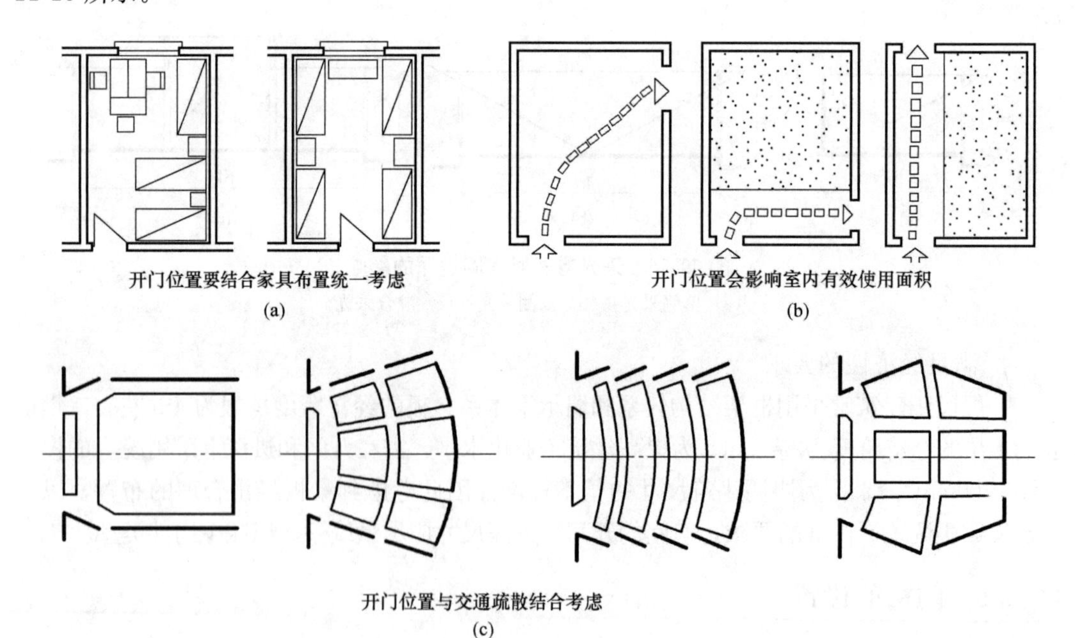

图11-15　开门位置

（a）一个门的房间；（b）两个门的房间；（c）多个门的房间

（4）门的开启方式

门的开启方式，一般原则是外门外开，内门内开。人数较少的房间，门开向房内。人流多的房间门及疏散门，应开向人流疏散方向或采用双向开启的弹簧门。

当房间门位置集中时，要考虑到同时开启两个门的可能，防止开启时相互碰撞，如图11-16所示。

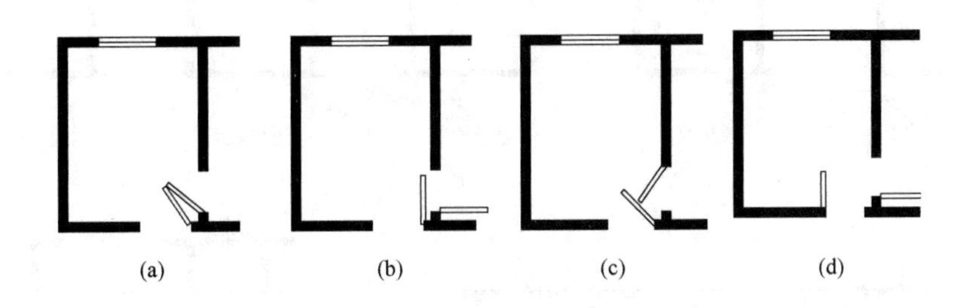

图11-16　门的相互位置及开启方向

(a)、(b)、(c) 不正确；(d) 正确

2. 窗的设置

确定房间中窗的大小、位置，需考虑室内采光、通风、日照和使用等功能要求，以及建筑的立面美观、建筑节能等方面的要求。

(1) 窗的大小

窗的大小主要取决于建筑的采光要求、节能要求、立面造型以及建造成本，设计时需综合考虑。一般来讲，建筑采光等级越高，窗越大；寒冷地区建筑节能要求越高，窗越小。

民用建筑采光等级，根据使用者工作要求，从特别精细到粗糙可分为Ⅰ、Ⅱ、Ⅲ、Ⅳ、Ⅴ五级。如绘图教室等要求特别精细的房间，采光等级属于Ⅰ级，窗地比（即窗洞口面积与地面面积之比）要求越大。设计时应根据建筑采光等级和相应的窗地面积比进行验算，来确定开窗大小。

窗的保温、隔热性能比墙差，尤其在寒冷地区，对建筑节能要求较高，所以窗的大小应在满足采光、通风等需要的前提下，可适当减小。

(2) 窗的位置

窗的位置直接影响到房间采光的好坏，为使房间室内照度均匀，避免产生眩光、暗角，窗的位置需安排恰当。如学校教室，为了满足一定的采光要求，若是一侧墙面采光的情况下，窗应设置在学生的左边，窗间墙的宽度一般不应大于1200mm，过大会使室内光线不均匀。同时，为了避免产生眩光，靠近黑板处最好不开窗，一般离开黑板的距离应不小于800mm，但也不能过大，否则会形成暗角，如图11-17所示。

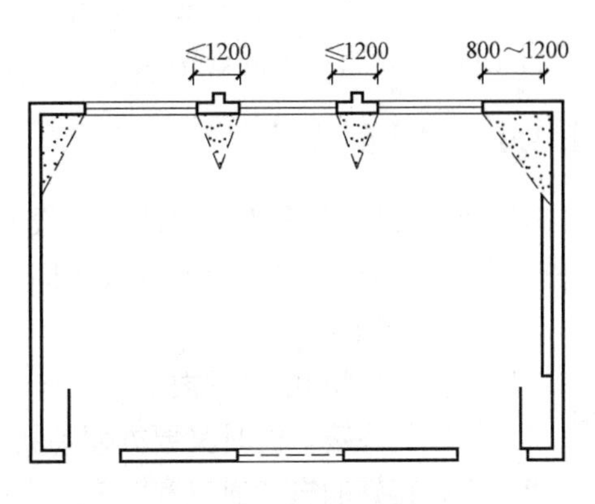

图11-17　教室开窗位置要求

开窗的位置还关系到建筑通风的好坏，通常会把窗开在门相对的墙上或离门较远的位置，利于形成穿堂风，如图11-18所示。

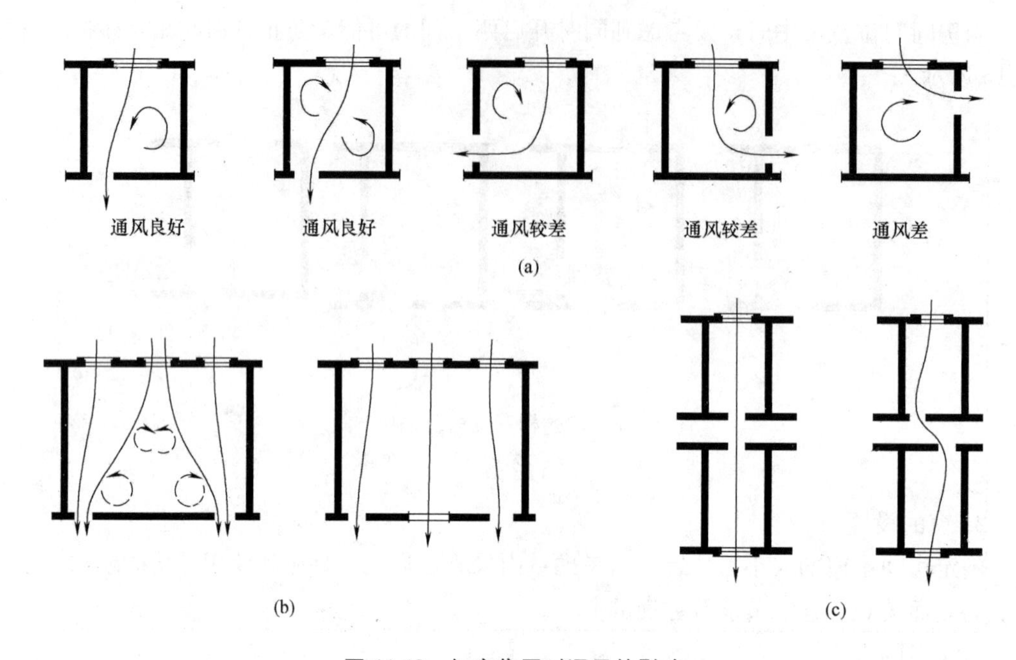

图 11-18　门窗位置对通风的影响

（a）一般房间门窗相互位置；（b）教室门窗相互位置；（c）内廊式平面房间门窗相互位置

11.3　辅助使用房间的平面设计

辅助使用房间在建筑内提供辅助服务，如住宅的厨房、卫生间，展览建筑的库房、卫生间，电影院的放映间等。辅助使用房间虽属于次要地位，但却是不可或缺的部分。如果处理不当，会造成使用不便、维修管理麻烦、造价增加等困难。不同类型的主要使用房间，就会有不同的辅助使用房间，其平面设计的原理、原则和方法与主要使用房间平面设计基本一致，设计时可在不影响其使用的前提下适当降低标准。

下面着重介绍卫生间、浴室、盥洗室、厨房的平面设计。

11.3.1　卫生间设计

卫生间的设计需考虑卫生防疫、设备管道布置等要求。公共建筑和住宅内的卫生间设计要求有较大区别，设计时有很大不同。

1. 公共卫生间

（1）公共卫生间的设计要求

1）位置要隐蔽，同时又要方便易找。

2）应有良好的自然通风和采光。

3）管道宜集中，厕所、盥洗室宜就近布置，上下相对。

4）公共厕所宜设置前室。

5）不应直接布置在餐厅、食品加工、变配电所等有严格卫生要求或防潮要求的用房上层。

（2）卫生设备的种类与数量

常用卫生设备主要有坐式大便器、蹲式大便器、小便斗、小便槽、洗手盆、污水池等，相应尺寸如图 11-19 所示。

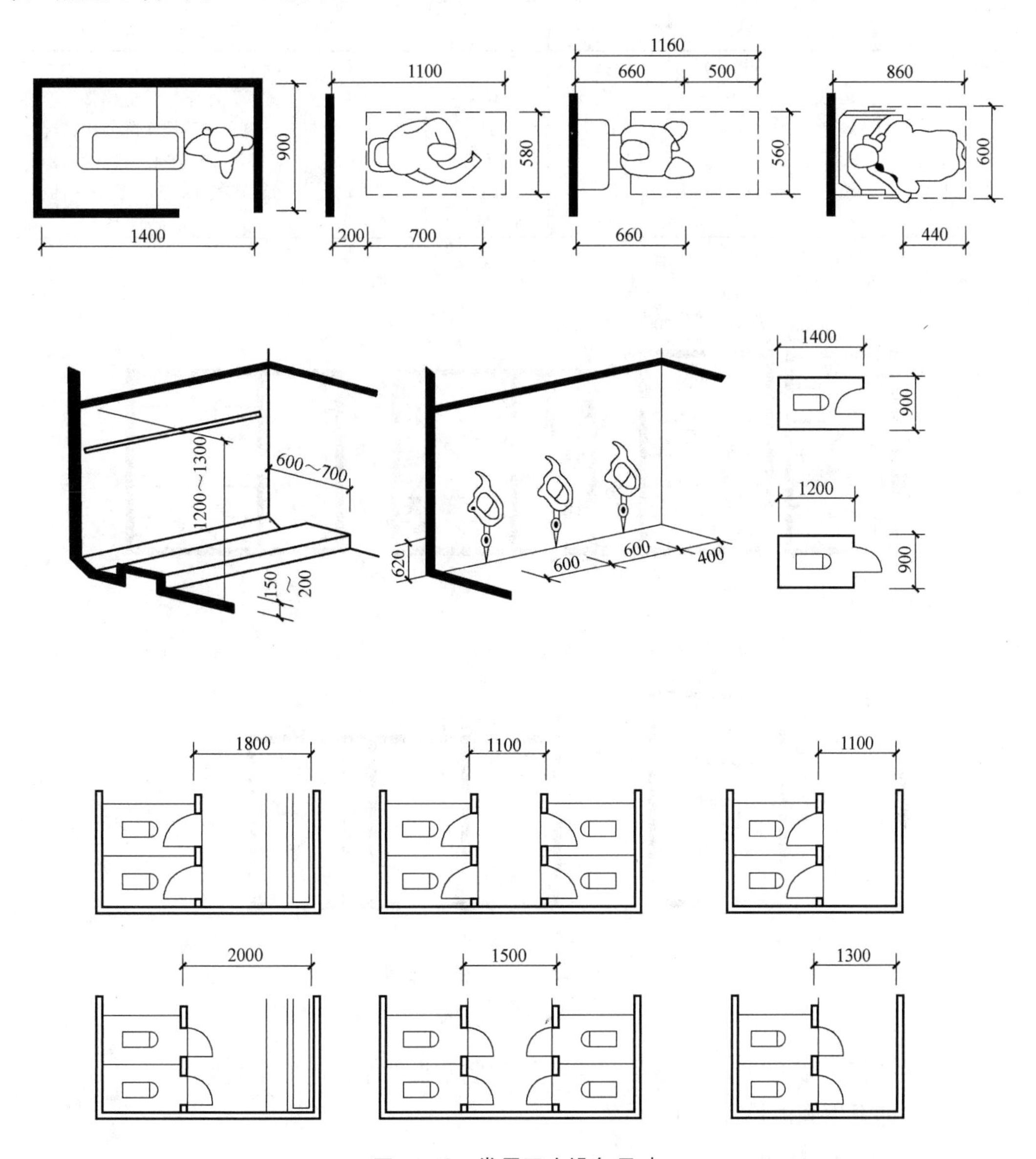

图 11-19 常用卫生设备尺寸

卫生设备的数量及小便槽的长度主要取决于使用人数、使用对象及其使用特点。经过实际调查和经验总结，得出不同建筑类型中卫生设备的计算指标供设计时参考，见表 11-2所示。

(3) 公共卫生间的布置

公共卫生间应设置前室，作为进入厕所的缓冲空间，可在前室设置洗手池；便池一般靠墙布置，以便安装和固定管线。厕所内为了保护使用者的隐私，往往设置成隔间。隔间的门分为内开和外开两种，内开影响隔间进深，外开则影响通道宽度，因此门不同开启方向有不同的尺寸要求，如图 11-20 所示。

部分建筑类型卫生设备数量参考指标 **表 11-2**

建筑类别	男小便器（人/个①）	男大便器（人/个）	女大便器（人/个）	洗手盆或龙头（人/个）	男女比例	备注
幼托	—	5～10	5～10	2～5	1∶1	—
中小学	40	40	25	100	1∶1	小学数量应稍多
宿舍	20	20	15	15	—	男女比例按实际使用情况
门诊所	50	100	50	150	1∶1	总人数按全日门诊人数计算
火车站	80	80	50	150	2∶1	男旅客按旅客人数 2/3 计算
剧院	35	75	50	140	3∶1	—

注：①或小便槽长，折合 0.6m 为一个。

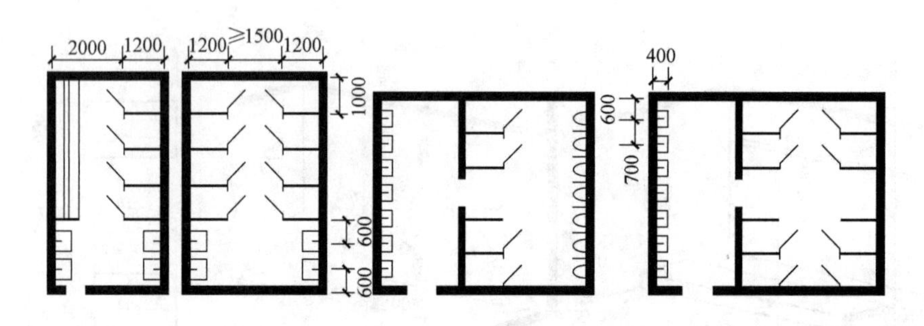

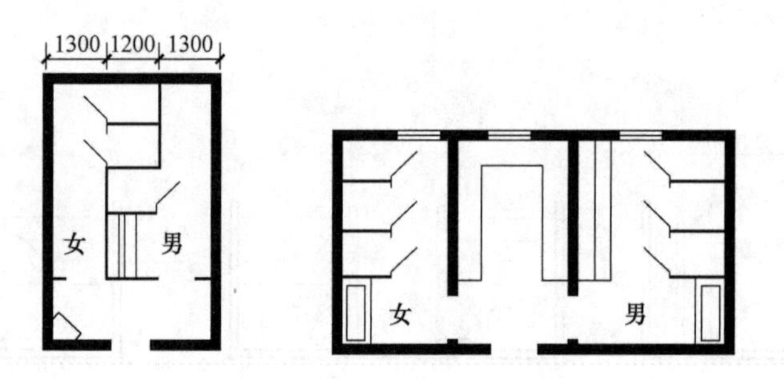

图 11-20 公共卫生间布置

2. 住宅卫生间

住宅卫生间的面积多为 4～8m²，大户型住宅常设两个以上的卫生间。

(1) 住宅卫生间的设计要求

1) 应有防水、隔声和便于检修的措施。

2) 条件允许的情况下可考虑干湿分离、公私分区。

3) 门不应直接开向起居室或厨房。

4) 不应布置在下层住户的卧室、起居室、厨房的上层，可布置在本套内卧室、起居室、厨房的上层。

5) 必须能通风换气，自然通风为佳，条件不允许可机械排风。

(2) 卫生设备的选择与布置

住宅卫生间通常由盥洗、浴室、厕所三个部分组成，如图 11-21 所示是住宅卫生间的常见布置方式及相关尺寸。

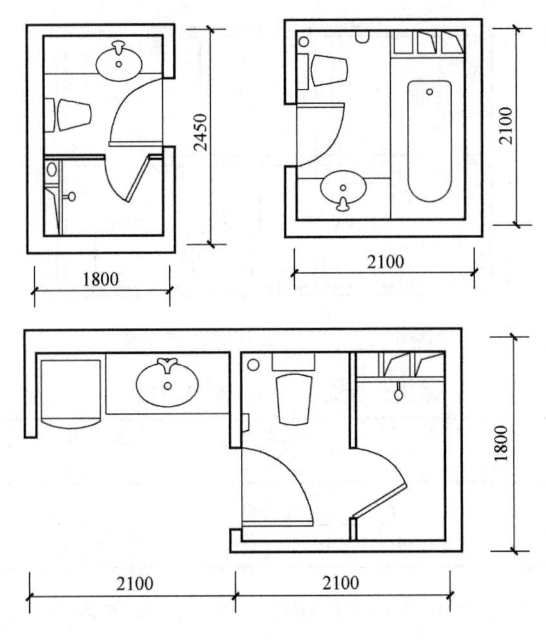

图 11-21　住宅卫生间的常见布置方式

11.3.2　浴室、盥洗室设计

浴室和盥洗室的卫生设备主要有洗脸盆、浴盆、淋浴器、污水池等，公用浴室还要设置更衣室。卫生设备的数量可根据使用人数确定，如表 11-3 所示。设计时结合设备尺寸、数量及人体活动空间尺寸进行房间的布置，如图 11-22、图 11-23 所示。

11.3.3　厨房设计

厨房可分为家用厨房和公共厨房。食堂、餐厅的厨房属于公共厨房，公共厨房比较复

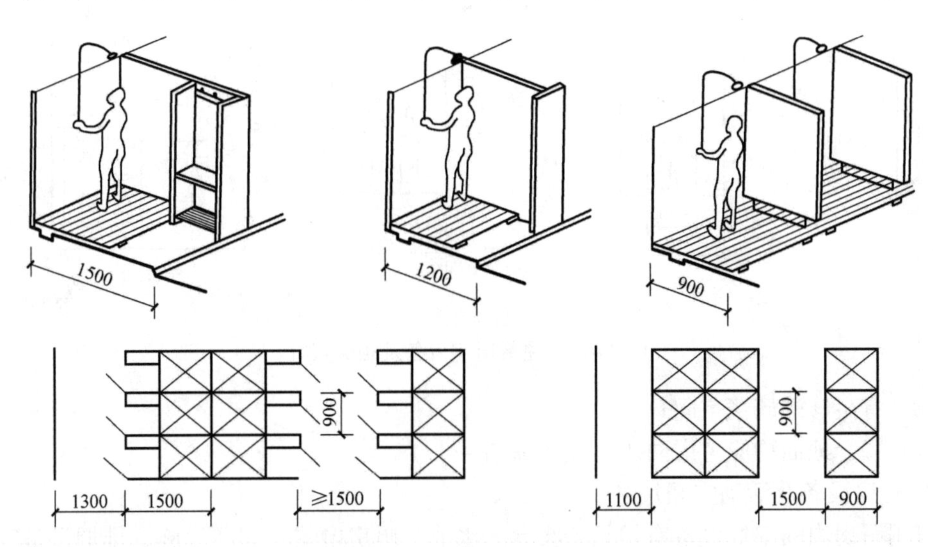

图 11-22　淋浴设备及相关尺寸

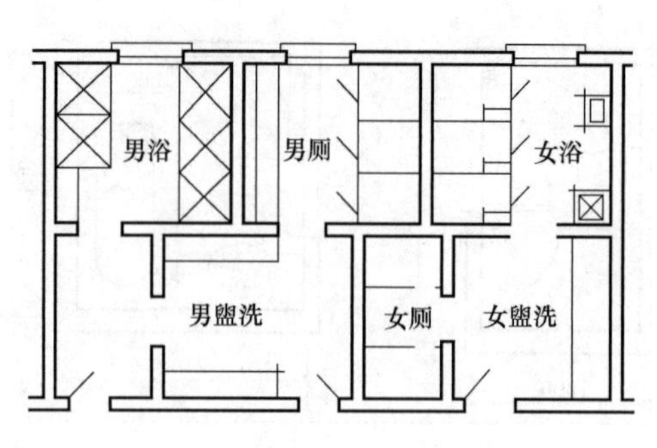

图 11-23　某浴室及盥洗室布置

浴室、盥洗室设备数量参数指标　　**表 11-3**

建筑类型	男浴器（人/个）	女浴器（人/个）	洗脸盆或龙头（人/个）	备注
旅馆	40	8	15	男女比例按设计
托幼	每班 2 个		2～5	—

杂，但其基本原理和设计方法可参考家用厨房，因此下面着重介绍家用厨房的平面设计。

1. 设计要求

（1）应有良好的采光和通风；

（2）炊事设备应符合操作流程，保证必要的操作空间；

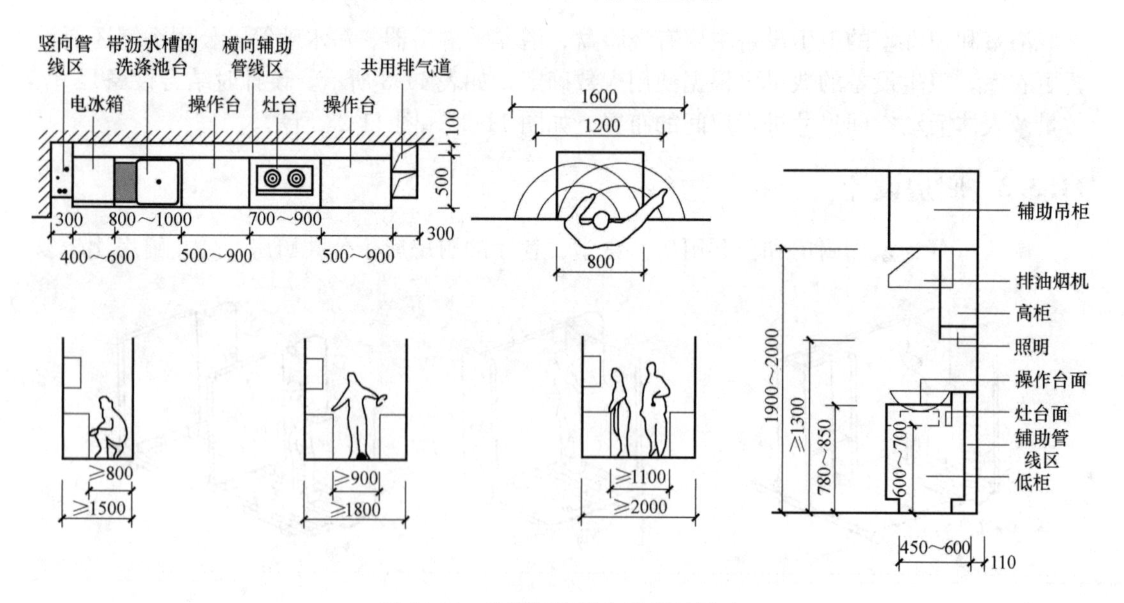

图 11-24　主要厨房设备及相关尺寸

（3）有足够的储藏空间；

（4）墙、地面均应考虑防水，便于清洁。

2. 厨房设备及活动空间尺寸

家用厨房内的主要设备有炉灶、案台、水池、厨房电器、储藏设施、排烟设备等。一般按洗、切、烧的顺序布置水池、案台、炉灶等设备。储藏设施应尽量利用厨房的有效空间，可设计成壁柜、吊柜、搁板等，如图 11-24 所示。

3. 厨房的平面布置

厨房常见的布置形式有单排、双排、L 形、U 形等方式，如图 11-25 所示。

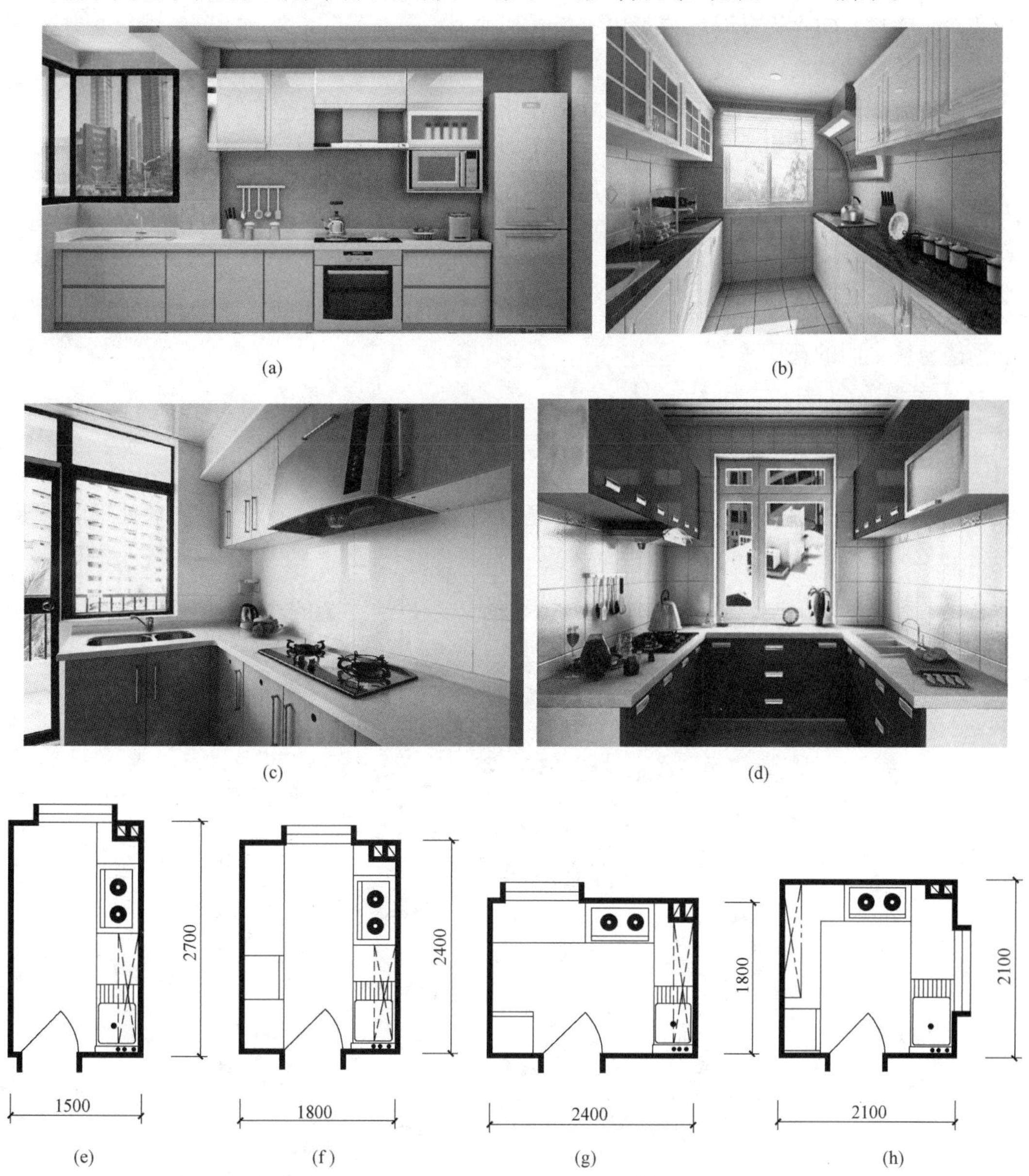

图 11-25 厨房平面布置形式

(a)、(e) 单排形；(b)、(f) 双排形；(c)、(g) L 形；(d)、(h) U 形

11.4 交通联系部分的平面设计

交通联系空间是建筑重要的组成部分，建筑室内与室外、楼上与楼下、房间与房间之间，都离不开交通联系空间。一幢建筑适用与否，除使用房间本身及其位置是否恰当外，

很大程度上取决于交通联系空间的设计是否合理。建筑内部的交通联系空间一般可分为水平交通空间、垂直交通空间、交通枢纽这三种基本的空间形式，分别如走道、楼梯、门厅。

交通联系空间在设计时需遵循以下设计原则：

（1）适宜的高度、宽度和形状，需满足通行要求。

（2）流线简捷不迂回，有明确的导向作用。

（3）满足一定的采光、通风要求，满足防火与安全疏散要求。

（4）满足使用要求的前提下，布局紧凑，节省交通面积。

11.4.1　水平交通空间

水平交通空间是用于联系同一楼层内各使用空间的狭长空间，一般指房间外面的走道、楼与楼之间的连廊等。

1. 走道

（1）走道的平面形式

走道的平面形式多种多样，有开敞的、半开敞的、封闭的，有直线形、折线形、曲线形等等。平面形式除根据功能的需要外，还应服从建筑整体布局及空间艺术处理的需要，如图 11-26 所示。

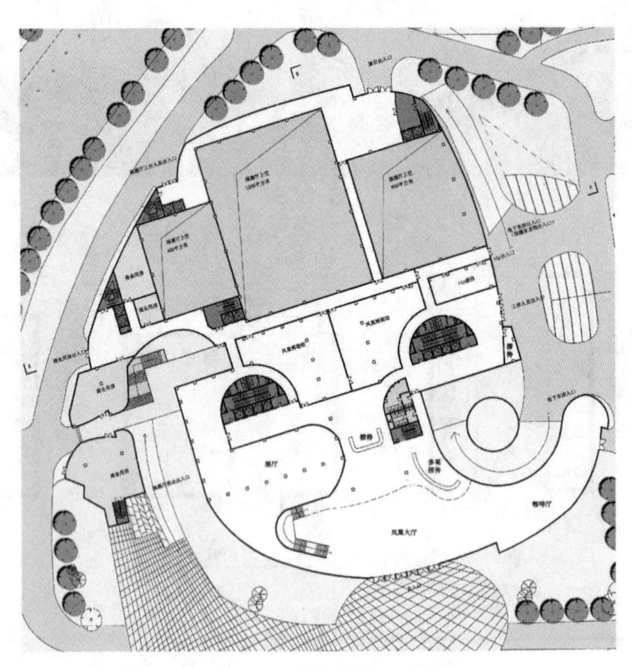

图 11-26　某传媒大厦平面

（2）走道的宽度

走道的宽度需根据其功能需要、使用性质、人流特点、防火规范、空间感受以及门的开启方向等综合因素来确定，其中分析使用性质、人流特点是关键。

1）基本只用于交通联系的走道，如办公楼、旅馆等公共建筑的走道，走道宽度主要根据人流股数来确定。通常单股人流的宽度为 0.55～0.6m，两股人流的通行宽度不宜小于 1.1m。一般公共建筑的走道宽度常取 1.5m 以上。住宅建筑由于通行人数少，为节约交通面积，公共走道的宽度通常在 1.2m 左右，住宅套内的走道一般略大于房间门的宽度即可，如图 11-27 所示。

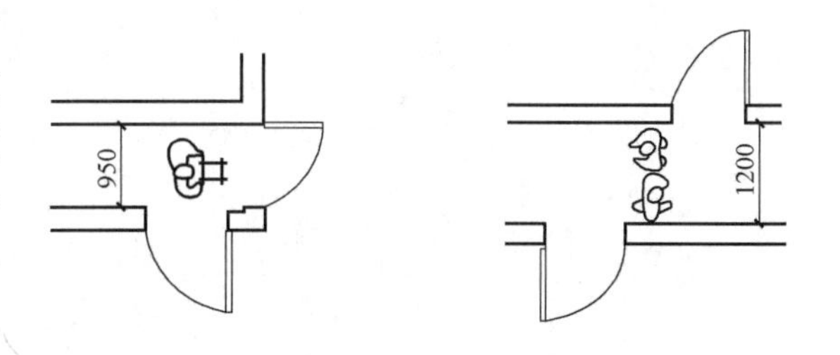

图 11-27　住宅建筑走道宽度

2）走道兼有其他功能，如等候、展示、休息等功能时，其宽度则应按具体情况适当增加。例如医院的门诊，走道兼作候诊用途，其宽度除考虑通行需要外，还应考虑布置候诊座位所需的尺寸，如图 11-28 所示。再如中小学教学楼，走道兼作学生课间休息活动场所，宽度可到 2～3m。

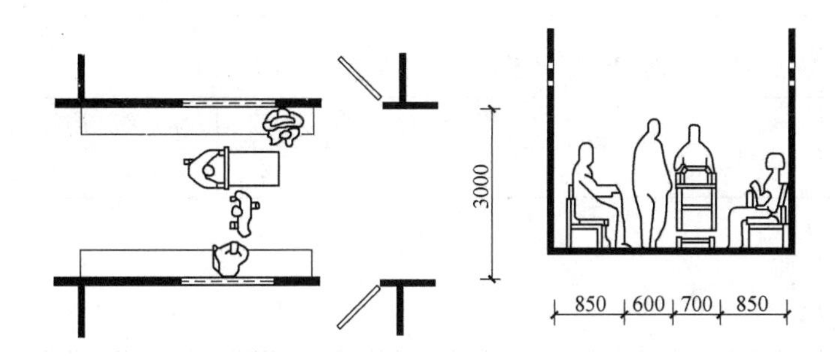

图 11-28　医院建筑走道宽度

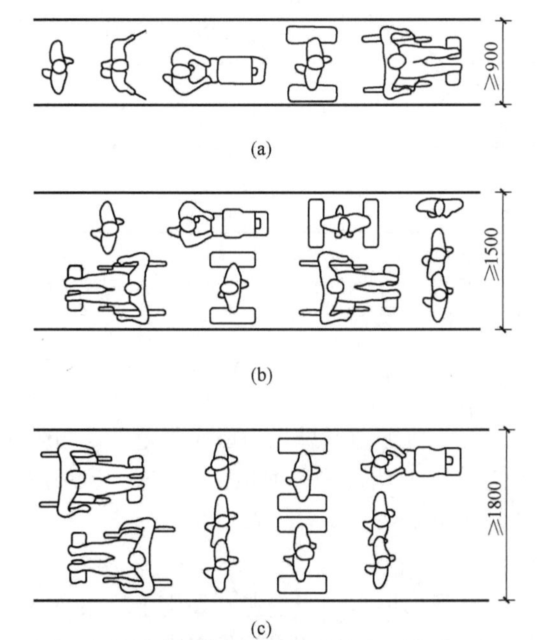

图 11-29　无障碍走道宽度

（a）一辆轮椅通道；（b）中小型公建通道；（c）大型公建通道

3）无障碍设计还需考虑轮椅的通行宽度。常用轮椅的通行宽度为 0.9m，因此，中小型公建通道不宜小于 1.5m，大型公共建筑的无障碍走道宽度不宜小于 1.8m，如图 11-29 所示。

4）房间门一般应避免开向走道，以免影响走道的实际使用宽度，当必须开向走道时，走道要适当加宽，如图 11-30 所示。

5）走道的宽度还应充分考虑空间尺度、耐火等级、防火规范等要求。规范中规定公共建筑疏散走道的净宽度不应小于 1.10m，高层公共建筑疏散走道的最小净宽度如表 11-4 所示。

（3）走道的长度

根据《建筑设计防火规范》GB 50016—2014 中安全疏散的要求，走道从房间门到最近安全出口的距离有明确的规定，如表 11-5 所示。

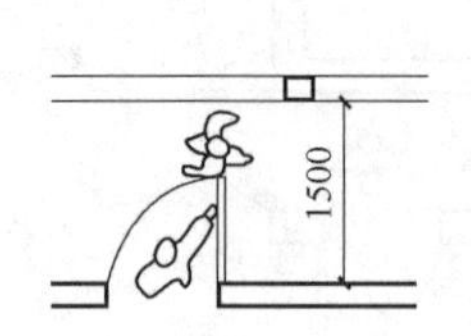

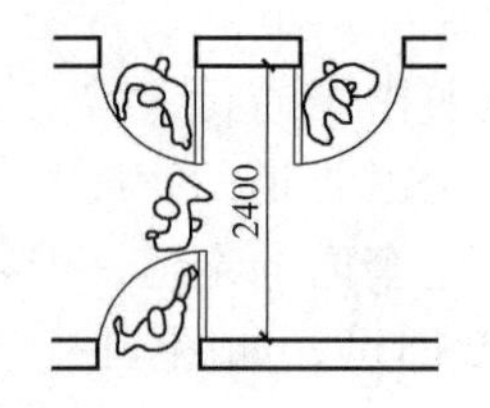

图 11-30　门的开启方向与走道宽度

高层公共建筑疏散走道的最小净宽度（m）　　**表 11-4**

建筑类别	走道最小净宽度	
	单面布房	双面布房
高层医疗建筑	1.40	1.50
其他高层公共建筑	1.30	1.40

房间门到最近安全出口的最大距离（m）　　**表 11-5**

名称			位于两个安全出口之间的疏散门			位于袋形走道两侧或尽端的疏散门		
			一、二级	三级	四级	一、二级	三级	四级
托儿所、幼儿园 老年人建筑			25	20	15	20	15	10
歌舞娱乐放映游艺场所			25	20	15	9	—	—
医疗建筑	单、多层		35	30	25	20	15	10
	高层	病房部分	24	—	—	12	—	—
		其他部分	30	—	—	15	—	—
教学建筑	单、多层		35	30	25	22	20	10
	高层		30	—	—	15	—	—
高层旅馆、公寓、展览建筑			30	—	—	15	—	—
其他建筑	单、多层		40	35	25	22	20	15
	高层		40	—	—	20	—	—

注：1. 建筑内开向敞开式外廊的房间疏散门至最近安全出口的直线距离可按本表的规定增加 5m；
2. 直通疏散走道的房间疏散门至最近敞开楼梯间的直线距离，当房间位于两个楼梯间之间时，应按本表的规定减少 5m，当房间位于袋形走道两则或尽端时，应按本表的规定减少 2m；
3. 建筑物内全部设置自动喷水灭火系统时，其安全疏散距离可按本表及注 1 的规定增加 25%。

（4）走道的采光、通风

除某些公共建筑（如商业建筑）可用人工照明、机械通风外，一般应尽量考虑自然采光与通风。外走道的自然采光不受影响，内走道解决天然采光、通风的方式有以下几种：端部采光、利用局部开敞空间采光、顶部采光，如图 11-31 所示。

2. 连廊

连廊是联系两个或多个不同使用空间的狭长空间，但有别于走道，是用于联系有一定距离且相互独立的两个使用空间，如园林建筑中的游廊、两栋楼之间的空中连廊等。连廊可以是开敞的，也可以是封闭的。当连廊需要结合地形起伏错落时，连廊内还可以设置台阶，如图 11-32 所示。

(a)

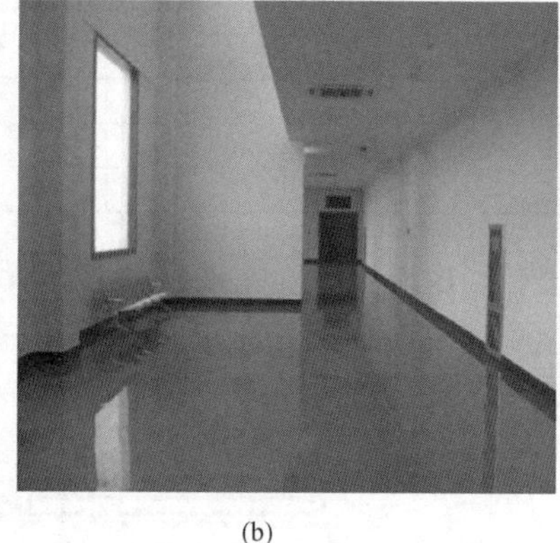
(b)

(c)

图 11-31 走道的天然采光
(a) 端部采光；(b) 利用局部开敞空间采光；(c) 顶部采光

图 11-32 连廊

11.4.2 垂直交通空间

垂直交通用于竖向联系各楼层房间，常见的有楼梯、电梯、自动扶梯、坡道等形式。

1. 楼梯

(1) 楼梯的形式

楼梯在建筑中必不可缺，是垂直交通的常见形式。按照梯段与休息平台的不同组成方式，楼梯有多种多样的形式，参见本书 5.1.2 节。

(2) 楼梯的宽度

楼梯的宽度需根据使用要求、通行人数、安全疏散和防火规范来确定，参见本书 5.3.1 节。

(3) 楼梯的位置和数量

楼梯的位置与数量需根据楼层人数和建筑防火要求来确定，保证走道内房门至楼梯间的最大距离满足规范的要求，可参见表 11-5。公共建筑通常至少应设置两部楼梯，特殊情况下可以只设一部楼梯，如表 11-6 所示。

可设置一部疏散楼梯的公共建筑 **表 11-6**

耐火等级	最多层数	每层最大建筑面积(m^2)	人数
一、二级	3层	200	第二、三层的人数之和不超过50人
三级	3层	200	第二、三层的人数之和不超过25人
四级	2层	200	第二层人数不超过15人

楼梯可分为主要楼梯和次要楼梯。主要楼梯宜布置在门厅、过厅、出入口等人流密集位置，楼梯方位最好能顺应主要人流方向。次要楼梯一般布置在建筑转角或较偏处，也可布置在较差朝向处，如图11-33所示。

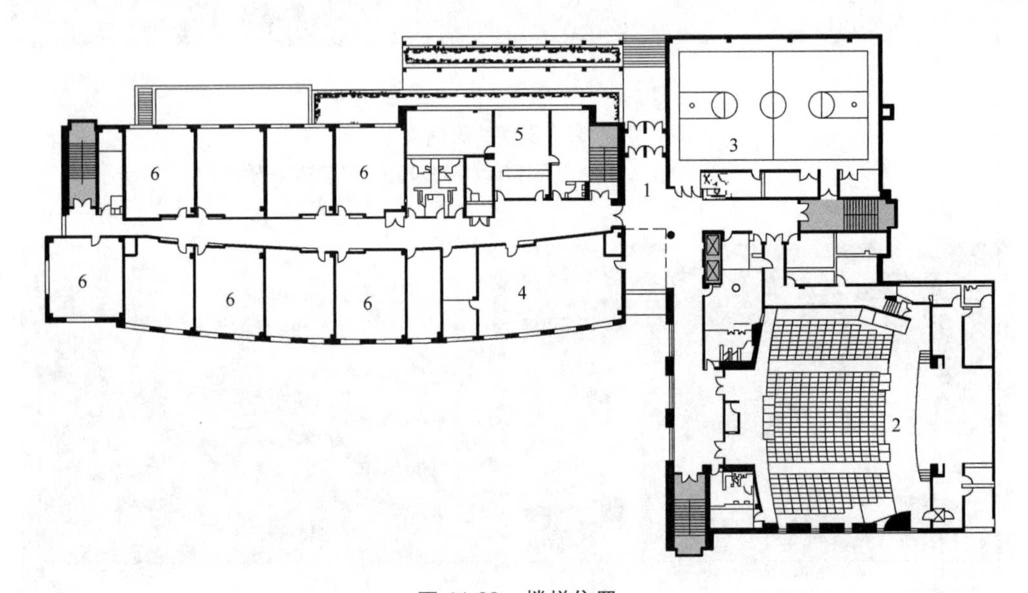

图 11-33 楼梯位置

1—主入口；2—大礼堂；3—健身房；4—图书馆；5—行政办公室；6—教室

2. 电梯

电梯不仅是高层建筑的主要交通工具，还在有特殊功能要求的多层建筑中广泛应用，如医疗建筑、大型宾馆、老年建筑等。

电梯按使用性质可分为客梯、货梯、客货两用电梯及杂物电梯等。

常用电梯井道尺寸（宽×深）如下：

公共电梯：2400mm×2300mm，2600mm×2600mm。

住宅电梯：1800mm×2100mm，2400mm×2300mm。

医院电梯：2700mm×3300mm。

货梯：2700mm×3200mm。

电梯不能用作安全疏散口，因此设置电梯的同时，应配置疏散楼梯。电梯间应布置在人流集中的地方，如门厅、出入口等，如图11-34所示。电梯厅应有足够的等候面积，以免人流拥堵。电梯常成组设置，单侧设置时不应超过4台，双侧设置时不超过8台。如图11-35所示为电梯与楼梯的几种常见组合形式。

3. 自动扶梯

自动扶梯一般用于人流量大且连续性强的公共建筑中，如车站、商场等。自动扶梯设计及构造参见 5.6.2 节。

11.4.3　交通枢纽

公共建筑中用于组织人流集散、方向转换以及空间过渡的场所，称为交通枢纽空间，主要指门厅、过厅等。

1. 门厅

门厅位于建筑的出入口处，是内外空间的过渡，起到人流集散的作用，有些门厅还兼有其他功能，如问讯、休息、陈列、小卖等。例如医院的门厅，一般都兼有挂号、收费、取药等功能；宾馆的门厅内一般会设服务台、问询处、休息区等，如图 11-36 所示。

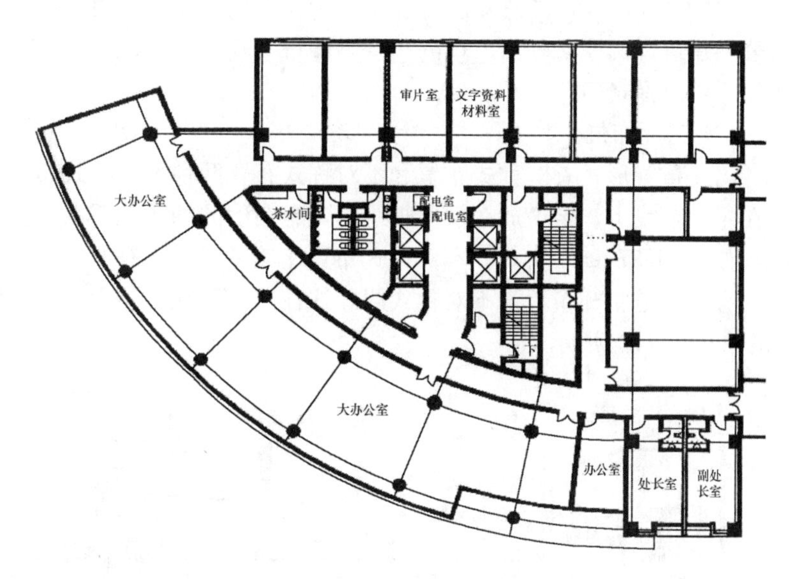

图 11-34　电梯间的位置

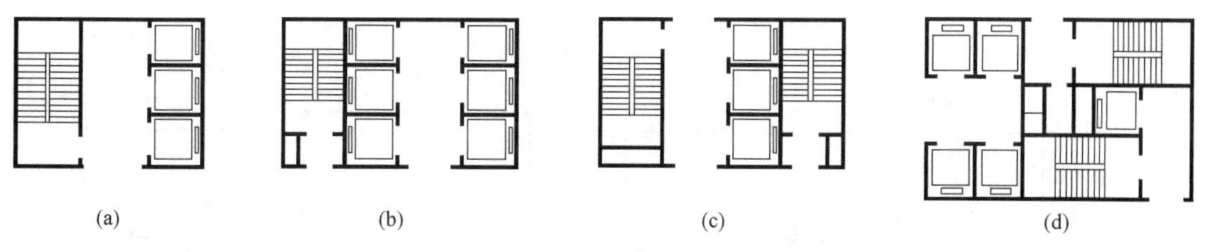

图 11-35　电梯与楼梯的组合示例

(a) 楼梯在电梯厅内；(b) 楼梯邻贴电梯厅；(c) 楼梯在厅内与邻贴结合；(d) 楼梯在电梯厅外

图 11-36　医院、宾馆门厅

在公共建筑中，门厅可以只设一个，也可设多个，尤其在大型建筑中。有些建筑也可不设门厅，只设简单的门斗，例如商场，往往一进门就是营业厅。

门厅在设计时需注意以下几个方面：

(1) 门厅面积

门厅面积主要由建筑物的使用性质、规模、质量标准和门厅功能组成决定。在实际工作中，可参考相关的建筑面积定额指标。例如中小学教学楼的门厅可按每人 0.06～0.08m^2 来计算；门诊楼的门厅兼有挂号、取药等要求，一般以 10%～15%的门诊人次、每人以 0.8m^2 来计算。

(2) 安全疏散

门厅对外出入口的总宽度，应不小于通向该门厅的过道和楼梯宽度的总和。人流较大的公共建筑，门厅对外出入口的宽度可按每 100 人 0.6m 的宽度来计算。外门应向外开启或使用双向弹簧门。

(3) 门厅布局

门厅布置形式有对称式布置和不对称式布置两种。对称式布置是将门廊、门厅和楼梯放在主要轴线上，走道放在次要轴线上，有明确的轴线关系。对称式门厅往往显得庄重严肃，如图 11-37 (a) 所示。不对称式布置比较灵活，没有明显的轴线关系，楼梯可设在门厅一旁，走道错开布置。不对称式门厅往往轻巧活泼，空间变化较多，功能组合较自由，如图 11-37 (b) 所示。

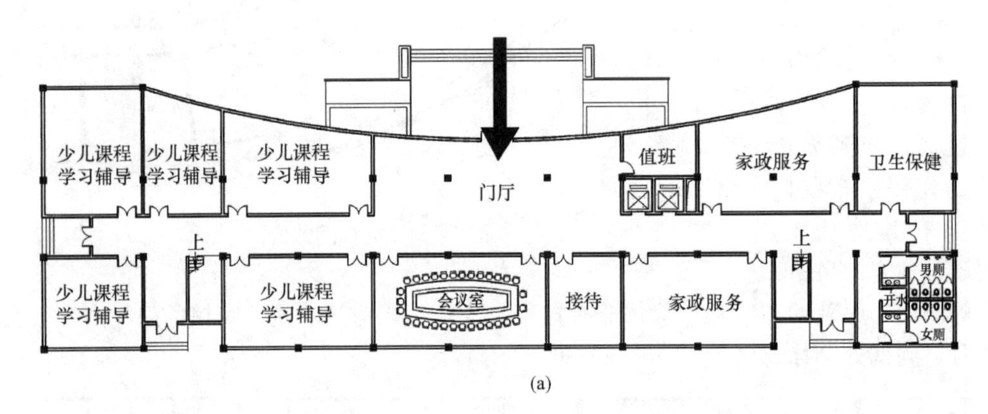

(a)

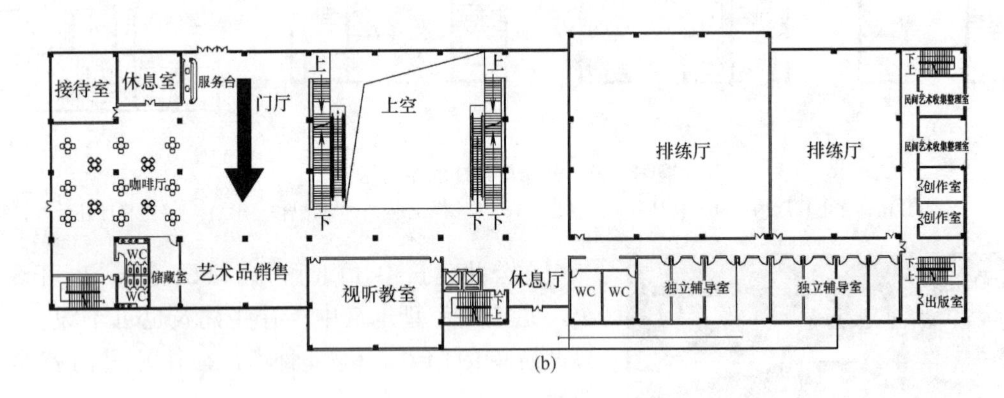

(b)

图 11-37　门厅布局

(a) 对称式——某社区服务中心门厅；(b) 非对称式——某档案馆门厅

(4) 流线组织

设计时应处理好门厅内各流线的关系，做到流线清晰、顺畅，互不干扰。如医院门诊大厅，要妥善组织好问询、挂号、收费、取药等不同人流流线，并预留出各自排队等候的空间，防止产生流线交叉、逆行，造成交通拥堵。

(5) 采光通风

门厅应有较好的天然采光，并保证必要的层高。门厅的采光，通常利用出入口处的玻璃门窗、楼梯间或走道的开窗来解决。必要时可提高门厅高度，利用高窗来采光。

(6) 防风防雨防寒措施

进入门厅前应有遮雨设施，可设置雨篷或门廊等。有些建筑物，如宾馆，为了便于汽车开至门口，需设行车坡道，并要求门廊或雨篷可以盖住停车位置，以便上下车时不受雨淋。在多风沙或气候较冷的地区，为了避免风沙或冷空气进入，入口处常设门斗，如图11-38所示。

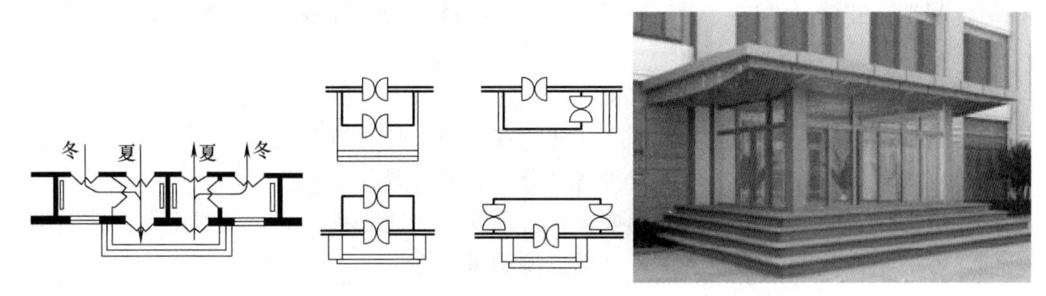

图 11-38 防沙门斗的形式

2. 过厅

门厅主要是室外与室内的过渡空间，而过厅则是室内各部分空间之间的过渡空间，起到人流缓冲和再次分配的作用。

过厅尺度上较门厅要小，其设计原则和门厅基本相同。

过厅的设置通常在以下几个地方，如图11-39所示：

（1）在建筑内几条走道与楼梯交换的地方，一般需扩大面积形成过厅，以保证人流畅通；

（2）在走道与使用人数较多的大房间连接处，一般也需设过厅，以缓冲人流；

（3）在几个大厅或大房间连接处，也可设过厅，以起到空间过渡的作用。

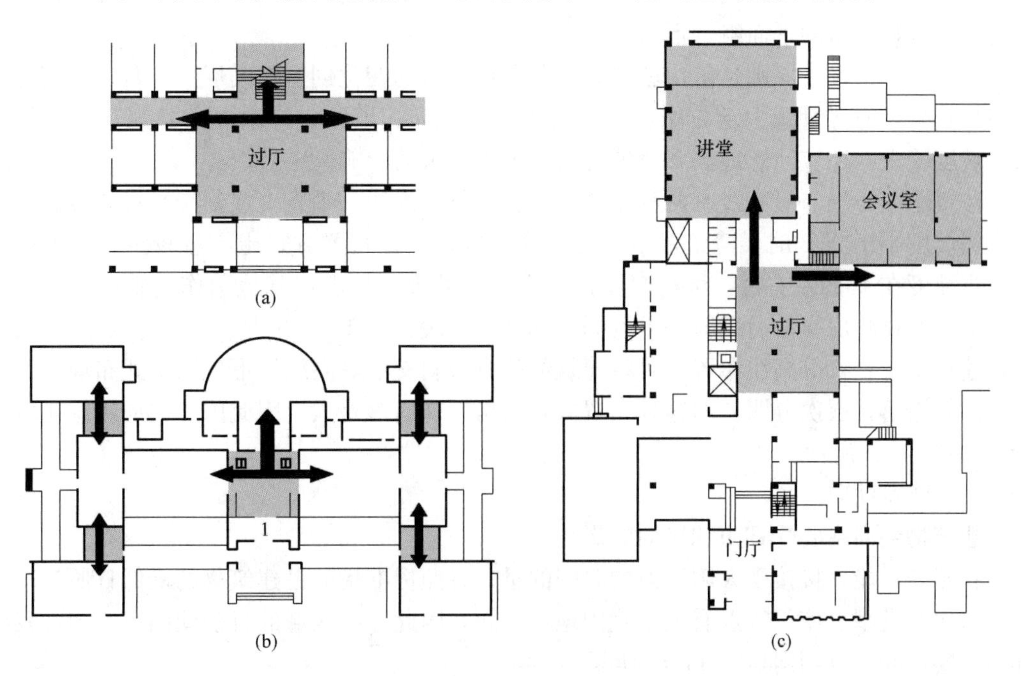

图 11-39 过厅的设置

（a）走道交汇处；（b）走道与大空间交汇处；（c）大空间交汇处

11.5　建筑平面组合设计

建筑平面组合设计就是将建筑平面的主要使用空间、辅助使用空间通过交通联系空间有机组合起来，并综合考虑功能、环境、结构、经济、美观等各因素，形成合理完善的建筑平面图。

建筑平面组合设计的主要内容有：

(1) 与基地环境有机结合，合理布置建筑在基地上的总体布局；

(2) 根据建筑功能要求，合理安排各部分空间的位置；

(3) 根据建筑防火与安全疏散的要求，合理安排交通联系空间，流线组织简捷明确；

(4) 考虑结构、施工的经济性，立面造型的可行性。

11.5.1　平面组合的影响因素

1. 基地环境

任何建筑物都不能孤立存在，它总会受到基地环境的制约，也必然会影响到建筑在基地的位置、形状、朝向、出入口等的布置。因此建筑平面组合设计首先要考虑基地环境对其产生的影响。基地环境主要包括基地地形地貌、建筑朝向、建筑间距和建设限制条件等。

(1) 地形地貌

平坦地形的建筑平面组合灵活性较大，可有多种布局方式；地势起伏较大的地形，建筑平面布局会受到很大影响。若能充分结合地形，利用有利条件，改造不利条件，也会创造出空间变化丰富的平面组合形式。

坡地建筑的设计原则是依山就势，充分利用地势的变化创造空间层次丰富、错落有致的造型效果。应尽量减少土方量，并妥善解决好朝向、道路、排水以及景观等方面的要求。坡度较大时还应注意地震和滑坡等自然灾害带来的影响。

建筑平面布局与等高线有两种布置关系：平行等高线、垂直（或斜交）等高线。

当坡度小于25%时，建筑多平行等高线布置，这种布置方式土方量较少，造价较经济。当坡度在10%左右时，可将房屋按同一标高处理，只需把基地稍作平整即可，细微高差仍可通过将房屋前后勒脚调整到同一标高来解决，如图11-40所示。当坡度大于25%时，建筑不宜平行等高线布置，可将建筑物垂直或斜交于等高线，形成跌落式布局，立面造型高低错落，层次分明。但这种布置方式的房屋前后落差大，因此内外交通组织比较复杂，如图11-41所示。

(2) 建筑朝向

建筑物朝向主要受日照和风向的影响。

日照表示能直接接受太阳照射的时间的量。日照标准指的是建筑物的最低日照时间要求，与建筑类型、使用特点有关。我国地域辽阔，因此不同区域的日照朝向也不同，我国各地主要房间适宜朝向如图11-42所示。

风向指风吹来的方向，通常将风向和风速用风玫瑰图来表示，如图11-43所示。我国各城市区域均可查到相应的风玫瑰图。设计时可根据主导风向来调整建筑朝向，可以有效

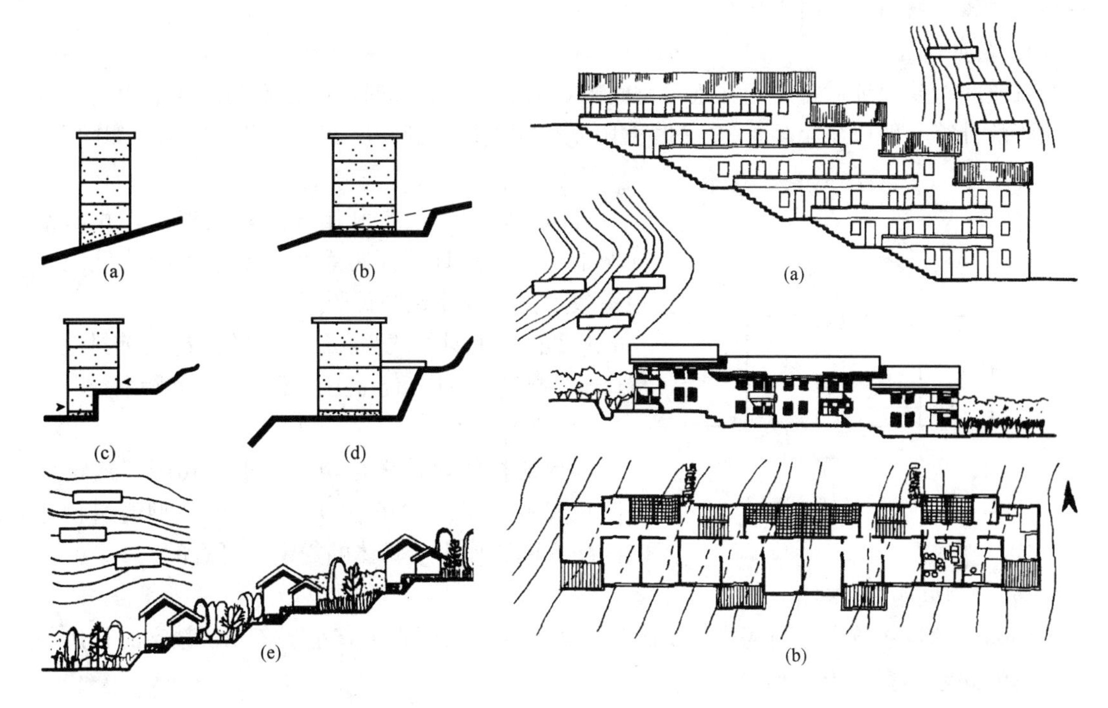

图 11-40　建筑物平行等高线布置

（a）前后勒脚调整到同一标高；（b）筑台；
（c）横向错层；（d）入口分层设置；
（e）平行于等高线布置示意

图 11-41　建筑物垂直或斜交于等高线布置

（a）垂直于等高线布置示意；
（b）斜交于等高线布置示意

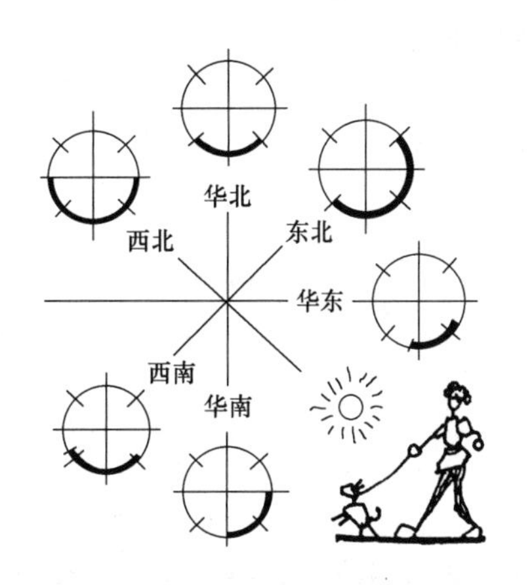

图 11-42　我国各地主要房间适宜朝向

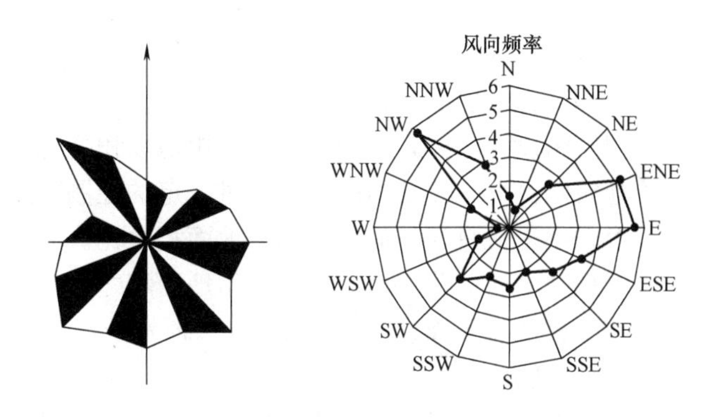

图 11-43　风玫瑰图

改变室内气候条件，有利于建筑节能。例如，在南方地区，合理布置住宅建筑朝向，就能利用夏季主导风向来达到通风降温的明显效果；在北方地区，公共建筑的北入口需避免冬季北风的侵入。

（3）建筑间距

建筑间距指两幢相对的建筑物外墙面之间的水平距离。影响建筑间距的因素有日照、消防、通风、噪声、视线干扰等。

1）日照间距

日照间距是保证后排房间在规定时间内，能有一定日照时数的建筑物之间的距离。日照间距的计算一般以冬至日正午 12 时太阳光线能直接照到底层窗台为设计依据，如图 11-44 所示。

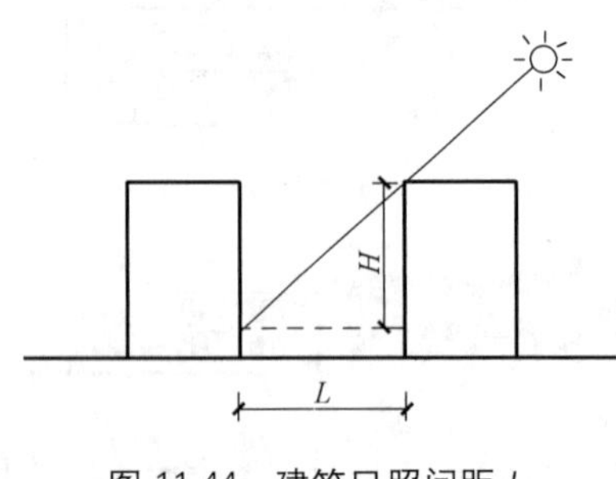

图 11-44 建筑日照间距 L

日照间距计算通常利用日照系数求得。我国不同城市有不同的日照间距系数，根据相应的日照间距系数求得相邻建筑的日照间距。

日照间距 L 计算式为：$L=H\times R$。H 为前排建筑檐口至后排建筑底层窗台高度。R 为日照间距系数。

2）防火间距

为保证相邻建筑满足防火要求，我国《建筑设计防火规范》GB 50016—2014 对不同类型建筑物之间的防火间距作出了具体的规定，可查阅。

3）噪声间距

例如在学校建筑中，当两排教室的长边相对时，其间距不宜小于 25m，教室的长边与运动场的间距不宜小于 25m。

（4）建设限制条件

1）用地范围控制

道路红线——城市道路用地的规划控制线。

建筑红线——也称建筑控制线，是建筑物基底位置的控制线。通常情况，建筑红线会从道路红线后退一定的距离。建筑一般不能超出建筑红线范围。

绿线——限定城市公共绿化用地的分界线。

蓝线——限定河流等水体用地的分界线。

2）开发强度控制

建筑密度——建筑投影面积与总用地面积之比。

建筑限高——建筑高度不得超过一定的控制高度。

容积率——总建筑面积与总用地面积之比。

绿地率——绿化用地面积与总用地面积之比。

某工程的总平面设计图如图 11-45 所示。

2. 使用功能

不同的功能要求会产生不同的使用房间，以及房间之间不同的组合形式。使用功能对平面组合起着决定性的影响，是平面组合设计的核心内容。如旅馆建筑设计中，不仅要对客房单个房间的大小、形状、门窗等进行设计，还要处理好客房与公共服务、休闲娱乐、餐饮等其他使用空间的相互关系，以及交通联系设计。再如医院建筑门诊楼，不仅要满足各科诊室的房间使用要求，还要处理好它们之间的相互关系，做到功能分区明确，人流不交叉干扰。

3. 结构选型

目前，民用建筑常用的结构类型有砖混结构、框架结构、剪力墙结构、筒体结构、空

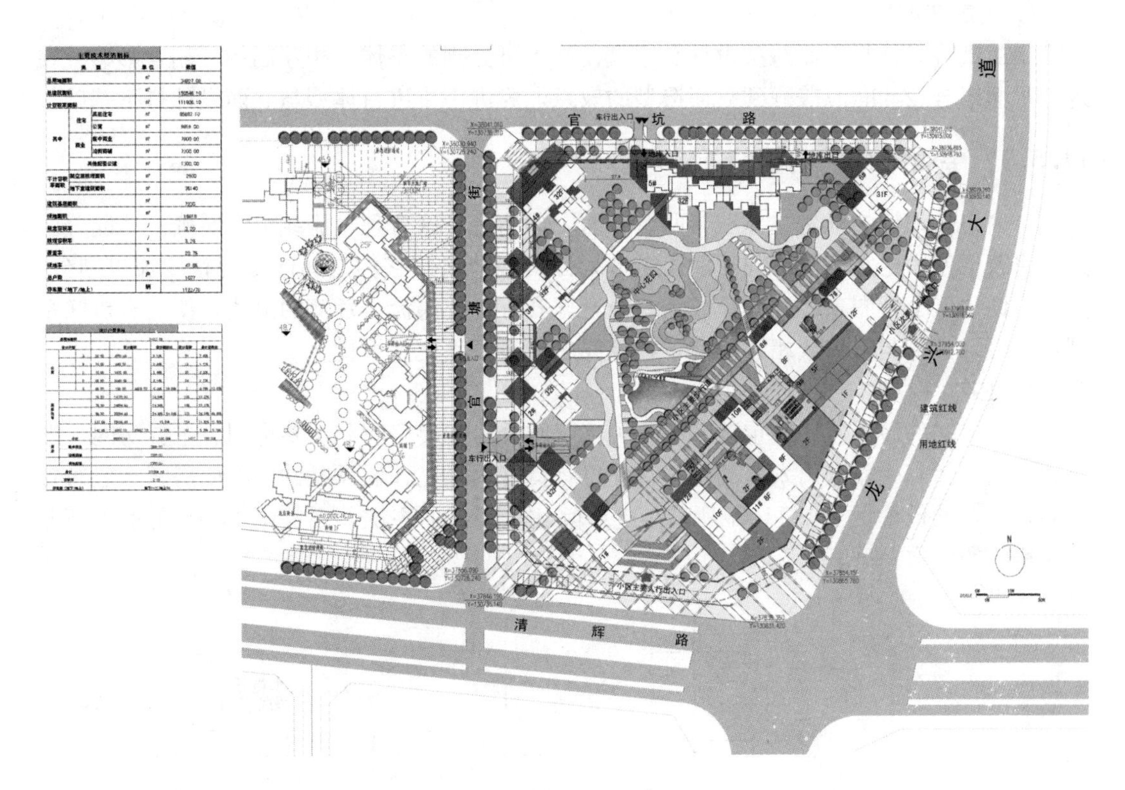

图 11-45 某住宅小区总平面图

间结构等。

随着建筑技术、施工方法的进步，以及新结构、新材料的不断出现，轻型高效能的建筑空间结构得到了迅速的发展，为公共建筑的空间形式和结构选型提供了有利的条件。设计时应在满足使用功能的前提下，选择经济合理的结构形式。

4. 设备管线

民用建筑内设备管线主要包括给水排水、电器、通信、电视、采暖、空调、煤气等管线。平面组合设计时应合理安排这些设备管线的位置，尽量使它们相对集中，上下对齐，有利于管道配置。如旅馆客房在平面组合设计时，可将卫生间相对布置，共用一个管道井，如图 11-46 所示。

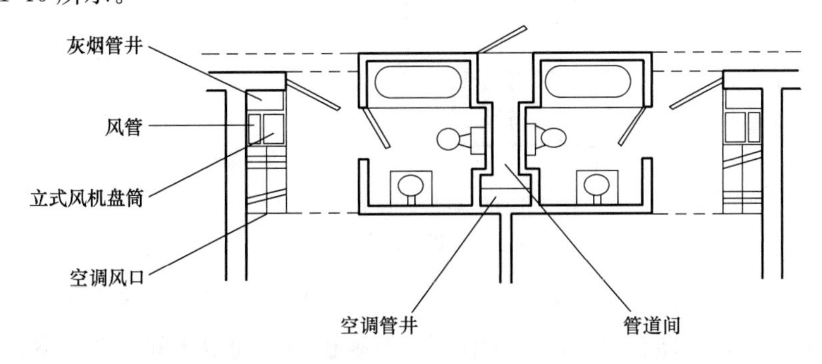

图 11-46 旅馆卫生间的集中管道井

5. 建筑造型

平面组合设计与立面造型设计是建筑设计不可分割的整体，相互制约，相互影响。在进行平面组合设计时应兼顾到立面造型的效果，为进一步进行体型与立面设计打下基础。

11.5.2 平面组合的功能分析

平面组合设计的优劣主要在于两个方面，即功能分区合理、流线组织明确。功能分区是指将若干使用空间按照不同功能要求进行分类，并根据它们之间的密切程度加以划分，通常借助功能分析图来表达。流线组织指合理安排各类人流、货流的流线，使之有机联系（紧密联系）、适当联系或相互隔离，各流线之间不发生交叉干扰。

1. 主次关系

根据房间的使用性质和重要程度，可将房间分为主要房间和次要房间。主要房间一般布置在朝向较好或靠近出入口的位置，使之有良好的采光、通风条件。次要房间一般布置在条件较差的位置，如图 11-47 所示为电影院建筑房间的主次关系，图 11-48 所示为商业建筑房间的主次关系。

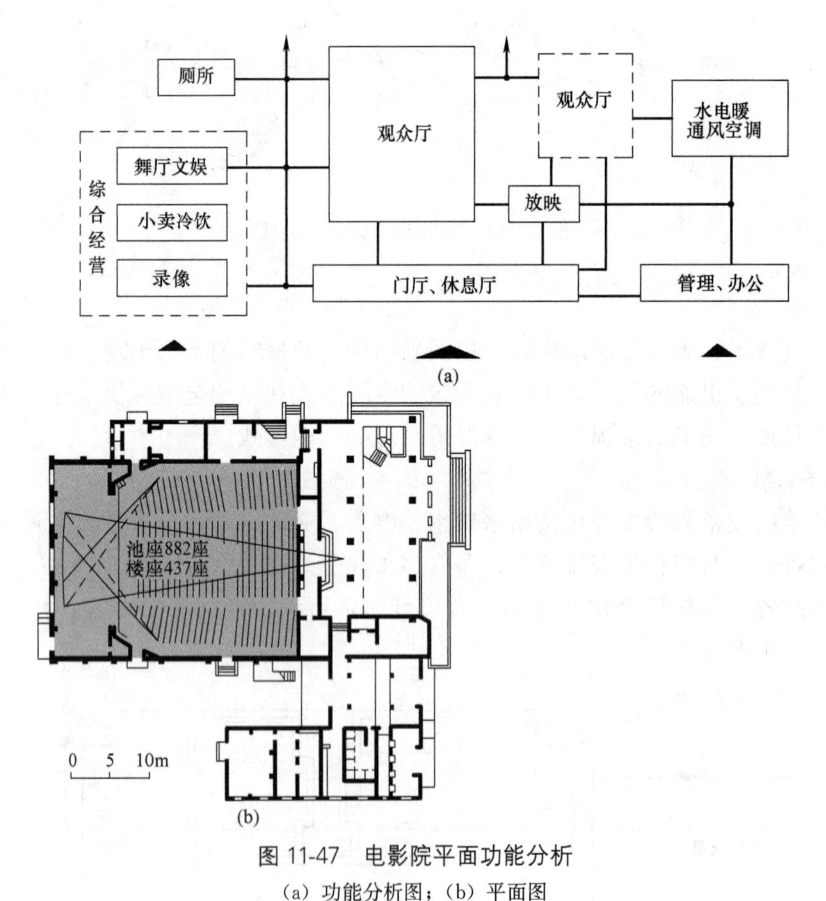

图 11-47 电影院平面功能分析

（a）功能分析图；（b）平面图

电影院建筑中，观众厅为主要房间，办公室、卫生间、设备用房为次要房间，设计时应以观众厅为核心，合理布置门厅、休息厅、放映机房，而卫生间、办公室、设备用房可布置在条件较差的位置。

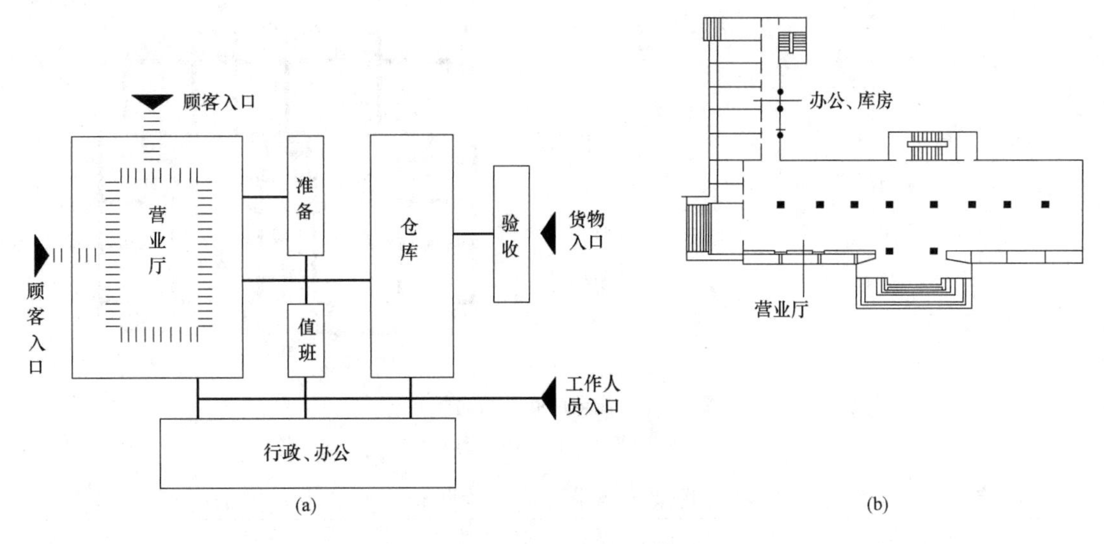

图 11-48　商业建筑平面功能分析

（a）功能分析图；（b）平面图

商业建筑中，营业厅为主要房间，办公用房、库房为次要房间。

2. 内外关系

对外联系较强的房间，一般布置在靠近主要出入口或交通枢纽的位置；对内联系较强的房间，一般布置在靠内较隐蔽的位置。如图 11-49 所示为博物馆建筑房间的内外关系，图 11-50 所示为住宅房间的内外关系。

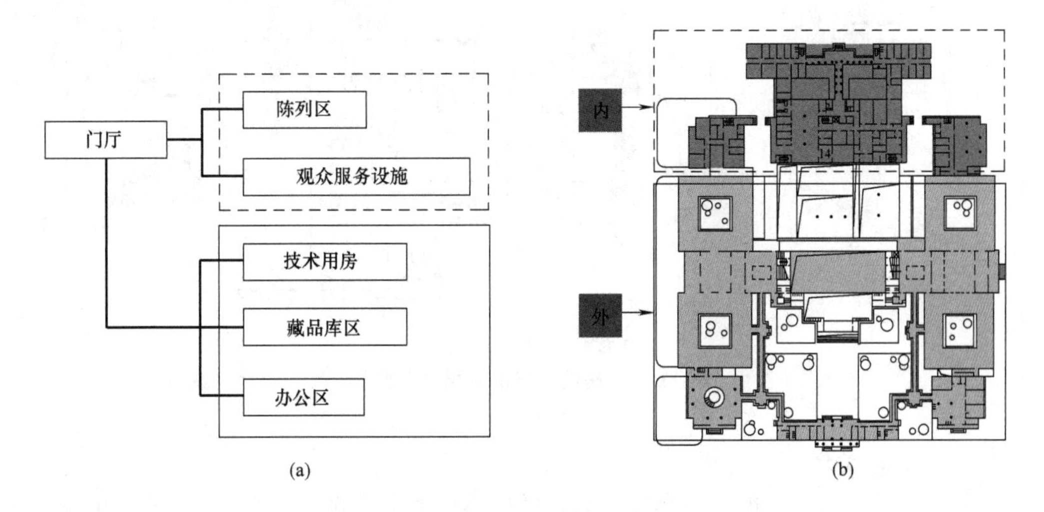

图 11-49　博物馆建筑平面功能分析

（a）功能分析图；（b）平面图

博物馆建筑中，对外主要是陈列区及观众服务设施，布置在靠近出入口的位置；而技术用房、藏品库区、办公区都是对内的，因此布置在较隐蔽的位置。

3. 分隔与联系关系

有的房间之间需要紧密联系，有的需要相互隔离，有的需适当联系。如图 11-56 所示为医院建筑房间的相互关系。

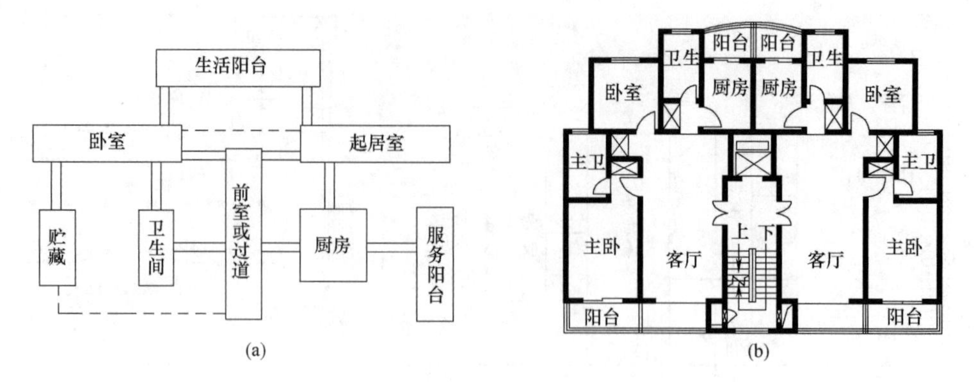

图 11-50　住宅房间平面功能分析

（a）功能分析图；（b）平面图

医院建筑中，对房间分隔与联系的要求更高。为防止交叉感染，传染病房、儿科、急诊有严格的隔离要求，同时它们之间还要有一定的联系，不同科室之间的流线不能交叉。因此在平面设计时常采用功能分区分组的方法，形成分区明确的、相对独立的几个部分，如图 11-51 所示。

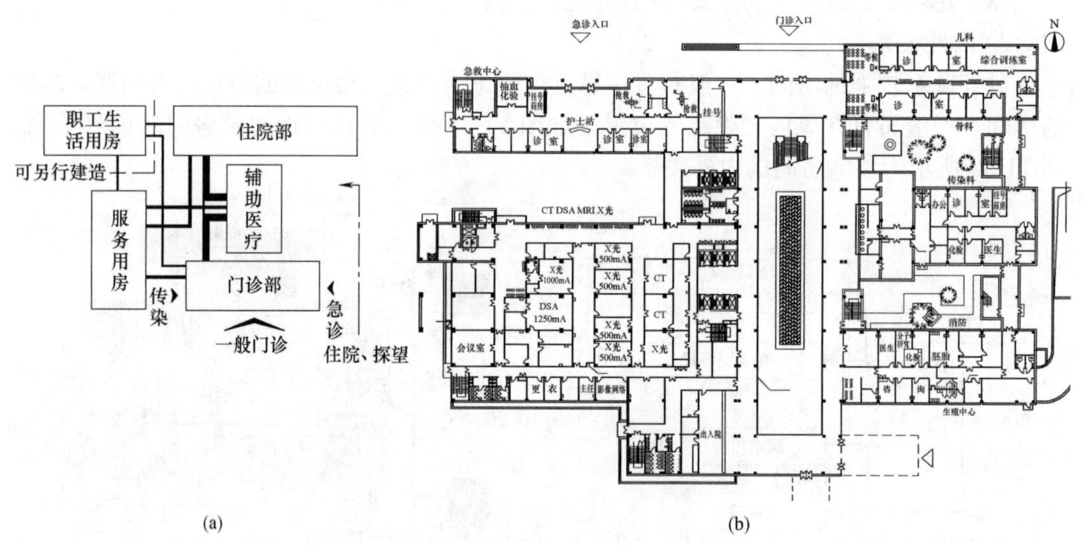

图 11-51　医院建筑的平面功能分析

（a）功能分析图；（b）平面图

4. 使用顺序关系

有些功能活动有一定的先后顺序关系，因此建筑中房间的布置也要满足一定的使用顺序关系。如图 11-52 所示为车站建筑中各空间的使用顺序关系。

车站建筑中，旅客活动的先后顺序为：问讯-买票-托运行李-候车-进站，因此建筑设计时要根据活动顺序来布置各使用房间，以符合使用顺序上的要求，且顺序要简洁方便，尽量减少迂回重复。

11.5.3　平面组合的基本形式

根据房间功能特点和交通联系的组织方式，常用的建筑平面组合形式有：走廊式、套

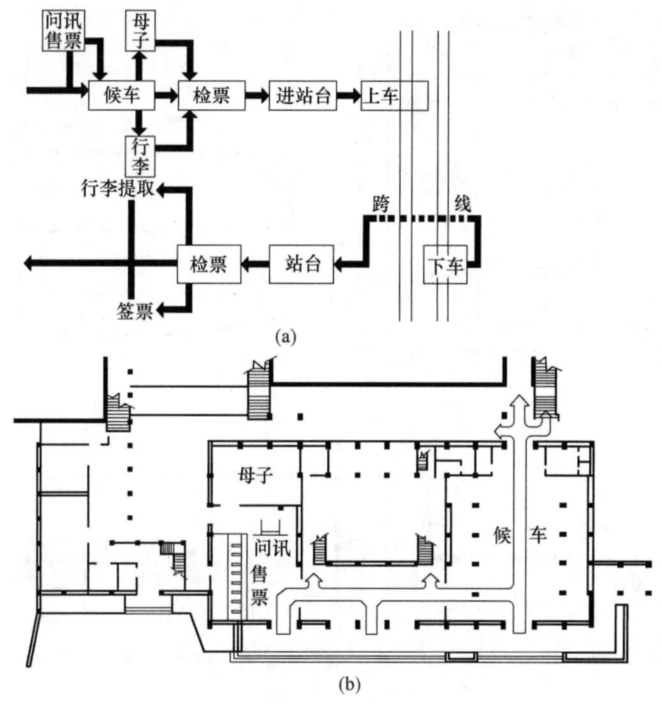

图 11-52　车站建筑的平面功能分析

(a) 功能分析图；(b) 平面图

间式、大厅式、单元式四种基本组合形式。

1. 走道式

走道式组合形式是指在走道的一侧或两侧布置房间，通过走道来组织各房间之间以及对外的联系。由于房间门直接开向走道，所以各房间可单独使用不受干扰。走道式常用于同类型房间数量多，房间面积不太大的建筑，如：学校、医院、宿舍、办公楼等建筑。

走道式组合形式又可分为内廊式和外廊式。而在有些诸如实验、医疗等建筑中，由于特殊条件的需要，也有采用内外廊结合式的组合形式，如图 11-53 所示。建筑实例如图 11-54 所示。

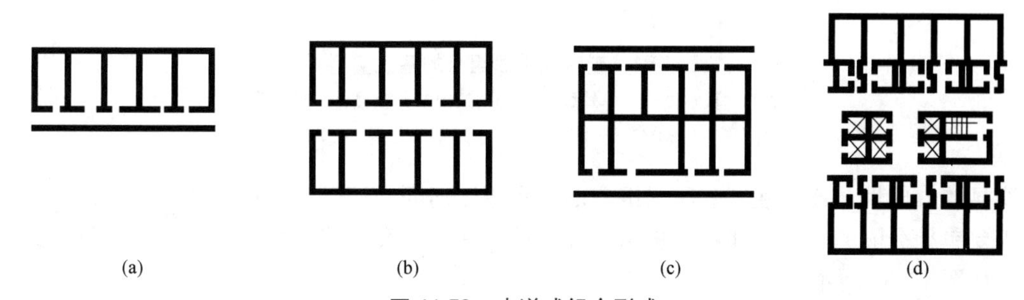

图 11-53　走道式组合形式

(a) 单外廊式；(b) 单内廊式；(c) 双外廊式；(d) 双内廊式

2. 套间式

套间式组合形式是指各使用空间通过门洞直接联系的平面形式。这种组合形式与走道式的不同之处，在于没有明确的交通空间，因此能节约交通面积，且各房间联系紧密，具

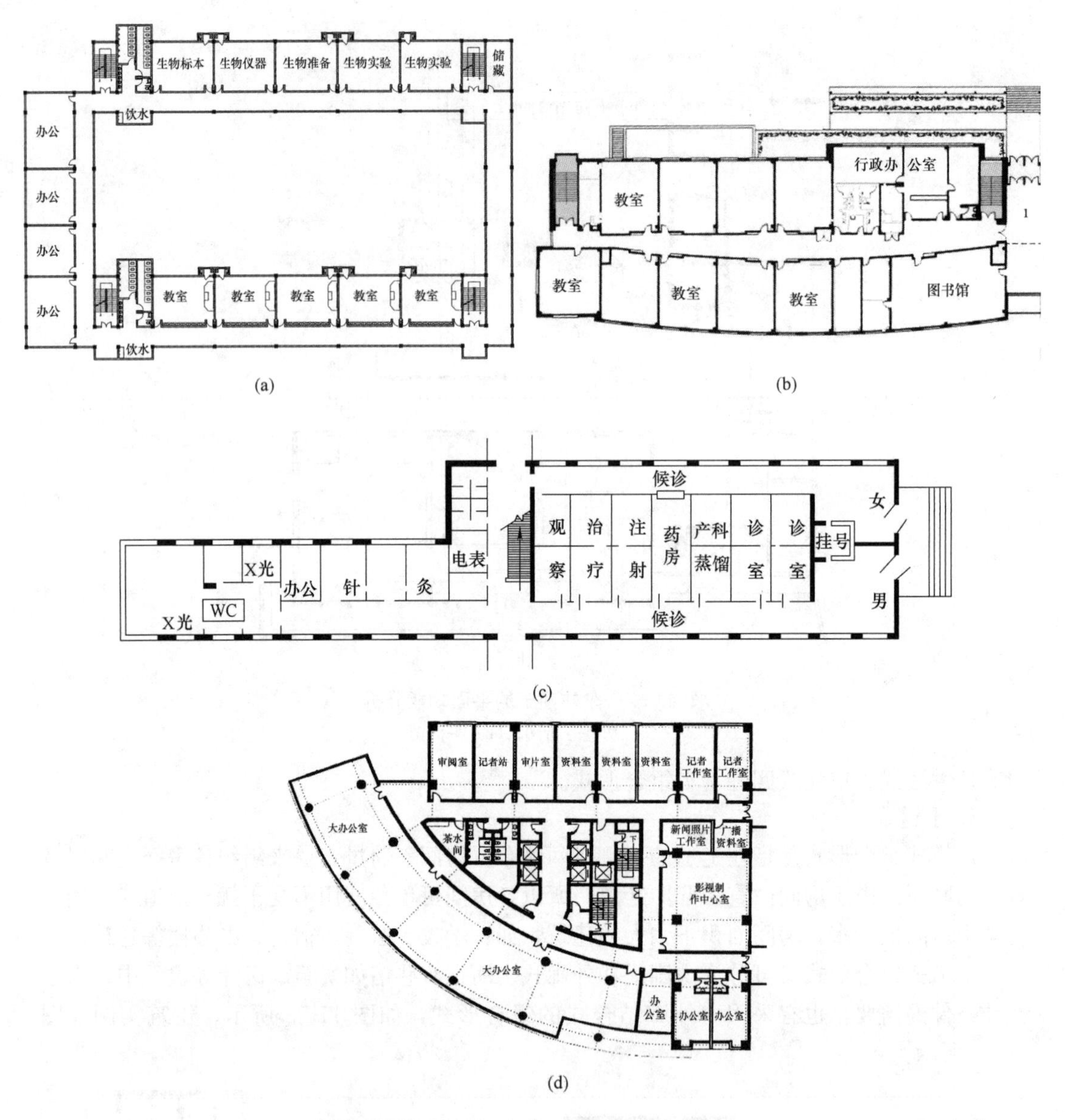

图 11-54 走道式平面组合的建筑实例

(a) 某中学教学楼——单外廊式；(b) 某中学行政楼——单内廊式；

(c) 某医院门诊楼——双外廊式；(d) 某办公楼——双内廊式

有明显的方向性与连续性。套间式组合形式常用于房间使用顺序和连续性较强，使用房间不需要单独分隔的建筑，如：博物馆、展览馆等建筑。套间式又可分为串联式和放射式两种，如图 11-55 所示。

串联式：各空间之间按照一定的顺序，一个接一个互相串联起来，具有很强的连续性，人流方向明确，流线单一不逆行。缺点是各空间独立性不够，活动路线不够灵活，人多时容易产生拥堵现象，且不利于单独开放其中某个独立空间。

放射式：各空间呈放射状地围绕在一个处于中心位置的使用空间，然而空间形式仍呈现出一定的连续性。较串联式相比，这种组合形式更具有灵活性，各空间可以独立使用。

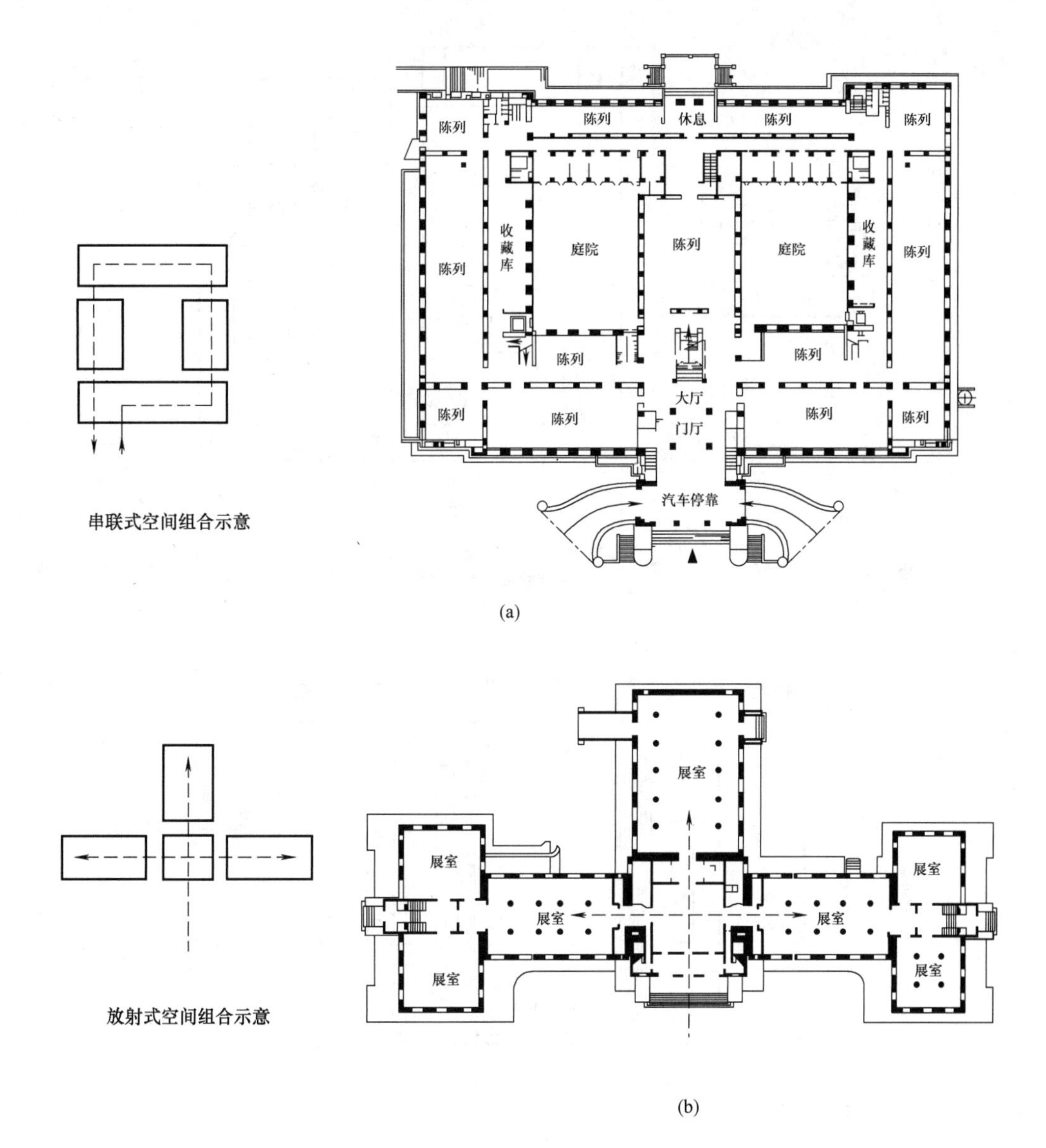

图 11-55　套间式平面组合的建筑实例

（a）串联式平面组合；（b）放射式平面组合

缺点是流线不够明确，容易造成人流迂回、交叉的问题。

3. 大厅式

大厅式组合形式是指通过一个公共活动大厅，将各房间布置在大厅的周围。这种组合形式常用于影剧院、体育馆等建筑，如图 11-56 所示。

4. 单元式

将若干关系密切的房间组合成独立单元，每个单元通过一个对外出入口与走道或其他交通部分联系。这种组合形式的优点是各单元有很强的独立性和重复性，能提高建筑标准化，简化施工。单元式组合形式常用于幼儿园、城市公寓、住宅等建筑，如图 11-57 所示。

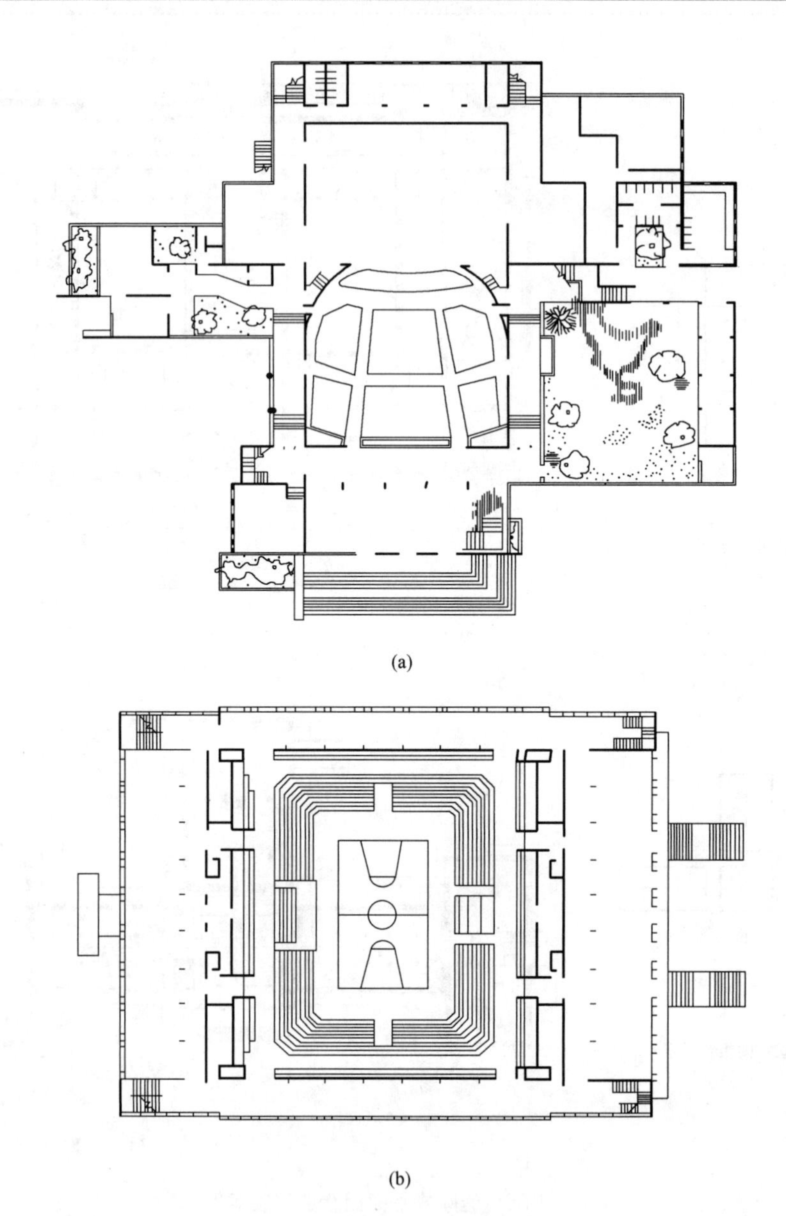

(a)

(b)

图 11-56　大厅式平面组合

（a）剧院平面组合；（b）体育馆平面组合

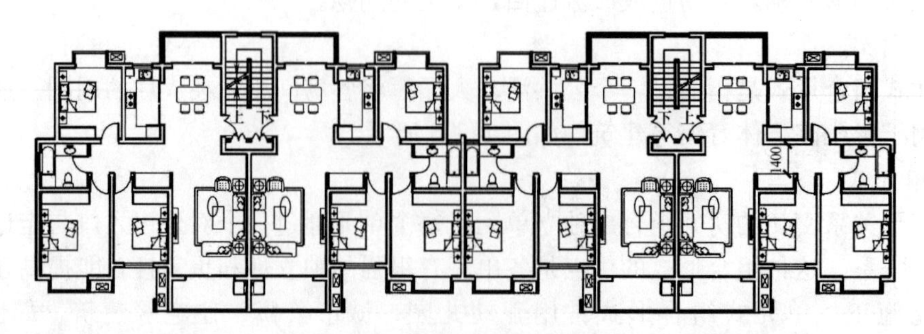

图 11-57　住宅的单元式平面组合

以上是平面组合的几种基本形式，一幢建筑不会只用一种平面组合形式，往往是综合运用多种组合形式，如图 11-58 所示为某档案馆平面布置，其中有展厅、办公室、报告厅等部分，就形成了包含多种基本组合形式的复杂平面。

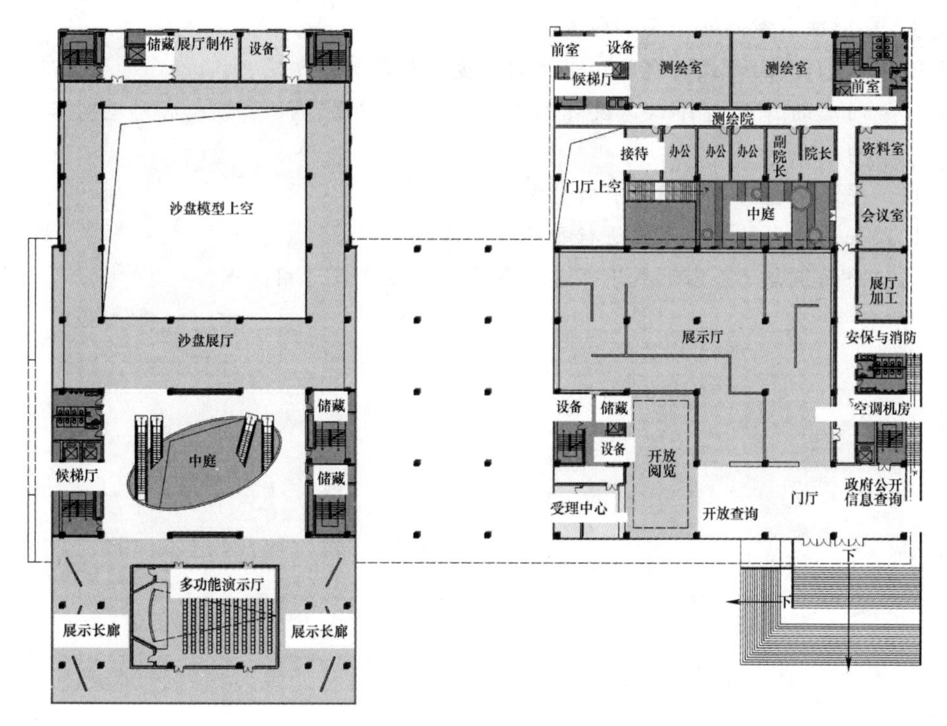

图 11-58　某档案馆平面组合

本章小结

本章主要讲述建筑平面设计的内容和要求，包括主要使用房间、辅助使用房间、交通联系空间三大部分，以及建筑单体的平面组合设计。

本章需重点掌握主要使用房间的设计，包括房间形状、面积、尺寸要求及门窗设置。辅助使用房间中需掌握卫生间的设计要点与常见布置形式。交通联系空间中需重点掌握走道和楼梯的设计，并熟悉其他交通联系空间的设计要求。平面组合设计中需掌握平面组合的影响因素功能分析及组合基本形式，在实际工程中能运用所学知识进行一般民用建筑的平面设计。

思考与练习题

11-1　建筑平面按照空间的使用性质可以分为哪几部分？

11-2　平面设计包含哪几方面的内容？

11-3　主要使用房间有哪些设计要求？

11-4　影响房间形状的因素有哪些？为什么矩形平面被广泛采用？

11-5 房间尺寸指的是什么？确定房间尺寸应考虑哪些因素？

11-6 房间门的数量、宽度、位置及开启方向如何确定？

11-7 卫生间在设计时要注意哪些要求？

11-8 交通联系空间包括哪些内容？

11-9 走道的平面形式有哪些？走道的宽度、长度如何确定？

11-10 门厅的作用是什么，设计时要注意哪些方面？门厅形式有哪些？各有什么特点？

11-11 平面组合的影响因素有哪些？

11-12 如何运用功能分析法进行平面组合设计？

11-13 平面组合的基本形式有哪些？各有何优缺点及适用范围。

第 12 章　建筑剖面设计

本章要点及学习目标

本章要点：

(1) 民用建筑剖面的表达形式；

(2) 房屋各部分主要高度的确定；

(3) 建筑层数确定的影响因素；

(4) 房间的剖面形式及其影响因素；

(5) 建筑空间组合的原则、方法和利用方法。

学习目标：

(1) 掌握建筑剖面设计的基本方法；

(2) 了解建筑剖面的概念、标高系统，掌握房屋各部分高度的确定；

(3) 熟悉房屋层高、建筑层数的确定原则；

(4) 熟悉建筑的剖面形式及其影响因素；

(5) 掌握建筑空间的组合方法和空间的利用。

12.1　建筑剖面设计概述

建筑剖面设计是根据建筑的使用功能、环境要求、经济等已知约束条件来分析房屋的应有高度、剖面形状、层数等因素，并将这些因素合理优化组合。建筑剖面设计应反映建筑竖向空间的形式、尺寸、标高，以及主要构件的形式、尺寸、位置和相互关系。建筑剖面设计是确定建筑竖向内部空间的过程，其成果用建筑剖面图来表达，如图 12-1 所示。

实例一：某度假别墅剖面图设计，如图 12-2 所示。

实例二：某 6 层职工住宅剖面设计，如图 12-3 所示。

实例三：某古建筑剖面图设计，如图 12-4 所示。

实例四：某建筑渲染剖面图设计，如图 12-5 所示。

1. 剖面图的作用：(1) 反映建筑的层数；(2) 反映建筑层高、净高；(3) 反映建筑的结构；(4) 反映建筑主要构造；(5) 反映建筑的垂直交通构件。

2. 剖切位置的确定：(1) 主要入口处、大厅、门厅；(2) 楼梯、电梯；(3) 构造复杂处。

3. 剖面数量的确定：(1) 平面简单的房屋可绘制 1 个；(2) 一般建筑不少于 2 个，横向、纵向各 1 个；(3) 大型复杂建筑可多个。

4. 剖切符号的画法：一律画在首层平面上；剖切线，长线表示剖切位置，短线表示

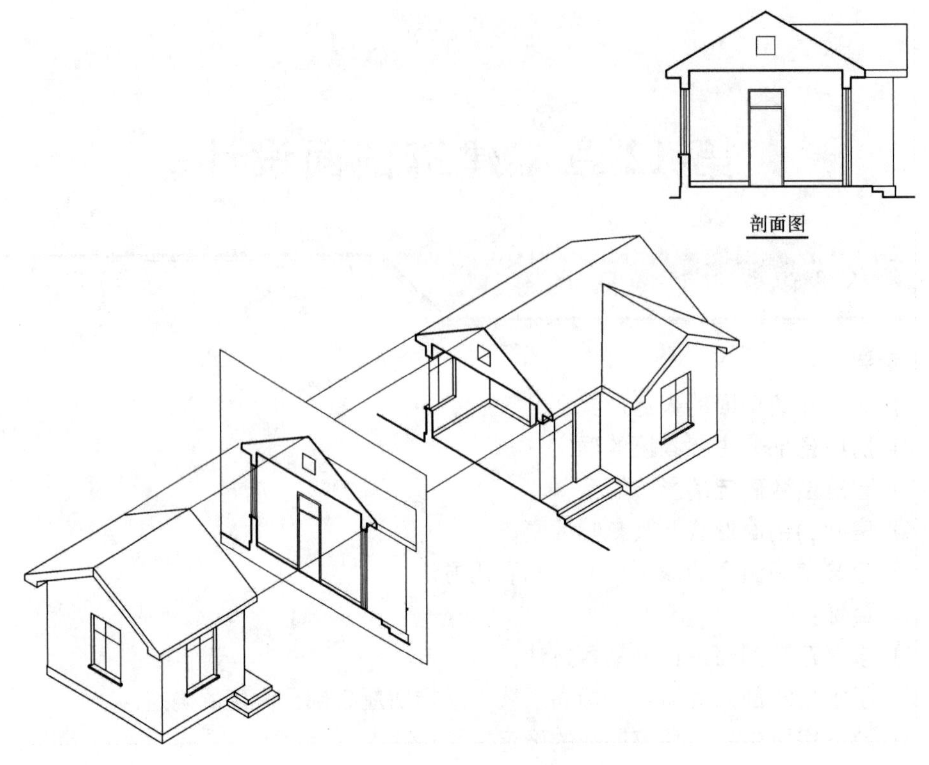

图 12-1 建筑剖面图形成过程图

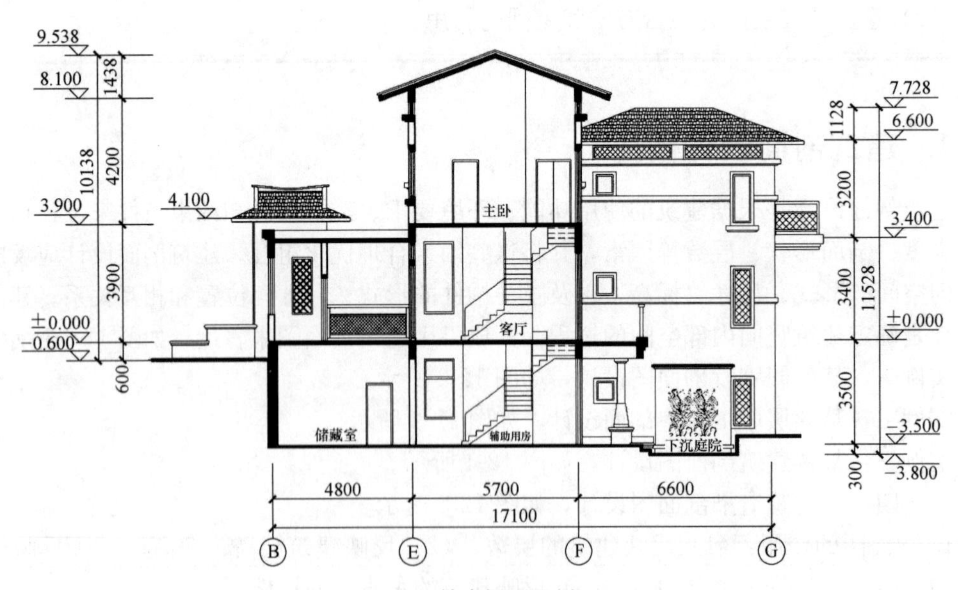

图 12-2 某度假别墅剖面图

剖切方向，剖视剖切符号的编号宜采用阿拉伯数字。

5. 标高及各部分高度的确定

相对标高与绝对标高：相对标高是一栋建筑以其主要室内地面为基准（±0.000）所建立的标高体系。绝对标高是以一个国家或地区统一规定的基准面作为零点的标高。我国

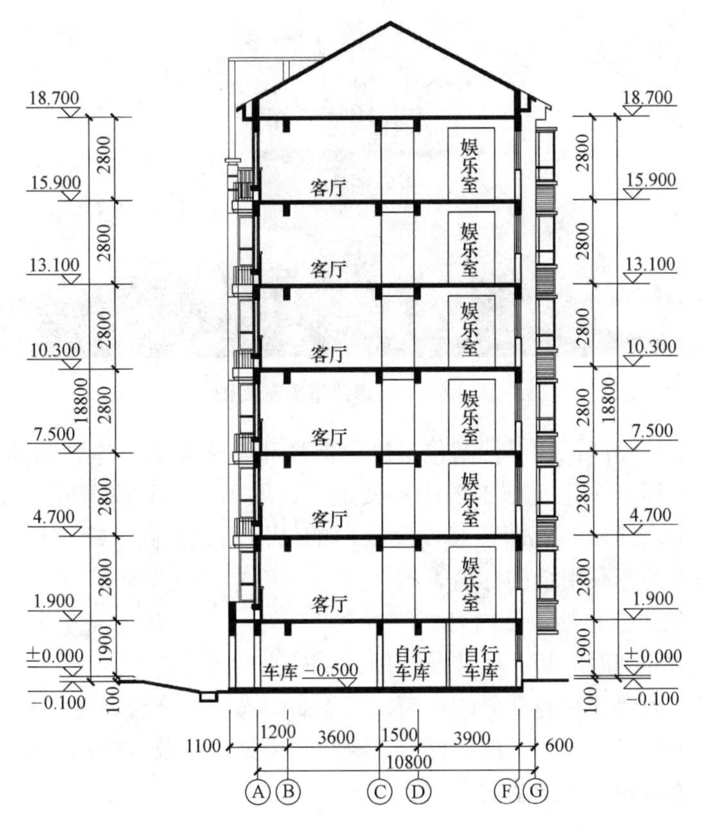

图 12-3 某 6 层职工住宅剖面图

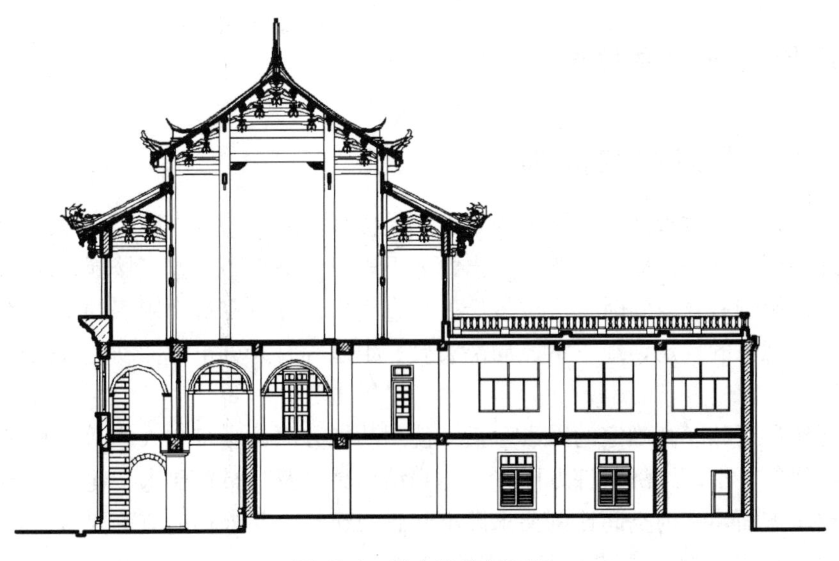

图 12-4 某古建筑剖面图

规定以青岛附近黄海的平均海平面作为标高的零点。建筑施工图一般用相对标高表达建筑空间和构件的高度，在建筑施工说明中，通常应标明："±0.000 相当于黄海高程××米"。由此反映出相对标高与绝对标高之间的换算关系，从而使拟建建筑能够落到实处。

图 12-5 某建筑渲染剖面图

建筑标高和结构标高：相对标高包括建筑标高和结构标高。建筑标高又称光面标高，即建筑装修面处的标高，建筑施工图中的楼地面、屋顶、女儿墙等处的标高均为建筑标高。结构标高又称毛面标高，即装修面完成前的结构面的标高。建筑施工图中一般将窗台、窗顶、梁底处的标高用结构标高表示。

6. 剖面设计的主要包括以下内容：

（1）确定房间的剖面形状、尺寸及比例关系；

（2）确定房屋的层数和各部分的标高，如层高、净高、窗台高度、室内外地面标高；

（3）解决天然采光、自然通风、保温、隔热、屋面排水及选择建筑构造方案；

（4）选择主体结构与围护结构方案；

（5）进行房屋竖向空间的组合，研究建筑空间的利用。

12.2 房屋各部分高度的确定

12.2.1 建筑的层高和净高的确定

层高是指该层的楼板面或一层地坪到上一层楼板面之间的垂直距离。净高是指该层的楼板面或地坪面层到该顶棚或顶棚下突出物体下表面的垂直距离。当楼板、屋盖的下悬构件或管道底面影响有效空间时，应按最低处垂直距离计算。建筑物用房的室内净高应符合专用建筑设计规范的规定，地下室、局部夹层、走道等有人员正常活动的最低处的净高不应小于 2200mm。

影响建筑层高和净高确定的因素包括：使用功能方面，应符合人体活动及家具设备要求、采光通风等要求；经济条件方面，应达到结构高度及其布置要求、建筑经济效益等要求；美观要求方面，室内空间比例要求即空间感与建筑的要求相适应等要求。具体如下：

1. 人体活动及家具设备的要求

人体活动要求对房间高度的影响：

（1）房间净高应不低于 2.20m；

（2）卧室层高常取 2.8～3.0m，但净高不应小于 2.4m；

（3）教室净高一般常取 3.3～3.6m；

(4) 商店营业厅底层层高常取4.2～6.0m，二层层高常取3.6～5.1m左右。

家具设备和使用活动要求对房间高度的影响：

(1) 学生宿舍通常设有双人床，层高不宜小于3.25m；

(2) 演播室顶棚下装有若干灯具，为避免眩光，演播室的净高不应小于4.5m。

2. 采光、通风要求

(1) 进深越大，要求窗户上沿的位置越高，即相应房间的净高也要高一些；

(2) 当房间采用单侧采光时，通常窗户上沿离地的高度，应大于房间进深长度的一半；当房间允许两侧开窗时，房间的净高不小于总深度的1/4；

(3) 用内墙上开设高窗或在门上设置亮子等，改善室内的通风条件；

(4) 公共建筑应考虑房间正常的气容量，中小学教室每个学生气容量为3～5m³/人，电影院4～5m³/人；根据房间的容纳人数、面积大小及气容量标准，可以确定出符合卫生要求的房间净高。

3. 结构高度及其布置方式的影响

(1) 在满足房间净高要求的前提下，其层高尺寸随结构层的高度而变化。结构层越高，则层高越大；结构层高度小，则层高相应也小；

(2) 坡屋顶建筑的屋顶空间高，不做吊顶时可充分利用屋顶空间，房间高度可较平屋顶建筑低。

4. 建筑经济效果

在满足使用要求和卫生要求的前提下，适当降低层高可相应减小房屋的间距，节约用地、减轻房屋自重、节约材料。从节约能源出发，层高也宜适当降低。

5. 室内空间比例

(1) 房间比例应给人以适宜的空间感觉；

(2) 不同的比例尺度往往得出不同的心理效果；

(3) 处理空间比例时，可以借助一些手法来获得满意的空间效果；处理空间比例常用手法如利用窗户的不同处理来调节空间的比例感，或者运用以低衬高的对比手法，将次要房间的顶棚降低，从而使主要空间显得更加高大，次要空间感到亲切宜人。

12.2.2 窗台高度与窗顶高度的确定

窗台高度一般常取900～1000mm，民用建筑（除住宅外）临空窗台低于0.8m时，应采取防护措施，防护高度由楼地面起计算不应低于0.8m。住宅窗台低于0.9m时，应采取防护措施，防护高度由楼地面起计算不应低于0.9m。开向公共走道的窗扇，其底面高度不应低于2m。《住宅建筑设计规范》规定：(1) 外窗窗台距楼面、地面的高度低于0.90m时，应有防护措施，窗外有阳台或平台时可不受此限制；(2) 底层外窗和阳台门、下沿低于2m且紧邻走廊或公用上人屋面的窗和门，应采取防护措施；(3) 面临走廊或凹口的窗，应避免视线干扰；向走廊开启的窗扇不应妨碍交通。

侧窗窗顶的高度应符合采光设计的要求：一般要求双侧采光的窗顶高度（自地面起算）不低于房间进深的1/4，单侧采光则不低于1/2。

12.2.3 室内外高差的确定

室内外地面高差是指建筑物入口处室内地面到室外自然地面的垂直高度。在建筑设计中，一般以底层室内地面标高为±0.000，高于它的为正值，低于它的为负值。室内外高差经常考虑3级台阶，即－0.450m左右，当底层为架空层或库房类的空间时，为阻止室外雨水浸入，同时方便室内外的联系，常考虑－0.150m左右的高差，可做一级台阶或坡道。当需要体现建筑的气势，也可考虑更大的室内外高差，甚至做成室外大台阶。室内外高差主要由以下因素确定：

（1）内外联系方便，室外踏步的级数常以不超过四级（600mm）为宜；仓库为便于运输常设置坡道，其室内外地面高差以不超过300mm为宜；

（2）防水、防潮要求：底层室内地面应不低于室外地面300mm；

（3）地形及环境条件：山地和坡地建筑物，应结合地形的起伏变化和室外道路布置等因素，综合确定底层地面标高；

（4）建筑物性格特征：一般民用建筑室内外高差不宜过大；纪念性建筑常借助于室内外高差值的增大，来增强严肃、庄重、雄伟的气氛。

12.3　建筑层数的确定

影响建筑层数的主要因素包括建筑的功能、技术经济、建筑基地环境与城市规划的要求三个方面。如房间的使用性质、要求；总建筑面积和允许占地面积的关系；城市设计和城市规划对建筑层数和高度的限制；建筑造价对房屋层数的影响；建筑结构形式和材料对层数的影响；建筑防火、建筑造型等对房屋层数的要求。分述如下：

1. 功能方面

功能方面主要包括建筑的使用要求和防火规范的要求。

使用要求对层数的影响：1）住宅、办公楼、旅馆等建筑可采用多层和高层；2）托儿所、幼儿园等建筑，其层数不宜超过3层；医院门诊部层数也以不超过3层为宜；3）影剧院、体育馆等公共建筑宜建成低层。防火要求应符合《建筑设计防火规范》GB 50016—2014的相应规定。

2. 技术经济方面

现代结构技术、材料技术、施工技术的发展，使建设更高、更大的建筑成为可能。在技术经济方面，建筑层数的确定应考虑相应的技术水平、施工条件、地方材料、用地成本、建设成本、基础设施的投入等。如：建筑层数少，则容积率低、用地成本高、管线等基础设施投入大。

（1）混合结构的建筑一般为1～6层，常用于一般大量性民用建筑，如住宅、宿舍、中小学教学楼、中小型办公楼、医院、食堂等。

（2）多层和高层建筑各种结构体系的适用层数参照相关规定。

（3）空间结构体系适用于低层大跨度建筑，如影剧院、体育馆、仓库、食堂等。

（4）确定房屋层数除受结构类型的影响外，建筑的施工条件、起重设备、吊装能力以及施工方法等均对层数有所影响。

3. 建筑基地环境与城市规划要求

建筑层数应与基地环境相协调，应符合城市规划的要求。房屋的层数与所在地段的大小、高低起伏变化有关，确定房屋的层数要符合各地区城市规划部门对整个城市面貌的统一要求。风景园林区宜采用小巧、低层的建筑群。

12.4 房间的剖面形状

12.4.1 房间的剖面形式

由楼（地）面、墙体及顶棚组成的单一建筑空间的形式可分为三大类。第一类为矩形空间，由水平的楼（地）面、顶棚和四个墙面围合而成，是最常见的房间剖面形式，其纵、横剖面及平面均为矩形。第二类为阶梯空间，其楼（地）面为阶梯状或坡状，平面和横剖面通常仍为矩形，而纵剖面的地面为阶梯或坡道。第三类为异形空间，除上述剖面形式外，均称为异形空间。三类房间的剖面形式举例如下：

1. 矩形剖面空间

矩形剖面空间是普通教室、卧室、办公室、诊室等常采用的剖面形式，这种形式适用、经济又不失美观，因此为绝大部分建筑的一般使用空间所采用。某教学楼矩形空间的平面，如图 12-6 所示。某教学楼矩形空间的横剖面，如图 12-7 所示。某教学楼矩形空间的纵剖面，如图 12-8 所示。

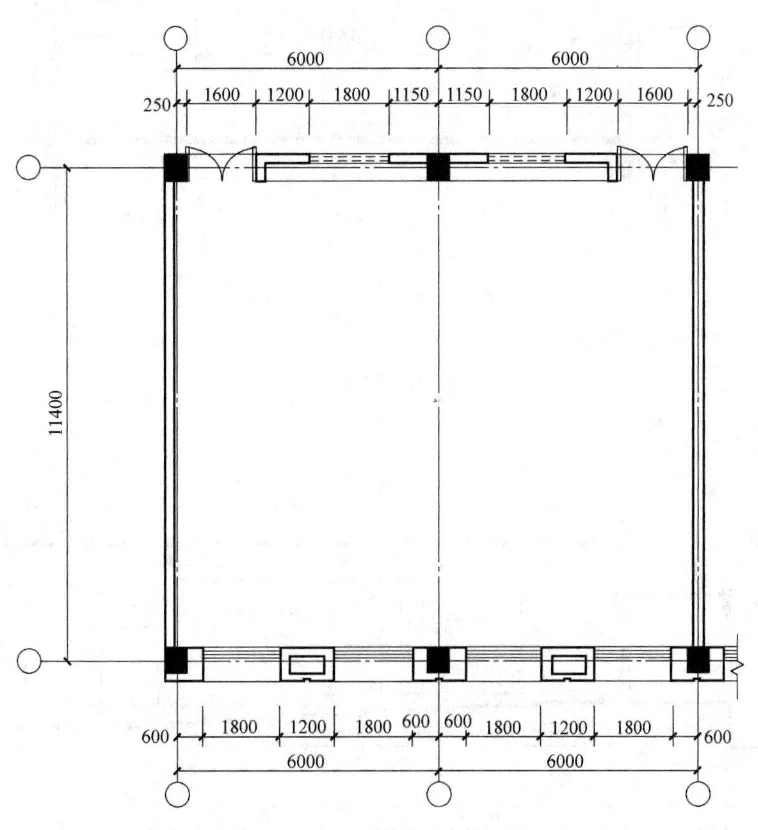

图 12-6 矩形空间的平面

2. 普通阶梯教室的剖面形式

为满足视线的要求，阶梯教室通常逐步抬高后排地面，而顶部仍保持为水平的梁板式

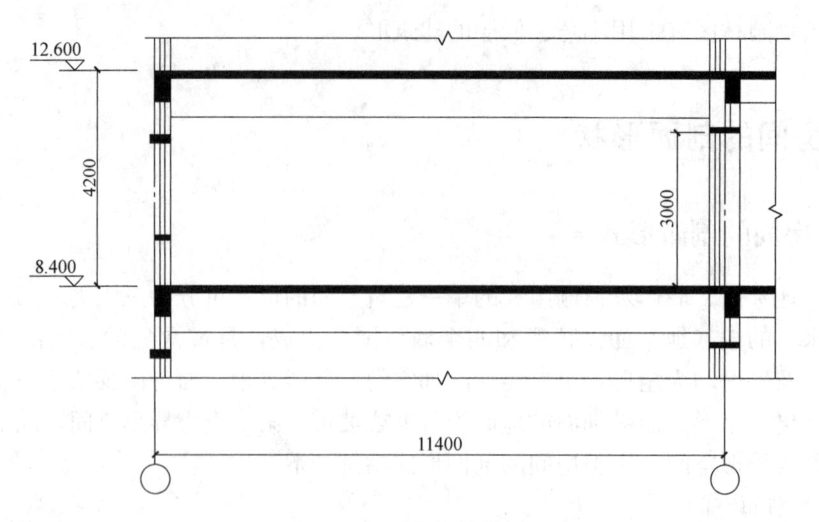

图 12-7　矩形空间的横剖面

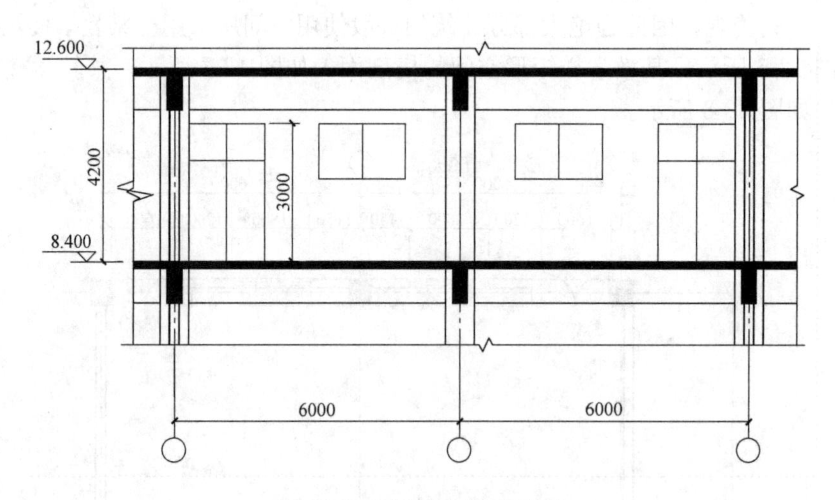

图 12-8　矩形空间的纵剖面

楼盖，如图 12-9 所示。

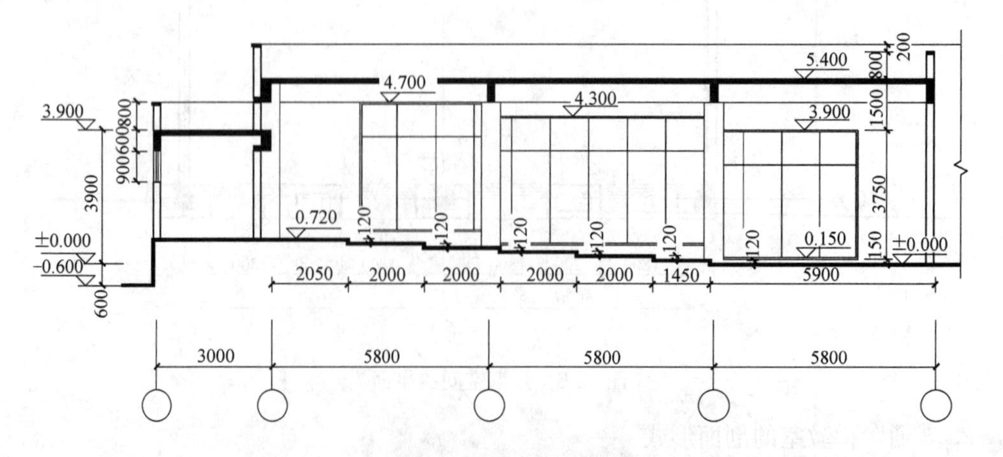

图 12-9　阶梯空间的纵剖面

3. 异型的剖面空间形式

当既要满足视线要求，又要满足音响效果等要求时，一些报告厅、演艺厅等空间的剖面形式不仅逐步抬高后排地面，而且根据声学要求降低台口处的吊顶高度，以控制厅堂内的音响效果，如图 12-10 所示。

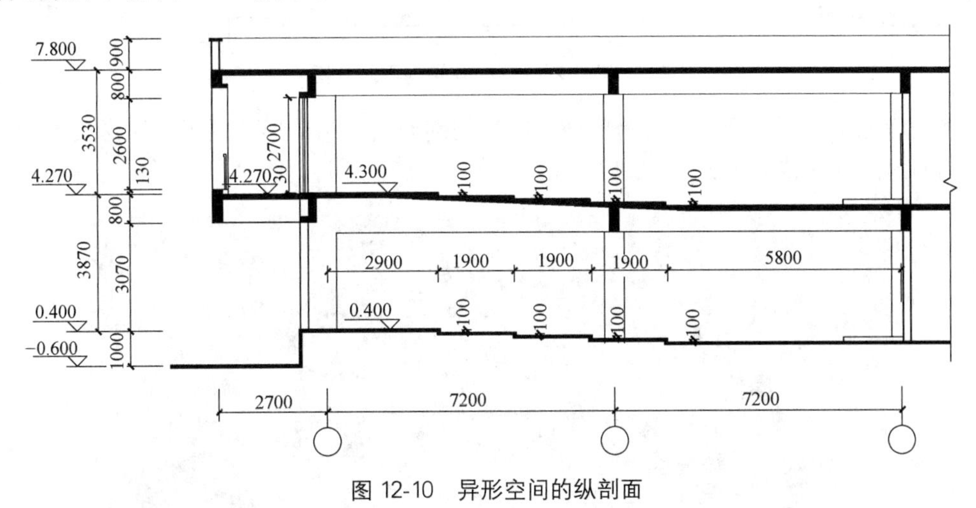

图 12-10　异形空间的纵剖面

12.4.2　影响房间剖面形式的因素

1. 使用要求对剖面的影响

（1）建筑的剖面形状主要是由使用功能决定的。绝大多数的建筑采用矩形作为房屋剖面形状，如住宅、学校、办公楼、旅馆、商店等。

（2）有视线要求的房间影响剖面形状。如：影剧院的观众厅、体育馆的比赛大厅、教学楼中阶梯教室等一般会设计成地面坡度升起，以使后排视线无遮挡，如图 12-11 所示。地面高度不同的确定主要是为了在房间的剖面中有良好的视线质量，即视线无遮挡。这往往要逐排升高，使地面形成一定的坡度。地面的升起坡度主要与设计视点的位置、视线升高值有关。

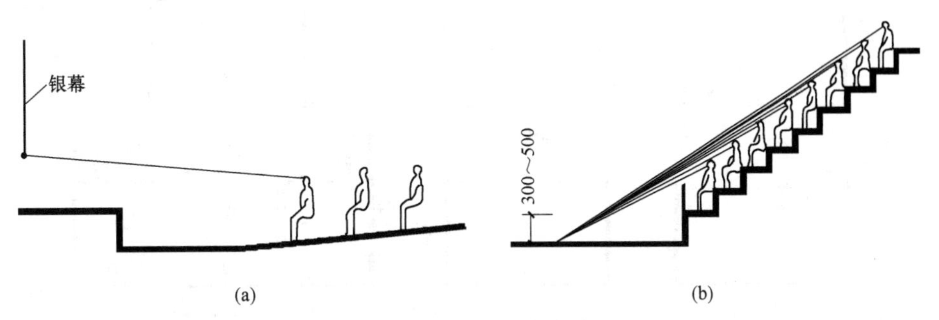

(a)　(b)

图 12-11　异形空间的纵剖面
（a）电影院；（b）体育馆

（3）有音质要求的房间（观众厅、剧院、电影院、会堂）影响剖面形状，以使声能分布均匀、防止回声、避免声聚焦等，如图 12-12 所示。

2. 结构、材料和施工对剖面的影响

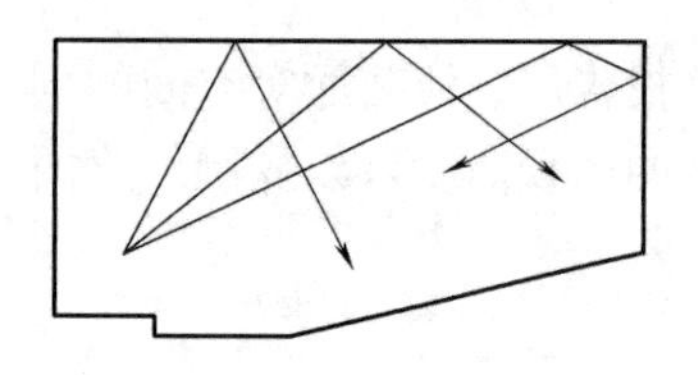
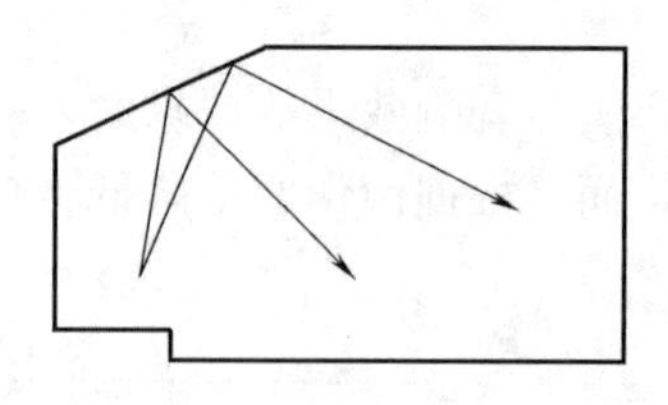
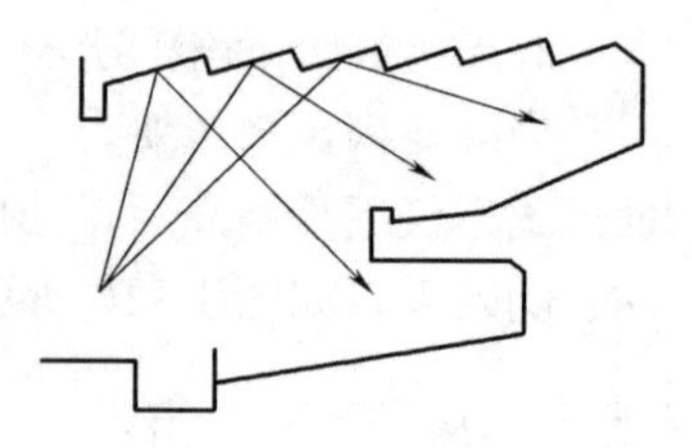

图 12-12 观众厅的几种剖面示意图

优先考虑采用矩形剖面。大跨度建筑的房间剖面由于结构形式的不同而形成不同于其他结构的内部空间特征，如图 12-13 所示。

图 12-13 巴塞罗那奥运会体育馆比赛大厅

3. 采光、通风对剖面的影响

采光一般都是在墙面或屋顶上开窗实现的。进深不大的房间可在单侧设窗采光，而进深较大的房间需双侧设窗采光。进深很大，两侧采光都不能满足室内照度时则需要在屋顶开设天窗，形成了各种不同的剖面形状。特殊要求的房间为使室内照度均匀、稳定、柔和，并减轻和消除眩光的影响，避免直射阳光损害陈列品，常设置各种形式的采光窗，如图 12-14 所示。

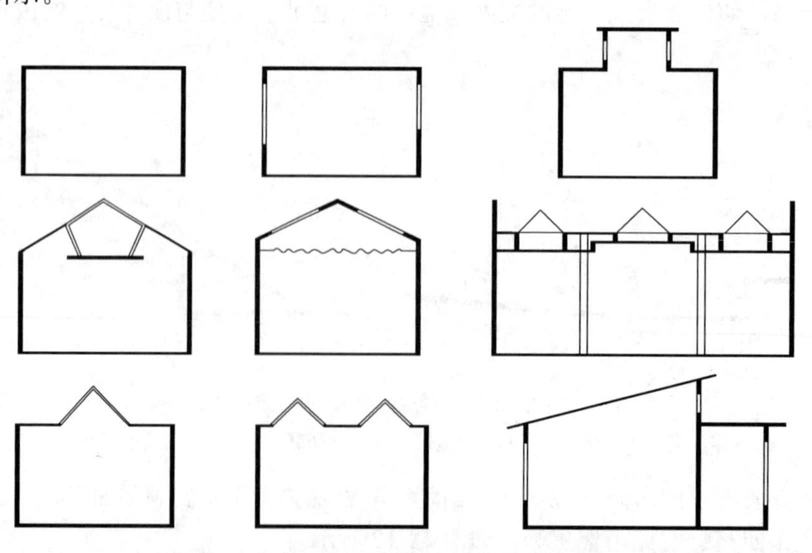

图 12-14 不同采光方式对剖面形式的影响

对于有通风要求的房间，如厨房，还可在顶部设计排气窗，如图 12-15 所示顶部设有排气窗的厨房剖面形状。

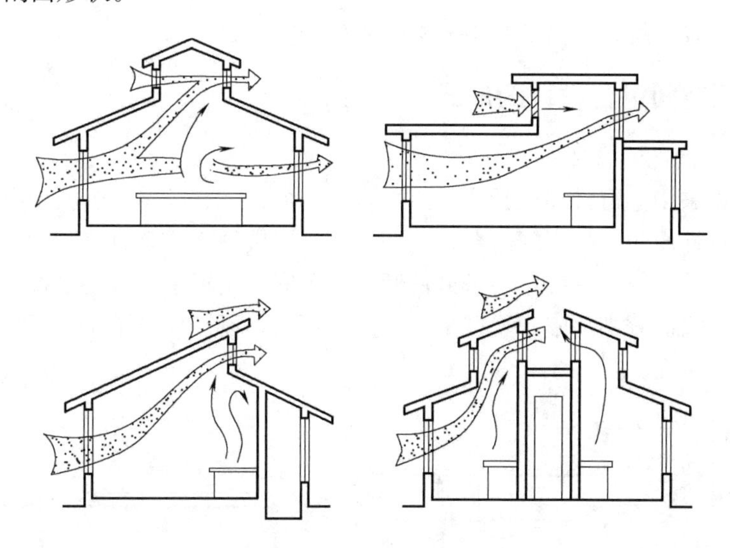

图 12-15 顶部排气窗的厨房剖面形状

12.5 建筑空间的组合和利用

12.5.1 建筑空间组合设计的原则

1. 功能合理

建筑剖面空间组合设计应进行合理的功能分区，避免相互干扰，保证正常使用。主要的使用功能分区的形式有：

（1）按动静分区。如：在教学楼设计中，应处理好普通教室、音乐教室、语音教室、舞蹈教室、计算机教室、实验室、教师休息室等使用房间之间的关系。

（2）按使用人数和频繁程度分区。如：在办公楼设计中，应处理好普通办公室、较大的会议室、接待室、资料室、活动室等不同使用人数和频繁程度的房间之间的关系。

（3）按干湿分区。如：在住宅建筑设计中，应处理好卧室、起居室与卫生间、浴室等干湿不同的房间之间的关系。《民用建筑设计通则》规定，除本套住宅外，住宅卫生间不应直接布置在下层的卧室、起居室、厨房和餐厅的上层。

（4）按客户的使用流线和消费心理习惯分区。如：在商场、超市设计中，应根据客户的使用流线和消费心理习惯合理布置食品部、百货部、服装部、家电部、餐饮部、超市及影院等不同的商业区域。

2. 结构合理

建筑剖面空间的组合，应与建筑结构相适应。

承重结构上下关系。应处理好结构构件上下之间的传承关系，避免出现“空中楼阁”等不合理的结构形式。

相近空间的归类。有利于柱网的布置，保证空间的统一，结构的合理。

3. 造型美观

建筑空间组合应符合建筑形式美的基本规律。

12.5.2　建筑空间组合设计的形式

1. 重复小空间的组合

这类空间常采用走道式和单元式的组合方式，如住宅、医院、学校、办公楼等。常将高度相同、使用性质相近的房间组合在同一层上，以楼梯将各垂直排列的空间联系起来构成一个整体。有的建筑由于使用要求或房间大小不同，出现了高低差别，如学校中的教室和办公室，可将它们分别集中布置，采取不同的层高，以楼梯或踏步来解决两部分空间的联系，如图 12-16 所示。

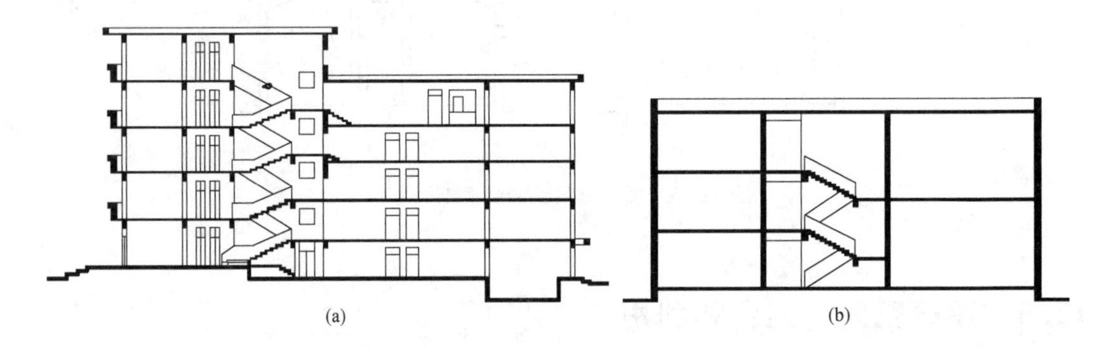

图 12-16　楼梯和踏步解决房间高差

(a) 某教学楼用楼梯和踏步解决高差；(b) 楼梯解决不同层高房间高差

2. 大小、高低相差悬殊的空间组合

以大空间为主穿插布置小空间，有的建筑如影剧院、体育馆等，空间组合常以大空间（观众厅和比赛大厅）为中心，在其周围布置小空间，或将小空间布置在大厅看台下面，充分利用看台下的结构空间，如图 12-17 所示。这种组合方式应处理好辅助空间的采光、通风以及运动员、工作人员的人流交通问题。

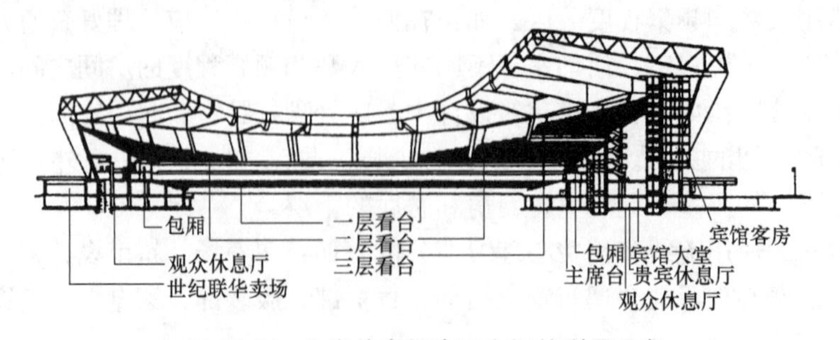

图 12-17　上海体育场席下空间的利用示意

以小空间为主灵活布置大空间，某些建筑如教学楼、办公楼、旅馆、临街带商店的住宅等，虽然构成建筑物的绝大部分房间为小空间，但由于功能要求还需布置少量大空间，这类建筑在空间组合中常以小空间为主形成主体，将大空间附建于主体建筑旁。

综合性空间组合，有的建筑由若干大小、高低不同的空间组合起来形成多种空间的组合形式，其空间的组合不能仅局限于一种方式，必须根据使用要求，采用与之相适应的多种组合方式。

3. 错层式空间组合

当建筑物内部出现高低差，或由于地形的变化使房屋几部分空间的楼地面出现高低错落现象时，可采用错层的处理方式使空间取得和谐统一。

4. 台阶式空间组合

台阶式空间组合的特点是建筑由下至上形成内收的剖面形式，从而为人们提供了进行户外活动及绿化布置的露天平台。此种建筑形式可采用竖向叠层、向上内收、垂直绿化等手法丰富建筑外观形象。

进深相同的房间要尽量的组合在一起，有利于简化结构，有利于上下层的空间组合。空间组合上下层承重结构要对齐，尤其是承重墙体和外墙体，使之承重更趋合理。上下层用水空间要尽量对齐，避免使上下水管道转弯、打折，节省了管线又有利于下水管道的畅通。

12.5.3 建筑空间的处理

1. 空间的形状与比例

空间的形状与比例是空间设计的基本要素。

2. 空间的体量与尺度

正常的尺度体现空间的实用性，亲切的尺度能够彰显空间的亲切感，适当的夸张更显建筑的适用。

3. 空间的分割与联系

建筑空间常用一些分割构件，如：隔墙、隔断、屏风、漏窗等，有的是完全的隔离，有的是空间的分隔而有视线的联系，有的是有限的空间分隔而又有胡同的空间，使建筑空间更加生动、丰富、有趣。

4. 空间的过渡

空间的过渡不仅实现了功能的完整，同时也延续了到达另一个空间的时间，所谓“用空间换时间”，因此建筑不仅是一门空间的艺术，而且，在一定意义上也是一门时间的艺术。如，玄关、过厅、前厅等。

12.5.4 建筑空间的利用

建筑空间的利用可以使建筑的空间使用更充分，形式更丰富。如：夹层空间、上部空间、结构空间、楼梯、走道空间的利用等。

1. 夹层空间的利用

在公共建筑中的营业厅、体育馆、影剧院、候机楼等，常采取在大空间周围布置夹层的方式，从而达到利用空间及丰富室内空间的效果，但应特别注意楼梯的布置和处理。

2. 房间上部空间的利用

利用房间上部空间设置搁板、吊柜作为贮藏之用，例如厨房中的贮藏空间。

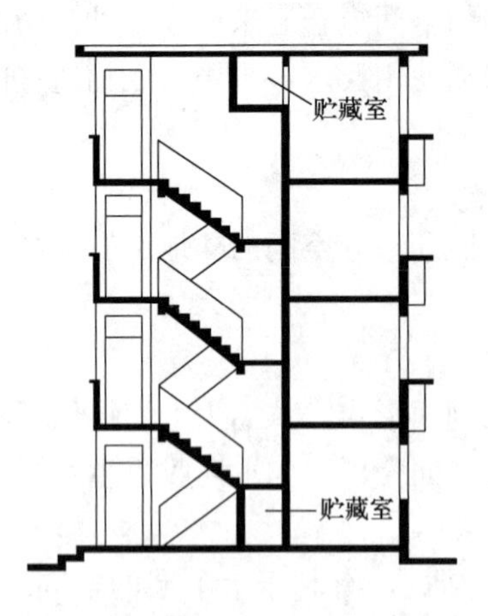

图 12-18　楼梯间上下空间作贮藏室

3. 结构空间的利用

利用墙体空间设置壁龛、窗台柜，利用角柱布置书架及工作台。设计中还应将结构空间与使用功能要求尽量统一，以达到最大限度地利用空间。

4. 楼梯间及走道空间的利用

采取降低平台下地面标高或增加第一梯段高度以增加建筑楼梯间底层休息平台下的净空高度，可布置贮藏室及辅助用房和出入口，可以利用楼梯间顶层一层半空间高度布置一个小贮藏间，如图 12-18 所示。常利用民用建筑走道上空布置设备管道及照明线路，布置贮藏空间。

本章小结

建筑剖面设计讲述了建筑剖面设计的内容，房间的剖面形式和建筑层数的确定，建筑剖面高度的确定和建筑剖面空间的组合设计，建筑室内空间的处理和利用。重点内容包括：建筑标高、结构标高、相对标高、绝对标高的概念，建筑的层高、净高、窗台高度、窗顶高度、楼地面标高、室内外高差等建筑剖面高度的确定，侧窗高度对室内采光的影响，建筑剖面的空间关系及其表达方法，建筑空间的合理利用。

思考与练习题

12-1　建筑剖面设计主要表达哪些内容？
12-2　建筑剖面设计与建筑平面设计、立面设计之间的关系？
12-3　常见房间的剖面形式有哪些？
12-4　影响房间剖面形式的主要因素是什么？
12-5　影响建筑层数的主要因素包括哪些方面？
12-6　举例说明，建筑层数对建筑设计的影响。
12-7　建筑标高与结构标高的概念。
12-8　相对标高与绝对标高的概念。
12-9　相对标高的±0.000 一般是以什么为基准来确定的？
12-10　建筑的层高与净高的概念。
12-11　举例说明，规范对建筑净高的要求。
12-12　住宅与其他民用建筑窗台的高度要求有何区别？
12-13　简述侧窗采光对房间进深的影响。
12-14　建筑剖面空间组合设计的原则是什么？
12-15　建筑剖面空间组合的主要形式有哪些？
12-16　举例说明，合理利用建筑空间的具体做法。
12-17　测绘一栋多层建筑的剖面图。

第 13 章　建筑体型和立面设计

本章要点及学习目标

本章要点：

(1) 建筑体型与立面设计中的构图规律；

(2) 建筑体型的组合形式及其连接方式；

(3) 建筑立面设计的基本方法。

学习目标：

(1) 了解影响建筑体型及立面设计的因素，掌握建筑构图的一般法则；

(2) 熟悉解决建筑体型组合和立面设计一般问题的方法；

(3) 掌握建筑体型和立面设计的内容与基本方法。

13.1　建筑体型和立面设计概述

13.1.1　相关定义概述

建筑设计既包含建筑技术设计，又包含建筑艺术设计。因此，人们常把建筑比喻为“立体的绘画”、“无言的诗歌”、“凝固的音乐”，表达了建筑艺术与绘画、诗歌、音乐等视觉形象、文学形象、听觉形象的艺术形式美之间的共性。

建筑立面指的是从各个方向看到的建筑物的外部形象，如图 13-1、图 13-2 所示建筑

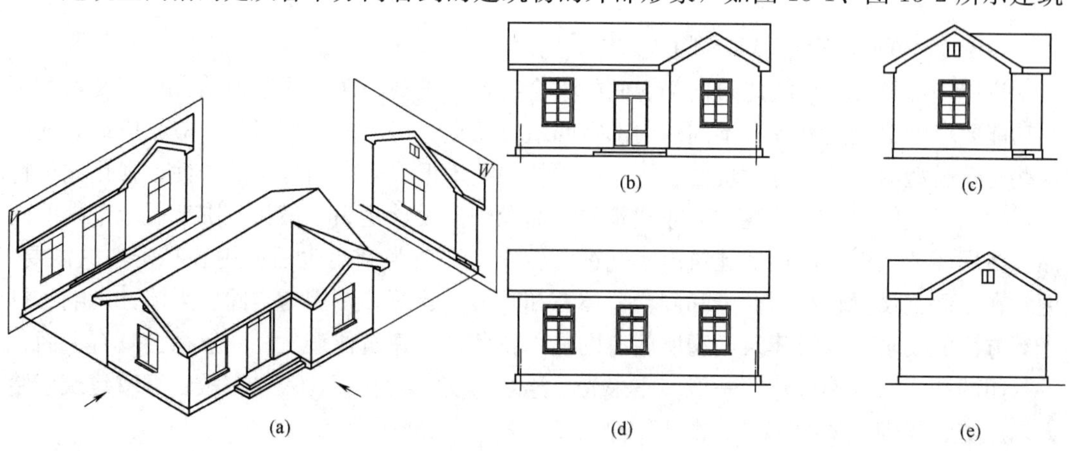

图 13-1　建筑立面图的形成过程图一

(a) 立面图形成示意；(b) 正立面图；(c) 左侧立面图；(d) 背立面图；(e) 右侧立面图

立面图的形成过程。建筑立面设计是对建筑体型设计的进一步深化，主要针对建筑物的各个立面以及其外表面上所有的构件，如门窗、雨篷、阳台、暴露的梁和柱等的形式、比例关系和表面的装饰效果等进行仔细推敲，运用节奏、韵律、虚实对比等构图规律，设计出体型完整、形式与内容统一的建筑立面。

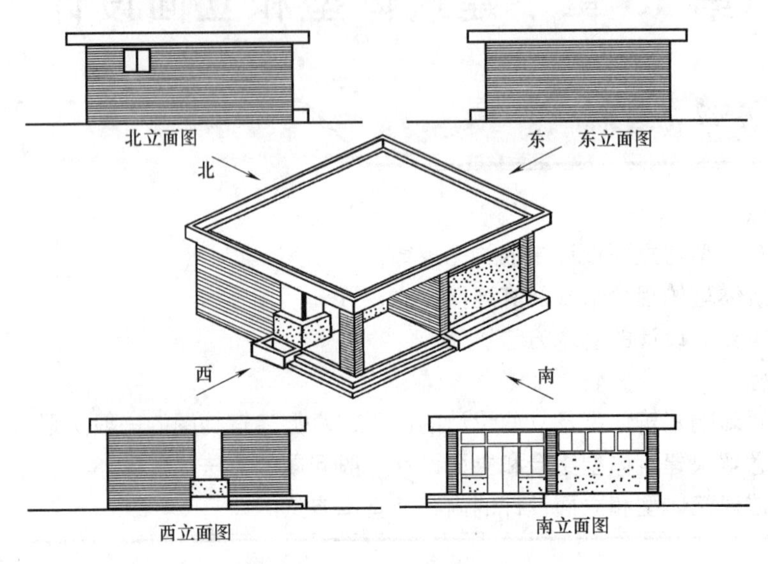

图 13-2　建筑立面图的形成过程图二

建筑形式美是符合造型规律的建筑外形带来的建筑美感，它是客观的，不以人的主观意志为转移的。建筑师在建筑立面设计中，只有遵循建筑造型的规律，即构图规则，才可能创造出完美的、赏心悦目的建筑。审美是主观的，是人们对建筑形式内在的看法。不同的人对建筑形式有着不同的看法，即使是同一个人由于所处的时代不同、阅历不同、所掌握的知识不同，对同一建筑的理解也会产生差异，而不同的民族因美学取向不同，能创造出具有民族特色的建筑形式。

13.1.2　建筑体型和立面设计要求

1. 建筑立面应符合建筑功能的要求

房屋外部形象应反映建筑内部空间的组合特点，美观问题须紧密地结合功能要求。不同功能要求的建筑类型具有不同的内部空间组合特点，房屋的外部形象也应相应地表现出这些建筑类型的特征，有时也会采用一些独特的艺术形式来突出建筑的个性，强化建筑特色，增加建筑鲜明的可识性。商业建筑的大面积橱窗设计是为了最大范围地展示室内的商品和体现商业氛围，而住宅建筑由于其进深较小，以及为满足生活适用和私密性的需要，通常在立面上设置较小的窗子和阳台。体育和观演类建筑，则因为空间、人流、声响、灯光等方面的要求，以及建筑类型所附有的艺术特色，在建筑体型上，一般都会具有大面积的封闭的厅堂。教学楼建筑一般多重采光，连续大窗，大开间，入口宽敞。行政建筑应给人以庄重、规则，如图 13-3、图 13-4 所示。

幼儿建筑为满足功能要求则建筑层数不宜过高，2～3 层为宜，建筑立面应体现活泼轻巧的特点，如图 13-5 所示。

图 13-3 某行政中心东立面图、南立面图

图 13-4 某市人大办公楼东立面图、北立面图

图 13-5 某幼儿园南立面图

2. 符合国家建筑标准和满足社会经济条件

在建筑体型和立面设计中，应根据其使用性质和规模，严格按照国家规定的建筑标准和相应的经济指标处理好适用、安全、经济、美观的关系。在建筑标准、所用材料、造型要求和外观装饰等方面要区别对待，防止片面强调建筑的艺术性而忽略建筑设计的经济性。要在满足一定的经济条件下，合理、灵活地运用技术手段和构图法则建造出美观、简洁、朴素、大方的建筑物，如图 13-6 所示。

3. 适应基地环境和城市规划的要求

建筑基地的地形、地质、气候、方位、朝向、形状、大小、道路、绿化以及原有建筑群的关系等，都对建筑外部形象有极大影响。位于自然环境中的建筑要因地制宜，结合地形起状变化使建筑高低错落、层次分明、并与环境融为一体。位于城市街道和广场的建筑

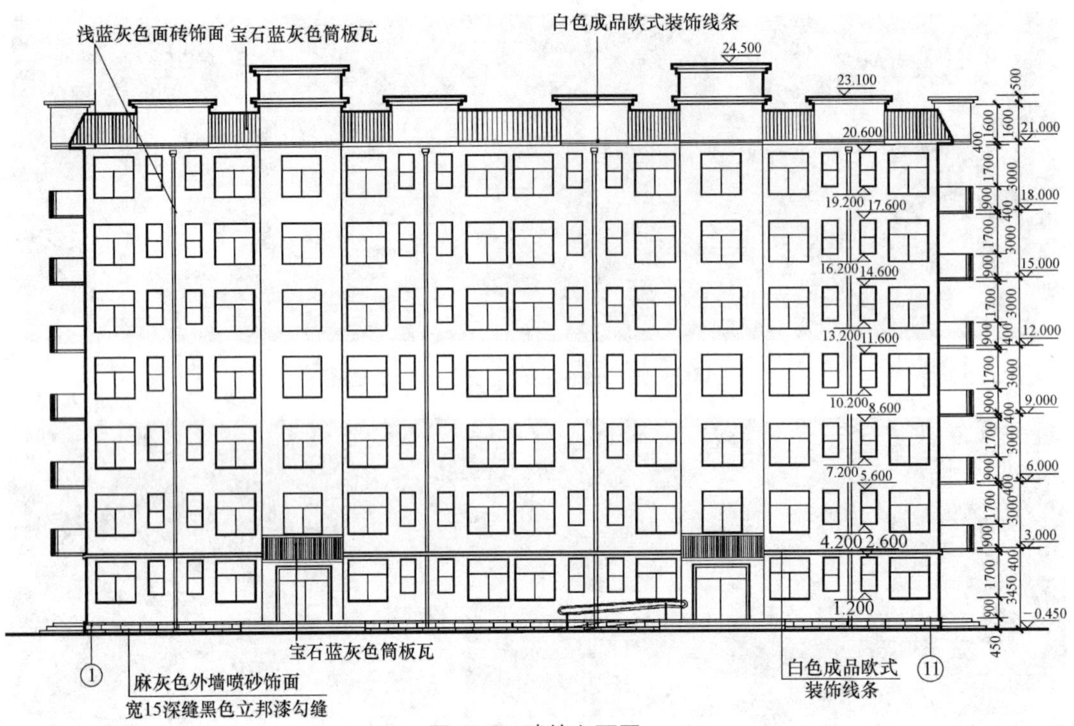

图 13-6　建筑立面图

物，建筑造型设计要密切结合城市道路、基地环境、周围原有建筑物的风格及城市规划部门的要求等。

建筑体型和立面设计既要与所在地区的地形、气候、道路、原有建筑物等基地环境相协调，同时也要满足城市总体规划的要求，符合传统人文的脉络要求。吊脚楼是苗族传统建筑，由于苗族大多居住在高寒山区，山高坡陡，平整、开挖地基极不容易，再加上天气阴雨多变，潮湿多雾，砖屋底层地气很重，不宜起居。因而，形成了这种依山傍水，通风性能好的干栏式建筑，俗称“吊脚楼”，如图 13-7 所示。

图 13-7　吊脚楼

4. 适应一定的社会物质技术条件，反映建筑材料和工程技术特点

建筑体型及立面设计必然在很大程度上受到物质技术条件的制约，并反映出结构、材料和施工的特点。

建筑物内部空间组合和外部体型的构成，只有通过一定的物质技术手段才能实现，因此，建筑体型及立面设计必然在很大程度上受到物质技术条件的制约，并反映出结构、材料和施工的特点。在设计中要善于利用材料、结构体系、施工技术的工艺特点所具有的美学表现力，巧妙地与建筑造型有机地结合起来。钢筋混凝土框架结构的推广应用摆脱了砖混结构的局限性，使墙体的砌筑更加灵活，以建筑立面重要的组成部分——开窗来说，有了更多的选择。开窗的大小、形状灵活多变，对于丰富建筑立面效果，突出建筑框架结构简洁、明快、通透的特点具有重要的意义。相比较而言，砖混结构的建筑外观给人的感觉则是厚重、封闭。在设计中要根据结构特点，把结构体系与建筑的体型和立面造型有机地结合起来，使建筑的外观能够充分体现其结构特点。新材料和新工艺的发展，使得建筑的外观呈现出丰富多彩的视觉效果。施工技术对建筑体型和立面的影响如滑动模板的施工工艺，由于模板的垂直滑动，要求房屋体型和立面以采用筒体或竖向线条为主。

5. 符合建筑构图的基本规律，反映建筑的个性特征

建筑构图的基本规律是创造优美建筑视觉形象的基本规律的总结。建筑艺术与其他视觉形象艺术的构图基本规律是一致的，甚至与听觉艺术的表现规律也是相通的，有异曲同工之美妙。

（1）统一与变化

统一是指建筑的完整性、一致性，它是建筑构图最基本的要求。其他的构图规律或手法，都是围绕统一来表现的。脱离统一的建筑，是支离破碎的、杂乱无章的。

变化是指建筑形式的丰富性、多样性。没有变化的建筑，是单调无奇、枯燥无味的。统一与变化是通过建筑的立面元素（建筑构件）来表现的。统一与变化的关系是“统一中有变化”、“变化中求统一”。著名建筑卢浮宫旁的玻璃金字塔，在统一的形式下，采用现代材料及样式，让卢浮宫这个拥有古老传统的艺术殿堂插上了现代的翅膀，让巴黎具有了新的魅力，如图 13-8 所示。

（2）均衡与安定

均衡是指建筑各立面的构图等量而不一定等形的平衡，给人以安定的感觉。均衡包括静态的均衡和动态的均衡。

图 13-8 卢浮宫旁的玻璃金字塔

静态的均衡又包括对称的均衡和不对称的均衡。对称和均衡是互为联系的，对称能产生均衡感，均衡也包含着对称的因素。对称的均衡，如图 13-9 所示人民大会堂是指布局等量且等形的构图，给人安定感。等量而不等形的构图，虽然形式上不对称，但仍然可以给人以安定感，这就是不对称的均衡，如图 13-10 所示德国贸易博览会公司大楼。由此可见，不对称的均衡指的是量的对称，而不是形的对称。对称轴或均衡轴与地坪线交界处可称之为对称中心或均衡中心，这里亦是人的视觉中心，为了强调建筑的导向性，往往将均衡中心设置为建筑的主入口。

动态的均衡是动态的过程中的一种静态表现。如将建筑设计成动态的流线形弧线、弧面，或将建筑设计成飞鸟的外形，便把动态的建筑表现了出来。而其构图仍然是静态的，仍需创造等量而不一定等形的平衡构图，给人以安定的感觉。

（3）对比与微差

对比是指建筑构图中两部分之间显著的差异。微差则是指两者之间微小的差异。建筑构图利用体块、立面、线条、色彩等方面显著的差异强调形式的变化，丰富建筑的内容，

图 13-9 人民大会堂

图 13-10 德国贸易博览会公司大楼

以激发人的美感，而利用微差则能展现建筑连续和精巧的美感。如园林建筑的造景、借景手法中，长廊上漏窗的图案可各不相同，用构图的微差，达到既有统一的整体感，又有变化的丰富感，从而达到“一步一景”、“步移景异”的效果。

（4）韵律与节奏

建筑的韵律是指建筑整体构图中建筑构件有规律地重复出现。这样的布局形成形式上的节奏感，使人们将音乐与建筑两种不同门类的艺术联系在一起。因此，建筑素有“凝固的音乐”之称，相应地亦有“音乐是流动的建筑”之说。建筑的韵律分为连续的韵律、渐变的韵律和交错的韵律。连续的韵律是单一构件或一组构件有规律地重复出现。渐变的韵律是重复出现的构件有规律地逐渐变化。在渐变的韵律中，出现起伏的变化，称之为起伏的韵律。交错的韵律是指两种以上的元素交替出现、相互交织、相互穿插，形成统一整体的构图。

（5）比例与尺度

建筑构图中的比例是指一个系统中的不同尺寸关系，如窗户里面的高度和宽度关系、建筑的长度和高度关系、同类构件的大小关系等等。人们在简单的比例（1∶1、1∶2、2∶3 等）、复杂的比例（$1:\sqrt{2}$、$1:\sqrt{3}$等）、黄金分割比例（1∶0.618）等比例关系中都能创造出优美的建筑造型。由此可见，赋予实际功能和空间意义的比例关系才具有形式美的生命力。

尺度是建筑的整体或局部与人或人所熟悉的物体之间的尺寸关系，给人带来的大小感受。尺度分为正常的尺度、夸张的尺度和亲切的尺度。建筑的整体或局部的尺寸，给人的感觉大小适当、正常，称之为正常的尺度。为了达到某种形式的设计效果，刻意放大构件或空间的尺寸，称之为夸张的尺度。反之，小巧的构件、空间，则给人以亲切的感觉，称之为亲切的尺度。

（6）色彩与质感

建筑色彩是建筑的反射或折射等光线给人的视觉效应。没有光就没有色。人们对某一物体颜色的感觉，会受到周围颜色的影响。建筑的外部构件因材质、位置等不同，必然构成不同的色彩组合。建筑与周围环境又会组成更大的色彩体系。色彩的组合包括同一色、调和色和对比色。追求建筑自身以及建筑与环境的色彩协调，可以通过建筑色彩合理组合，形成统一协调的空间环境。

建筑的质感是建筑表面材质、质量给人的感觉和印象。良好的质感可以提升建筑的外观品质，更能实现建筑形式美的效果。例如，玻璃饰面或透光、或反射，金属饰面或光亮、或亚光、或拉毛，涂料饰面或平面、或桔皮、或浮雕，石材饰面或光面、或烧毛、或机刨，都会给人不同的表观感受。建筑立面设计，并不是饰面材料的堆砌，也不是无意识的形成，而是深谙建筑的内涵和饰面材料的特质，恰当地选材、合理地配置，创造完美的建筑艺术形象，如图 13-11 所示。

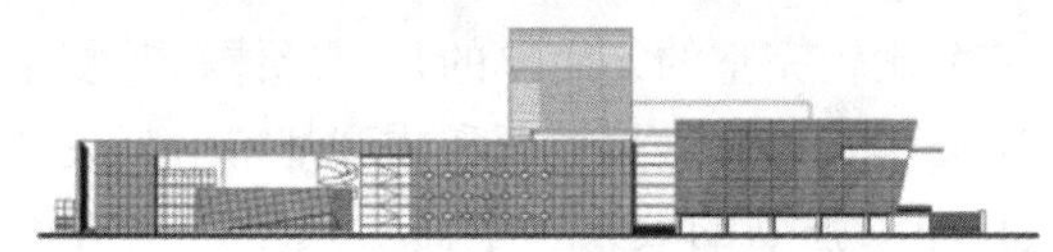

图 13-11　某文艺中心北立面图

（7）比拟与联想

建筑的比拟是利用建筑的整体或局部的形式表达所需的设计意境。这样的设计，往往使人浮想联翩，从而实现设计者与建筑、建筑与世人之间的互动、共享和联系。上海博物馆抬高的基座、厚重的墙面、高大的圆顶展现了渊博、沧桑和丰富的建筑气息，表现了内容与形式的统一，如图 13-12 所示。而古希腊的三种柱式：多立克柱式（Doric Order）、爱奥尼柱式（Lonic Order）和科林斯柱式（Corinthian Order）分别创造了刚劲有力、纤细优美以及华丽精巧的建筑意境，如图 13-13 所示。

图 13-12　上海博物馆

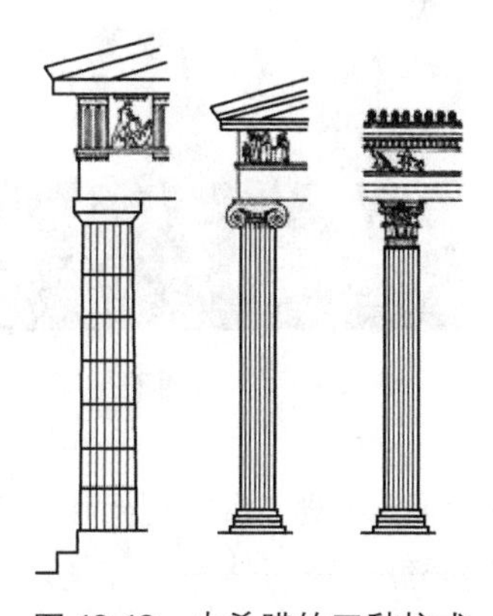

图 13-13　古希腊的三种柱式

（8）稳定与轻巧

传统意义上的建筑稳定是下大上小、下重上轻、下实上虚，古埃及的金字塔是建筑稳定表现的极致。愈来愈多的现代建筑打破传统稳定概念的束缚，用现代的材料和结构创造了轻巧的建筑形象，展现出现代建筑绚丽丰富、精彩纷呈、动态平衡的建筑形象。

13.2　建筑体型设计

建筑体型反映建筑物总的体量大小和形状。建筑体型有的比较简单、有的比较复杂。虽然建筑外形千差万别，但它们都是由一些基本的几何形体组合而成的。建筑体型设计要在使用功能的要求下、在物质技术条件的基础上，运用建筑构图的基本规律，使建筑各部分体量能巧妙地结合成一个整体。

建筑的体型主要受使用功能、建筑节能和造型要求的影响。建筑的体型形式有单一体型和组合体型。

13.2.1　建筑体型组合

体型组合是指由若干个简单体型组合在一起的建筑形式。

1. 单一性体型

单一性体型是指整幢房屋基本上是一个比较完整的、简单的几何形体。其复杂的内部空间均组合在一个完整的简单体型中。这类建筑的特点是平面和体型都单一、完整，常给人以统一、完整、简洁大方、轮廓鲜明和印象强烈的效果。平面形式多采用对称的正方形、三角形、圆形、多边形和Y形作单一几何形状。

将复杂的内部空间组合到一个完整的体型中去。这类建筑的特点是明显的主从关系和组合关系，造型统一、简洁、轮廓分明，给人以鲜明而强烈的印象。单一的建筑体型容易获得统一感，但也易陷入单调、平淡与枯燥。在满足使用功能和建筑节能的前提下，在单一体型中创造丰富灵动的外形是建筑师应尽的责任。西班牙毕尔巴鄂古根汉姆，如图13-14所示。弧形的体块相互交织，形成动态立体的画面。

图13-14　西班牙毕尔巴鄂古根汉姆

2. 单元组合体型

单元组合体型是将几个独立体量的单元按一定方式组合起来，住宅、学校、医院等常采用单元组合方式。这种组合方式由于体型的连续重复，形成强烈的韵律感。同时由于没有明显的均衡中心及体型的主从对比关系，因而给人以平静自然、亲切和谐的印象。

3. 复杂组合体型

复杂体型是由两个以上的体量组合而成的，体型丰富，更适用于功能关系比较复杂的建筑物。由于复杂体型存在着多个体量，则必然存在着体量与体量之间相互协调与统一的问题。

复杂体型体量较多而又不能按上述两种方式组合的，则应运用构图的基本规律进行体型组合。设计中应根据建筑内部功能要求，将其主要部分、次要部分分别形成主体、附体，突出重点、有中心，并将各部紧密有序地连接在一起。某现代商业建筑，如图 13-15 所示。主楼强劲的边墙、顶梁构成的框架与玻璃幕墙，构建出丰富的立面造型。

13.2.2　建筑体型的转折与转角处理

图 13-15　某现代商业建筑

在特定的地形条件下，如丁字路口、十字路口或角落的转角地带，为保证建筑的整体性，有效利用土地并与环境相协调，建筑须做转折与转角处理。

体型的转折与转角处理常采用如下方法：

1. 单一体型等高处理

对于单一几何体型建筑可以顺着自然地形、道路的变化进行曲折变形或延伸，以保持其原有体型的等高特征，形成简洁流畅、大方的体型外观。

2. 主体、附体相结合处理

主体、附体相结合处理，常把建筑主体作为主要观赏面，以附体陪衬主体，形成主次分明、错落有序的体型外观。

3. 以塔楼为重点的处理

在道路交叉口位置，常采用局部体量升高形成塔楼的方式处理，使塔楼非常醒目，形成建筑群布局的高潮，控制整个建筑物及周围道路、广场。

13.2.3　体量间的连接

由不同大小、高低、形状、方向的体量组合而成的复杂建筑体型，都存在着体量间的连接问题。

建筑体量交接一般应以正交（即 90°）为宜，避免产生过小的锐角。如果产生锐角，将会在使用功能、施工、外部形象上带来不利影响，这时要对其进行适当修正处理。

复杂体型组合设计中常采取以下几种连接方式：

1. 直接连接

即不同的面直接相连，这种方式内部空间联系紧密，具有体型简洁、明快、整体性强的特点。

图 13-16　盐城海盐博物馆

2. 咬接

各体量之间相互穿插，体形较复杂，组合紧凑，整体性强，易获得有机整体的效果。如盐城海盐博物馆，如图 13-16 所示。通过各体量的相互穿插，形成紧凑、统一的博物馆建筑。

3. 以走廊或连接体相连

以走廊或连接体连接，各体量之间相

互独立而互相联系，体型给人以轻快、舒展的感觉。

13.3　建筑立面设计

人们对建筑的要求，除了功能合理、结构形体新颖大方外，更希望建筑立面丰富多彩，以此来改造城市的空间环境，这便给设计师提出了新的任务。随着经济的发展，建筑外立面设计在改善居住环境、美化城市等方面的作用日益为人们所重视。

在漫长的历史过程中，各个时期的建筑外立面又有不同的风格特征，其中具有代表性的特征也成千上万，如人们通常所说的"中国古建风格"、"古希腊风格"、"古罗马风格"、"哥特式风格"、"巴洛克风格"、"洛可可风格"、"现代风格"、"后现代风格""高技派"等。对于这些风格的特征，历史已经作了充分的评说，并且已经建立起完整的建筑设计历史体系。

13.3.1　建筑立面设计需注重的美观问题

建筑立面设计的主要任务：建筑立面可以看作是由许多构件组成的，如墙体、梁柱、门窗、阳台、屋顶、檐口、勒脚等。恰当地确定立面中这些构件的比例和尺度，运用节奏韵律、虚实对比等规律，以达到体型完整、形式和内容的统一。

1. 比例和尺度处理

比例协调和尺度正确，是使立面完整统一的重要方面。从建筑整体的比例到立面各部分之间的比例以及墙面划分直到每一个细部的比例都要仔细推敲，才能使建筑形象具有统一和谐的效果。立面的比例和尺度的处理是与建筑功能、材料性能和结构类型分不开的，立面设计常借助于门窗、细部等的尺度处理来反映建筑物的真实大小。

2. 虚实凹凸处理

"虚"是指立面上的玻璃、门窗洞口、门廊、空廊、凹廊等部分，能给人以轻巧、通透的感觉；"实"是指墙面、柱面、檐口、阳台板等实体部分，能给人以封闭、厚重、坚实的感觉。巧妙地处理好立面的虚实关系，可取得不同的外观形象。以实为主的手法，则给人以厚重、坚实的感觉。此外，也有虚实均匀分布的处理手法，给人以平静安全的感受。凸凹指凸出的阳台、雨篷、挑檐，凹进的门洞等。通过凹凸关系的恰当处理，可以加强光影变化，增强建筑物的体积感，突出重点，丰富立面效果。立面虚实与凹凸的几种处理方法：

(1) 虚实均匀的处理

利用功能和结构要求巧妙地处理虚实关系，可以获得轻巧生动、坚实有力的外观形象。

(2) 以虚为主的立面处理

以虚为主、虚多实少的处理手法能获得轻巧、开朗的效果，常用于高层建筑、剧院门厅、餐厅、车站、商店等人流聚集的建筑。

(3) 以实为主的立面处理

以实为主、实多虚少能产生稳定、庄严、雄伟的效果，常用于纪念性建筑及重要的公共建筑。

（4）建筑立面凹凸处理

通过建筑外立面凹凸关系的处理可以加强光影变化，增强建筑物的体积感，丰富立面的效果。

3. 线条处理

各个面的转折、交换，不同色彩或材料的交接，在立面上反映出许多线条。对于庞大的建筑物，也可将其柱、窗台线、雨篷、檐口等看作“线条”。任何线条本身都具有一种特殊的表现力和多种造型的功能。建筑立面通过各种线条在位置、粗细、长短、方向、曲直、疏密、繁简、凹凸等方面的变化而形成千姿百态的优美形象。

4. 色彩、质感处理

不同的色彩会给人以物理的、生理的、心理的不同作用。如：红色使人感到温暖、热情、兴奋；黄色使人感到华贵、欢快、辉煌；绿色使人感到和平、安静；蓝色使人感到沉静、安宁等。色彩运用得当可改善视觉环境，提高整个建筑物的艺术效果。在色彩运用过程中必须对建筑性格、建筑物所处的环境、民族传统、地方特点以及经济状况等予以充分考虑。建筑外形色彩设计应注意以下问题：

（1）色彩处理必须和谐统一且富有变化。如法国马赛公寓，如图 13-17 所示。该建筑外部采用不加粉刷的混凝土表面，造成粗野原始的气氛，大面积的阳台面施以红、蓝、黄等鲜艳的色彩，体现了勒·柯布西耶粗野主义的美学观。

图 13-17 法国马赛公寓

（2）色彩的运用必须与建筑物性格相一致。

（3）色彩的运用必须注意与环境密切协调，如英国红屋 Red House，莫里斯（William Morris）的住宅，如图 13-18 所示。该住宅建筑平面根据功能需要布置成 L 形，外墙用本地产的红砖砌筑，不加粉刷，并且取消了传统的外部装饰，屋顶亦用红瓦覆盖，充分表现出材料本身的质感与艺术造型的精美。

（4）基调色的选择应结合各地的气候特征。美国西泰里埃森是一组单层的建筑群，坐落在一片沙漠之中。粗乱的毛石墙、没有油饰的木料和白色的帆布板错综复杂地组织在一起，不拘形式，充满野趣。它同当地炎热少雨的气候和粗犷的自然植物非常匹配，在沙漠的景观中十分令人瞩目。材料的运用、质感的处理也是极其重要的。表面的粗糙与光滑会给人以不同的感受。如粗糙的毛石显得厚重与坚实，富有质朴、自然的情趣；钢和玻璃则突出材料和技术的精细，使人感到轻巧、细腻等。充分利用材料质感的特性，巧妙处理，有机结合，会加强和丰富建筑的表现力。

图 13-18 英国红屋

5. 重点与细部处理

在建筑立面处理中，根据功能和造型需要，对需要引人注意的部位，如建筑物的主要出入口、商店橱窗、房屋檐口等需进行重点处理，以吸引人们的视线，同时也能起到画龙点睛的作用。局部和细部是建筑整体中不可分割的组成部分，如建筑入口处的踏步、雨篷、大门等局部，而其中的每一部分均有多种细部做法。

13.3.2 建筑立面设计的基本方法

1. 加法

加法是现代建筑师最常用的造型手法，这种手法是将基本的几何形体如球体、圆柱、棱柱、长方体等进行各种组合，从而产生抽象而又丰富的立面形式。采用加法的手法组织建筑形体是把建筑的局部看作首要的，而整个建筑就是把单元或局部加在一起。

2. 减法

采用基本的几何形体，运用减法法则对建筑进行切割运算，也是建筑师常用的手法。减法就是在基本形体上，按照形式构成规律进行削减，减去原型体的某些不足部分。采用减法做设计时，是以建筑的整体为主导的，是在建筑的整体中删去一些片断。减法设计必须遵守从整体到局部的设计原则。

3. 凹凸

运用凹凸的设计手法来丰富建筑体形的变化，从而增强建筑物的体积感。凡是向外凸起或向内凹入的部分，在阳光的照射下，都会产生光影的虚实变化，这种光影变化，可以在建筑立面上构成美妙的图案。很多建筑师十分注意利用凹凸关系的处理来增强建筑物的体积感。

4. 重复

重复是通过不同角度，以不同的组合方式表现同样的形状。重复使单体变为组合体，使有个体的单体的性格特征进一步加强。重复不仅强化了个体的性质，而且通过他们的相互作用，造成群体的综合效果。

5. 穿插

穿插是一种相交的形态。穿插可以是面与体穿插或是体与体穿插；可以是相同形穿插或是异形穿插；也可以是虚实两部分的穿插，实的部分环抱着虚的部分，同时又在虚的部分中局部地插入若干实的部分，这样就可以使虚实两部分相互穿插，构成和谐悦目的图案。

6. 旋转

旋转是把一个或者几个部分围绕一个中心运动的概念性过程。所有旋转部分可能有同一个旋转中心，但也不一定是同一个。在造型设计中用旋转的方法可以改变形式空间的方向，以适应不同的环境对应关系，并以此为契机构成形体空间的变化。

7. 断裂

断裂时通过对完整形态有意识地进行断裂破坏，激发观者的艺术参与愿望。用断裂的手法可以突破过分完整形态的封闭和沉闷，通过断裂形成的残缺美往往会给人留下独特深刻的印象。

8. 拉伸

拉伸是从整体中拉出一部分的造型手法。拉出去的部分有吸引注意力的作用，容易成为重点和趣味中心，拉出去的部分与整体的衔接处也是趣味所在，这部分会由于衔接方式的不同形成有表现力的造型和特异空间，拉出去的部分与整体之间形成的开口也是富有表现力的部位。

9. 错位

错位就是两个部分之间的相对移动，和旋转不同，移动时它们的方向保持不变。错位是一种简便易行的造型方法，它具有多种造型功能，错位可以改变建筑的比例和尺度，改变建筑的平衡和稳定，错位可以形成阶梯式的轮廓线，增加建筑的层次，错位还可以制造多元的运动变化形态。

10. 仿生

仿生是指建筑的造型模仿生物或植物的形态。仿生并不是单纯地模仿照抄，它是吸收动物、植物的生长肌理以及一切自然生态的规律，结合建筑的自身特点而适应新环境的一种创作方法，它无疑是最具有生命力的，也是可持续发展的保证。仿生的手法可以从建筑的功能，形式、结构、材料等多方面模仿自然界中的某种生物的特征，因此仿生的总手法可以分为形态仿生、结构仿生、功能仿生、材料仿生等多种仿生设计手法。

本章小结

本章主要讲述建筑形体组合的基本原则和建筑立面设计的基本原理和方法。首先分析影响建筑形体组合和建筑立面设计的一系列的客观的因素，再深入地介绍建筑型体组合的基本方式和立面设计的基本原则，最后介绍了建筑立面细部的一般处理手法。

本章的重点是建筑型体组合的基本方式和立面设计的基本原则。

思考与练习题

13-1 建筑立面设计的要求?

13-2 “建筑的外形应符合内部功能的要求”，与构图规则之间的联系?

13-3 构图规则的核心是什么?

13-4 如何理解统一与变化之间的关系?

13-5 均衡、对比、微差、韵律、比例、尺度、色彩、质感、比拟、稳定的定义?

13-6 对称的均衡与不对称的均衡在建筑设计中的意义?

13-7 均衡中心在建筑设计中的意义?

13-8 举例说明，对比与微差在建筑立面设计中的应用。

13-9 举例说明，韵律在立面设计中的应用。

13-10 建筑制图中的比例与构图规则中的比例有何区别?

13-11 举例说明，建筑立面设计中是如何利用比例关系来实现建筑外形的统一的?

13-12 不同的尺度会给人带来怎样的建筑感受?

13-13 简述尺度与尺寸的区别与联系。

13-14 色彩与质感有什么区别?

13-15 举例说明，稳定与轻巧在不同建筑立面设计中的应用。

13-16 选择一组单一体型的建筑，分析如何利用变化来丰富建筑立面的？

13-17 举例说明，建筑立面设计中是如何利用线条来加强建筑立面表现力的？

13-18 常见的建筑体型组合方式有哪些？

13-19 举例说明，组合体型的建筑中，不同的组合方式表现怎样的建筑形象？

13-20 用建筑实例说明不同的建筑体型组合方式，是如何实现建筑造型统一的？

第3篇　工业建筑实体构造及空间设计

第14章　单层与多层工业建筑概论

本章要点及学习目标

本章要点：
(1) 工业建筑的特点与分类；
(2) 单层厂房的主要构件组成；
(3) 多层厂房的工艺流程与平面设计。
学习目标：
(1) 了解工业建筑的类型、特点与设计要求；
(2) 掌握单层厂房的功能与构件组成；
(3) 了解多层工业厂房的工艺流程与建筑设计的关系。

14.1　工业建筑设计概述

14.1.1　工业建筑的概念及特点

工业建筑是指从事各类工业生产及直接为生产服务的房屋，一般称为厂房。

工业建筑生产工艺复杂多样，在设计配合、使用要求、室内采光、屋面排水及建筑构造等方面，具有如下特点：

(1) 厂房的建筑设计是在工艺设计人员提出的工艺设计图的基础上进行的，建筑设计应首先适应生产工艺要求。

(2) 厂房中的生产设备多、体量大，各部分生产联系密切，并有多种起重运输设备通行，厂房内部应有较大的开敞空间。

(3) 厂房宽度一般较大，或对多跨厂房，为满足室内采光和通风的需要，屋顶上往往设有天窗。

(4) 厂房屋面防水、排水构造复杂，尤其是多跨厂房。

(5) 单层厂房中，由于跨度大，屋顶及吊车荷载较重，多采用钢筋混凝土排架结构承重；在多层厂房中，由于荷载较大，广泛采用钢筋混凝土骨架结构承重；特别高大的厂房或地震烈度高的地区厂房宜采用钢骨架承重。

(6) 厂房多采用预制构件装配而成，各种设备和管线安装施工复杂。

14.1.2 工业建筑的分类

1. 按厂房用途分类

(1) 主要生产厂房。用于从原料到成品的生产工艺过程的各类厂房，如机械制造厂的铸造、锻造、冲压、机械加工等厂房。

(2) 辅助生产厂房。为主要生产厂房服务的各类厂房，如机修和工具等车间。

(3) 动力用厂房。为工厂生产提供能源的厂房，如发电站、锅炉房、煤气站等。

(4) 储藏用库房。储藏各种原材料、半成品或成品的仓库，如金属材料库、辅助材料库、油料库、零件库、成品库等。

(5) 运输工具用库房。停放、检修各种运输工具的库房，如汽车库、电瓶车库等。

2. 按生产条件分类

(1) 热加工车间。在高温、红热或材料融化状态下进行生产的车间。在生产中将产生大量的热量及有害气体、烟尘，如冶炼、铸造、锻造等车间。

(2) 冷加工车间。在正常温度湿度状态下进行生产的车间，如机加工、装配等车间。

(3) 恒温恒湿车间。要求在温度、湿度波动很小的范围内进行生产的车间。除了室内装有空调设备外，厂房也要采取相应的措施，以减小室外气象对室内温度、湿度的影响，如精密仪表车间、纺织车间等。

(4) 洁净车间（无尘车间）。产品的生产对室内空气的洁净程度要求很高的车间。这类厂房围护结构还应保证严密，以免大气灰尘的侵入，保证产品质量，如集成电路车间、精密仪表的微型零件加工车间等。

3. 按层数分类

(1) 单层厂房。广泛应用于机械、冶金等许多工业，对具有大型生产设备、振动设备、地沟、坑地或者重型起重运输设备的生产有较大的适应性。单层厂房按照建筑跨度数的多少又有单跨厂房、多跨厂房之分，如图 14-1 所示。

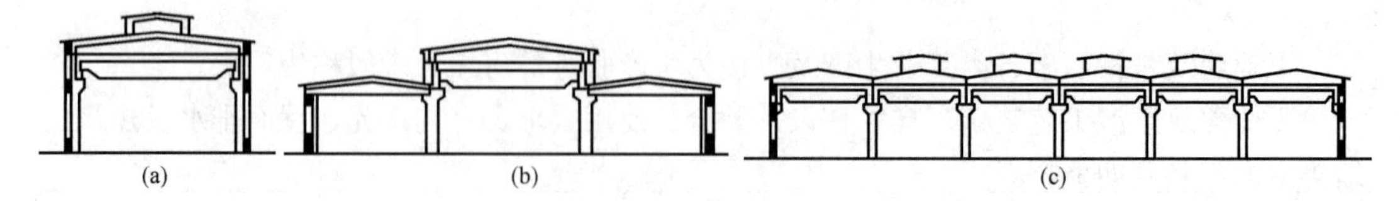

图 14-1 单层厂房

(a) 单跨；(b) 高低跨；(c) 多跨

(2) 多层厂房。层数在两层以上的厂房，多为 2～6 层。多层厂房对于垂直方向组织生产工艺流程的生产企业，以及设备、产品较轻的企业具有较大的适应性，多作为轻工、食品、电子、仪表等工业部门的厂房。车间运输为垂直和水平运输两类，如图 14-2 所示。

(3) 层数混合厂房。如图 14-3 所示为层数混合的厂房，由单层跨和多层跨组合而成，适用于竖向布置工艺流程的生产项目，多用作热电厂、化工厂等。高大的生产设备位于中

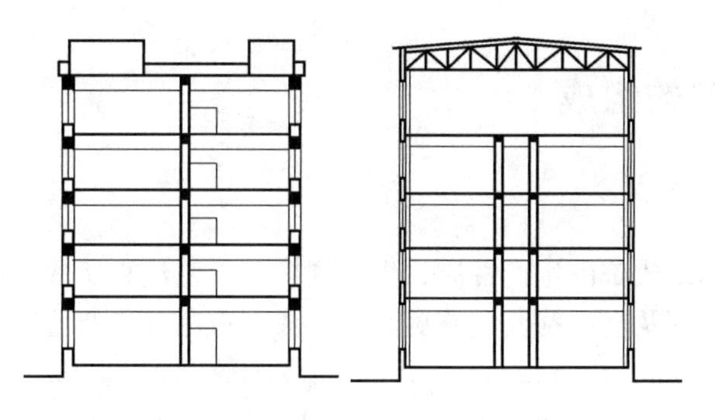

图 14-2 多层厂房

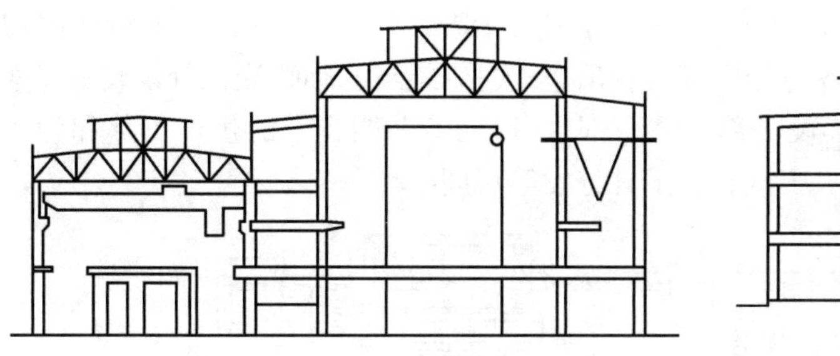

图 14-3 层数混合厂房

间的单跨内，边跨为多层。

14.1.3 工业建筑的设计要求

1. 生产工艺要求

建筑设计在建筑面积、平面形状、柱距、跨度、剖面形式、厂房高度以及结构方案和构造措施等方面，要满足生产工艺的要求，还必须满足生产用机器设备的安装、操作、运转、检修等方面的要求。

2. 建筑要求

设计应严格遵守《厂房建筑模数协调标准》GB/T 50006—2010 和《建筑模数协调标准》GB/T 50002—2013 的规定，合理选择厂房建筑参数（柱距、跨度、柱顶标高等），采用标准、通用的结构构件，使设计标准化、施工机械化，提高建筑工业化水平。

3. 经济要求

厂房在满足生产使用、保证质量的前提下，应适当控制面积、体积，合理利用空间，尽量降低建筑造价，节约材料和日常维修费用。

将若干车间合并成联合产房，对现代化连续生产极为有利，而且联合厂房占地面积小、外墙面积相应减小，缩短了管网线路，使用灵活，并且能满足工艺更新的要求。

4. 卫生安全要求

厂房应消除或隔离生产中产生的各种有害因素，如冲击振动、有害气体和液体、烟尘余热、易燃易爆物、噪声等，采用可靠的防火安全措施，创造良好的工作环境，保证工人的身体健康。

14.2 单层厂房的组成

14.2.1 功能组成

单层厂房的功能组成是由生产性质、生产规模和工艺流程所决定的，它一般由主要生产工部、辅助生产工部及生产配套设施房间等组成。这些部位布置在一幢厂房或几幢厂房内，满足厂房的功能要求。

图 14-4 是一个机械加工装配车间，由三个平行跨组成。原材料由①轴线上的三个大门进入车间，厂房内部按直线方式布置机械加工部和装配工部，并设有堆场，产品由⑳轴线上的大门运出。厂房柱距为 6m，跨度分别为 18m、18m、24m，三个跨间内均可通行汽车，局部可进入火车。各跨分别有两台吊车，⑲轴线与Ⓑ轴线交汇处设转臂吊车，室外消防检修梯沿外墙每 200m 设一部（共两部），形成了功能齐全的生产工部和为生产配套的高压配电、油漆调配、水压试验、工具分发等房间。

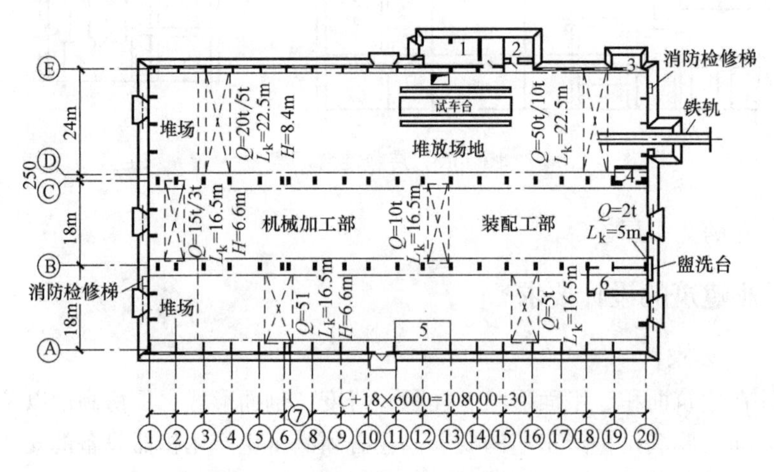

图 14-4 机械加工装配车间平面图

1—高压配电；2—分配间；3—油漆调配；4—水压试验；5—工具分发室；6—中间仓库

14.2.2 构件组成

目前，我国单层工业厂房的结构体系大部分采用装配式钢筋混凝土排架和刚架结构两种形式。最常用的是排架结构，这种体系由两大部分组成，即承重构件和围护构件，如图 14-5 所示。

1. 承重构件

（1）排架柱。它是厂房结构的主要承重构件，承受屋架、吊车梁、支撑、连系梁和外墙传来的荷载，并将荷载传给基础。

（2）基础。它承受柱和基础梁传来的全部荷载，并将荷载传给地基。

（3）屋架。它是屋盖结构的主要承重构件，承受屋盖上的全部荷载，通过屋架将荷载传给柱。

（4）屋面板。它铺设在屋架、檩条或天窗架上，直接承受板上的各类荷载（包括屋面

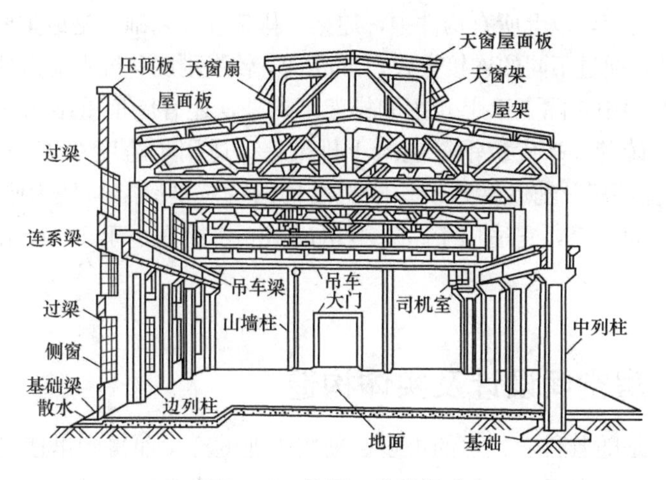

图 14-5 单层厂房的组成

板自重，屋面围护材料，雪、积灰及施工检修等荷载），并将荷载传给屋架。

（5）吊车梁。它设在柱子的牛腿上，承受吊车和起重的重量、运行中所有的荷载，并将这些荷载传给排架柱。

（6）基础梁。承受上部砖墙重量，并把它传给基础。

（7）连系梁。它是厂房纵向柱列的水平连系构件，用以增加厂房的纵向刚度，承受风荷载和上部墙体的荷载，并将荷载传给纵向柱列。

（8）支撑系统构件。它分别设在屋架之间和纵向柱列之间，其作用是加强厂房的空间整体刚度和稳定性，主要传递水平荷载和吊车产生的水平刹车力。

（9）抗风柱。单层厂房山墙面积较大，所受风荷载也大，故在山墙内侧设置抗风柱。在山墙面受到风荷载作用时，一部分荷载由抗风柱上端通过屋顶系统传到厂房纵向骨架上去，一部分荷载由抗风柱直接传给基础。

各承重构件的传递关系如图 14-6 所示。

2. 围护构件

（1）屋面。单层厂房的屋顶面积较大，构造处理较复杂，屋面设计应重点解决好防水、排水、保温隔热等方面的问题。

（2）外墙。厂房的大部分荷载由排架结构承担，因此外墙是自承重构件，除承受墙体自重及风荷载外，主要起着防风、挡雨、保温隔热、遮阳和防火等作用。

（3）门窗。供交通运输及采光、通风用。

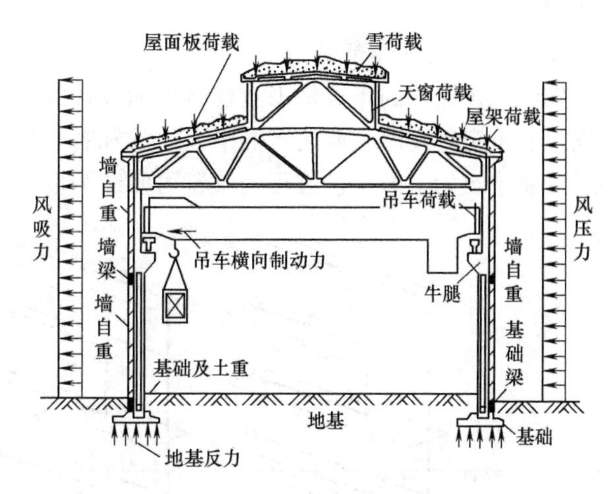

图 14-6 单层厂房结构主要荷载示意

（4）地面。满足生产及运输要求，并为厂房提供良好的室内劳动环境。

对于排架结构而言，以上所有构件中，屋架、排架柱和基础，是最主要的结构构件。这三种主要承重构件，通过不同的连接方式，形成具有较强刚度和抗震能力的厂房结构体系。

在厂房结构类型中，除了以上介绍的排架结构外，还有墙承重结构和刚架结构。墙承重结构是用砖墙、砖壁柱来代替钢筋混凝土排架柱，适用于跨度在 15m 以内，吊车起重量不超过 5t 的小型厂房及辅助性建筑。刚架结构的特点是屋架与柱为刚接，合并成一个整体，而柱与基础为铰接，它适用于跨度不超过 18m，檐高小于 10m。吊车起重量在 10t 以下的厂房。

14.3　多层厂房空间设计及实体构造

多层工业建筑是随着科学技术的进步、新兴工业的产生而得到迅速发展的一种工业建筑形式，目前在机械、电子、电器、仪表、光学等行业中具有广泛的应用，多层工业建筑对提高城市建筑用地率、改善城市景观等方面起着积极的作用。相比较单层工业厂房具有如下特点：①建筑占地面积小；②交通运输面积大；③外围护面积小；④分间灵活；⑤结构、构造处理复杂等。

多层工业建筑常用于某些生产工艺适宜垂直运输的工业企业，如制糖、造纸、面粉厂等，以及需要在不同标高作业的工业企业，如热电厂、化工厂等；或者是生产设备和产品的体积、重量较小，生产工艺对生产环境有特殊要求，如电子、精密仪表等此类工业建筑。

14.3.1　多层工业建筑生产工艺流程和柱网选择

多层工业建筑的柱网选择首先应注意满足生产工艺的要求；其次是运输设备和生活辅助用房的布置、基地的形状、工业建筑方位等都对平面设计有很大的影响，必须全面、综合地加以考虑。

1. 生产工艺流程布置

生产工艺流程的布置是工业建筑平面设计的主要依据。各种不同生产流程的布置在很大程度上决定着多层工业建筑的平面形状和各层间的相互关系。按生产工艺流向的不同，多层工业建筑的生产工艺流程的布置可归纳为以下三种类型，如图 14-7 所示。

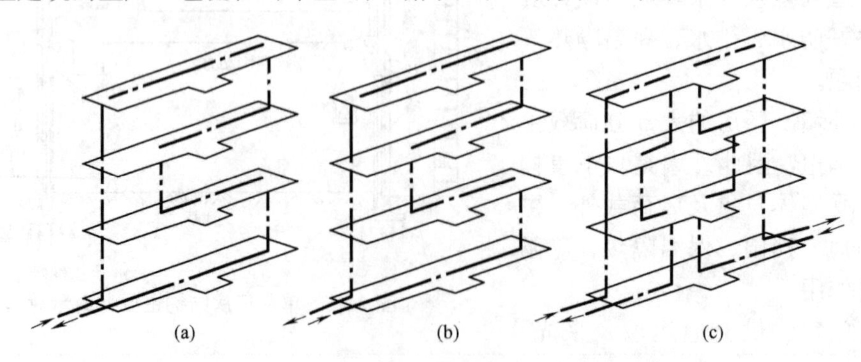

图 14-7　多层工业建筑的三种生产工艺流程

(a) 自上而下式；(b) 自下而上式；(c) 上下往复式

（1）自上而下式

这种布置的特点是把原料送至最高层后，按照生产工艺流程的程序自上而下逐步进行加工，最后的成品由底层运出。可利用原料的自重，以减少垂直运输设备的设置。一些粒状或粉状材料加工的工厂常采用这种布置方式。面粉加工厂和电池干法密闭调粉楼的生产流程都属于这一方式。

（2）自下而上式

原料自底层按生产流程逐层向上加工，最后在顶层加工成成品。这种流程方式有两种情况：一种是产品加工流程要求自下而上，如平板玻璃生产，底层布置溶化工段，靠垂直辊道由下而上运行，在运行中自然冷却形成平板玻璃。另一种是有些企业，原材料及一些设备较重，或需要有吊车运输等，同时，生产流程又允许或需要将这些工段布置在底层，其他工段依次布置在以上各层，这就形成了较为合理的自下而上的工艺流程。如轻工业类的手表厂、照相机厂或一些精密仪表厂的生产流程都是属于这种形式。

（3）上下往复式

这是既有上也有下的一种混合布置方式。它能适应不同情况的要求，应用范围较广。由于生产流程是往复的，不可避免地会引起运输上的复杂化，但它的适应性较强，是一种经常采用的布置方式。如印刷厂，由于铅印车间的印刷机和纸库的荷载都比较大，因而常布置在底层，别的车间如排字间一般布置在顶层，装订、包装一般布置在二层。为适应这种情况，印刷厂的生产工艺流程就采用了上下往复的布置方式。

2. 柱网选择

柱网的选择首先应满足生产工艺的需要，其尺寸的确定应符合《建筑模数协调标准》和《厂房建筑模数协调标准》的要求。同时还应考虑工业建筑的结构、材料、经济合理性、施工可能性。

根据《厂房建筑模数协调标准》，多层工业建筑的跨度（进深）应采用扩大模数 15M 数列，宜采用 6.0m、7.5m、9.0m、10.5m 和 12m。工业建筑的柱距（开间）应采用扩大模数 6M 数列，宜采用 6.0m、6.6m 和 7.2m。其中内廊式工业建筑走廊的跨度应采用扩大模数 3M 数列，宜采用 2.4m、2.7m 和 3.0m。

在工程实践中结合上述平面布置形式，多层工业建筑的柱网可概括为以下几种主要类型，如图 14-8 所示。

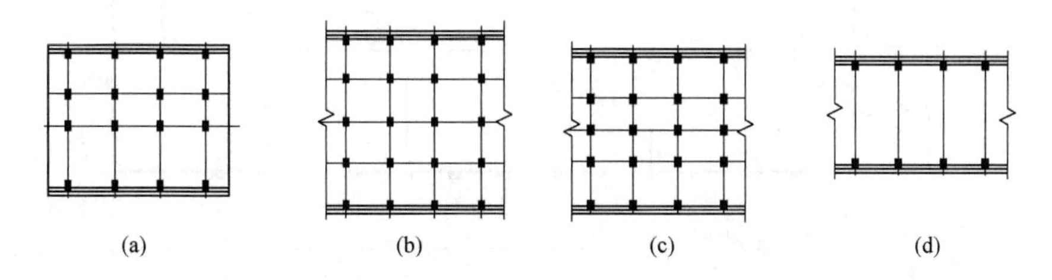

图 14-8 柱网布置的类型

（a）内廊式；（b）等跨式；（c）对称不等跨式；（d）大跨度式

（1）内廊式柱网

内廊式柱网适用于内廊式的平面布置且多采用对称式，如图 14-8（a）所示。在仪表、电子、电器等类企业中应用较多，主要用于零件加工或装配车间。常用柱网尺寸有（6＋

2.4+6)m×6m 和（7.5+3+7.5)m×6m 等。

（2）等跨式柱网

它主要适用于需要大面积布置生产工艺的工业建筑，底层一般布置机加工、仓库或总装配车间等，有的还布置有起重运输设备，如图 14-8（b）所示。它适用于机械、轻工、仪表、电子等工业厂房。常用柱网尺寸有（6+6)m×6m、(7.5+7.5)m×6m、(9+9)m×6m 等。

（3）对称不等跨式柱网

这种柱网的特点及适用范围基本和等跨式柱网类似，如图 14-8（c）所示。常用的柱网尺寸有（ 6+7.5+7.5+6)m×6m（仪表类）、（1.5+6+6+1.5)m×6m（轻工类）、(7.5+7.5+12+7.5+7.5)m×6m 及（9+12+9） m×6m（机械类）等数种。

（4）大跨度式柱网

这种柱网由于取消了中间柱子，为生产工艺的变革提供了更大的适应性。因为扩大了跨度（大于 12m），楼层常采用桁架结构，这样楼层结构的空间可作为技术层，用以布置各种管道及生活辅助用房，如图 4-8（d）所示。

除上述主要柱网类型外，在实践中根据生产工艺及平面布置等各方面的要求，也可采用其他一些类型的柱网，如（9+6)m×6m、(6～9+3+6～9+3+6～9)m×6m 等。

14.3.2 多层工业建筑的平面布置

多层工业建筑的平面设计是以生产工艺流程为依据进行布置的。要综合考虑建筑、结构、采暖通风、水、电设备等要求，合理地确定平面形式、柱网布置、交通和辅助用房布置等。其平面布置形式主要有以下四种。

1. 内廊式

内廊式是指多层工业建筑中每层的各生产工段用隔墙分隔成大小不同的房间，再用内廊将其联系起来的一种平面布置形式，适用于生产工段所需面积不大，生产中各工段间既需要联系又需要避免干扰的车间，如图 14-9 所示。

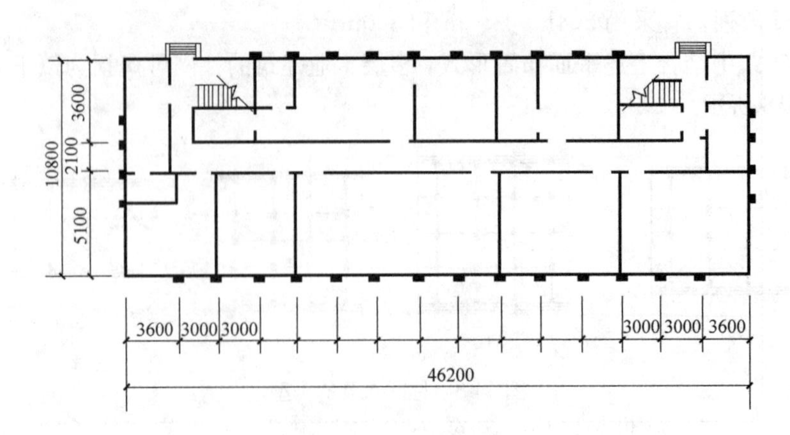

图 14-9 内廊式平面布置

2. 大宽度式

大宽度式是指平面采用加大工业建筑宽度，形成大宽度式的平面，呈现为厅廊与大小空间结合，如双廊式、三廊式、环廊式、套间式等。平面布置时可将交通枢纽及生活辅助用房布置在工业建筑中部采光条件较差的区域，以保证工段所需要的采光与通风要求。该平面形式主要适用于技术要求较高的恒温、恒湿、洁净、无菌等生产车间，如图 14-10 所示。

3. 统间式

统间式是指工业建筑的主要生产部分集中布置在一个空间内，不设分隔墙，将辅助生产工部和交通运输部分布置在中间或两端的平面形式。统间式布置适用于生产工段需要较大面积，相互之间联系密切，不宜用隔墙分开的车间，各工段一般按照工艺流程布置在大统间中，如图 14-11 所示。

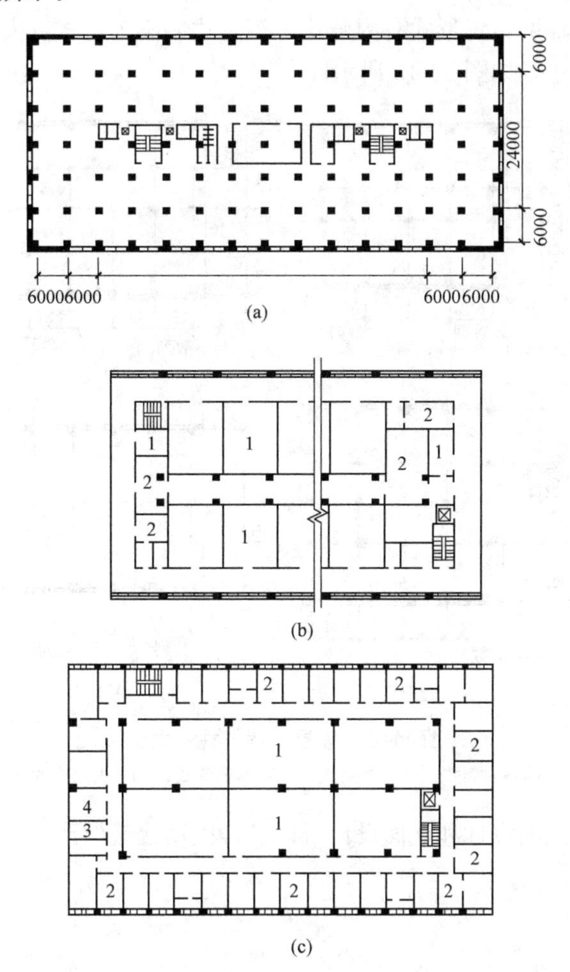

图 14-10 大宽度式平面布置方案

(a) 中间布置交通服务型用房；(b) 环状布置通道（通道在外围）；(c) 环状布置通道（道在中间）

1—生产用房；2—办公、服务性用房；3—管道井；4—仓库

4. 混合式

混合式是指根据生产工艺以及建筑使用面积等不同需要，将上述各种平面形式混合布置。

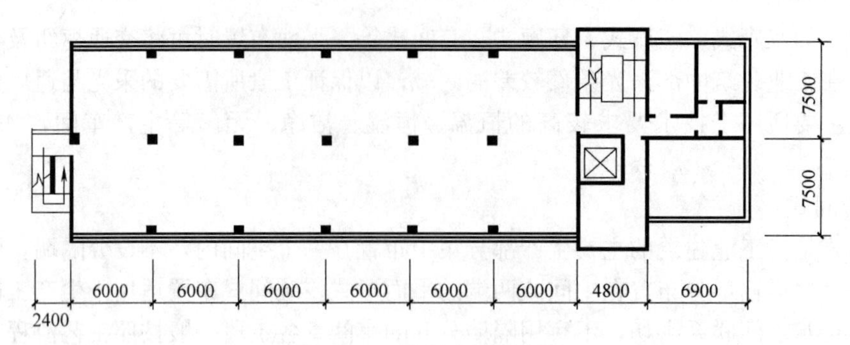

图 14-11　统间式平面布置

多层工业建筑的柱网布置形式有内廊式、等跨式、不等跨式、大跨度式几种，在实际设计中应综合考虑应用，如图 14-12 所示。

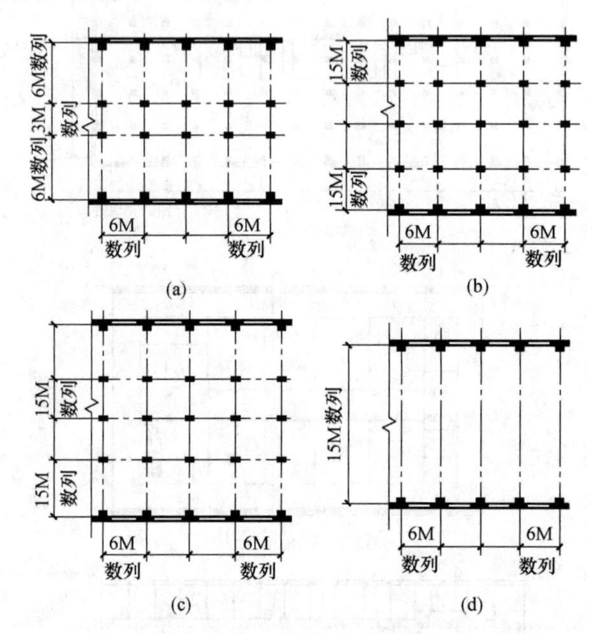

图 14-12　多层厂房的柱网类型

(a) 内廊式；(b) 等跨式；(c) 不等跨式；(d) 大跨度式

多层工业厂房的剖面设计和立面设计可以参考民用建筑设计。

本章小结

本章主要讲述工业建筑的特点及分类，工业建筑与民用建筑的区别，工业建筑的设计要求、工业建筑的组成以及多层工业建筑设计及实体构造的原理与方法。本章的重点是工业建筑的特点、分类及组成。

思考与练习题

14-1　什么是工业建筑？工业建筑如何进行分类？

14-2　工业建筑设计的要求是什么?

14-3　装配式钢筋混凝土排架结构厂房的主要结构构件有哪些? 绘一剖面简图说明相互关系。

14-4　举例说明生产工艺对多层工业建筑平、剖面设计的影响（要求从生产流程和生产特征两方面进行论述)。

14-5　多层工业建筑常采用的柱网类型有哪些?

14-6　多层工业建筑平面布置形式有哪几种? 各自适用范围是什么?

第 15 章 单层工业厂房空间设计

本章要点及学习目标

本章要点：

(1) 厂区总平面设计主要内容及对单体建筑平面设计的影响；

(2) 单层厂房的平面形式；

(3) 单层厂房定位轴线与主要构件间的位置关系；

(4) 单层厂房的剖面形式、各部分高度；

(5) 单层厂房立面设计的一般形式与方法；

(6) 单层厂房生活间的主要形式与构造特点。

学习目标：

(1) 了解工业厂区总平面设计内容、要求及其与单体厂房设计之间的关系；

(2) 掌握单层厂房平面设计的一般形式及生产工艺对平面设计的影响；

(3) 掌握单层厂房定位轴线的划分原理，熟练掌握定位轴线的概念、与厂房主要构件之间的相对关系；

(4) 了解单层厂房剖面设计的要求，熟练掌握单层厂房剖面高度确定方法；掌握自然采光与通风的概念、形式以及自然采光与通风的原理；了解单层厂房天窗的形式、作用与布置方式；

(5) 掌握单层厂房侧窗、屋面及天窗构造形式对立面的影响；了解单层厂房立面线条、色彩、入口立面设计的一般方法；

(6) 了解单层厂房生活间的形式、特点与构造方法。

15.1 厂区总平面设计

单层工业厂房是常用的一种建筑形式，为了满足具有高大使用空间的厂房或车间，根据工业生产的工艺流程要求，便于厂房或车间内的大型生产设备及原料、半成品、成品的布置、运输和制作生产所建设的厂房形式。这类厂房在机械加工、机电制造、冶金、化工、纺织等行业得到广泛应用。某阀门公司厂区鸟瞰图，如图 15-1 所示。

单层厂房的建筑空间由外部空间、内部空间和实体空间组成。单层厂房的空间设计包括外部空间设计和内部空间设计。单层厂房的外部空间设计主要是通过厂区总平面设计来完成。

厂区的总平面设计又称总图设计，是厂区内生产、办公生活等用房以及道路、景观绿化、地下管线等方面的总体布局。厂区选址首先应符合规划和土地使用要求。厂区的总平面设计应根据工厂的生产工艺要求、交通运输条件、卫生、防火、气象、地形、地质条件和办公、生活及建筑群体景观等要求进行综合设计。

图 15-1 某阀门公司厂区鸟瞰图

15.1.1 总平面设计要点

（1）确定建设规模，如：总建筑面积、单体建筑面积、层数、结构形式等；

（2）建筑的位置及其相互平面关系和空间关系；

（3）合理的交通组织，满足人流、物流的需要和规划、消防环保等要求；

（4）管线综合布置，合理布置地上、地下管网；

（5）厂区绿化美化等环境景观设计。

15.1.2 总平面设计对单体建筑平面设计的影响

（1）厂区交通物流组织对平面设计的影响

厂区交通物流组织是指生产原料、半成品运入厂区后，根据生产工艺在厂区内进行生产和流转，最终运出厂区的流线（动线）设计。厂区交通物流组织主要影响单体建筑入口的位置、数量、尺寸以及车间内外的交通组织等功能性设计。此外，人流出入口或厂房生活间应靠近厂区人流主干道，减少人流与物流的交叉、迂回。某机械厂总平面布置图，如图 15-2 所示。生活间的位置紧靠厂区主干道，人、货路线分流明确，实现交通流畅、通行便捷。

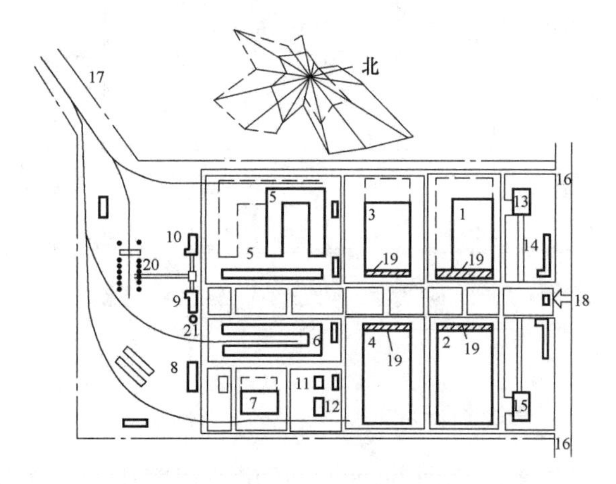

图 15-2 某机械厂总平面布置图

1—辅助车间；2—装配车间；3—机械加工车间；4—冲压车间；5—铸工车间；6—锻工车间；7—总仓库；8—木工车间；9—锅炉房；10—煤气发生站；11—氧气站；12—压缩空气站；13 食堂；14—厂部办公室；15—车库；16—汽车货运出入口；17—火车货运出入口；18—厂区大门人流出入口；19—车间生活间；20—露天堆场；21—烟囱

（2）总图确定的地形对平面设计的影响

地形坡度的大小对厂房的平面形状有着直接的影响，尤其在山区的厂房。当工艺流程自上而下布置时，平面设计应利用地形，尽量减少土石方工程量，同时又利用了原材料的自重顺着工艺流程向下输送。

（3）总图确定的朝向对平面设计的影响

总图确定的朝向决定了各单体建筑的自然采光和通风的条件。建筑的布置应充分考虑日照和风向的影响，在图 15-2 中，风玫瑰图显示全年主导风向是东北风，夏季主导风向是东南风。在炎热地区，自然通风是降低室内温度的基本措施，厂房平面设计应针对夏季主导风向组织自然通风。主要车间的纵向力求垂直于夏季主导风向，同时也取得良好的日照效果。

15.2 单层厂房平面设计

15.2.1 平面设计与生产工艺的关系

生产工艺是满足单层工业厂房生产功能的必要条件，也是平面设计的前提条件。因此，生产工艺（工艺设计及工艺布置）是单层厂房平面设计的前提和重要依据之一。在生产工艺平面图和工艺流程基础上，单层厂房的平面设计应满足生产设备和起重运输设备的选择和布置、车间内工段划分，厂房的跨度、跨数、柱距和建筑长度等空间指标，进而满足采光、通风、防振、防雷、防辐射等其他功能的要求。

15.2.2 单层厂房的平面形式

1. 单跨厂房

单跨厂房的主要平面特征有跨度、柱距、总长、门窗位置、尺寸以及结构柱、抗风柱、墙体的位置及其相互关系等。单跨厂房的平面形式如图 15-3 所示。

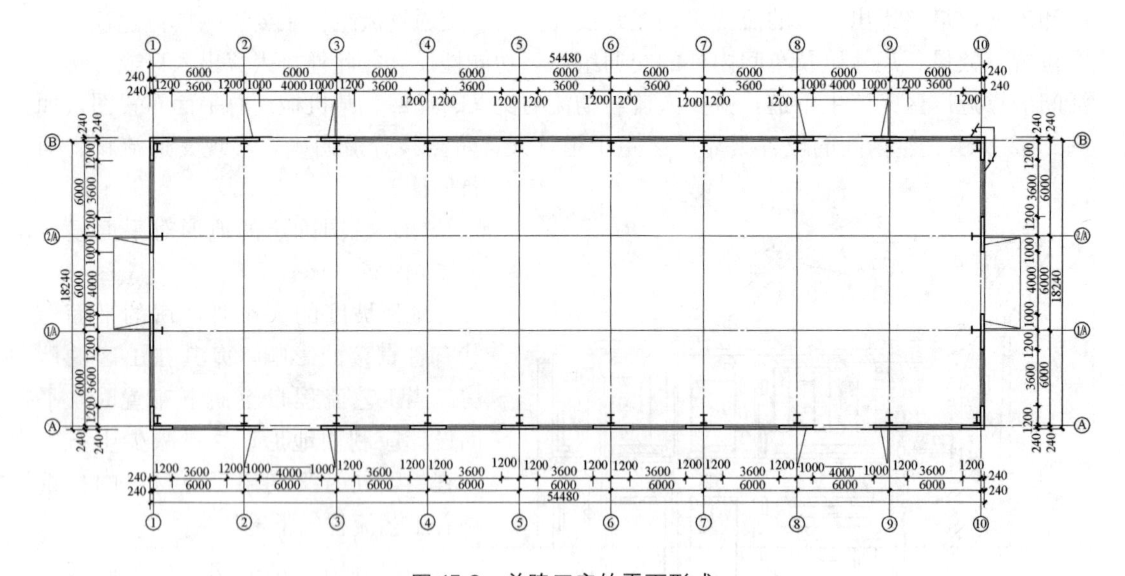

图 15-3 单跨厂房的平面形式

单层厂房的跨度指两排边柱的纵向定位轴线之间的距离。厂房的跨度在 18m（含 18m）以内时，跨度尺寸通常取 3m 的倍数，如 9m、12m、15m、18m。厂房的跨度超过 18m 时，跨度尺寸通常取 6m 的倍数，如 24m、30m、36m 等。厂房的跨度（L）与桥式吊车的跨度（L_k）之间的关系为：$L=L_k+2\times750$，其中 750mm 为桥式吊车轨道中心线到相邻纵向定位轴线之间的距离。

单层厂房柱距指相邻边柱的横向定位轴线之间的距离。柱距根据工艺及基础和上部结构设计的经济性等要求确定。常用的柱距尺寸有 6m，在一定的柱距条件下，根据工艺及设备布置要求也可进行增大局部柱距的设计。如：6m 柱距的厂房，因设备布置需要，在某个位置抽掉一根结构柱，使局部柱距达到 12m，采用托架或托梁的形式来支承屋架或屋面梁，如图 15-4 所示。

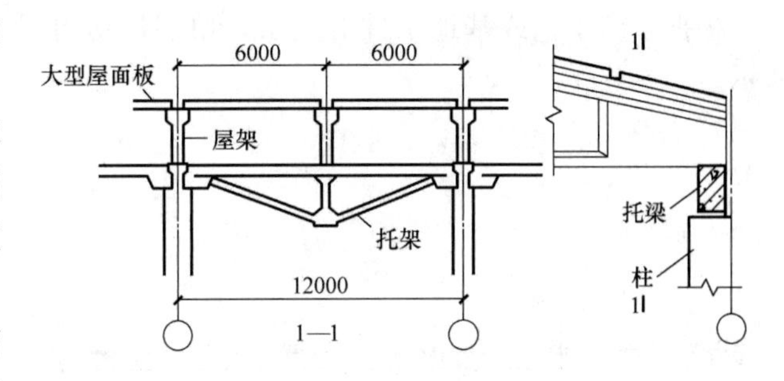

图 15-4 托架或托梁示意图

单跨厂房除设置两排边柱（结构柱）外，在山墙部位还应设置抗风柱，以抵御水平方向的风荷载。抗风柱的间距一般为 4～6m，底部与基础的连接为固定端支座，柱顶与屋面结构系统连接为铰支座。厂房屋盖系统采用屋架时，抗风柱的柱顶应升至屋架的上弦，并与屋架采用弹性板连接（铰接），要求水平方向与屋面结构有可靠的连接，而竖向有一定的相对沉降自由度。

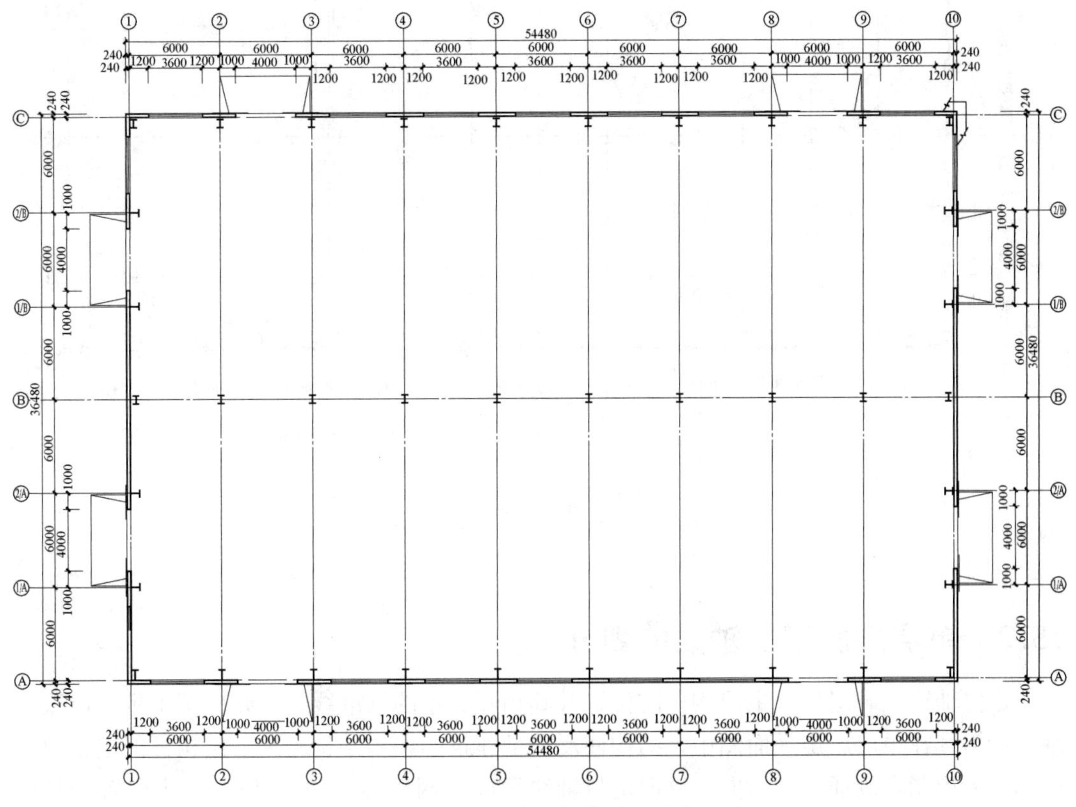

图 15-5 双跨厂房的平面形式

2. 双跨和多跨厂房

双跨厂房的结构柱由两排边柱和一排中柱组成，根据生产工艺要求可设计成等跨等高、等跨不等高、不等跨等高、不等跨不等高等形式。双跨厂房的平面形式，如图 15-5 所示。两跨以上的单层厂房称为多跨厂房。

3. 纵横跨厂房

根据生产工艺或基地条件等要求，单层厂房可设计成纵横跨的平面形式，如图 15-6 所示。

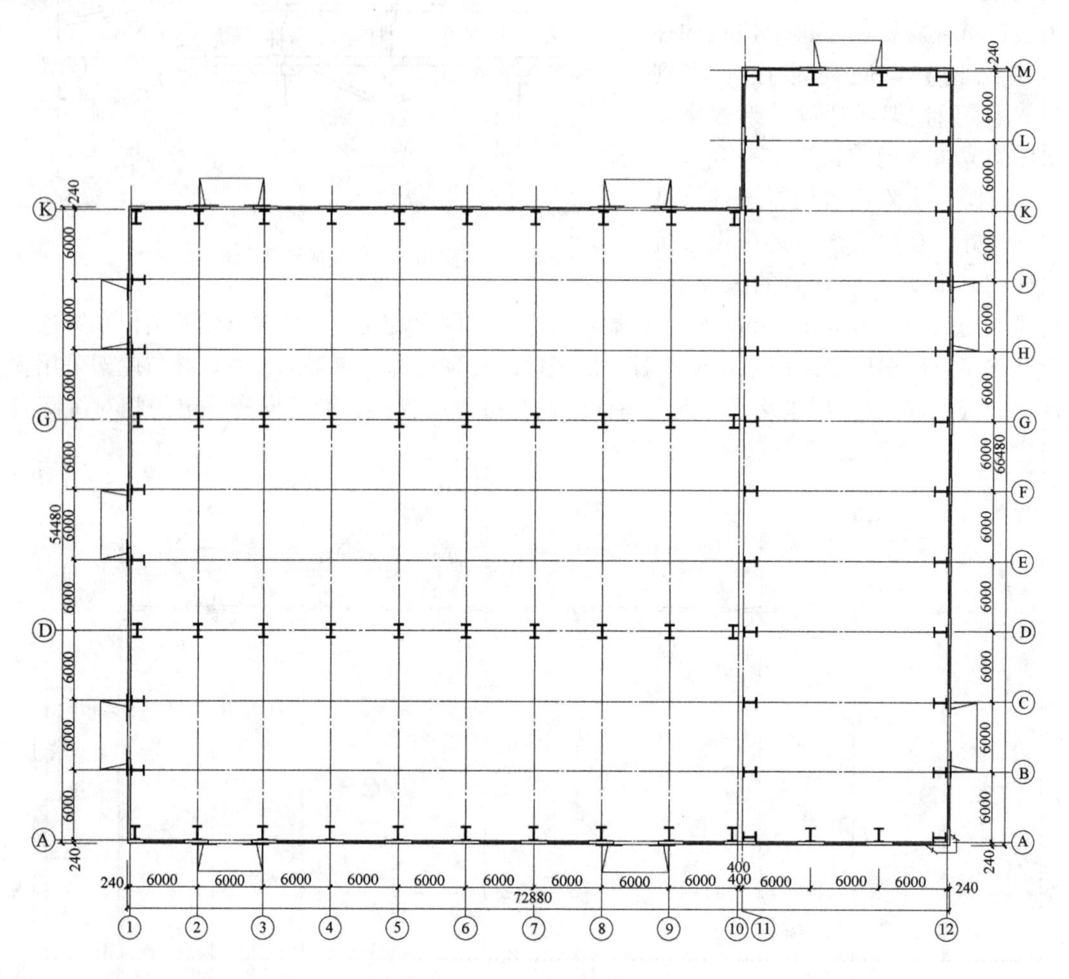

图 15-6 纵横跨厂房的平面形式

15.3 单层厂房定位轴线的划分

定位轴线是确定建筑主要构件的位置及其相互关系的基准线，也是施工中定位放线的基本依据。在单层厂房平面图中，结构柱反映了建筑的主要结构布局，结构柱的定位由定位轴线来控制，故通常把横向与纵向定位轴线组成的网格称之为“柱网”。定位轴线与柱子及建筑的其他主要构件的位置应符合一定的定位规则，以发挥定位轴线的定位作用。

15.3.1 横向定位轴线

1. 中间柱及相应的屋架（屋面梁）、大型屋面板的横向定位轴线

除单层厂房的端部和横向变形缝处外，一般情况下的单层厂房边柱或中柱的中间柱，柱子中心与横向定位轴线重合；该位置的屋架或屋面梁的平面中心与横向定位轴线重合；

直接搁置在屋架（屋面梁）上的大型屋面板的标志长度为单层厂房的柱距尺寸，即大型屋面板的标志端部与横向定位轴线重合，如图 15-7 所示。

2. 端柱及相应的屋架（屋面梁）、大型屋面板的横向定位轴线

在单层厂房的端部，端柱中心距端部的横向定位轴线向内移 600mm，如柱距为 6000mm 时，端柱与同排相邻柱的中心距离则为 5400mm；相应的屋架或屋面梁的平面中心亦距端部的横向定位轴线向内 600mm；直接搁置在屋架（屋面梁）上的大型屋面板的标志长度仍然为单层厂房的柱距尺寸，即大型屋面板的标志端部与横向定位轴线重合，只不过端部的大型屋面板形成了部分悬挑，如图 15-8 所示。

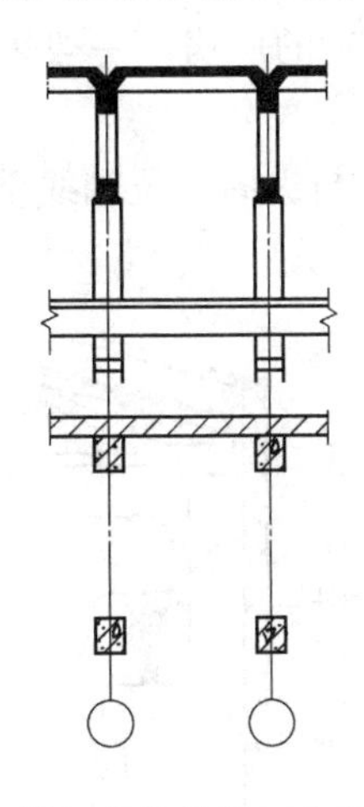

图 15-7　横向定位轴线与中间柱及屋架（屋面梁）、大型屋面板之间的关系

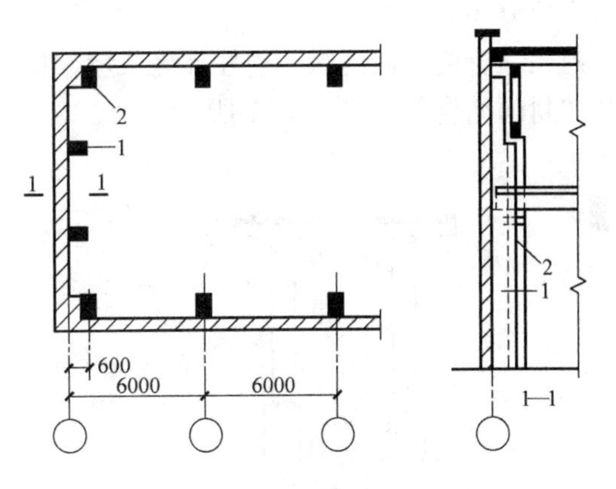

图 15-8　横向定位轴线与端柱及屋架（屋面梁）、大型屋面板之间的关系
1—抗风柱；2—排架柱

3. 山墙为承重墙时的横向定位轴线

山墙为承重墙时，大型屋面板直接搁置在山墙上，则不需要端柱及其上部的屋架或屋面梁。横向定位轴线距山墙的内缘向外偏移一个搁置长度（λ）。搁置长度应符合结构设计要求，通常取砌块墙体厚度的一半。大型屋面板的标志端部与单层厂房端部的横向定位轴线重合，如图 15-9 所示。

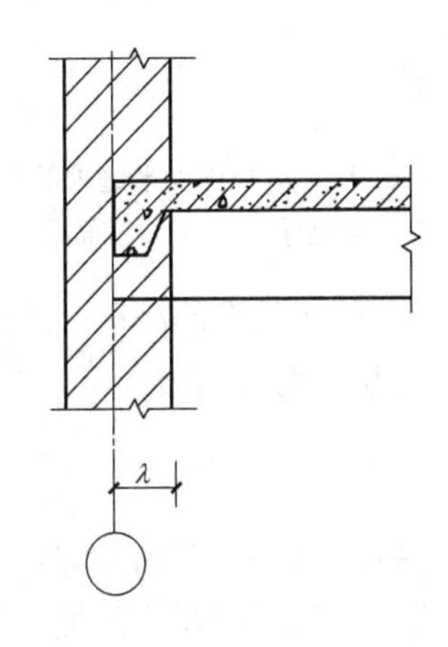

图 15-9　横向定位轴线与承重山墙、大型屋面板之间的关系

4. 横向变形缝处的横向定位轴线

当单层厂房过长或其他因素影响时，应设置横向伸缩缝或其他变形缝。横向变形缝处的横向定位轴线与相应位置柱子的关系，应根据变形缝的宽度采用双柱双轴线的定位方案。

两条轴线之间的距离（a_i）称为插入距，$a_i=a_e$。双柱分别与相应的横向定位轴线的关系为，柱中心分别向两侧偏移 600mm，两条横向定位轴线间所需缝的宽度宜结合个体设计确定，如图 15-10 所示。

15.3.2　纵向定位轴线

单层厂房一个跨间柱子（不包括抗风柱）纵向定位轴线之间的距离称为厂房该跨间的跨度。纵向定位轴线与厂房的柱子、墙体、屋架、吊车梁等主要构件之间的关系，包括“封闭结合”和“非封闭结合”两类定位方式。

1. 边柱与纵向定位轴线的关系

（1）封闭结合

1）封闭结合的边柱、外墙、屋架与纵向定位轴线的关系

对无吊车或只有悬挂式吊车的厂房以及吊车起重量 $Q<30t$ 的厂房，一般采用封闭结合的定位方案。

封闭结合的外墙内缘、边柱外缘及屋架标志长度的端部均与纵向定位轴线重合，故称之为“封闭结合”，如图 15-11 所示。

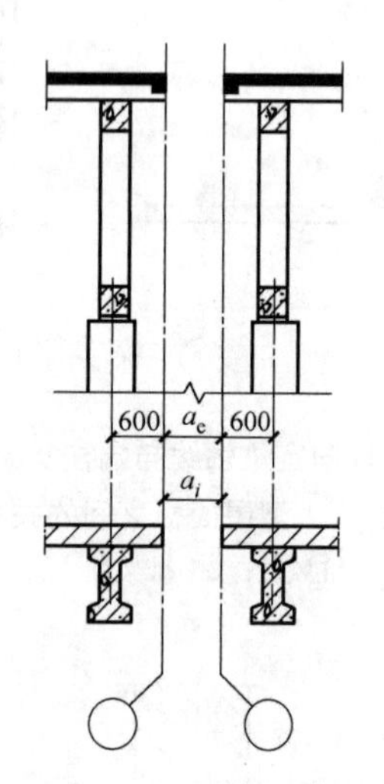

图 15-10　横向变形缝处的横向定位轴线与柱子、屋架、屋面板之间的关系

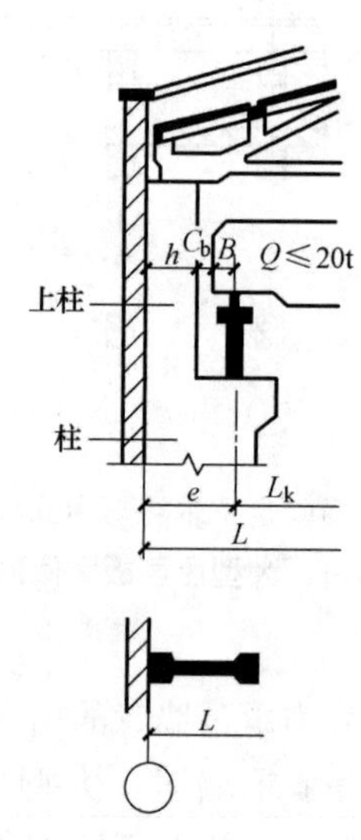

图 15-11　封闭结合的边柱、外墙、屋架与纵向定位轴线的关系

2）封闭结合的吊车梁及其轨道中心线与纵向定位轴线的关系

厂房的跨度与吊车跨度之间的关系为：

$$L=L_k+2e \tag{15-1}$$

$$e=B+C_b+h \tag{15-2}$$

式中　L——厂房跨度；

L_k——吊车跨度，即：吊车轨道中心线之间的距离；

e——纵向定位轴线至吊车轨道中心线之间的距离；为协调厂房跨度与吊车跨度之间的关系，使吊车的规格相对稳定，故一般取 e 为固定值为 750mm；

B——轨道中心线至吊车端头外缘的距离，按吊车规格查找确定；

C_b——安全空隙，要求 $C_b\geqslant 80$mm；

h——上柱截面高度，通常为 400mm。

以吊车起重量 $Q\leqslant 20\mathrm{t}$ 为例，吊车端部与上柱之间的安全间隙 C_b 值验算如下：查吊车规格参数表，得出相应参数 $B\leqslant 260\mathrm{mm}$，则 $C_b=e-(h+B)=750-(400+260)=90\mathrm{mm}$，符合安全要求。

(2) 非封闭结合

1) 非封闭结合的边柱、外墙、屋架与纵向定位轴线的关系

当厂房内桥式吊车起重量 $Q\geqslant 30\mathrm{t}$ 或其他特殊条件或构造要求时，需要采用非封闭结合的定位方案。

非封闭结合的屋架标志长度端部与纵向定位轴线重合，外墙内缘、边柱外缘自纵向定位轴线向外偏移一个距离（a_c），称为“联系尺寸”，如图 15-12 所示。

非封闭结合的屋架端部、屋面板与外墙之间出现较大的空隙，称之为“非封闭结合”，须增加设置补充构件进行封闭。

2) 为什么要采用非封闭结合的定位方案

以吊车起重量 Q 为 30t/5t 为例，吊车端部与上柱之间的安全间隙 C_b 值的验算如下：

查其相应的参数 $B=300\mathrm{mm}$。

若采用封闭结合方案时，$C_b=e-(h+B)=750-(400+300)=50\mathrm{mm}$，显然不能满足安全空隙 $C_b\geqslant 80\mathrm{mm}$ 的要求。

若采用非封闭结合方案时，将边柱自定位轴线向外偏移一个距离 a_c，取 $a_c=50\mathrm{mm}$，则吊车端部与上柱之间的安全间隙 K 值为：

$C_b=e-(H+B)+a_c=750-(400+300)+50=100\mathrm{mm}>80\mathrm{mm}$，满足安全间隙要求。联系尺寸应采用 3M 数列，但墙体结构为砌体时，可采用 1/2M 数列。

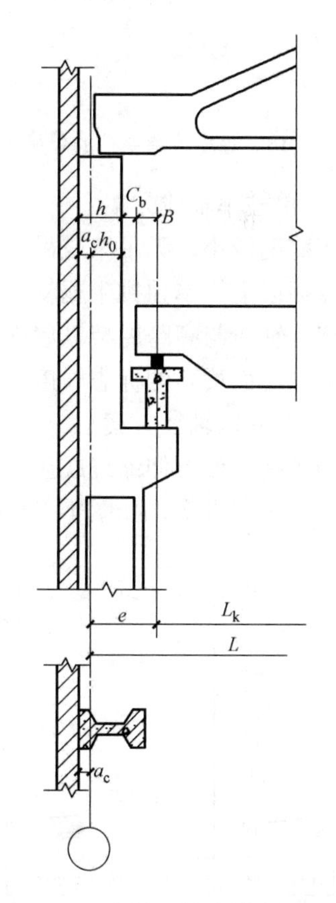

图 15-12 非封闭结合的边柱、外墙、屋架与纵向定位轴线的关系

2. 中柱与纵向定位轴线的关系

(1) 等高跨中柱

1) 单柱单轴线方案

当无纵向伸缩缝时，通常采用单柱单轴线方案，柱的中心线宜与纵向定位轴线重合，如图 15-13 所示。

2) 单柱双轴线方案

当设置纵向伸缩缝且屋架（屋面梁）标志跨度与构造跨度的差值不满足纵向伸缩缝宽度的要求时，通常采用单柱双轴线方案。在两条纵向定位轴线中间加入一个插入距 a_i，插入距的大小即伸缩缝的宽度 a_e，如图 15-14 所示。

(2) 高低跨处的中柱

高低跨处的中柱的纵向定位轴线的定位方案包括单柱单轴线、单柱双轴线和双柱双轴线。

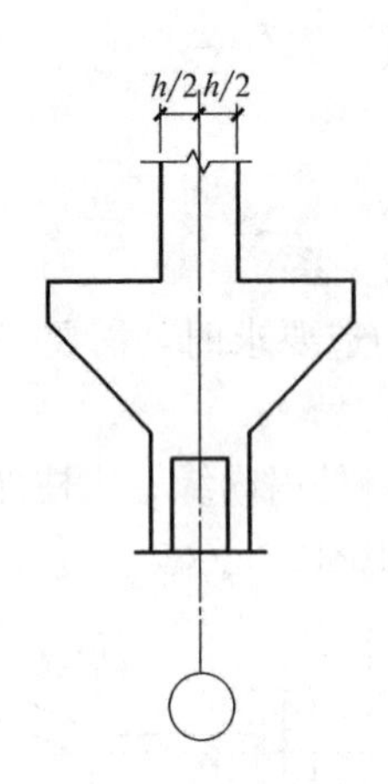

图 15-13 等高等跨中柱的单柱单轴线方案

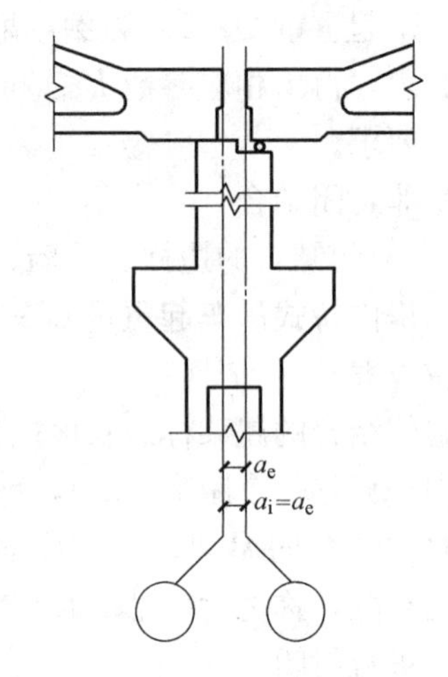

图 15-14 等高等跨中柱的单柱双轴线方案

1）单柱单轴线方案

当跨度较小、无吊车或吊车起重量小且不设伸缩缝，同时，高跨一侧的纵向封墙位于低跨屋面以上（单独挑牛腿支承）时，可采用单柱单轴线方案，两侧均可采用封闭结合，纵向定位轴线与高跨屋架（屋面梁）的标志长度的端部、高低跨交接处的封墙的内缘、低跨屋架（屋面梁）的标志长度的端部重合。

2）单柱双轴线方案

当中柱处设有伸缩缝或至少一侧为非封闭结合或高跨封墙位于低跨屋面以下时，应采用单柱双轴线方案，如图 15-15 所示。两条纵向定位轴线之间的距离 a_i 称为插入距。

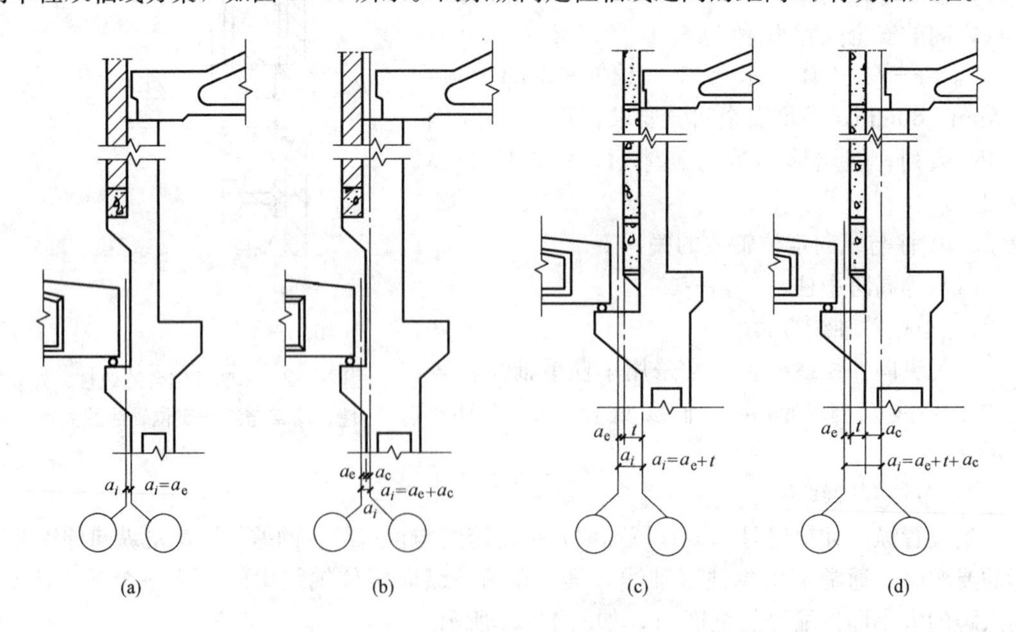

图 15-15 高低跨中柱的单柱双轴线方案

图 15-15（a）为设置伸缩缝的情况。插入距为伸缩缝的宽度，即 $a_i=a_e$；

图 15-15（b）为高跨为非封闭结合且有伸缩缝的情况。插入距为联系尺寸 a_c 与伸缩

缝的宽度之和，即 $a_i = a_c + a_e$；

图 15-15（c）为有伸缩缝且高跨封墙位于低跨屋面以下的情况。插入距为伸缩缝的宽度与封墙的厚度之和，即 $a_i = a_e + t$；

图 15-15（d）为既有伸缩缝，高跨又为非封闭结合且高跨封墙位于低跨屋面以下的情况。插入距为伸缩缝的宽度、联系尺寸及封墙厚度三者之和，即 $a_i = a_e + a_c + t$。

3）双柱双轴线方案

根据厂房结构的条件，高低跨处的中柱设计为双柱时，则会形成双柱双轴线的方案，如图 15-16所示。

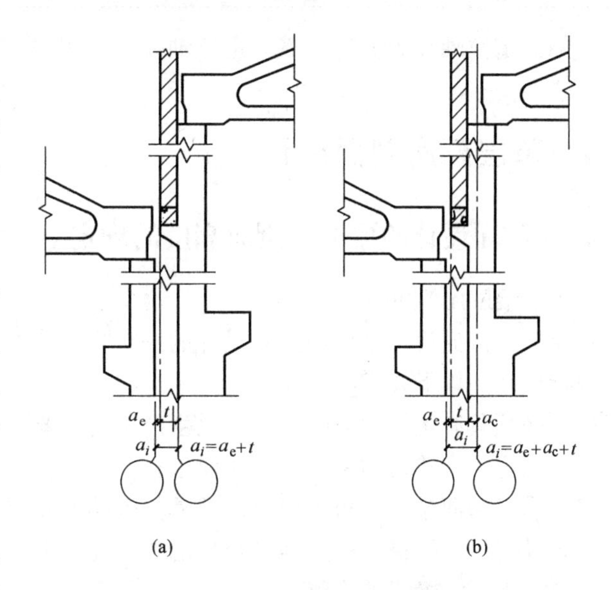

图 15-16　高低跨中柱的双柱双轴线方案
（a）有伸缩缝且封墙在低跨屋面以下；（b）高跨为非封闭结合、有伸缩缝且封墙在低跨屋面以下

15.3.3　纵横跨相交处的定位轴线

根据生产工艺及地形要求等条件，设计有纵横跨组合的厂房时，通常把纵跨和横跨作为两个独立的厂房，处理好纵跨和横跨之间的关系，在两者之间合理设置变形缝。因此，纵跨和横跨的连接处的定位轴线一定是双柱双轴线的方案。

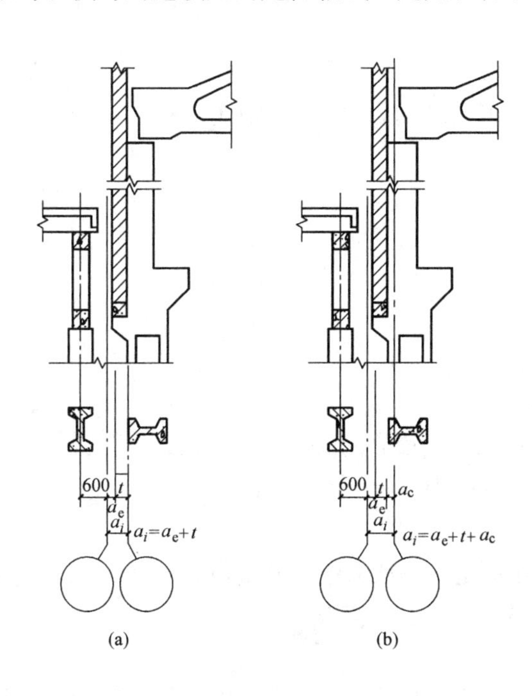

图 15-17　纵横跨相交处的定位轴线
（a）封闭结合；（b）非封闭结合

应当注意，把纵跨和横跨作为两个独立的厂房时，它们分别都拥有自己的横向定位轴线和纵向定位轴线，其定位规则还应符合本书 15.3.1～15.3.2 节的要求。只不过纵跨的横向与纵向定位轴线，分别于横跨的横向与纵向定位轴线相垂直。

纵横跨相交处的定位轴线，如图15-17所示。

图 15-17（a）为封闭结合的纵横跨相交处的定位轴线。插入距为伸缩缝与封墙厚度之和，即：$a_i = a_c + t$

图 15-17（b）为非封闭结合的纵横跨相交处的定位轴线。插入距为联系尺寸、封墙厚度、伸缩缝三者之和，即：$a_i = a_e + a_c + t$

由图 15-17 可知，无论是封闭结合还是非封闭结合，封墙应设置在高跨的一侧。图 15-17（a）和图 15-17（b）均显示，左侧的定位轴线为低跨的横向定位轴线，右侧的定位轴线为高跨的纵向定位轴线。

15.4 单层厂房剖面设计

15.4.1 剖面设计的要求与剖面高度的确定

1. 单层剖面设计的要求

单层厂房剖面设计是厂房空间设计的一个重要内容，通过剖面图确定厂房剖面高度。剖面设计应满足以下要求：

（1）必须具有足够的空间，以满足生产工艺的要求；

（2）满足生产状态的采光和通风要求；

（3）满足屋面排水、防水以及保温隔热等功能要求；

（4）满足厂房结构与构造经济合理的要求。

2. 单层厂房剖面高度的确定

单层厂房的剖面高度主要包括柱顶标高、室内外高差以及窗台和窗顶标高等。柱顶标高是反映厂房室内净空高度的重要指标，应根据生产工艺、生产状态、设备选型与布置以及采光通风等因素综合确定。室内外高差的确定，主要是考虑雨天室内进水和室内外交通功能的实现等因素。窗台与窗顶标高主要是根据厂房的采光与通风要求来确定。

（1）柱顶标高

1）无吊车厂房的柱顶标高

无吊车厂房的柱顶标高通常是根据最大生产设备及其使用、安装、检修时所需的净空高度以及采光通风等因素综合确定。

2）有吊车厂房的柱顶标高

有吊车厂房的柱顶标高的确定，如厂房剖面高度示意图15-18所示。

柱顶标高：

$$H=H_1+H_2 \tag{15-3}$$

式中 H——柱顶标高；

H_1——轨顶标高；

H_2——轨顶至柱顶高度。

轨顶标高：

$$H_1=h_1+h_2+h_3+h_4+h_5 \tag{15-4}$$

式中 h_1——需跨越的最大设备高度，室内分隔墙或检修所需的高度，取较大值；

h_2——起吊物与跨越物间的安全距离，一般为400～500mm；

h_3——被吊物体的最大高度；

h_4——吊索最小高度，根据加工件大小而定，一般大于1000mm；

h_5——吊钩至轨顶面的最小距离，由吊车规格表中查得。

轨顶至柱顶高度：

$$H_2=h_6+h_7 \tag{15-5}$$

h_6——吊车梁轨顶至小车顶面的净空尺寸，由吊车规格表中查得；

h_7——屋架下弦至小车顶面之间的安全间隙，此值应保证屋架产生最大挠度以及厂房地基可能产生的不均匀沉降时，吊车能正常运行。国家标准《通用桥式起重机界限尺寸》中根据吊车起重量大小将 h_7 分别定为 300mm、400mm、500mm；如屋架下弦悬挂有管线等其他设施时，还需另加必要尺寸。

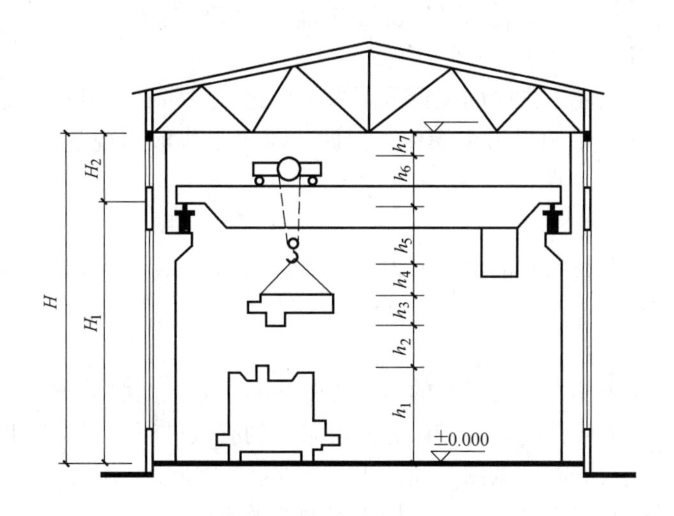

图 15-18 厂房剖面示意图

在平行的双跨或多跨厂房中，如相邻跨之间的高度要求相差不大时，一般是采用简化、合并标高的办法，将低跨标高提至高跨标高。在必须设置高低跨时，应处理好相邻高差处的构造。高低跨处的主要构件的构造位置，如图 15-19 所示。

（2）单层厂房的室内外高差

单层厂房的室内外高差的确定，既要防止雨水浸入室内，又要便于运输车辆的通行，通常取 150～300mm。建筑相对标高的设定，一般将室内主要标高作为相对标高体系的基准，即±0.000。若室内外高差确定为 150mm，则室外标高为－0.150。

（3）窗台标高

窗台标高的确定，从采光角度一般高于室内地面 900mm 为宜，即标高 0.900。但沿墙布置设备或应满足生产要求时，可能需要提高窗台的标高，如 1.200。

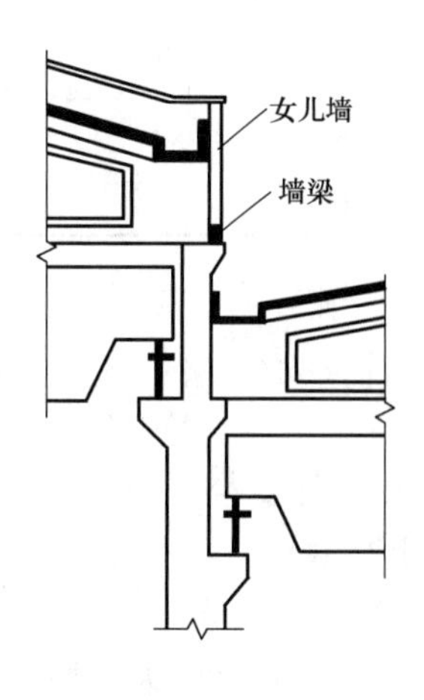

图 15-19 高低跨处的主要构件的构造位置

15.4.2 单层厂房的天然采光和自然通风

1. 天然采光

（1）天然采光的基本要求

1）满足采光照度的要求，即采光系数不低于规定值

室内工作面光线的强弱是由“照度”（即单位面积上所接受的光通量）表示。采光设计可用采光系数作为厂房采光设计的指标。

采光系数是指某点的光照度与室外临界照度之比。根据不同车间对照度的要求，采光系数不应低于《作业场所工作面上的采光系数标准值》中规定的最低值要求。天然采光等级分为五级，最高为Ⅰ级，其采光系数最大，最低为Ⅴ级，其采光系数最小。

2）满足采光均匀度的要求

采光均匀度是指假定工作面上采光系数的最低值与平均值之比。采光均匀度要求是为了保证视觉的舒适性，主要通过采光口位置的布置均匀来实现。

3）避免在工作区产生眩光

工作区眩光是指人在工作区的视野范围内出现比周围环境特别明亮而又刺眼的光，使人的眼睛感到不舒适，影响视力和操作。因此，避免工作区出现眩光是采光设计的重要任务。

（2）采光方式

单层厂房室内获取自然光的形式成为采光方式。采光方式分为侧面采光、顶部采光、混合采光三种形式。

1）侧面采光

利用厂房墙体布置侧窗进行采光的形式称为侧面采光。侧面采光可分为单侧采光和双侧采光两种方式。采光设计时，一般认为侧窗采光的有效进深为侧窗口上沿至工作面高度的两倍。侧面采光光线衰减示意图，如图15-20所示。因此，当厂房跨度较大时，相对于单侧采光，双侧采光是提高采光照度、均匀度的有效手段。

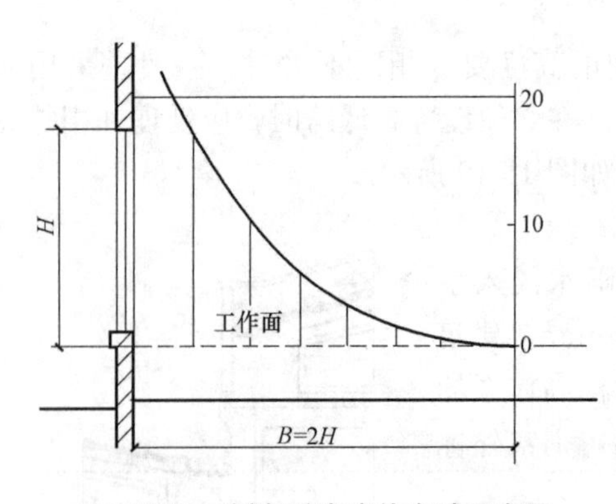

图15-20 侧窗采光光线衰减示意图

由于侧面采光的方向性强，有效的采光面积应避免可能产生的遮挡。在有桥式吊车的厂房中，不应忽略吊车梁处阻挡侧窗采光的障碍。无建筑立面造型要求仅仅从采光角度设计时，可以把外墙上的侧窗分为上下两段，形成高低窗。高窗投光远，光线均匀，能提高远处的采光效果；低侧窗投光近，对近处采光有利，两者的有机结合，解决较宽厂房采光的问题。高侧窗窗台宜位于吊车梁顶面约600mm处，低侧窗窗台高度一般应略高于工作面高度，工作面高度一般取1.0m左右。在设计多跨厂房时，可以利用厂房高低差来开设高侧窗，使厂房的采光均匀，如图15-21所示。

2）顶部采光

在厂房跨度较大，特别是双跨或多跨厂房中，厂房中部无法从侧窗满足工作面上的采光要求或侧墙上由于某种原因不能开窗采光时，可在屋顶处设置天窗，这种采光方式称为顶部采光。顶部采光易使室内获得较均匀的照度且采光率也比侧面高，但它的结构与构造较为复杂，有独特的结构与构造方式，因此成本比侧面采光的形式高。

3）混合采光

混合采光是利用边跨侧窗和中间天窗的共同采光方式，是大跨度厂房或双跨、多跨厂房常用的采光方式。

（3）天窗的形式

按照天窗与屋面位置关系，天窗的形式有上凸式、下沉式和平天窗三类。

上凸式天窗，根据天窗或天窗架外形分类，包括矩形、梯形、M形、锯齿形、三角形等。下沉式天窗是利用屋架的上弦与下弦之间的空间作为天窗口，天窗的屋面低于厂房屋面，布置在屋架的下弦处，故称之为下沉式天窗。平天窗是指天窗平面与厂房屋面一般基本平行，根据防水需要，一般应高出厂房屋面。常见的天窗形式为矩形天窗、锯齿形天窗、下沉式天窗和平天窗。

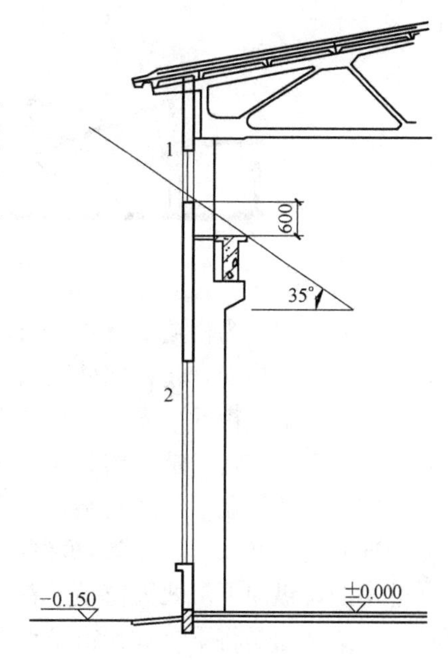

图 15-21　吊车梁遮挡光线范围

1—高侧窗；2—低侧窗

1）矩形天窗

矩形天窗的采光特点类似于高侧窗采光，具有中等照度。若天窗扇面向南北，室内光线均匀，可减少直射阳光进入室内。窗关闭时，积尘少，且易于防水。窗扇开启时，可兼起通风作用。但矩形天窗的构件类型多，结构复杂，抗震性能较差，如图15-22所示。

为了获得良好的采光效果，合适的天窗宽度等于厂房跨度的1/2～1/3，且两天窗的边缘距离 l 应大于相邻天窗高度和的1.5倍。为便于屋面检修的通行，上凸式天窗一般自屋面的第二个柱距开始布置。

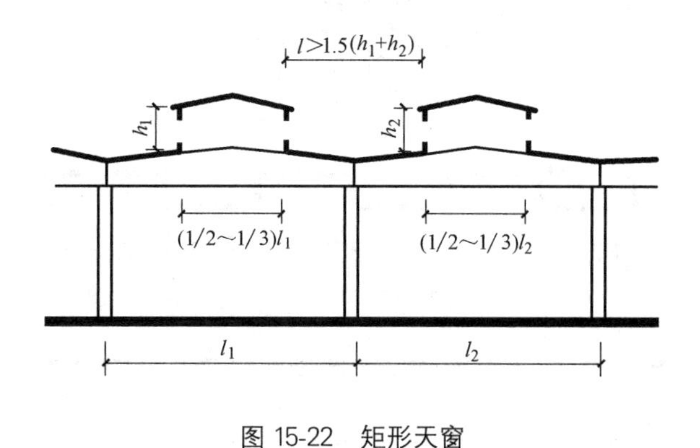

图 15-22　矩形天窗

2）锯齿形天窗

锯齿形天窗是将厂房屋盖做成锯齿形，在两齿之间的垂直面上设窗扇，构成单面顶部采光。锯齿形天窗要求无直射阳光进入室内，保证室内光线的均匀稳定，同时利用倾斜天棚的反射光线来增加了室内的照度，提高了采光效率。这种天窗的窗口朝向是满足采光要求的关键，常采用北向或接近北向的布置方式。锯齿形天窗的通风，可通过设置开启窗扇来实现。锯齿天窗常用于温湿度要求较高的厂房，如纺织厂、印染厂、精密车间等，如图15-23所示。

3）下沉式天窗

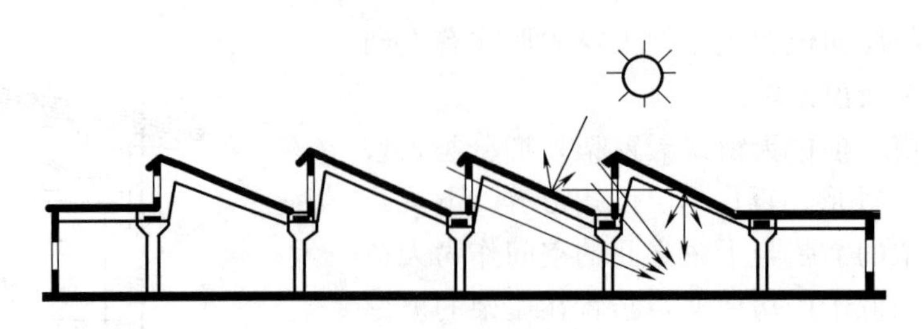

图 15-23　锯齿形天窗

下沉式天窗分为横向下沉式天窗、纵向下沉式天窗和井式下沉式天窗。横向下沉式天窗是沿着厂房的横向，将相邻柱距的屋面板上下交错布置在屋架的上下弦上，通过屋面板位置的高差形成天窗的采光口，如图 15-24 所示。横向下沉式天窗特点是布置灵活，降低建筑高度，简化结构，造价约为矩形天窗的 62%，而采光效率与纵向矩形天窗相近；但窗扇形式受屋架限制，构造复杂，厂房纵向刚度差，它多适用于东西向的冷加工车间（天窗朝南向北）。同时，排气路线短捷，可开设较大面积的通风口，因此通风量较大，也适用于热车间，纵向下沉式天窗是沿着厂房屋面的长度方向形成纵向长条形的下沉式天窗。井式下沉式天窗是将下沉式天窗呈点式布置的一种下沉式天窗的形式。

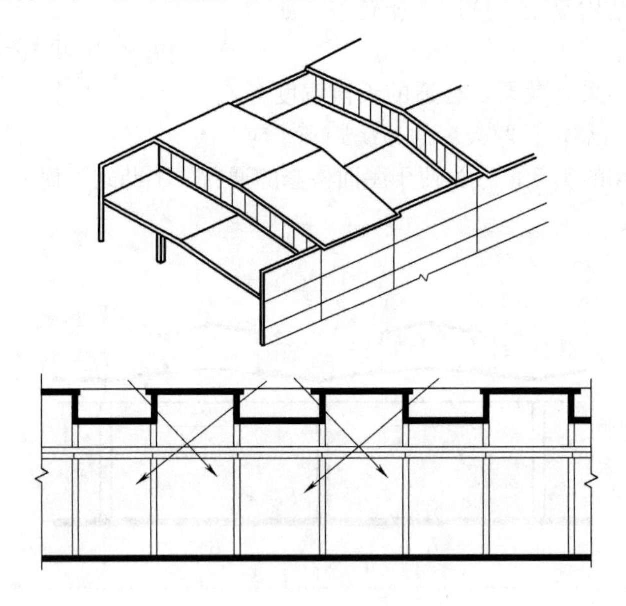

图 15-24　横向下沉式天窗

4）平天窗

平天窗由天窗壁和天窗口组成。天窗壁高出屋面以满足天窗防水的要求，天窗口一般基本平行于屋面。平天窗的特点：

优点：因平天窗的采光口一般基本平行于屋面，故采光率高，为矩形天窗的 2～3 倍；构造简单、布置灵活、施工方便、造价较矩形天窗低约 1/3～1/4。

缺点：由于玻璃的热阻小、寒冷地区玻璃易结露，形成水滴下落，影响使用；虽然可以设置开启扇，但通风效果较差；透光材料（玻璃等）破碎易伤人；水平向承灰面易积灰，影响采光效果。

2. 自然通风

(1) 自然通风的基本原理

厂房自然通风的组织主要是依据风压原理和热压原理。

1) 风压原理

当风吹向建筑迎风面墙壁时，由于气流受阻，使迎风面的空气压力增大而超过大气压力，在此区域形成正压区；背风面或基本平行于风向的墙面或屋面在空气的吸力作用下，该区域的空气压力小于大气压力，形成负压区。由于不同的风向在建筑的墙面、屋面、门窗、天窗等部位形成不同的空气压力区域的规律，称为风压原理。

为了自然通风的效果，应根据主导风向的影响，特别是夏季主导风向的影响，合理确定建筑的朝向。在剖面设计中，根据自然通风的原理，正确布置进风口、排风口的位置，在正压区设进风口，在负压区设置排风口，促进室内外空气的流动，合理组织气流，使室内达到通风换气及降温的目的，如图 15-25 所示。

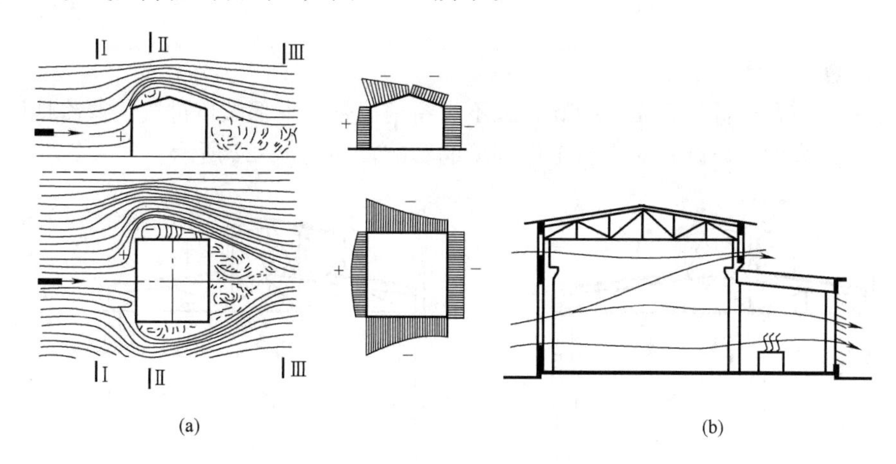

图 15-25 建筑周边风压差及通风示意

(a) 风压差示意；(b) 通风示意

2) 热压原理

热压原理是指由于不同空气温度形成的热压使空气自然流动的规律。热压的大小与进排风口之间的垂直距离和室内外的空气容重差成正比，即：

$$\Delta P = H(r_w - r_n) \tag{15-6}$$

式中 ΔP——热压值；

H——进排风口之间的垂直距离；

r_w——室外空气容重；

r_n——室内空气容重。

热加工车间的室内空气温度较高，与室外空气相比体积膨胀容重变小，导致自然向上流动。此时，温度相对较低、容重较大的室外空气，随着室内空气的流动形成自然的补充。利用热压原理组织自然通风就是借助于室内的空气被热源加热，容重变小而上升，把上部窗口作为排口，把下部的门窗洞口作为进风口，使空气形成自然的流动，实现提高通风效果的目的。矩形天窗的单层厂房热压通风示意图，如图 15-26 所示。

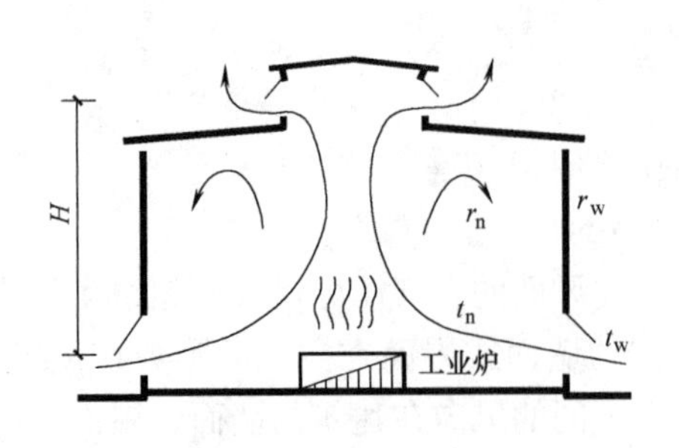

图 15-26 矩形天窗的单层厂房热压通风示意图

(2) 冷加工车间与热加工车间自然通风的组织

1) 冷加工车间自然通风的组织

冷加工车间主要是利用风压原理组织自然通风。因冷加工车间室内外温差小，故在剖面设计中，应合理布置进风口、出风口的位置，组织好“穿堂风”。同时，减小厂房的宽度，使厂房的长轴方向垂直于夏季主导风向，在外侧墙上设置形成对流的门窗，均可以提高自然通风的效果。

2) 热加工车间自然通风的组织

热加工车间主要是利用热压原理组织自然通风。在剖面设计中，利用合理设置出风口，可以提高自然通风效果，排除热加工车间散发出大量的余热、有害气体和烟尘的影响。

① 进风口设置

南方地区窗台可低至0.4～0.6m，或不设窗扇而采用下部敞口进气。寒冷地区，可适当提高进风口高度，以减轻对人员工作环境的影响，如图 15-27 所示。

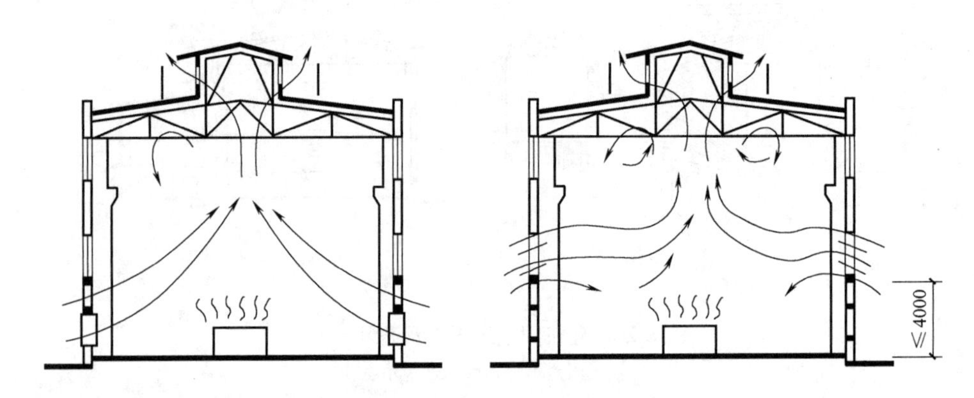

图 15-27 进排风口位置示意图

② 排风口设置

根据热压原理，设置天窗排风可以将排风口布置在较高的位置。若未设置天窗时，应尽可能提高排风口的位置，以增加进排风口的垂直距离。

(3) 通风天窗

通风天窗是组织自然通风的有效措施。常见的通风天窗有矩形通风天窗、下沉式通风天窗两种，主要用于满足自然通风的要求。

1) 矩形通风天窗（或避风天窗）

矩形通风天窗是在矩形天窗前增设挡风板，利用风流在挡风板与天窗之间产生的负压，增强天窗口的排风效果。所以，热车间的自然通风的组织可以利用风压和热压的共同作用。

当风压小于热压时，背风面和迎风面的排风口均可通风，但由于迎风面风压的影响，使排风口排气量减小，如图 15-27 所示。

2）下沉式通风天窗

下沉式天窗可利用屋架上下弦之间的高差空间，在水平风向作用下处于负压区形成拔风的排风口，这种利用风压作用来组织自然通风的下沉式天窗称为下沉式通风天窗。下沉式通风天窗与矩形通风天窗相比的优点是，无需设置挡风板和天窗架，降低了厂房的总高度，减少了屋盖系统及基础的竖向荷载及风载，也有利于结构抗震。但它的缺点是屋架受力、屋面及天窗排水处理较复杂，室内净空高度较低易形成压抑感。

（4）开敞式厂房

开敞式厂房主要是炎热地区的热加工车间，为了利用穿堂风促进厂房通风与换气，除采用通风天窗以外，外墙不设窗扇而采用挡雨板，形成开敞式厂房。按开敞部位不同，可分成四种形式：

1）全开敞式厂房

全开敞式厂房是指不设置所有外围护墙体，只设置屋面维护构件，使开墙面积最大化、全通透，通风、散热、排烟效果好。

2）上开敞式厂房

上开敞式厂房是指根据生产工艺要求，不设置墙体的上部部分，在避免空气直接吹向工作面的同时，实现厂房的通风效果。但厂房内易形成较大的风速，也会出现倒灌现象。

3）下开敞式厂房

下开敞式厂房是指根据生产工艺要求，不设置墙体的下部部分，工作面高度的区域排风量较大。但冬天冷空气吹向工作面，影响工人操作。

4）单侧开敞式厂房

单侧开敞式厂房是指在厂房的一侧不设置墙体，在满足生产工艺流程的同时，有一定的挡风、通风和排烟效果。

15.5　单层厂房立面设计

单层厂房立面设计是在满足生产工艺要求的前提下，实现立面造型的经济合理、造型美观的目标。影响单层工业厂房建筑立面特点的主要因素包括开窗形式、屋面形式、立面线条、外墙色彩、入口大门的外观处理等方面。

15.5.1　单层厂房侧窗的开窗形式

单层厂房的开窗形式主要包括在檐墙（侧墙）上分柱距设置独立侧窗、沿水平方向设置通长的水平条窗、分柱距设置竖向条窗以及独立侧窗与水平条窗混合设置等形式。

1. 分柱距设置独立侧窗

分柱距设置独立侧窗是单层厂房常见的开窗形式，可以在门窗图集中选用定型的基本窗，设计简便、构造简单。图 15-28 为单排侧窗的立面；图 15-29 为双排侧窗的立面。双排侧窗中的上排侧窗又称高侧窗。在设置吊车梁的厂房中，从有效的室内采光量角度，为避开吊车梁和吊车轨道对光线的遮挡，高侧窗的窗台应高于轨顶标高 600mm，如图 15-22 所示。

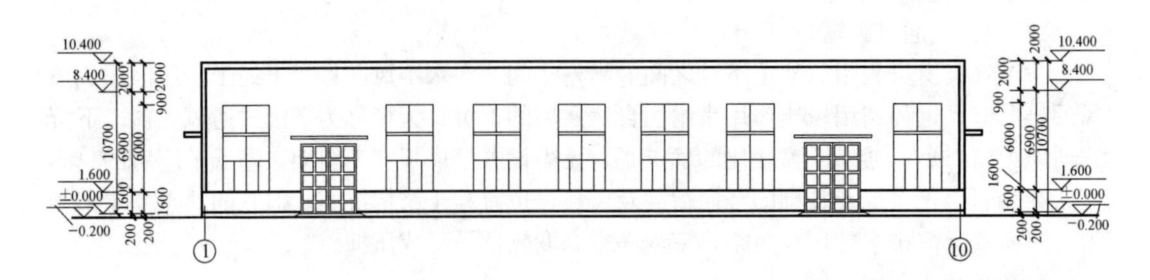

图 15-28 单排侧窗的立面

图 15-29 双排侧窗的立面

2. 水平条窗

水平条窗是在厂房檐墙（侧墙）上，沿水平方向设置通长的条形窗的立面形式。水平条窗的高度一般取 2100～2400mm 以内，如图 15-30 所示。

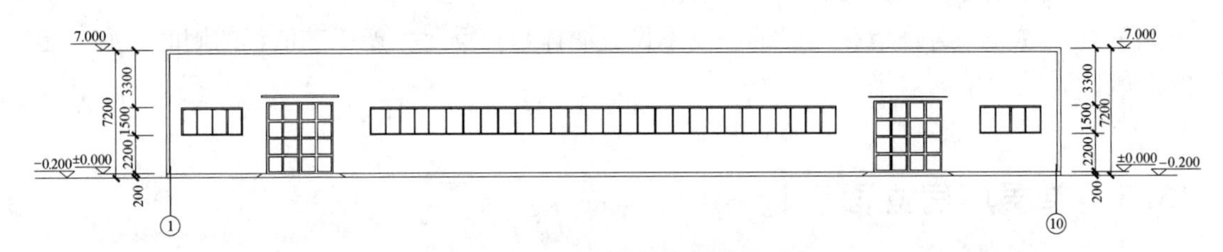

图 15-30 设置水平条窗的单层厂房

3. 竖向条窗

在厂房檐墙（侧墙）上，分柱距设置竖向条窗的立面形式。竖向条窗的宽度一般取 2100～2400mm 以内，以满足基本窗宽度的要求，而在竖向设置拼料形成竖向组合窗，如图 15-31 所示。

图 15-31 设置竖向条窗的单层厂房

4. 其他开窗形式

其他的开窗形式，如水平条窗与独立侧窗的混合使用，如图 15-32 所示。

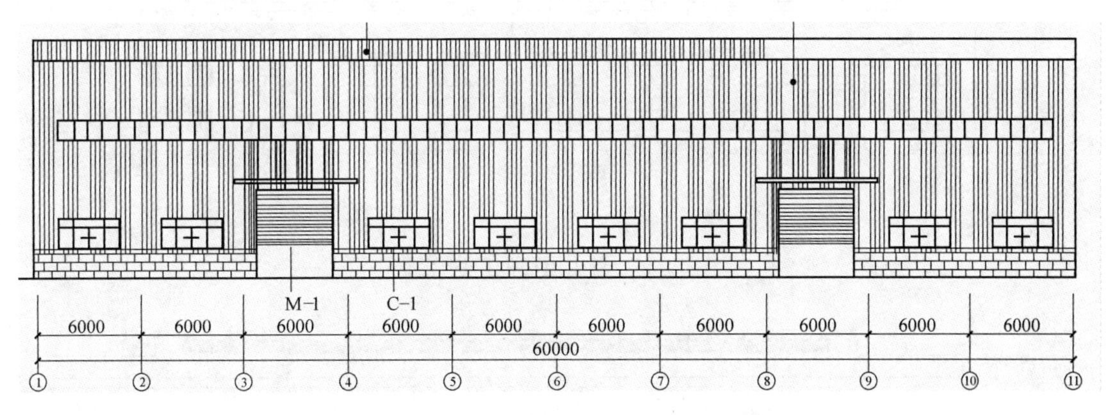

图 15-32 水平条窗与独立侧窗的混合使用

15.5.2 单层厂房的屋面形式

单层厂房的屋面一般选用坡屋面，檐口、山墙和天窗设置的构造做法直接影响厂房的立面形式。

1. 内檐沟与外挑檐的厂房立面

在檐口处，设置内天沟（檐沟）时，女儿墙与檐墙在同一个平面内；而设置外天沟（檐沟）时，天沟挑出外墙形成挑檐的形式，如图 15-33 所示。

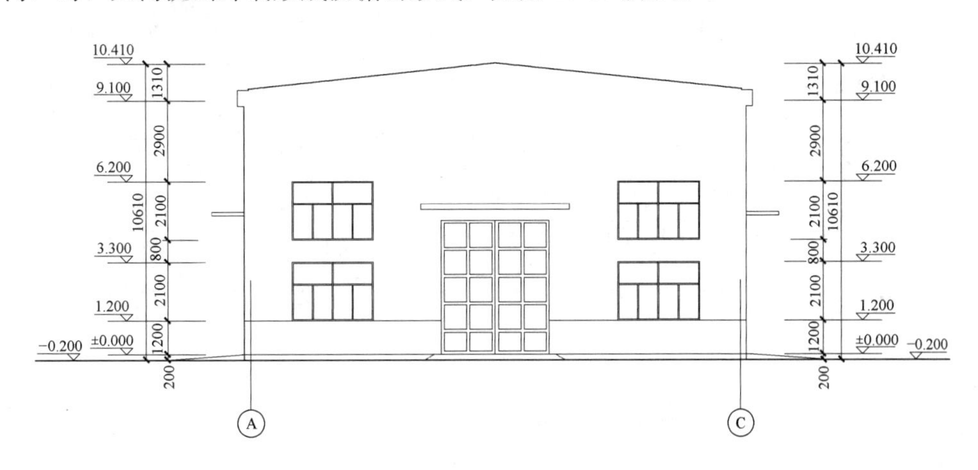

图 15-33 外挑檐的厂房立面

2. 悬山与硬山的厂房立面

在山墙处，悬山的构造是屋面挑出山墙，硬山的构造为山墙高出屋面，形成两种不同的建筑屋面造型，如图 15-34 所示。

3. 设置天窗的厂房立面

为了便于厂房屋面的维修通行等工作，天窗一般从车间的第二个柱距开始设置。设置天窗的厂房正立面、侧立面示意图，如图 15-35、图 15-36 所示。

图 15-34 悬山屋面的厂房立面

图 15-35 设置天窗的厂房正立面示意图

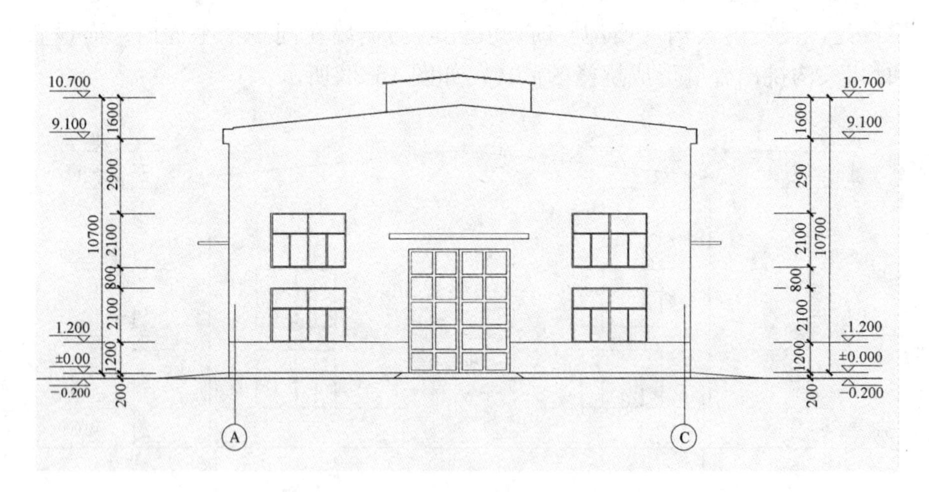

图 15-36 设置天窗的厂房侧立面示意

15.5.3 单层厂房立面的线条处理

建筑立面不同的线条划分形式，会给人形成不同的视觉感受。单层厂房的立柱、窗台、门窗洞口、檐口等都是可形成立面线条的创作元素，利用墙体的凹凸则能形成立面块状的水平线条或竖向线条的划分。

常见的压型钢板外墙，同样的厂房立面形状，不同的压型钢板波纹方向，也会给人带来不同的视觉感受。图 15-37 为横向线条的压型钢板厂房立面；图 15-38 为竖向线条的压型钢板厂房立面。

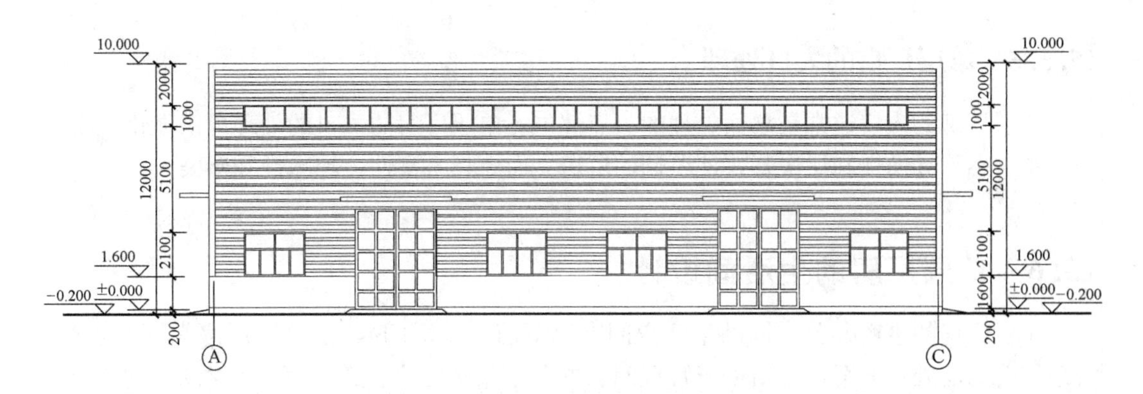

图 15-37 横向线条的压型钢板厂房立面

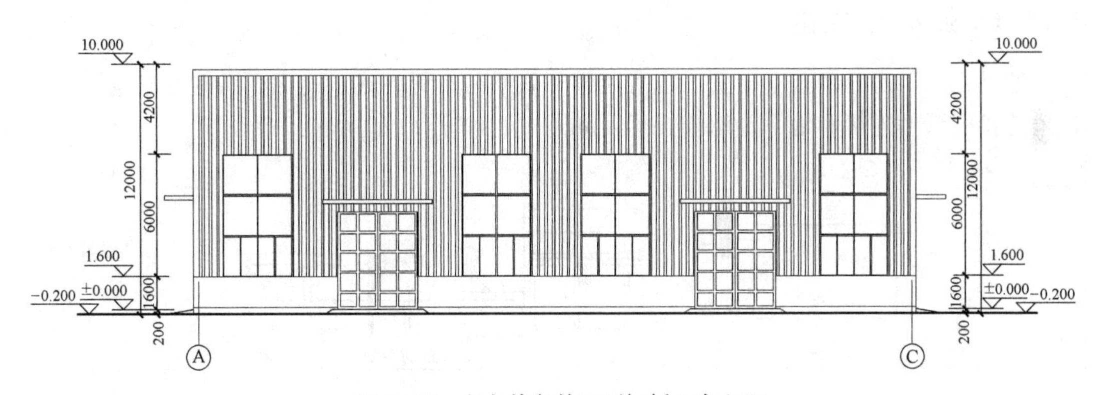

图 15-38 竖向线条的压型钢板厂房立面

15.5.4 单层厂房的外墙色彩

单层厂房的外墙色彩分为单色和配色两类。单色厂房立面容易获得统一感，利用线条的处理丰富建筑立面造型。配色厂房立面色彩更加丰富、活泼，更好地营造出厂区的活跃气氛和个性特征。图 15-39 为女儿墙线条配色的厂房立面。

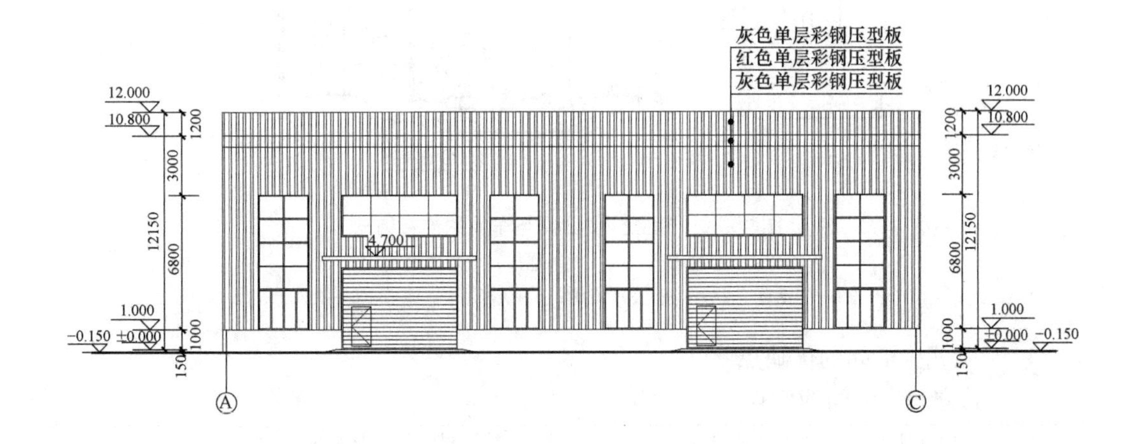

图 15-39 女儿墙线条配色的厂房立面

15.5.5 单层厂房的入口处理

单层厂房的入口通常是立面处理的重点部位。单层厂房的入口的处理可以强化立面造型的统一感、导向性和层次感，使单调的厂房立面更具丰富性、趣味性和感染力。

15.6 单层厂房的生活间设计

单层厂房的生产办公、辅助生活空间（以下简称生活间），是单层厂房常用的生产、管理综合功能处理方案，包括生产管理间、办公室及休息室、茶水间、更衣室、盥洗室、卫生间等功能用房。

15.6.1 独立式生活间

这是指与厂房分别独立布置，也可用连廊联系的布置方式。连廊联系的方式包括一般走道连接、天桥连接和地下走道连接等，如图 15-40 所示。

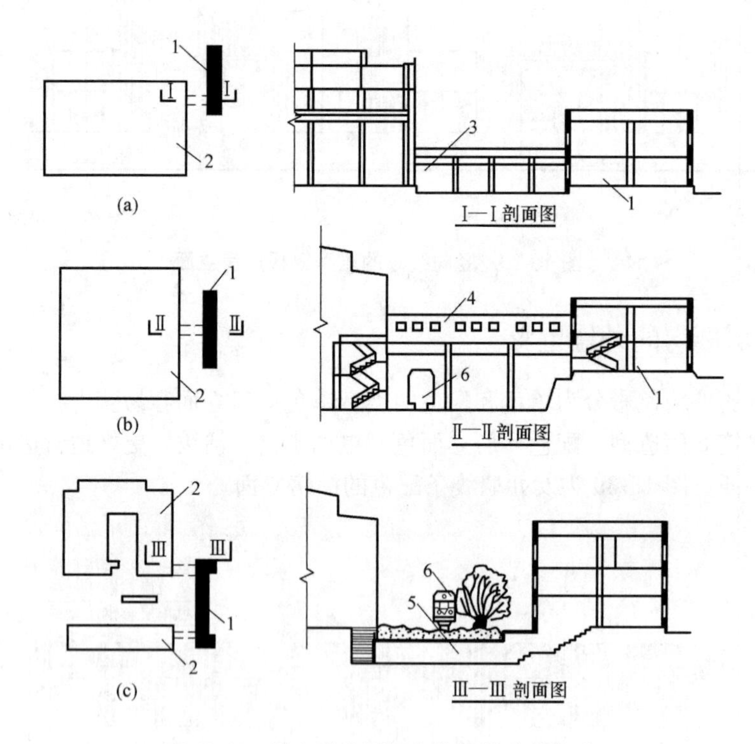

图 15-40 独立式生活间与车间的连接方式

（a）走廊连接；（b）天桥连接；（c）地道连接

1—生活间；2—车间；3—走廊；4—天桥；5—地道；6—火车

1. 独立式生活间的优缺点

（1）独立式生活间的优点

1）生活间和车间分别独立布置，采光、通风等功能互不影响；

2）生活间布置更加方便，容易满足相应的功能要求；

3）生活间和车间的结构完全分开、互不影响，结构构造更加简便；

4）适用于散发大量生产余热、有害气体及易燃易爆炸的车间。

（2）独立式生活间的缺点

1）占地较多；

2）生活间至车间的距离较远，联系不够方便。

2. 独立式生活间与车间连廊连接的方式

（1）走廊连接

这种连接方式简单、适用。根据气候条件，在南方地区宜采用开敞式廊子，北方地区宜采用封闭式廊子（保温廊或暖廊）。

（2）天桥连接

当车间与独立生活间之间有铁路或运输量很大的公路时，在铁路或公路上空设连接生活间和车间的天桥，这种立体交叉的布置方式可以避免人流和货流的交叉，有利于车辆运输和行人的安全。

（3）地道连接

这也是立体交叉处理方法之一，其优点与天桥连接的优点相同。

天桥和地道造价较高，由于与车间室内地面标高不同，使用也不十分方便。

15.6.2 内部式生活间

将生活间布置在车间内部可以充分利用的空间内，只要在生产工艺和卫生条件允许的情况下，均可采用这种布置方式。

1. 内部式生活间的优缺点

内部式生活间的优点具有使用方便、经济合理、节省建筑面积和体积。内部式生活间的缺点是只能将生活间的部分房间如存衣室、休息室等布置在车间内，车间的通用性受到限制。

2. 内部式生活间的布置方式

（1）利用结构空间布置：如利用柱与柱之间的结构空间布置生活间；

（2）夹层布置：根据单层厂房层高较大的特点，利用夹层布置生活间；

（3）集中部分区域布置：如利用车间一角或一边布置生活间；

（4）利用地下空间布置：在地下室或半地下室布置生活间。

15.6.3 毗连式生活间

毗连式生活间是紧靠车间的外墙布置生活间，可以沿山墙布置，也可以沿纵墙布置。

1. 毗连式生活间的优缺点

（1）毗连式生活间的优点

1）生活间紧靠车间，联系紧密、交通便捷；

2）生活间和车间共用一道墙，节省建设成本；

3）寒冷地区对车间保温有利；

4）易与总平面图人流路线协调一致；

5）可避开厂区运输繁忙的不安全地带。

(2) 毗连式生活间的缺点

1) 不同程度地影响了车间的采光和通风;

2) 如果车间内部有较大振动、灰尘、余热、噪声、有害气体等,对生活间构成干扰,危害较大。

2. 毗连式生活间和厂房间的沉降缝处理方案

毗连式生活间和厂房的结构方案不同,荷载相差也很大,所以在两者毗连处应设置沉降缝。设置沉降缝的方案有两种:

(1) 当生活间的高度高于厂房高度时,毗连墙应设在生活间一侧,而沉降缝则位于毗连墙与厂房之间。无论毗连墙为承重墙或自承重墙,墙下的基础按以下两种情况处理:若条形基础与车间柱式基础相遇,应将带形基础断开,增设钢筋混凝土抬梁,承受毗连墙的荷载;柱式基础应与厂房的柱式基础交错布置,然后在生活间的柱式基础上设置钢筋混凝土抬梁,承受毗连墙的荷载。

(2) 当厂房高度高于生活间时,毗连墙设在车间一侧,沉降缝则设于毗连墙与生活间之间。毗连墙支承在车间柱子基础的地基梁上。此时,生活间的楼板采用悬臂结构,生活间的地面、楼面、屋面均与连墙断开,并设置变形缝,以解决生活间和车间产生不均匀沉陷的问题,如图 15-41 所示。

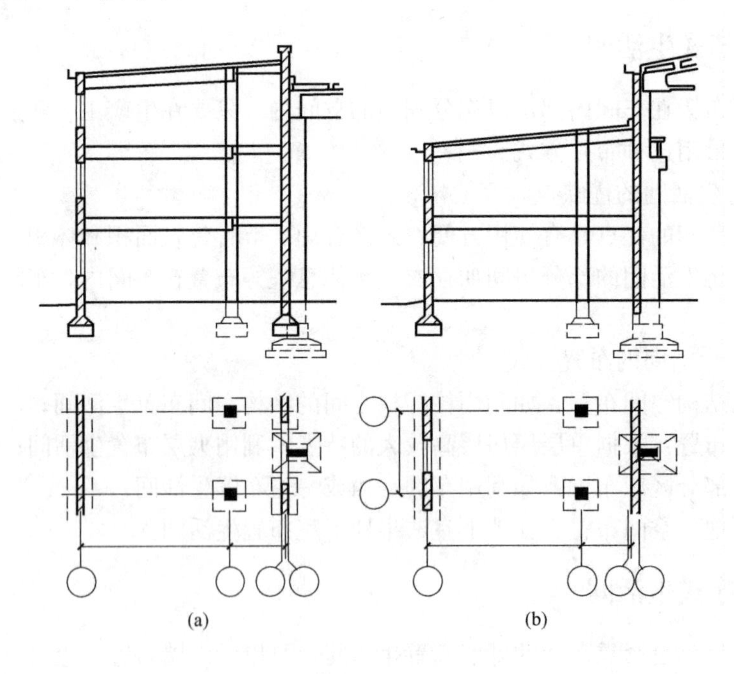

图 15-41 毗连式生活间和厂房间的沉降缝处理方案

(a) 生活间高度高于厂房;(b) 生活间高度低于厂房

本章小结

单层工业厂房是工业厂房中的一种特殊的建筑形式,在工业生产中得到广泛应用。单层厂房的空间设计主要包括总平面设计、单体平面设计、剖面设计和立面设计,应满足生产工艺、结构可靠、经济合理以及造型美观等方面的要求。本章的重点是单层厂房空间的一般形式、定位轴线与主要构件之间的关系、自然采光通风的设计原理，难点是定位轴线的划分。

思考与练习题

15-1 单层工业厂房的建筑空间由哪些部分组成?

15-2 单层工业厂房的平面设计与生产工艺之间的关系?

15-3 简述排架结构的荷载传递线路。

15-4 简述排架结构的主要结构构件。

15-5 简述厂房总平面设计要点。

15-6 单层厂房的平面形式有哪几种?

15-7 厂房柱网尺寸如何确定? 排架柱柱距和抗风柱柱距一般应符合什么要求? 常见尺寸是多少?

15-8 厂房的跨度在10～30m之间，符合模数的可用跨度尺寸有哪些?

15-9 什么是托架? 用在何处?

15-10 厂房生活间有哪几种布置形式? 其优缺点是什么?

15-11 厂房剖面设计的主要任务是什么? 应重点解决哪几个标高?

15-12 什么叫光照度? 天然采光应满足什么要求?

15-13 低侧窗的窗台高度一般为多少? 高侧窗的底部距吊车梁顶部一般是多少?

15-14 天窗的形式有哪几种? 最常见的是哪几种?

15-15 简述自然通风的基本原理。

15-16 厂房端部柱为什么要从横向定位轴线向内偏移600mm?

15-17 什么是封闭结合? 什么是非封闭结合? 如何确定采用哪种结合?

15-18 影响厂房立面设计的因素有哪些? 立面处理的手法有哪些?

第16章　单层工业建筑实体构造

本章要点及学习目标

本章要点：
(1) 单层厂房外墙构造：块材墙、板材墙、波形瓦（含压型钢板）墙等；
(2) 单层厂房屋面排水和防水构造、屋面细部构造；
(3) 单层工业建筑天窗构造：矩形天窗、平天窗、下沉式天窗等；
(4) 单层工业建筑侧窗、大门、地面及其他构造；
(5) 钢结构厂房构造。
学习目标：
(1) 掌握单层工业建筑砌体和板材外墙的构造；
(2) 熟悉单层工业建筑屋面排水、防水等构造；
(3) 掌握单层工业建筑天窗构造；
(4) 了解单层工业建筑侧窗、大门、地面及其他构造；
(5) 熟悉钢结构厂房构造。

16.1　外墙构造

单层厂房的外墙，按照承重情况不同可分为承重墙和非承重墙；根据使用要求、材料和构造形式等不同可采用块材墙、板材墙、波形瓦（含压型钢板）墙以及开敞式外墙等。

16.1.1　块材墙

1. 承重块材墙

承重块材墙是由墙体承受屋顶及吊车荷载，地震区还要承受地震荷载。这种墙体经济实用，但整体性差，抗震能力弱。承重墙一般用于中、小型厂房，当厂房跨度不大于15m，吊车吨位不超过5t时，可采用条形基础和带壁柱的承重砖墙，如图16-1所示，其具体构造类似于民用建筑。承重块材墙屋架在墙上的支承情况如图16-2所示。

2. 非承重块材墙

非承重块材墙是指利用厂房的承重结构作为骨架，使承重与围护的功能分开，外墙只起围护作用和承受自身重量及风荷载，如图16-3所示。该构造便于建筑施工和设备的安装，适应高大及有振动的厂房条件，易于实现建筑工业化，适应厂房的改建、扩建等。

(1) 非承重墙与柱子的关系

外墙和柱的相对位置通常可以有四种构造方案，墙内皮与柱平齐，如图16-4（a）所示；柱在墙体内部，如图 16-4（b）所示；墙外皮与柱平齐，如图 16-4（c）所示；墙在柱中间，如图 16-4（d）所示。常用的方案是墙内皮与柱平齐，这种构造方案的构件容易标准化，而且可减小热桥的影响。

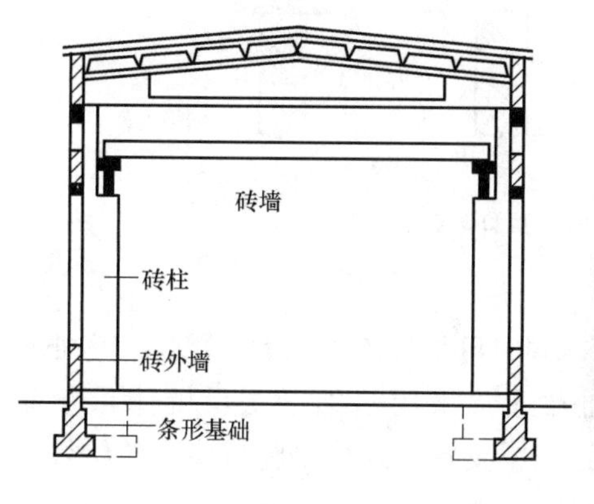

(a)

(b)

图 16-1 承重块材墙厂房

（a）承重块材墙横剖面图；（b）砌体墙单层厂房实例

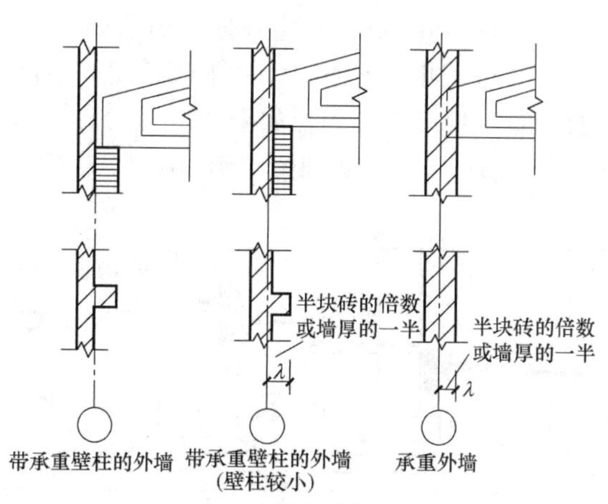

图 16-2 承重块材墙屋架支承

图 16-3 骨架结构厂房

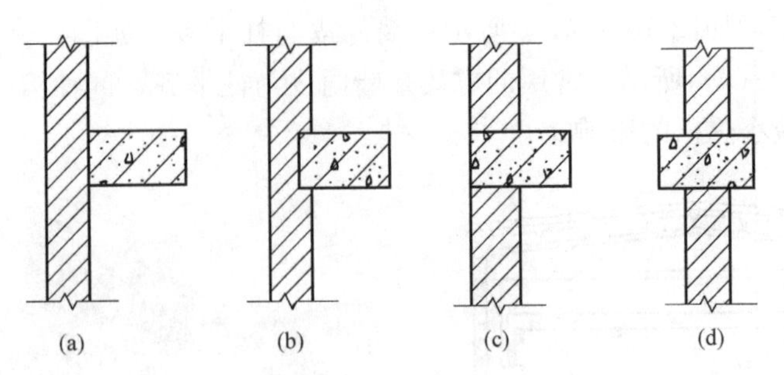

图 16-4 骨架结构厂房外墙与柱的位置关系

（2）非承重墙的支承

为避免墙与柱的基础相遇处构造处理复杂，同时可加快施工速度，单层厂房非承重外墙不再单独设置条形基础，而是支承在基础梁上。采用基础梁支承墙体重量时，当240mm 厚墙体高度超过 15m 时，上部墙体由连系梁支承，经柱牛腿将墙重传给柱子再传至基础，下部墙体重量则通过基础梁传至柱基础。

基础梁与基础的连接，当基础埋置较浅时，基础梁可直接或通过混凝土垫块搁置在柱基础杯口的顶面上，如图 16-5（a）、（b）所示；当基础埋置较深，基础梁则搁置在高杯形基础或柱牛腿上，如图 16-5（c）、（d）所示。基础梁的截面通常为倒梯形，顶面标高通常比室内地面（±0.000）低 50mm，并高于室外地面 100mm。

北方地区非采暖厂房，冬季回填土冻胀时，基础梁下部宜用炉渣等松散保温材料填充，防土冻胀对基础梁及墙身产生反拱影响，如图 16-6（a）所示，冻胀严重时还可在基础梁下预留空隙，如图 16-6（b）所示。基础梁实例如图 16-7 所示。

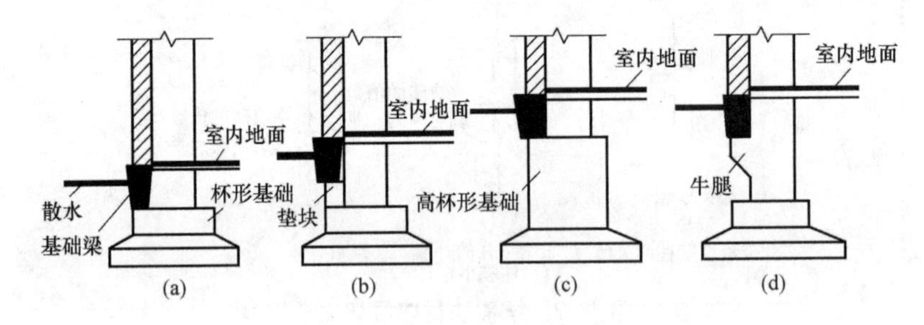

图 16-5 基础梁与基础的连接

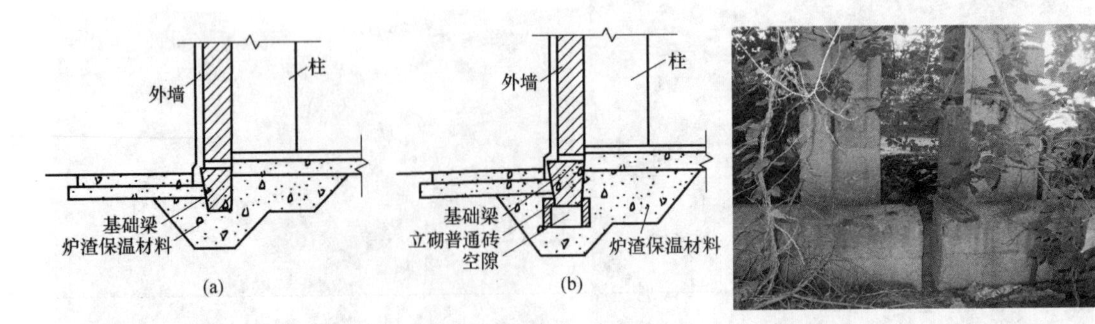

图 16-6 基础梁下的保温措施
（a）基础梁下部保温；（b）基础梁底留空防胀构造

图 16-7 基础梁实例

(3) 非承重墙与柱的连接

非承重墙与柱子（包括抗风柱）采用钢筋连接，如图 16-8 所示，沿柱子高度每隔 500～600mm 伸出 2Φ6 或 2Φ8 钢筋砌入墙体水平缝内，达到锚拉作用。

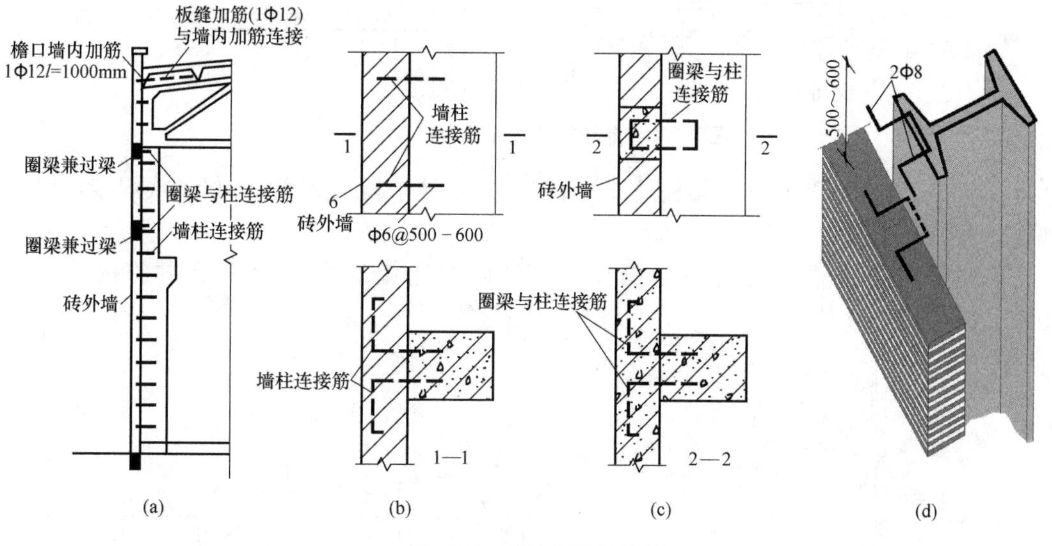

图 16-8 砖墙与柱的连接

(a) 砖墙与承重骨架连接剖面；(b) 砖墙与柱子的连接；(c) 圈梁与柱子的连接；(d) 墙与柱拉结筋示意

(4) 非承重墙与屋架的连接

当屋架高度较大时，在端头上部与柱顶处各设一道圈梁，屋架每隔 500～600mm 伸出 2Φ6 或 2Φ8 钢筋砌入墙体水平缝内，设 4Φ12～14 钢筋锚固于圈梁中。非承重墙与屋架连接如图 16-9 所示。

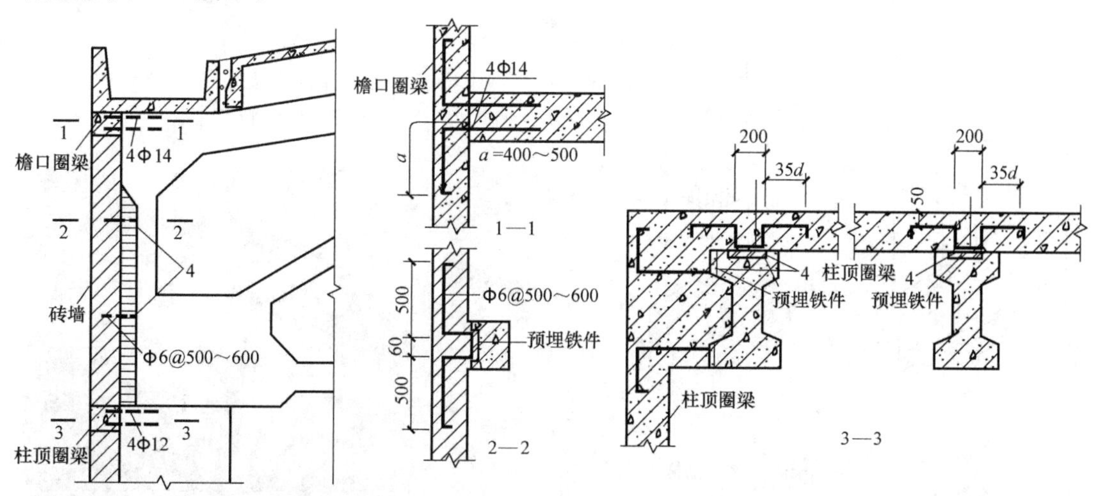

图 16-9 非承重墙与屋架连接示例

(5) 非承重墙与屋面板的连接

非承重女儿墙与屋面板之间通过拉结筋来连接，如图 16-10 所示。

(6) 连系梁与圈梁的构造

连系梁通过与厂房的排架柱连接，可承担上部墙体的荷载，增强厂房的纵向刚度，传

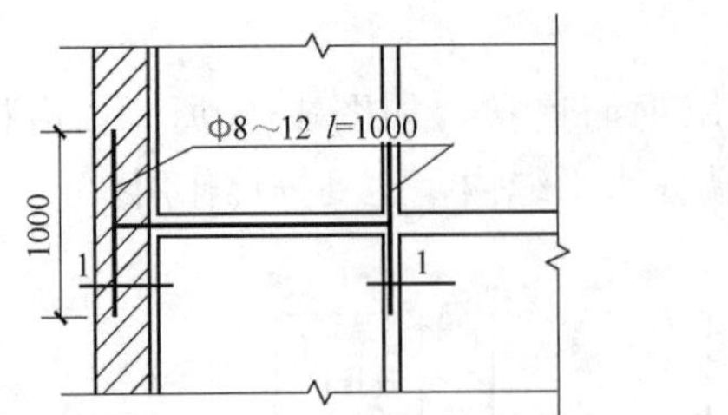

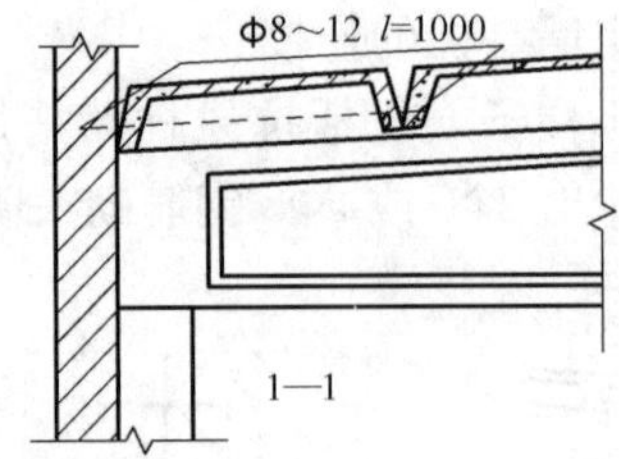

图 16-10 非承重墙与屋面板连接示例

递水平荷载。连系梁支承在排架柱外伸的牛腿上，与柱子相连接可采用螺栓或焊接，如图 16-11、图 16-12 所示。

单层厂房的圈梁满足抗震设防要求，具体构造做法类似承重墙中的构造，如图 16-13、图 16-14 所示。

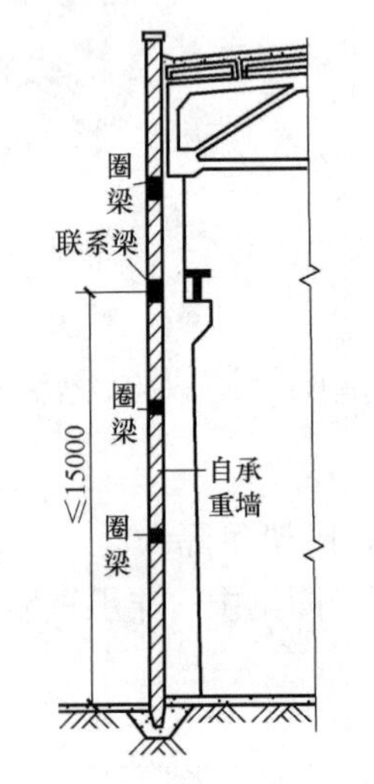

图 16-11 连系梁位置示意

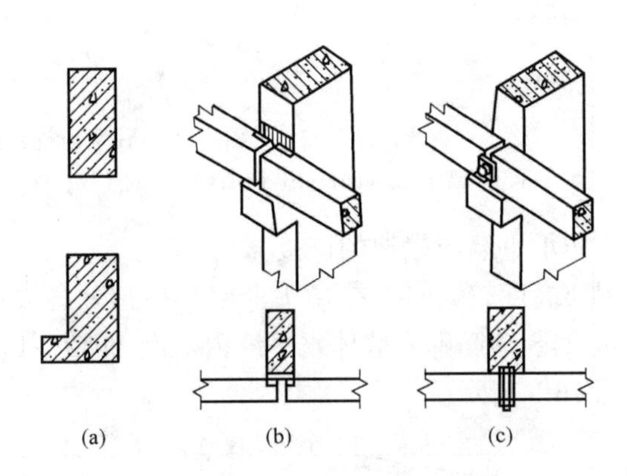

图 16-12 连系梁的连接

（a）断面形式；（b）焊接；（c）螺栓连接

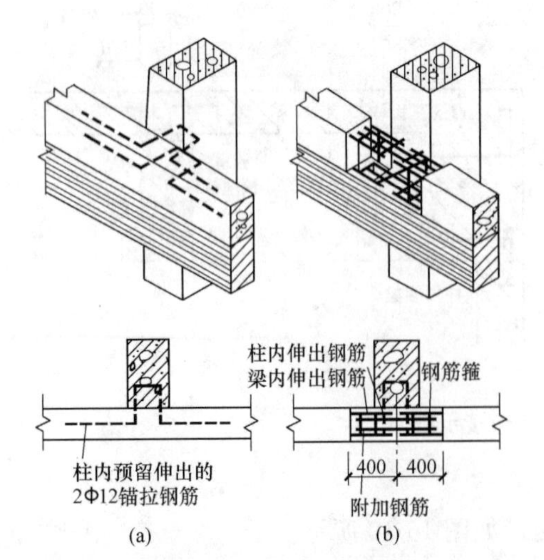

图 16-13 圈梁与柱连接

（a）现浇圈梁；（b）预制圈梁

图 16-14 圈梁实例

16.1.2 板材墙

大型板材墙是改革墙体促进建筑工业化的重要措施之一，不仅能够加快厂房建设速度，而且可充分利用工业废料、减轻自重。此外，板材墙的抗震性能也远比块材墙体优越，故地震区宜优先采用板材墙。

1. 墙板规格及分类

我国现行工业建筑墙板规格，长和高采用扩大模数3M数列。板长有：4500、6000、7500（用于山墙）和12000mm四种，可适用于6m或12m柱距以及3m整倍数的跨距。板高有900、1200、1500和1800mm四种，常用板厚160～240mm。

根据保温要求，墙板分为保温墙板和非保温墙板；根据材料可分为石棉水泥波瓦板、塑料外墙板、金属外墙板等轻质板材。

2. 墙板布置及连接

（1）布置方式

单层厂房墙板的布置方式有：横向布置、竖向布置和混合布置三种。

横向布板的板长与柱距一致，墙板贴于柱外侧，用连接件与柱相连，在工程中采用比较普遍，如图16-15（a）、图16-16所示。

竖向布板把墙板嵌在上下墙梁之间，墙梁间距必须结合侧窗高度布置，安装较复杂，竖缝较多，处理不当易渗水、透风，如图16-15（b）、图16-17所示。

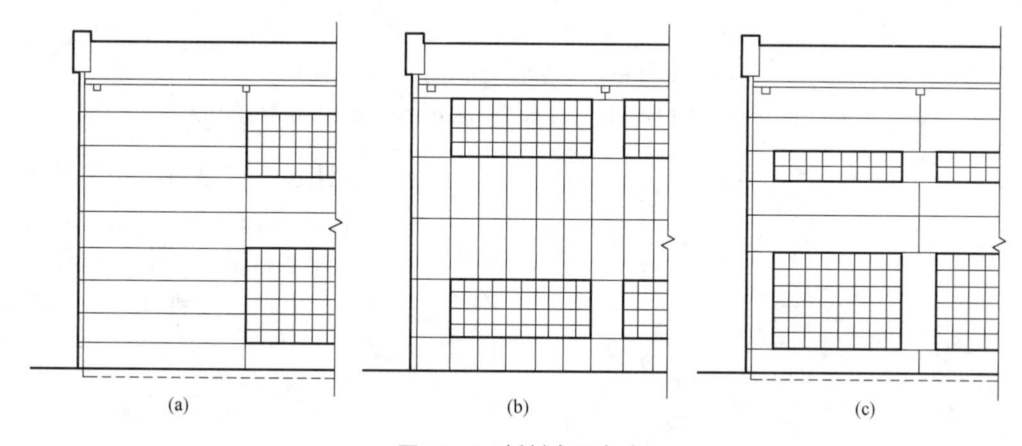

图16-15 板材布置方式

（a）横向布置；（b）竖向布置；（c）混合布置

图16-16 板材横向布置实例

图16-17 板材竖向布置实例

混合布板与横向布板基本相同，只是增加一种竖向布置的窗间墙板，如图 16-15（c）所示。

（2）墙板连接

墙板与柱的连接方式分为柔性连接和刚性连接。

柔性连接是指墙板与柱的预埋件和柔性连接件连接。常用的方法有螺栓挂钩连接、角钢挂钩连接，如图 16-18（a）、(b）所示。螺栓挂钩连接方案构造简单，连接可靠，焊接工作量少，维修较方便，能较好地适应振动等引起的变形，但金属零件用量多，易受腐蚀；角钢挂钩连接用钢量较少，施工速度快，但金属件的位置要求精确。

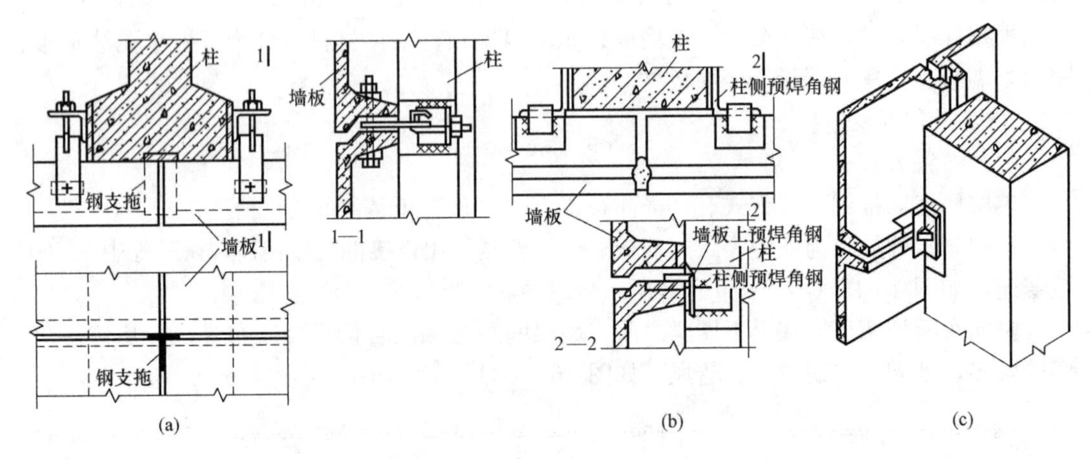

图 16-18 墙板与柱的连接方式

(a) 螺栓挂钩柔性连接和钢支托；(b) 角钢挂钩柔性连接；(c) 刚性连接

刚性连接是将板材与柱子用型钢焊接在一起。其用钢量少，但刚性连接减少了相对位移的条件，产生较大振动的厂房不可用，如图 16-18（c）所示。

16.1.3 轻质板材墙

轻质板材墙一般指单层厂房采用石棉水泥波瓦、镀锌铁皮波瓦、铝合金板以及压型钢板等轻质板材建造的外墙，它们的连接构造基本相同，以石棉水泥波瓦与厂房的连接为例介绍。

石棉水泥波瓦与厂房的连接是通过连系梁。首先设置与柱连接的连系梁，再把板材通过连接件悬挂在连系梁上，如图 16-19

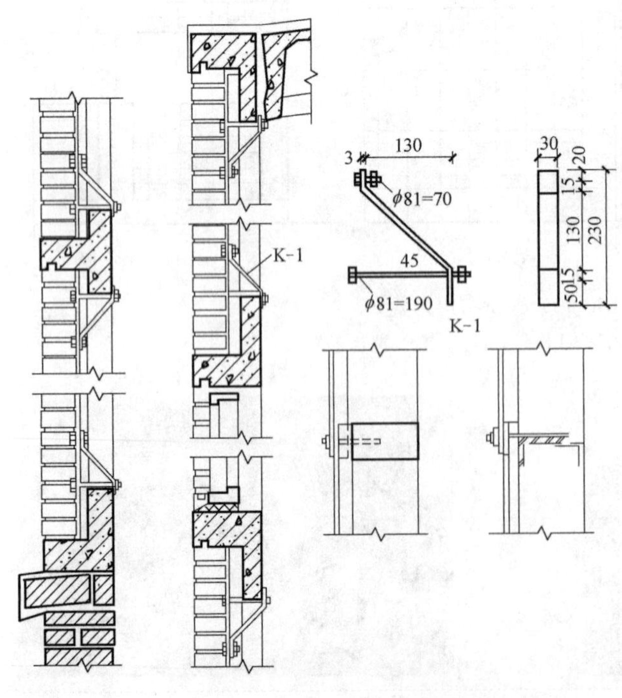

图 16-19 石棉水泥波瓦连接构造

所示，实例如图 16-20 所示。

图 16-20 石棉水泥波瓦连接实例

16.1.4 开敞式外墙构造

在炎热地区，不要求保温的仓库，为迅速排散气、烟、尘、热和自然通风，常采用开敞或半开敞式外墙，如图 16-21 所示。这种墙为了能够防雨需要设置挡雨板，挡雨板挑出长度 L 与垂直距离 H，应根据飘雨角、日照、通风等要求确定。飘雨角 α 是指雨点滴落方向与水平夹角，一般有 45°和 60°，如图 16-22 所示。

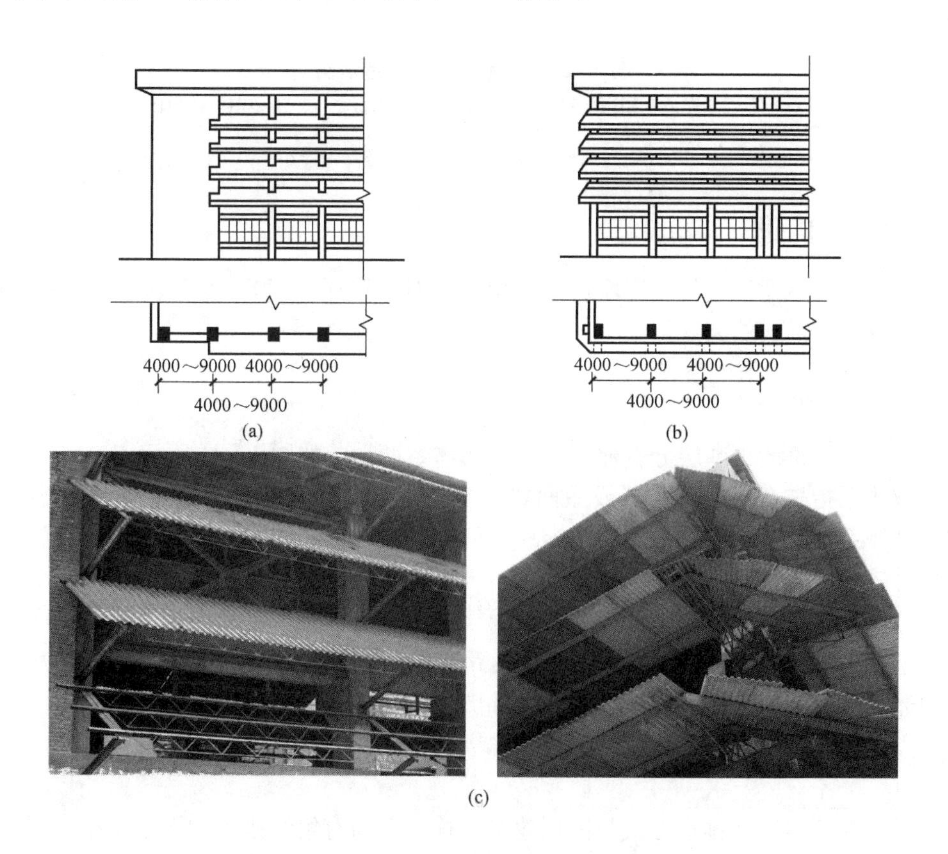

图 16-21 开敞式外墙形式及实例

(a) 单面开敞式外墙；(b) 四面开敞式外墙；(c) 开敞式外墙实例

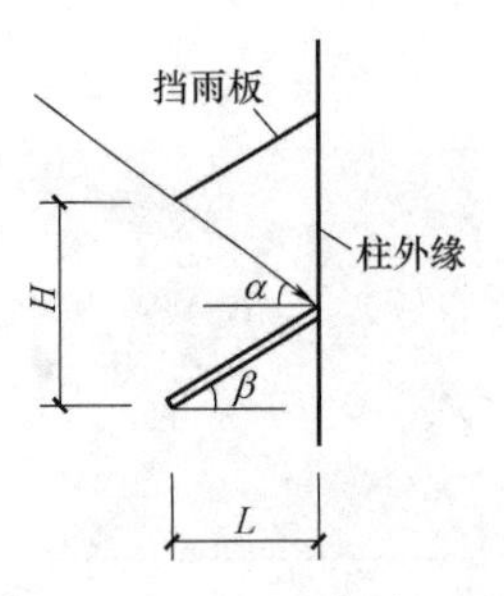

图 16-22 挡雨板与飘雨角的关系

开敞式外墙的挡雨板可采用石棉水泥波瓦、彩色压型钢板、钢筋混凝土制作，一般由支架、挡雨板、防溅板组成。挡雨板固定在柱外缘的支架上，支架通过预埋件与柱直接焊接固定，其构造如图 16-23 所示。室外气温很高、灰沙大的干热带地区不应采用开敞式外墙。

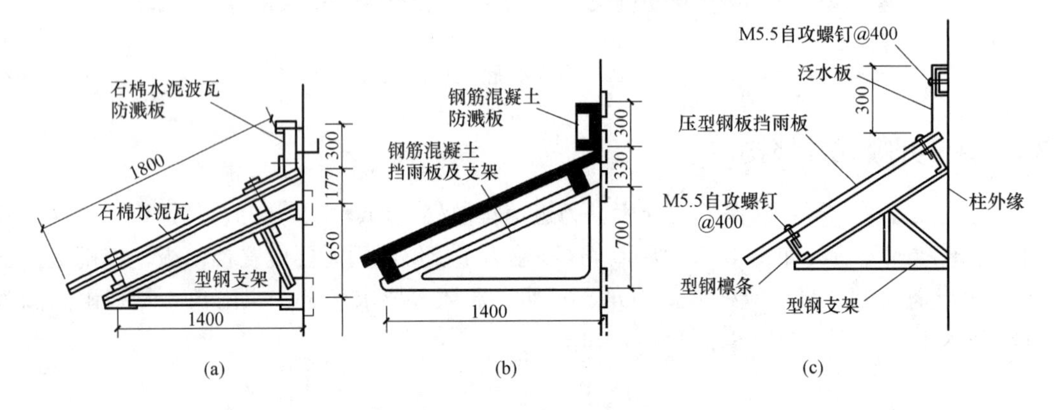

图 16-23 开敞式外墙构造示例

(a) 石棉水泥波瓦挡雨板；(b) 钢筋混凝土挡雨板；(c) 压型钢板挡雨板

16.2 屋面构造

工业建筑的屋面构造与民用建筑基本相同，对于单层厂房，为解决室内采光和通风，屋面上常设各种形式的天窗。

16.2.1 屋面基层类型

单层工业建筑屋顶基层分有檩体系与无檩体系两种，如图 16-24 所示。

有檩体系指先在屋架上弦（或屋面梁上翼缘）搁置檩条，然后在檩条上放小型屋面板。这种体系构件小、重量轻、吊装容易，但构件数量多、施工周期长，多用在施工机械吊装能力较小的施工现场。

无檩体系是指在屋架上弦（或屋面梁上翼缘）直接铺设大型屋面板。该体系所用构件大、类型少、便于工业化施工，但要求施工吊装能力强。在工程实践中，单层厂房较多采用无檩体系的大型屋面板。无檩体系实例如图 16-25 所示。

16.2.2 厂房屋面排水

单层工业厂房屋面排水方式与民用建筑一样，分为有组织排水和无组织排水两种。选择屋面的排水方式主要考虑当地年降雨量、厂房高度、车间生产特点、当地气候条件等。

1. 无组织排水

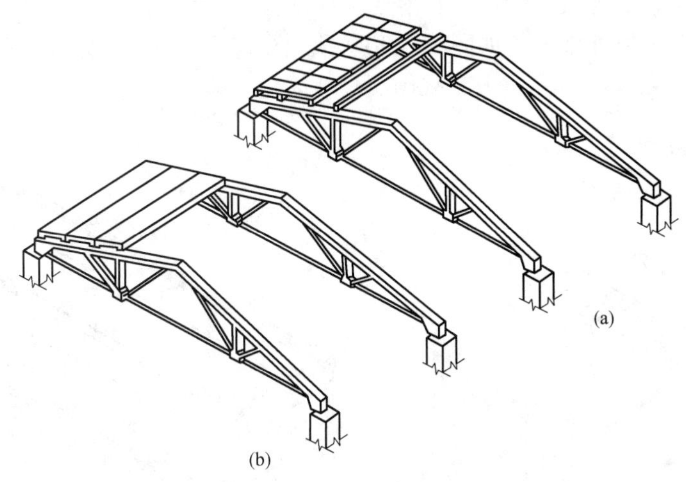

图 16-24 屋面基层结构类型

(a) 有檩体系；(b) 无檩体系

图 16-25 无檩体系实例

无组织排水是将雨水直接由屋面经檐口自由排落到散水或明沟内的排水方式，如图 16-26 所示。此排水方式适用于高度较低、积灰较多或有侵蚀性介质的厂房。

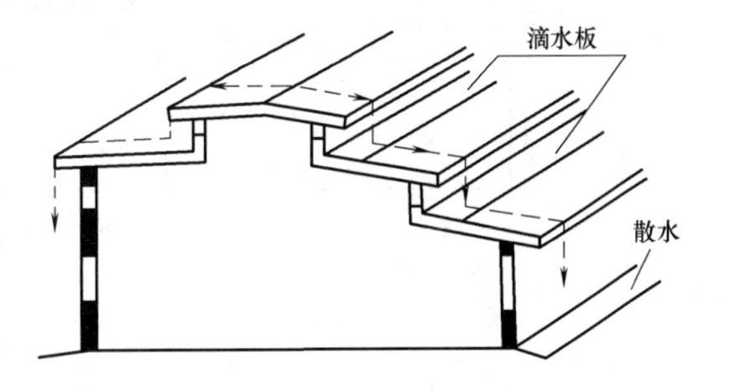

图 16-26 无组织排水

2. 有组织排水

有组织排水根据落水管的布置，有外排水和内排水两种。

(1) 外排水

外排水是在檐口处设置檐沟汇集雨水，经雨水斗和雨水管，将雨水引到室外地面或室外地下排水管网，如图 16-27 所示。当多跨厂房总长度不大于 100m 时，中间天沟做成贯通厂房纵向的长天沟，形成长天沟外排水，如图 16-28 所示。

(2) 内排水

内排水是将屋面的雨水经厂房内部的雨水竖管及地下雨水管排除，内排水多用于多跨厂房或严寒多雨地区的厂房。

当厂房为多跨时，为减少天沟、水落管及地下排水管网的数量，减少投资和维修费，简化构造，采用缓长坡外排水，如图 16-29（a）中原方案多脊双坡形式导致排水复杂，图 16-29（b）修改方案采用缓长坡简化了排水构造。

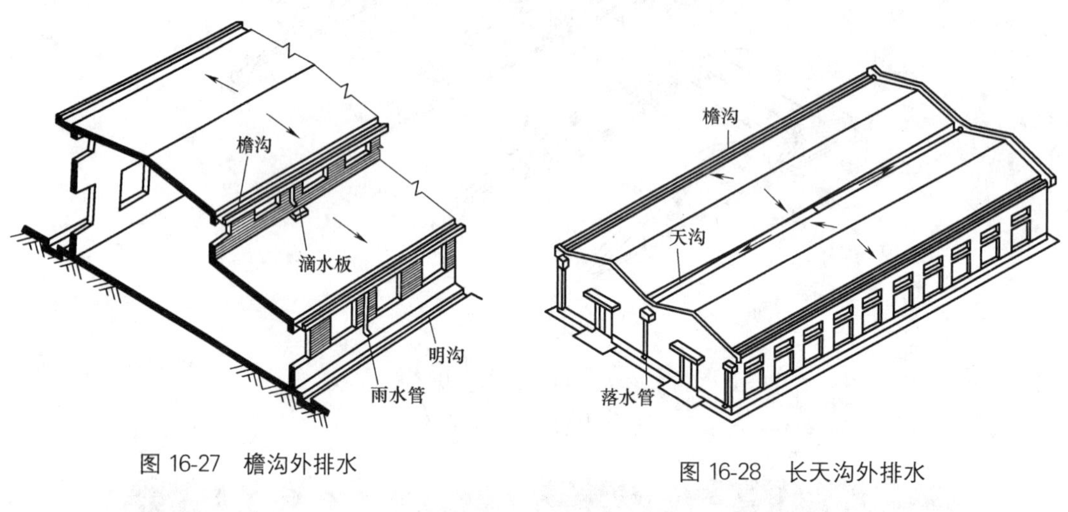

图 16-27 檐沟外排水

图 16-28 长天沟外排水

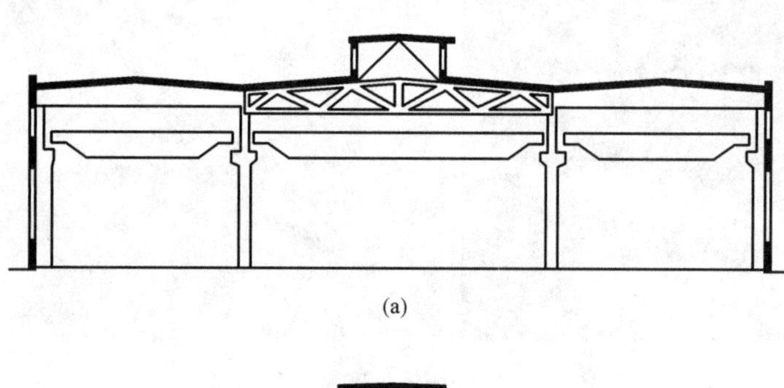

(a)

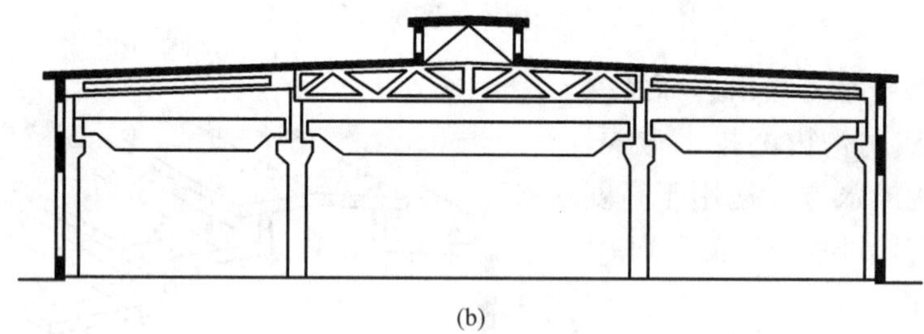

(b)

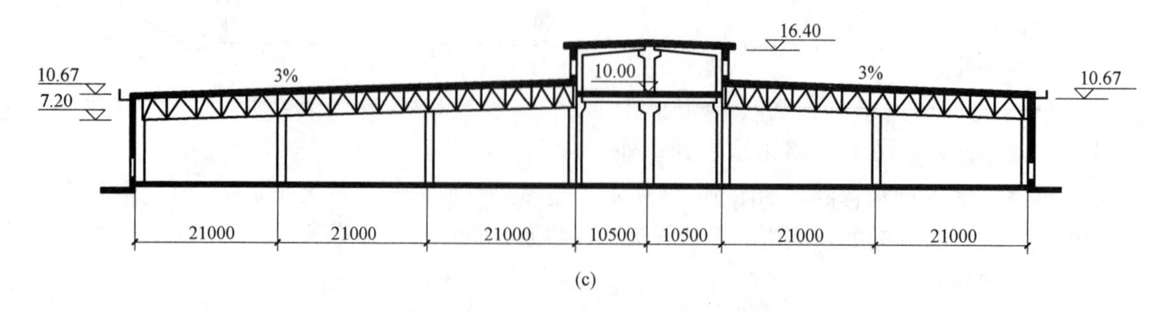

(c)

图 16-29 缓长坡排水示例

（a）原剖面方案；（b）修改后方案；（c）某彩色显像管厂主厂房

16.2.3 厂房屋面防水

厂房屋面防水依据防水材料和构造形式的不同，分为卷材防水屋面、各种波形瓦（板）防水屋面及钢筋混凝土构件自防水屋面。

1. 卷材防水屋面

卷材防水屋面在构造层次上基本与民用建筑平屋顶相同，不再赘述。采用大型预制钢筋混凝土板做基层的卷材防水屋面，由于厂房屋顶面积大、受到各种振动的影响较多、屋顶基层变形较严重等，防水层易出现拉裂破坏的现象。

防止卷材开裂，可采取减少基层变形、改进接缝处卷材的做法使卷材适应基层变形。一般做法为：在大型屋面板或保温层上做找平层时，先将找平层沿横缝处做出分格缝，缝中用油膏填充，缝上先干铺 300mm 宽卷材一条作为缓冲层，然后再铺卷材防水层。

2. 波形瓦（板）防水屋面

波形瓦（板）防水屋顶常用的瓦材有石棉水泥波瓦、镀锌铁皮波瓦、压型钢板瓦及玻璃钢瓦等。

（1）石棉水泥波瓦屋面

石棉水泥波瓦的优点是厚度薄、重量轻、施工简便，其缺点是易脆裂，耐久性及保温隔热性差，多用于仓库及对室内温度状况要求不高的厂房。

石棉水泥波瓦直接铺设在檩条上，檩条间距应与石棉瓦的规格相适应。檩条有木檩条、钢筋混凝土檩条、钢檩条及轻钢檩条等。石棉水泥波瓦横向间的搭接为一个半波，搭接方向应顺主导风向，以防风和保证瓦的稳定。瓦的上下搭接长度不小于 100mm，檐口处其挑出长度不大于 300mm。石棉水泥波瓦与檩条通过钢筋钩或扁钢钩连接固定类似石棉水泥波瓦墙本构造，与木檩条连接如图 16-30 所示。

（2）镀锌铁皮波瓦屋面

镀锌铁皮波瓦屋面重量轻，抗震性能好，在高烈度地震区应用比钢筋混凝土大型屋面板优越，多用于一般高温厂房和仓库。其连接构造同石棉水泥瓦。

（3）压型钢板瓦屋面

压型钢板瓦分单层板、多层复合板、金属夹芯板、彩色压型钢板等。其特点是施工速度快，重量轻，表面带有彩色涂层，防锈、耐腐、美观。单层 W 形压型钢板瓦屋顶的构造如图 16-31 所示。

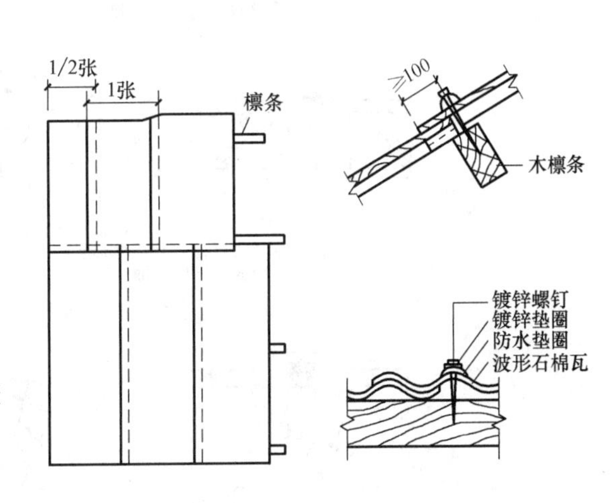

图 16-30 石棉水泥瓦与檩条连接固定

3. 钢筋混凝土构件自防水屋面

钢筋混凝土构件自防水屋面是利用钢筋混凝土板本身的密实性，对板缝进行局部防水处理而形成防水的屋面。

根据对板缝采用防水措施的不同，钢筋混凝土构件自防水屋面有嵌缝式、脊带式和搭盖式三种。

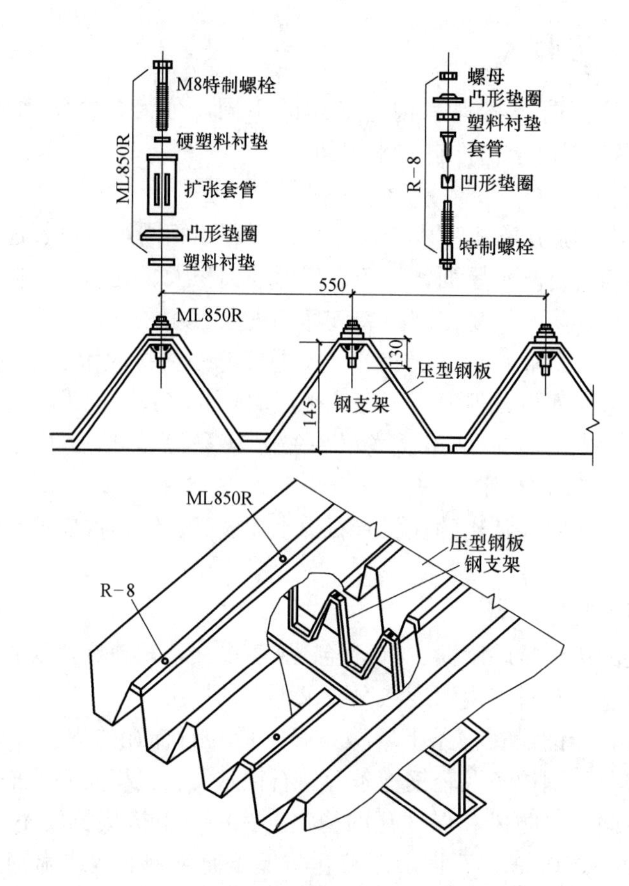

图 16-31 单层 W 形压型钢板瓦屋顶的构造

嵌缝式构件自防水屋面是利用大型屋面板作防水构件，板缝嵌油膏防水，如图 16-32 所示。

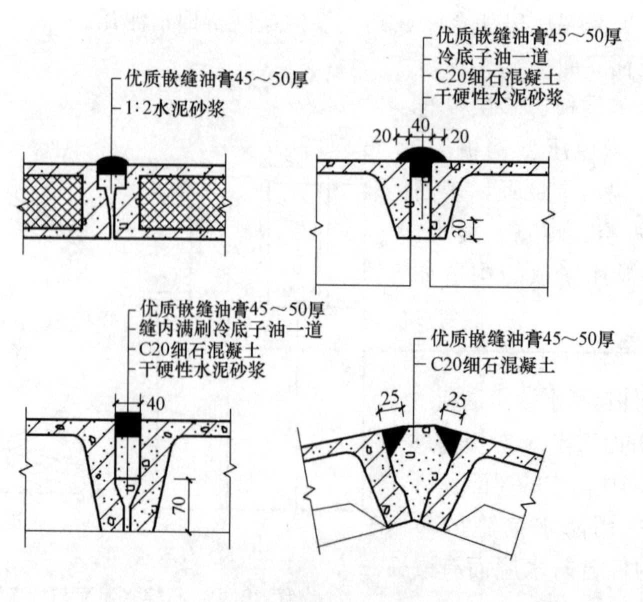

图 16-32 嵌缝式防水构造

在嵌缝上面再粘贴一层卷材作防水层，则成为脊带式防水，其防水性能较嵌缝式为佳，如图 16-33 所示。

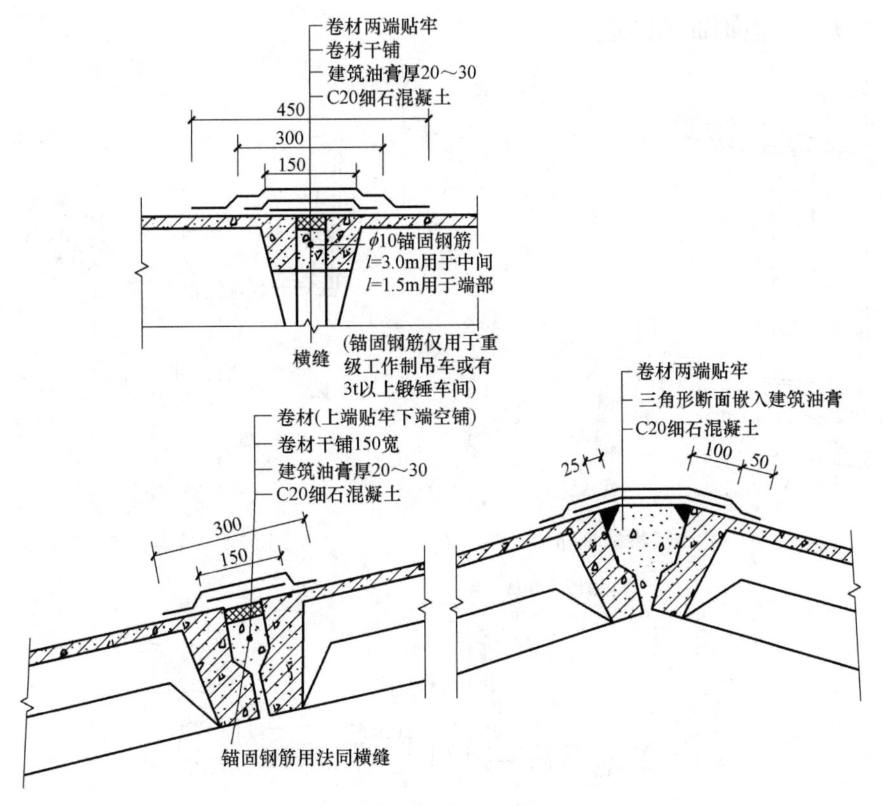

图 16-33 脊带式防水构造

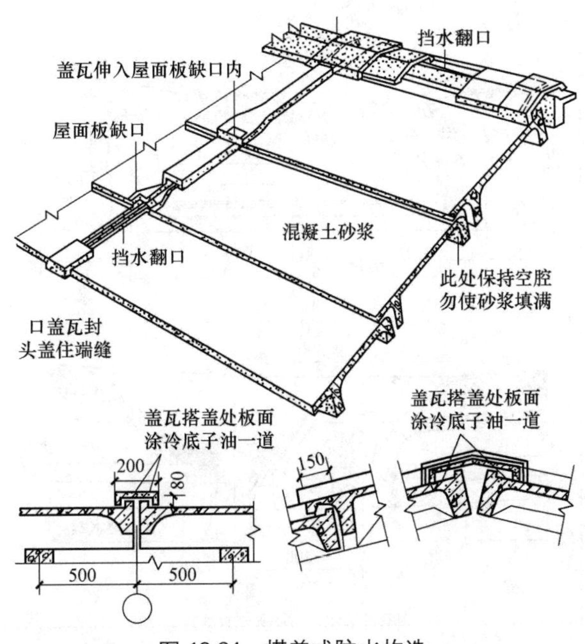

图 16-34 搭盖式防水构造

搭盖式构件自防水屋顶采用 F 形屋面板做防水构件，板纵缝上下搭接，横缝和脊缝用盖瓦覆盖，如图 16-34 所示。

16.2.4 厂房屋面细部构造

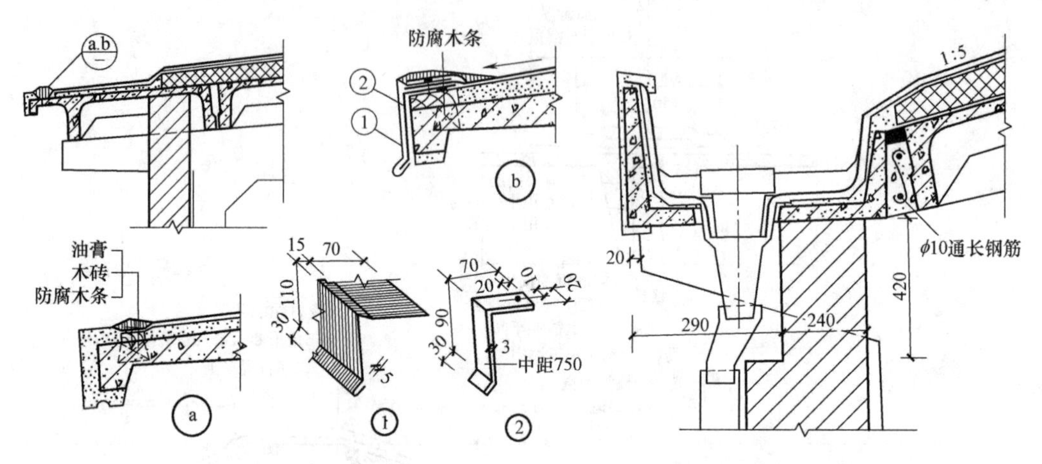

图 16-35 檐口板挑檐细部构造图　　图 16-36 檐沟板排水细部构造

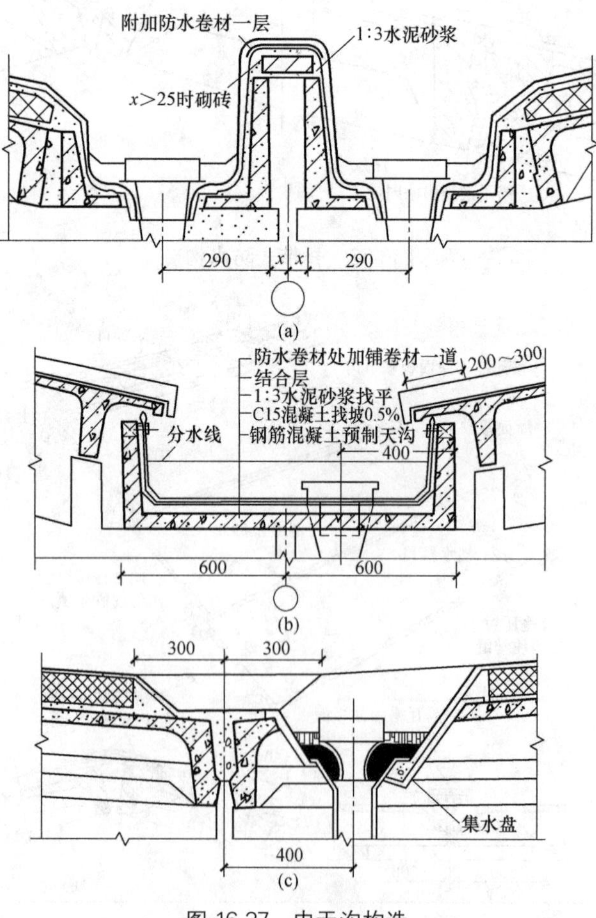

图 16-37 内天沟构造

（a）一般双槽天沟；（b）单槽天沟；（c）在大型屋面板上作内天沟

厂房屋顶细部构造包括檐口、天沟、泛水等，其构造类似于民用建筑。

1. 挑檐

厂房无组织排水采用的檐口须外挑一定长度，其构造做法同民用建筑。挑出长度小于600mm时，可由屋面板直接挑出，如图16-35所示。为防止檐口处油毡起翘和开裂，油毡端头用钉与檐口板内预埋木砖上的木条钉牢。

当采用有组织外排水时，檐口应设檐沟板，如图16-36所示。为保证檐沟排水通畅，沟底应做坡度，坡度一般为1%，为防止檐沟渗漏，沟内防水卷材应较屋面多铺一层，防水卷材端头应封固于檐沟外壁上。

2. 天沟

按天沟所处的位置，可分边天沟和内天沟两种。如边天沟做女儿墙而采用有组织外排水时，女儿墙根部要设出水口，其构造处理同民用建筑。

内天沟的天沟板搁置在相邻两榀屋架的端头上，如图16-37（a）、（b）所示。天沟除采用槽形天沟板外，还可在大型屋面板上直接作天沟，如图16-37（c）所示。

3. 屋面泛水

厂房屋面泛水构造与民用建筑屋面基本相同，高低跨处泛水构造如图16-38所示。

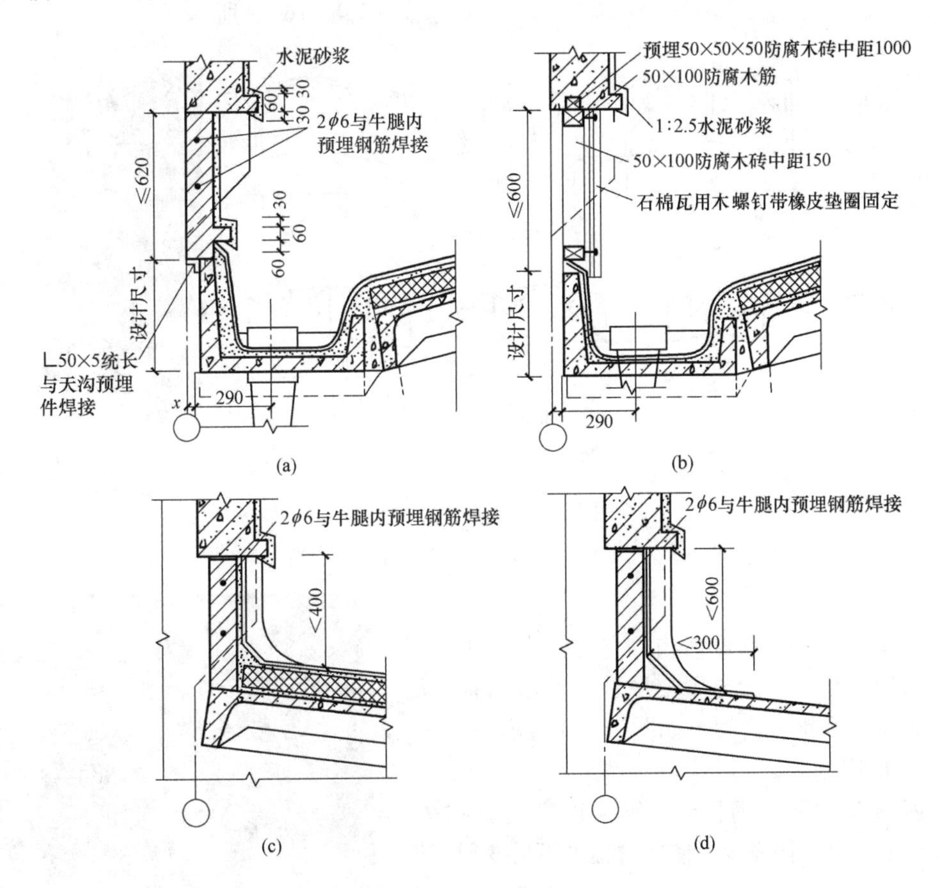

图16-38 高低跨处泛水

（a）低跨有天沟；（b）低跨有天沟；（c）低跨未设天沟；（d）低跨未设天沟

16.3　天窗构造

单层厂房中，为了满足天然采光和自然通风的要求，在屋顶上常设置各种形式的天窗。常见的天窗形式有矩形天窗、矩形通风天窗、平天窗、下沉式天窗、锯齿形天窗等。

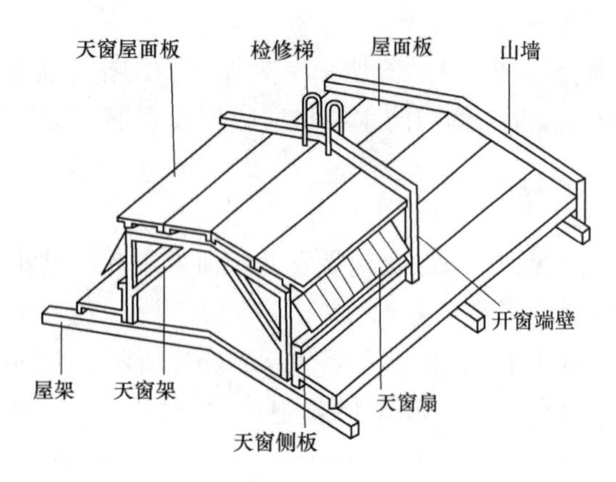

图 16-39　矩形天窗组成

16.3.1　矩形天窗

矩形天窗具有中等的照度，光线均匀，防雨较好，窗扇可开启以兼作通风，故在冷加工车间广泛应用。缺点是构件类型多，自重大，造价高。

矩形天窗主要由天窗架、天窗扇、天窗屋面板、天窗侧板及天窗端壁等组成，如图 16-39 所示。

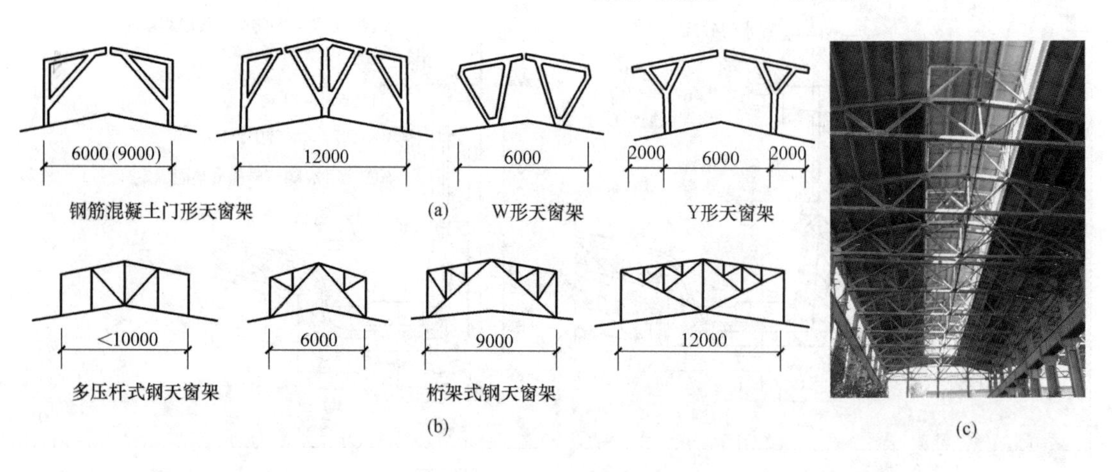

图 16-40　天窗架形式示例
（a）钢筋混凝土天窗架；（b）钢天窗架；（c）钢筋混凝土天窗架实例

1. 天窗架

天窗架是天窗的承重结构，它直接支承在屋架上，天窗架的材料一般与屋架一致，常用的有钢筋混凝土天窗架和钢天窗架，如图 16-40 所示。

2. 天窗扇

天窗扇有钢和塑钢材质。钢天窗扇具有耐久、耐高温、重量轻、挡光少、使用过程中不易变形，但关闭不紧密等特点。塑钢天窗扇由于其在热工、外形等方面的优点，目前使用较多。天窗扇开启方式分上悬式和中悬式两种。钢天窗扇实例如图16-41所示。

图 16-41　钢天窗扇实例

3. 天窗檐口

一般情况下，天窗屋面的构造与厂房屋面构造相同。天窗檐口常采用无组织排水，由带挑檐的屋面板构成，挑出长度一般为 300～500mm，如图 16-42（a）所示。天窗檐口有组织排水如图 16-42（b）、（c）所示。

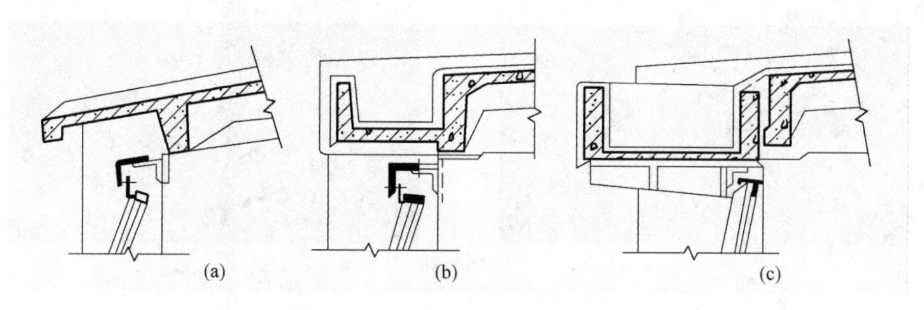

图 16-42　钢筋混凝土天窗檐口

（a）挑檐板；（b）带檐沟屋面板；（c）牛腿支承檐沟板

4. 天窗侧板

为防止雨水溅入车间，以及防止积雪影响采光和窗扇的开关，天窗扇下面设置天窗侧板。一般侧板高出屋面不少于 300mm，积雪较深的可采用 500mm。

屋面采用无檩体系时，天窗侧板宜采用槽形钢筋混凝土侧板，如图 16-43（a）所示。当屋面采用有檩体系时，天窗侧板可采用石棉水泥波瓦、压型钢板等轻质材料，如图 16-43（b)所示。

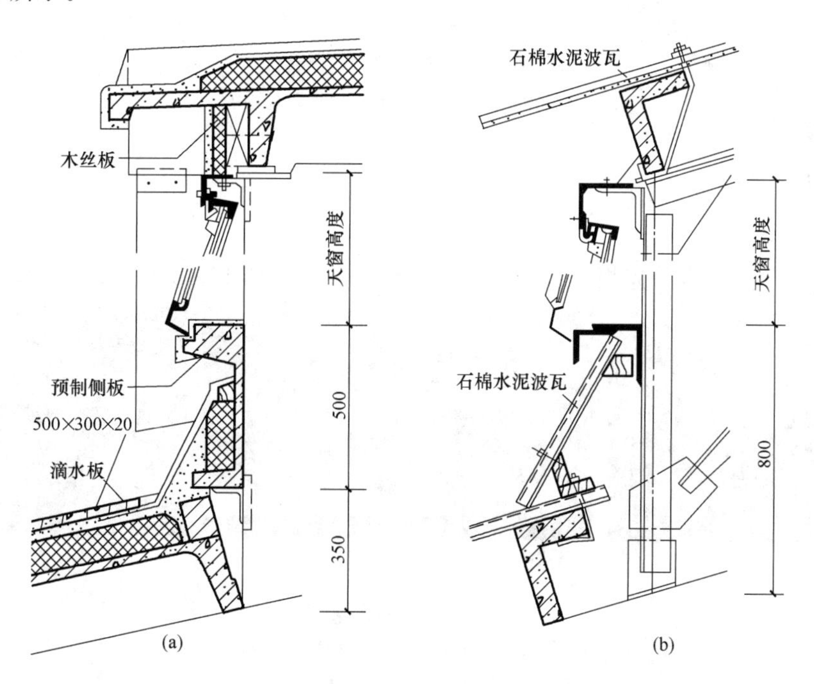

图 16-43　天窗侧板

（a）钢筋混凝土天窗架；（b）钢天窗架

5. 天窗端壁

天窗两端的围护构件称为天窗端壁板，常采用预制钢筋混凝土和石棉瓦端壁板。预制钢筋混凝土端壁板常做成肋形板，它代替端部的天窗架支承天窗屋面板并兼起围护作用，如图16-44（a）所示。石棉水泥波瓦端壁构造，如图16-44（b）所示，在钢天窗架或钢筋混凝土天窗架上，每隔1500mm左右高度焊横向角钢，石棉水泥波瓦通过螺栓固定在角钢上。

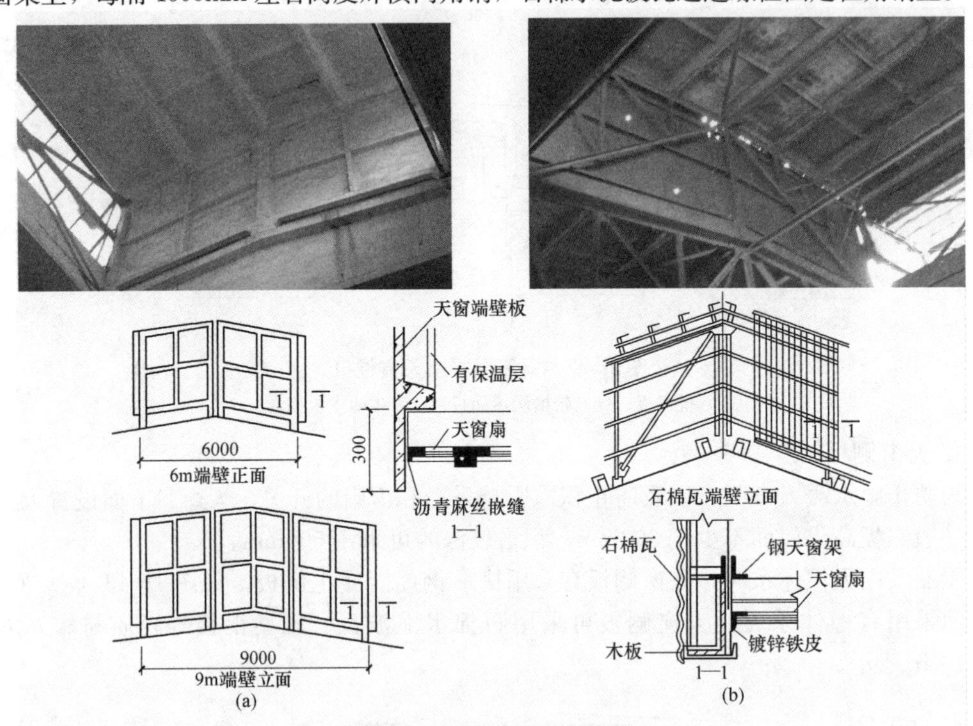

图16-44 天窗端壁构造示意

（a）钢筋混凝土端壁；（b）石棉水泥瓦端壁

16.3.2 平天窗

1. 平天窗类型

平天窗类型主要有采光板、采光罩、采光带三种，如图16-45所示。

图16-45 平天窗

（a）采光板；（b）采光罩；（c）采光带

采光板是在屋面板上留孔，装设平板透光材料。固定的采光板只作采光用，可开启的采光板以采光为主，兼有少量通风作用，如图16-45（a）所示。

采光罩是在屋面板上留孔，装弧形透光材料，如弧形玻璃钢罩、弧形玻璃罩等。采光罩有固定和可开启两种，如图16-45（b）所示。

采光带指采光口长度 6m 以上的采光口，可布置成横向采光带和纵向采光带，如图 16-45（c）所示。

2. 平天窗构造

（1）井壁泛水

为了防止雨水的渗入，在采光口周围做井壁，井壁上安放透光材料。井壁的形式有垂直和倾斜两种。井壁可用现浇或预制钢筋混凝土、薄钢板、塑料等做成，如图 16-46 所示。井壁一般净高为 150～250mm，且大于积雪深度。井壁与屋面板交接处要做好泛水处理。

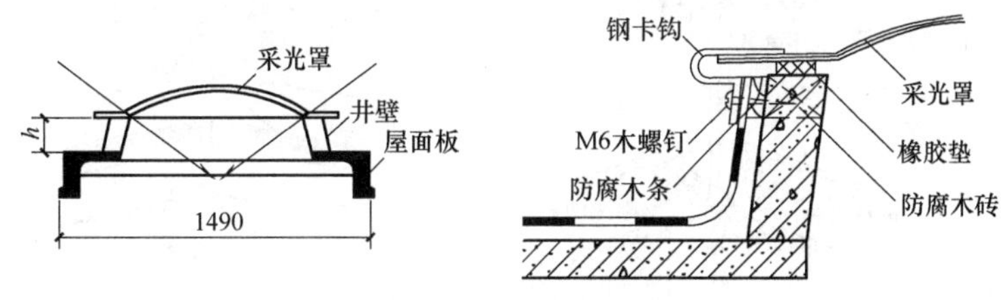

图 16-46 平天窗构造示意

（2）玻璃安装

对于小孔采光板或采光罩，玻璃无接缝，将玻璃或玻璃钢罩用钢卡钩及木螺钉固定在井壁的预埋木砖上，如图 16-47 所示。采光口尺寸较大时，玻璃左右搭接处须设横挡，以作为安装固定玻璃之用，玻璃上下搭接一般不小于 100mm，用油膏、塑料管等柔性材料嵌缝，如图 16-48 所示。

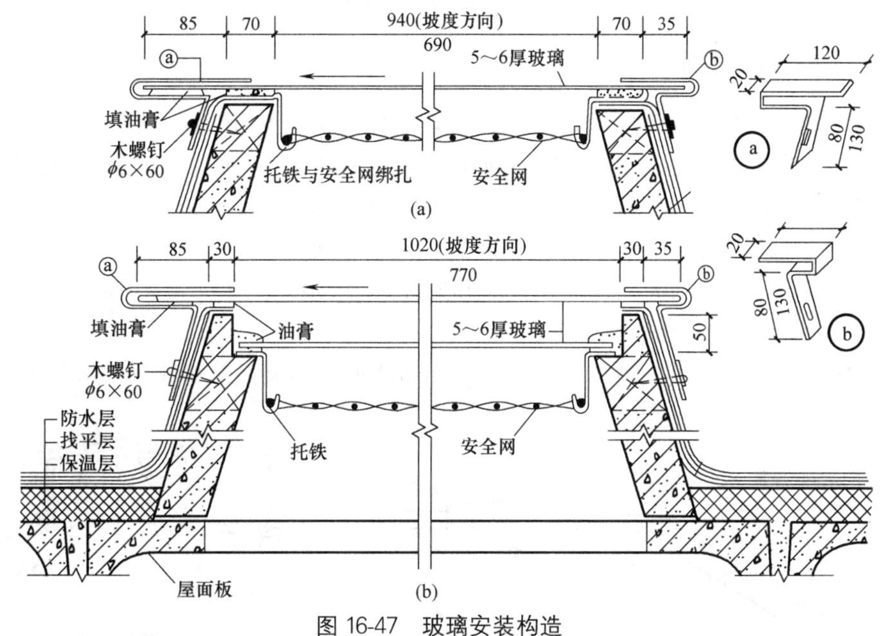

图 16-47 玻璃安装构造

（a）单层玻璃；（b）双层玻璃

（3）防太阳辐射热及眩光

选择扩散性能好的透光材料，如磨砂玻璃、乳白玻璃、夹丝压花玻璃、玻璃钢等，减少直射阳光会使车间内过热和产生眩光；或在平板玻璃下方设遮光格片；或在玻璃下表面涂半透明涂料，如环氧树脂（加 5%滑石粉）、聚乙烯醇缩丁醛（PVB），使照度均匀，避免眩光。

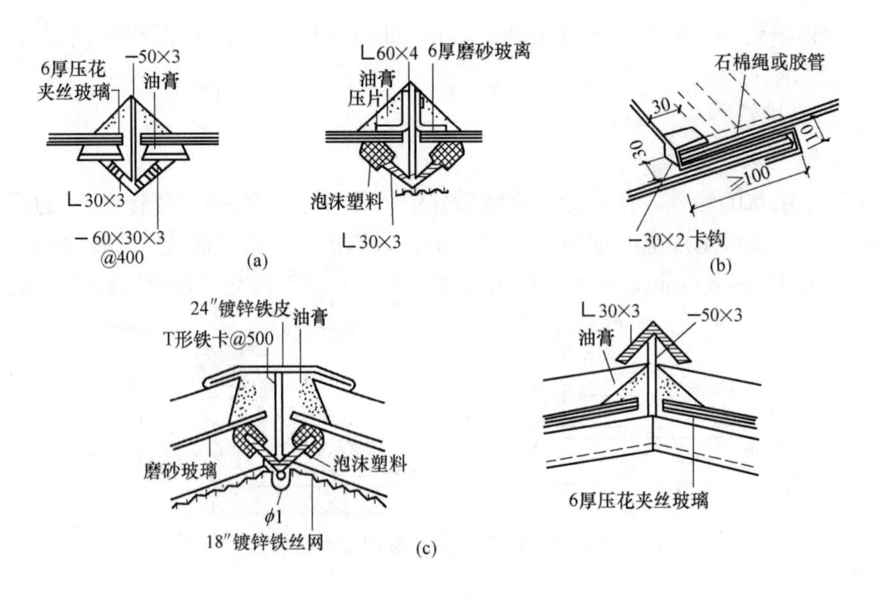

图 16-48　玻璃搭接构造

(a) 玻璃横挡构造；(b) 玻璃上下搭接；(c) 采光板屋脊构造

(4) 安全防护措施

为保证安全，可采用夹丝玻璃、玻璃钢罩等安全玻璃。如果采用非安全玻璃（如普通平板玻璃、磨砂玻璃等），在玻璃下面加设一层金属安全网。

16.3.3　矩形通风天窗

为在天窗洞口处形成负压区，便于通风，在矩形天窗两侧加挡风板形成矩形通风天窗，主要用于热加工车间，如图 16-49 所示。矩形通风天窗挡风板高度一般应比檐口稍低，$E=(0.1\sim0.15)h$。挡风板与屋面板之间应留空隙，$D=50\sim100$mm，在多雪地区不大于 200mm。挡风板的端部封闭，防止平行或倾斜于天窗纵向吹来的风，影响天窗排气。是否设置中间隔板，根据天窗长度、风向和周围环境等因素而定。在挡风板上还应设置供清灰和检修时通行的小门。

挡风板可做成垂直式、倾斜式、折线形和曲线形，挡风板形式如图 16-50 所示。

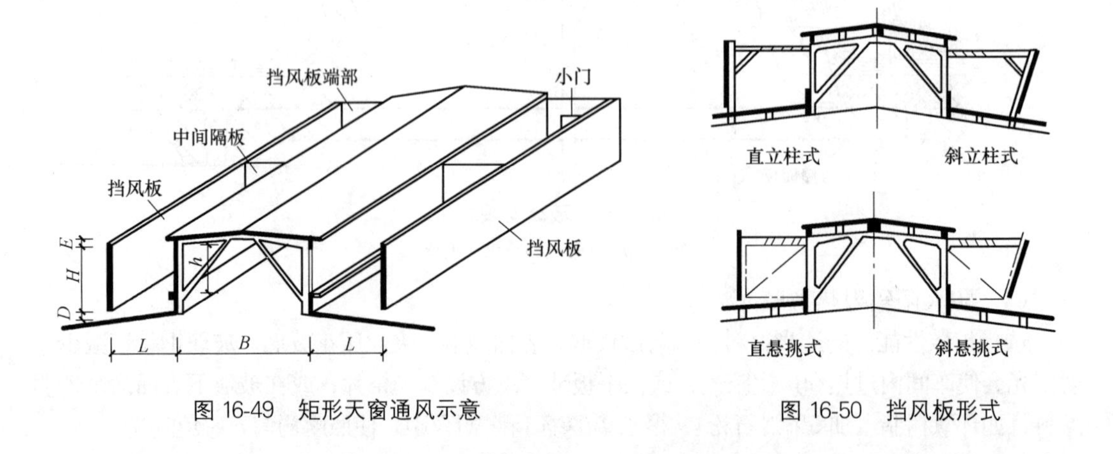

图 16-49　矩形天窗通风示意

图 16-50　挡风板形式

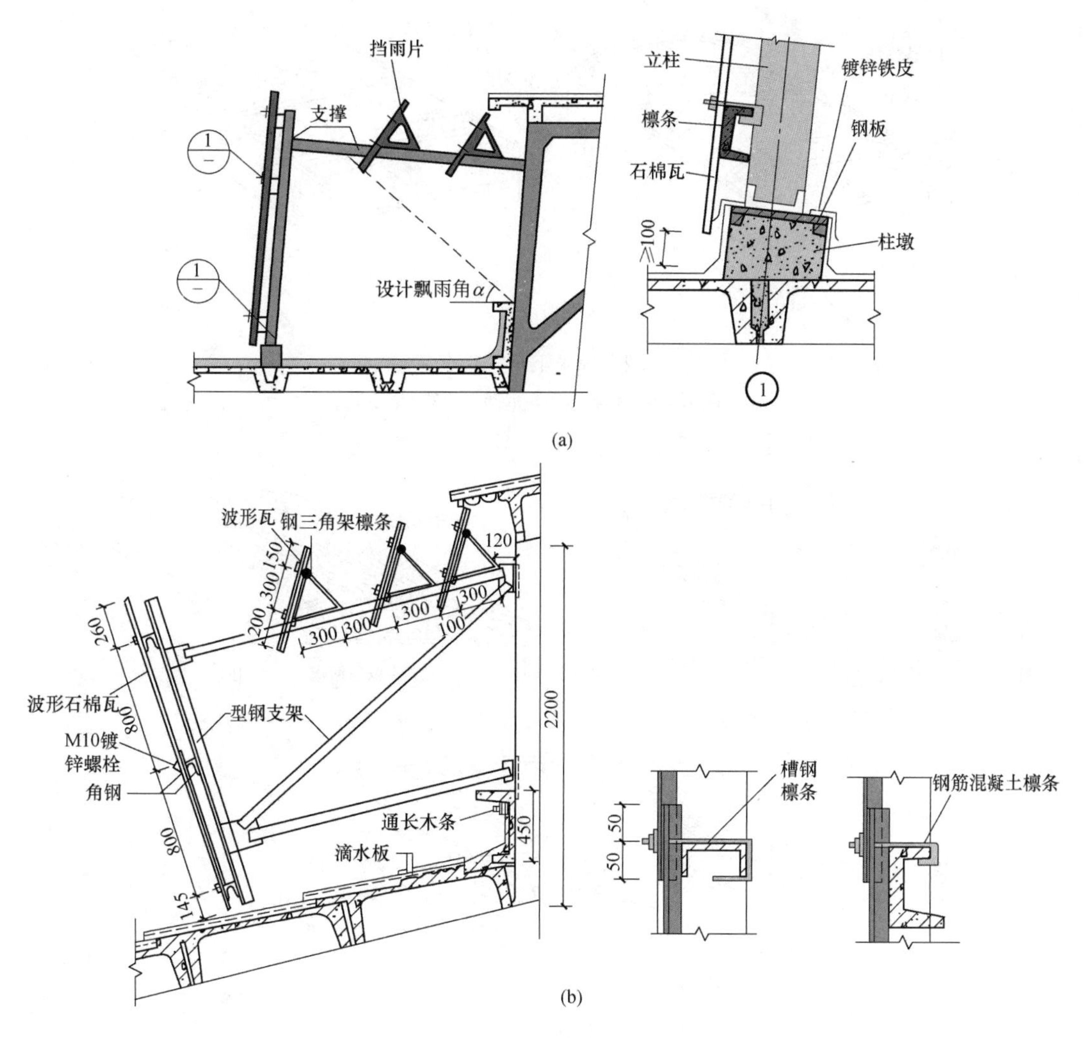

图 16-51 挡风板支架的支承方式

（a）立柱式；（b）悬挑式

挡风板由面板和支架组成，支架的支承方式有两种，即立柱式（直或斜立柱式）、悬挑式（直或斜悬挑式），如图 16-51 所示。

16.3.4 下沉式通风天窗

下沉式通风天窗是在屋架上下弦分别布置屋面板，利用上下屋面板之间构成的高差作通风和采光口。下沉式天窗的形式有：横向下沉式天窗、纵向下沉式天窗、井式天窗。

1. 横向下沉式天窗

横向下沉式天窗，如图 16-52 所示，是将相邻柱距的整跨屋面板一上一下交替布置在屋架的上、下弦，利用屋架高度形成横向的天窗。横向下沉式天窗可根据采光要求及热源布置情况灵活布置。特别是当厂房的跨间为东西向时，横向天窗为南北向，可避免东西晒。

2. 纵向下沉式天窗

纵向下沉式天窗是将下沉的屋面板沿厂房纵轴方向通长地搁置在屋架下弦上。根据其

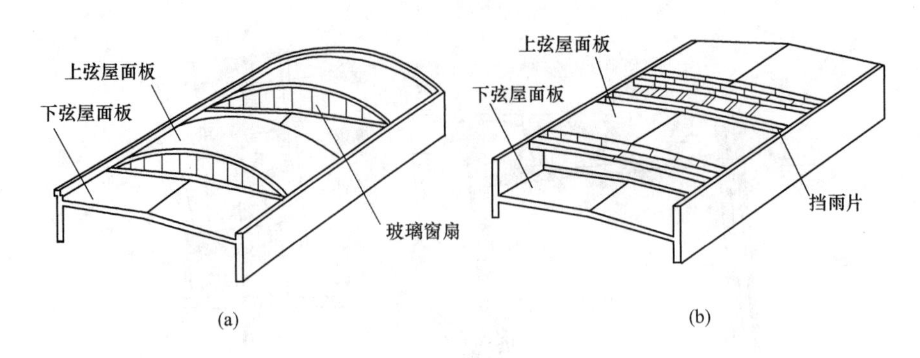

图 16-52 横向下沉式天窗示意
（a）带玻璃窗扇；（b）带挡雨片的开敞式

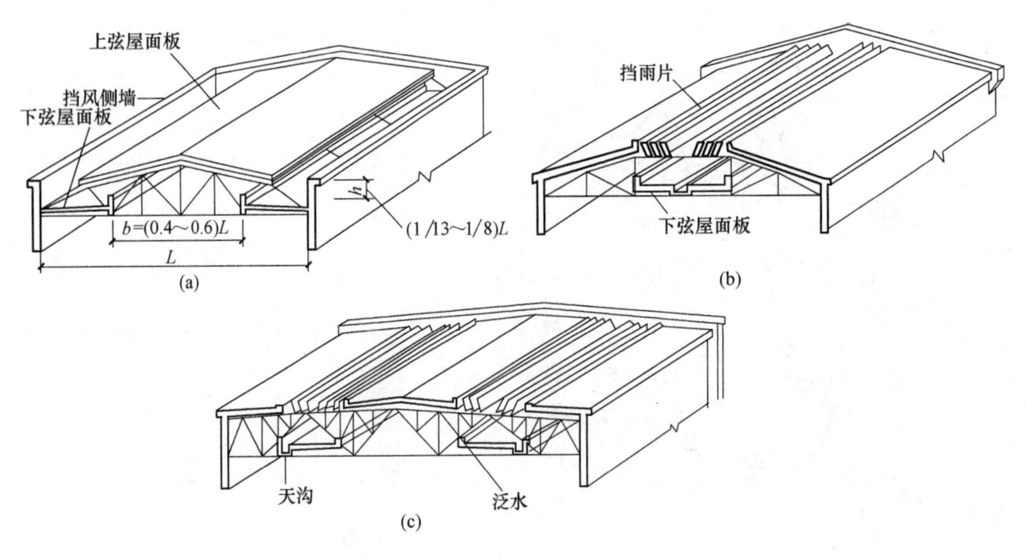

图 16-53 纵向下沉式天窗示意
（a）两侧下沉；（b）中侧单下沉；（c）中间双下沉

下沉位置的不同分为：两侧下沉、中间下沉和中间双下沉三种形式，如图 16-53 所示。两侧下沉的天窗通风采光效果均较好，中间下沉的天窗采光、通风均不如两侧下沉的天窗，较少采用；中间双下沉的天窗采光、通风效果好，适用面大。

3. 井式天窗构造

井式天窗是拟设天窗位置的屋面板下沉布置在屋面下弦杆上，形成凹嵌在屋架空间内的天窗井，如图 16-54 所示。

井式天窗布置方式主要有：一侧布置、两侧对称或错开布置、跨中布置，如图 16-55 所示。

4. 其他设施

（1）挡风侧墙

为保证两侧井式天窗有稳定的通风效果，在跨边须设垂直挡风侧墙，材料一般与墙体材料相同。

（2）清灰及检修设施

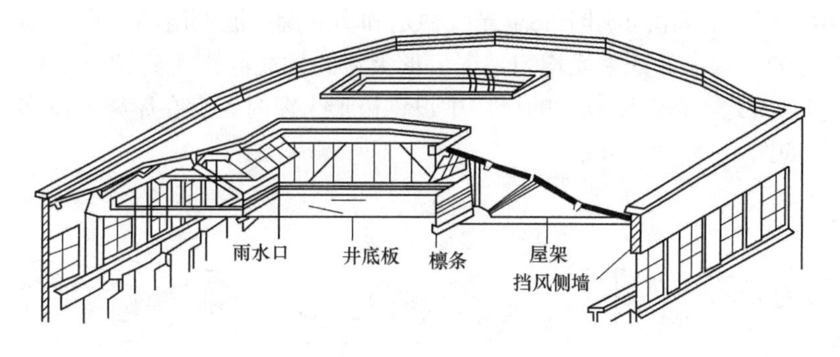

图 16-54 井式天窗示意

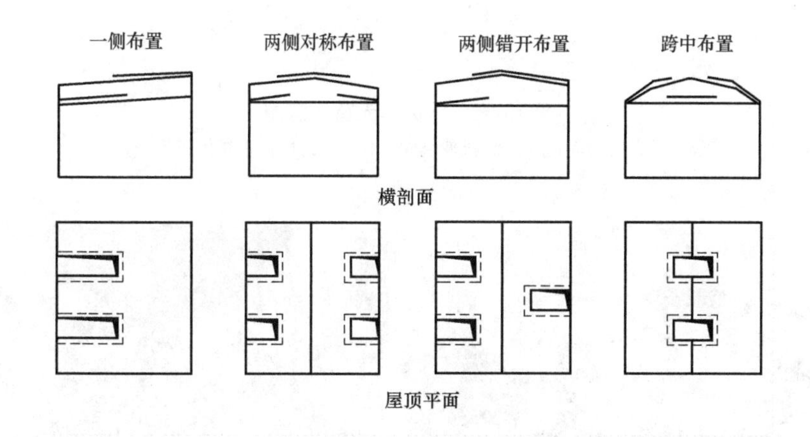

图 16-55 井式天窗布置形式

在每个天井内应设置钢梯，供清灰和检修通行。利用下层天沟作清灰通道时，在天沟外檐应设安全栏杆，竖管间距一般不大于 120m 。

另外，井口上可设置空格板或连系构件以增强屋盖刚度，如图 16-56 所示。

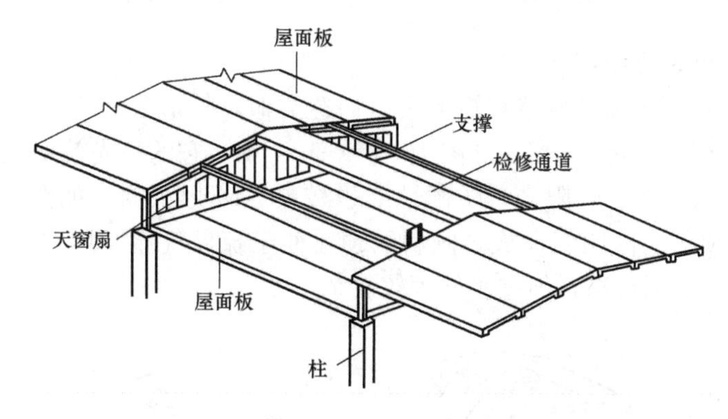

图 16-56 横向下沉式天窗增强屋盖刚度

16.3.5 其他天窗

1. 锯齿形天窗

锯齿形天窗是将厂房屋盖做成锯齿形，在其垂直面（或稍倾斜）设置采光通风口，如

图 16-57 所示。锯齿形天窗多用于要求光线稳定和需要调节温湿度的厂房（如纺织、精密机械等单层厂房）。为了保证采光均匀，锯齿形天窗的轴线间距不宜超过工作面至天窗下缘高度的 2 倍。因此，在跨度较大的厂房中设锯齿形天窗时，宜在屋架上设多排天窗。锯齿形天窗实例如图 16-58 所示。

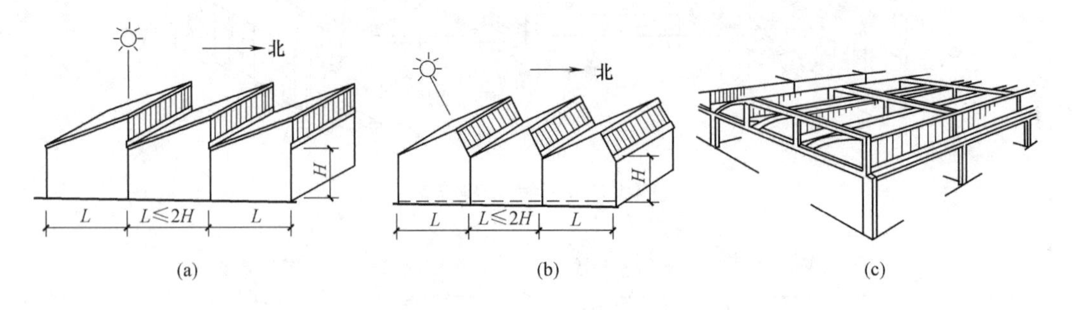

图 16-57 锯齿形天窗示意图

（a）垂直玻璃面；（b）倾斜玻璃面；（c）一跨内设多排锯齿形天窗

图 16-58 锯齿形天窗实例

2. 梯形天窗与 M 形天窗

梯形天窗和 M 形天窗的构造与矩形天窗构造类似，外形有所不同，因而在采光、通风性能方面有所区别。梯形天窗，如图 16-59（a）所示。它的采光效率比矩形天窗高，但均匀性较差，并有大量直射阳光，防雨性能也较差。M 形天窗，如图 16-59（b）所示，是将矩形天窗的顶盖向内倾斜而成。倾斜的顶盖便于疏导气流及增强光线反射，故其通风、采光效率比矩形天窗高，但排水处理较复杂。

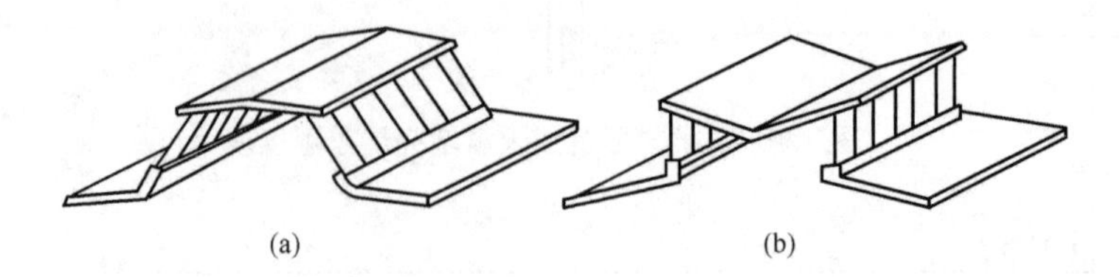

图 16-59 梯形天窗、M 形天窗示意图

（a）梯形天窗；（b）M 形天窗

3. 三角形天窗

三角形天窗，如图 16-60 所示，与采光带类似，但三角形天窗的玻璃顶盖呈三角形，通常与水平面成 30°～45°角，宽度较宽（一般为 3～6m），须设置天窗架，常采用钢天窗架。

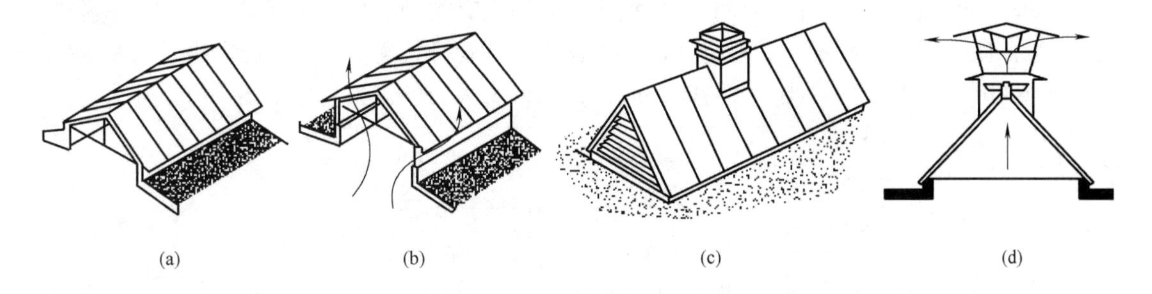

图 16-60 三角形天窗的几种形式

（a）单纯采光；（b）天窗檐口下带通风口；（c）端部设通风百叶及顶部设通风格；（d）顶部设有抽风机的风帽

16.4 侧窗及大门构造

16.4.1 侧窗

单层工业建筑侧窗面积较大，不仅要满足采光和通风的要求，还要满足工艺上的泄压、保温、隔热、防尘等要求。在进行侧窗构造设计时，除满足生产要求外，还应考虑坚固耐久、开关方便、构造简单、节省材料、降低造价。侧窗构造与民用建筑类似。

按侧窗采用的材料可分为钢窗、木窗及塑钢窗等，其中应用较多的是钢和塑钢侧窗。

按侧窗的开启方式可分为中悬窗、平开窗、固定窗、垂直旋转窗。单层厂房侧窗的组合示例如图 16-61 所示。

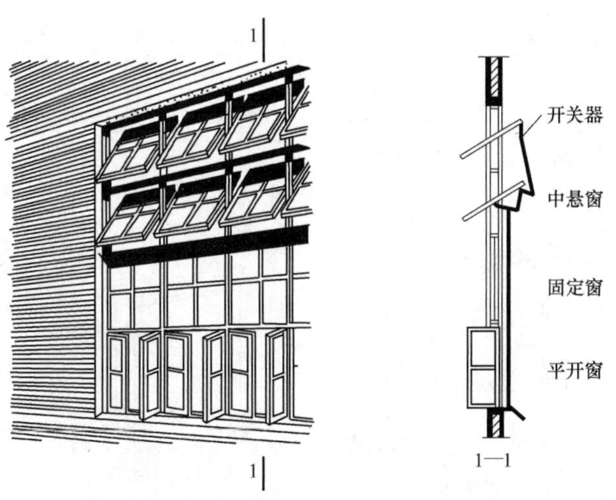

图 16-61 单层厂房侧窗的组合示例

16.4.2　大门

1. 门洞口尺寸的确定

单层工业厂房大门不仅供人通行及紧急情况疏散之用，还要供搬运原材料、成品及设备等的车辆通行。因此，门的尺寸应根据所需运输工具类型、规格、运输货物的外形并考虑通行方便等因素来确定，并符合 3*M* 模数数列。一般门的宽度应比满装货物时的车辆宽 600～1000mm，高度应高出 400～600mm。常用厂房大门的规格尺寸如图 16-62 所示。

运输工具＼洞口宽	2100	2100	3000	3300	3600	3900	4200 4500	洞口高
3t矿车								2100
电瓶车								2400
轻型卡车			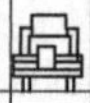					2700
中型卡车				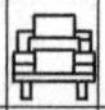				3000
重型卡车					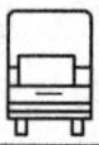			3900
汽车 起重机						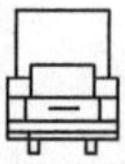		4200
火车							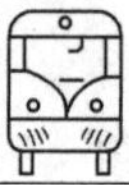	5100 5400

图 16-62　厂房大门尺寸

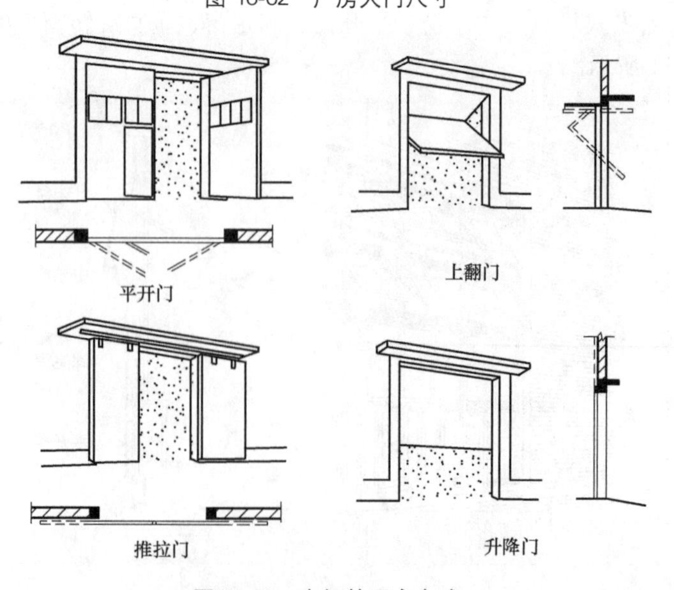

图 16-63　大门的开启方式

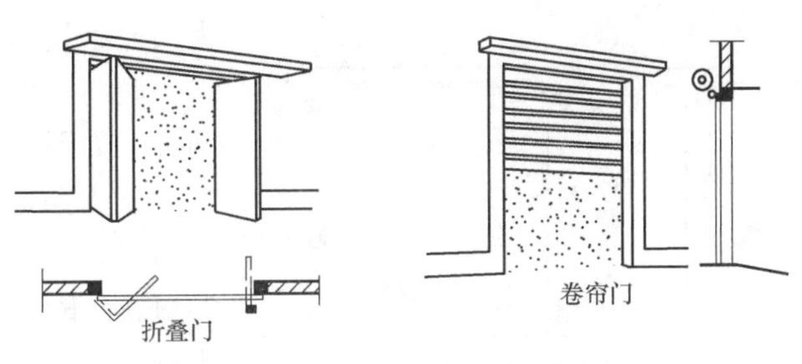

图 16-63 大门的开启方式（续）

2. 大门类型

工业厂房大门根据用途分有供运输通行的普通大门、防火门、保温门、防风砂门等；根据材料分有木门、钢木门、普通型钢和空腹薄壁钢门等；根据开启方式分有平开门、推拉门、折叠门、升降门、上翻门、卷帘门等，如图 16-63、图 16-64 所示。

图 16-64 各种开启方式不同的厂房大门

(a) 钢木平开大门；(b) 钢木推拉大门；(c) 铝合金卷帘门；(d) 升降门

3. 大门的构造

(1) 平开门

平开门是由门扇、铰链及门框组成。门洞尺寸一般不宜大于 3.6m×3.6m。根据洞口大小不同，门扇可以由木、钢或钢木组合而成。当门扇面积大于 $5m^2$ 时，宜采用钢木组合

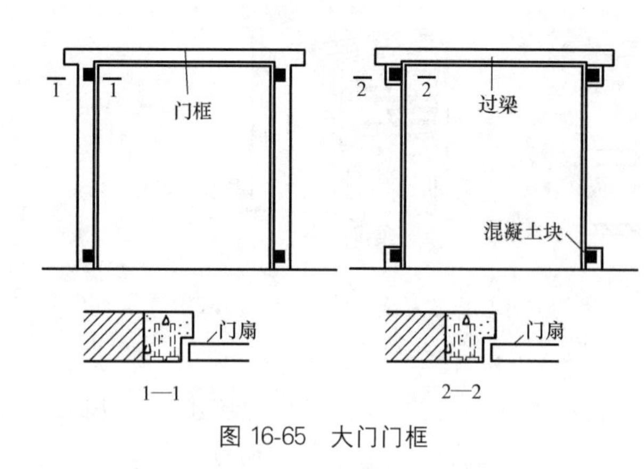

图 16-65 大门门框

大门或钢板门。

大门门框有钢筋混凝土和砖砌两种，如图 16-65 所示。当门洞宽度大于或等于 3m 时，设钢筋混凝土门框，在安装铰链处预埋铁件。洞口较小时，可采用砖砌门框，墙内砌入有预埋铁件的混凝土块。

（2）推拉门

推拉门由门扇、门轨、地槽、滑轮及门框组成。门扇可采用钢木门、钢板门、空腹薄壁钢门等。推拉门支承的方式可分上挂式和下滑式两种。

（3）折叠门

折叠门一般可分为侧挂式、侧悬式和中悬式三种。侧挂折叠门可用普通铰链，不适用于较大的洞口。侧悬式和中悬式折叠门，在洞口上方设有导轨，适用于较大的洞口。

16.5 地面及其他构造

单层工业建筑地面面积大，承受的荷载大，材料用量多，地面构造设计应充分利用地方材料、工业废料，并做到技术先进，经济合理。

16.5.1 地面构造

1. 地面的组成

单层厂房地面与民用建筑地面的构造基本相同，一般由面层、垫层、和基层组成。

2. 地面的类型

地面类型按构造特点和面层材料分，分为单层整体地面、多层整体地面及块（板）料地面。

（1）单层整体地面

单层整体地面是将面层和垫层合为一层的地面。它由夯实的黏土、灰土、碎石（砖）、三合土或碎、砾石等直接铺设在地基上而成。由于这些材料来源较多，价格低廉，施工方便，构造简单，耐高温，破坏后容易修补，故可用在某些高温车间，如钢坯库。

（2）多层整体地面

多层整体地面的特点是：面层厚度较薄，加大垫层厚度以满足承载力要求。面层材料如水泥砂浆、水磨石、沥青混凝土、水玻璃混凝土、菱苦土等，如图 16-66～图 16-69 所示。

（3）块材、板材地面

块材、板材地面系用块或板料，如各类砖块、石块、各种混凝土的预制块、陶板以及铸铁板等铺设而成。块（板）材地面一般承载力较大，且考虑面层变形后便于维修，所以常采用柔性垫层。

3. 地面细部构造

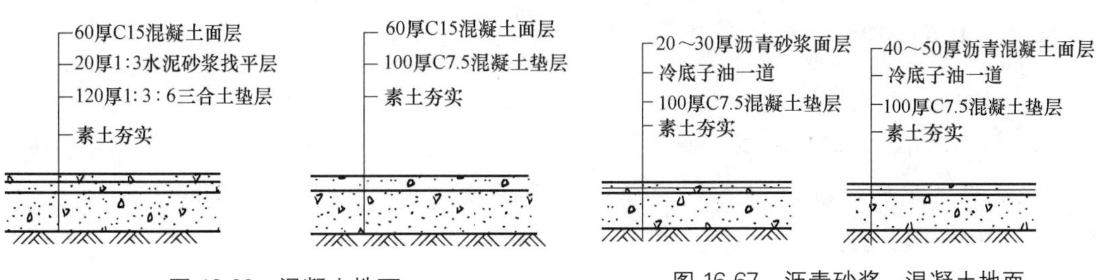

图 16-66 混凝土地面

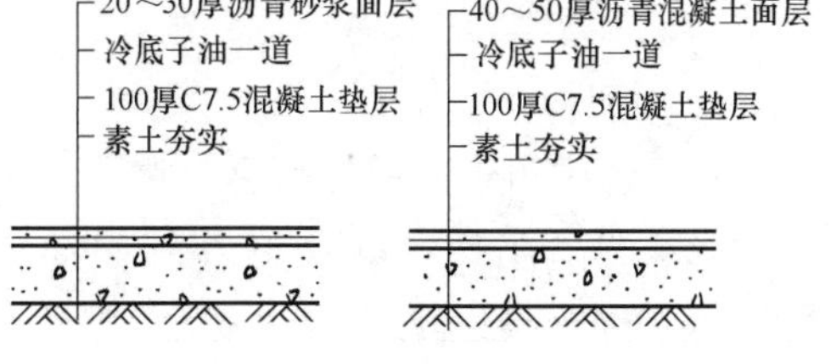

图 16-67 沥青砂浆、混凝土地面

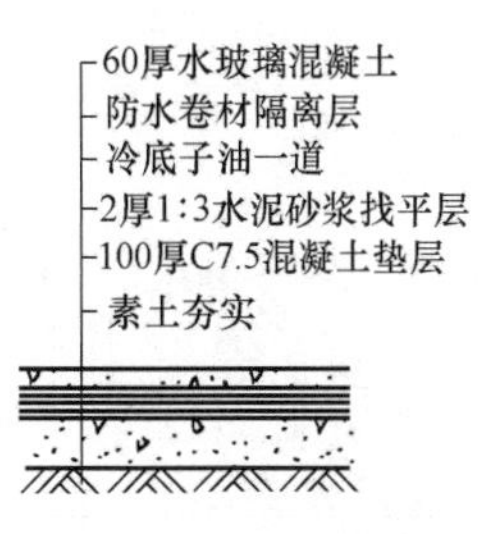

图 16-68 水玻璃混凝土地面

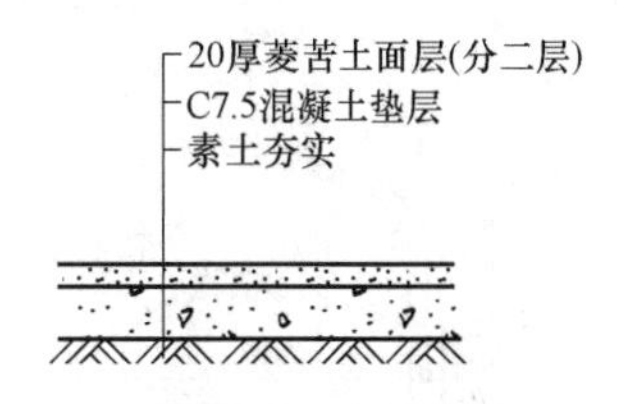

图 16-69 菱苦土地面

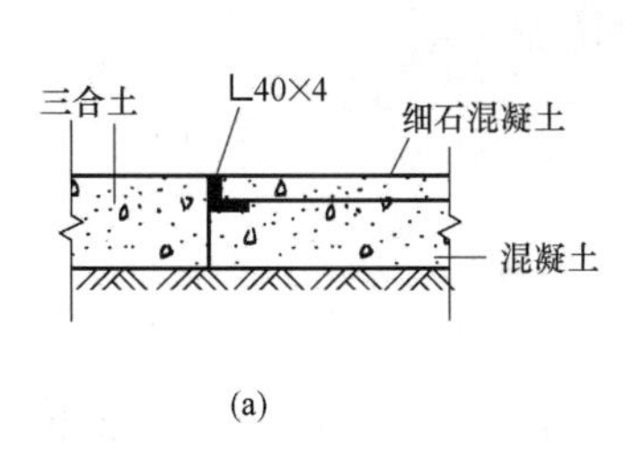

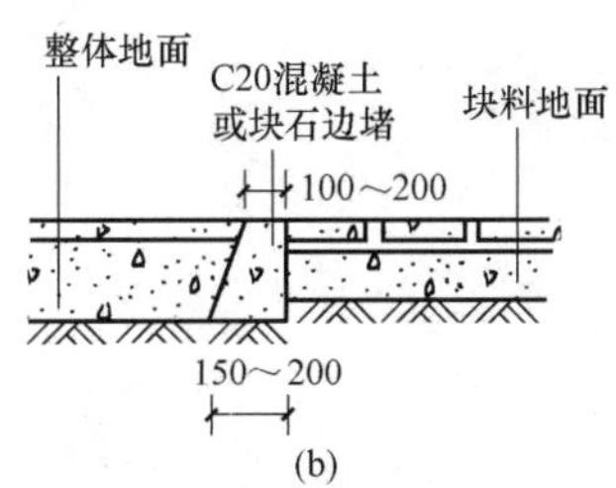

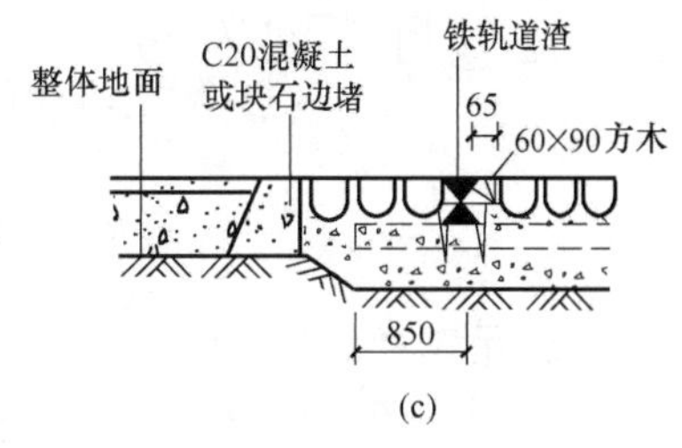

图 16-70 不同地面的交接缝

(a) 平头缝；(b) 企口缝；(c) 假缝

两种不同材料的地面，由于强度不同，接缝处极易破坏，可在交界处的垫层中预埋钢板焊接角钢嵌边，或用混凝土预制板加固，如图 16-70（a）、（b）所示。当厂房内铺设有铁轨时，应考虑道砟及枕木安装方便，在距铁轨两侧不小于 850mm 的地带采用板、块材地面。为使铁轨不影响其他车辆和行人的通行，轨顶应与地面相平，如图 16-70（c）所示。图 16-71 为不同地面交接处理实例。

图 16-71 不同地面交接处理实例

16.5.2 其他构造

1. 金属梯

在厂房中由于使用的需要，常设置各种金属梯，如从地面到工作平台的工作梯，到吊车操纵室的吊车梯，以及室外到屋面去的消防检修梯等。它们的宽度一般为600～800mm，梯级每步高为300mm，其形式有直梯和斜梯。

（1）作业平台梯

作业平台梯多用钢梯，为节约钢材及减少占地，作业平台梯的坡度有45°、59°、73°及90°等，作业钢梯的形式如图16-72所示。

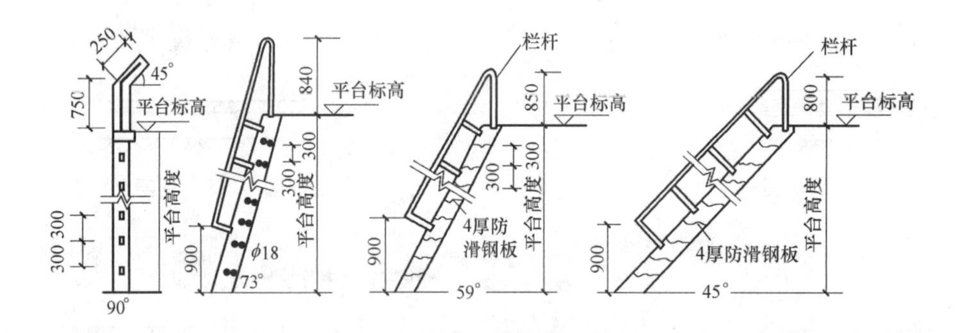

图16-72 作业钢梯的形式

（2）吊车梯

吊车梯是为吊车司机上下吊车而设，其位置应设在便于上吊车操纵室的地方，考虑不妨碍工艺布置及生产操作，避免碰撞车挡，一般设在第二个柱距。

吊车梯均用型钢制作，采用斜梯。为避免平台处与吊车梁碰头，梯平台一般略低于桥式吊车操纵室（约1000mm左右），再从梯平台设置爬梯上吊车操纵室。当梯平台的高度在5～6m时，其中间还须设休息平台。当梯平台的高度在7m以上，则应采取双跑或多跑梯。吊车梯梯段宽度为600mm，如图16-73所示。

（3）消防检修梯

图16-73 吊车梯

图16-74 消防检修梯

图16-75 走道板

为消防及屋面检修、清灰等，单层厂房需设置消防检修梯，如图 16-74 所示。相邻屋高差在 2m 以上时，应设置消防检修梯。其位置一般沿外墙设置，且设在端部山墙或侧墙实墙面处。消防检修梯有直钢梯和斜钢梯两种。当厂房檐口高度小于 15m 时选用直钢梯，大于 15m 时宜选用斜钢梯。

直钢梯宽度一般为 600mm，斜钢梯宽度为 800mm。为便于管理，梯的下端距室外地面宜不小于 2m。

2. 走道板

走道板又称安全走道板，如图 16-75 所示，是为维修吊车轨道和检修吊车而设。走道板均沿吊车梁顶面铺设。

走道板的构造一般均由支架、走道板及栏杆三部分组成。支架及栏杆均采用钢材。走道板通常采用钢筋混凝土板、防滑钢板。

走道板上的栏杆立柱采用 $\phi 22$ 钢筋或 $\phi 25$ 铁管，栏杆扶手采用 $\phi 25$ 铁管为宜，栏杆高度为 900mm。

16.6 钢结构厂房构造

钢结构厂房是指主要的承重构件是由钢材组成的，包括钢柱子、钢梁、钢结构基础、钢屋架（当然厂房的跨度比较大，基本现在都是钢结构屋架了）等。钢结构厂房的墙体也可以采用块材和板材墙体。由于我国的钢产量增大，其建设速度快、适应条件广泛等特点，很多都开始采用钢结构厂房，在构造组成上与钢筋混凝土结构厂房大同小异。

钢结构厂房特点有：(1) 钢结构建筑质量轻、强度高、跨度大；(2) 钢结构建筑施工工期短，相应降低投资成本；(3) 钢结构建筑防火性高，防腐蚀性强；(4) 钢结构建筑搬移方便，回收无污染。

16.6.1 钢结构厂房类型

钢结构厂房总体有轻型和重型钢结构厂房之分。根据跨度分有单跨和多跨钢结构厂房，如图 16-76、图 16-77 所示；根据有无吊车分有吊车钢结构厂房和无吊车钢结构厂房，如图 16-78、图 16-79 所示。

图 16-76 单跨厂房

单跨厂房就是由两排柱子组成的纵向延伸的长方形工业生产空间。屋顶架在两排柱子上，当有吊车的时候，柱子采用牛腿柱（就是柱子中间挑出一部分用来承担吊车等荷载）。

图 16-77 多跨厂房

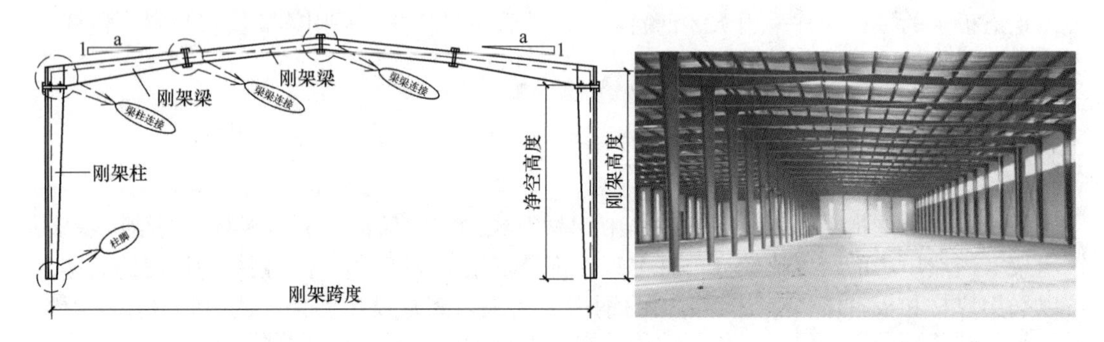

图 16-78 无吊车厂房

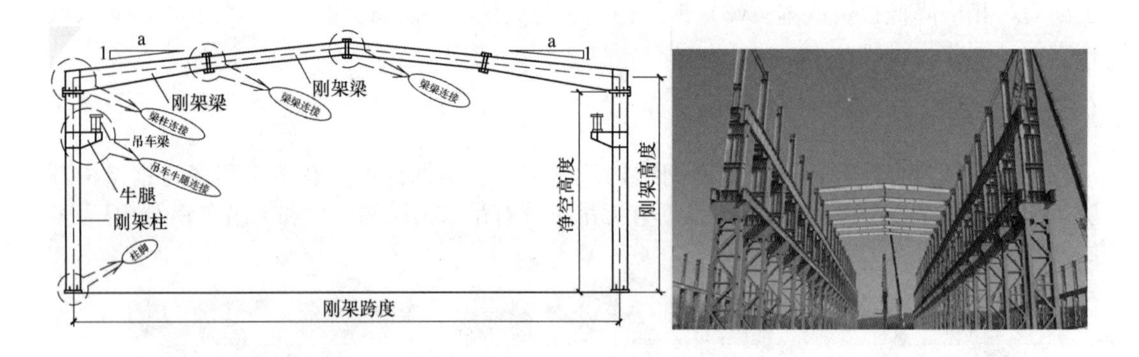

图 16-79 有吊车厂房

多跨厂房就是由两个跨度及以上跨度组成的厂房。

16.6.2 钢结构厂房构件

钢结构厂房的基本组成如图 16-80 所示。

1. 钢柱

钢结构钢柱按照结构形式大致可分为实腹柱和空腹柱两类。实腹柱可以是矩形的 H 形柱子，也可以是梯形的变截面柱子，制作简便，安全可靠。空腹柱是格构柱，制作有难度，受力合理，自重轻。钢柱示例如图 16-81 所示。

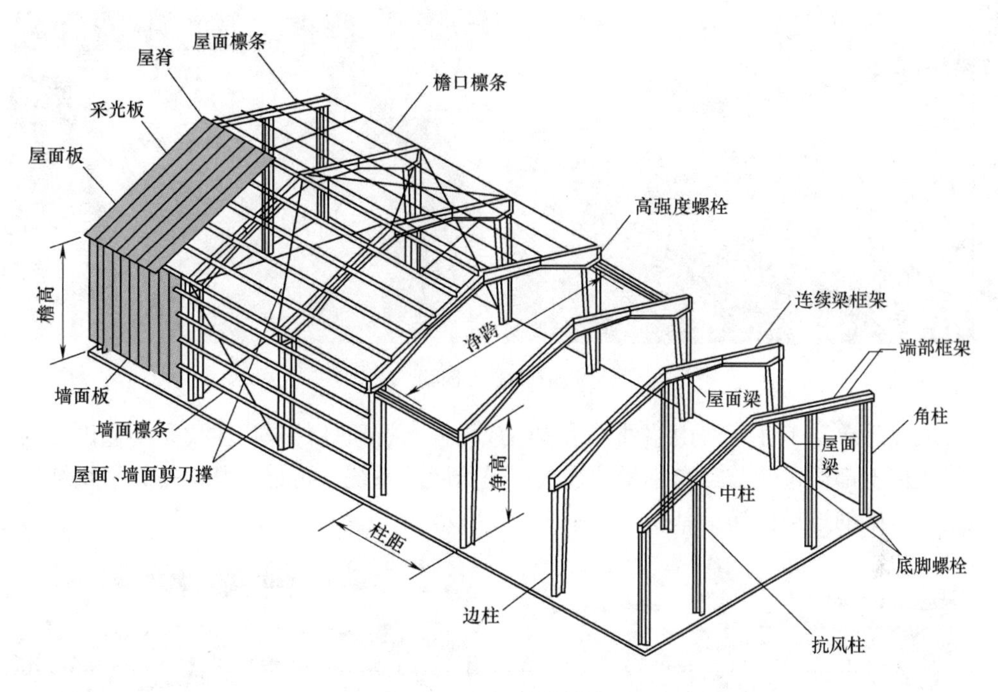

图 16-80 钢结构组成

图 16-81 钢柱

2. 钢梁

钢梁是由钢板或型钢焊接或铆接而成的构件。由于铆接费工费料，常以焊接为主。常用的焊接组合梁为由上、下翼缘板和腹板组成的工字形截面和箱形截面梁。后者较废料，且制作工序较繁，但具有较大的抗弯刚度和抗扭刚度，所以适用于有侧向荷载和抗扭要求较高或梁高受到限制等情况。钢梁示例如图 16-82 所示。

3. 抗风柱

图 16-82　钢梁

抗风柱是单层工业厂房山墙处的结构组成构件，抗风柱的作用主要是传递山墙的风荷载，抗风柱上部通过铰节点与钢梁的连接传递给屋盖系统，再传至整个排架承重结构，下部通过与基础的连接传递给基础，如图 16-83 所示。

图 16-83　抗风柱

4. 吊车梁

吊车梁是用于专门装载厂房内部吊车的梁，安装在厂房的上部。吊车梁上设有轨道，吊车通过轨道在吊车梁上来回行驶。吊车梁跟钢梁相似，区别在于吊车梁腹板上焊有密集的加劲板，为吊车吊运重物提供支撑力，由钢板焊接成型，如图 16-84 所示。

5. 檩条

檩条一般采用 C 形钢和 Z 形钢。

图 16-84　吊车梁

C形钢有镀锌C形钢、玻璃幕墙C形钢、加筋C形钢、单边C形钢、不等边C形钢、直边C形钢、斜边C形钢、屋面（墙面）檩条C形钢等，如图16-85所示。

Z形钢如图16-86所示，Z形钢具有强度高、节约钢材、安装方便快捷等优良性能，主要用于钢结构建筑的檩条，特别适用于坡屋面的檩条。

图16-85 C形钢

图16-86 Z形钢

6. 支撑体系

单层工业建筑的支撑体系包括系杆、隅撑、水平支撑、垂直支撑等。支撑分为柔性支撑和刚性支撑两种。柔性支撑由圆钢制作，安装时必须张紧，主要用于门式刚架结构。刚性支撑由型钢制作，用于多层框架、吊车梁下段支撑等刚度要求高的结构中，部分支撑体系如图16-87所示。屋面水平支撑做法同柱间支撑。

系杆是在屋架下弦或上弦节点处，在不设置竖向支撑的屋架之间沿房屋纵向设置的水平通长连系杆件，如图16-88所示。系杆和支撑联合作用，形成封闭的受力体系。在支撑端头有刚性构件和传递压力的情况下，不需设置系杆。

隅撑是连接钢梁和檩条的接近45°方向斜撑（在梁上的连接点靠近梁的下翼缘板）。隅撑与钢架构件腹板的夹角不宜大于45°，隅撑可用角钢制作或扁钢压制成型，如图16-89所示。

水平支撑是在屋架间设置的水平桁架，如图16-90所示。水平支撑分为横向上、下弦水平支撑和纵向上、下弦水平支撑。

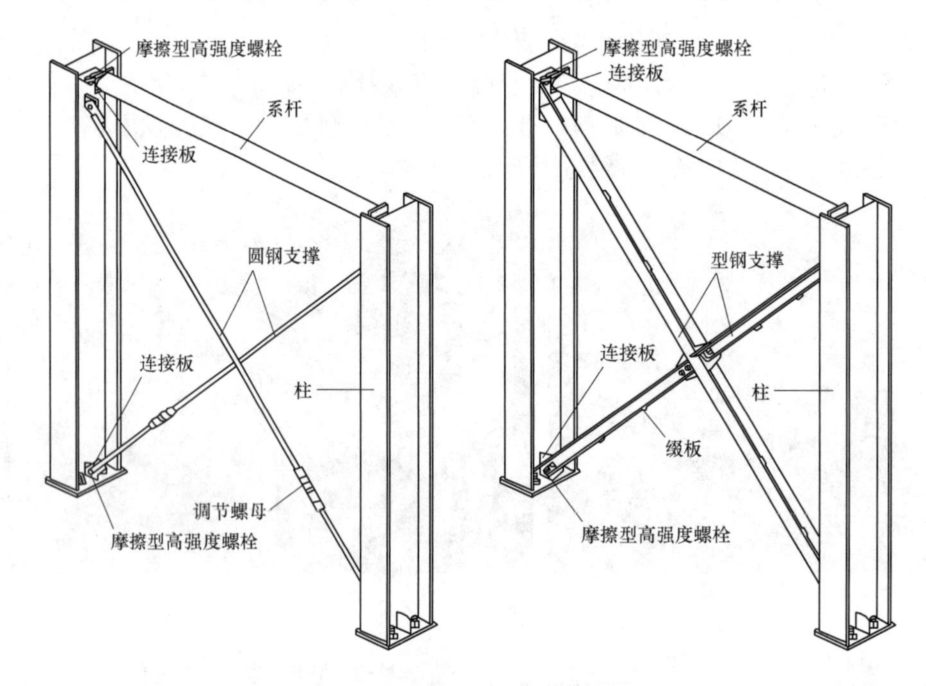

图 16-87 支撑体系示例

图 16-88 系杆

垂直支撑是设置在柱子之间的支撑体系，主要作用是保证屋架侧向稳定性并传递纵向水平力，传递纵向风荷载等至屋架支柱，柱间支撑如图 16-91 所示。

7. 压型钢板外墙

(1) 压型钢板外墙材料

压型钢板是指将厚度 0.4～1.6mm 薄板经成型机辊压冷弯加工成波形、V 形、U 形、W 形及其他形状的轻型建筑板材。彩色涂层压型钢板除自身较轻和施工方便外还具有较高的耐温性和耐腐蚀性，一般使用寿命可达 20 年左右。压型钢板按照材料的热工性能可

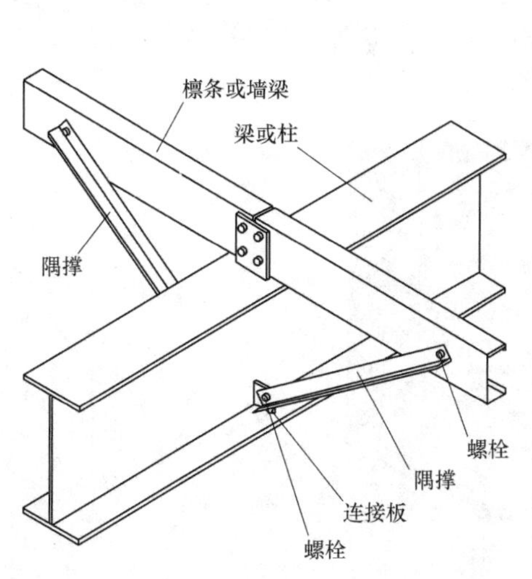

图 16-89 隅撑

图 16-90 水平支撑

图 16-91 垂直支撑

分为非保温压型钢板和保温复合压型钢板。

(2) 压型钢板节点构造

压型钢板外墙构造力求简单，施工方便，与墙梁连接可靠，转角构造应有足够的搭接长度，以保证防水效果。压型钢板外墙实例如图 16-92 所示。图 16-93 和图 16-94 分别为非保温型（单层板）和保温型外墙压型钢板。图 16-95 为外墙转角实例。图 16-96 为山墙与屋面处泛水构造。图 16-97 为彩板与砖墙节点构造。

图 16-92 压型钢板外墙

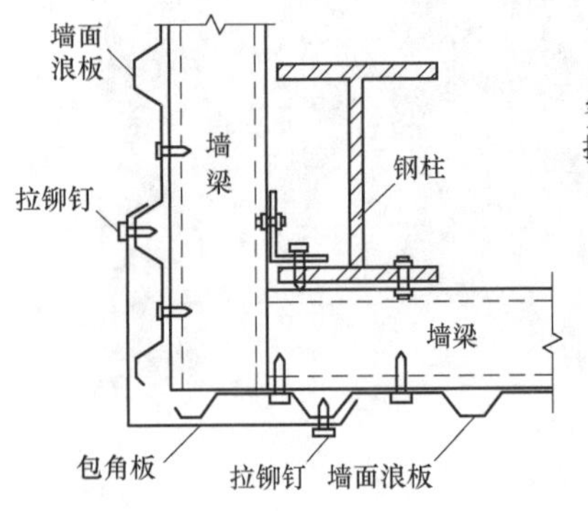

图 16-93 非保温外墙转角

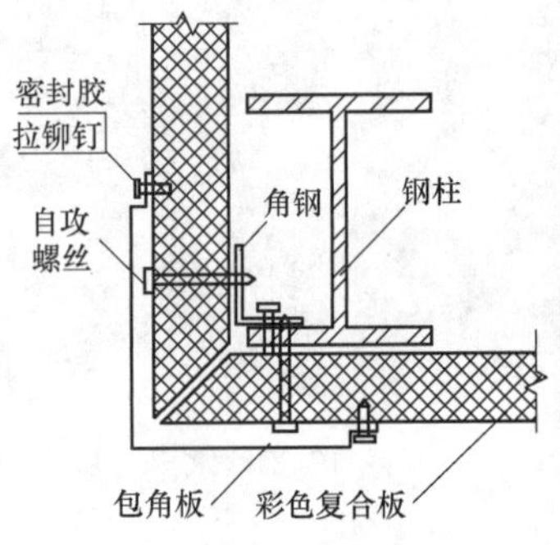

图 16-94 保温外墙转角

图 16-95 外墙转角实例

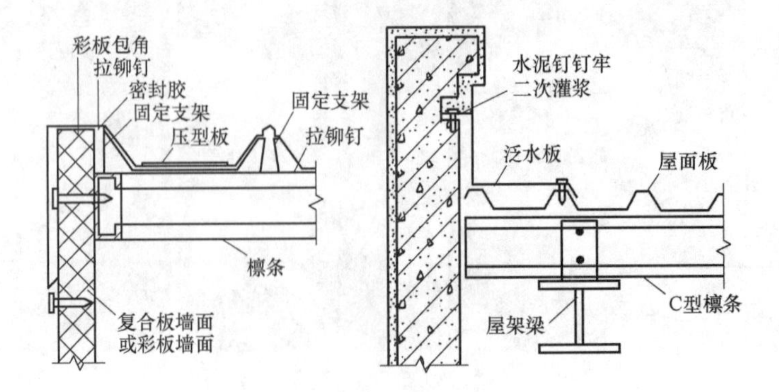

图 16-96 山墙与屋面处泛水构造

8. 压型钢板屋顶

厂房屋顶应满足防水、保温隔热等基本要求。钢结构厂房屋面采用压型钢板有檩体系，即在钢架斜梁上设置 C 形或 Z 形冷轧薄壁钢檩条，再铺设压型钢板屋面。彩色压型钢板屋面施工速度快、重量轻、表面带有色彩涂层，防锈、耐腐、美观，并可根据需要设置保温、防结露涂层等。

压型钢板屋面构造做法与墙体做法有相似之处。图 16-98 为压型钢板屋面及檐沟构造做法，图 16-99 为屋脊节点构造，图 16-100 为内天沟构造做法，图 16-101 为双层板屋面构造。详细连接构造可参考相关的图集。

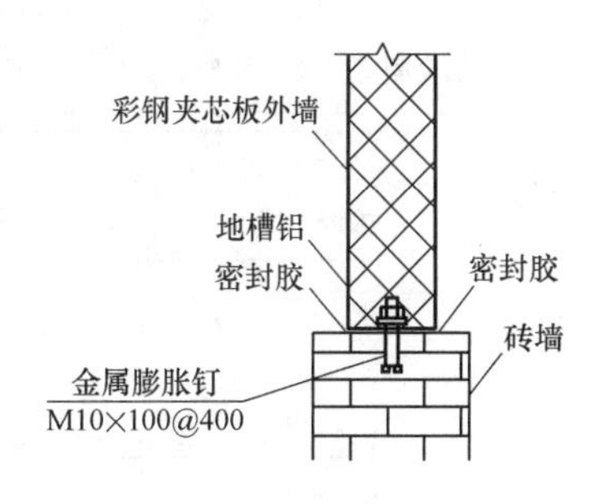

图 16-97　彩板与砖墙节点构造

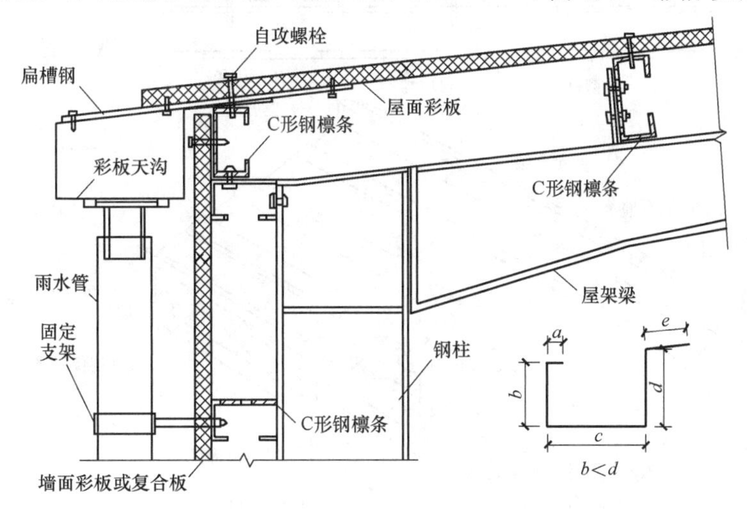

图 16-98　压型钢板屋面及檐沟构造

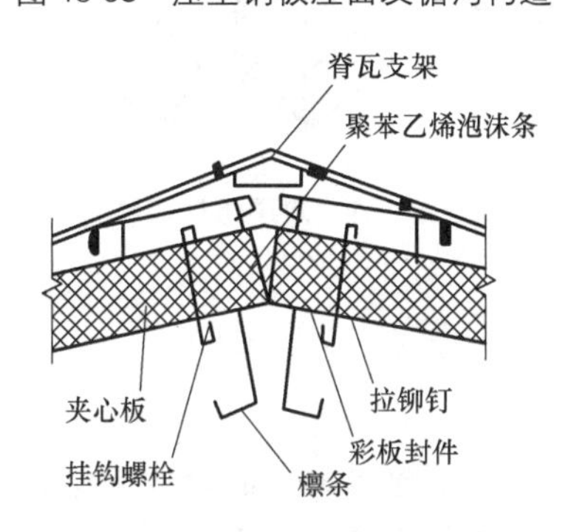

图 16-99　屋脊节点构造

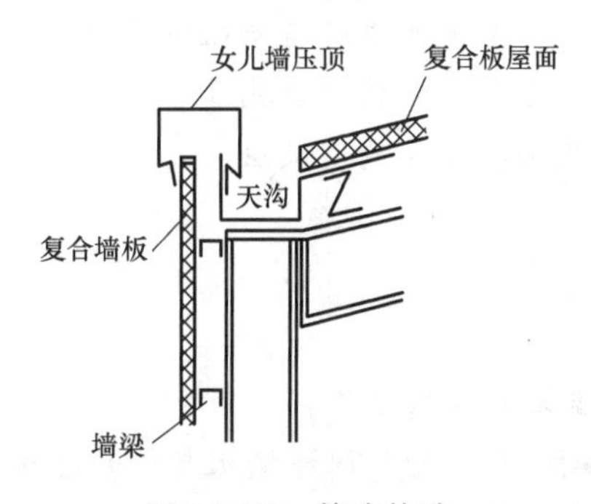

图 16-100　檐沟构造

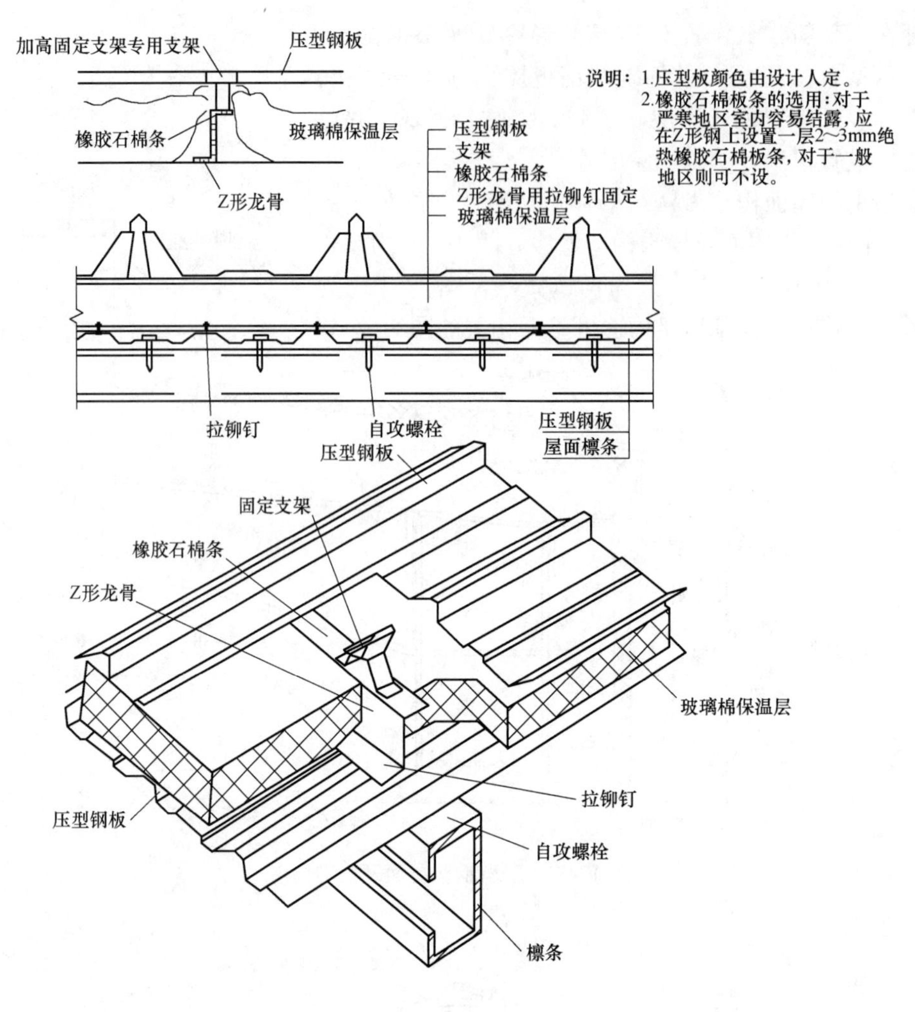

图 16-101　双层板屋面构造

本章小结

本章主要讲述单层工业建筑各个组成部分的构造原理和构造方法。单层工业建筑的各个组成部分包括墙体、天窗、屋面、地面、门窗等，由于采用的结构形式和所选的材料不同而形成不同的构造形式。本章系统地讲解这些组成部分的不同的构造形式。本章还简单地介绍了钢结构厂房的结构特点和构件的细部构造。

本章的重点是墙体构造做法和天窗构造做法。

思考与练习题

16-1　简述砖墙与柱、屋架的连接方法。

16-2　板材墙的布置方式有哪几种？简述墙板与柱的连接方法。

16-3　简述工业建筑承重和非承重块材墙的特点及适用范围。

16-4　简述基础梁设置的位置、断面形式以及基础梁与基础连接处理方法。

16-5　简述圈梁、连系梁的作用及与柱的连接。

16-6　屋盖结构的种类有哪些？简述其特点及适用范围。

16-7　简述厂房排水方式及屋面防水构造做法。

16-8　厂房屋面细部构造有哪些？

16-9　简述天窗的作用与类型。

16-10　矩形天窗由哪几部分组成？各组成部分构造做法是怎样的？什么叫矩形通风天窗（避风天窗）？

16-11　下沉式通风天窗有哪几种形式？

16-12　简述平天窗的类型和构造要点。

16-13　简述厂房侧窗的形式及适用范围。

16-14　简述厂房大门的门洞尺寸、类型及构造要求。

16-15　简述厂房地面的要求及组成。

16-16　简述金属梯的种类、设置要求及构造。

16-17　钢结构厂房特点有哪些？

16-18　钢结构厂房有哪些类型？

16-19　简述钢结构的构件组成及各构件的作用和构造要点。

附录Ⅰ　某六层砖混结构住宅建筑施工图（部分）

建筑施工设计总说明

1. 规划局批准的某小区规划
2. 建设方提供的设计委托书
3. 建设方提供的《岩土工程勘察报告》
4. 依据国家现行有关设计规范，规程及标准

1）《民用建筑设计通则》GB 50352—2005

2）《建筑设计防火规范》GB 50016—2014

3）《住宅建筑规范》GB 50386—2005

4）（寒冷地区）DBJ 41/062—2005

1. 工程名称：本工程为某 1 号住宅楼
2. 建筑规模：本工程为住宅，砖混结构，地上六层，地下一层，建筑高度 19.0m，总建筑面积 3430m²，其中地上 3196.00m²，地下 234.00m²。
3. 建筑分类：本工程地上建筑耐火等级为二级，地下建筑耐火等级为一级，地下室储存物品火灾危险性类别为戊类。屋面防水为二级，地下室防水为二级，抗震设防烈度为 8 度，使用年限 50 年。

1. 高程

±0.000 的绝对标高见详细规划。

2. 墙体工程

1）纵横墙凡未标注的厚度均为 240 墙（轴线居中）。

2）标高±0.000 至屋面的墙体用煤矸石烧结多孔砖，标高±0.000 以下墙体和女儿墙用煤矸石烧结实芯砖。

3）除注明外，240 墙体门垛为 120mm，120 墙体门垛为 60mm。

3. 屋面工程

1）屋面防水等级为 2 级，防水层使用年限为 15 年。做法详见 05YJ1 屋 27（B2—65—F1），SBS 防水卷材面层带反光膜。隔汽层为基层处理剂一道，4 厚 SBS 防水卷材两道。落水管为 ϕ100UPVC，做法见 05YJ5—2(1/65)(1/66)。雨篷防水见 05YJ1 屋 12（F1）。

2）屋面上人孔见 05YJ5—2(1/27)，爬梯见 O5YJ51-1(2/13)，屋面出入口见 05YJ5-1(1/12)，H 为 400。

3）管道、排气道出屋面做法详见 05YJ5-3(2/4)。

4. 门窗立樘及材料

1）除注明外，所有门窗均立樘墙中，外墙窗户均设窗套，100 宽，凸出墙面 15mm 厚，白色。

2）除注明外，外墙窗、门连窗均选用 90 系列白色塑钢框，白色中空玻璃（5＋10＋5），外墙窗均加纱窗扇。阳台和内墙窗户为单框单玻。一层外墙窗均加不锈钢防盗窗。

3）塑钢框及玻璃的性能指标，所有五金零件均按 05YJ4-1 执行。

5. 室内装修

详见室内装修做法表。

6. 室外装修

见 05YJ1 外墙 26，颜色见立面图。其具体材料及色彩应做出样板，经建设方及设计方认可后，方可施工。

7. 消防设计

本工程分为两个防火分区，每个防火分区设疏散楼梯一或两部，直接对外采光、通风、疏散。

8. 油漆涂料工程

1）内门等木构件油漆选用米黄色调和漆，做法详见 05YJ1 涂 1。

2）室内各项露明金属件均刷防锈漆两道后再刷三遍调和漆，做法详见 05YJ1 涂 13。

9. 建筑维护结构的节能保温设计（寒冷地区）

1）建筑体型系数 $S=0.28<0.3$。

2）窗户的空气层厚度为 10mm，气密性等级：住宅 3 级。

3）围护结构保温设计表

保温部位	构造做法	K平（w/m²）	传热系数限值
屋面	05YJ1 屋 23（B1-50-F14）	0.565	0.60
外墙	05YJ3-1(2/A2) 50 厚	0.67	0.75
楼梯间隔墙	外贴 40mm 厚保温聚苯板	1.27	1.65
窗户	塑钢单框中空玻璃窗	2.7	2.80
阳台门下部芯板	挤塑板 40mm 厚贴 1.0 米高	<1.72	1.72
接触室外或不采暖空间上部的地板	外贴 60mm 厚保温聚苯板	0.478	0.50

4）不同朝向窗墙面积比（居住建筑类选用）

朝向	窗墙面积比		
	实际值	节能标准规定的限值	
北向	0.42	0.25	
东/西向	0.01	0.30	
南向	0.12	0.35	

5）建筑物耗热量指标 $qh=12.27\mathrm{W/m^2}<14.1\mathrm{W/m^2}$。

6）外贴保温聚苯板胶粘剂初凝后，钻孔安装锚栓，每平方米 2 个以上。

7）外凸窗上下板外贴 100mm 厚聚苯乙烯沫塑料保温板。

8）聚苯乙烯泡沫塑料板导热系数为 0.042W/(m·K)，表观密度为 20kg/m³。

9）挤塑型聚苯乙烯泡沫塑料板导热系数为 0.030W/(m·K)，表观密度为 25kg/m³。

10. 其他

1）散水宽 1000mm，选用 05YJ1 散水 1。伸缩缝间距 9m。

2）坡道选用 05YJ9—1(1/9)。

3）卫生间、厨房楼地面（完成面）比相应楼层标高低 30mm，建筑防水详见构造做法表。

4）凡有地漏的房间，在直径 3m 范围内均做 1%的坡，坡向地漏。

5）室外台阶见 05YJ9—1(2/F6)，毛面花岗岩。

6）外墙保温见 05YJ1—1(1/A5)(2/A5)(3/A5)，女儿墙保温见 05YJ3—1(1/A6)，窗套保温见 05YJ3—1(1/A8)(3/A8)；空调搁板保温见 05YJ3—1(4/A1)，阳台保温按敞开阳台设计见 05YJ3—1(2/A1)(3/A1)(4/A1)；雨棚保温见 O5YJ3—1(3/A1)(4/A1)，凸窗窗口保温见 05YJ3—1(1/A9)(2/A9)。

7）护窗栏杆选用 05YJ8(1/73)；

商业楼梯选用 05YJ(2/43)(7/80)，$\phi60$ 不锈钢扶手，栏杆净距 110mm；

住宅楼梯选用 05YJ8(1/22)(7/80)，$\phi50$ 钢管扶手，$\phi18$ 栏杆净距 110mm；

南阳台晒衣架：98ZJ901(5/28)；

厨房排烟道见 05YJ11—3(2/4)。厕所排气道见 05YJ11—3(7/4)。

8）外墙窗户设窗套，100 宽，凸出墙面 30，白色。

9）地下室防水做法见地下室防水做法详图。

10）所有穿楼、地面管线均需在管线安装完毕后用 1∶3水泥砂浆打底，再用防水油膏嵌缝，最后用相同楼地面材料做面层，若缝宽大于 30mm 时，内嵌 C20 细石膨胀混凝土。

11）图中所注尺寸除总图和标高以米为单位标注外，其余标注均为毫米单位。

12）建筑设备预留洞和槽均见设备施工图，施工时必须与结构、水、暖、电专业配合，不得后凿。

13）未尽事宜，按照国家现行设计及施工规范、规程、标准施工。

<table>
<tr><td>1</td><td colspan="3">朝向：南北</td><td>2</td><td>采暖期(天数)$Z=100$(d)</td></tr>
<tr><td>3</td><td colspan="3">采暖期室外平均温度：$t_e=1.2$℃</td><td>4</td><td>总建筑面积：$A_0=3430\mathrm{m^2}$</td></tr>
<tr><td>5</td><td colspan="3">建筑体积 $V_0=8003\mathrm{m^3}$</td><td>6</td><td>换气体积：$V=5504\mathrm{m^3}$</td></tr>
<tr><td>7</td><td colspan="3">建筑物外表面积：$F_0=2276.4\mathrm{m^2}$</td><td>8</td><td>体形系数：$S=0.28$</td></tr>
<tr><td>9</td><td colspan="5">围护结构传热系数的修正 ε 值和温差修正系数 n 值见《河南省民用建筑节能设计标准实施细则》20 页附录 B，附表 B-1，21 页附表 B-2</td></tr>
<tr><td>10</td><td>门窗气密性指标</td><td>气密性等级：</td><td>三级</td><td>空气渗透量：</td><td>$q_0\leqslant2.5\mathrm{m^3/(m\cdot h)}$</td></tr>
</table>

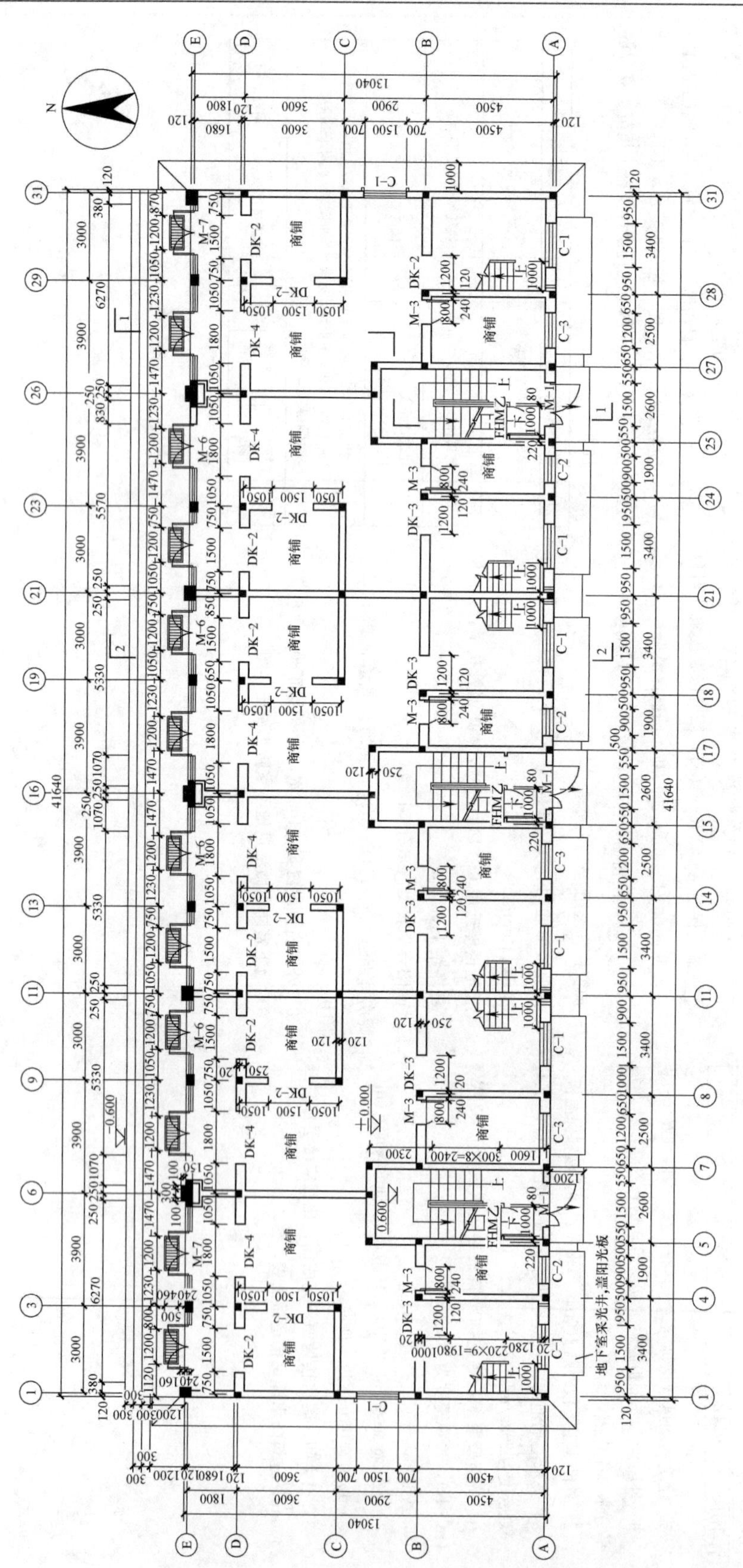

附图 1-1 一层平面图 1：100

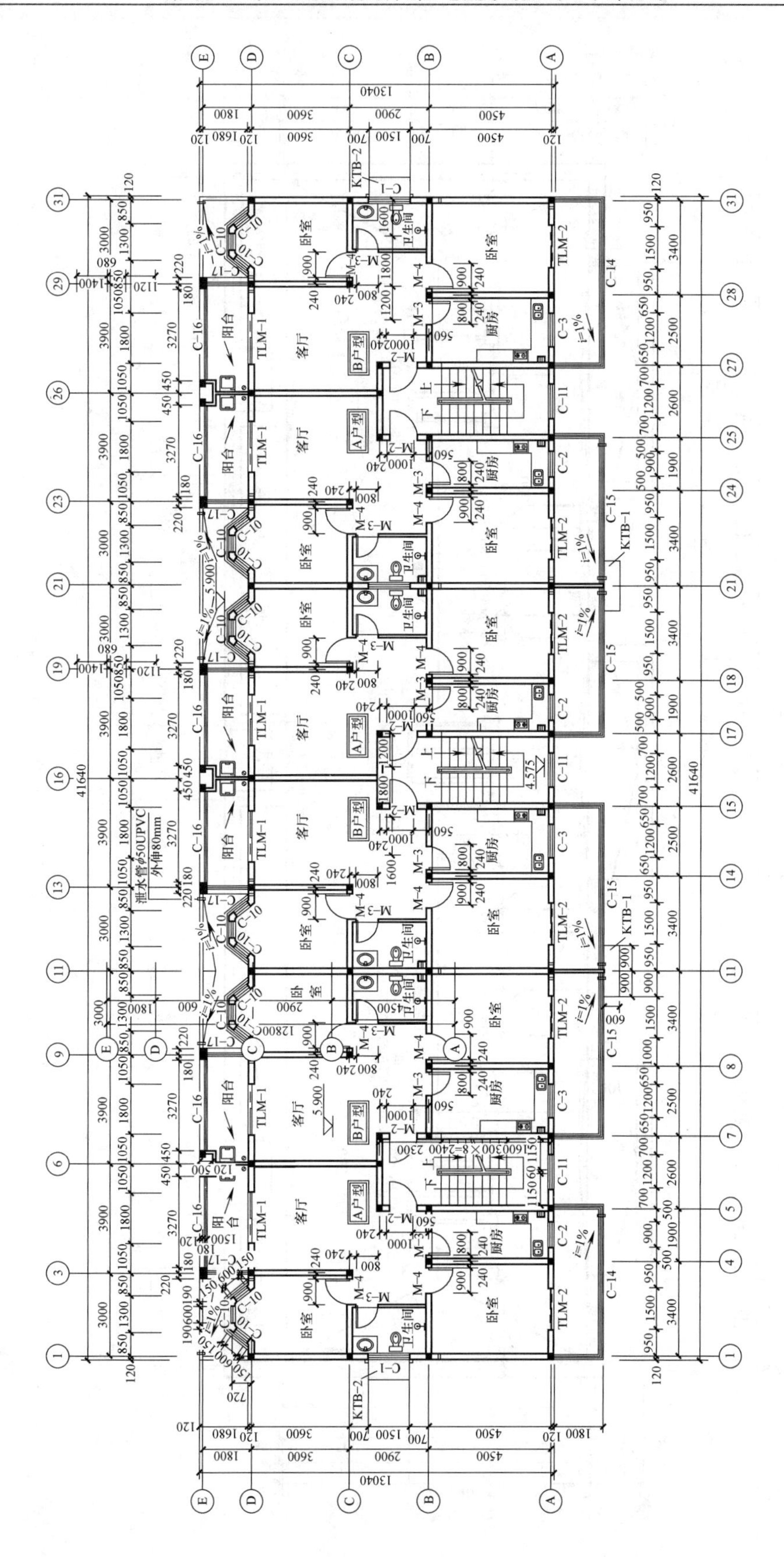

附图 1-2 三层平面图 1：100

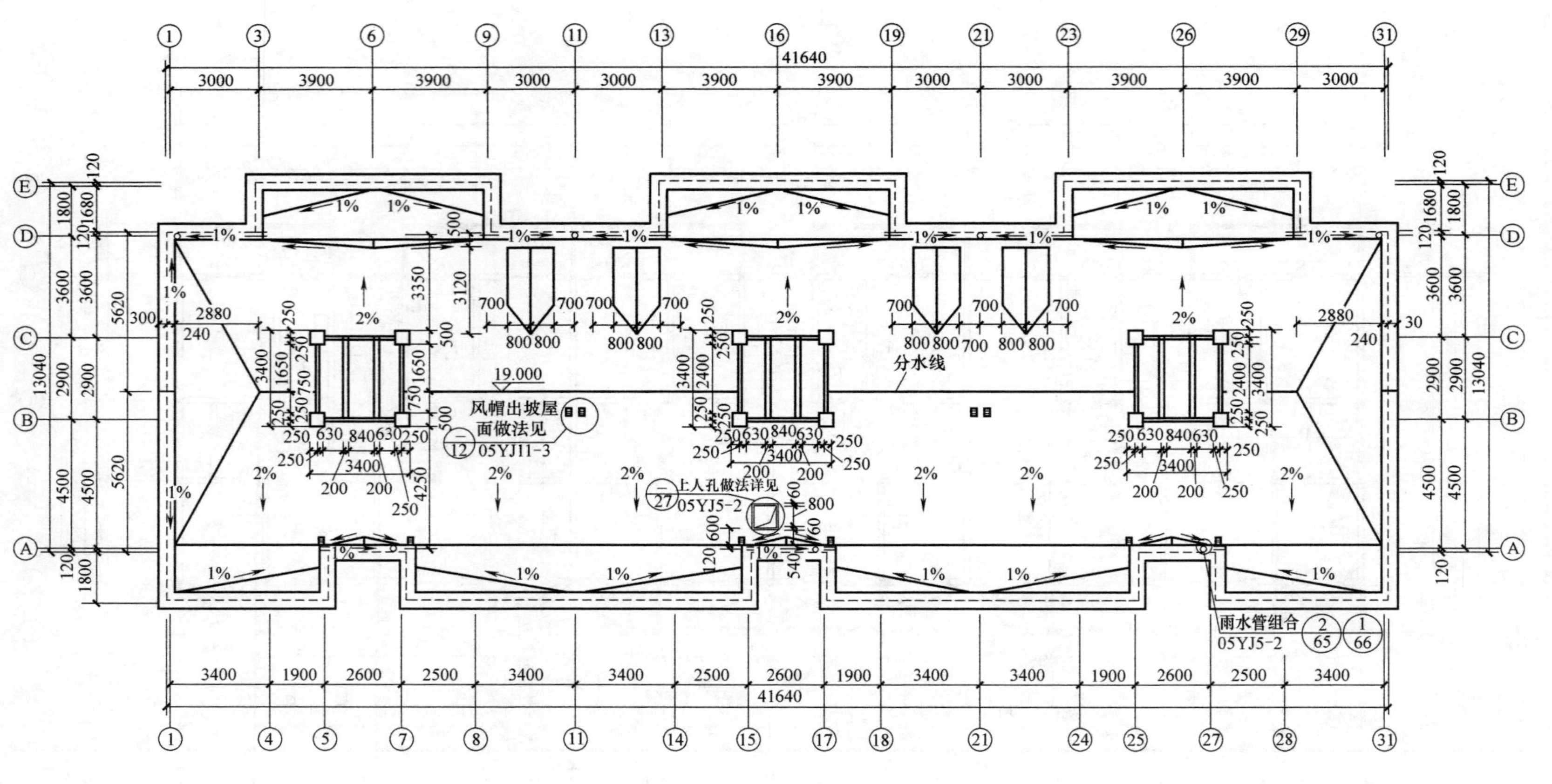

附图 1-3 屋顶平面图 1：100

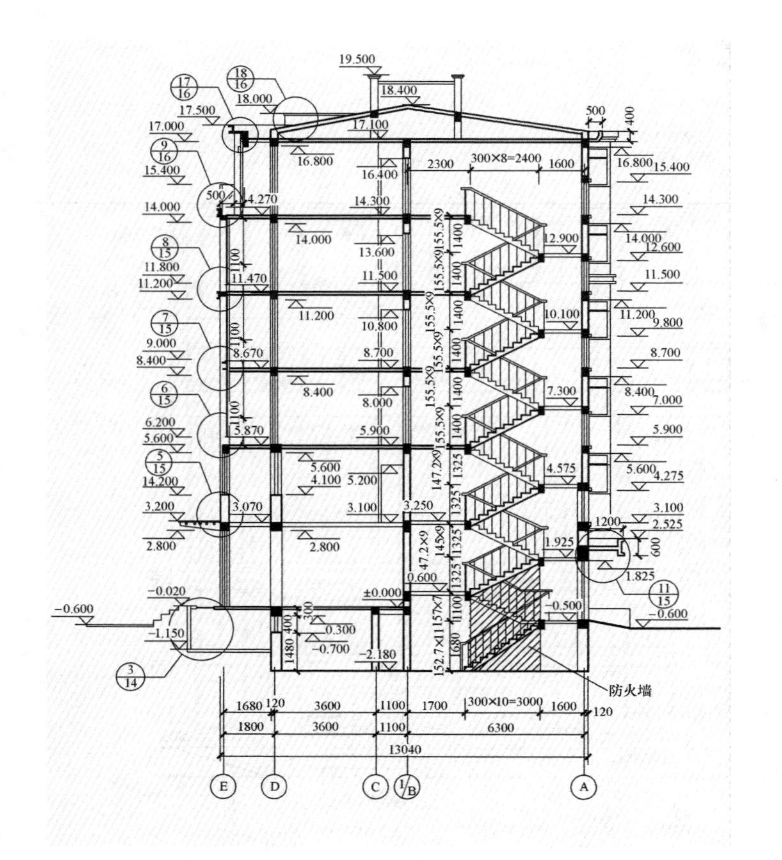

附图 1-4 1—1 剖面图 1∶100

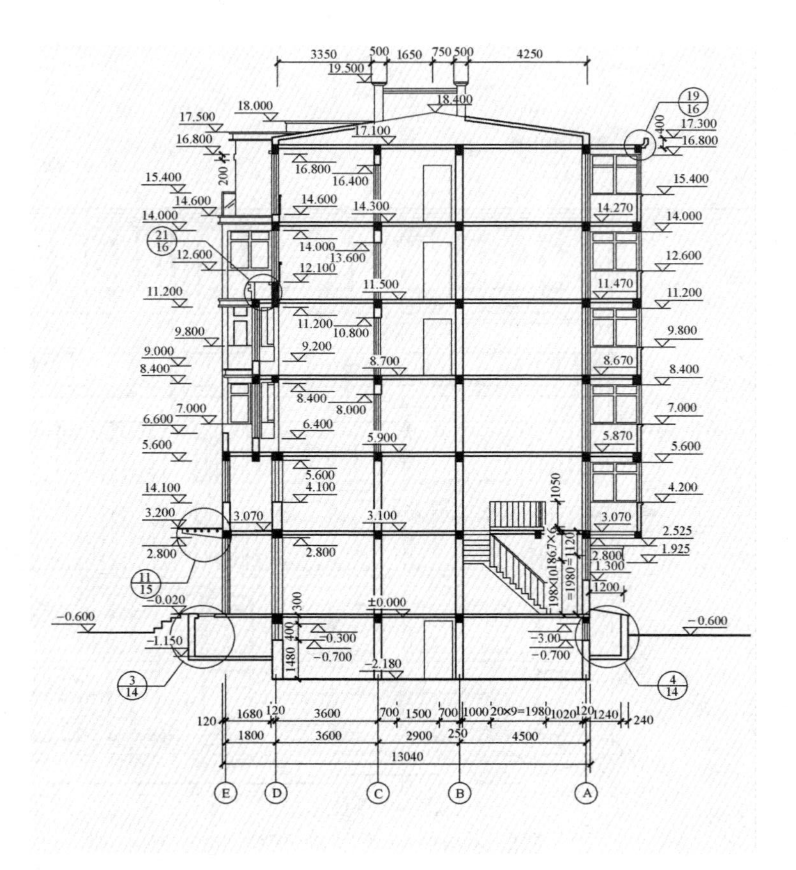

附图 1-5 2—2 剖面图 1∶100

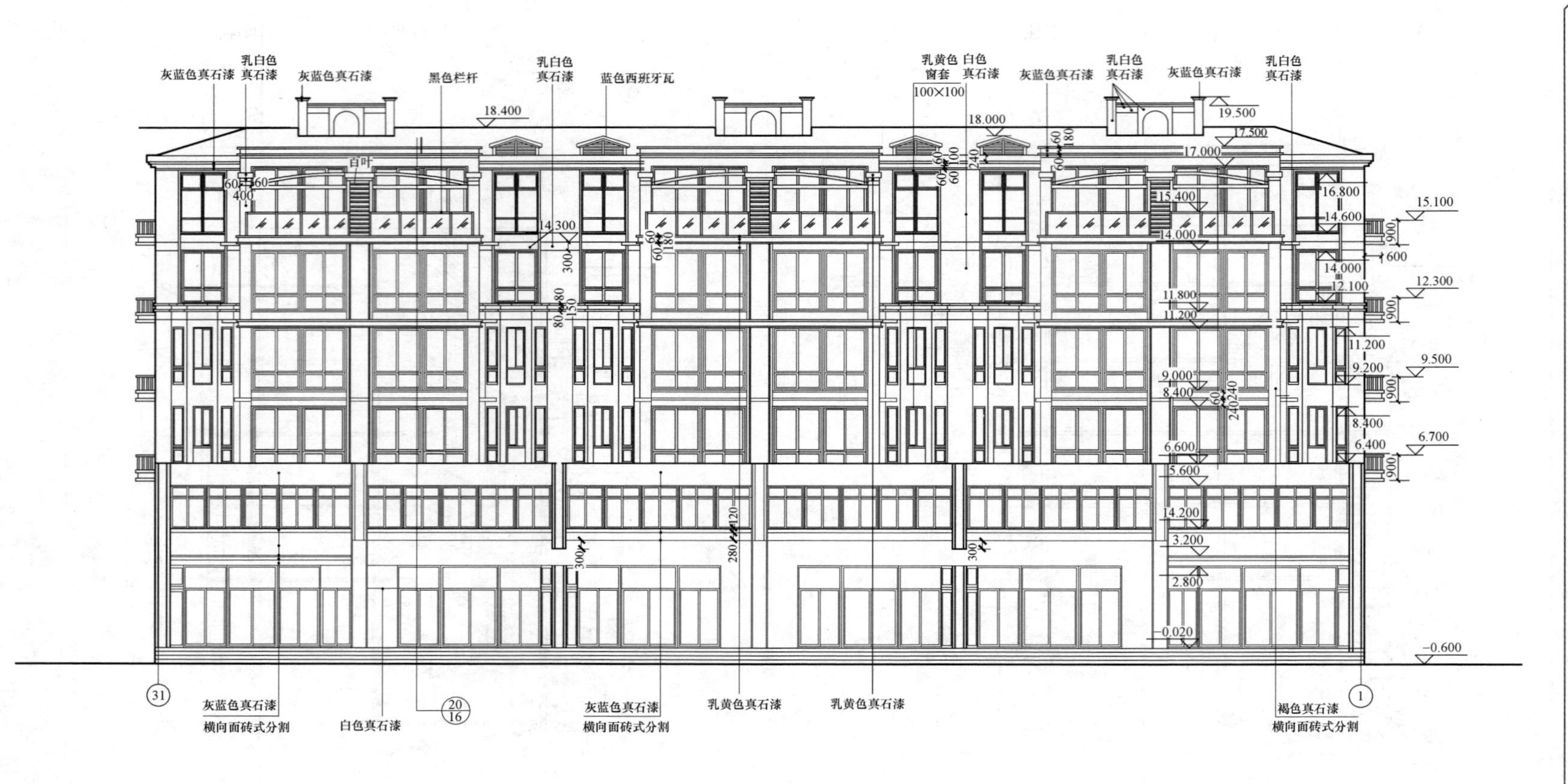

附图 1-6 北立面图 1：100

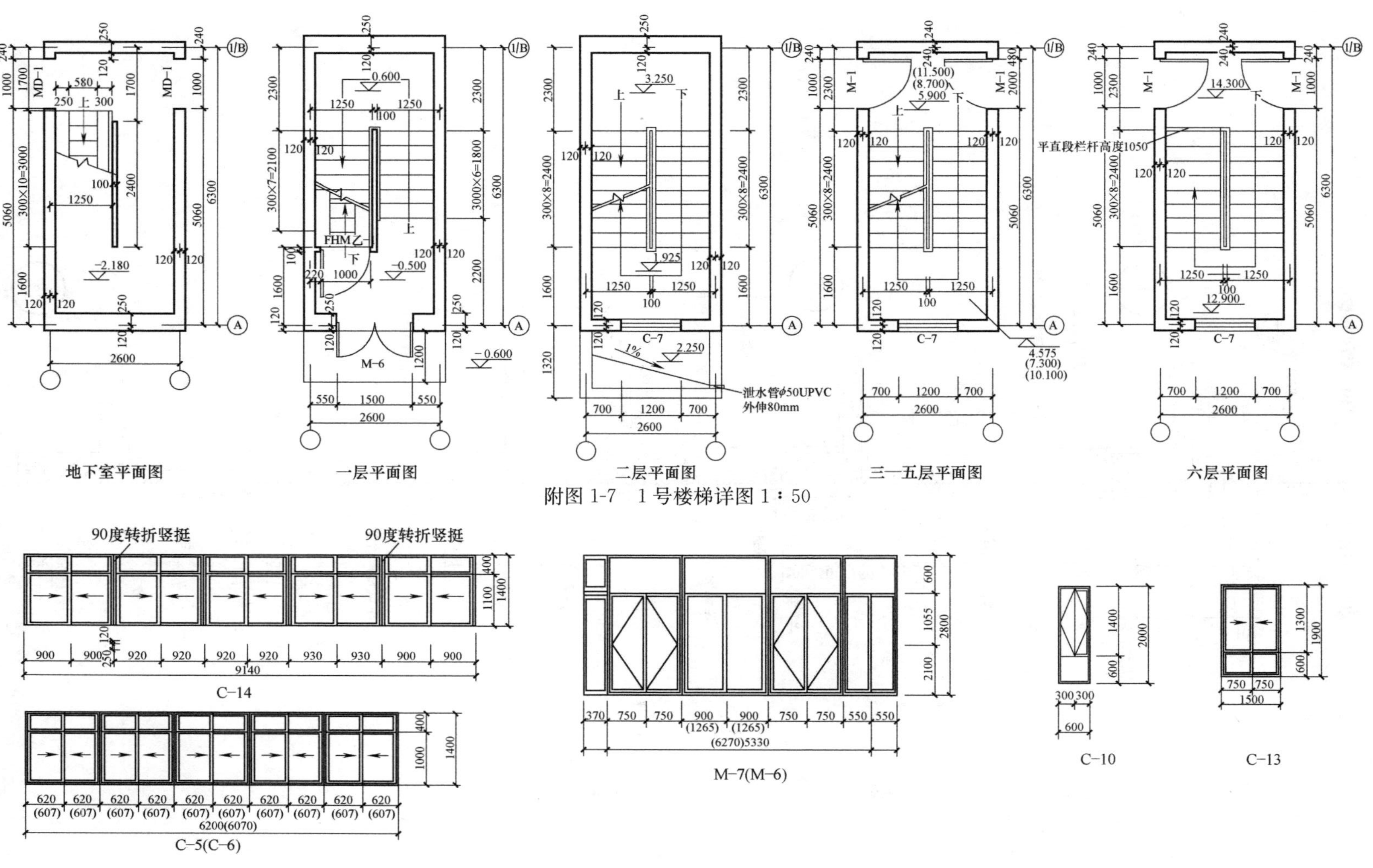

附图 1-7　1 号楼梯详图 1：50

附图 1-8　立面示意图及详图 1：50

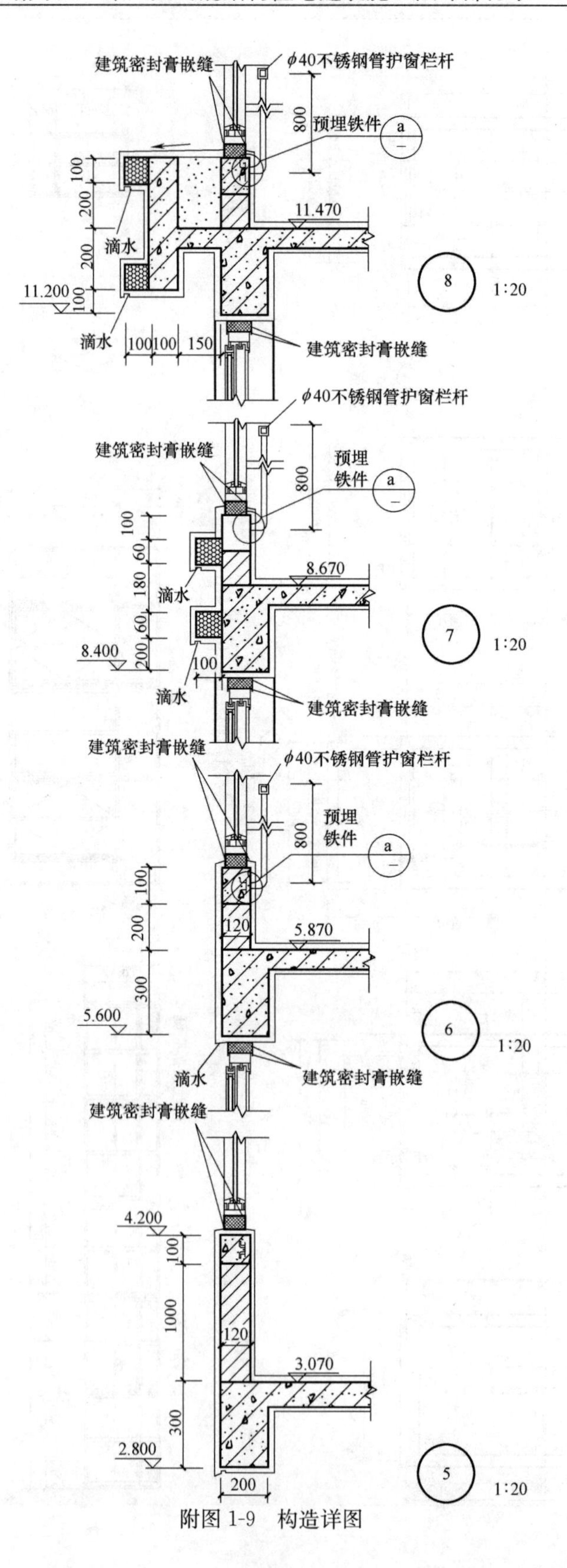
建筑密封膏嵌缝
ϕ40不锈钢管护窗栏杆
800
预埋铁件
a
11.470
滴水
11.200
100
200
200
100
100100 150
8
1:20
建筑密封膏嵌缝
ϕ40不锈钢管护窗栏杆
建筑密封膏嵌缝
预埋
铁件
a
8.670
100
60
180
60
200
8.400
100
滴水
7
1:20
建筑密封膏嵌缝
建筑密封膏嵌缝
ϕ40不锈钢管护窗栏杆
预埋
铁件
a
120
5.870
100
200
300
5.600
滴水
6
1:20
建筑密封膏嵌缝
建筑密封膏嵌缝
4.200
100
1000
120
3.070
300
2.800
200
5
1:20

附图 1-9 构造详图

门窗明细表　　附表 1-1

类型	编号	洞口尺寸(mm)		樘数	采用标准图集		备注
		宽	高		图集代号	编号	
门	M-1	2325	1500	3	05YJ4-1		楼宇防盗门,校核实际尺寸后制作
	M-2	1000	2100	24	05YJ4-1	M-1PM-1021	木门
	M-3	800	2100	54	05YJ4-1	M-2PM-8021	木门
	M-4	900	2100	42	05YJ4-1	M-1PM-0921	木门
	M-5	900	1880	26	05YJ4-1	M-1PM-0921	木门　高改为 1880mm
	M-6	5530	2800	4			全玻门,校核实际尺寸后制作
	M-7	6270	2800	2			全玻门,校核实际尺寸后制作
	TLM-1	1800	2500	30	05YJ4-1	M-2TM-1824	高度改为 2.5m
	TLM-2	1500	2500	30	05YJ4-1	M-2TM-1624	宽改为 1.5m 高度改为 2.5m
防火门	FM 甲-1	1000	1900	2	05YJ4-2	GFM01-1021	甲级防火门,平开,顺序自动关闭
	FM 乙-1	1000	2100	3	05YJ4-2	GFM01-1021	乙级防火门,平开,顺序自动关闭
门洞	MD-1	1000	2000	6			
	MD-2	1500	2800	12			
	MD-3	1200	2800	12			
	MD-4	900	2100	6			
窗	C-1	1500	1500	14	05YJ4-1	S-2TC-1515	
	C-2	900	1500	12	05YJ4-1	S-2TC-0915	
	C-3	1200	1500	12	05YJ4-1	S-2TC-1215	
	C-4	3270	2700	6			
	C-5	6200	1400	4			
	C-6	6070	1400	2			
	C-7	1800	400	6	05YJ4-1	S-1TC-1809	高度改为 0.4m
	C-8	1500	400	14	05YJ4-1	S-1TC-1504	
	C-9	900	400	3	05YJ4-1	S-1TC-0904	
	C-10	600	2200	3			
	C-11	1200	1100	15	05YJ4-1	S-1TC-1212	高度改为 1.1m
	C-12	1500	1900	6			
	C-13	1500	2200	6			
	C-14	9140	1400	10			
	C-15	7760	1400	20			
	C-16	3270	2200	24			
	C-17	1500	1400	18	05YJ4-1	S-2TC-1515	高度改为 1.1m
	C-18	1200	400	3	05YJ4-1	S-1TC-1204	
备注	1. 外墙窗户采用单框(90 框料)中空玻璃塑钢窗,玻璃 5mm 厚,双层玻璃,空气层厚度 10mm,气密性等级为 3 级						
	2. 塑钢窗依据 05YJ4-1 要求内衬"加强筋"型钢						
	3. 阳台窗户为单框单玻,根据实际情况校核无误后进行安装。内墙窗户为单框单玻						
	4. 外墙和阳台窗户设纱扇。一层外墙窗户设不锈钢防盗窗						

附录Ⅱ　某框架结构艺体楼建筑施工图（部分）

A　建筑设计说明

1　设计依据：

1.1　本项目的设计任务书；

1.2　四川省贸易学校 4.20 地震灾后重建项目工程设计修建性详细规则；

1.3　设计合同书；

1.4　甲方提供的地形图电子文件。

1.5　现行的国家有关建筑设计规范、规程和规定：

1.5.1　民用建筑设计通则（GB 50352—2005）；

1.5.2　建筑设计防火规范（GB 50016—2014）；

1.5.3　无障碍设计规范（GB 50763—2012）；

1.5.4　公共建筑节能设计标准（GB 50189—2015）；

1.5.5　中小学校设计规范（GB 50099—2011）；

1.5.6　坡屋面工程技术规范（GB 50693—2011）。

2　项目概况：

2.1　项目要点：

2.1.1　项目名称：四川省贸易学校 4.20 地震灾后重建项目工程设计

2.1.2　建设地点：四川雅安

2.1.3　建设单位：四川省贸易学校

2.1.4　设计内容：艺体楼

2.1.5　设计范围：包括建筑、结构、给排水、电气、暖通等专业。

2.2　面积指标：本栋总建筑面积 5468.07 平方米，占地面积 1230.27 平方米

2.3　建筑层数、高度：地上 5 层，建筑高度 20.65 米；

2.4　建筑结构概况：

2.4.1　结构形式：钢筋混凝土框架结构；

2.4.2　抗震设防类别：乙类

2.4.3　设计使用年限：50 年

2.4.4　抗震设防烈度：7 度

2.5　建筑防火分类：多层公共建筑；建筑耐火等级：二级。

3　设计标高

3.1　艺体楼±0.000 相当于绝对标高 589.45 米。

3.2　各层平面标注标高为完成面标高（建筑面标高），屋面标高为结构面标高。

3.3　本工程标高以米为单位，总平面尺寸以米为单位，其他尺寸以毫米为单位。

4　墙体工程

4.1　墙体的基础部分见结施。

4.2　外墙±0.000 以下采用 200 厚页岩实心砖，M10 水泥砂浆砌筑，±0.000 以上采用 200 厚页岩空心砖（非承重），M5 混合砂浆砌筑，构造技术要求详结施。

4.3　内墙采用（已确定材料的墙体除外）200 或 100 厚（详图纸标注）页岩空心砖，其构造和技术要求详见结施。

4.4　墙身防潮层：在室内地坪下约 60 处做 20 厚 1∶2水泥砂浆内加 5%防水剂的墙身防潮层（在此标高为钢筋混凝土构造，或下为砌石构造时可不做），当室内地坪变化处防潮层应重叠搭接，并在有高低差埋土一侧的墙身做 20 厚 1∶2 水泥砂浆防潮层，如埋土侧为室外，还应刷 1.5 厚聚氨酯防水涂料（或其它防潮材料）。

4.5　正负零以下墙体采用页岩实心砖，M7.5 水泥砂浆砌筑。

4.6　墙体预留孔洞。

4.6.1　墙体预留消火栓、配电箱等洞口，建施均未标注，位置及大小详见各相关专业图纸，施工时应与有关工种配合留洞。

4.6.2　墙体预留洞的封堵：墙体留洞待管道设备安装完毕后，用 C20 细石混凝土填实。

5　卫生间等有水房间的防水措施

5.1　卫生间除注明外低于相邻室内地坪 20，无障碍卫生间为 15，出入口处且做缓坡，采用防水做法（详见工程做法说明表），以防墙面和楼地面渗水，施工时应严格按产品使用要求施工。

5.2　卫生间四周墙体根部，均做 200 高与墙体同宽，与楼板同标号的素混凝土止水带（与楼板同时浇筑）。

5.3　凡贴临卫生间的房间的墙体做 1∶2 水泥防水砂浆。

6　屋面工程

6.1　本工程的屋面防水等级为Ⅰ级，设防做法详见工程做法表。

6.2　屋面做法及屋面节点做法详见工程做法表，阳台、雨篷等见各层平面图及有关详图。

6.3　屋面排水组织见屋面平面图，内排水雨水管见水施图，外排雨水斗、雨水管均采用本白色 UPVC 构件，除注明者外，雨水管的公称直径为 DN1000。

7　门窗工程

7.1　建筑外门窗抗风压性能分级为 6 级，气密性能分级为 6 级，水密分级为 3 级，保温性能详节能设计说明。

7.2　门窗玻璃的选用应遵照《建筑玻璃应用技术规程》JGJ 113—2009 和《建筑安全玻璃管理规定》发改运行［2003］2116 号及地方主管部门的有关规定。

门型材壁厚不小于 2.2mm，内衬钢板厚度不小于 1.2mm，窗不小于 2.2mm。

7.3　门窗立面均表示洞口尺寸，门窗加工尺寸应现场实测后按照装修面厚度由承包商予以调整。

7.4　门窗立樘：外门及窗立樘详墙身详图，未注明者，立樘均居墙中；内门立樘除注明外，双向平开门立樘居墙中，单向平开门立樘开启方向墙面平。

7.5　门窗选料、颜色、玻璃见门窗表说明，门窗五金件由承包商提供样品及构造大样，由建设和设计单位共同确定。

7.6　所有外门窗选用材料详节能设计专篇。

外门窗塑钢型材均为亚光深色静电粉末喷涂。

防火门要求见门窗表，并选用有资质的专业厂家产品。

8　外装修工程

8.1　外装修设计和做法索引见各立面图及工程做法。

8.2　承包商进行深化设计的轻钢结构、装饰物等，经确认后，由深化设计单位配合施工。

8.3　外装修选用的各项材料其材质、规格、颜色

等，均由施工单位提供样板，经建设和设计单位确认后进行封样，并据此验收。

9 内装修工程

9.1 内装修工程执行《建筑内部装修设计防火规范》GB 50222—2015一般装修见室内装修做法表。

9.2 楼地面构造交接处和地坪高度变化处，除图中另有注明者外均位于齐平门扇开启面处。

9.3 凡设有地漏房间应做防水层，图中未注明整个房间做坡度者，均在地漏周围1m范围内做1%坡度坡向地漏。

9.4 本项目所用的建筑材料和装修材料必须满足《民用建筑工程室内环境污染控制规范》学校教室标准控制；本工程为Ⅰ类工程必须采用A类无机非金属材料和装修材料。

9.5 内装修选用的各项材料，均由施工单位制作样板和选样，经建设和设计单位确认后进行封样，并据此进行验收。

10 油漆涂料工程

10.1 室内外装修所采用的油漆涂料见工程做法说明表。

10.2 各项油漆均由施工单位制作样板，经确认后进行封样，并据此进行验收。

11 室外工程（室外设施）

外挑檐、雨篷、室外台阶、坡道、散水等做法见平面图引注及工程做法说明表。

12 建筑设备、设施工程

12.1 本工程设备所有管道井孔均应预留，不得临时开凿，土建施工必须与设备安装密切配合，土建施工要熟悉设备图纸，设备安装应紧随土建进行，如有缺漏碰错之处应及时通知设计人员共同研究解决，取得一致意见后方可施工，施工单位不得擅自修改图纸。

12.2 卫生洁具、成品隔断由建设单位与设计单位商定，并应与施工配合。

13 防火设计

13.1 建筑防火分类：依据《建筑设计防火规范》（GB 50016—2014）相关条文，本工程为多层公共建筑，建筑耐火等级：二级。

13.2 总平面布局和平面布置：

13.2.1 防火间距与消防通道：该建筑与周边建筑间距均满足规范中防火间距的要求。建筑北侧为机动车道，均可供消防车通行。

13.2.2 建筑周边面均可满足消防车登高扑救。

13.3 防火分区及防火分隔物：

13.3.1 防火分层：每层为一个防火分区，每个防火分区面积小于2500平方米；

13.3.2 防火门窗：楼梯间及配电间、弱电间门为乙级防火门。

14.4 安全疏散：

14.4.1 根据规范规定，本工程用于疏散的楼梯采用封闭楼梯间，首层设有直接对外出口，每个防火分区的安全出口均不少于两个。

地上一层防火分区1要求设计疏散宽度0.70×(194/100)=1.36，设计疏散宽度7.5米

地上二层防火分区1要求设计疏散宽度0.70×(234/100)=1.64，设计疏散宽度3.15米

地上三层防火分区1要求设计疏散宽度0.80×(253/100)=2.03，设计疏散宽度3.15米

地上四层防火分区1要求设计疏散宽度1.05×(206/100)=2.17，设计疏散宽度3.15米

地上五层防火分区1要求设计疏散宽度1.05×(212/100)=2.23，设计疏散宽度3.15米

各防火分区的疏散宽度均满足规范要求。

14.4.2 安全疏散距离：安全出口和疏散楼梯结合防火分区和平面布局布置，房间门至最近的外部出口或封闭楼梯间的距离小于35米（位于两个安全出口之间）或22米（位于袋形走道两侧或尽端），且房间内最远一点到房门的距离均不超过22米，满足规范要求。

B 工程做法

1 外墙：

1.1 面砖外墙：

1.1.1 胶粘剂粘贴面砖（面砖规格220×60，厚度≤6，面砖重量≤20kg/m²，专用勾缝剂勾缝，每层间设20宽抗裂分隔缝）；

1.1.2 8厚1∶3抗裂防渗砂浆（掺水泥重量1%的抗裂剂）抹面；

1.1.3 热镀锌钢丝网（用塑料锚栓固定在基层墙体上，锚固数量不少于6个/m²）；

1.1.4 10厚1∶3水泥砂浆（内渗5%防水剂和水泥重量1%的抗裂剂）打底，两次成活；

1.1.5 A级面砖饰面专用改性酚醛泡沫保温板（厚度20mm）；

1.1.6 界面砂浆；

1.1.7 页岩多孔砖墙体；

1.1.8 20厚1∶2.5水泥砂浆找平层（两道成活、刮腻比）；

1.1.9 内饰面；

1.2 涂料外墙：

1.2.1 喷刷外墙弹性涂料两遍，喷甲基硅醇钠憎水剂；

1.2.2 刮柔性腻子；

1.2.3 8厚1∶2.5水泥砂浆找平，铁板压光；

1.2.4 5厚抗裂防渗砂浆，压入耐碱玻纤网格布一层；

1.2.5 A级面砖饰面专用改性酚醛泡沫保温板（厚度20mm）；

1.2.6 界面砂浆；

1.2.7 页岩多孔砖墙体；

1.2.8 20厚1∶2.5水泥砂浆找平层（两道成活，刮腻子）；

1.2.9 内饰面；

2 屋面：

2.1 平屋面（不上人）：

2.1.1 40厚C20细石混凝土保护层，配ϕ6或冷拔ϕ4的Ⅰ级钢，双向@150（设分格缝）；

2.1.2 10厚低强度等级砂浆隔离层；

2.1.3 3.0+3.0双层SBS改性沥青防水卷材（侧墙从完成面标高上翻250mm）；

2.1.4 20厚1∶3水泥砂浆找平层；

2.1.5 最薄30厚LC5.0轻集料混凝土2%找坡层；

2.1.6 B1级挤塑聚苯板保温层（厚度40mm）；

2.1.7 2厚JS复合防水涂料（Ⅰ型）（侧墙从完成面标高上翻250mm）；

2.1.8 20厚1∶3水泥砂浆找平层；

2.1.9 钢筋混凝土屋面板。

2.2 坡屋面：

2.2.1 水泥瓦；
2.2.2 30×30 木挂瓦条；
2.2.3 30×20 木顺水条中距 500；
2.2.4 20 厚 1∶3 水泥砂浆找平层；
2.2.5 B1 级挤塑聚苯板保温层（厚度 45mm）；
2.2.6 4 厚的聚酯胎Ⅱ型 SBS 改性沥青防水卷材；
2.2.7 20 厚 1∶3 水泥砂浆找平层；
2.2.8 钢筋混凝土屋面板；

3 内墙面（燃烧性能等级 A 级）：

3.1 乳胶漆墙面：（适用部位：除内墙 4.2 做法所有房间）
3.1.1 乳胶漆；
3.1.2 满刮腻子一道砂磨平；
3.1.3 5 厚 1∶2.5 水泥砂浆罩面压光；
3.1.4 7 厚 1∶3 水泥砂浆打底扫毛。
3.1.5 基层；

3.2 面砖墙面：（适用部位：卫生间及其前室、开水间）
3.2.1 面砖，白水泥擦缝；
3.2.2 8 厚 1∶2 水泥砂浆粘接层（加建筑胶适量）；
3.2.3 1.5 厚聚合物水泥基复合防水涂料；
3.2.4 10 厚 1∶3 水泥砂浆分层压实抹平；
3.2.5 基层；

4 楼地面（燃烧性能等级 A 级）：

4.1 普通地砖楼地面：（适用部位：除楼地面做法 4.2、4.3、4.4、4.4 外所有楼地面）
4.1.1 10 厚 600×600 地砖（水泥浆擦缝）；
4.1.2 2 厚干水泥洒适量清水；
4.1.3 20 厚 1∶3 干硬性水泥砂浆结合层；
4.1.4 20 厚 1∶3 水泥砂浆找平层（没有防水层时此做法可取消）；
4.1.5 水泥浆水灰比 0.4～0.5 结合层一道；
4.1.6 基层 1（2）；

4.2 防滑地砖楼地面（适用部位：卫生间及其前室、医务室、走廊等有水房间）
4.2.1 8 厚防滑地砖；
4.2.2 2 厚干水泥洒适量清水；
4.2.3 20 厚 1∶3 干硬性水泥砂浆结合层；
4.2.4 改性沥青一布四涂防水层；
4.2.5 1∶3 水泥砂浆找坡层，最薄处 20 厚；
4.2.6 水泥浆水灰比 0.4～0.5 结合层一道；
4.2.7 基层 1（2）；

4.3 强化复合木地板楼地面：（适用部位：形体训练室、排练室）
4.3.1 8 厚强化企口复合木地板，板缝用胶粘剂粘铺；
4.3.2 3～5 厚泡沫塑料衬垫；
4.3.3 20 厚 1∶25 水泥砂浆找平；
4.3.4 水泥砂浆一道（内掺建筑胶）；
4.3.5 钢筋混凝土楼板

4.4 水泥砂浆楼地面（适用部位：强、弱电）
4.4.1 15 厚 1∶2.5 水泥砂浆；
4.4.2 35 厚 C15 细石混凝土；
4.4.3 2 厚 JS 复合防水涂料（Ⅱ型）；
4.4.4 20 厚 1∶3 水泥砂浆抹平；
4.4.5 水泥浆一道（内掺建筑胶）；
4.4.6 基层 1（2）；

4.5 橡塑合成材料楼地面（适用部位：健身房、活动室）
4.5.1 1.5～3 厚橡塑合成材料板，用专业胶粘剂粘贴；
4.5.2 20 厚 1∶2.5 水泥砂浆，压实抹光；
4.5.3 水泥砂浆一道（内掺建筑胶）；
4.5.4 钢筋混凝土楼板

4.6 防静电楼地面（适用部位：网格机房、多媒体教室、语音教室、电子阅览）
4.6.1 200 高架空防静电活动地板；
4.6.2 面层涂刷地板漆；
4.6.3 20 厚 1∶2.5 水泥砂浆，压实赶光；
4.6.4 基层 1

基层 1：结构钢筋混凝土楼板（用于楼面）；基层 2：100厚 C10 混凝土垫层 素土夯实基土（用于地面）

5 踢脚：

5.1 面砖踢脚（适用部位：教室、内走道、外走廊、楼梯间、卫生间及其前室）
5.1.1 5～10 厚面砖面层，水泥浆擦缝；
5.1.2 4 厚纯水泥浆粘贴层（425 号水泥中掺 20% 白乳胶）；
5.1.3 25 厚 1∶2.5 水泥砂浆基层；

5.2 硬木踢脚（适用部位：形体训练室、排练室）做法详 05J901-TJ-踢 7B

6 顶棚、吊顶（燃烧性能等级 A 级）：

6.1 乳胶漆顶棚（适用部位：除吊顶 7.2 做法外办公室、教室、走道、外走廊、楼梯间等）
6.1.1 刷乳胶漆；
6.1.2 满刮腻子找平磨光；
6.1.3 10～15 厚 1∶1∶4 水泥石灰砂浆打底找平层（现浇基层 10 厚，预制基层 15 厚）两次成活；
6.1.4 刷水泥浆一道（加建筑胶适量）；
6.1.5 基层；

6.2 铝扣板吊顶（适用部位：卫生间及其前室）
6.2.1 0.8～1 厚铝合金方板；
6.2.2 次龙骨（专用），中距＜300～600；
6.2.3 ϕ8 钢筋吊杆，双向吊点，中距 900～1200；
6.2.4 钢筋混凝土内预留 ϕ8 吊杆，双向吊点，中距 900～1200；
6.2.5 ϕ8 钢筋吊杆，双向吊点，中距 900～1200；

7 其他做法

7.1 油漆

过氯乙烯漆（适用部位：所有金属栏杆、栏板、扶手）05J909-油 27 深灰色

调和漆（适用部位：图中未注明的所有露明金属件）05J909-油 25 白色

磁漆（适用部位：图中未注明的所有露明木件）05J909-油 19

7.2 墙裙

贴面砖墙裙做法详 05J909-NQ27-内墙裙 15A（适用部位：各类教室、内走道）

贴面砖防水墙裙做法详 05J909-NQ31-内墙裙 16A（适用部位：外走廊、卫生间）

贴面砖墙裙高度为 1.40 米

7.3 屋面

女儿墙泛水 12J201-25-E

屋面内排水口 12J201-31-1

外落水口 12J201-31-2

C 建筑节能设计说明专篇

一、工程概况

所在城市	气候分区	结构形式	层数	节能计算面积(m²)	体形系数	节能设计标准	节能设计方法
四川雅安	夏热冬冷	框架	5	5468.07	0.21	50%	综合权衡法

二、设计依据

1. 民用建筑热工设计规范（GB 50176—93）
2. 《公共建筑节能设计标准》（GB 50189—2015）
3. 《建筑外窗气密性能分级及检测方法》（GB/T 7106—2008）
4. 国家、省、市现行的相关法律、法规

三、建筑物围护结构热工性能

围护结构部位		主要保温材料		厚度(mm)	传热系数 K (W/m²·K)		热惰性指标	备注
		名称	导热系数(W/m²·K)		工程设计值	规范限值		
平屋面		B1 级 XPS 保温板	0.03	40	0.68	≤0.7	3.414	修正系数 1.25
坡屋面		B1 级 XPS 保温板	0.03	45	0.68	≤0.7	2.485	修正系数 1.25
墙体	东向	改性酚醛泡沫保温板	0.03	20	0.83	≤1.0	4.10	修正系数 1.15
	西向	改性酚醛泡沫保温板	0.03	20	0.83	≤1.0	4.11	修正系数 1.15
	南向	改性酚醛泡沫保温板	0.03	20	0.87	≤1.0	3.90	修正系数 1.15
	北向	改性酚醛泡沫保温板	0.03	20	0.87	≤1.0	3.91	修正系数 1.15
	整体	改性酚醛泡沫保温板	0.03	20	0.87	≤1.0	3.94	修正系数 1.15
底面接触室外空气的架空或外挑楼板		憎水型岩棉保温板	0.045	45	0.94	≤1.0	1.995	修正系数 1.2

注：本工程外墙、内墙墙体材料均为 200 厚页岩多孔砖。
外保温材料：屋面为 B1 级 XPS 挤塑聚苯板保温层，外墙为 A 级面砖饰面专用改性酚醛泡沫保温板，具体参数及构造均参见 DBJT20—60《酚醛泡沫外墙外保温建筑构造》。

四、地面、分户墙、楼板外墙热工性能

围护结构部位	主要保温材料名称	厚度(mm)	传热阻(m²·K/W)		热惰性指标	备注
			工程设计值	规范限值		
地面	B1 级 XPS 保温板	45	1.29	≥1.20	2.085	修正系数 1.25

五、窗（包括透明幕墙）的热工性能和气密性

朝向	窗框	玻璃	传热系数 K(W/m²·K)		遮阳系数 SC		遮阳形式
			工程设计值	规范限值	工程设计值	规范限值	
东	塑钢	中空玻璃窗（6 高透光 Low—E 透明+12 空气+6 透明）	2.1	≤4.7	0.62	1.00	自遮阳
西	塑钢	中空玻璃窗（6 高透光 Low—E 透明+12 空气+6 透明）	2.1	≤4.7	0.62	1.00	自遮阳
南	塑钢	中空玻璃窗（6 高透光 Low—E 透明+12 空气+6 透明）	2.1	≤3.5	0.62	0.55	自遮阳
北	塑钢	中空玻璃窗（6 高透光 Low—E 透明+12 空气+6 透明）	2.1	≤4.7	0.62	1.00	自遮阳
屋面	无	无	/	/	/	/	/

本工程窗的气密性不低于《建筑外窗气密性能分级及其检测方法》GB/T 7106—2008 规定的 4 级。

六、综合能耗权衡判断：

本工程采用绿建斯维尔节能设计软件 BECS2014 计算，软件版本号：20140716（SP2）。计算结果生成文件（节能计算书）作为本设计的附属资料备查。因南向外窗遮阳系数不符合规定性指标而进行权衡判断，权衡判断结果为设计建筑的能耗不大于参照建筑的能耗，满足节能设计标准。

全年采暖和空气调节能耗(kWh/m²)	设计建筑	参照建筑
	63.61	64.95

七、其他

外门窗应选用检验合格的产品并符合本工程设计控制指标要求。

围护结构的保温施工均应符合现行国家及当地省市的有关规范、规程和规定的要求。

节能构造节点详图

1. 保温平屋面

- 40厚C20细石防水混凝土保护层
- 10厚低强度等级砂浆隔离层
- 防水层
- 20厚1:3水泥砂浆找平层
- 最薄30厚LC5.0轻集料混凝土2%找坡层
- B1级XPS挤塑聚苯板保温层（45mm厚）
- 隔汽层
- 20厚1:3水泥砂浆找平层
- 钢筋混凝土屋面板

2. 外墙及外墙冷桥

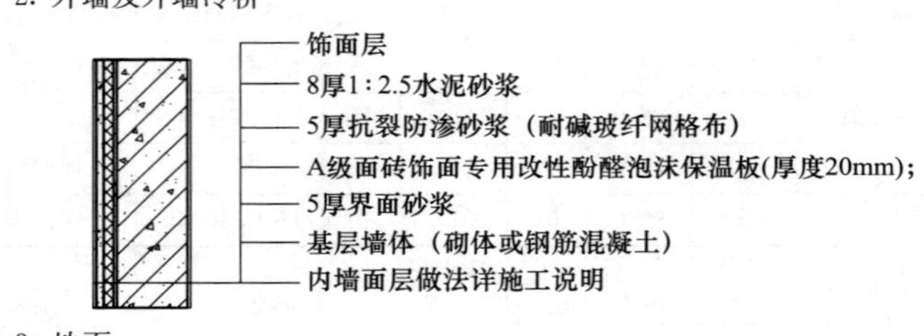

3. 地面

- 8～10厚地砖
- 2厚干水泥洒适量清水
- 20厚1:3干硬性水泥砂浆结合层
- 水泥浆一道（内掺建筑胶）
- 40厚C20细石混凝土，内配 ϕ3@50钢丝网片
- B1级XPS挤塑聚苯板保温层(45mm厚)
- 60厚C10混凝土垫层
- 素土夯实

4. 墙体阴阳角、窗上下口、勒脚等特殊部位保温构造详图均详见 DBJT20-60《酚醛泡沫外墙外保温建筑构造》。

D 门窗统计表及门窗详图

门窗表

编号	洞口尺寸（宽×高）	樘数 楼层 合计	一层平面	二层平面	三层平面	四层平面	五层平面	备注（塑钢门窗框选用深灰色）
LC1522	1500×2200	30	6	6	6	6	6	塑钢窗 *
LC1525	1500×2500	39	31	2	2	2	2	塑钢窗 *
LC1425	1400×2500	2	2					塑钢窗 *
LC2122	2100×2200	4		1	1	1	1	塑钢窗 *
LC2522	2500×2200	9	1	2	2	2	2	塑钢窗 *
LC3024	3000×2400	63		21	21	21		塑钢窗 *
LC2024	2000×2400	21					21	塑钢窗 *
LC3608	3600×800	5	1	1	1	1	1	塑钢窗 *
M1024	1000×2400	57	9	10	4	16	18	木夹板门
M1224	1200×2400	32		8	16	6	2	木夹板门
M1024b	1000×2400	11	3	2	2	2	2	木夹板门
LM1524	1500×2400	12	10					塑钢门 *
丙 FM0618	600×1800	5	1	1	1	1	1	成品丙级防火门
乙 FM1024	1000×2400	1	1					成品乙级防火门
乙 FM1024	1000×2400	9	5	1	1	1	1	成品甲级防火门
乙 FM1524	1500×2400	5	1	1	1	1	1	成品乙级防火门
乙 FM1824	1800×2400	6	2	1	1	1	1	成品乙级防火门

注：带 * 的外门窗均为节能保温门窗。

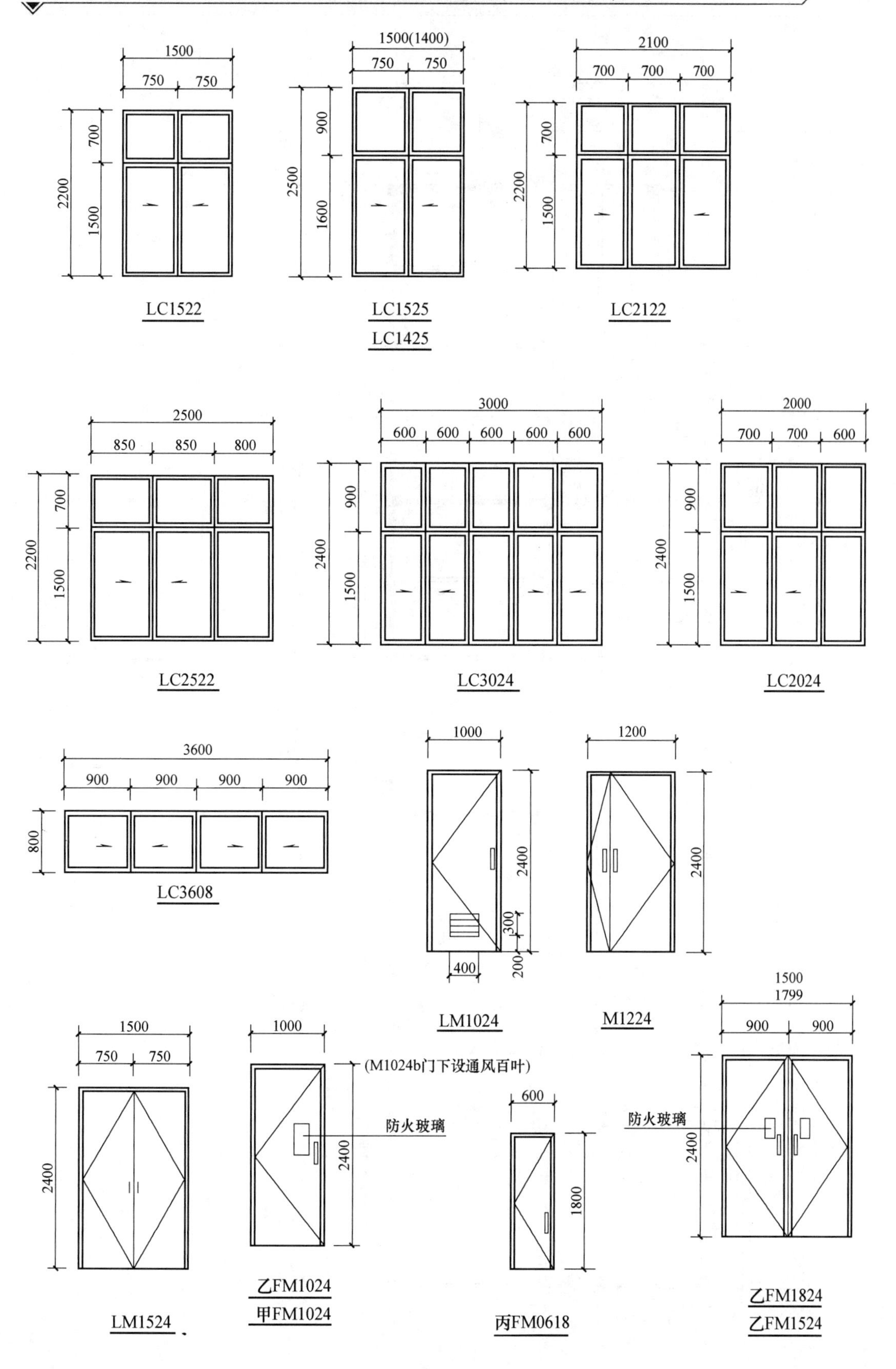
1500
750
750
700
2200
1500
LC1522
1500(1400)
750
750
900
2500
1600
LC1525
LC1425
2100
700
700
700
700
2200
1500
LC2122
2500
850
850
800
700
2200
1500
LC2522
3000
600
600
600
600
600
900
2400
1500
LC3024
2000
700
700
600
900
2400
1500
LC2024
3600
900
900
900
900
800
LC3608
1000
2400
300
400
200
LM1024
1200
2400
M1224
1500
750
750
2400
LM1524
1000
(M1024b门下设通风百叶)
防火玻璃
2400
乙FM1024
甲FM1024
600
1800
丙FM0618
1500
1799
900
900
防火玻璃
2400
乙FM1824
乙FM1524

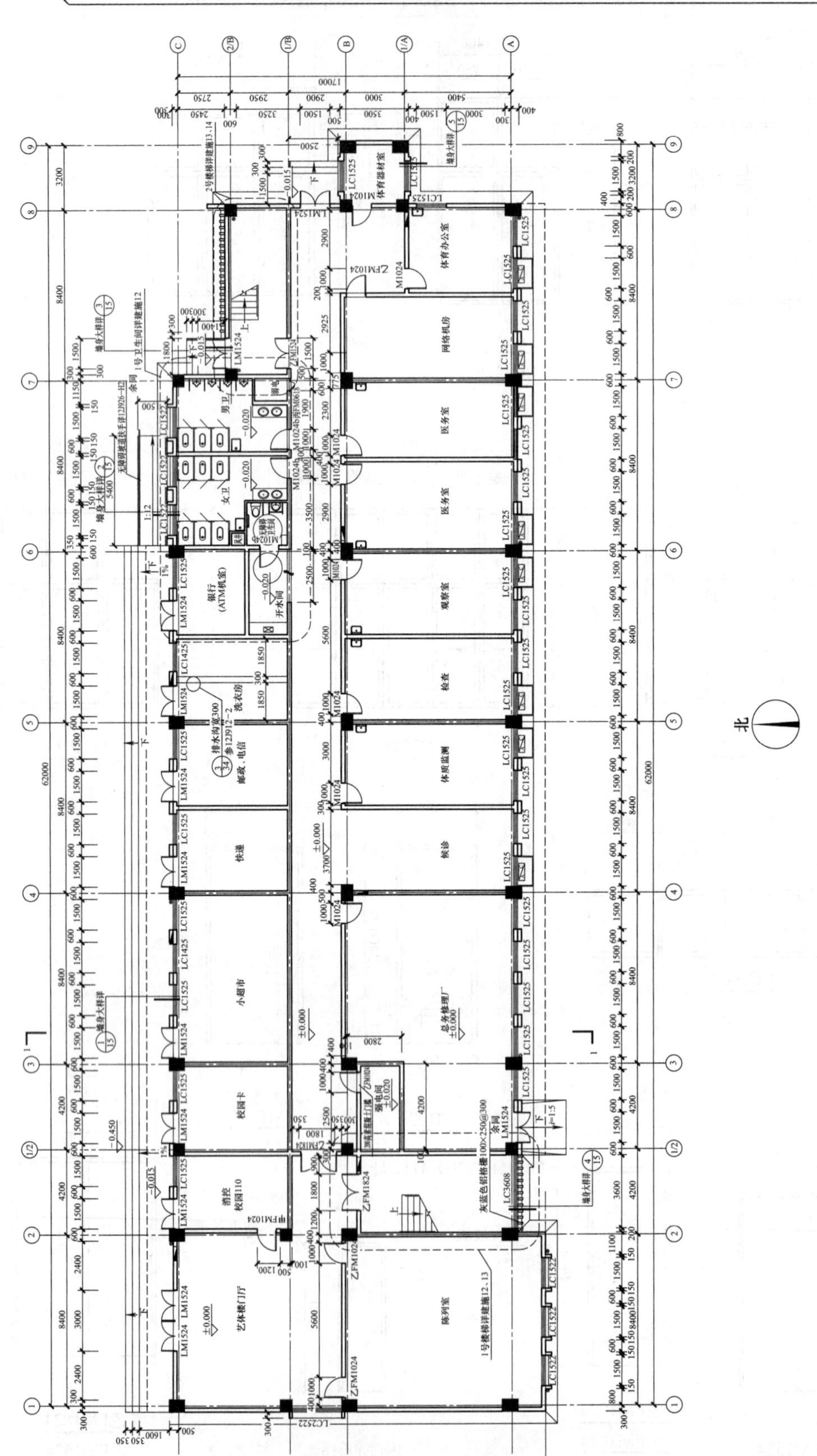

附图 2-1 艺体楼一层平面

本层建筑面积 1043.55m²

总建筑面积 5468.07m²

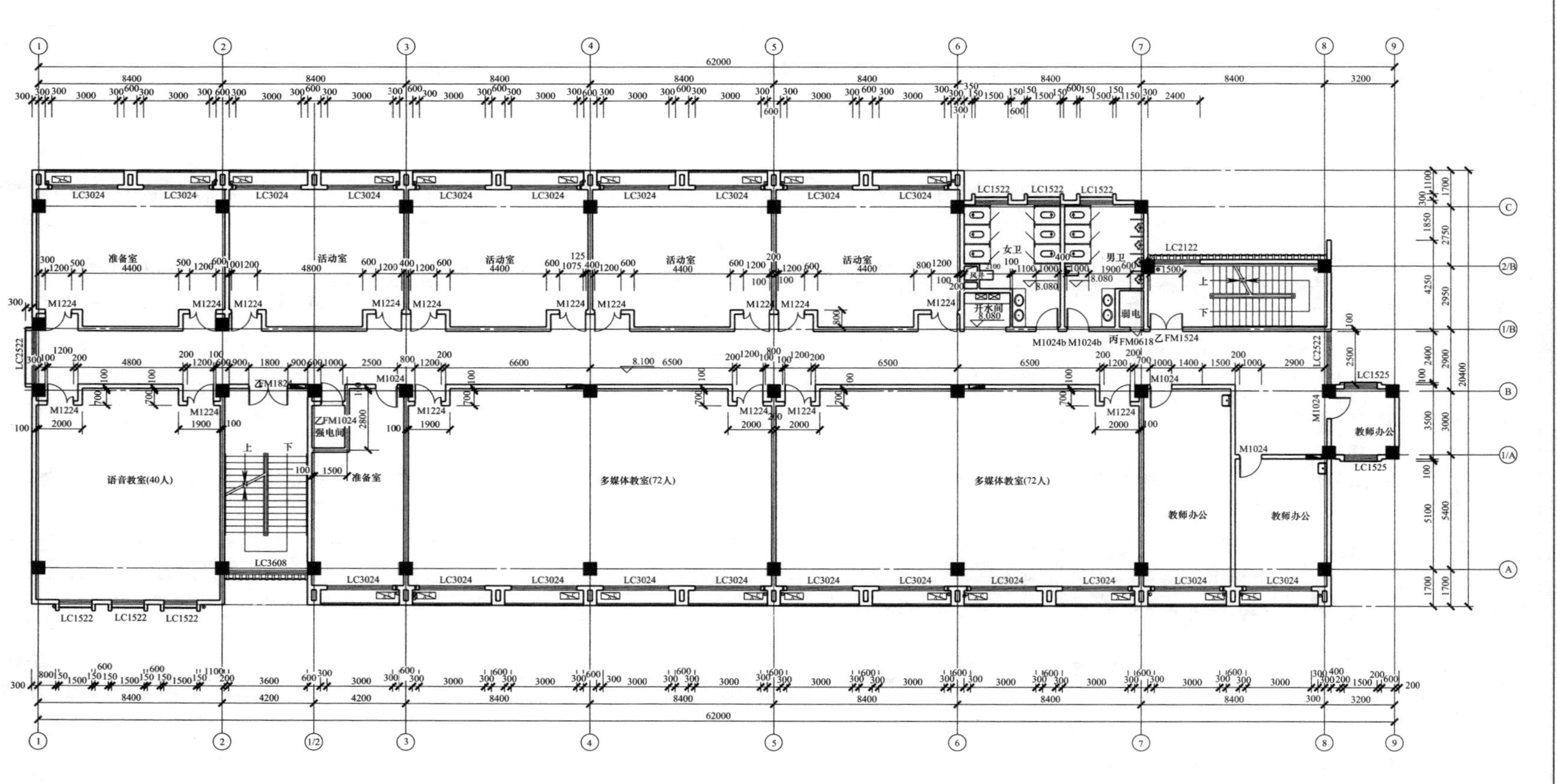

附图 2-2 艺体楼三层平面
本层建筑面积 1106.13m^2

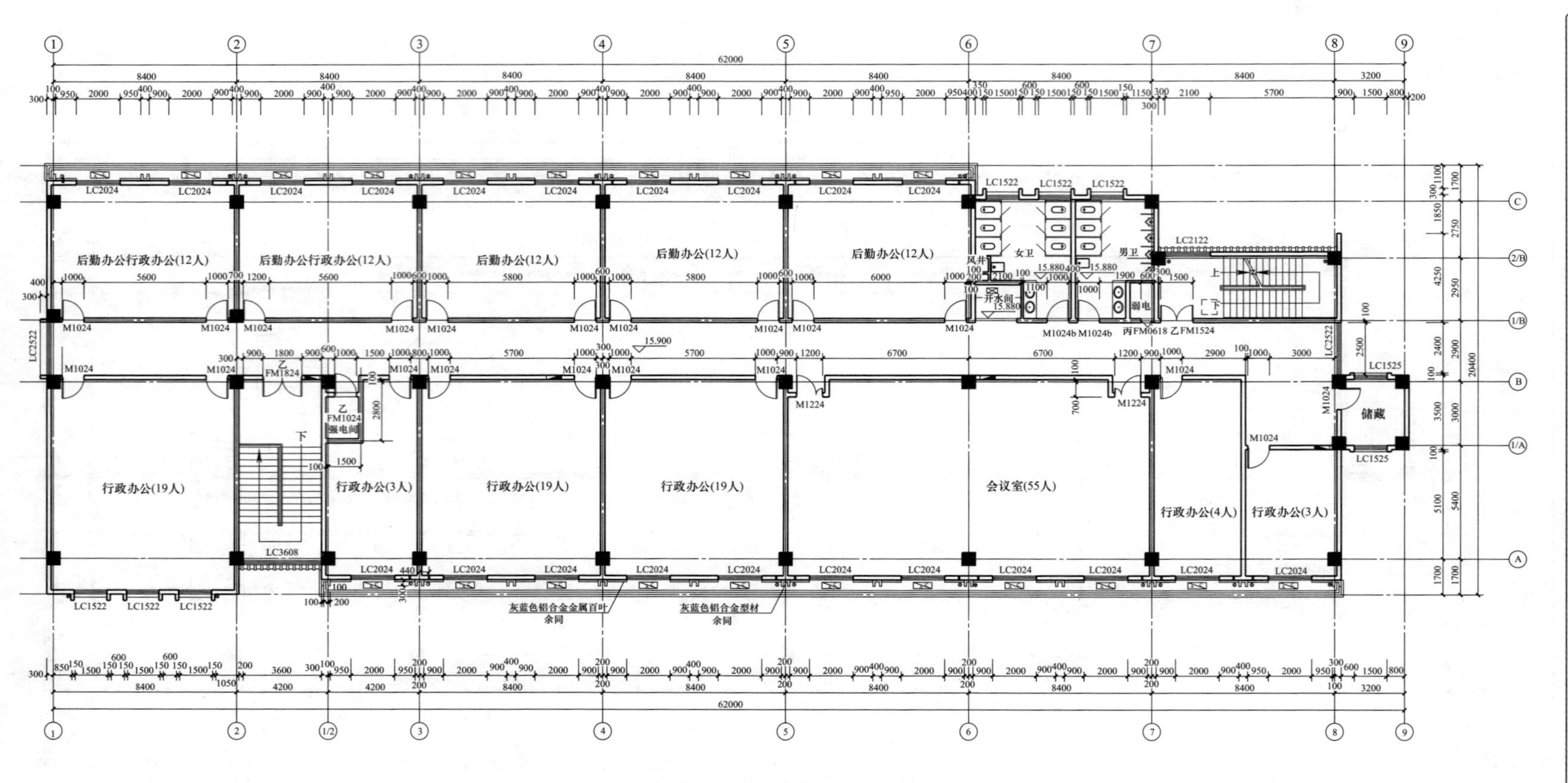

附图 2-3 艺体楼五层平面
本层建筑面积 1106.13m^2

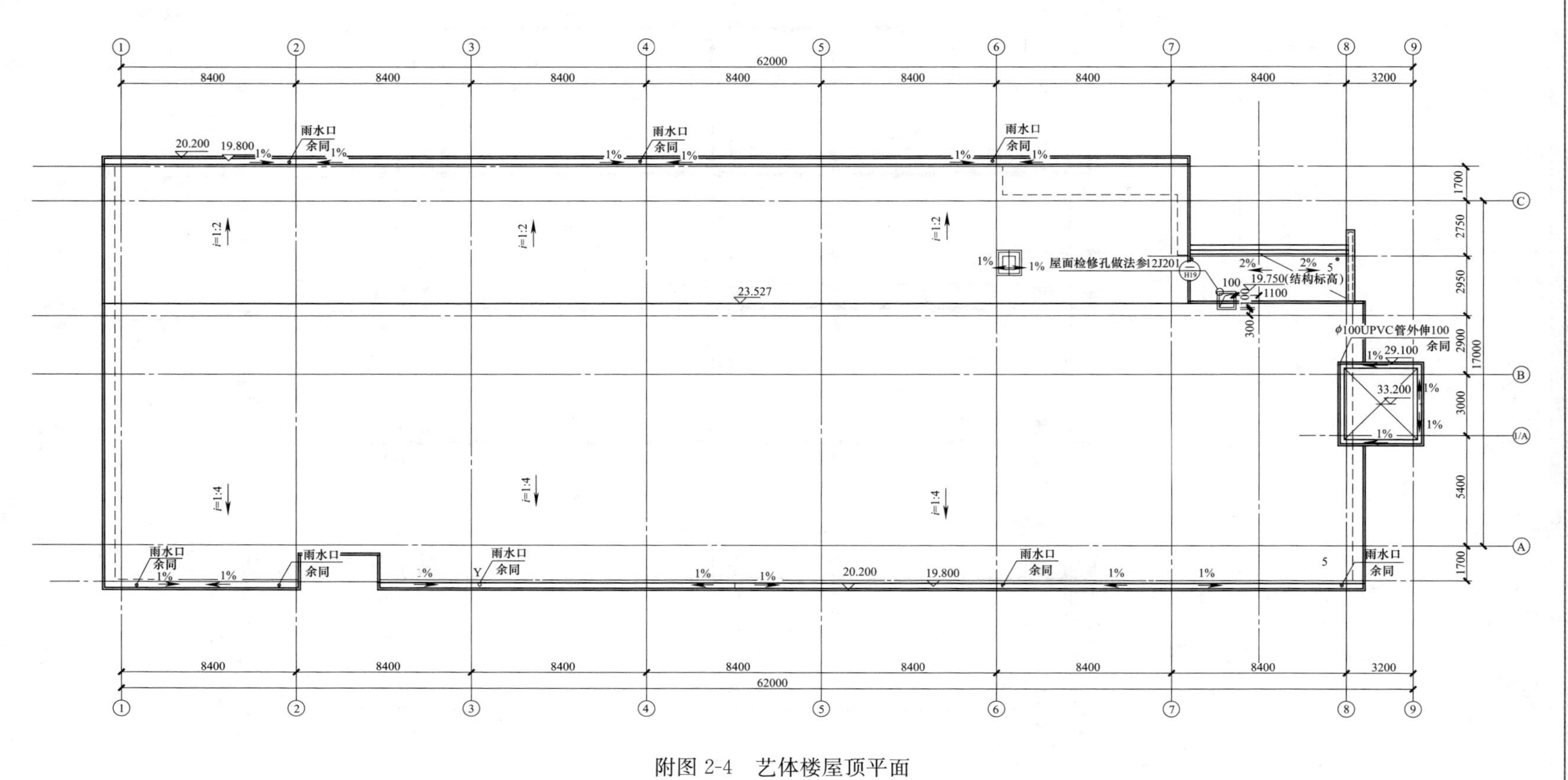

附图 2-4 艺体楼屋顶平面

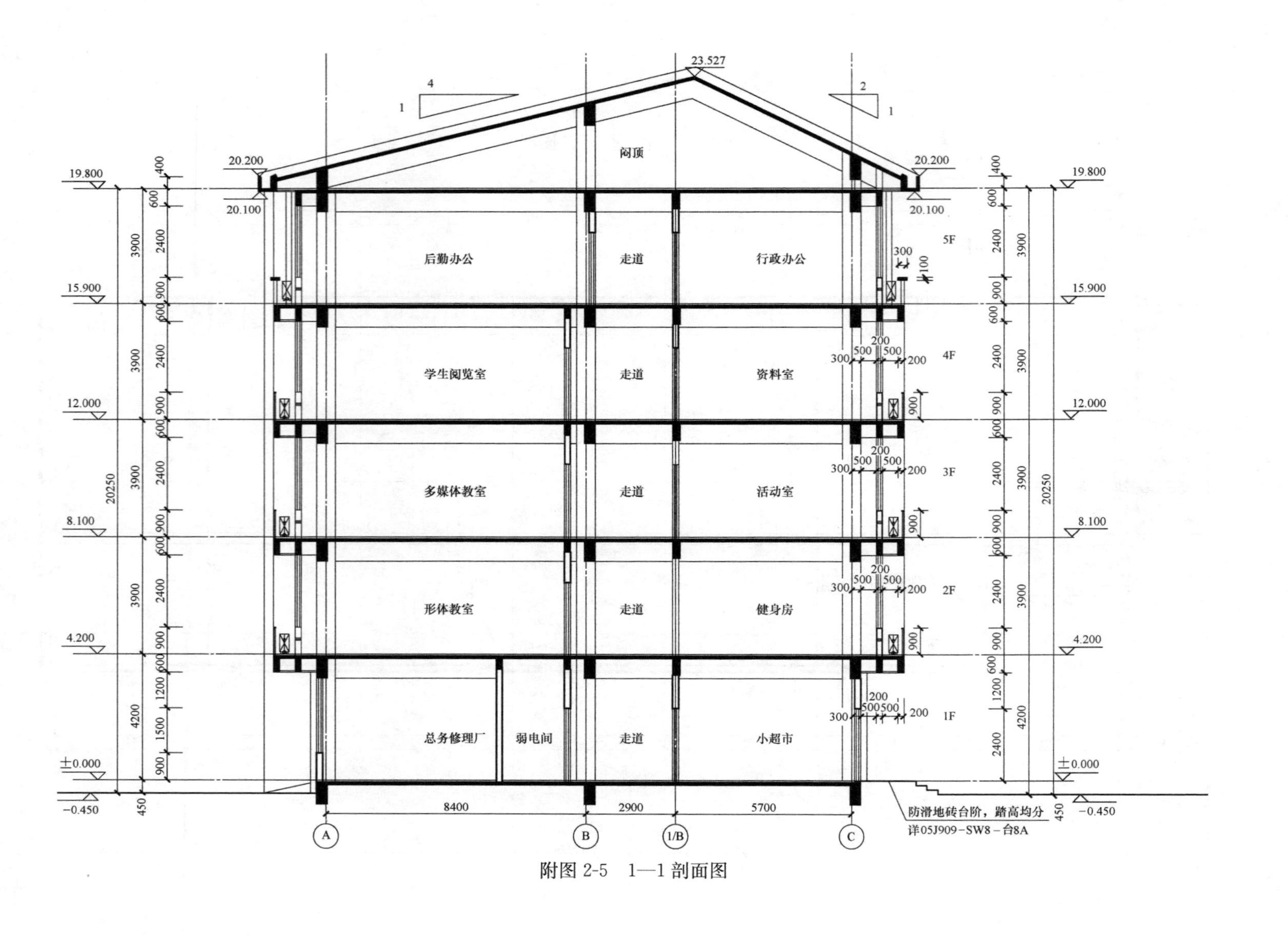
阁顶
后勤办公
走道
行政办公
学生阅览室
资料室
多媒体教室
活动室
形体教室
健身房
总务修理厂
弱电间
小超市
5F
4F
3F
2F
1F
23.527
20.200
20.100
19.800
15.900
12.000
8.100
4.200
±0.000
-0.450
20250
8400
2900
5700
防滑地砖台阶，踏高均分
详05J909-SW8-台8A

附图 2-5 1—1剖面图

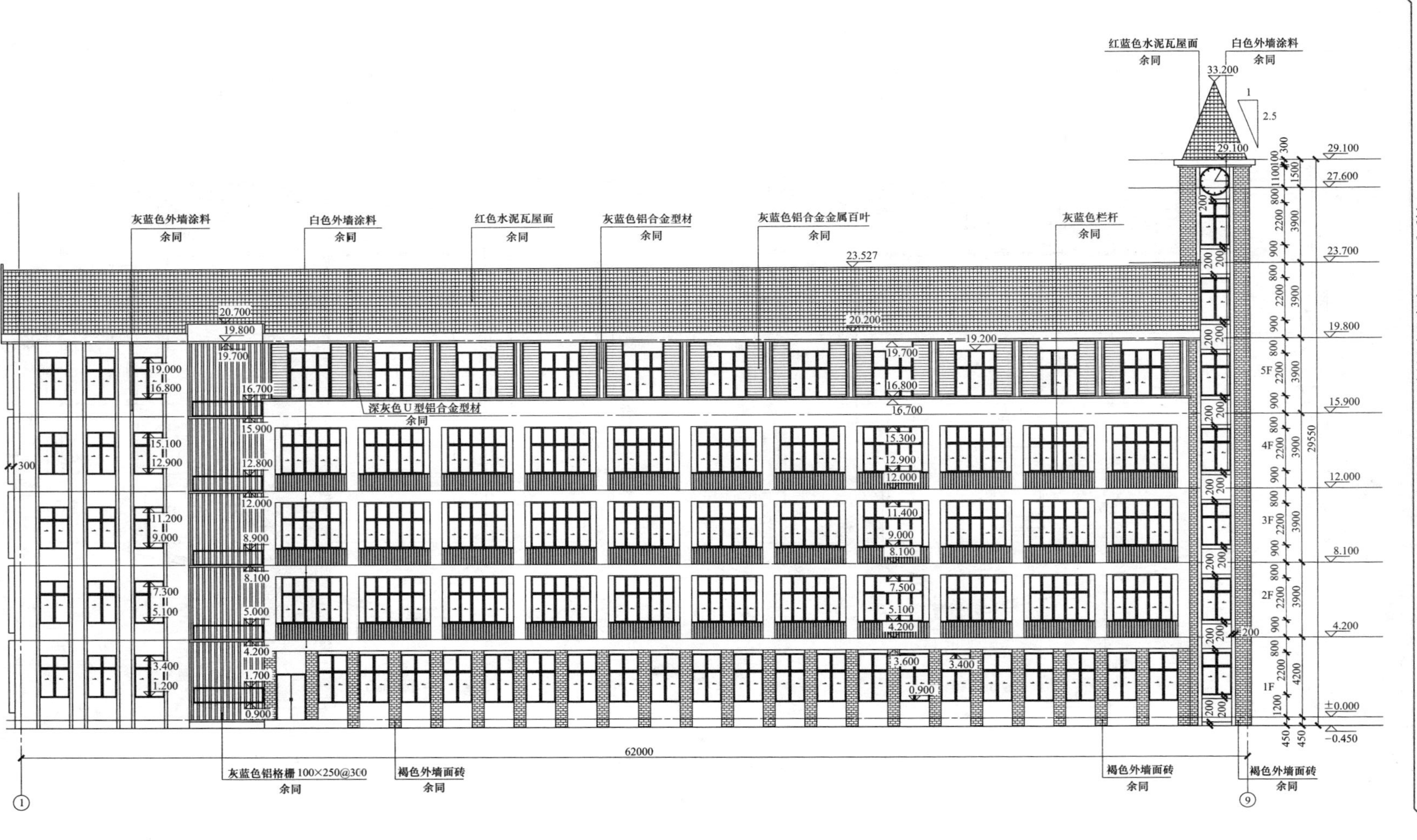
红蓝色水泥瓦屋面 余同
白色外墙涂料 余同
灰蓝色外墙涂料 余同
白色外墙涂料 余同
红色水泥瓦屋面 余同
灰蓝色铝合金型材 余同
灰蓝色铝合金金属百叶 余同
灰蓝色栏杆 余同
深灰色U型铝合金型材 余同
灰蓝色铝格栅 100×250@300 余同
褐色外墙面砖 余同
褐色外墙面砖 余同
褐色外墙面砖 余同
62000
29550
5F
4F
3F
2F
1F

附图 2-6 ①—⑨立面图

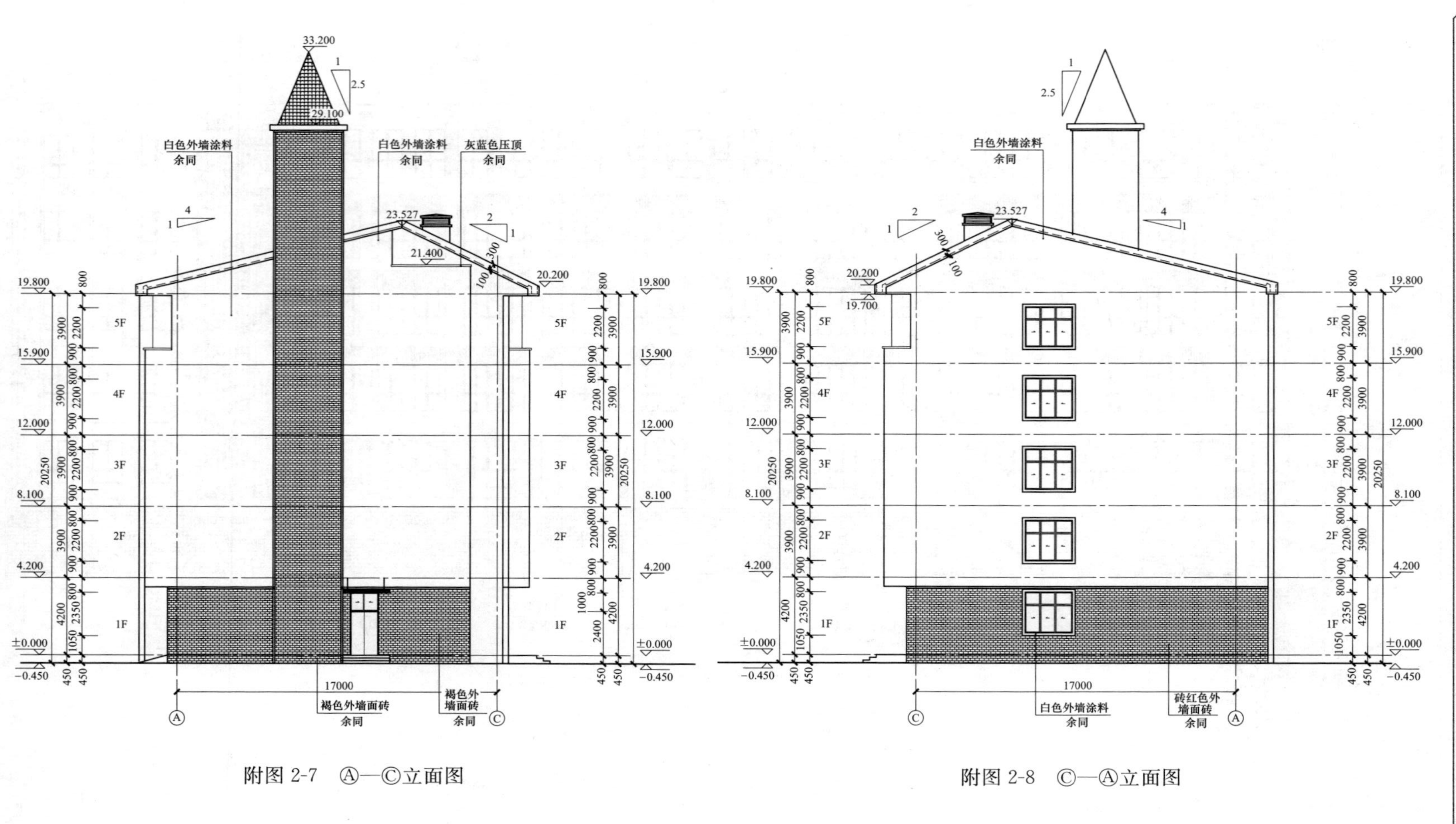

附图 2-7　Ⓐ—Ⓒ立面图

附图 2-8　Ⓒ—Ⓐ立面图

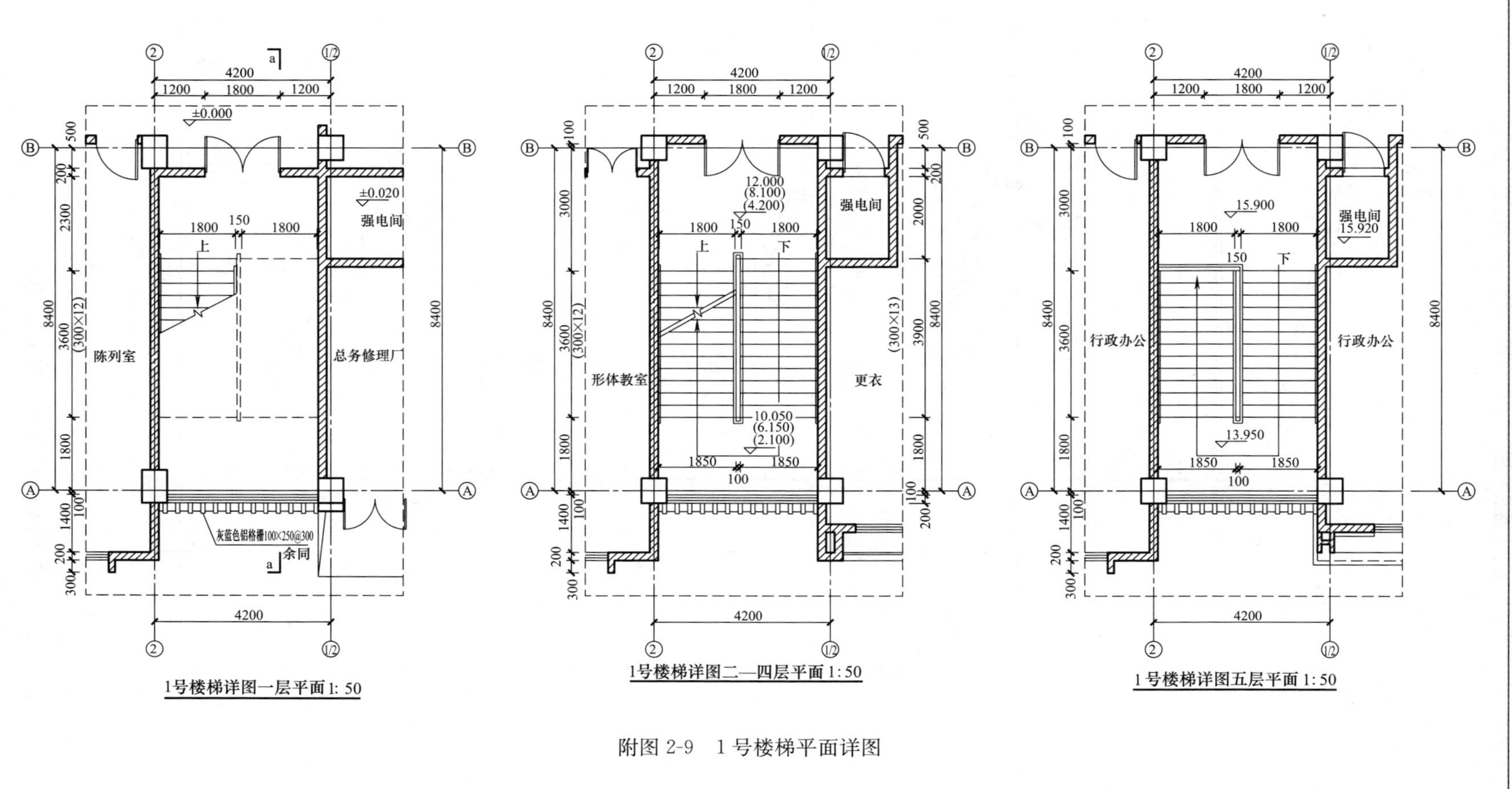

附图 2-9 1 号楼梯平面详图

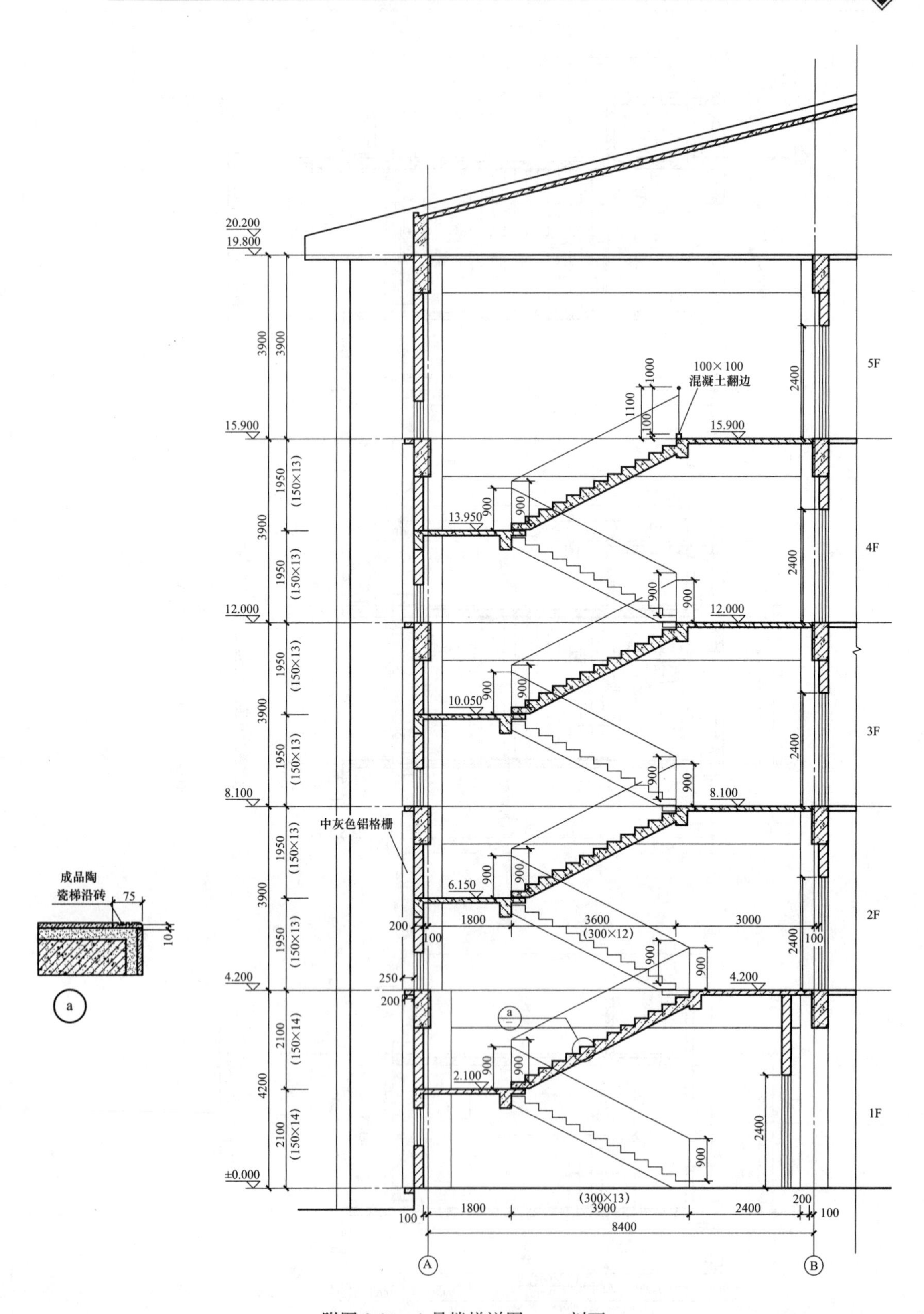

附图 2-10 1 号楼梯详图 a—a 剖面

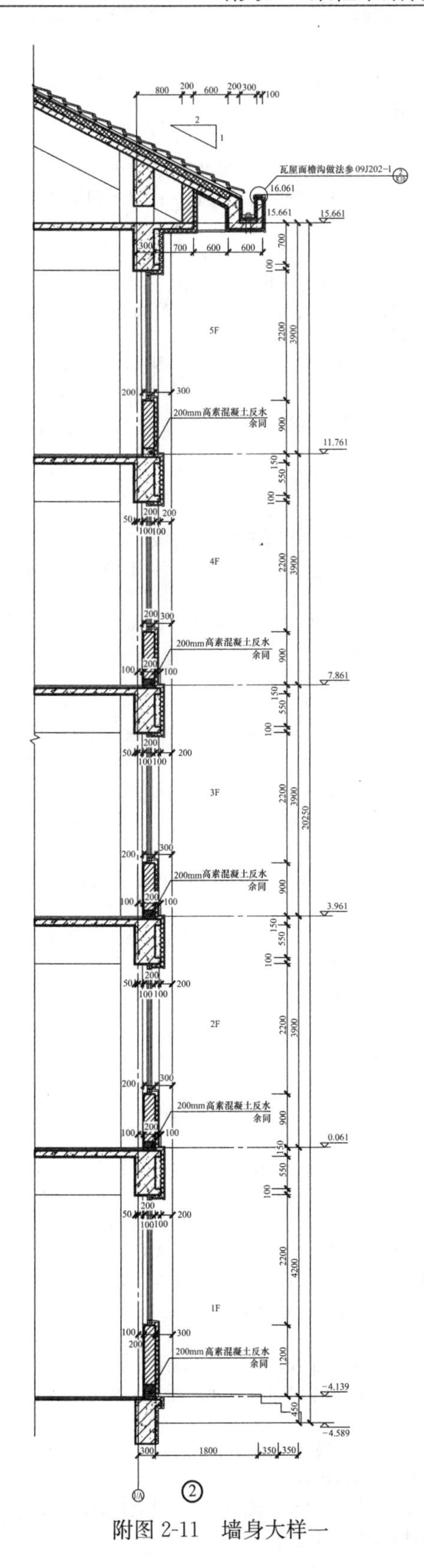

附图 2-11 墙身大样一

附图 2-12 墙身大样二

参考文献

［1］ 中华人民共和国公安部．建筑设计防火规范 GB 50016—2014［S］. 北京：中国计划出版社，2014.

［2］ 中华人民共和国住房和城乡建设部. 民用建筑设计通则 GB 50352—2005［S］. 北京：中国建筑工业出版社，2015.

［3］ 民用建筑设计统一规范 GB 50352—2005 送审稿.

［4］ 中华人民共和国住房和城乡建设部. 旅馆建筑设计规范 JGJ 62—2014［S］. 北京：中国建筑工业出版社，2015.

［5］ 中华人民共和国住房和城乡建设部. 文化馆建筑设计规范 JGJ/T 41—2014［S］. 北京：中国建筑工业出版社，2015.

［6］ 中华人民共和国住房和城乡建设部. 房屋建筑制图统一标准 GB/T 50001—2010［S］. 北京：中国计划出版社，2010.

［7］ 中华人民共和国住房和城乡建设部. 汽车库、修车库、停车场设计防火规范 GB 50067—2014［S］. 北京：中国计划出版社，2015.

［8］ 精神病专科医院建筑设计规范 GB 51058—2014［S］. 北京：中国计划出版社，2015.

［9］ 综合医院建筑设计规范 GB 51039—2014［S］. 北京：中国计划出版社，2015.

［10］ 中国建筑设计研究院. 民用建筑设计通则 GB 50352—2005［S］. 北京：中国建筑工业出版社，2005.

［11］ 北京市建筑设计研究院. 城市道路和建筑物无障碍设计规范 JGJ 50—2001［S］. 北京：中国建筑工业出版社，2001.

［12］ 南京鼎昊建设工程设计有限公司. 楼梯苏 J05—2006［S］. 北京：中国建筑工业出版社，2006.

［13］ 同济大学等四校合编. 房屋建筑学［M］. 北京：中国建筑工业出版社，2010.

［14］ 王万江，金少蓉，周振伦. 房屋建筑学［S］. 重庆：重庆大学出版社，2010.

［15］ 中国国家标准化管理委员会. 蒸压加气混凝土砌块 GB 11968—2006［S］. 北京：中国标准出版社，2006.

［16］ 中国国家标准化管理委员会. 建筑材料及其制品燃烧性能分级 GB 8624—2012［S］. 北京：中国标准出版社，2012.

［17］ 赵成刚. GB 8624—2012《建筑材料及其制品燃烧性能分级》标准解析［J］. 保温材料与节能技术，2013，5.

［18］ 中国建筑科学研究院主编. 金属与石材幕墙工程技术规范 JGJ 133—2001［S］. 北京：中国建筑工业出版社，2001.

［19］ 江苏省建筑科学研究院有限公司. 江苏省公共建筑节能设计标准 DGJ 32J96—2010［S］. 南京：江苏凤凰科学技术出版社，2010.

［20］ 江苏省建筑科学研究院有限公司，南京工业大学，江苏省住房和城乡建设厅科技发展中心主编. 江苏省居住建筑热环境和节能设计标准 J11266—2014［S］. 南京：江苏凤凰科学技术出版社，2014.

［21］ 李必瑜，魏宏杨，谭琳. 建筑构造（上册）［M］. 北京：中国建筑工业出版社，2013.

［22］ 刘建荣等. 建筑构造（下册）［M］. 北京：中国建筑工业出版社，2013.

［23］ 宿晓萍，隋艳娥. 建筑构造［M］. 北京：北京大学出版社，2014.

［24］ 李必瑜. 房屋建筑学［M］. 武汉：武汉理工大学出版社，2005.

［25］ 董海荣，赵宇飞等. 房屋建筑学［M］. 北京：北京大学出版社，2014.

［26］ 张建荣. 建筑结构选型. 第 2 版［M］. 北京：中国建筑工业出版社，2011

［27］ 山西省住房和城乡建设厅. 屋面工程技术规范 GB 50345—2012［S］. 北京：中国建筑工业出版社，2012.

［28］ 付祥钊. 夏热冬冷地区建筑节能设计［M］. 北京：中国建筑工业出版社，2004.

［29］ 中华人民共和国住房和城乡建设部. 砌体结构设计规范 GB 50003—2011［S］. 北京：中国建筑工业出版社，2011.

［30］ 中华人民共和国住房和城乡建设部. 混凝土结构设计规范 GB 50010—2010［S］. 北京：中国建筑工业出版社，2010.

［31］ 中华人民共和国行业标准. 装配式混凝土结构技术规程 JGJ 1—2014［S］. 北京：中国建筑工业出版社，2014.

［32］ 彭一刚. 建筑空间组合论（第三版）［M］. 北京：中国建筑工业出版社，2008.

［33］ 冯柯. 建筑表现技法［M］. 北京：北京大学出版社，2010.

［34］ 陈有川，张军民.《城市居住区规划设计规范图解》［M］. 北京：机械工业出版社，2010.

［35］《建筑设计资料集》编委会. 建筑设计资料集（2 版）［M］. 北京：中国建筑工业出版社，1994.

［36］ 李延龄. 建筑设计原理［M］. 北京：中国建筑工业出版社，2011.

［37］ 张文忠. 公共建筑设计原理（第四版）［M］. 北京：中国建筑工业出版社，2008.

［38］ 朱昌廉. 住宅建筑设计原理（第三版）［M］. 北京：中国建筑工业出版社，2011.

［39］ 中华人民共和国国家标准. 厂房建筑模数协调标准 GB/T 50006—2010［S］. 北京：中国计划出版社，2011.

［40］ 宋德萱. 节能建筑设计与技术［M］. 上海：同济大学出版社，2003.